岩波講座　基礎数学

代数幾何学

監修

小平邦彦

編集

岩堀長慶
河田敬義
藤田宏
小松彦三郎
*田村一郎
*服部晶夫
*飯高茂

岩波講座　基礎数学

幾何学 vii

代数幾何学

飯高　茂

岩波書店

本書は，オリジナル本の

Ⅰ（第 1 ～ 4 章）
Ⅱ（第 5 ～ 8 章）
Ⅲ（第 9 ～ 11 章）

を合本したものです．

目　　次

各章間の関連は次の通り：

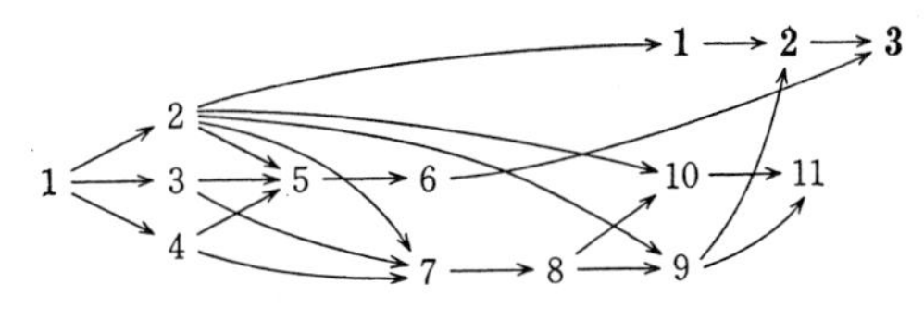

ただし **1, 2, 3** は本講座“可換環論”での章を示す.

まえがき

代数幾何とは何か．それは，“代数多様体の研究”である．

しからば，代数多様体とは何か．それは，多項式系

$$P_1(X_1, \cdots, X_n) = \cdots = P_m(X_1, \cdots, X_n) = 0$$

で定義された図形，いいかえると，“多様体”である．

多項式系の系が目障りなら，実は $m=1$，すなわち，

$$P(X_1, \cdots, X_n) = 0$$

で定義された図形である，と理解しても，その本質は少しも失われない．これは，まさに極めて素朴な概念であって，少しの抽象的思考訓練をも必要としない．2次曲線

$$P(X_1, X_2) = aX_1^2 + bX_1X_2 + \cdots = 0$$

は，そのもっとも簡単な場合であって，例外的にやさしい代数多様体である．だから高等学校の教材たりうるのである．ここをこえると困難は急速に増加してくる．しかし極度の困難は時に人を魅了してやまない．

まったく一般の代数多様体は極めて多様であり，これらに共通の性質を論じるには実に多くの準備的考察が必要である．代数多様体を申し分なく定義することすら，長いあいだ懸案の問題であった．現今もっとも映像を結びやすく，理論的考察にも便利なのは，スキームの理論による基礎づけである，と信ぜられている．第1分冊と第2分冊の過半は，スキーム論の立場に立った代数多様体の基礎理論のコンパクトな解説にあてられる．ページ数の制約のため，すべてを証明しているわけではない．重要な定理を引用し説明を加えるにとどめたこともある．だから，手短という点で，コンパクトではあるが，完備でも完閉でもない．ブラックホールのごとき完閉な世界では数学も息ができなかろう．連結性原理，アフィン・スキームのコホモロジー論など，証明はないが故に読了しやすく読者も息ができるから好都合かもしれない．

一般の代数多様体にある多様性に着目し，逆手にとってこれを手がかりに，さらに一層深く代数多様体の本性を理解しようという試みが始まったのは，ごく最

近のことである．たとえてみれば，地球人をひっくるめて研究しようと試みる‘いなご人’(‘いなご人’は“アトム今昔物語”にでてくる)の立場である．高度の知性をもった宇宙人である‘いなご人’は，はじめに，地球人の多様さに驚嘆する．そして，何が地球人を地球人たらしめている特質であるかを記述しようと試みるであろう．地球人研究の第1期である．地球人の一般的特質を理解したからには，地球人相互間にみられる微妙な差，異常行動の個体差などに着目せざるをえなくなる．そして，まず地球人には男と女という分類のできることに気づく．幼児，大人，老人という別の分類も考えつく．このように grouping を行い，さらに，各 group 構成員の特質を研究するようになる．地球人研究の第2期である．かくして，‘いなご人’は地球人の総体的把握を深く行いうる．

第3分冊は，このような代数多様体の一般的研究第2期に読者を招待することにあてられる．美しく高度に完成した Abel 多様体論などは別に一書があてられてしかるべきと思われるので，殆んど割愛した．

本講を通じて読者は第2期研究の物足りなさに気づくであろう．そして，新たな野心的研究への意欲がおこされるなら，著者にとって望外の幸いである．

第1章　スキーム序論，とくにアフィン・スキーム

§1.1　Spec

a）　まず天下り的に**アフィン・スキーム**(affine scheme)の台集合 Spec A の定義をのべる．以下 $A, B, \cdots$ を，単位元 $1_A, 1_B, \cdots$ をもつ可換環(以下，環という)とし，環準同型 $\varphi: A \to B$ は $\varphi(1_A)=1_B$ のものに限るとしよう．

Spec $A=\{\mathfrak{p}\,;\, A$ の素イデアル$\}$ を A の**スペクトル**(光符)という．ただし A 自身は A の素イデアルとみなさない．

環準同型 $\varphi: A \to B$ に対し，B の素イデアル $\mathfrak{p}$ をとると，$\varphi^{-1}\mathfrak{p}$ も素イデアル．このとき，$\varphi(1)=1$ により，$\mathfrak{p} \not\ni 1$ より $\varphi^{-1}\mathfrak{p} \not\ni 1$ のでることに注意すべきだろう．

写像: $\mathfrak{p} \mapsto \varphi^{-1}\mathfrak{p}$ を ${}^a\varphi$ と書く．すなわち，

$${}^a\varphi: \mathrm{Spec}\, B \longrightarrow \mathrm{Spec}\, A$$

が定まる．これを φ の同伴写像という．

例 1.1　(i)　0を環とみると，Spec $0=\phi$；0以外の体を k とすると，Spec $k=\{(0)\}$ (0 よりなる環をやはり 0 と書く)，

(ii)　Spec $\boldsymbol{Z}=\{(0), (\text{正の素数})\}$，

(iii)　k を代数閉体として Spec $k[X]=\{(0), (X-\alpha), (\alpha \in k)\}$．そこで，$*=(0)$，$\alpha=(X-\alpha)$ と書くと，Spec $k[X]=\{*\} \cup k$，

(iv)　Spec $k[X, Y]$ は難しくなる．(例 1.4 を見よ.)

b）**Spec A の位相**　さて Spec A に位相を導入する．$f \in A$ に対して，

$$D(f)=\{\mathfrak{p}\,;\, f \notin \mathfrak{p}\}$$

とおくと，$D(fg)=D(f) \cap D(g)$，$D(1)=\mathrm{Spec}\, A$，$D(0)=\phi$．そこで，$D(f)$ を開集合にする最弱の位相を導入する．すなわち，任意の $f_\lambda \in A$ $(\lambda \in \Lambda)$ に対して

$$\bigcup_{\lambda \in \Lambda} D(f_\lambda)$$

を開集合と定義する．$\{f_\lambda\}_{\lambda \in \Lambda}$ で生成された A のイデアルを $\mathfrak{a}$ とする．すなわち

$\mathfrak{a}=\sum f_\lambda A$ として，

$$D(\mathfrak{a}) = \{\mathfrak{p}\,;\,\mathfrak{a}\not\subset\mathfrak{p}\}$$

とおくと，

$$D(\mathfrak{a}) = \bigcup_{\lambda\in\Lambda} D(f_\lambda)$$

となる．$D(1)=\mathrm{Spec}\,A$, $D(0)=\phi$．さらに，$\mathfrak{a}, \mathfrak{b}$ が A のイデアルのとき，

$$D(\mathfrak{a})\cap D(\mathfrak{b}) = D(\mathfrak{a}\mathfrak{b}) = D(\mathfrak{a}\cap\mathfrak{b}).$$

また $\{\mathfrak{a}_\lambda\}_{\lambda\in\Lambda}$ が与えられたとき $\mathfrak{a}=\sum\mathfrak{a}_\lambda$ とイデアルの和をつくると

$$\bigcup_{\lambda\in\Lambda} D(\mathfrak{a}_\lambda) = D(\mathfrak{a}).$$

§1.2　例

例 1.2　$\mathrm{Spec}\,k[X]$ は集合として $\{*\}\cup k$ であった．$k[X]$ のイデアル $\mathfrak{a}$ は3種類ある．すなわち，$\mathfrak{a}=(0)$；$\mathfrak{a}=(f(X))$, $f=a_0\prod(X-\lambda)^{e_\lambda}$；$\mathfrak{a}=k[X]$ である．

(i)　$D(0)=\phi$,

(ii)　$D(f)=\bigcap D((X-\lambda)^{e_\lambda})=\bigcap D(X-\lambda)$,

そこで $D(X-\lambda)\ni\mathfrak{p}=(X-\mu)$，すなわち $(X-\mu)\not\ni X-\lambda$，とは $\mu\neq\lambda$ のことで，また $D(X-\lambda)\ni *$，$D(X-\lambda)=\{*\}\cup(k-\{\lambda\})$ だから

$$D(f)=\{*\}\cup(k-\{\lambda_1,\cdots,\lambda_s\})\qquad(\lambda_j \text{ は } f(X) \text{ の零点}),$$

(iii)　$D(1)=\mathrm{Spec}\,k[X]=\{*\}\cup k$.

そこで $k=\boldsymbol{C}$，また $*=(0)$ と書いて，直観的な絵を書いてみよう(図1.1(a))．実平面 $\boldsymbol{R}^2$ の上高く，星 $*$ が輝いている．この平面と星の世界での開集合とは，(i) 空集合か，(iii) 全体，すなわち $\boldsymbol{R}^2\cup\{*\}$，または，(ii) 実平面上有限個の点を除いた集合に星を加えたものか，のいずれかをさす．すると，(1) 空でない2開集合の共通部分は決して空でない，(2) 星を含まない開集合は空である．これは普通の距離空間にはない著しい性質である．(1), (2) をいいかえると，(1)′ 全体でない二つの閉集合の合併はやはり全体でない，(2)′ $*$ の閉包は全体である．このように，或る意味で星が平面を支配しているのである．星をつけないで，集合としては実平面だけを考え，ここに，開集合とは空集合か，全体か，有限個の点の補集合か，のいずれかである，として位相をいれたのが，Zariski 位相のはいった複素直線であり，ここでも (1) は成り立つ．だから，通常の空間または微分可能

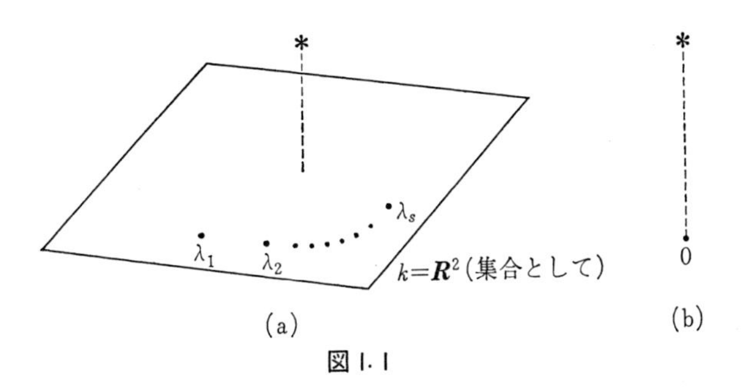

図 1.1

多様体などでは自然に成立している Hausdorff の分離公理(T_2)は否定される．かといって，Zariski 位相は不自然で，人工的なものだ，ということはできない．代数的には，Zariski 位相は非常に自然な概念であって，極めて有用である．これに星がついて，いよいよ有機的に緊密化し扱い易くなった．これが，Grothendieck のスキーム論の特質の一つといえよう．

例 1.3
$$k[X]_{(0)}=\left\{\frac{g(X)}{f(X)}\,;f(0)\neq 0\right\}.$$

このとき Spec $k[X]_{(0)}$ は $\{(0),(X)\}$ の 2 元しかない．$0=(X)$，$*=(0)$ で表わすと図 1.1(b)のようになる．実平面が縮退して 1 点 0 になったとみられる．しかしながら，星 * は依然輝いている．この 2 点集合の位相は離散的でない．また Spec $k[[X]]$ の位相空間も同じ 2 点集合である．

例 1.4 やはり閉体 k をとり $k[X,Y]$ を考えよう．この素イデアルは実は 3 種類ある．すなわち，(i) $*=(0)$，(ii) f を定数でない既約多項式として，単項イデアル(f)，(iii) $(a,b)\in k^2$ からつくったイデアル$(X-a,Y-b)$．そして，$k=\boldsymbol{C}$ として考えると，$\boldsymbol{C}^2=\boldsymbol{R}^4$ の上にひときわ輝く星(第二の天の星)があり，また，各既約平面曲線 $f=0$ に応じて，一つずつ星(第一の天の星)が輝く．満天の星空ができるのである．

§1.3 A_f

さて，$f\in A$ が与えられたとき，$1/f$ を A につけ加えた環をつくってみよう．それには，A を係数環にした多項式環 $A[X]$ をつくり，$(fX-1)$を法とした剰余環 A_f をつくればよい．すなわち，

$$A_f = A[X]/(fX-1) = A[1/f].$$

これは非常に自然な考えであろう．とにかく，A に何かを一つつけ加える，という操作をもっとも一般にしたのが，A から $A[X]$ をつくることだし，その何かが $1/f$ ですよ，というからには，$X=1/f$ となるべきなのだから．つぎのことは容易にわかる．他に環 B と，準同型 $\varphi: A\to B$ とがあり，$\varphi(f)$ が B で逆元をもつとき，$\varphi_1: A_f\to B$ があり，$\psi: A\to A[X]\to A_f=A[X]/(fX-1)$ と合成すると φ になる．このような φ_1 はただ一つである．これは，$1/f$ の存在する環の中で，A_f が，もっとも普遍的なることを意味する．

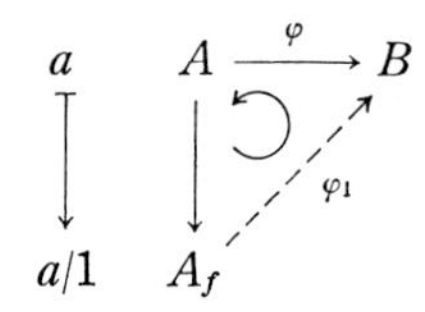

例 1.5　A が整域で $f\neq 0$ ならば A の商体 $Q(A)$ 内に $1/f$ を考える．A と $1/f$ の生成する $Q(A)$ の部分環が A_f (と同型) である．

例 1.6　k を体とし，$A=k[X]/(X^2)$ とする．A はいわゆる，k の双数(dual number)の環である．$\varepsilon=X \bmod (X^2)$ とおくと，$\varepsilon^2=0$．$1=\varepsilon^2/\varepsilon^2$ により $A_\varepsilon=0$ となる．

より一般に，$f\in A$，$f^m=0$ としよう．$A\xrightarrow{\varphi}B$ があり $f_1=\varphi(f)$ が逆元 b をもつとき $f_1b=1$．よって，$0=\varphi(0)=\varphi(f^m)=f_1{}^m$ により，$f_1{}^{m-1}=f_1{}^mb=0$．よって $f_1{}^{m-2}=f_1{}^{m-1}b=0$．順次下がって $f_1=0$ に到る．そして，$f_1b=1$ により $1=0$．だから，$B=0$ となる．

§1.4　$S^{-1}M$

a)　そこで，一般に，A 加群 M と，A の乗法系 S (すなわち，$1\in S$; $f_1, f_2\in S$ ならば $f_1f_2\in S$) が与えられたとき，S の各元を逆元にするような，かつもっとも普遍的な A 加群 $S^{-1}M$ をつくってみよう．

$S\times M$ につぎの関係を定義する：

$$(s, m)\sim(s', m') \iff \text{或る } t\in S \text{ があって } t(s'm-sm')=0.$$

これが同値律を満たすことは容易に確かめられる．(もし，単に，$s'm=sm'$ として，$\sim$ を定義すると，推移律が成り立たない.) そこで，(s, m) の $\sim$ 同値類を

m/s と書く．

$$m/s+m'/s' = (s'm+sm')/ss'$$

と ＋ を定義してやるとうまくいって，同値類 m/s 全体は加法群になり，さらに，

$$a\cdot m/s = am/s$$

と・を定義してやると，A 加群になる．これを $S^{-1}M$ と書く．とくに $A=M$ のとき，$S^{-1}A$ は，環になる．そして $S^{-1}M$ は $S^{-1}A$ 加群になる．

$$\begin{array}{ccc} A & \longrightarrow & S^{-1}A \\ \Psi & & \Psi \\ a & \longmapsto & a/1 \end{array}$$

として，ψ_A を定義してやろう．すると，$\varphi: A\to B$, かつ φS の各元は B で可逆になるとき，$\varphi_1: S^{-1}A\to B$ があって，$\varphi=\varphi_1\cdot\psi_A$ となる．また，このような φ_1 はただ一つである．これが $S^{-1}A$ の普遍性の内容である．$S^{-1}M$ の普遍性も同様である．

b）この普遍性を用いると，

補題 1.1（i）$S^{-1}A\otimes_A M \simeq S^{-1}M$.

（ii）$0\to M'\to M\to M''\to 0$（完全）ならば，

$$0\longrightarrow S^{-1}M'\longrightarrow S^{-1}M\longrightarrow S^{-1}M''\longrightarrow 0 \quad (\text{完全}).$$

（iii）S_1, S_2 を A の乗法系とする．$S_2{}^{-1}A$ での S_1 の像を $S_1{}'$ と書くと，自然に

$$(S_1S_2)^{-1}M \simeq S_1{}'^{-1}(S_2{}^{-1}M).$$

証明（i）$\tilde{\psi}(m)=1\otimes m$ により $M\to S^{-1}A\otimes_A M$ をつくる．$\tilde{\psi}$ は A 準同型．$s\in S$, $m\in M$ に対して，$1/s\cdot\tilde{\psi}(sm)=1/s\cdot 1\otimes sm=(1/s\cdot s)\otimes m=\tilde{\psi}(m)$. よって $S^{-1}M$ の普遍性により $\tilde{\psi}_1: S^{-1}M\to S^{-1}A\otimes M$ をえる．$\tilde{\psi}_1(m/s)=1/s\cdot\tilde{\psi}(m)$ であって，$\tilde{\psi}_1$ は $S^{-1}A$ 準同型.

一方，積写像 $\psi_2: (S^{-1}A, M)\to S^{-1}M$ からテンソル積の普遍性を用いて，$\tilde{\psi}_2$: $S^{-1}A\otimes_A M\to S^{-1}M$ をえる．これは $\tilde{\psi}_2(1\otimes m)=m/1$ を満たし，$\tilde{\psi}_2(s\cdot 1\otimes m)=\tilde{\psi}_2(1\otimes sm)=sm/1=s\cdot\tilde{\psi}_2(1\otimes m)$ に注意すると，$\tilde{\psi}_2$ も $S^{-1}A$ 準同型で，

$$\tilde{\psi}_1\cdot\tilde{\psi}_2 = \mathrm{id}, \qquad \tilde{\psi}_2\cdot\tilde{\psi}_1 = \mathrm{id}.$$

(ii), (iii) の証明は容易だから略す．▮

(i), (ii) を合せると $M\mapsto S^{-1}M=S^{-1}A\otimes_A M$ は完全関手になるから，$S^{-1}A$ は A **平坦** (flat) 加群である．

さて，$S=\{f^m\,;m=0,1,2,\cdots\}$ については，前にのべたように，$S^{-1}A\simeq A_f$．また，A の乗法系 S が，$A-S$ がイデアルとなる性質，をもつとき，このイデアルは素イデアルになるから $\mathfrak{p}$ と書こう．逆に，素イデアルの補集合は乗法系である．そこで，

$$A_{\mathfrak{p}}=(A-\mathfrak{p})^{-1}A$$

とおき，A の $\mathfrak{p}$ での**局所化**(localization)，または，Spec A の $\mathfrak{p}$ での**局所環**(local ring) とよぶ．それは，

$$A_{\mathfrak{p}}\text{ の極大イデアル　は　}\mathfrak{p}A_{\mathfrak{p}}\text{ に限る}$$

からである．$\psi: A\to A_f$ に対し

$${}^a\psi:\mathrm{Spec}\,(A_f)\longrightarrow \mathrm{Spec}\,A$$

をつくると，${}^a\psi(\mathrm{Spec}\,A_f)=D(f)$，かつ ${}^a\psi$ は，$D(f)$ への同相写像となる．

一般に $\varphi: A\to B$ に対し，$f\in A$ をとると，

$${}^a\varphi^{-1}(D(f))=D(\varphi(f))$$

がでるから ${}^a\varphi$ は連続写像になる．

c) $\mathfrak{a}$ を A のイデアルとする．Spec $A-D(\mathfrak{a})$ は閉集合であり，これを $V(\mathfrak{a})$ で示す．すると $V(\mathfrak{a})=\{\mathfrak{p}\in \mathrm{Spec}\,A\,;\mathfrak{p}\geqq\mathfrak{a}\}$．$\varphi_1: A\to A/\mathfrak{a}$ を自然な写像，すなわち $\varphi_1(x)=x \bmod \mathfrak{a}$ とするとき，${}^a\varphi_1:\mathrm{Spec}\,(A/\mathfrak{a})\to\mathrm{Spec}\,A$ は単射かつ $\mathrm{Im}\,{}^a\varphi_1=V(\mathfrak{a})$ となる．さらに，${}^a\varphi_1:\mathrm{Spec}(A/\mathfrak{a})\to V(\mathfrak{a})$ は同相写像であることが容易にわかる．

準同型 $\varphi: A\to B$ が全射なら，$A/\mathrm{Ker}\,\varphi\simeq B$ であり，${}^a\varphi$ は Spec B から $V(\mathrm{Ker}\,\varphi)$ への同相写像になる．

§1.5 零点定理

a) $\mathfrak{p}\in\mathrm{Spec}\,A$ に対し，局所環 $A_{\mathfrak{p}}$ とその剰余体 $k(\mathfrak{p})=A_{\mathfrak{p}}/\mathfrak{p}A_{\mathfrak{p}}$ をえる．$k(\mathfrak{p})$ は $A/\mathfrak{p}$ の商体と同型になる．$f\in A$ に対し $f/1\in A_{\mathfrak{p}}$ の定める $k(\mathfrak{p})$ の元を $\bar{f}(\mathfrak{p})$ と書く．

$\bar{f}(\mathfrak{p})=0$ とすると，$f/1\in\mathfrak{p}A_{\mathfrak{p}}$ なので，$f\in A$ より $f\in\mathfrak{p}$ を得る．したがって，$\bar{f}(\mathfrak{p})=0$ となる条件は $f\in\mathfrak{p}$ である．

イデアル $\mathfrak{a}$ に対し，$\sqrt{\mathfrak{a}}=\{f\in A\,;$ 或る $m>0$ をとると，$f^m\in\mathfrak{a}\}$ は，やはり A のイデアルになり，$\mathfrak{a}$ の**べき零根基**(nilradical) と呼ばれる．

すると，$V(\mathfrak{a})=V(\sqrt{\mathfrak{a}})$ は明らか．したがって，$f\in\sqrt{\mathfrak{a}}$ のとき，$\bar{f}|V(\mathfrak{a})=0$．逆に $\bar{f}|V(\mathfrak{a})=0$ ならば，$\mathfrak{p}\in V(\mathfrak{a})$ に対して，常に $f\in\mathfrak{p}$ となるので，$f\in\{\bigcap\mathfrak{p};\mathfrak{p}\in V(\mathfrak{a})\}$．よって，$\sqrt{\mathfrak{a}}=\{\bigcap\mathfrak{p};\mathfrak{p}\in V(\mathfrak{a})\}$ が証明できれば，つぎの定理 1.1 が示される．これを，抽象的零点定理という．

定理 1.1 $\bar{f}|V(\mathfrak{a})=0 \Leftrightarrow f\in\sqrt{\mathfrak{a}}$. ——

この定理の証明は以下に見るように純代数的なものである．しかし，主張自身は後に証明する Hilbert の零点定理(§1.7 の定理 1.4 の系)とほぼ同じで，幾何的な点に注意すべきである．

補題 1.2 $\{\bigcap\mathfrak{p};\mathfrak{p}$ は $\mathfrak{a}$ を含む素イデアル$\}=\sqrt{\mathfrak{a}}$.

証明 この証明を (1)-(4) にわけて示す．

(1) $0\neq A$ には極大イデアル($\neq A$)が存在する．

A のイデアル ($\neq A$) をすべて考え $\mathcal{F}$ とおく．$\subset$ により順序を入れ $\mathcal{F}$ の線型順序集合 $\{\mathfrak{a}_\lambda\}$ を考える: $\mathfrak{a}_\lambda\subset\mathfrak{a}_{\lambda'}\subset\cdots$．さて，$\bigcup\mathfrak{a}_\lambda=\mathfrak{a}^*$ とおく．$\mathfrak{a}^*$ はイデアルで $\mathfrak{a}^*\neq A$ である．なぜなら $A=\mathfrak{a}^*$ なら $1\in\mathfrak{a}^*=\bigcup\mathfrak{a}_\lambda$ だから，どれかの $\mathfrak{a}_\lambda\ni 1$．したがって $\mathcal{F}$ は帰納的順序集合．だから Zorn の補題により $\mathcal{F}$ には極大元がある．それは極大イデアルである．

(2) イデアル $\mathfrak{a}\neq A$ をとり，環 $A/\mathfrak{a}$ をつくる．(1)によると，極大イデアル $\mathfrak{m}/\mathfrak{a}$ がある．$\mathfrak{m}$ は $\mathfrak{a}$ を含む A の極大イデアルである．

(3) さらに，乗法系 S で，$S\cap\mathfrak{a}=\phi$ となるものを考える．$S^{-1}A$ のイデアル $\mathfrak{a}S^{-1}A$ をつくる．もし $\mathfrak{a}S^{-1}A=S^{-1}A$ ならば，$S\cap\mathfrak{a}\neq\phi$ になるから，$\mathfrak{a}S^{-1}A\subsetneqq S^{-1}A$ である．(2)によると，$\mathfrak{a}S^{-1}A\subset\mathfrak{m}\subset S^{-1}A$ となる極大イデアルがある．そこで $\mathfrak{p}=A\cap\mathfrak{m}$ とおくと，$\mathfrak{p}$ は少なくとも素イデアル．かつ $\mathfrak{a}\subset\mathfrak{p}$, $S\cap\mathfrak{p}=\phi$.

(4) $\mathfrak{p}\supset\mathfrak{a}$ ならば $\mathfrak{p}\supset\sqrt{\mathfrak{a}}$．だから，或る $f\in\bigcap\mathfrak{p}$ がすべての $m\geqq 0$ につき $f^m\notin\mathfrak{a}$ としよう．$S=\{f^m;m=0,1,2,\cdots\}$ とおく．すると $S\cap\mathfrak{a}=\phi$．だから，$\mathfrak{p}_1\supset\mathfrak{a}$, $\mathfrak{p}_1\cap S=\phi$ となる素イデアル $\mathfrak{p}_1$ が，(3)により存在する．f のえらび方から $f\in\mathfrak{p}_1$．これは $\mathfrak{p}_1\cap S=\phi$ に反する．∎

以上によりつぎのことがわかる:

系 (i) $\operatorname{Spec} A=\phi \Leftrightarrow A=0$,

---

1) 条件 P をみたす $\mathfrak{p}$ の共通部分を $\{\bigcap\mathfrak{p};P\}$ とかく．

(ii)　$V(\mathfrak{a}) \subset V(\mathfrak{b}) \Longleftrightarrow \sqrt{\mathfrak{a}} \supset \sqrt{\mathfrak{b}}$,

(iii)　$V(\mathfrak{a}) = V(\mathfrak{b}) \Longleftrightarrow \sqrt{\mathfrak{a}} = \sqrt{\mathfrak{b}}$.

b）準コンパクト性　さらに，つぎの性質がある．

$f \in A$ をとると，$D(f)$ は準コンパクト集合．

ここでいう準コンパクトは，被覆の意味にとったコンパクトの性質が成り立つことで，基礎の空間が Hausdorff 空間では必ずしもないことを明示するために準コンパクトといっているにすぎない．

［証明］　$D(f)$ を開集合の基 $D(f_\lambda)$ でおおいつくそう：

$$D(f) = \bigcup D(f_\lambda).$$

$\mathfrak{a} = \sum f_\lambda A$ とイデアルをつくるとき

$$V(f) = V(\mathfrak{a}).$$

よって，$f^m \in \mathfrak{a}$．したがって $f^m = \sum_{i=1}^{t} f_{\lambda_i} g_{\lambda_i}$．よって，$f^m \in \sum f_{\lambda_i} A$，すなわち

$$V(f) = V(f^m) \supset \bigcap V(f_{\lambda_i}).$$

いいかえると，

$$D(f) = \bigcup_{i=1}^{t} D(f_{\lambda_i}). \qquad \blacksquare$$

開集合の基がコンパクトの性質をもつとは，通常の T_2 位相空間では想像もつかぬことである．Spec A の位相構造は直観的でないにしても，どのみち，やさしくなっていると考えられる．

§1.6　既約空間

a）　$D(f)$ は Spec(A_f) で表わされた．また，A のイデアル $\mathfrak{a}$ に対して $V(\mathfrak{a})$ は Spec$(A/\mathfrak{a})$ と書かれることも同様である．

$x \in \operatorname{Spec} A$ をとるとき，1点 x のみからなる集合 $\{x\}$ の閉包を考える．x が実は，A の素イデアル $\mathfrak{p}$ であるならば，

$$\overline{\{x\}} = \{\bigcap F\,;\, F \text{ は } x \text{ を含む閉集合}\} = \{\bigcap V(\mathfrak{a})\,;\, \mathfrak{a} \subset \mathfrak{p}\} = V(\mathfrak{p}).$$

したがって，$\{x\} = \overline{\{x\}}$，いいかえると，$\{x\}$ が閉集合である（このとき，x を閉点という）必要十分条件は $V(\mathfrak{p}) = \mathfrak{p}$，すなわち $\mathfrak{p}$ が極大イデアルなることである．

必ずしも閉点でない x をとり $V = \overline{\{x\}}$ とおき，これを位相空間とみると，つぎの著しい性質をもつ．

$V=F_1\cup F_2$ と閉集合の和にわけるとき $F_1=V$ または $F_2=V$. これは $V=\overline{\{x\}}$ だから $x\in F_1$ または $x\in F_2$. $x\in F_1$ のとき, 閉包を考えると, $V\subset F_1$ となるから自明であろう.

このような性質をもつ位相空間 V を, **既約空間**(irreducible space)とよぶ.

$$V(\mathfrak{a})=\text{既約}\iff\sqrt{\mathfrak{a}}\text{ が素イデアル}$$

は, 零点定理の系を用いて直ちに確かめられるであろう.

b) 生成点 位相空間 X において $\overline{\{x\}}\ni y$ のとき, x は y の**一般化**(generalization), y は x の**特殊化**(specialization)という. $X=\overline{\{x\}}$ ならば x は X の**生成点**(generic point)という. $X=\mathrm{Spec}\,A$ のとき, $\overline{\{x\}}\ni y$ は, $x=\mathfrak{p}$, $y=\mathfrak{q}$ と素イデアルらしく書くとき, $\mathfrak{p}\subset\mathfrak{q}$ のことであり, $\overline{\{x\}}=\overline{\{y\}}$ ならば $x=y$ になる. いいかえると, 生成点はただ一つである. これは実はそう自明なことではない. すなわち,

(i) $\mathrm{Spec}\,A$ は T_0 空間である.

[証明] 2点 $\mathfrak{p},\mathfrak{q}\in\mathrm{Spec}\,A$ をとる. $\mathfrak{p}\neq\mathfrak{q}$ とすると, たとえば, $\mathfrak{p}\not\supset\mathfrak{q}$. よって, $f\in\mathfrak{q}-\mathfrak{p}$ をとると, $D(f)\ni\mathfrak{p}$, $\not\ni\mathfrak{q}$. ∎

(ii) T_0 空間で, 既約空間なら, 生成点は高々一つである.

[証明] $x\neq y$ かつ $\overline{\{x\}}=\overline{\{y\}}$ とする. T_0 空間だから, 或る開集合 U があり, $x\in U$, $y\notin U$ または $x\notin U$, $y\in U$. 前者とすると, $\{y\}\cap U=\phi$ より $\overline{\{y\}}\cap U=\phi$ になり $x\notin U$ になってしまう. ∎

さて, もっとも簡単な実平面の例に戻る. $\mathrm{Spec}\,\boldsymbol{C}[X]$ から, $*$ をとった実平面だけを考えるならば, すべての点は閉点で, 実平面の生成点はどこにもない.

すべての $f\in\boldsymbol{Q}[X]$ から $D(f)$ をつくり, これらのみを開集合の基底として, 実平面により弱い位相を導入し, これを $\boldsymbol{Q}$ 位相とよぶ. このとき, $\sqrt{2}\in D(f)\Longrightarrow-\sqrt{2}\in D(f)$, $i\in D(f)\Longrightarrow-i\in D(f)$ など. 一般に α が代数的数ならば, $\overline{\{\alpha\}}=\{\alpha\text{ の }\boldsymbol{Q}\text{ 上の共役数}\}$, 一方, α が超越数ならば, $D(f)\ni\alpha$ は $f\neq0$ と同値である. すなわち, α は生成点である. $\boldsymbol{Q}$ 位相では, '超越数, すなわち生成点' だからこれは極めて沢山ある. 同様にして, $\boldsymbol{Q}(\sqrt{2})$ 位相, $\boldsymbol{Q}(\pi)$ 位相などいろいろ考えられる. 目的に応じて使いわければよいのである.

いいかえると, 生成点を考えるためには, $\boldsymbol{C}\supset k$, $\boldsymbol{C}$ は k 上非可算個の代数的に独立な元を含む, といった体 k を一つきめて論ずるわずらわしさがある. 極

小素イデアルの星*を考えると一度に処理されて簡単になる．スキームの理論の鮮やかさがここにある．

§1.7　Hilbert の零点定理

a)　素イデアルを点とみなして，台集合をつくることは，うまい工夫であるが，必ずしもそれでこと足りるわけではない．古典的な素朴な意味での点との対応をはっきりつけることは応用上も理論上も大切なことである．出発点として，つぎの定理を仮定する(問題39)．

定理 1.2　k を体，n 変数多項式環 $k[X_1, \cdots, X_n]$ の極大イデアルを $\mathfrak{m}$ とすると，その剰余体 $k[X_1, \cdots, X_n]/\mathfrak{m}$ は k 上代数的である．(これを Hilbert の零点定理の弱形という)．——

k が閉体のときこの定理を用いてみよう．$k \to k[X_1, \cdots, X_n]/\mathfrak{m}$ を自然な写像とすると，これが同型になる．そこで，$X_i \bmod \mathfrak{m}$ を k に移して α_i となるとすると，$X_i - \alpha_i$ は $\mathfrak{m}$ に属する．$(X_1-\alpha_1, \cdots, X_n-\alpha_n) \subset \mathfrak{m}$．さて，$k[X_1, \cdots, X_n]/(X_1-\alpha_1, \cdots, X_n-\alpha_n) = k$，$k[X_1, \cdots, X_n]/\mathfrak{m} = k$ だから $(X_1-\alpha_1, \cdots, X_n-\alpha_n) = \mathfrak{m}$．すなわち，極大イデアルは k^n の点と1対1に対応する．このことは $n=1$ のときは容易に証明された(§1.1, 例1.1の(iii))のだが，一般にも成立することで，調和感を与えてくれる．

ところで k 上有限生成の環を，簡略に k 上代数的環といおう．すると，定理がやや一般化され，つぎのようになる．

定理 1.3　k 上代数的環 $A \neq 0$ の極大イデアル $\mathfrak{m}$ をとると，$A/\mathfrak{m}$ は k の代数的拡大体である．

証明　定義より，全射準同型 $\varphi: k[X_1, \cdots, X_m] \to A$ があるから，

$$k[X_1, \cdots, X_m]/\mathfrak{a} \simeq A$$

とイデアル $\mathfrak{a} = \mathrm{Ker}\,\varphi$ を用いて書かれ，A の極大イデアル $\overline{\mathfrak{m}}$ は，$k[X_1, \cdots, X_m]$ の極大イデアル $\mathfrak{m}$ により，$\mathfrak{m}/\mathfrak{a} = \overline{\mathfrak{m}}$ と書かれて，

$$k[X_1, \cdots, X_m]/\mathfrak{m} \simeq A/\overline{\mathfrak{m}}.$$

よって，前の定理に帰着される．▌

b) 根　基　さて，重要な Hilbert の零点定理はつぎの形でのべられる．

定理 1.4　或る体 k の代数的環を A とする．A のイデアルを $\mathfrak{a}$ とし，$\mathfrak{a}$ の根

基(radical) $\mathfrak{R}(\mathfrak{a})$ を $\{\bigcap \mathfrak{m}\,;\,\mathfrak{m}$ は $\mathfrak{a}$ を含む極大イデアル$\}$ で定義するとき

$$\mathfrak{R}(\mathfrak{a})=\sqrt{\mathfrak{a}}\,.$$

証明 まず $\mathfrak{a}$ が素イデアルのときを示す．$f\notin\mathfrak{a}$ をとると $\bar{f}=f \bmod \mathfrak{a}\neq 0$ だから，$A^*=A/\mathfrak{a}[1/\bar{f}]$ をつくると，A^* も 0 でない代数的環である．よって，A^* の極大イデアルを $\mathfrak{m}^*$ とすると，$\mathfrak{m}^*$ の $A/\mathfrak{a}$ への逆像 $\mathfrak{m}'$ は $\bar{f}$ を含まず，

$$k\subset(A/\mathfrak{a})/\mathfrak{m}'\subset A^*/\mathfrak{m}^*.$$

定理 1.3 により，$A^*/\mathfrak{m}^*$ は k 上代数的拡大体だから，$(A/\mathfrak{a})/\mathfrak{m}'$ も体になる．よって $\mathfrak{m}'$ は極大イデアルである．$\mathfrak{m}'=\mathfrak{m}/\mathfrak{a}$ と極大イデアル $\mathfrak{m}$ で書かれ $f\notin\mathfrak{m}$. これは $\mathfrak{R}\mathfrak{a}=\mathfrak{a}$ を意味する．一般には補題 1.2 を用いて

$$\begin{aligned}\sqrt{\mathfrak{a}}&=\{\bigcap\mathfrak{p}\,;\,\mathfrak{p}\text{ は素イデアル}\supset\mathfrak{a}\}=\bigcap\mathfrak{R}(\mathfrak{p})\\&=\{\bigcap\mathfrak{m}\,;\,\mathfrak{m}\text{ は極大イデアル}\supset\mathfrak{a}\}=\mathfrak{R}(\mathfrak{a}).\end{aligned}$$ ▮

とくに，k が代数閉体ならば，極大イデアル $\mathfrak{m}$ は $\alpha=(\alpha_1,\cdots,\alpha_n)\in k^n$ により $\mathfrak{m}=(X_1-\alpha_1,\cdots,X_n-\alpha_n)$ と表される．$\varphi\in k[X_1,\cdots,X_n]$ に対し，$\mathfrak{m}\ni\varphi\Leftrightarrow\varphi(\alpha_1,\cdots,\alpha_n)=0$.

よって，$V(\mathfrak{a})=\{\alpha\in k^n\,;\,\forall\varphi\in\mathfrak{a}$ につき $\varphi(\alpha)=0\}$ とおくと，

$$\alpha\in V(\mathfrak{a})\Leftrightarrow(X_1-\alpha_1,\cdots,X_n-\alpha_n)\supset\mathfrak{a}$$

だから，つぎの系がえられる．

系(Hilbert の零点定理)

$$f\,|\,V(\mathfrak{a})=0\Leftrightarrow f\in\sqrt{\mathfrak{a}}\,.$$ ——

このようにして，Hilbert の零点定理により，点集合としての代数多様体とイデアルとが，はっきりと対応する．このはっきりとする部分のみを取りあげて形式的な議論をするのが Spec の初級理論である．

§1.8 層の導入

さて，位相空間 Spec A 上に**層構造**を導入しよう．$D(f)\simeq\mathrm{Spec}(A_f)$ であったから $D(f)\mapsto A_f$ という対応をつくりたいが，$D(f)=D(g)$ ならば $A_f\simeq A_g$ (標準的に)をまず確かめねばならない．$D(f)=D(g)=D(fg)$ となるから，$A_f\to A_{fg}$ を自然に $a/f^m\mapsto ag^m/f^mg^m$ で定める．零点定理の系によって，これが同型になることをみる．

すなわち，$a/f^r\mapsto 0$ とすると，$af^{r_1}g^{r_2}=0$ となる．$g^m=\alpha f$, $f^n=\beta g$ ($n\geqq 1$, m

$\geqq 1)$ なる $\alpha, \beta \in A$ があるので，$r_2=m$ にとれるから，$af^{r_1+1}\alpha=0$．さて $f^{nm}=\beta^m g^m=\alpha\beta^m f$ により，$af^{r_1+nm}=0$．よって a/f^r は A_f でも 0 になる．さて A_{fg} の元 $a/f^r g^m$ をとると，$a/f^r g^m=a\beta^m/f^{r+nm}$ と書かれるから，全射でもある．

定理 1.5　$D(f)=\bigcup_{j=1}^{s} D(f_j)$ とわかれているとき，

(i)　A_f の元 α は，各 A_{f_j} において，$\alpha=0$ ($\alpha/1$ を α と略記した)ならば，A_f において $\alpha=0$ である．

(ii)　各 j につき $\alpha_j \in A_{f_j}$ が与えられていて，$A_{f_i f_j}$ において，つねに $\alpha_i=\alpha_j$ とする．このとき，$\alpha \in A_f$ があって，各 A_{f_j} において $\alpha=\alpha_j$ となる．((i)よりこの α はただ一つ.)

証明　A_f を A と書きかえれば $f=1$ としてよいことがわかる．よって，$1=\sum a_i f_i$．さて(i)の証明をしよう．n を共通に大きくとり，$\alpha f_i{}^n=0$ とする．$1=(\sum a_i f_i)^{ns}$ として展開すれば，$1=\sum a_i' f_i{}^n$ と書かれるから，$\alpha=\sum a_i'\alpha f_i{}^n=0$．(ii)の方も同様で，ただ少しわずらわしいだけである．省略しよう．∎

また，やや一般に，A 加群 M についても，同様のことがいえる．

さて Spec A 上に，各 $f \in A$ につき $D(f) \mapsto A_f$ という対応 $\tilde{A}$ を合せ考えた対象を (Spec $A, \tilde{A}$) と書き，これを A に付随した**アフィン・スキーム**という．$\tilde{A}$ は，Spec A 上の環の層とみなされる．そのためには，層の定義からのべるべきであろう．

§1.9　層の定義

a)　X を位相空間とし，つぎの対応 $\mathscr{F}$ を考える．

(I)　任意の開集合 U に対し，或る加群 $\mathscr{F}(U)$ がきまり $\mathscr{F}(\phi)=\{0\}$ とする．

(II)　$U_1 \supset U_2$ のとき，準同型 $r_{U_1,U_2}: \mathscr{F}(U_1) \to \mathscr{F}(U_2)$ がきまる．さて，$\alpha \in \mathscr{F}(U_1)$ に対し，$r_{U_1,U_2}(\alpha)$ を $\alpha | U_2$ と略記する．このとき $U_1 \supset U_2 \supset U_3$ に対し，$\alpha | U_3=(\alpha | U_2) | U_3$ が成り立つ．r_{U_1,U_2} を制限写像という．

(III)　$U=\bigcup U_j,\ j \in J$ に対し，

(i)　$\mathscr{F}(U) \ni \alpha$ が，すべての j について $\alpha | U_j=0$ を満たすなら，$\alpha=0$．

(ii)　$\alpha_j \in \mathscr{F}(U_j)$ があり，$\alpha_i | U_i \cap U_j=\alpha_j | U_i \cap U_j$ がすべての i, j についていえるなら，或る $\alpha \in \mathscr{F}(U)$ があって $\alpha | U_i=\alpha_i$．(この α の一意性は，(i)より示される.)

$\mathscr{F}$ を，X 上の加群の層という．また $\alpha\in\mathscr{F}(U)$ を $\mathscr{F}$ の U 上での一つの切断 (section) という．加群でなく，群，環や A 加群等の構造が $\mathscr{F}(U)$ に入っているとき，r_{U_1,U_2} はしかるべく準同型になっていると仮定して，群，環，A 加群等の層がそれぞれ定義される．

$x\in X$ に対し，帰納的極限により $\mathscr{F}_x=\varinjlim_{U\ni x}\mathscr{F}(U)$ として，'x での $\mathscr{F}$ のストーク' が定義される．'$\mathscr{F}_x$ の元を $\mathscr{F}$ の x での芽(germ)' という．$a\in\mathscr{F}(U)$ の $\mathscr{F}_x$ での類を a_x と書く．

b）任意の開集合 U に対しても，$\tilde{A}(U)$ に意味があるように定義しよう．

$U=\bigcup U_i,\ i\in I$，ここに $U_i=D(f_i)$．$\tilde{A}(U)$ を $\tilde{A}(D(f_i))=A_{f_i}$ 達から定義することを考える．局所性の存在条件(ii)によると，$\alpha_i\in A_{f_i}$ が $\alpha_i|D(f_if_j)=\alpha_j|D(f_if_j)$ を満たすとき，$\{\alpha_i\}$ は $\tilde{\alpha}\in\tilde{A}(U)$ を定める，としてよかろう．別の被覆 $U=\bigcup V_j,\ j\in J$ に対し ($V_j=D(g_j)$)，$\beta_j\in A_{g_j}$ が $\beta_j|D(g_jg_l)=\beta_l|D(g_jg_l)$ を満たすなら，やはり，$\{\beta_j\}$ は $\tilde{\beta}$ を定めるが，$\alpha_i|D(f_ig_j)=\beta_j|D(f_ig_j)$ がすべての i,j について成り立つならば，$\tilde{\alpha}=\tilde{\beta}$ と考えるべきである．このような $\tilde{\alpha}$ の集合として $\tilde{A}(U)$ を定義すると(厳密には，集合論的に，同値関係を入れて論ずるべきだが長くわずらわしい)，$\tilde{A}$ は層になる．

同様にして，層 $\tilde{M}$ も導入される．すなわち，$\tilde{M}(D(f))=M_f,\ U=\bigcup D(f_i)$ について，

$$\tilde{M}(U)=\{(\alpha_i)\,;\alpha_i\in M_{f_i},\ \alpha_i|D(f_if_j)=\alpha_j|D(f_if_j)\}.$$

$\tilde{M}(U)$ は $\tilde{A}(U)$ 加群の構造をもち，この構造は，制限写像と可換である．記号で書くと，開集合 $U_1\subset U$ に対して，$m\in\tilde{M}(U)$，$a\in\tilde{A}(U)$ をとると，つねに

$$m|U_1\cdot a|U_1=(m\cdot a)|U_1.$$

$\tilde{M}$ のストークを求めよう．$x=\mathfrak{p}\in\operatorname{Spec}A$ に対して

$$\begin{aligned}\tilde{M}_x&=\varinjlim_{U\ni x}\tilde{M}(U)=\varinjlim_{D(f)\ni x}\tilde{M}(D(f))\\&=\varinjlim_{f\notin\mathfrak{p}}M_f=M_{\mathfrak{p}}\qquad(\text{問題}6).\end{aligned}$$

とくに

$$\tilde{A}_x=A_{\mathfrak{p}}.$$

このようにして，層の理論からも $A_{\mathfrak{p}}$ の元は，$\mathfrak{p}$ の近傍で正則な $\operatorname{Spec}A$ 上の関数といいうる．

§1.10　環空間と層の一般論

a)　一般に，X を位相空間，$\mathcal{O}_X$ を（1をもつ可換）環の層とする．$(X, \mathcal{O}_X)$ を**環空間**（ringed space）とよぶ．X をその台空間，$\mathcal{O}_X$ をその構造層とよぶ．誤解のないときは，$X=(X, \mathcal{O}_X)$ と略記する．さらに，各点 $x\in X$ について，ストーク $\mathcal{O}_{X,x}$（$=\mathcal{O}_x$ と略記もする）が局所環であるとき，$X=(X, \mathcal{O}_X)$ を**局所環空間**（local ringed space）とよぶ．§1.9でのべたことにより，アフィン・スキームは局所環空間の1例を与える．その他に微分可能多様体，解析多様体などが局所環空間の有力な例である．

X の開集合 U に対し，X 上の層 $\mathcal{F}$ の U 上の制限 $\mathcal{F}|U$ が定義される．すなわち，U 上の開集合 V は X の開集合でもあるから，ただ $(\mathcal{F}|U)(V)=\mathcal{F}(V)$ とおくのである．さて，（局所）環空間 $(X, \mathcal{O}_X)$ から，（局所）環空間 $(U, \mathcal{O}_X|U)$ がつくれる．これを $X=(X, \mathcal{O}_X)$ の U 上の制限という．略して U とも書き，X の開部分（局所）環空間ともいう．

b) 層の準同型　さて，（局所）環空間 $X=(X, \mathcal{O}_X)$ を一つきめて考えよう．$\mathcal{F}, \mathcal{G}$ を $\mathcal{O}_X$ 加群の層とする．層の準同型 $u: \mathcal{F}\to\mathcal{G}$ とは，まず，(i) 各開集合 U に対して，準同型 $u(U): \mathcal{F}(U)\to\mathcal{G}(U)$ が定まり，(ii) $V\subset U$ に対して $u(U)|V=u(V)$ となる，集まり（collection）$\{u(U)\}$ のことと定義できる．とくに $u(U)$ が，つねに $\mathcal{O}_X(U)$ 準同型のとき，u を，$\mathcal{O}_X$ 準同型という．二つの準同型 $u: \mathcal{F}\to\mathcal{G}$，$v: \mathcal{G}\to\mathcal{H}$ の合成は，各 U で合成して，容易に定義される．そして，もちろん通常の合成法則 $(u\cdot v)\cdot w=u\cdot(v\cdot w)$ などを満たす．$\mathcal{F}$ から $\mathcal{G}$ への $\mathcal{O}_X$ 準同型全体は加群をなす．これを $\mathrm{Hom}_{\mathcal{O}_X}(\mathcal{F}, \mathcal{G})=\mathrm{Hom}(\mathcal{F}, \mathcal{G})$ と書く．すると，$\mathrm{Hom}_{\mathcal{O}_X}(\mathcal{O}_X, \mathcal{F})=\mathcal{F}(X)$ になる．

c) 層の完全系列　層の完全系列

$$(*)\qquad 0\longrightarrow\mathcal{F}\xrightarrow{u}\mathcal{G}\xrightarrow{v}\mathcal{H}\longrightarrow 0$$

とは，各開集合 U 上で，$\mathcal{O}_X(U)$ 加群として，

$$0\longrightarrow\mathcal{F}(U)\longrightarrow\mathcal{G}(U)\longrightarrow\mathcal{H}(U)\longrightarrow 0\quad（完全）$$

をいうのではない．そうではなく，層の準同型から，各 $x\in X$ について $\varinjlim_{U\ni x}$ をとって得られるストーク間の $\mathcal{O}_{X,x}$ 加群の列

$$0\longrightarrow\mathcal{F}_x\xrightarrow{u_x}\mathcal{G}_x\xrightarrow{v_x}\mathcal{H}_x\longrightarrow 0$$

が完全になることであるとする．

そこで開集合 U 上の切断を考えると，層の完全系列 $(*)$ から，

$$0\longrightarrow\mathcal{F}(U)\longrightarrow\mathcal{G}(U)\longrightarrow\mathcal{H}(U)\quad（完全）$$

は証明されるが，最後の矢印は必ずしも全射にならない．実際，$\alpha\in\mathcal{F}(U)$ をとり $u(\alpha)=0$ とする．このとき，任意の x につき $u_x(\alpha_x)=(u(\alpha))_x=0$ だから，x の近傍 U_x があって $\alpha|U_x=0$．よって $\alpha=0$．つぎに $\beta\in\mathcal{G}(U)$ が，$v(\beta)=0$ を満たすとき，同様にして，$\gamma_x\in\mathcal{F}(U_x)$ があり（γ_x は切断，§1.9の意味でない），$u(\gamma_x)=\beta|U_x$．さて，$U_x\cap U_y\neq\phi$ ならば，$\gamma_x|U_x\cap U_y=\gamma_y|U_x\cap U_y$ だから，$\gamma\in\mathcal{F}(U)$ があり $\gamma|U_x=\gamma_x$．したがって，$u(\gamma)=\beta$ である．これで証明ができた．さて，試みに，$\delta\in\mathcal{H}(U)$ をとると，$\beta_x\in\mathcal{G}(U_x)$ があり，$v\beta_x=\delta|U_x$．したがって，$v(\beta_x-\beta_y)=0$ だから，$U_x\cap U_y\neq\phi$ に対して，$\gamma_{x,y}\in$

$\mathscr{F}(U_x\cap U_y)$ があって，$\beta_x=\beta_y+\gamma_{x,y}$ となり，$\{\beta_x\}$ は，くい違ってしまう．このくい違いは，1-コホモロジー群 $\check{H}^1(X,\mathscr{F})$ を定めることになる．

d) 前　層　部分層の概念は明白であろう．すなわち，$\mathcal{O}_X$ 加群の層 $\mathscr{F}$ の部分 ($\mathcal{O}_X$ 加群) 層 $\mathscr{G}$ とは，各集合 U の上で部分加群 $\mathscr{G}(U)\subsetneq\mathscr{F}(U)$ かつ，この単射 $\subsetneq$ が制限写像と可換になる層のことである．そこで，$\mathcal{O}_X$ 加群の層 $\mathscr{F},\mathscr{G}$ に対し，$\mathcal{O}_X$ 準同型 $u:\mathscr{F}\to\mathscr{G}$ を考えるとき，$(\mathrm{Ker}\,u)(U)=\mathrm{Ker}\,(u(U):\mathscr{F}(U)\to\mathscr{G}(U))$ とおくと，$\mathscr{F}$ の部分層 $\mathrm{Ker}\,u$ ができ，完全系列

$$0\longrightarrow \mathrm{Ker}\,u\longrightarrow\mathscr{F}\longrightarrow\mathscr{G}$$

を得る．しかし，$\mathrm{Coker}\,u(U)=\mathrm{Coker}\,(u(U):\mathscr{F}(U)\to\mathscr{G}(U))$ とおくとき，$\mathrm{Coker}\,u$ は，層にはならない．読者自ら手を下して証明を試みるなら，くい違いの補正ができそうもないことから容易に納得されよう．しかし，$\mathrm{Coker}\,u$ は§1.9の条件 (I), (II) をかろうじて満たしている．そこで，(I), (II) のみを満たす $\mathscr{F}$ を一般に**前層** (presheaf) とよぶ．(III) の条件は，局所的な性質が整合的に大局的に移ることを保証するわけだから，この保証がないとき，局所的データのみから，大局的データをあらたに再構成してやれば，うまくいくと考えられる．すなわち，前層 $\mathscr{F}$ に対し，そのストークを同様に

$$\mathscr{F}_x=\lim_{U\ni x}\mathscr{F}(U)$$

で定義してやる．そして，新しい層 $\mathscr{F}^*$ を $\mathscr{F}_x=\mathscr{F}_x{}^*$ を手がかりにつくるのである．すなわち，ストークを束ねた空間

$$\mathscr{F}^\#=\coprod_{x\in X}\mathscr{F}_x$$

をつくる．$\mathscr{F}^\#$ に位相を入れよう．開集合 U と，$\alpha\in\mathscr{F}(U)$ をとり，

$$V(U,\alpha)=\{\alpha\text{ のきめる }\mathscr{F}_x\text{ での同値類}\}_{x\in U}\subset\coprod_{x\in U}\mathscr{F}_x\subset\mathscr{F}^\#$$

を基本近傍系にする．実際，$V(U,\alpha)\cap V(U',\alpha')\neq\phi$ のとき，ここから b をとると，或る $x\in U\cap U'$ があって，$b=\alpha_x=\alpha_x'$．そこで，或る x を含む開集合 $W\subset U\cap U'$ があり，$\alpha|W=\alpha'|W$．これを β とおくと，

$$b\in V(W,\beta)\subset V(U,\alpha)\cap V(U',\alpha').$$

そこで $b=\alpha_x\mapsto x$ として，射影 $\pi:\mathscr{F}^\#\to X$ を定義する．そのとき $\pi:\mathscr{F}^\#\to X$ は局所位相同型になる．実際，$V(U,\alpha)\to U$ は全射であるが，定義より全単射でもある．$V(U,\alpha)$ の開集合の底 $V(U',\alpha')$ についても同様だから，まさに位相同型である．したがって，$\pi^{-1}(x)=\mathscr{F}_x{}^\#$ には離散位相が導入される．さて，

$$\mathscr{F}^*(U)=\Gamma(U,\mathscr{F}^\#)=\{\sigma:U\to\mathscr{F}^\#\,;\,\pi\sigma=\mathrm{id}\text{ となる連続写像}\}$$

とおくと，対応 $U\mapsto\mathscr{F}^*(U)$ は定義より明らかに，(I), (II), (III) の性質を満たす．かくして得た層 $\mathscr{F}^*$ を，$\mathscr{F}$ の層化 (sheafification) とよび，${}^a\mathscr{F}$ で示すのが慣用である．

$\Gamma(U,\mathscr{F}^\#)$ の内容を吟味しよう．$\sigma\in\Gamma(U,\mathscr{F}^\#)$ とすると，$x\in U$ に対し，$\sigma(x)=\alpha_x\in\mathscr{F}_x$ である．したがって，$\alpha_1\in\mathscr{F}(U)$ となる x の近傍 U があり，$\sigma(x)$ は (α_1,U) で代表される．σ は (α_1,U) のはりあわせといえる．さて，${}^a\mathscr{F}_x\ni\sigma$ をとると，或る x の開近傍 U と

$\sigma_1 \in \Gamma(U_1, \mathscr{F}^{\#})$があり，$\sigma$ はこれで代表される．σ_1 は x での $\mathscr{F}$ のストーク $\mathscr{F}_x$ の元 $\sigma_1(x)$ を定める．$\sigma \mapsto \sigma_1(x)$ により ${}^a\mathscr{F}_x \simeq \mathscr{F}_x$.

e）前層の完全系列　つぎに前層 $\mathscr{F}_1, \mathscr{F}_2$ があるとき，準同型 $u: \mathscr{F}_1 \to \mathscr{F}_2$ を層の準同型とまったく同様に定義する．さて，'前層の完全系列'

$$0 \longrightarrow \mathscr{F} \longrightarrow \mathscr{G} \longrightarrow \mathscr{H} \longrightarrow 0$$

を，各開集合 U 上で，

$$0 \longrightarrow \mathscr{F}(U) \longrightarrow \mathscr{G}(U) \longrightarrow \mathscr{H}(U) \longrightarrow 0 \quad (\text{完全})$$

として定義する．各 $x \in X$ につき，

$$0 \longrightarrow \mathscr{F}_x \longrightarrow \mathscr{G}_x \longrightarrow \mathscr{H}_x \longrightarrow 0 \quad (\text{完全})$$

は直ちに導かれるから，おのおのの層化をつくると，層の完全系列

$$0 \longrightarrow {}^a\mathscr{F} \longrightarrow {}^a\mathscr{G} \longrightarrow {}^a\mathscr{H} \longrightarrow 0$$

をえることになる．これより，前に戻り Coker の定義を再考しよう．Coker u は前層で，前層としての完全系列

$$\mathscr{F} \xrightarrow{u} \mathscr{G} \longrightarrow \mathrm{Coker}\,(u) \longrightarrow 0$$

がある．それから層の完全系列

$$\mathscr{F} \xrightarrow{u} \mathscr{G} \longrightarrow {}^a\mathrm{Coker}\,(u) \longrightarrow 0.$$

を得る．だから，u の層としての余核 (cokernel) は，前層としての余核の層化 ${}^a\mathrm{Coker}\,(u)$ として理解さるべきだろう．

f）　$\mathscr{F}^{\#}$ は $\mathscr{F}$ のエタール空間ともよばれる．また $\Gamma(U, \mathscr{F}) = \Gamma(U, \mathscr{F}^*) = {}^a\mathscr{F}(U)$ なる記法もしばしば用いられる．$\mathcal{O}_X$ 加群の層 $\mathscr{F}, \mathscr{G}$ に対して，$(\mathscr{F} \otimes \mathscr{G})(U) = \mathscr{F}(U) \otimes_{\mathcal{O}(U)} \mathscr{G}(U)$ とおくと，$\mathscr{F} \otimes \mathscr{G}$ は前層にしかならない．したがって，${}^a(\mathscr{F} \otimes \mathscr{G})$ を，$\mathscr{F}$ と $\mathscr{G}$ との層としての $\mathcal{O}_X$ テンソル積といい，やはり $\mathscr{F} \otimes_{\mathcal{O}} \mathscr{G}$ で示す．（$\mathcal{O}$ は略すことも多い．）$(\mathscr{F} \otimes \mathscr{G})_x = \mathscr{F}_x \otimes \mathscr{G}_x$ になっている．同様に，開集合 U につき，

$$U \longmapsto \mathrm{Hom}_{\mathcal{O}|U}\,(\mathscr{F}|U, \mathscr{G}|U)$$

として，つくった前層は層化するまでもなく層．それを $\mathscr{H}\!om(\mathscr{F}, \mathscr{G})$ と書く．$\mathscr{H}\!om(\mathcal{O}, \mathscr{F}) \simeq \mathscr{F}$ は成り立つが，一般には $\mathscr{H}\!om(\mathscr{F}, \mathscr{G})_x \neq \mathrm{Hom}\,(\mathscr{F}_x, \mathscr{G}_x)$ である．さらに $\mathscr{H}$ も $\mathcal{O}_X$ 加群の層とすると，

$$\mathscr{H}\!om(\mathscr{F} \otimes \mathscr{G}, \mathscr{H}) \simeq \mathscr{H}\!om(\mathscr{F}, \mathscr{H}\!om(\mathscr{G}, \mathscr{H}))$$

が成り立つ．再録になるが，$\Gamma(X, \mathscr{H}\!om(\mathscr{F}, \mathscr{G})) \simeq \mathrm{Hom}\,(\mathscr{F}, \mathscr{G})$ より，

$$\mathrm{Hom}\,(\mathscr{F} \otimes \mathscr{G}, \mathscr{H}) \simeq \mathrm{Hom}_{\mathcal{O}}(\mathscr{F}, \mathscr{H}\!om(\mathscr{G}, \mathscr{H})).$$

§1.11　$\tilde{M}$ の一性質

a）　アフィン・スキーム $X = \mathrm{Spec}\,A$ 上の $\mathcal{O}_X$ 加群の層 $\tilde{M}, \tilde{N}$ を考える．M, N は A 加群であるが，A 準同型 $\varphi: M \to N$ の与えられたとき，開集合 $D(f)$ に

対して，

$$u(D_f)=\varphi_f=\varphi\otimes 1:\ M_f=M\otimes A_f\longrightarrow N_f=N\otimes A_f$$

とおく．一般の開集合 U には，§1.9 のときと同様に，これから $u(U)$ をつくってやればよい．かくて，$\tilde{A}$ 準同型 $u=\tilde{\varphi}:\tilde{M}\to\tilde{N}$ を得る．§1.4 補題1.1の(ii)によれば，A 加群の完全系列

$$0\longrightarrow M'\longrightarrow M\longrightarrow M''\longrightarrow 0$$

より，$\tilde{A}$ 加群の層の完全系列

$$0\longrightarrow \tilde{M}'\longrightarrow \tilde{M}\longrightarrow \tilde{M}''\longrightarrow 0$$

を得る．すなわち $M\mapsto\tilde{M}$ はやはり完全関手である．

さて $\tilde{M}$ は著しい性質をもつ．$M=\sum_{m\in M}Am$ とも書かれるから，$I=M$ として，全射準同型 $A^I\ni(a_i)_{i\in M}\mapsto\sum a_i i\in M$ がある．この核も無限個の直和 A^J からの全射をつくれて，完全系列

$$A^J\longrightarrow A^I\longrightarrow M\longrightarrow 0$$

を得るから $X=\mathrm{Spec}\,A$, $\mathcal{F}=\tilde{M}$ と書くと

$$\mathcal{O}_X{}^J\longrightarrow\mathcal{O}_X{}^I\longrightarrow\mathcal{F}\longrightarrow 0$$

を得る．直和 $\mathcal{O}_X{}^I$ の意味は明らかであろう．このように $\tilde{M}=\mathcal{F}$ が表されるとき $\mathcal{F}$ を準連接的というのである．

b）一般に，$(X,\mathcal{O}_X)$ を環空間とし，$\mathcal{F}$ を $\mathcal{O}_X$ 加群の層とする．各点 $x\in X$ につき，開近傍 U と，直和 $\mathcal{O}_X{}^J\,|\,U$, $\mathcal{O}_X{}^I\,|\,U$ と，$\mathcal{O}_U$ 加群の層準同型とが存在し，完全系列

$$\mathcal{O}_X{}^J\,|\,U\longrightarrow\mathcal{O}_X{}^I\,|\,U\longrightarrow\mathcal{F}\,|\,U\longrightarrow 0$$

がつくれるとき，$\mathcal{F}$ を**準連接的**(quasi-coherent)という．

定理 1.6　$X=\mathrm{Spec}\,A$ 上の，準連接的加群層 $\mathcal{F}$ は，$\widetilde{\mathcal{F}(X)}$ と書かれる．また，$\mathcal{O}_X$ 準同型 $u:\tilde{M}_1\to\tilde{N}$ は，A 準同型 $\varphi:M_1\to N$ からつくった $\tilde{\varphi}$ と一致する．

証明　各点 $x\in X$ につき開集合 $D(f)$ があって，

$$\mathcal{O}_X{}^J\,|\,D(f)\longrightarrow\mathcal{O}_X{}^I\,|\,D(f)\longrightarrow\mathcal{F}\,|\,D(f)\longrightarrow 0\quad(\text{完全}),$$

よって，

$$\begin{array}{ccccc}\mathcal{O}_X(D(f))^J & \xrightarrow{w_f} & \mathcal{O}_X(D(f))^I & \longrightarrow & \mathcal{F}(D(f))\quad(\text{完全}).\\ \| & & \| & & \\ A_f{}^J & & A_f{}^I & & \end{array}$$

2番目の完全系列に直ちに $\to 0$ をつけられないのが残念なところである．仕方なく，$M(f)=\mathrm{Coker}(w_f)$ とおくと，$M(f)\subset\mathscr{F}(D(f))$．

$$A_f{}^J \longrightarrow A_f{}^I \longrightarrow M(f) \longrightarrow 0 \quad (\text{完全})$$

を，層の完全系列におきかえ，$U=D(f)$ とおけば

$$\mathcal{O}_X{}^J\,|\,U \longrightarrow \mathcal{O}_X{}^I\,|\,U \longrightarrow \widetilde{M(f)} \longrightarrow 0 \quad (\text{完全}).$$

よって，$\widetilde{M(f)}=\mathscr{F}\,|\,D(f)$．さて，$X$ は準コンパクトだから，有限個の $f_1,\cdots,f_r$ があって，$X=\bigcup_{j=1}^{r}D(f_j)$，$\widetilde{M(f_j)}=\mathscr{F}\,|\,D(f_j)$．制限写像 $M=\mathscr{F}(X)\to\mathscr{F}(D(f_j))=M(f_j)$ をみると，$M(f_j)$ は A_{f_j} 加群だから，制限写像は $M\to M_{f_j}\to M(f_j)$ と分解される．$m_1\in M(f_1)$ をとる．

$$m_1\,|\,D(f_1f_j)\in\mathscr{F}(D(f_1f_j))=\mathscr{F}\,|\,D(f_j)(D(f_1f_j))=M(f_j)_{f_1f_j}$$

によって，$m_1(f_jf_1)^{n_j}\in M(f_j)$．$M(f_j)$ は A_{f_j} 加群だったから，$m_1f_1{}^{n_j}\in M(f_j)$．ここで $N\gg 0$ にとると，j に関係なく $m_1f_1{}^N\in M(f_j)$．$M(f_j)=\Gamma(D(f_j),\mathscr{F})$ であり，$m_1f_1{}^N\in\Gamma(D(f_1),\mathscr{F})$ だから，$m_1f_1{}^N\in M(f_j)$ の意味は慎重に考えるべきである．すなわち，$\sigma_j\in M(f_j)$ があり，$\sigma_j\,|\,D(f_1f_j)=m_1f_1{}^N\,|\,D(f_1f_j)$．$\sigma_i\,|\,D(f_if_j)\cap D(f_1)=m_1f_1{}^N\,|\,D(f_if_jf_1)=\sigma_j\,|\,D(f_if_j)\cap D(f_1)$ だから，$L\gg 0$ をとると，$\sigma_if_1{}^L\,|\,D(f_if_j)=\sigma_jf_1{}^L\,|\,D(f_if_j)$．

層の条件 III(ii) によって $m\in M$ があり，$m\,|\,D(f_1)=m_1f_1{}^{N+L}$ となる．かくして，$j=1,\cdots,r$ につき $M_{f_j}\to M(f_j)$ は全射である．単射は明らかで $M_{f_j}\simeq M(f_j)$．一方，自然な層準同型 $\tilde{M}\to\mathscr{F}$ がつくられる．(この一般化は§2.20, d) の σ である．) $\tilde{M}\,|\,D(f_i)=\tilde{M}_{f_i}\simeq\widetilde{M(f_i)}=\mathscr{F}\,|\,D(f_i)$ だから，結局，同型 $\tilde{M}\simeq\mathscr{F}$ になる．

さて，$\mathcal{O}_X$ 準同型 $u:\tilde{M}_1\to\tilde{N}$ が与えられたとき，任意の $f\in A$ につき

$$\begin{array}{rccc} u(X): & M_1 & \longrightarrow & N \\ & \downarrow & \circlearrowright & \downarrow \\ u(D(f)): & (M_1)_f & \longrightarrow & N_f. \end{array}$$

よって $\varphi=u(X)$ とおくと，$u(D(f))=\varphi\,|\,D(f)$．だから $u=\tilde{\varphi}$．▌

c)　このようにして，準連接性を鍵として，加群からつくられた層が特徴づけられ，環-加群の理論がそのまま層論に移行する．しかしこれでは折角 Spec とか層とかを導入した意味がないともみられるが，スキーム，すなわち，局所的にはアフィン・スキームと同型になる局所環空間を扱うとき，“局所的には，実は環-加群の理論にすぎない”ということは，思考の節約，見通しのよくなる点で効用

がある．

§1.12 連 接 層

a）つぎに本当の**連接層**(coherent sheaf)についてのべよう．やはり$(X, \mathcal{O}_X)$を環空間，$\mathcal{F}$を$\mathcal{O}_X$加群の層とする．点$x \in X$において，或る近傍Uと$m \in N$があって

$$\mathcal{O}_X{}^m \mid U \longrightarrow \mathcal{F} \mid U \longrightarrow 0 \quad (完全)$$

となるとき，$\mathcal{F}$は，xで有限生成という．

この定義から，つぎのことは自明であろう．

(i) $\mathcal{F}, \mathcal{G}$がxで有限生成ならば，$\mathcal{F} \oplus \mathcal{G}$，$\mathcal{F} \otimes \mathcal{G}$も$x$で有限生成，

(ii) $\mathcal{F}$がxで有限生成，$\mathcal{H} \subset \mathcal{F}$が部分層ならば，$\mathcal{F}/\mathcal{H}$も$x$で有限生成，

(iii) $\mathcal{F}$が到るところ有限生成ならば，$\mathrm{Supp}\,\mathcal{F} = \{x ; \mathcal{F}_x \neq 0\}$は閉集合．

定義 $\mathcal{O}_X$加群の層$\mathcal{F}$は，(i) 各点で有限生成，(ii) 任意の開集合Uと任意の$\mathcal{O}_U$準同型$\varphi : \mathcal{O}_X{}^m \mid U \to \mathcal{F} \mid U$をとるとき$\mathrm{Ker}\,\varphi$が有限生成になる，という性質をもつとき**連接的**(coherent)といわれる．連接的な層を**連接層**という．——

これは極めて重要な概念である．連接的という性質は局所的であることに注意する．

いいかえると，$\mathcal{O}_X$加群の層$\mathcal{F}$に対し，$X = \bigcup_{i \in I} U_i$なる開被覆につき

$$\mathcal{F}\text{ は連接層} \iff \text{任意の } i \in I \text{ について } \mathcal{F} \mid U_i \text{ は連接層．}$$

b）**Serre の定理**　つぎの定理は，Serre の定理として，著名であり，有用なものである．証明は難しくはないが，綿密に考えなければならず，ページを多くとるので，ここでは略そう．

定理 1.7(Serre)　$\mathcal{O}_X$加群の層$\mathcal{F}, \mathcal{G}, \mathcal{H}$の完全系列

$$0 \longrightarrow \mathcal{F} \longrightarrow \mathcal{G} \longrightarrow \mathcal{H} \longrightarrow 0$$

があるとき，そのうち，どれか二つが連接的ならば，残りも連接的である．

系　$\mathcal{O}_X$加群の層$\mathcal{F}, \mathcal{G}$について，

(i) $\mathcal{F}, \mathcal{G}$：連接的 $\iff$ $\mathcal{F} \oplus \mathcal{G}$：連接的，

(ii) $\mathcal{F}, \mathcal{G}$が連接的のとき，$\mathcal{O}_X$準同型$u : \mathcal{F} \to \mathcal{G}$に対して，$\mathrm{Ker}\,u$, $\mathrm{Coker}\,u$, $\mathrm{Im}\,u$, $\mathrm{Coim}\,u$はどれも連接的，

(iii) $\mathcal{F}, \mathcal{G}$が連接的ならば，$\mathcal{F} \otimes \mathcal{G}$，$\mathcal{H}om(\mathcal{F}, \mathcal{G})$も連接的，

(iv)　$\mathscr{F}$ が連接的ならば，$\mathscr{H}om(\mathscr{F},\mathscr{G})_x \simeq \mathrm{Hom}(\mathscr{F}_x,\mathscr{G}_x)$，

(v)　$\mathcal{O}_X$ が連接的ならば，局所的に有限表現の $\mathscr{F}$ は連接的.

証明　一見して自明ではない(iv)と(v)の証明のみを与えておく.

(iv)　$x\in X$ をとると，開近傍 U' と n とがあり，

$$\mathcal{O}_X{}^n\,|\,U' \xrightarrow{u} \mathscr{F}\,|\,U' \longrightarrow 0 \quad (完全).$$

よって，連接性の仮定から，m と x を含む開集合 $U\subset U'$ とがあって，

$$\mathcal{O}_X{}^m\,|\,U \xrightarrow{v} \mathcal{O}_X{}^n\,|\,U \xrightarrow{u} \mathscr{F}\,|\,U \longrightarrow 0 \quad (完全).$$

このとき $\mathscr{F}\,|\,U$ は有限表現(をもつ)という．そこで，ストークに移行して，

$$\mathcal{O}_x{}^m \xrightarrow{v_x} \mathcal{O}_x{}^n \xrightarrow{u_x} \mathscr{F}_x \longrightarrow 0 \quad (完全).$$

自然な写像 $\mathscr{H}om_{\mathcal{O}}(\mathscr{F},\mathscr{G})_x \to \mathrm{Hom}_{\mathcal{O}_x}(\mathscr{F}_x,\mathcal{O}_x)$ があるから，

$$\begin{array}{ccccccc}
0\longrightarrow \mathrm{Hom}_{\mathcal{O}_x}(\mathscr{F}_x,\mathscr{G}_x) & \longrightarrow & \mathrm{Hom}_{\mathcal{O}_x}(\mathcal{O}_x{}^n,\mathscr{G}_x) & \longrightarrow & \mathrm{Hom}_{\mathcal{O}_x}(\mathcal{O}_x{}^m,\mathscr{G}_x) & (完全)\\
\uparrow & & \uparrow & & \uparrow & \\
0\longrightarrow \mathscr{H}om_{\mathcal{O}}(\mathscr{F},\mathscr{G})_x & \longrightarrow & \mathscr{H}om_{\mathcal{O}}(\mathcal{O}_X{}^n,\mathscr{G})_x & \longrightarrow & \mathscr{H}om_{\mathcal{O}}(\mathcal{O}_X{}^m,\mathscr{G})_x & (完全)
\end{array}$$

なる可換完全図形を得る．$\mathscr{H}om_{\mathcal{O}}(\mathcal{O}_X{}^n,\mathscr{G})_x=(\mathscr{H}om_{\mathcal{O}}(\mathcal{O}_X,\mathscr{G})_x)^n=\mathscr{G}_x{}^n$，よって，ただちに，

$$\mathscr{H}om_{\mathcal{O}}(\mathscr{F},\mathscr{G})_x \simeq \mathrm{Hom}_{\mathcal{O}_x}(\mathscr{F}_x,\mathscr{G}_x).$$

(v)　(iv)の証明より x の近傍 U が存在して，$\mathscr{F}\,|\,U$ は有限表現，すなわち

$$\mathcal{O}_X{}^m\,|\,U \xrightarrow{v} \mathcal{O}_X{}^n\,|\,U \xrightarrow{u} \mathscr{F}\,|\,U \longrightarrow 0 \quad (完全).$$

さて $\mathcal{O}_X{}^m\,|\,U$，$\mathcal{O}_X{}^n\,|\,U$ はともに(i)により連接的である．したがって，$\mathrm{Coker}(v\,|\,U)=\mathscr{F}\,|\,U$ は(ii)により連接的である．▮

系　$\mathcal{O}_X$ 自身連接層のとき，$\mathcal{O}_X$ 加群層 $\mathscr{F}$ は，局所的に

$$\mathcal{O}_X{}^m\,|\,U \longrightarrow \mathcal{O}_X{}^n\,|\,U \longrightarrow \mathscr{F}\,|\,U \longrightarrow 0$$

と書けることが，連接層になる必要十分条件である．——

だから，“準連接性＋有限条件＝連接性”なのである.

§1.13　Spec A 上の連接層

a)　Noether 環と連接層とは関連が深い.

定理 1.8　$X=(\mathrm{Spec}\,A,\tilde{A})$ とする.

(i)　A が Noether 環ならば，$\mathcal{O}_X=\tilde{A}$ は連接層.

(ii)　(i)を仮定するとき，$\mathcal{O}_X$ 加群の層 $\mathcal{F}$ について，

$$\mathcal{F} \text{ は連接層} \Leftrightarrow \text{有限生成 } A \text{ 加群 } M \text{ があって } \mathcal{F}=\tilde{M}.$$

証明　(i)　A が Noether 環だから，$f\in A$ につき A_f も Noether 環．($A_f=A[X]/(fX-1)$ を利用して Hilbert の基定理を用いる.) さて，$u:\mathcal{O}_X{}^n|D(f)\to\mathcal{O}_X|D(f)$ は $\varphi: A_f{}^n\to A_f$ からつくられ，$\operatorname{Ker}\varphi$ は，$A_f{}^n$ が Noether 加群になることより，有限生成である．よって，$\tilde{A}_f{}^m\to(\operatorname{Ker}u)\rightrightarrows 0$ (完全) と書かれる．

(ii) $\Longrightarrow$ の証明．まず A 加群 M により，$\mathcal{F}=\tilde{M}$ と書かれる．M が A 加群として有限生成なことをいう．$\mathcal{F}$ は各点で有限生成だから，$X=\bigcup_{j=1}^{r}D(f_j)$ があり，$\mathcal{O}_X{}^n|D(f_j)\to\mathcal{F}|D(f_j)\to 0$ (完全) とできる．よって，M_{f_j} は A_{f_j} 加群として有限生成．これより直ちに，M も有限生成になることがでる．

(ii) $\Longleftarrow$ の証明．(i)と同じ証明ができる．▮

注意 1　$\tilde{A}$ が連接的でも，A は Noether 環でないことがある．

注意 2　$X=\boldsymbol{C}^n$，$\mathcal{O}_X=$複素解析関数の芽の層，とするとき，“$\mathcal{O}_X$ が連接層になる”というのが，古典的な岡の定理である．これは，なかなか深い結果で，多変数関数論の新立脚点になったものである．定理 1.8 はこの環論的類似であるが，抽象代数的に整理され，より初等的になっている．微分可能関数の芽の層は連接的では全くない．だから，連接性という簡明で取り扱い易い性質の中に，代数性なり解析性なりがとりこまれていると，考えてよいだろう．

b) Artin スキーム

A が Noether 環，Spec A は有限離散空間 $\Leftrightarrow$ A : Artin 環．

[証明]　$\Longleftarrow$ の証明．Artin 環 A は極小条件の成立する環として定義される．そのとき，極大イデアルでない素イデアル $\mathfrak{p}$ があったとしよう．$\mathfrak{p}\subsetneqq\mathfrak{m}$ である極大イデアル $\mathfrak{m}$ をとり，列 $\mathfrak{p}+\mathfrak{m}=\mathfrak{m}\supset\mathfrak{m}^2+\mathfrak{p}\supset\cdots\supset\mathfrak{m}^n+\mathfrak{p}\supset\cdots$ をつくると，或る N があり $\mathfrak{m}^N+\mathfrak{p}=\mathfrak{m}^{N+1}+\mathfrak{p}=\mathfrak{m}^{N+2}+\mathfrak{p}=\cdots$．一方，$A$ は Noether 環でもある (秋月の定理) から，Krull の交叉定理 (問題 26) により，$\bigcap(\mathfrak{p}+\mathfrak{m}^n)=\mathfrak{p}$．よって，$\mathfrak{m}^N\subset\mathfrak{p}$．すなわち，$\mathfrak{m}\subset\mathfrak{p}$ となり矛盾する．したがって，極小素イデアルは極大イデアル．Noether 環の極小素イデアルは有限個だから，Spec A は閉点よりなる有限集合，すなわち，有限離散空間となる．

$\Longrightarrow$ の証明．可換環論の定理 “Noether 環 A の素イデアルがみな極大なら，Artin 環” のいいかえである (問題 32)．▮

このことは，次元を考えると，$\dim\operatorname{Spec}A=0$ かつ A が Noether 環ならば，

A は Artin 環，そして逆も真，といいかえられる．

c) 次元をいかに定義すべきかを例についてみる．

例 1.7 $A=k[x_1, \cdots, x_n]$ を n 変数の多項式環とすると，Spec A を k 上のアフィン n 空間といい $\boldsymbol{A}_k{}^n$ で書く．とくに $n=1$ ならばアフィン直線，$n=2$ ならばアフィン平面という．$\boldsymbol{A}_k{}^n$ のスキームとしての次元は n となるべきであろう．

次元を一般的に論じて次元論を構成することは，さほど容易ではないが，$\dim \boldsymbol{A}_k{}^n=n$ となるのは必然の要請である．たとえば，$A=k[x_1, \cdots, x_n]$ の商体 $k(x_1, \cdots, x_n)$ は k の拡大体とみると超越次元 n となる．すなわち，

$$\mathrm{tr\,deg}_k\, k(x_1, \cdots, x_n) = n.$$

ここに A の次元 n がでてくる．

一方，より幾何的に考えると，$x_1=\cdots=x_n=0$ は $\boldsymbol{A}_k{}^n$ の点をきめるから，次元 0，$x_1=\cdots=x_{n-1}=0$ は x_n に自由度があるアフィン直線だから，次元 $1, \cdots$，順次進んで全体の次元 n とみられる．すなわち，素イデアルの列

$$(x_1, \cdots, x_n) \supsetneqq (x_1, \cdots, x_{n-1}) \supsetneqq \cdots \supsetneqq (x_1, x_2) \supsetneqq (x_1) \supsetneqq 0$$

の長さとしても n が再現される．

前の考えを一般にすると，少々妙なことが起きる．k を係数体にした形式的ベキ級数環 $k[[x_1, \cdots, x_n]]$ をつくると，やはり，Noether 環ではあっても，$n \geqq 1$ のとき，つねに，

$$\mathrm{tr\,deg}_k\, k((x_1, \cdots, x_n)) = \infty$$

となってしまう．たとえば，$n=1$ のとき，Spec $k[[X_1]]$ は 2 点しかないのに，∞ 次元では，あまりにひどいといえよう．

§1.14 次　元

a) 後の考えはスキーム論で有用である．すなわち，一般に X を位相空間とし，$F_0, F_1, \cdots$ を既約閉集合とする．これらが

$$\phi \neq F_0 \subsetneqq F_1 \subsetneqq \cdots \subsetneqq F_l \subset X$$

を満たすとき，既約閉集合列の長さを l という．すべての既約閉集合列の長さの最大値を X の次元という．最大値のないとき，$\dim X=\infty$ とする．$x \in X$ に対し，x での X の次元 $\dim_x X$ を，x を含む開集合 U をいろいろにかえ

$$\dim_x X = \inf \{\dim U ; x \in U\}$$

と定義する．さらに，X の閉既約成分 X_1 とは，$X_1 \subset F \subset X$ となる閉既約集合 F は X_1 になるものとして定義される．すると，

$$\dim X = \max\{\dim X_1 ; X_1 \text{ は } X \text{ の閉既約成分}\}.$$[1)]

b) アフィン・スキームの次元　アフィン・スキーム $X=\operatorname{Spec} A$ の場合を考える．閉既約集合 F_j は，或る素イデアル $\mathfrak{p}_j$ により $F_j=V(\mathfrak{p}_j)$ と表わされ，$F_j \subset F_k$ は $\mathfrak{p}_j \supset \mathfrak{p}_k$ と対応する．すなわち，

$$\begin{array}{c} F_0 \subsetneq F_1 \subsetneq \cdots \subsetneq F_l \\ \Updownarrow \\ \mathfrak{p}_0 \supsetneq \mathfrak{p}_1 \supsetneq \cdots \supsetneq \mathfrak{p}_l. \end{array}$$

したがって $\dim \operatorname{Spec} A$ は A の(Krull)次元(または標高，altitude)そのものとなる．さらに $\operatorname{Spec} A$ の閉既約成分 X_1 は A の極小素イデアル $\mathfrak{p}_1$ により，$X_1=V(\mathfrak{p}_1) \rightleftarrows \operatorname{Spec}(A/\mathfrak{p}_1)$ として書かれる．

同様のことだが，イデアル $\mathfrak{a} \subset A$ に対して，

$$\dim V(\mathfrak{a}) = \dim(A/\mathfrak{a}) = \max\{l ; \mathfrak{a} \subsetneq \mathfrak{p}_l \subsetneq \mathfrak{p}_{l-1} \subsetneq \cdots \subsetneq \mathfrak{p}_0 \subsetneq A\}.$$

可換環論では $\mathfrak{a}$ の**高さ**(height)も定義される．まず $\mathfrak{a}$ が素イデアル $\mathfrak{p}$ のとき

$$\operatorname{ht} \mathfrak{p} = \max\{m ; \mathfrak{p}_m \subsetneq \mathfrak{p}_{m-1} \subsetneq \cdots \subsetneq \mathfrak{p}_0 = \mathfrak{p}\}$$

とおき，一般には $\mathfrak{a}$ を含む素イデアル $\mathfrak{p}_j'$ について

$$\mathfrak{a} \text{ の高さ} = \operatorname{ht} \mathfrak{a} = \inf \operatorname{ht}(\mathfrak{p}_j')$$

とおくのであった．そこで，X の閉既約集合 Y に対して，

$$\operatorname{codim}(Y, X) = \sup\{m ; Y=F_0 \subsetneq F_1 \subsetneq \cdots \subsetneq F_m, F_j \text{ は閉既約集合}\}$$

とし，一般には閉集合 Y に対して，その余次元を

$$\operatorname{codim}(Y, X) = \inf\{\operatorname{codim}(Y_1, X) ; Y_1 \text{ は } Y \text{ の既約成分}\}$$

で定義してやると，

$$\operatorname{codim}(V(\mathfrak{a}), \operatorname{Spec} A) = \operatorname{ht}(\mathfrak{a}).$$

もちろん，$\operatorname{ht} \mathfrak{a}$ 等は，A が Noether 環のときによい性質をもつのであった．

c) Noether 空間　A を Noether 環とすると，$X=\operatorname{Spec} A$ 内の閉集合の列

$$F_1 \supset F_2 \supset \cdots$$

は，必ず途中で $F_j=F_{j+1}=\cdots$ と一定になる．それをみるには $F_j=V(\mathfrak{p}_j)$ と $\sqrt{\mathfrak{p}_j}=\mathfrak{p}_j$ を満たすイデアル $\mathfrak{p}_j$ をとるとき

1) 条件 P をみたす m_i の最大値を $\max\{m_i ; P\}$ と書く．

$$\mathfrak{p}_1 \subset \mathfrak{p}_2 \subset \cdots$$

と増大するイデアル $\mathfrak{p}_j$ の列ができるから，Noether 環の定義を思いだせばよい．

一般に，位相空間 X が上の条件を満たすとき，X は **Noether 空間**とよばれる．$\dim \operatorname{Spec} A=\infty$ となる Noether 環 A もある．

§1.15　被約スキーム

a）次元は位相空間 $X=\operatorname{Spec} A$ によってきまった．一方 $X=V(0)=V(\sqrt{0})$ だから，位相空間としては，$X=\operatorname{Spec}(A/\sqrt{0})$ としてもよい．$\sqrt{0}$ を A の**ベキ零根基**(nilradical)という．$A_{\mathrm{red}}=A/\sqrt{0}$ と書くと，A_{red} にはもはやベキ零元は 0 以外にはない．$X_{\mathrm{red}}=\operatorname{Spec}(A_{\mathrm{red}})=(X, \tilde{A}_{\mathrm{red}})$ と書いて，X の**被約スキーム**(reduced scheme)とよぶ．被約スキームの各ストークも 0 以外のベキ零元をもたない．実際，$A=A_{\mathrm{red}}$ のとき，A の素イデアル $\mathfrak{p}$ による局所化環 $A_{\mathfrak{p}}$ のベキ零元 g/s $(s \notin \mathfrak{p})$ をとる．すなわち，或る $m>0$ があって $(g/s)^m=0$ だから，或る $s_1 \notin \mathfrak{p}$ があり $s_1 g^m=0$．よって $(s_1 g)^m=0$．したがって $s_1 g=0$，よって $g/s=0$．

b）さらに Spec A を既約と仮定する．このとき A には零因子がない．もし $ab=0$ となる A の 0 でない元 a, b があるなら，$\operatorname{Spec} A=V(0)=V(ab)=V(a) \cup V(b)$．既約性により，$V(a)=V(0)$ としてよい．よって $\sqrt{a}=\sqrt{0}=0$．すなわち $a=0$．かくて，

$$\operatorname{Spec} A \text{ は被約かつ既約} \iff A \text{ は整域}$$

が示された．このとき Spec A を**整型**(integral)**アフィン・スキーム**とよぶ．

§1.16　アフィン代数多様体

k を体としよう．A を k 上有限生成の環，すなわち，多項式環 $k[X_1, \cdots, X_n]$ を或るイデアル $\mathfrak{a}$ で割った環とするとき，Spec A を k **上代数的アフィン・スキーム**とよぶ．さらに，A が整域なら，**アフィン代数多様体**(affine algebraic variety)とよぶ．これが代数幾何で最も伝統的研究対象の一つである．

例 1.8　2変数既約 d 次多項式 $f(X, Y)$ を考える．

$$\operatorname{Spec} k[X, Y]/(f) \quad \text{は} \quad d \text{ 次}\textbf{アフィン平面曲線}$$

とよばれ，1次元の代数多様体である．もし定数倍の差を無視してなお相異なる既約多項式 $f_1, \cdots, f_s$ があって，$f=f_1 \cdots f_s$ と書かれるとき，$\operatorname{Spec} k[X, Y]/(f)=$

$V(f)=V(f_1)\cup\cdots\cup V(f_s)$ は可約平面曲線とみなされ，$s\geqq 2$ ならば代数多様体ではない．まったく一般に多項式 f をとると，相異なる既約多項式 $f_1,\cdots,f_s$ により $f=cf_1^{m_1}\cdots f_s^{m_s}$ と書かれる．Spec $k[X,Y]/(f)$ は，もはや代数的スキームとしかいいようがない．アフィン・スキームは極めて一般のもので，いかなる環に対しても考えるから，一般の多項式 f についても扱うわけだが，このような一般化は幾何学的直観的側面からの要請でもある．

例 1.9　1点0で2直線が交わり，一方の直線が0を中心に回転して最後に重なったとしよう．終りにでてきたものは，単なる直線ではなく2重直線とでもいうべきものと解される．イデアルで書く：$y(y-\lambda x)$ が，$\lambda\neq 0$ のとき，2直線を定める．$\lambda=0$ とおくと y^2 になる．したがって，2重直線の式とみられる（図1.2(a)）．2重直線はスキームとしてはじめて厳密に定義できる．

例 1.10　尖点曲線$(y^2-\lambda x^3)$の $\lambda=0$ のときも2重直線が登場する（図1.2(b)）．

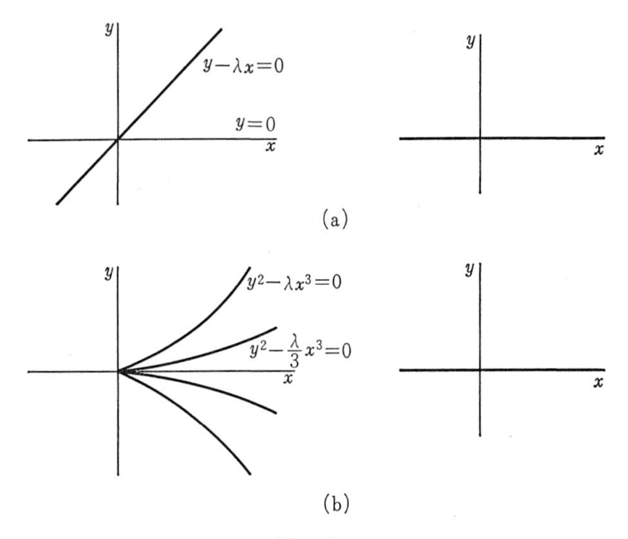

図 1.2

かくのごとく，スキームは自然な概念ともいいえるが，代数多様体だけを考察するのに比べ，やや複雑で一見病理的とも思われる現象のでてくることも仕方のないところである．しかし，代数多様体としての本性は，より一般にスキームとして考察した方が，はっきりすることもまた多いのであって，単なる一般化では断じてない．

§1.17　アフィン・スキームの正則写像

環の準同型 $\varphi: A\to B$ のあるとき，連続写像 ${}^a\varphi: \mathrm{Spec}\, B\to\mathrm{Spec}\, A$ が導かれた．のみならず，構造層 $\tilde{A}$ から $\tilde{B}$ にも，或る意味での層準同型が定義される．

$f\in A$ に対し，$\varphi_f: A_f\to B_{\varphi(f)}$ が自然に導かれ，他の $g\in A$ につき

$$\begin{array}{ccc} A_f & \longrightarrow & B_{\varphi(f)} \\ \downarrow & \circlearrowright & \downarrow \\ A_{fg} & \longrightarrow & B_{\varphi(fg)}. \end{array}$$

さらに $\mathfrak{p}={}^a\varphi(\mathfrak{q})=\varphi^{-1}(\mathfrak{q})$ とおくと，

$$\varinjlim_{f\notin\mathfrak{p}} A_f = A_{\mathfrak{p}} \longrightarrow \varinjlim_{f\notin\mathfrak{p}} B_{\varphi(f)} \longrightarrow B_{\mathfrak{q}} = B_{\varphi^{-1}\mathfrak{p}}.$$

さて，$a\in\mathfrak{p}$ ならば $\varphi(a)\in\mathfrak{q}$，よって，$\mathfrak{p}B_{\mathfrak{q}}\subset\mathfrak{q}B_{\mathfrak{q}}$ である．

$\mathfrak{m}$ を極大イデアルにもつ局所環 A から，$\mathfrak{n}$ を極大イデアルにもつ局所環 B への準同型 φ が $\varphi(\mathfrak{m})\subset\mathfrak{n}$ を満たすとき，**局所的**(local) といわれる．

§1.18　射

a）　アフィン・スキーム，より一般に，環空間の間の**射**(morphism)を定義しよう．

位相空間 X, Y と連続写像 $\psi: X\to Y$ とがあるとき，X 上の層 $\mathscr{F}$ を Y にさげることができる．すなわち，Y 上の層 $\psi_*\mathscr{F}$ を開集合 $U\subset Y$ に対して

$$(\psi_*\mathscr{F})(U) = \Gamma(\psi^{-1}(U), \mathscr{F})$$

とおき，制限写像を $\mathscr{F}$ の制限写像で定義する．各 $x\in X$，$y=\psi(x)$ について，

$$(\psi_*\mathscr{F})_y = \varinjlim_{U\ni y}\Gamma(\psi^{-1}(U), \mathscr{F}) \longrightarrow \mathscr{F}_x = \varinjlim_{V\ni x}\Gamma(V, \mathscr{F}).$$

b）　そこで，環空間 $(X, \mathcal{O}_X), (Y, \mathcal{O}_Y)$ の間の射 f を，連続写像 $\psi: X\to Y$ と Y 上の層準同型

$$\theta: \mathcal{O}_Y \longrightarrow \psi_*(\mathcal{O}_X)$$

の対 (ψ, θ) として理解する．すると，各 $x\in X$，$y=\psi(x)$ について，

$$\theta_x^\sharp: \mathcal{O}_{Y,y} \xrightarrow{\theta_y} \psi_*(\mathcal{O}_X)_y \longrightarrow \mathcal{O}_{X,x}$$

として環準同型 $\theta_x^\sharp$ がきまる．さらに，$(X, \mathcal{O}_X), (Y, \mathcal{O}_Y)$ が局所環空間のとき，

各 $x\in X$ につき $\theta_x{}^\sharp$ は局所的，を満たすならば，$f=(\psi,\theta)$ は局所環空間としての射とよばれる．スキーム $(X,\mathcal{O}_X)$ から $(Y,\mathcal{O}_Y)$ への**正則写像**を局所環空間としての射として定義する．

c)　定理 1.9　アフィン・スキーム間の正則写像

$$f=(\psi,\theta):(\mathrm{Spec}\,A,\tilde{A})\longrightarrow(\mathrm{Spec}\,B,\tilde{B})$$

は，或る環準同型 $\varphi:B\to A$ から作られた $({}^a\varphi,\tilde{\varphi})$ と一致する．

証明　$\varphi=\theta(\mathrm{Spec}\,B):\Gamma(\mathrm{Spec}\,B,\tilde{B})=B\to\Gamma(\mathrm{Spec}\,A,\tilde{A})=A$ とおく．さて，素イデアル $\mathfrak{p}\in\mathrm{Spec}\,A$，$\mathfrak{q}=\psi(\mathfrak{p})\in\mathrm{Spec}\,B$ とするとき，θ の定義からつぎの可換図式 1.1 ができる．

$$\begin{array}{ccc} B=\Gamma(\mathrm{Spec}\,B,\tilde{B}) & \xrightarrow{\varphi} & A=\Gamma(\mathrm{Spec}\,A,\tilde{A}) \\ \downarrow & & \downarrow \\ B_{\mathfrak{q}} & \xrightarrow{\theta_{\mathfrak{p}}{}^\sharp} & A_{\mathfrak{p}} \end{array}$$

図式 1.1

さて $f_1\in B$ をとると，$f_1\in\mathfrak{q}\Longleftrightarrow f_1\in\mathfrak{q}B_{\mathfrak{q}}\Longleftrightarrow\theta_{\mathfrak{p}}{}^\sharp(f_1)\in\mathfrak{p}A_{\mathfrak{p}}$（ここで，$\theta_{\mathfrak{p}}{}^\sharp$ は局所的，が用いられる）．一方，図式 1.1 の可換性により，$\theta_{\mathfrak{p}}{}^\sharp(f_1)=\varphi(f_1)$．したがって，

$$f\in\mathfrak{q}\Longleftrightarrow\varphi(f)\in\mathfrak{p}.\qquad 一方\quad \varphi(f)\in\mathfrak{p}\Longleftrightarrow f\in\varphi^{-1}\mathfrak{p}.$$

これは，$\mathfrak{q}=\psi(\mathfrak{p})=\varphi^{-1}(\mathfrak{p})$ により $\psi={}^a\varphi$ を意味する．さて，$\varphi_{\mathfrak{p}}:B\to A\to A_{\mathfrak{p}}$ と書くと，$\varphi^{-1}(\mathfrak{p})$ の元は $\varphi_{\mathfrak{p}}$ の像で可逆になる．よって，局所化の一意性により $(\tilde{\varphi})_{\varphi^{-1}\mathfrak{p}}=\theta_{\mathfrak{p}}{}^\sharp$．これより $\theta=\tilde{\varphi}$．∎

かくして，アフィン・スキームの理論はまさに可換環の理論そのものであることがわかる．たとえば，A のイデアル $\mathfrak{a}$ は，アフィン・スキーム $(\mathrm{Spec}\,(A/\mathfrak{a}),\widetilde{A/\mathfrak{a}})$ をきめる．これを $\mathrm{Spec}\,A$ の閉部分スキームという．

§1.19　スキーム

a)　さて，スキームの定義をはっきりのべよう．$(X,\mathcal{O}_X)$ は，局所環空間であり，或る X の開被覆 $X=\bigcup U_i$ があって，$(U_i,\mathcal{O}_X|U_i)$ が，或るアフィン・スキーム $(\mathrm{Spec}\,A_i,\tilde{A}_i)$ と同型（局所環空間として）になるとき，$(X,\mathcal{O}_X)$ をスキームとよぶ．しばしば略して $X=(X,\mathcal{O}_X)$ と書く．同様に，$X=(X,\mathcal{O}_X)$ から $Y=(Y,\mathcal{O}_Y)$ への正則写像 $f=(\psi,\theta)$ を $f=\psi$ で書いてしまうことも多い．このとき，θ を $\theta(f)$ とか f^* とか書いたりする．

たとえば，k を0でない体とするとき，Spec $k=\{p\}$ は1点のみよりなる位相空間で，k の区別もつかないようなつまらないものであるが，スキームとしての環空間とみると，1点 p 上に体 k がのっている層をもっている．だから，スキーム Spec k の略記の意味にとるとよい(図式1.2).

Spec 0	0			(空集合 ϕ の上に環0がのっている)
Spec k	k $*$	0		(点 $*$ の上に環 k，ϕ の上に環0がのっている．以下同様)
Spec $k[[X]]$	$k((X))$ $*$	k $\bullet$	0	
Spec $\boldsymbol{Z}$	$\boldsymbol{Q}$ $*$	$\boldsymbol{Z}_{(2)}$　$\boldsymbol{Z}_{(p)}$ $(2), \cdots, (p), \cdots$	0	$\left(\boldsymbol{Z}_{(p)}=\left\{\dfrac{a}{b}; a, b \in \boldsymbol{Z}, b \neq 0\right\}\right)$

図式1.2　やさしい Spec の図

b) 部分スキーム　X をスキームとする．$\mathcal{O}_X$ の準連接的イデアルの層 $\mathcal{J}$，すなわち $\mathcal{J}\subset\mathcal{O}_X$ で，準連接的 $\mathcal{O}_X$ 加群の層 $\mathcal{J}$ をとると，$\mathrm{Supp}(\mathcal{O}_X/\mathcal{J})$ は閉集合 Y になる．$(Y, (\mathcal{O}_X/\mathcal{J})|Y)$ はやはりスキームである．なぜならば，$p\in Y$ を含む X のアフィン開集合 $U=\mathrm{Spec}\,A$ をとると $\mathcal{J}|U=\tilde{I}$ と A のイデアルがきまり，$U\cap Y=\mathrm{Spec}(A/I)$．したがって，アフィン・スキームの閉部分スキームが自然につながり，**閉部分スキーム** Y をつくるのである．

さて，X の開部分スキーム U の閉部分スキーム Y を X の**部分スキーム**という．

例1.11　$V=\mathrm{Spec}\,k[X, Y]=\boldsymbol{A}^2$ とする．$U=V-\{(0,0)\}$ は V の開部分スキームであるが，アフィン・スキームではない．

例1.12　$W=(V-V(X))\cup\{(0,0)\}$ とおくと，W はスキームではない．――

また，X, Y をスキームとし，$f: Y\to X$ を正則写像とする．$f(Y)$ が X の部分スキームで，$Y\to f(Y)$ が同型になるとき，f を**埋入**(写像)という．$f(Y)$ が X の開集合で，$f(Y)$ を X の開部分スキームとみるとき，$f: Y\to f(Y)$ が同型ならば，f を**開埋入**という．$f(Y)$ が X の閉集合のとき，$f(Y)$ に X の或る閉部分スキームの構造を考え $f(Y)$ で表そう．$f: Y\to f(Y)$ が同型ならば，f を**閉埋入**という．

注意1　埋入(immersion)は，もちろん1対1であり，"岩波数学辞典"(日本数学会編)の微分多様体の項での用語とくいちがう．辞典では，(1対1)+immersion=imbedding

の意味に用い，それぞれ，はめ込み，埋め込みという．代数幾何では，どうも immersion (仏語系)＝imbedding らしい．しかし，‘はめ込み’という言葉には，すでに局所1対1という感覚がしみついているように思えたので，新たに埋入(写像)という言葉を使うことにしよう．スキームの morphism はこのままでは射とよみかえるべきだろうが，感覚的にどうしてもなじめないので，正則写像という，やや古い言い方に戻してみた．

注意2 既約な X の開部分スキーム U の閉部分スキーム Y は，一意にきまる X の閉部分スキーム Y_1 により $Y_1\cap U=Y$ と書ける．Y_1 をしばしば Y の X 内での閉包という．

c) 一般に位相空間 X 上の環の層 $\mathcal{O}_X$ を考え，X の開被覆 $X=\bigcup X_i$ から，$\mathcal{O}_{X_i}=\mathcal{O}_X|X_i$ として，やはり環の層を得る．$X_i=(X_i,\mathcal{O}_{X_i})$ と略記する．また，別に $Y_i=(Y_i,\mathcal{O}_{Y_i})$ があり，同型 $f_i: X_i\simeq Y_i$ があるとしよう．$X_i\cap X_j$ は開集合(あるいは開部分環空間)だから $f_i(X_i\cap X_j)=Y_{ij}$ と書くと，Y_i の開集合になる．

$$\begin{array}{rcl} f_i: & X_i & \simeq Y_i \\ & \cup & \ \ \cup \\ f_i|X_i\cap X_j: & X_i\cap X_j & \simeq Y_{ij} \\ & \| & \ \ \downarrow \eta_{ji} \\ f_j|X_i\cap X_j: & X_i\cap X_j & \simeq Y_{ji} \\ & & \ \ \cap \\ & & \ \ Y_j. \end{array}$$

上のようにみると，可換ならしめる同型 $\eta_{ji}: Y_{ij}\simeq Y_{ji}$ が定まる．すると

(i) $\eta_{ii}=1$,

(ii) $\eta_{ij}\cdot\eta_{ji}=\eta_{ii}$,

(iii) $\eta_{ij}\cdot\eta_{jk}=\eta_{ik}$,

を満たす．ただし，(ii), (iii) においては，$\eta_{ji}|Y_{ij}\cap Y_{ik}$ を η_{ji} と略記している．そこで逆に，環空間の集合 $\{Y_i\}_{i\in I}$ が与えられていて，$i,j\in I$ につき開集合 $Y_{ij}\subset Y_i$ が定まり，かつ，同型 $\eta_{ji}: Y_{ij}\simeq Y_{ji}$ が指定されていて，条件(i), (ii), (iii)を満たしているとしよう．すると，$\coprod Y_i$ にまず同値関係 $\sim$ を，

$$y_i\in Y_i\sim y_j\in Y_j \Longleftrightarrow y_i\in Y_{ij},\ y_j\in Y_{ji}\ \text{であって}\ \eta_{ji}(y_i)=y_j$$

として入れる．これが推移律を満たすことだけは確かめよう．

$$y_i\sim y_j,\ y_j\sim y_k\quad \text{とすると}\quad y_j=\eta_{ji}(y_i),\quad y_k=\eta_{kj}(y_j).$$

よって，$y_j\in Y_{ji}\cap Y_{jk}$, $y_i=\eta_{ij}(y_j)\in Y_{ij}\cap\eta_{ij}(Y_{jk})=Y_{ij}\cap Y_{ik}$．それ故 $\eta_{ki}(y_i)=y_k$．$\coprod Y_i/\sim=Y$ に，弱位相を入れると，$\theta_i: Y_i\hookrightarrow Y$ が自然な開単射になる．そして，$\theta_i=\theta_j\cdot\eta_{ji}$．$V$ を Y の開集合とするとき

$$\mathcal{O}_Y(V)=\{\{s_i\in\mathcal{O}_{Y_i}(V\cap Y_i)\}\,;\, s_i|V\cap Y_{ij}=\eta_{ji}{}^*(s_j|V\cap Y_{ji})\}$$

として定義すると層 $\mathcal{O}_Y$ を得る．もちろん $\mathcal{O}_Y|Y_i \simeq \mathcal{O}_{Y_i}$.

このとき“$\{Y_i\}$ は貼り合さって，環空間 Y を定義する”という．

d）　アフィン平面 $\boldsymbol{A}_k{}^2=\mathrm{Spec}\,k[x,y]$ に ∞ 直線としての $\boldsymbol{P}^1$ をつけ加えて射影平面をつくるのは容易である．すなわち，同次座標 X_0, X_1, X_2 を導入して $x=X_1/X_0$, $y=X_2/X_0$ と思うのである．$u=X_0/X_1$, $v=X_2/X_1$; $\xi=X_0/X_2$, $\eta=X_1/X_2$ とすると，$u=1/x$, $v=y/x$; $\xi=1/y$, $\eta=x/y$; $\xi=u/v$, $\eta=1/v$.

さて，c) の方法によると，$Y_0=\mathrm{Spec}\,k[x,y]=\boldsymbol{A}^2$, $Y_1=\mathrm{Spec}\,k[u,v]$, $Y_2=\mathrm{Spec}\,k[\xi,\eta]$ 達をつぎのような貼り合せ写像 η_{ij} により貼り合せて，射影平面 $\boldsymbol{P}_k{}^2$ を得る：

$$\eta_{10}: Y_0 \supset Y_{01} = D(x) \simeq D(u) = Y_{10} \subset Y_1$$

$$x \longmapsto 1/u, \qquad y \longmapsto v/u$$

$$\eta_{20}: Y_0 \supset Y_{02} = D(y) \simeq D(\xi) = Y_{20} \subset Y_2$$

$$x \longmapsto \eta/\xi, \qquad y \longmapsto 1/\xi$$

$$\eta_{21}: Y_1 \supset Y_{12} = D(\eta) \simeq D(v) = Y_{21} \subset Y_2.$$

$$\eta \longmapsto 1/v, \qquad \xi \longmapsto u/v$$

η_{ij} らにより同一視するから，結局，$x=1/u$, $y=v/u$ 等々とみなされる．

n 次元射影空間 $\boldsymbol{P}_k{}^n$ も同様にして導入できる．ほんの少し記号が繁雑になるだけである．もっとも，体 k の条件を少しも用いていないから，一般の環 R に対しても，$R[x_1,\cdots,x_n]$ を使えば，同様にして，R 上の射影空間スキーム $\boldsymbol{P}_R{}^n$ が定義できている．

e）　さて一般に，k 代数的アフィン・スキーム V は $\boldsymbol{A}_k{}^n$ の閉部分スキームだから，$\boldsymbol{A}_k{}^n \subset \boldsymbol{P}_k{}^n$ を用いると，V は $\boldsymbol{P}_k{}^n$ の部分スキームとみなせる．だから，V は $\boldsymbol{P}_k{}^n$ の閉部分スキーム $\bar{V}$ の開部分スキームとみなせる．V を V の閉包スキームともいうが，$\bar{V}$ は V に $V-V$ という無限遠成分 $\subset \boldsymbol{P}^n-\boldsymbol{A}^n=\boldsymbol{P}^{n-1}$ を付け加えた一種のコンパクト化と考えられる．

ともかく，n 次元射影空間の定義はこれでできた．$\boldsymbol{P}_k{}^n$ の閉部分スキームは射影スキームとして，非常に取り扱い易く，古典代数幾何の主役であったが，現在の代数幾何でも依然主役でありつづけている．射影スキームの初等的性質は第3章でふれる．

f）(**Sch**/$\boldsymbol{k}$)　　スキーム X と正則写像 $\varphi: X\to\mathrm{Spec}\,k$ との対 (X,φ) を k スキ

ームとよぶ. k スキームとしての正則写像 $f:(X,\varphi)\to(Y,\psi)$ は, まずスキームとしての正則写像 $f:X\to Y$ で $\psi\cdot f=\varphi$ を満たすもの, とする. これらは一つの圏 (Sch/k) をなす. $X=(X,\varphi)$ と略記することが多い. $\mathrm{Spec}\, k$ の代りに一般のスキーム S でも, 同様にして S スキームの圏 (Sch/S) が定義される. S スキームをスキームと略すことも多い.

§1.20 自己同型群

a) X から X への (正則写像として) 同型全体は群をつくる. これを $\mathrm{Aut}(X)$ と書く. X が k スキームのとき, すなわち, 圏 (Sch/k) での同型全体は部分群 $\mathrm{Aut}_k(X)$ をなす. 詳しく書くと, $\varphi:X\to\mathrm{Spec}\, k$ に対し, $\mathrm{Aut}_k(X)=\{g:X\to X;$ $\varphi=\varphi\cdot g$, かつ $\varphi=\varphi\cdot g_1$ なる $g_1:X\to X$ があって $g\cdot g_1=g_1\cdot g=\mathrm{id}_X\}$ である.

さて, $X=\mathrm{Spec}\, A$ のとき, $\varphi\mapsto {}^a\varphi$ により

$$\mathrm{Aut}(A)\simeq\mathrm{Aut}(X).$$

ただし, $\mathrm{Aut}(A)\ni\varphi,\psi$ に対し ${}^a(\varphi\cdot\psi)={}^a\psi\cdot{}^a\varphi$ であるから, 正しくは反同型というべきである.

さらに A が k 多元環のとき, $A\leftarrow k$ なる準同型があるから $\mathrm{Spec}\, A\to\mathrm{Spec}\, k$ を得る. これで $\mathrm{Spec}\, A$ を k スキームとみると,

$$\mathrm{Aut}_k(\mathrm{Spec}\, A)\simeq\mathrm{Aut}_k(A).$$

b) **自己同型群の例** $A=k[X_1,\cdots,X_n]$ のとき $\mathrm{Spec}\, A=\boldsymbol{A}_k{}^n$, よって,

$$\mathrm{Aut}_k(\boldsymbol{A}_k{}^n)\simeq\mathrm{Aut}_k\, k[X_1,\cdots,X_n].$$

この群は, かなり難しい群である. $n=1$ のときのみやさしい. $\mathrm{Aut}_k\, k[X_1]=\mathrm{Aff}(1,k)$ (1 次元アフィン群) である. $\boldsymbol{A}^1=G_a$ と書き, 加法群とみることもある (§1.28 をみよ). 乗法群 G_m は,

$$G_m=\mathrm{Spec}\, k[X,X^{-1}]$$

で表される. すると,

$$G_m\times_k\cdots\times_k G_m\simeq\mathrm{Spec}\, k\,[X_1,X_1{}^{-1},\cdots,X_n,X_n{}^{-1}].$$

これの k 自己同型群は比較的容易である. 便宜上 $n=2$ としよう.

$$k[X_1,X_1{}^{-1},X_2,X_2{}^{-1}] \quad \text{の単数は} \quad cX_1{}^nX_2{}^m \qquad (c\in k^*\,;n,m\in\boldsymbol{Z})$$

と表される. さて $\varphi\in\mathrm{Aut}_k\, k[X_1,X_1{}^{-1},X_2,X_2{}^{-1}]$ とすると, $\varphi(X_1)$, $\varphi(X_2)$ も単数である. よって

$$\varphi(X_1) = c_1 X_1^{n_{11}} X_2^{n_{12}},$$
$$\varphi(X_2) = c_2 X_1^{n_{21}} X_2^{n_{22}}.$$

φ に逆 φ^{-1} のあることから $[n_{ij}] \in GL(2, \boldsymbol{Z})$．そしてこのとき φ は逆をもつことはみやすい．よって，全射

$$\rho: \mathrm{Aut}_k\, k[X_1, X_1^{-1}, X_2, X_2^{-1}] \longrightarrow GL(2, \boldsymbol{Z})$$
$$\varphi \longmapsto [n_{ij}]$$

を得る．$\varphi \in \mathrm{Ker}\, \rho$ をとると，

$$\varphi(X_i) = c_i X_i \qquad (i=1, 2)$$

であるから，

$$\mathrm{Ker}\, \varphi = k^{*2}.$$

よって

$$1 \longrightarrow k^{*2} \longrightarrow \mathrm{Aut}_k\, k[X_1, X_1^{-1}, X_2, X_2^{-1}] \longrightarrow GL(2, \boldsymbol{Z}) \longrightarrow 1 \quad (完全)$$

を得る．また $GL(2, \boldsymbol{Z}) \ni N = [n_{ij}]$ は

$$N(X_i) = X_1^{n_{i1}} X_2^{n_{i2}}$$

として $G_m \times G_m$ に作用し，$\varphi = (c_1, c_2) \in k^{*2}$ について

$$N^{-1} \varphi N = (c_1^{n_{11}} c_2^{n_{12}}, c_1^{n_{21}} c_2^{n_{22}}).$$

これにより，$\mathrm{Aut}_k\, k[X_1, X_2, X_1^{-1}, X_2^{-1}]$ は**半直積** $k^{*2} \cdot GL(2, \boldsymbol{Z})$ とみられる．

$G_m{}^n$ を n 次元の k **代数的トーラス**という．

§1.21 アフィン・スキームの積

上記で，すでにスキームの積を使用していた．これを正しく定義しよう．アフィン・スキーム Spec A, Spec B の積は簡単である．すなわち，

$$\mathrm{Spec}\, A \times \mathrm{Spec}\, B = \mathrm{Spec}\,(A \otimes B)$$

とする．もし Spec A, Spec B が k スキーム，いいかえると，A, B が k 多元環ならば，k スキームとしての積は

$$\mathrm{Spec}\, A \times_k \mathrm{Spec}\, B = \mathrm{Spec}\,(A \otimes_k B)$$

として理解する．1変数多項式環 $k[X]$ について

$$k[X] \otimes_k \cdots \otimes_k k[X] \simeq k[X_1, \cdots, X_n]$$

であるから，

$$\boldsymbol{A}_k{}^1 \times_k \cdots \times_k \boldsymbol{A}_k{}^1 \simeq \boldsymbol{A}_k{}^n.$$

同様にして，$G_m{}^n=G_m\times_k\cdots\times_k G_m$ が納得されて，§1.20, b)の例が正当化されよう．

§1.22 積多様体の位相

さて k が代数的閉体のとき，$\boldsymbol{A}_k{}^n$ の閉点全体のなす集合は，§1.7により，$k^n=k\times\cdots\times k$ と同一視される．しかし $\boldsymbol{A}_k{}^n$ から相対位相として k^n に入れた位相は，n 個の位相空間 k の直積位相 k^n よりずっと強い．

$n=2$ として例示しよう．

$k\times k$ の直積位相での閉集合は，有限集合，座標軸に平行な直線，これらの有限個の和集合，および全空間 $k\times k$ と ϕ (図1.3(a))．

k^2 の位相では，直積位相の閉集合に加え，有限個の代数曲線の集合が閉集合になる(図1.3(b))から，よほど閉集合がふえてくる．

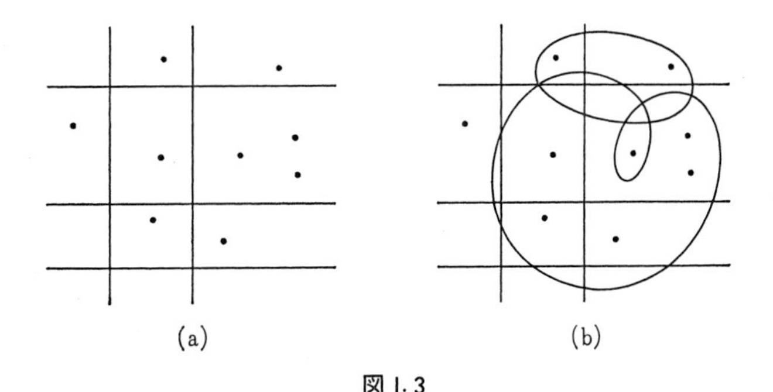

図1.3

しかし，それでも $k=\boldsymbol{C}$ のとき $\boldsymbol{C}^2=\boldsymbol{R}^4$ として，普通の Euclid 距離空間の位相を入れた位相空間にくらべると，はるかに閉集合が少ないのである．だから位相空間として $k^2\neq k\times k$ といってみても，所詮どんぐりの背くらべのごときものであろう．

§1.23 分離公理

アフィン・スキーム $X=\operatorname{Spec} A$ を k スキームとしよう．$\mu_A: A\otimes_k A\ni\sum a_i\otimes b_i\mapsto\sum a_ib_i\in A$ なる環準同型より，

$$\varDelta: X\longrightarrow X\times_k X$$

を得る．すると，$A\otimes_k A/\mathrm{Ker}\,\mu_A \cong A$ だから，

$$\Delta(X) = V(\mathrm{Ker}\,\mu_A) \subset X\times_k X$$

となる．すなわち $\Delta(X)$ が $X\times_k X$ の閉集合になるので，X を k 上**分離的**という．

k 上分離的という性質は，つぎのように通常の空間で考えるとはっきりする．

X を位相空間，$X\times X$ を積位相の入った位相空間とする．このとき，X の位相が T_2 分離的(すなわち Hausdorff 空間)と，$\Delta(X)=\{(x,x)\,;\,x\in X\}$ が $X\times X$ 内で閉，とは同値．

[証明]　X を T_2 分離的とする．$x\neq y\in X$ をとると，$x\in U_1$, $y\in U_2$ および $U_1\cap U_2=\phi$ を満たす開集合 U_1, U_2 がある．$U_1\times U_2$ は $\Delta(X)$ と共通部分をもたない．よって $\Delta(X)$ は閉である．逆に $\Delta(X)$ は閉としよう．$\Delta(X)\not\ni(x,y)$ をとると，$U_1\times U_2$ が開集合の基だから，$U_1\times U_2\ni(x,y)$ かつ $\Delta(X)\cap(U_1\times U_2)=\phi$ となる開集合 U_1, U_2 がある．これはまさに，X が T_2 分離的となることを意味している．∎

アフィン・スキームの積の位相は積空間のそれではないから，上記の同値は成り立たない．その代り $\Delta(X)$ が閉，という分離性が重なる役割を演ずる．普通の多様体は，局所的には $\boldsymbol{R}^n$ の開集合で，ここでは，無論，T_2 分離的位相空間になっている．これらを貼り合せるとき，全体としても T_2 を要請するのが実用的であった．スキーム論では，局所的には，アフィン・スキームであったから，ここで分離性のいえることは，どうしても必要であろう．それは T_2 ではないにしても，より本質的な意味で分離性が成り立っているとみられる．

さて，一般のスキームの分離性を論じる前に，スキームの積を定義しなくてはならない．

§1.24　スキームの積(実用的)

X, Y を k スキームとする．アフィン開集合 U_i, V_λ らの被覆 $X=\bigcup U_i$, $Y=\bigcup V_\lambda$ を一つとろう．$U_i\times_k V_\lambda$ をアフィン・スキームとしての積と考えると，$U_i\times_k V_\lambda$ 達はうまく貼り合さって，一つのスキームを定める(§1.19, c))．それを $X\times_k Y$ と書けばよいのである．$U_i\times V_\lambda\to U_i$ もうまく貼り合さり，k 正則写像 $p: X\times Y\to X$，同様に $q: X\times Y\to Y$ を得る．さらに，別の k スキーム Z があって k 正則写像 $\varphi: Z\to X$，$\psi: Z\to Y$ のあるとき，$(\varphi,\psi): Z\to X\times Y$ が定まり，

つぎの可換図式ができる:

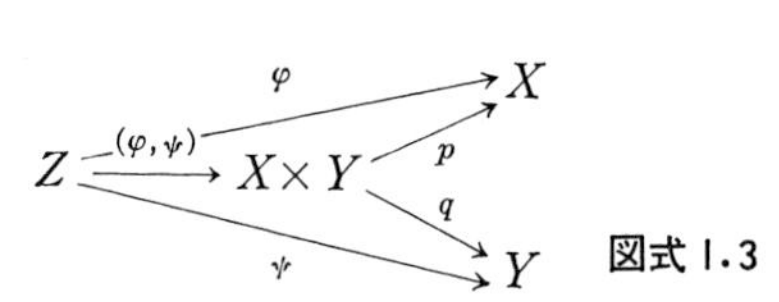

図式 1.3

とくに $Z=X=Y$, $\varphi=\psi=\mathrm{id}_X$ をとるとき,

$$\varDelta_X : X \longrightarrow X\times_k X$$

が定まり,この像 $\varDelta(X)$ が閉集合となるとき,X を k 上分離的という.$\boldsymbol{P}_k{}^n$ は無論分離的である(第3章§3.6).一般に X を k 上分離的としよう.そしてアフィン開集合 U_i によりおおわれているとき,$(U_i\times_k U_j)\cap\varDelta(X)\simeq U_i\cap U_j$ であるから,$U_i\times_k U_j$ なるアフィン・スキームの閉部分スキームとして $U_i\cap U_j$ もアフィン・スキームとなる.この議論は,そのまま逆行できる.すなわち,$U_i\cap U_j \simeq (U_i\times U_j)\cap\varDelta(X)$ が $U_i\times_k U_j$ 内で閉ならば,X は k 上分離的である.

§1.25 X 値点

前節の積は実用的ではあるが,理論的には粗雑にすぎよう.実はスキームの理論では,積理論の構成をつぎのごとくスマートに行うのである.

X, Y を k スキーム,$\mathrm{Hom}_k(X, Y)$ で,k 正則写像全体を表す.$\mathrm{Hom}_k(X, Y)$ の元(すなわち,k 正則写像)を Y の k 上の **X 値点**という.X 値点の全体を $Y(X)$ で示す: $Y(X)=\mathrm{Hom}_k(X, Y)$.$X=\mathrm{Spec}\,R$ のとき $Y(R)=Y(\mathrm{Spec}\,R)$ とも書く.たとえばいま $Y=\mathrm{Spec}\,k[X_1, \cdots, X_n]$, $\bar{k}$ を k の代数的閉包とし $X=\mathrm{Spec}\,\bar{k}$ とおくとき,

$$Y(\bar{k})=\{\psi : k[X_1, \cdots, X_n]\to\bar{k}/k\}=\{\bar{k}[X_1, \cdots, X_n] \text{ の極大イデアル}\}$$
$$=\{\mathrm{Spec}\,\bar{k}[X_1, \cdots, X_n] \text{ の閉点}\}\simeq\bar{k}^n.$$

K/k を体の代数拡大とすると,

$$Y(K)=\{\mathrm{Spec}\,k[X_1, \cdots, X_n] \text{ の閉点 } x \text{ で, } k(x)\subset K\}.$$

だから $Y(K)$ は K 上有理的点全体と考えられる.

より一般に

$$A=\boldsymbol{Z}[X_1, \cdots, X_n]/(f_1, \cdots, f_s)$$

としよう.$\mathrm{Spec}\,A(R)\ni\psi$ は,環準同型 $\tilde{\psi}$ であって

$$\tilde{\psi} : \boldsymbol{Z}[X_1, \cdots, X_n]\longrightarrow R \quad \text{かつ} \quad f_j(\tilde{\psi}(X_1), \cdots, \tilde{\psi}(X_n))=0$$

を満たすものとみなしうる．いいかえると，$\alpha_1, \cdots, \alpha_n \in R$ で

$$f_j(\alpha_1, \cdots, \alpha_n) = 0 \qquad (j=1, \cdots, s)$$

を満たすものとして，ψ は理解される．これは

$$f_1(X) = \cdots = f_s(X) = 0$$

の解を R で求めることに他ならない．この経緯をつぎのように解しよう．すなわち，スキーム Spec $\boldsymbol{Z}[X_1, \cdots, X_n]/(f_1, \cdots, f_s)$ は本源的なもので，そこでの底空間は幾何学的常識からかけ離れたものである．しかし，その R 値点を考えて，R 上での幾何学的対象を得る．$R=\bar{k}$ または万有体 Ω で考えるとき，Weil の代数幾何の世界になる．標語的にいうと，いろいろの体 K，環 R などを考えて，具現した姿 $Y(K), Y(R), \cdots$ の背後にスキーム Y という本質がある，といえる．これは，一種の本地垂迹説とみれぬことはない(佐藤幹夫氏の巧みな解説)．

§1.26　スキームの積

a)　k スキーム X, Y の k 上の積 $X\times_k Y$ とは，k スキームであって，任意の k スキーム Z をとると，その Z 値点全体が集合として積になると解する．かくて，k スキーム X, Y の積 $X\times_k Y$ は任意の k スキーム Z につき

$$X\times_k Y(Z) = X(Z)\times Y(Z)$$

になる $X\times_k Y$ として定義されるべきである．

$$\begin{array}{ccc} X\times_k Y(Z) & = & X(Z)\times Y(Z) \\ \Psi & & \Psi \\ (\varphi, \psi) & = & (\varphi, \psi) \end{array}$$

と書くことにすると(右辺の(,)は積集合の元)，とくに $Z=X\times_k Y$ に対して id_Z (恒等写像)が左辺にあるから，これに対応する右辺として，(p, q) をえる．これにより射影 $p: X\times Y\to X$, $q: X\times Y\to Y$ が定義される．さて = で書いた対応は，少なくとも関手的であらねばならない．いいかえると，$f: Z\to Z'$ に対して

$$\begin{array}{ccccc} (\varphi, \psi)\cdot f \in X\times Y(Z) & = & X(Z)\times Y(Z) \ni (\varphi\cdot f, \psi\cdot f) \\ \uparrow & \circlearrowleft & \uparrow \\ (\varphi, \psi) \in X\times Y(Z') & = & X(Z')\times Y(Z') \ni (\varphi, \psi). \end{array}$$

図式 1.4

式で書くと，

$$(\varphi, \psi)\cdot f = (\varphi\cdot f, \psi\cdot f).$$

よって，$(p, q)=\mathrm{id}$ により，$f=(p\cdot f, q\cdot f)$．また $f=(\varphi, \psi)$ と書くとき

$$(\varphi, \psi)=(p\cdot(\varphi, \psi), q\cdot(\varphi, \psi)).$$

だから，つぎの可換図式 1.5 をえる．

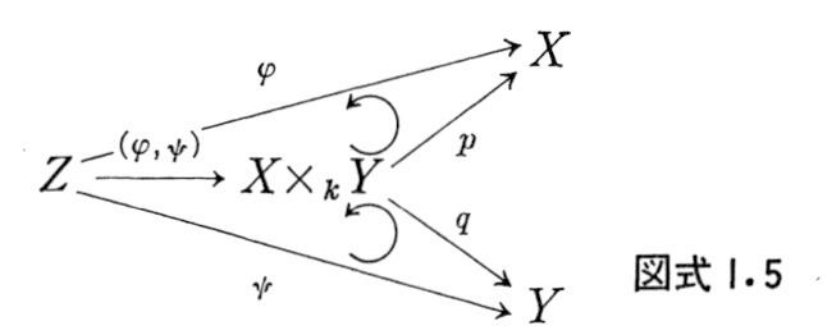

図式 1.5

さて，$X\times_k Y$ は，p, q もこめた意味で一種の一意性がいえる．すなわち，別に $\{(X\times Y)', p', q'\}$ が，$\{X\times_k Y, p, q\}$ と同様の性質を満たすとき，同型 (p', q')，(p, q) があって，可換図式 1.6 を得る．

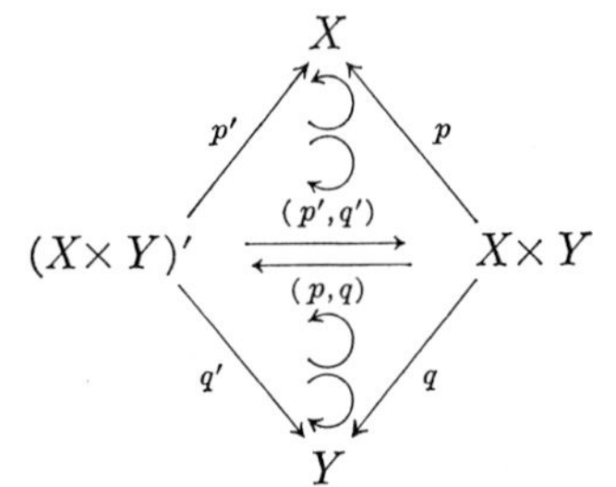

図式 1.6

存在を論ずる前に，一意性など関手論的考察が優先してしまい，いかにも皮相的になるが，こうしておくと，存在を示すときにも考えやすくなる．ともあれ，存在をいうのは§1.24 の論点をきちんとさせるだけのことにすぎない．ここでは略す．

上記では，体 $\boldsymbol{k}$ 上のスキームを考えたが，形式的なところは $\boldsymbol{k}$ の代りに，スキーム S におきかえてよい．S スキーム X と S スキーム Y の S スキームとしての積は，まず，関手論的に定義され，存在も容易に示され，$X\times_S Y$ と書かれる．これを S 上のファイバー積という．すると，$f: X\to S$ が S 上分離的もまったく同様に定義される．このとき X を S 分離的とよぶ．つぎの自明的性質がある：

(i)　$X\times_S S\simeq X$,

(ii)　$X\times_S T\times_T Y\simeq X\times_S Y$

(ただし $Y\to T\to S$ を合成して，$Y\to S$ とみるのである)，

(iii)　$X\times_S Y\simeq Y\times_S X$,　$(X\times_S Y)\times_S Z\simeq X\times_S(Y\times_S Z)$　等．

b）正則写像の積 (Sch/S) において，$f_i: X_i \to Y_i$ が与えられたとしよう．

$$X_1 \times_S X_2 \xrightarrow{p} X_1 \xrightarrow{f_1} Y_1, \qquad X_1 \times_S X_2 \xrightarrow{q} X_2 \xrightarrow{f_2} Y_2$$

から積をつくると，

$$(f_1 \cdot p, f_2 \cdot q) : X_1 \times_S X_2 \longrightarrow Y_1 \times_S Y_2.$$

そこで $f_1 \times_S f_2 = (f_1 \cdot p, f_2 \cdot q)$ とおいて，f_1 と f_2 のファイバー積を定義してやる．すると，

$$(g_1 \times_S g_2) \cdot (f_1 \times_S f_2) = (g_1 \cdot f_1) \times_S (g_2 \cdot f_2) \qquad 等.$$

§1.27 ファイバー積の例

a） ファイバー積を自由に行えるところに，能う限り一般に考えたスキーム論の理論的長所がある．

例 1.13 $X = \mathrm{Spec}\,\boldsymbol{Z} \supset Y = \mathrm{Spec}\,\boldsymbol{Z}/(m)$，$\supset Z = \mathrm{Spec}\,\boldsymbol{Z}/(n)$ とおくと，

$$Y \times Z \simeq \mathrm{Spec}\,\boldsymbol{Z}/(m, n).$$

とくに，$(m, n) = 1$ ならば $Y \times Z = \phi$.

例 1.14 すなわち，環 A とイデアル $\mathfrak{a}, \mathfrak{b}$ について，

$$\mathrm{Spec}\,(A/\mathfrak{a}) \times_{\mathrm{Spec}\,A} \mathrm{Spec}\,(A/\mathfrak{b}) \simeq \mathrm{Spec}\,A/(\mathfrak{a}, \mathfrak{b}).$$

例 1.15 X, Y, S が体 k 上のスキーム，さらに X, Y が S 上のスキームのとき，定義によると，

$$X \times_S Y(k) = X(k) \times_{S(k)} Y(k).$$

右辺は普通の集合としてのファイバー積である．k 値点が集合としてのファイバー積というだけでは，実はスキーム $X \times_S Y$ を決定しえない．k 上の任意のスキーム T (k 多元環 R につき $T = \mathrm{Spec}\,R$ をとるだけでもよい)につき，

$$X \times_S Y(T) = X(T) \times_{S(T)} Y(T)$$

を満たす(関手論的変換則を満たしつつ)として，はじめて一義的に定められる．

b）スキームの共通部分 上の例から考えると，Y_1, Y_2 を X の閉部分スキームとするとき，

$$Y_1 \times_X Y_2$$

として，X 内での Y_1 と Y_2 のスキームとしての共通部分 $Y_1 \cap Y_2$ が，とらえられるのに気づくであろう．このときイデアルの層は $\mathscr{I}_{Y_1 \cap Y_2} = \mathscr{I}_{Y_1} + \mathscr{I}_{Y_2}$．図 1.4

のように，$X=\mathrm{Spec}\,\boldsymbol{C}[x,y]$，$C_1=V(y^2-x^3)$，$C_2=V(y)=x$ 軸，$C_3=V(x)=y$ 軸，とするとき，スキームとしてみると，

$$C_1\cap C_2 = V(y, y^2-x^3) = V(y, x^3) = \mathrm{Spec}\,k[x]/(x^3),$$
$$C_1\cap C_2 = V(x, y^2-x^3) = V(x, y^2) = \mathrm{Spec}\,k[y]/(y^2).$$

これは，C_1 と C_2 とが原点で，重複度3の交点数をもつこと，C_1 と C_3 とは原点で，重複度2の交点数をもつことをおのおの自然に示している．後に，第8章で交点数の理論を組み立てて，このことが合理化されるが，ベキ零元をもつような環の有用性が，すでにここで表れている．

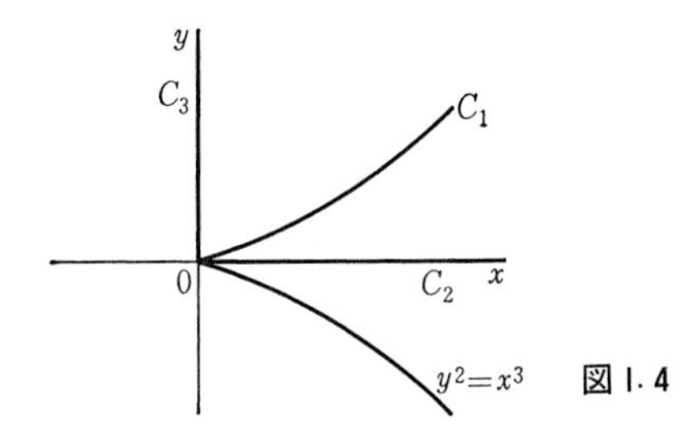

図 1.4

例 1.16 X, Y をスキーム，$f: X\to Y$ を正則写像とし，$y\in Y$ を閉点とする．$\{y\}\hookrightarrow Y$ を閉部分スキーム $\mathrm{Spec}\,k(y)$ とみて，$X\times_Y\{y\}$ を X_y と書く．これを f の y でのファイバーといい，$f^{-1}(y)$ で示す．$\mathcal{F}$ を $\mathcal{O}_X$ 加群層とするとき，

$$\mathcal{F}_y = \mathcal{F}\otimes_{\mathcal{O}_X}\mathcal{O}_{X_y}$$

(詳しくは§2.20, c)をみよ．$x\in X_y$ に対して $(\mathcal{F}_y)_x=\mathcal{F}_x/m_y\mathcal{F}_x$ をストークにする)として，$\mathcal{F}$ の X_y への制限が定義される．たとえば，$A=k[x,y,t]$ を多項式環とし，

$$f = {}^a\psi: X = \mathrm{Spec}\,(A/(y^2-tx^3))\longrightarrow Y = \mathrm{Spec}\,k[t]$$

を，$\psi: k[t]\to k[x,y,t]=A\to A/(y^2-tx^3)$ からつくると，点 $t\in Y$ を Y の座標で書いて，t とするとき，

$$X_t = \{y^2-tx^3=0\}$$

である．すなわち，尖点をもつ3次曲線の族ができ，$t=0$ では2重の x 軸となる．

一般に，$\{x\,;f(x)=y\}$ は X の部分閉集合であるが，さらに $f^{-1}(y)=X_y$ と同相であることが容易に確かめられる．

例 1.17　前の例では $f:X\to Y$ に対し $\{y\}\to Y$ で，ファイバー積をつくったが，$\{y\}$ を一般にして，$h: Y'\to Y$ なる正則写像により，ファイバー積 $X\times_Y Y'$ をつくり，X' とおく．また，$f':X'=X\times_Y Y'\to Y'$ を Y' への射影とする．$y'\in Y'$ を閉点とすると，$y=h(y')$ も閉点で，$X'\times_{Y'}\{y'\}\simeq X\times_Y\{y\}$ であるから，$f':X'\to Y'$ は $f:X\to Y$ とそれほど異なるわけではない．f により X を Y 上のスキームとみるとき，“X' を $h: Y'\to Y$ により，基底変換した Y' 上のスキーム” という．これはアフィン・スキームのとき，環論で考えると，B が A 代数，A' を別の A 多元環とするとき，$B\otimes_A A'$ を A' 多元環と自然にみることにちょうど対応している．とくに A が体 k，A' が k の拡大体，とくに(k の代数的閉体)$\bar{k}$ とすると，B が整域でも $B\otimes_k\bar{k}$ が整域でなくなることは多い．B が体 K であってもそうである．体論で，

$$K/k \text{ が正則拡大} \Longleftrightarrow K\otimes_k\bar{k} \text{ が整域}$$

という定理があったから当然でもあろう．正則拡大とは，k が K 内で代数的にとじていて，かつ，分離的拡大(標数0ならば不用になる条件)といってもよいし，k 上1次独立な K の元は，やはり $\bar{k}$ 上でも1次独立ともいえたことに注意をむけておく．

c) グラフ　正則写像 $f:X\to Y$ のグラフをスキーム論的につくるのは容易で，$X\xrightarrow{\mathrm{id}}X$，$X\xrightarrow{f}Y$ により，$(\mathrm{id},f):X\to X\times_k Y$ をつくりそれを Γ_f とおけばよい．このとき，$p\cdot\Gamma_f=f$，$q\cdot\Gamma_f=\mathrm{id}$．さて，$Y$ のアフィン開集合 $U_\alpha=\mathrm{Spec}\,A_\alpha$ による被覆をとり，$V_\lambda=\mathrm{Spec}\,B_\lambda\subset f^{-1}U_\alpha$ を考える．$\Gamma_f|V_\lambda: V_\lambda\to V_\lambda\times_k U_\alpha$ を環論で書き直すと，${}^a\psi=f|V_\lambda$ となる $\psi: A_\alpha\to B_\lambda$ を用いて，$B_\lambda\otimes A_\alpha\to B_\lambda$ を $b\otimes a\mapsto\psi(b)a$ とつくることになる．したがって，ψ は全射準同型．よって，$\Gamma_f|V_\lambda$ は閉埋入である．すなわち，

$$X\hookrightarrow\bigcup V_\lambda\times_k U_\alpha$$

は閉埋入である．k は体を意識しているが，一般のスキーム，たとえば Z でも無論構わない．$f:X\to Y$ を (Sch/Z) の元として $\Gamma_f:X\to X\times_Z Y$ をつくると，同様の性質をもつが，とくに Γ_f が閉埋入になっているときが重要である．(Sch/Y) において $\mathrm{id}:X\to X$ について，$\Gamma_{\mathrm{id}}=\Delta_{X/Y}=\Delta_f$ 等と書く．Δ_f が閉埋入のとき，f を**分離的** (separated) といった(§1.26 をみよ)．$\Gamma_f(X)$ も Γ_f でかく．

§1.28 群スキーム

a）ファイバー積の構成で用いた考えは，非常に一般的なもので，形式的な数学の論法のもつ徹底した軽佻浮薄さと有用性とを合せもっている．この考えで，スキーム論に群が導入される．(Sch/k) において，$G\in$ (Sch/k) が **k 群スキーム**とは，任意の $T\in$ (Sch/k) につき，$G(T)$ が群であり，id: $T\to T$ に対し $G(\mathrm{id})=\mathrm{id}$，$f: T_1\to T_2$ につき $G(f)$ が群の準同型となることをいう．だから，群の単位元 $\varepsilon(T)\in G(T)$，乗法 $\mu(T): G(T)\times_k G(T)\to G(T)$ がある．$G(T)\times G(T)\simeq(G\times_k G)(T)$ であった．$f: T_1\to T_2$ について，$G(f)$ が群準同型を与えることにより，

$$\begin{array}{ccc} (G\times G)(T_1) & \longrightarrow & G(T_1) \\ \uparrow & \circlearrowright & \uparrow \\ (G\times G)(T_2) & \longrightarrow & G(T_2). \end{array}$$

図式 1.7

さて，$T_2=G\times G$，$T_1=T$，$(\mathrm{id})\in G\times G(T_1)$ をとり，図式 1.8 を書く．

$$\begin{array}{ccc} (f,g)\in G\times_k G(T) & \xrightarrow{\mu(T)} & G(T) \\ \uparrow & & \uparrow \\ G\times G(G\times_k G) & \xrightarrow{\mu(G\times G)} & G(G\times_k G) \\ \Psi & & \Psi \\ \mathrm{id} & \longmapsto & \mu \end{array}$$

（id から (f,g) への矢印あり）

図式 1.8

すると，

$$\mu(T)(f,g)=f\cdot g=(f,g)\cdot\mu.$$

かくして，

（i）$\mu: G\times_k G\to G$ により，群乗法が導入され，結合法則は

$$\begin{array}{ccc} G\times G & \xrightarrow{\mu} & G \\ {\scriptstyle 1\times\mu}\uparrow & \circlearrowright & \uparrow{\scriptstyle \mu} \\ G\times G\times G & \xrightarrow[\mu\times 1]{} & G\times G \end{array}$$

図式 1.9

と表わされる．

（ii）単位元の存在により，$\varepsilon: \mathrm{Spec}(k)\to G$ があり，

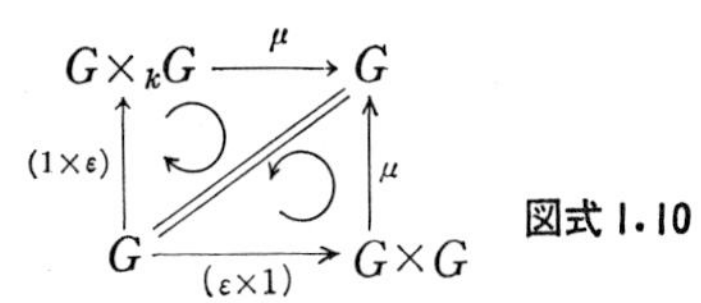

図式 1.10

を満たす．

(iii)　一方，逆元の存在により，$\rho: G \to G$ がつくられる．

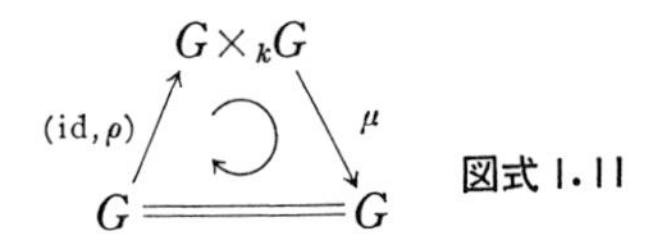

図式 1.11

k 群スキーム G とは，k スキーム G と (μ, ε, ρ) との対で，(i), (ii) および (iii) を満たすもののことであるといってもよい．いずれにせよ，群スキームが定義される．

b）例 1.18　群らしい例として $GL(n, k)$ を考える．これは普通の行列群のつもりで書いた．k 多元環 A に対して，$GL(n, A)$ は $a_{ij} \in A$ で，$[a_{ij}]$ が可逆(すなわち $\det[a_{ij}]$ が A の可逆元)となる全体のことであった．$\det[a_{ij}]$ の可逆性に注目して環での可逆元のつくり方(§1.3)を思い出し，環

$$R_n = k[X_{11}, X_{12}, \cdots, X_{nn}, Y]/(1-Y\det[X_{ij}])$$

を考える．$\mathrm{Hom}_k(R_n, A) = GL(n, A)$ となることがわかる．それ故，$\mathrm{Spec}\, R_n$ を群スキームとみなしうることが推察される．(i), (ii), (iii) の条件を R_n の言葉で書くと，

$$R_n \xrightarrow{\tilde{\mu}} R_n \otimes R_n \qquad ({}^a\tilde{\mu} = \mu)$$

等と向きが逆であって，

$$R_n \otimes_k R_n \simeq k[X_{11}, X_{12}, \cdots, Y, \bar{X}_{11}, \cdots, \bar{Y}]/(1-Y\det[X_{ij}], 1-\bar{Y}\det[\bar{X}_{ij}])$$

(ここで $X_{ij}\otimes 1$ を X_{ij}，$1\otimes X_{ij}$ を $\bar{X}_{ij}$ 等と略記する)と書かれ，

$$X_{ik} \longmapsto \sum X_{ij}\bar{X}_{jk}, \qquad Y \longmapsto Y\bar{Y}$$

が $\tilde{\mu}$ を一意に定めている．さらに

$$\tilde{\varepsilon}(X_{ij}) = \delta_{ij}, \qquad [\tilde{\rho}(X_{ij})] \text{ は } [X_{ij}] \text{ の逆行列.}$$

もっとやさしい群はいろいろある．たとえば，n 次元加法群 $G_a{}^n = A_k{}^n = \mathrm{Spec}\, k[X_1, \cdots, X_n]$．いうまでもなく

$$\begin{array}{ccc} \tilde{\mu}: k[X_1, \cdots, X_n] & \longrightarrow & k[X_1, \cdots, Y_n] \\ \rotatebox{90}{$\in$} & & \rotatebox{90}{$\in$} \\ X_i & \longmapsto & X_i + Y_i \end{array}$$

$$\tilde{\varepsilon}(X_i) = 0, \qquad \tilde{\rho}(X_i) = -X_i$$

である．n 次元乗法群 $G_m{}^n = \mathrm{Spec}\, k[X_1, X_1{}^{-1}, \cdots, X_n, X_n{}^{-1}]$ というのも同様であるから読者の練習の教材にしよう．

§1.29 G_a と正則関数

a) もっとも簡単な k 群スキーム $G_a=\mathrm{Spec}\,k[T]$ について考えよう．k スキーム X について，$G_a(X)=\mathrm{Hom}_k(X, G_a)$ を調べねばならないが，一般に

定理 1.10 k 多元環 A, k スキーム X について，

$$\mathrm{Hom}_k(X, \mathrm{Spec}\,A) \simeq \mathrm{Hom}_k(A, \Gamma(X, \mathcal{O}_X)). \qquad \text{——}$$

もちろん同型対応は $f: X\to\mathrm{Spec}\,A$ に対し，$f^*=\theta(f)(\mathrm{Spec}\,A): A\to\Gamma(X, \mathcal{O}_X)$ と切断の対応により与えられる．これは定理 1.9 の一般化でもあるが，証明は同様だから略す．

さて，定理 1.9 により

$$\mathrm{Hom}_k(\mathrm{Spec}\,\Gamma(X, \mathcal{O}_X), \mathrm{Spec}\,A) \simeq \mathrm{Hom}_k(A, \Gamma(X, \mathcal{O}_X))$$

だから，定理 1.10 につなぐと，

$$\mathrm{Hom}_k(X, \mathrm{Spec}\,A) \simeq \mathrm{Hom}_k(\mathrm{Spec}\,\Gamma(X, \mathcal{O}_X), \mathrm{Spec}\,A).$$

とくに，A が $\Gamma(X, \mathcal{O}_X)$ のときは，右辺に id があるから，id に対応する左辺の元 $\Psi: X\to\mathrm{Spec}\,\Gamma(X, \mathcal{O}_X)$ ができる．Ψ は普遍的性質をもつ．すなわち，

$$\begin{array}{ccc}\mathrm{Hom}_k(X, \mathrm{Spec}\,A) & \simeq & \mathrm{Hom}_k(\mathrm{Spec}\,\Gamma(X, \mathcal{O}_X), \mathrm{Spec}\,A) \\ \Psi & & \Psi \\ f\cdot\Psi & \longmapsto & f\end{array}$$

をいいかえると，$g: X\to\mathrm{Spec}\,A$ は一意にきまる f により $g=f\cdot\Psi$ と書ける．

かくて，

$$G_a(X) = \mathrm{Hom}_k(k[T], \Gamma(X, \mathcal{O}_X)) \simeq \Gamma(X, \mathcal{O}_X).$$

右側の同型は，つぎの対応によりえられる．

$$\psi \in \mathrm{Hom}_k(k[T], \Gamma(X, \mathcal{O}_X)) \longmapsto \psi(T) \in \Gamma(X, \mathcal{O}_X).$$

$G_a=\boldsymbol{A}_k^1$ とも書く．$f: X\to\boldsymbol{A}_k^1$ は X 上の正則関数であり，これらが $\Gamma(X, \mathcal{O}_X)$ をつくることは，定義上からも立てまえとしても当り前といえよう．$\Gamma(X, \mathcal{O}_X)$ は群スキームとしての可換群に，乗法が加わって，可換環となっている．

b) $f: X\to\boldsymbol{A}_k^1$ を正則関数とみる以上 $x\in X$ での値が欲しい．x を含むアフィン近傍を $U=\mathrm{Spec}\,B$, $x=\mathfrak{p}\in\mathrm{Spec}\,B$ とすると，$B\to B_{\mathfrak{p}}\to B_{\mathfrak{p}}/\mathfrak{p}B_{\mathfrak{p}}=k(x)$ となる準同型があり，スキームに直すと

$$\mathrm{Spec}\,k(x) \longrightarrow U \subset X$$

を得る．したがって，$X\to\boldsymbol{A}_k^1$ と合成すると，$\mathrm{Spec}\,k(x)\to\boldsymbol{A}_k^1$．これは $k[T]\to$

$k(x)$．だから，T の行く先として，$a\in k(x)$ がきまる．よって f の x での値とは，まさにこの a であるといってよい．これを $\bar{f}(x)$ と書く．$f|U\in\Gamma(\mathrm{Spec}\,B, \boldsymbol{A}_k^1)=B$ だから，§1.5, a) の記法で $\overline{f|U}(x)=\bar{f}(x)$．

例 1.19　f が $\Gamma(X,\mathcal{O}_X)$ においてベキ零としよう．$\bar{f}(x)\in k(x)$ だから $\bar{f}(x)^m=0$ より，体 $k(x)$ はベキ零因子を持たぬから，$\bar{f}(x)=0$ がでる．すなわち，$\Gamma(X, \mathcal{O}_X)$ のベキ零な元の，正則関数としての各点での値は 0 である．この逆が定理1.1である．しかし，正則関数を関数値から定義しているわけでもないから，別に矛盾はしていない．すなわち，正則写像が連続写像 ψ だけでは定まらず，θ にもよっている，という事実に照応していて，正則関数を関数値だけできめるより，やや精緻になっている，と考えられる．

§1.30　有理関数

正則関数環 $\Gamma(X,\mathcal{O}_X)$ において割り算をすることを考えよう．簡単な例として，$X=\boldsymbol{A}_k^2$ をとると $\Gamma(\mathcal{O}_X)=k[T_1, T_2]$ であり，$f\neq 0\in k[T_1, T_2]$ をとり，

$$\frac{1}{f}$$

を関数とみると，$\boldsymbol{A}_k^2$ 内の $V(f)$ で，∞ になってしまう．それだけなら，$X\to\boldsymbol{P}_k^1$ と考えて処理できるだろう．しかし，もう少し一般に，$f,g\in k[T_1, T_2]$ をとり $f\neq 0$ のとき，g/f (たとえば T_2/T_1) をとると，$V(g)\cap V(f)$ の点で値を定めようがない．T_2/T_1 を例にとってみよう．$V(T_2)\cap V(T_1)=\{0\}$ であり，$V(T_2-\lambda T_1)$ にそうて，0に近づくとき T_2/T_1 は0以外では λ だから，極限値として λ を得る．

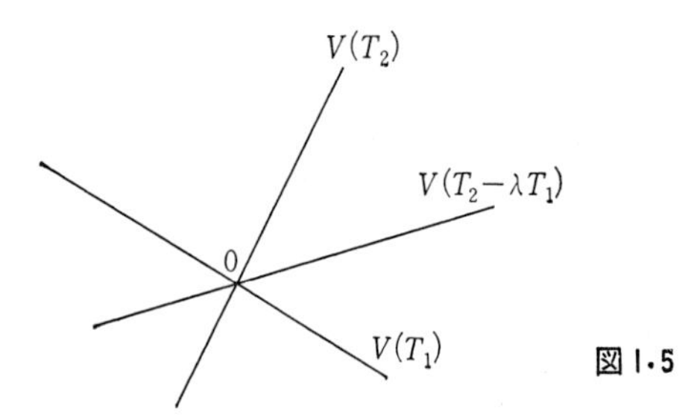

図 1.5

このように近づき方を変えるとき，λ は $\boldsymbol{P}_k^1=k\cup\{\infty\}$ を動くから原点での値は定められない．いわゆる**不確定点**である．この困難はそこでの値を考えないこ

とにすれば解決される．かくして，X 上の k 有理関数の概念に到る．X の或る稠密な開集合 U 上で，定義された正則関数を X の**有理関数**という．かつ，X の稠密開集合 U, V での正則関数 f, g があり，$U\cap V$ 内の或る稠密開集合 W 上で一致する．$f|W=g|W$ のときは，X の有理関数として f と g とは同じものと考える．というのは，つぎの補題が成り立つからである．

補題 1.3 X が被約のとき，X の稠密開集合 U 上で 0 になる X の正則関数 f はやはり 0 である．

証明 $X=\operatorname{Spec} A$, $U=D(\varphi)$, $\varphi\in A$ としてよい．$f\in A$ は仮定より $f|D(\varphi)=0$ だから，$m>0$ があり $f\varphi^m=0$ である．よって，$X=V(0)=V(f)\cup V(\varphi)$．$X$ を既約成分にわけて，$X=X_1\cup\cdots\cup X_j\cup\cdots$ とする．各既約成分 X_j 上で，$X_j=(X_j\cap V(f))\cup(X_j\cap V(\varphi))$ により，$X_j\neq X_j\cap V(\varphi)$ (U は稠密) だから，$X_j=X_j\cap V(f)$．よって $V(f)=X$．これは，定理 1.1 の系により $f^i=0$ を意味する．よって $f=0$．∎

いわば一致の定理であって，X が被約のとき，接続の一意性を主張している．

正式には，(U,φ) の対を考え，$(U,\varphi)\sim(V,\psi)$ を "或る稠密開集合 $W\subset U\cap V$ があって，$\varphi|W=\psi|W$ となる" と定めると，$\sim$ が同値類となる．この同値類を X の**有理関数**という．同値類を $f=\{(U,\varphi)\}$ で示すとき，$\{(U,\varphi)\}+\{(V,\psi)\}=\{(U\cap V,\varphi+\psi)\}$，$\{(U,\varphi)\}\cdot\{(V,\psi)\}=\{(U\cap V,\varphi\psi)\}$ とおくことにより，これらが，環をなすことがわかる．これを，X の**有理関数環**といい，$R(X)$ で示す．

定理 1.11 (i) X が有限個の既約成分 $X_1,\cdots,X_n$ をもつスキーム，x_j を X_j の生成点とするとき，

$$R(X)=\bigoplus_{i=1}^{n}\mathcal{O}_{X_i,x_i},$$

(ii) A の極小素イデアル $\mathfrak{p}_i$ が有限個しかないとき，$S=A-\bigcup\mathfrak{p}_i$ とおくと，

$$R(\operatorname{Spec} A)=S^{-1}A,$$

(iii) $\operatorname{Spec} A$ が被約ならば，$R(\operatorname{Spec} A)$ は A の全商環，とくに，A が整域ならば，$R(\operatorname{Spec} A)$ は A の商体．

証明 X の稠密開集合 U があれば $R(U)=R(X)$，また X が既約でその生成点を x とすると，$\mathcal{O}_{X,x}$ の定義により，$R(X)=\mathcal{O}_{X,x}$ である．X が可約のとき，$X_i'=X_i-\bigcup_{j\neq i}X_j$ とおく．$i\neq j$ ならば，$X_i'\cap X_j'=\emptyset$．$X'=\bigcup X_i'=\coprod X_i'$ は X の

稠密開集合．よって，$R(X)=R(X')=\bigoplus R(X_i')=\bigoplus \mathcal{O}_{X_i,x_i}$．$X=\operatorname{Spec} A$ のとき，環のことばで書きかえると，(ii), (iii) を得る．▮

このように X が整型スキームならば $R(X)$ で割り算ができることになる．このとき $R(X)$ を X の**有理関数体**という．X の有理関数 f の**定義域** $\operatorname{dom}(f)$ を

$$\operatorname{dom}(f)=\{\bigcup U;\,(U,\varphi)\in f\}$$

により定義する．X が被約のとき，$\varphi'=f\,|\operatorname{dom}(f)$ は $\operatorname{dom}(f)$ 上の正則関数であって，$(\operatorname{dom}(f),\varphi')\in f$.

§1.31　有理写像

a）　有理関数は有理写像 $f: X\to Y$ なる概念に一般化される．すなわち，X の稠密開集合 U と正則写像 $\varphi: U\to Y$ との対 (U,φ) を考え，同様にして (V,ψ) との関係 $\sim$ を，

$$(U,\varphi)\sim(V,\psi) \iff \text{或る稠密開集合 } W\subset U\cap V \text{ があり } \varphi\,|\,W=\psi\,|\,W$$

で定義する．これは同値関係になる．その類 $\{(U,\varphi)\}$ を**有理写像** (rational map) という．f を有理写像とするとき，その定義域 $\operatorname{dom}(f)$ を $\operatorname{dom}(f)=\{\bigcup U;\,(U,\varphi)\in f\}$ により定義する．

X が被約で，Y が分離的スキームならば，$f\,|\operatorname{dom}(f)$ は正則写像になる．

有理写像 $f: X\to Y$，$g: Y\to Z$ の与えられたとき，$f\ni(U_1,\varphi_1)$，$\varphi_1(U_1)\subset U_2$ となる $(U_2,\varphi_2)\in g$ があれば，$(U_1,\varphi_2\cdot\varphi_1)$ の定める類として，有理写像の合成 $g\cdot f: X\to Z$ が定義される．

例 1.20　埋入 $j: \boldsymbol{C}\hookrightarrow\boldsymbol{P}^1$ の逆 j^{-1} を有理写像 $f: \boldsymbol{P}^1\to\boldsymbol{C}$ とみなして，$\psi(\boldsymbol{P}^1)=\infty$ となる $\psi: \boldsymbol{P}^1\to\boldsymbol{P}^1$ をとり，合成 $f\cdot\psi$ を定義しようとすると，うまくいかない．——

有理写像としての逆写像をもつ有理写像を，**双有理写像**または**双有理変換** (birational transformation) という．

被約分離的スキーム X, Y で考える限り，$f(\operatorname{dom} f)\cap\operatorname{dom} g\neq\emptyset$ のときにのみ $g\cdot f$ が意味をもつわけである．

有理関数体，有理写像，双有理変換などは，古典的代数幾何で，最重要な概念でありながら，厳密な定義が可能になったのは比較的近年のことである．有理写像の定義できぬ点の処理などを厳密に行うには，一般的に代数多様体を定義して

かからぬと，鮮やかにはいきかねる．しかるに，往時には代数多様体も明確な思考対象ではなく，むしろ，それらの双有理変換で不変な実体のみが，実在意識に捉えられていたかの感がある．

b）有理写像と局所環　X と Y とを k 代数的スキームとする．

（i）$f,g:X\to Y$ を k 正則写像とし，或る $x\in X$, $y\in Y$ について $f(x)=g(x)=y$，かつ，$\theta^\sharp(f)=\theta^\sharp(g):\mathcal{O}_{Y,y}\to\mathcal{O}_{X,x}$ としよう．すると，或る x の開近傍 U があって，

$$f\,|\,U=g\,|\,U.$$

いいかえると，x を含む既約成分上で f と g とは有理写像として等しく，

$$\operatorname{dom} f\ni x.$$

(ii) 或る $x\in X$, $y\in Y$ について，局所環準同型 $\theta:\mathcal{O}_{Y,y}\to\mathcal{O}_{X,x}$ が与えられているとき，x の開近傍 U と，k 正則写像 $\varphi:U\to Y$ とがあり，$\varphi x=y$，$\theta=\theta_y{}^\sharp(\varphi)$ となる．いいかえると，有理写像 $f:X\to Y$ があり，$\operatorname{dom} f\ni x$ で，$\theta:\mathcal{O}_y\to\mathcal{O}_x$ をひきおこす．

[証明]　(i) 帰結は局所的だから，k アフィン・スキームで考えてよい．$Y=\operatorname{Spec}B$, $B=k[\alpha_1,\cdots,\alpha_n]$ なる $\alpha_i\in B$ がある．$X=\operatorname{Spec}A$ としよう．$x=\mathfrak{p}\in\operatorname{Spec}A$, $y=\mathfrak{q}\in\operatorname{Spec}B$ と書くと，

$$\begin{array}{l}\varphi,\psi:B\longrightarrow B_{\mathfrak{q}}\xrightarrow{\ \theta^\sharp\ }A_{\mathfrak{p}}\\ \qquad\qquad\quad\ \ \| \qquad\quad\ \ \|\\ \qquad\qquad\ \ \mathcal{O}_{Y,y}\quad\ \mathcal{O}_{X,x}\qquad(\text{ただし }{}^a\varphi=f,\ {}^a\psi=g).\end{array}$$

により，$\theta^\sharp(\alpha_1)=a_1/a_0,\ \cdots,\ \theta^\sharp(\alpha_n)=a_n/a_0$ となる $a_0\notin\mathfrak{p}$, $a_1,\cdots,a_n\in A$ がある．すると，$f\,|\,D(a_0)=g\,|\,D(a_0)$．

もちろん，これより X,Y が既約分離的スキームならば $f=g$ になる．

(ii) の証明もまったく同様で容易である．∎

このように，被約で既約な分離的 k 上代数的スキーム X は局所環 $\mathcal{O}_{X,x}$ によりほとんどきまってしまう．このような X は代数多様体と呼ばれる(§1.36 b))．

c）双有理変換群　上述 b) の (i), (ii) と定理 1.11 とにより，つぎの系が得られる．

系　X を k 代数多様体とするとき，$\operatorname{Bir}_k(X)$ でもって k 双有理写像全体を表し，X の双有理変換群という．すると，

$$\mathrm{Bir}_k(X) \simeq \mathrm{Aut}_k R(X). \qquad ——$$

$R(X)$ は k の拡大体であり，体としての k 自己同型全体が右辺なのである．

例 1.21　$\mathrm{Bir}_k(\boldsymbol{P}_k^1) \simeq \mathrm{Aut}_k k(T).$

この右辺は，よく知られているように，1次元射影変換群 $PGL(1,k)$ である．一方，$\boldsymbol{P}_k^1$ の自己同型 $\mathrm{Aut}(\boldsymbol{P}_k^1)$ はやはり $PGL(1,k)$ である．よって，$\mathrm{Bir}(\boldsymbol{P}_k^1)=\mathrm{Aut}(\boldsymbol{P}_k^1)\simeq\mathrm{Aut}_k k(T)=PGL(1,k)$．一般には無論 $\mathrm{Aut}(X)\subset\mathrm{Bir}(X)$ であり，$\mathrm{Bir}(X)$ は随分大きくなりうる．たとえば，$\dim \mathrm{Bir}_k(\boldsymbol{A}_k^2)=\infty$．しかし，$\mathrm{Aut}(X)=\mathrm{Bir}(X)$ となってしまうことも実際は随分多い．これを幾何学的にいうと，x の近傍 U から X への正則写像 f があり，$f(x)$ の近傍 V から X への正則写像 g があって $g\cdot f=1_U$ となっているなら，実は f も g も X 上にまで，正則写像として接続される，ということだから，非常に強い主張である．また，$\mathrm{Bir}(X)$ は随分大きいこともあり，Bir の定義をみると，非常に自由度があるから，大きいことは当り前にみえるが，実は殆んどたいていの代数多様体では，$\mathrm{Bir}(X)$ は有限群になってしまう．こういったことは，代数多様体の詳しい研究をして明らかになる興味ある性質である．これらは第10, 11章で考察される．

d) 局所環　代数多様体の性質は局所環を一つ与えると，殆んど決まる．そして，これは，有理関数体が与えられるということと殆んど等しい．複素解析空間 X の局所環 $\mathcal{O}_x$ は，x で X が非特異ならば，次元だけで決まってしまう．だから，局所環を知っても個々の解析空間の性質として，次元しかあげえないことに比べると，代数多様体の局所環は実に偉大である．しかし，それだけ複雑な姿を持っているともみられる．局所環の完備化を行うと，もとの点が非特異ならば，次元にしかよらない形式的ベキ級数環を得る．特異性の研究を行うとき，完備化して，局所環の性質を研究しやすくするのはとても大事なことである．

§1.32 次元の定義の一致

a)　X が k 代数多様体のときに，§1.14, §1.15 で考えた二つの次元が実は一致することがわかる．X 内の空でないアフィン開集合 $U=\mathrm{Spec}\,A$ をとると，§1.14 の次元の意味で，$\dim X=\dim \mathrm{Spec}\,A$．さて，$A$ は k 上有限生成の環である．そこでつぎの Noether の正規化定理を用いる．

定理 1.12 (Noether)　A の元 $y_1,\cdots,y_r$ があり，つぎの性質を満たす．

(i) $k[y_1, \cdots, y_r]$ は r 変数の多項式環と同型,

(ii) $A \supset k[y_1, \cdots, y_r]$ は環の整拡大である. ——

ここで A の部分環 B, いいかえると, 環拡大 $B \hookrightarrow A$ が与えられているとき, 任意の $\alpha \in A$ につき或る $b_1, \cdots, b_n \in B$ があって $\alpha^n + b_1\alpha^{n-1} + \cdots + b_n = 0$ を満たすとき, $B \hookrightarrow A$ は**整拡大**という.

証明は, 代数学の講義に委ねよう. つぎも代数学の一定理であるので証明を略する.

定理 1.13 $j: B \hookrightarrow A$ を整拡大とする. $f = {}^a j: \mathrm{Spec}\, A \to \mathrm{Spec}\, B$ と書くとき, $f\mathfrak{q} = \mathfrak{p} \Leftrightarrow \mathfrak{q}$ は $B - \mathfrak{p}$ について局所化すると極大イデアル. ——

それゆえ f は全射. また $\mathrm{Spec}\, A$ の点 $\mathfrak{q}_1, \mathfrak{q}_2$ が $\mathfrak{q}_1 \supset \mathfrak{q}_2$ であって, $f(\mathfrak{q}_1) = f(\mathfrak{q}_2)$ ならば, 極大性から $\mathfrak{q}_1 = \mathfrak{q}_2$. よって $\dim A = n$ として, これを与える素イデアルの列 $\mathfrak{q}_n \supsetneqq \mathfrak{q}_{n-1} \supsetneqq \cdots \supsetneqq \mathfrak{q}_0$ をつくると, $f(\mathfrak{q}_n) \supsetneqq f(\mathfrak{q}_{n-1}) \supsetneqq \cdots \supsetneqq f(\mathfrak{q}_0)$. よって $\dim B \geqq \dim A$. 逆に, $m = \dim B$ とし, 列 $\mathfrak{p}_m \supsetneqq \mathfrak{p}_{m-1} \supsetneqq \cdots \supsetneqq \mathfrak{p}_0$ を考える. $f(\mathfrak{q}_0) = \mathfrak{p}_0$ となる $\mathfrak{q}_0$ をとる. $\bar{A} = A/\mathfrak{q}_0 \supset \bar{B} = B/\mathfrak{p}_0$ はやはり整拡大であって, そこで $\bar{\mathfrak{p}}_1 = \mathfrak{p}_1/\mathfrak{p}_0$ を導く $\bar{\mathfrak{q}}_1 = \mathfrak{q}_1/\mathfrak{q}_0$ をつくる. これをつづけていくと $\mathfrak{q}_m \supsetneqq \cdots \supsetneqq \mathfrak{q}_0$ を得る. よって $\dim B \leqq \dim A$. あわせて $\dim B = \dim A$.

かくして, $\dim X = \dim \mathrm{Spec}\, A = \dim k[y_1, \cdots, y_r] = r$ となった. 一方, $R(X) = Q(A)$ は $k(y_1, \cdots, y_r)$ 上に代数的拡大だから, $\mathrm{tr\,deg}\, R(X) = \mathrm{tr\,deg}\, k(y_1, \cdots, y_r) = r$. まとめてつぎのようにいう.

定理 1.14 X を k 上の代数的スキームとする. X を既約成分に分解して $X = \bigcup X_j$. 各 X_j に被約スキームの構造を与えて代数多様体 X_j を得る. この有理関数体を $R(X_j)$ で示す. さて

$$\dim X = \max_j \mathrm{tr\,deg}\, R(X_j). \qquad ——$$

b) 多項式 たとえば $\dim X = n$ なる代数多様体 X を考える. k を標数 0 の体とするならば, $R(X)$ は k 上超越次元 n の有限生成の拡大体だから体の初等的理論より, $k(T_1, \cdots, T_n)$ 上の単拡大になる. すなわち $R(X) = k(T_1, \cdots, T_n)(T)$, ここに T は, 或る既約多項式 $\varphi(T_1, \cdots, T_{n+1})$ があって, $\varphi(T_1, \cdots, T_n, T) = 0$ を満たす. だから, X は $\boldsymbol{A}_k{}^{n+1}$ 内の $V(\varphi)$ と双有理同値である. 双有理同値の立場にたつならば, 任意の代数多様体とは, $n+1$ 変数の既約多項式にすぎない. 代

数多様体の定義をのべるだけでも大変であったのに比べると，既約多項式は非常に簡単である．実際に，2次曲線を一般化して，m 次曲線 $\varphi(T_1, T_2)=a_1T_1{}^m+a_2T_1{}^{m-1}T_2+\cdots+a_N=0$ をごく自然に得るが，それをもう少し，変数まで一般化したものが $V(\varphi)$ にすぎず極めて素朴でもある．

代数幾何とはまさに既約多項式の研究そのものということもできる．しかし，対象が素朴なだけ，この研究は難しい．代数多様体(§1.36, b))という，内在的な，そしてより完全な対象の研究に転嫁させて，はじめて既約多項式の研究が進むのである．多項式をただ与えるならば，座標の選び方に起因する複雑さをさけることはできない．この表面的な複雑さは，本質的研究の妨げとなる．したがって，座標を使わない，内在的な与え方が必要であり，それが代数多様体によってできるのである．しかもよい性質をもつ扱い易い代数多様体が望ましい．そのために，完備，射影的，正規，非特異，といった性質が重要になる．**射影的非特異代数多様体**こそ，一般的であって多様体論的考察のし易いよいものであると信じられている．

§1.33　整　拡　大

a)　環の整拡大の概念は，環準同型 $\varphi: B\to A$ が整 $\Leftrightarrow$ A が B 上整な多元環 $\Leftrightarrow$ $B/\mathrm{Ker}\,\varphi \simeq \varphi(B)\subset A$ が整拡大，として一般化される．すると，${}^a\varphi: \mathrm{Spec}\,A\to \mathrm{Spec}\,\varphi(B)=V(\mathrm{Ker}\,\varphi)$ は全射になる．すなわち，${}^a\varphi(\mathrm{Spec}\,A)=V(\mathrm{Ker}\,\varphi)\subset \mathrm{Spec}\,B$ は閉集合になる．任意の $\mathrm{Spec}\,A$ の閉集合 $V(\mathfrak{a})$ に対し，$\varphi_1: B\to A\to A/\mathfrak{a}$ とするとき，${}^a\varphi(V(\mathfrak{a}))={}^a\varphi_1(\mathrm{Spec}\,A/\mathfrak{a})=V(\mathrm{Ker}\,\varphi_1)$ を満たすから，${}^a\varphi$ は閉写像になる．これは φ のもつ著しい性質である．これをスキームに対しても定式化しよう．

b)　スキームの正則写像 $f=(\psi, \theta): X\to Y$ は，ψ が閉写像のとき**閉正則写像**とよばれ，任意のスキームの正則写像 $h: Y'\to Y$ による基底変換 $f'=f\times 1_{Y'}: X'=X\times_Y Y'\to Y'$ が閉正則写像ならば，f は**絶対的閉正則写像**とよばれる．

$f: X\to Y$ をスキームの正則写像とする．すべてのアフィン開集合 U_α につき $f^{-1}U_\alpha$ がアフィンならば，f は**アフィン正則写像**とよばれる．この条件は，Y のアフィン開集合 U_α による Y の或る被覆の各 α について，$f^{-1}U_\alpha$ がアフィン，という形に弱められる．

$f: X \to Y$ をアフィン正則写像とする．各 $U_\alpha = \mathrm{Spec}\, B_\alpha$ につき $f^{-1}U_\alpha = \mathrm{Spec}\, A_\alpha$，$f|f^{-1}(U_\alpha) = {}^a\varphi_\alpha$，$\varphi_\alpha: B_\alpha \to A_\alpha$ と書くとき，φ_α がつねに整であるならば，f は**整正則**とよばれる．すると，上のことをいいかえて，つぎの定理を得る．

定理 1.15　整正則写像は絶対閉正則写像である．——

§1.34　有限正則写像

$\bar{\boldsymbol{Z}}$ を $\boldsymbol{C}$ 内の代数的整数のすべてとすると，$j: \boldsymbol{Z} \hookrightarrow \bar{\boldsymbol{Z}}$ は整拡大．したがって ${}^a j: \mathrm{Spec}\, \bar{\boldsymbol{Z}} \to \mathrm{Spec}\, \boldsymbol{Z}$ を得る．${}^a j^{-1}((p))$ は無限である．有限の範囲におさえるために，有限生成の正則写像を考えよう．$f: X \to \mathrm{Spec}\, A$ が**有限生成**とは，適当な有限個のアフィン開集合 $U_\alpha = \mathrm{Spec}\, B_\alpha$ による被覆 $X = \bigcup_{\alpha=1}^{m} U_\alpha$ をとると，$f|U_\alpha$ が，$A \to B_\alpha$ によりひきおこされ，これにより B_α を A 多元環とみるとき，有限生成にできることをいう．

ついでに B を A 多元環とみるとき，有限生成の定義を復習しておく．すなわち，$b_1, \cdots, b_m \in B$ をとり，これらで A 上生成された B の A 部分多元環を $A[b_1, \cdots, b_m]$ と書く．$b_1, \cdots, b_m$ を適当に選ぶと B になる: $B = A[b_1, \cdots, b_m]$ ならば，B は A 上有限生成というのであった．A 上の多項式環 $A[T_1, \cdots, T_m]$ をつくり $T_j \mapsto b_j$ として環準同型をつくると，$A[T_1, \cdots, T_m] \to B$ は全射．よって，$\mathrm{Spec}\, B \hookrightarrow \mathrm{Spec}\, A[T_1, \cdots, T_m] = \boldsymbol{A}_A{}^m$ は閉埋入である．

一般に正則写像 $f: X \to Y$ は各アフィン開集合 U_α につき，$f^{-1}U_\alpha$ が U_α 上有限生成，となるなら**有限生成**とよばれる．f が有限生成ならば，任意の $h: Y' \to Y$ による基底変換 $X \times_Y Y' \to Y'$ も有限生成である．有限生成正則写像の合成も有限生成になることは自明である．

有限生成の整正則写像は，**有限正則写像** (finite morphism) ともよばれる．これはアフィン・スキームで考えると，

$$\mathrm{Spec}\, B \longrightarrow \mathrm{Spec}\, A \text{ は有限} \iff B \text{ は } A \text{ 加群とみて有限生成}$$

ということになる．

B を A 多元環とみて有限生成のとき，B を A **代数的**ともいう．もちろん B を A 加群とみるときの有限生成は，A 代数的より非常に強い条件といわねばならない．

§1.35　分 離 的

a)　§1.26で，分離的正則写像を定義した．ここで，その性質をやや詳しく調べる．

定理 1.16　(1)　$f: X\to Y$，$g: Y\to Z$ がともに分離的ならば，$g\cdot f: X\to Z$ も分離的，

(2)　$f: X\to Y$ が埋入写像ならば，f は分離的，

(3)　$f: X\to Y$ が分離的ならば，任意の $h: Y'\to Y$ による基底変換 $f': X'=X\times_Y Y'\to Y'$ も分離的，

(4)　$g\cdot f$ が分離的ならば，f も分離的．

証明　(1)　$\varDelta_f=\Gamma_{\mathrm{id}}: X\to X\times_Y X$，$\varDelta_g: Y\to Y\times_Z Y$ がともに，閉埋入のとき，$\varDelta_{g\cdot f}: X\to X\times_Z X$ が閉埋入なることを示せばよい．定義から，

$$\varDelta_{g\cdot f}=j\cdot\varDelta_f: X\longrightarrow X\times_Y X\longrightarrow X\times_Z X.$$

さて，j は $\varDelta_g$ の $f\times f: X\times_Z X\to Y\times_Z Y$ による基底変換として得られる．実際，$X\times_Z X\to Y\times_Z Y$，$Y\to Y\times_Z Y$ のファイバー積 W を考えよう．

$$\varphi: U\longrightarrow X\times_Z X,\qquad \psi: U\longrightarrow Y\qquad (f\times f\cdot\varphi=\varDelta_g\cdot\psi \text{ を満たす})$$

に対し，図式1.12をみながら，$(p\cdot\varphi,\ q\cdot\varphi)$ をつくる．

$$f\cdot p\cdot\varphi=p'\cdot f\times f\cdot\varphi=p'\cdot\varDelta_g\cdot\psi=\psi,$$

$$f\cdot q\cdot\varphi=q'\cdot f\times f\cdot\varphi=q'\cdot\varDelta_g\cdot\psi=\psi.$$

よって，$p\cdot\varphi,\ q\cdot\varphi: U\rightrightarrows X$ より $(p\cdot\varphi, q\cdot\varphi): U\to X\times_Y X$ がつくられ，かつ，$p\cdot\varphi\cdot\varDelta_{g\cdot f}=\varphi=\varDelta_{g\cdot f}\cdot q\cdot\varphi$ により，$\varphi: U\to X\times_Y X\to X\times_Z X$ を導く．

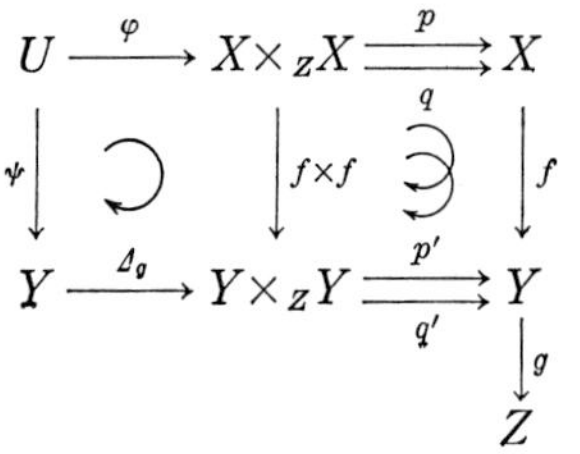

$$\begin{array}{ccccc}
U & \xrightarrow{\varphi} & X\times_Z X & \overset{p}{\underset{q}{\rightrightarrows}} & X \\
\downarrow{\scriptstyle\psi} & \circlearrowright & \downarrow{\scriptstyle f\times f} & \circlearrowright\circlearrowright & \downarrow{\scriptstyle f} \\
Y & \xrightarrow{\varDelta_g} & Y\times_Z Y & \overset{p'}{\underset{q'}{\rightrightarrows}} & Y \\
 & & & & \downarrow{\scriptstyle g} \\
 & & & & Z
\end{array}$$

図式 1.12

逆に，$\tilde{\psi}, \tilde{\varphi}: V\to X$ が $\varDelta_{g\cdot f}\cdot\tilde{\varphi}=\varDelta_{g\cdot f}\cdot\tilde{\psi}$，$f\cdot\tilde{\varphi}=g\cdot\tilde{\psi}$ を満たすと，$V\to X\times_Y X\to X\times_Z X$ ができる．そして，$\varphi=\varDelta_{g\cdot f}\cdot\tilde{\varphi}$，$\psi=f\cdot\tilde{\varphi}$ とおくと，前の φ, ψ を得る．

これにより，$\varDelta_g$ は閉埋入だから j も閉埋入．合成して得た $\varDelta_{g\cdot f}$ も閉埋入．

(2), (3) は容易である，

(4)　$g\cdot f: X\to Z$ を $g: Y\to Z$ により基底変換する．

$p=(g\cdot f)': X\times_Z Y\to Y$．一方，$\Gamma_f: X\to X\times_Z Y$ の定義から $p\cdot\Gamma_f=f$ である．p は (2)により分離的．(1) より f も分離的になる．∎

b)　上記の証明でつぎのことも示されている．

$g: Y\to Z$ が分離的のとき，$f_i: X_i\to Y$，$g\cdot f_i: X_i\to Z$ $(i=1,2)$ をつくって，これでファイバー積をつくる：

$$X_1\times_Y X_2 \xrightarrow{j=\mathrm{id}\times\mathrm{id}} X_1\times_Z X_2.$$

j は閉埋入である．とくに，$X_1=X$，$X_2=Y$，$f_1=f$，$f_2=\mathrm{id}_Y$ をとると，

$$\Gamma_f: X=X\times_Y Y\longrightarrow X\times_Z Y$$

は閉埋入である．

§1.36　性質 $\boldsymbol{P}$ の伝播

a)　定理 1.16 の (4) の証明で用いた技法は応用価値が高い．正則写像についての或る種の性質 $\boldsymbol{P}$ を考える．$\boldsymbol{P}$ はつぎの 2 条件を満たすとしよう．

(i)　埋入は $\boldsymbol{P}$ を満たす，

(ii)　f,g が $\boldsymbol{P}$ を満たすならば，$f\cdot g$，$f\times_S g$ もともに $\boldsymbol{P}$ を満たす．

すると，自動的に，$\boldsymbol{P}$ はつぎの条件 (iii) を満たす．

(iii)　$g\cdot f$ が $\boldsymbol{P}$ を満たすならば，f も $\boldsymbol{P}$ を満たす．

(4) の技法とは，f を $p\cdot\Gamma_f$ と合成写像で書いてしまうことを意味する．p は $g\cdot f$ の基底変換として得られるから (ii) より $\boldsymbol{P}$ を満たし，(i) より Γ_f は $\boldsymbol{P}$ を満たす．(ii) により $p\cdot\Gamma_f$ も $\boldsymbol{P}$ を満たす．

$\boldsymbol{P}$ の例として，埋入，有限生成，分離的などがあげられる．

(i) の条件よりやや弱く，つぎの $(\overline{\mathrm{i}})$ と (ii) とを満たす性質 $\overline{\boldsymbol{P}}$ を考える．

$(\overline{\mathrm{i}})$　閉埋入は $\overline{\boldsymbol{P}}$ を満たす．

すると，自動的に，$\overline{\boldsymbol{P}}$ はつぎの条件 $(\overline{\mathrm{iii}})$ をも満たす．

$(\overline{\mathrm{iii}})$　g が分離的で，$g\cdot f$ が $\overline{\boldsymbol{P}}$ を満たすならば，f も $\overline{\boldsymbol{P}}$ を満たす．

$\overline{\boldsymbol{P}}$ の例は非常に多い．いままででてきた性質の殆んどすべてがそうである．アフィン正則，絶対閉正則，整正則，有限正則，閉埋入など．とくに，有限生成分離的絶対閉正則写像は $\overline{\boldsymbol{P}}$ を満たす例の典型であって，短く**固有正則写像**(proper morphism) とよばれる．これは非常に重要な概念である．

b)　体 k の上に固有なスキーム X，いいかえると，$X\to\mathrm{Spec}\,k$ が固有正則のとき，X を k **完備スキーム** (complete scheme) とよぶ．完備の意味は明らかであろう．すなわち，X が或る k 分離スキーム Y の開部分スキームとして入っているとき，$\bar{\boldsymbol{P}}$ の条件 $(\overline{\mathrm{iii}})$ により，$X\hookrightarrow Y$ も固有的である．すなわち，X は Y 内の閉集合である．よって，X は Y の連結成分となる．だから，X はアフィン代数多様体の時のように (§1.19, e))，無限遠成分をつけ加えてスキームをつくる，といったことはできない．たしかに完備なのである．そして，この意味の完備性は，位相空間論で H 完備性とよばれるものであった．実は H 完備性は完備性を導きうる．すなわち，

定理 1.17 (永田)　X を k 上分離的被約代数的スキームとする．X は或る k 完備スキーム $\bar{X}$ の開部分スキームとなる．——

この定理は，完備性の字義から是非こうあるべき，といった主張をしている美しいものだが，証明は難しい．

k 上代数的分離被約既約のスキームを，**k 代数多様体** (algebraic variety) という．これは扱いやすい対象ではあるが，これを一般的に広く論じ，理論的根拠をはっきりさせるためには，スキームの枠内で考える方が便利なこともあり，しばしば本質的ですらある．一見して幾何学的に明瞭なる性質を論じるときにも，スキームにまで対象を広げて考察してはじめて帰納法が進行し，証明のメカニズムが作動することも多いのである．読者は第8章交点理論においてその典型をみるであろう．また，有名な広中の特異点解消理論もこのような例になっている．

問　題

1　$f_1, \cdots, f_m \in A$ がイデアルとして全体を生成する $((f_1, \cdots, f_m)=A)$ ならば，任意の $n_1, \cdots, n_m > 0$ につき，

$$(f_1{}^{n_1}, \cdots, f_m{}^{n_m}) = A.$$

これを Spec の立場で証明せよ．

2　環 A, B から直和 $A\oplus B$ をつくる．$\mathrm{Spec}\,(A\oplus B)$ はどんなものか．

3　自然に $\boldsymbol{R}[X]\to\boldsymbol{C}[X]$ をつくり φ とする．

$$f = {}^a\varphi : \mathrm{Spec}\,\boldsymbol{C}[X] \longrightarrow \mathrm{Spec}\,\boldsymbol{R}[X]$$

と書くとき，$f^{-1}(\mathfrak{p})=1$ 点または 2 点，になる．また $f^{-1}\mathfrak{p}$ が 1 点になる $\mathfrak{p}$ の条件を求む．

4　同様にして，

$$\operatorname{Spec} \boldsymbol{Q}[X] \xrightarrow{\beta} \operatorname{Spec} \boldsymbol{Z}[X] \xrightarrow{\alpha} \operatorname{Spec} \boldsymbol{Z}$$

を自然に定義するとき，$\alpha^{-1}(p)$，$\beta^{-1}(f(X))$ の意味を考えよ．

5　R として1をもつ非可換環を考え，$S\subset R$ をつぎの条件を満たす集合とする．

(i)　$1\in S$,

(ii)　$s, t\in S \Longrightarrow st\in S$,

(iii)　$s\in S,\ a\in R \Longrightarrow$ 或る $t\in S,\ b\in R$ があって，$ta=bs$；$a\in S$ ならば $b\in S$,

(iv)　$a\in R,\ s\in S,\ as=0 \Longrightarrow$ 或る $t\in S$ があって，$ta=0$．

このとき，左 R 加群 M に対し，$S\times M$ につぎの同値関係を入れる．

$$(s_1, m_1)\sim(s_2, m_2) \Longleftrightarrow \text{或る } a_1, a_2\in S \text{ があって，} a_1s_1=a_2s_2,\ a_1m_1=a_2m_2.$$

このとき，$S^{-1}M=S\times M/\sim$，$m/s=\{(s, m)\}/\sim$ と書くと，可換環のときと同様の理論ができる．たとえば $M=R$ のとき $\psi(a)=a/1$ とおくと，

(a)　$\psi(S)$ は可逆元よりなる，

(b)　$S^{-1}M=S^{-1}R\otimes_R M$,

(c)　$S^{-1}R$ は右 R 加群として平坦．

さらに，S が，

(iii)*　$s\in S,\ a\in R \Longrightarrow$ 或る $b\in R,\ t\in S$ があって，$at=bs$；$a\in S$ ならば $b\in S$,

(iv)*　$a\in R,\ s\in S,\ sa=0 \Longrightarrow$ 或る $t\in S$ があって，$at=0$,

を満たせば，$RS^{-1}=S^{-1}R$ 等々(柏原)．

6　$\varinjlim_{f\in S} M_f=S^{-1}M$ を確かめよ．

7　或る体拡大 $k\subset K$ を考え，$x\in K$ とする．

$$k[x]\otimes_k k[x]\otimes_k\cdots\otimes_k k[x]$$

を論ぜよ．たとえば，x が k 上代数的のとき x の最小多項式を $\varphi(X)$ として，この環の素イデアルを求めるとか．

8　R を整域とする．$Q(R)$ 代数を A, B とするとき，

$$A\otimes_R B=A\otimes_{Q(R)}B,\qquad \text{とくに，}\ \boldsymbol{Q}\otimes_{\boldsymbol{Z}}\boldsymbol{Q}=\boldsymbol{Q}.$$

9　$M\mapsto S^{-1}M$ が完全関手になることを完全に証明せよ．

10　T_0 空間には必ず閉点が存在する．

[ヒント]　Zorn の補題．

11　$X=\operatorname{Spec} A$ の部分集合 F が，(i) $x\in F$ ならば，x の特殊化 $y\in X$ はつねに $\in F$, を満たしても閉でないことを例示せよ．さらに，(ii) F が構造集合，いいかえると，X の開集合 $U_1, \cdots, U_s$，閉集合 $F_1, \cdots, F_s$ とがあり $F=(U_1\cap F_1)\cup\cdots\cup(U_s\cap F_s)$ と書かれるならば，F は閉集合になる．ただし，A は Noether 環である．

12　環 $\boldsymbol{C}[X_1, \cdots, X_n, X_1^{-1}, \cdots, X_n^{-1}]$ の元を φ とし，すべての j につき，

$$X_j\frac{\partial\varphi}{\partial X_j}=\lambda_j\varphi\qquad(\lambda_j\in\boldsymbol{C})$$

を満たすとしよう．このような φ を求めよ．

13　$K=\boldsymbol{C}(X_1, \cdots, X_n)$ を n 変数有理的関数体とし，

$$Y_j = c_j X_1{}^{m_{j,1}} \cdots X_n{}^{m_{j,n}}, \qquad c_j \in \boldsymbol{C}^*, \ \ m_{ij} \in \boldsymbol{Z}$$

とおく．$L=\boldsymbol{C}(Y_1, \cdots, Y_n)$ をつくるとき L/K が代数的拡大なら

$$[K:L] = |\det(m_{ij})|.$$

14　複素射影平面 $\boldsymbol{P}_{\boldsymbol{C}}^2$ に，1点で交わらない複素3直線 l_1, l_2, l_3 を考える．$\boldsymbol{P}_{\boldsymbol{C}}^2$ 内の既約曲線を C とするとき，$C \neq l_1, l_2, l_3$ ならば，

$$\#\{C \cap (l_1 \cup l_2 \cup l_3)\} \geqq 2.$$

また $\#\{C^* \cap (l_1 \cup l_2 \cup l_3)\} = 2$ のとき

$$C - (l_1 \cup l_2 \cup l_3) = G_m$$

である．(C^* は C の非特異モデル，第9章をみよ.)

15　2個の多項式 $\varphi(x, y)$，$\psi(x, y)$ をとる．

$$\frac{\partial(\varphi, \psi)}{\partial(x, y)} = 0 \iff \text{或る多項式 } F(X, Y) \neq 0 \text{ があって，}$$
$$F(\varphi, \psi) = 0 \quad \text{(すなわち，代数的に従属)}.$$

16　$\varphi_1, \cdots, \varphi_r \in \boldsymbol{C}[X_1, \cdots, X_n]$ に対して，$g \in \boldsymbol{C}[X_1, \cdots, X_n]$ が $A_1, \cdots, A_r \in \boldsymbol{C}[[X_1, \cdots, X_n]]$ をもって，

$$g = \sum A_j \varphi_j$$

と書けるならば，$h(0) \neq 0$ なる $h \in \boldsymbol{C}[X_1, \cdots, X_n]$ と $\psi_1, \cdots, \psi_r \in \boldsymbol{C}[X_1, \cdots, X_n]$ があって，

$$h \cdot g = \sum \psi_j \varphi_j$$

と書ける．

17　A の部分環として，代数閉体 k があるとしよう．つぎの2条件は同値である．

(i)　$k \hookrightarrow A$ は代数的に閉．すなわち，A の元で k 上代数的な元は k の元になる．

(ii)　A のベキ零元は0のみ，A のベキ等元は1のみ．

18　$\mathrm{Aut}_{\boldsymbol{C}}\, \boldsymbol{C}\left[X, \dfrac{1}{X^n-1}\right]$ の群構造を決めよ．

19　$\mathrm{Aut}_{\boldsymbol{C}}\, \boldsymbol{C}\left[X, \dfrac{1}{X(X-1)(X-\lambda)}\right]$，$\lambda \neq 0, 1$ の群構造を決めよ．(λ によっては A_4, D_4 等になる.)

20　$\mathrm{Aut}_{\boldsymbol{C}}\, \boldsymbol{C}\left[X, Y, \dfrac{1}{XY-1}\right]$ の群構造を決めよ．

21　A, B を環とし，T を A 上の超越元とするとき，

$$\mathrm{Hom}_A(A, B) = \{1\}, \qquad \mathrm{Hom}_A(A[T], B) = B.$$

22　A を Noether 環，I, J を A のイデアルとする．

$$I \cdot J = \mathfrak{q}_1 \cap \cdots \cap \mathfrak{q}_r$$

と準素イデアル分解し，$\mathfrak{p}_j = \sqrt{\mathfrak{q}_j}$ と書き，$\mathfrak{p}_1 \supset I$, $\cdots$, $\mathfrak{p}_s \supset I$, $\mathfrak{p}_{s+1} \not\supset I$, $\cdots$, $\mathfrak{p}_r \not\supset I$ とする．$I' = \mathfrak{q}_1 \cap \cdots \cap \mathfrak{q}_s$，$J' = \mathfrak{q}_{s+1} \cap \cdots \cap \mathfrak{q}_r$ と定義すると，

(i)　$I \cdot J = I' \cap J'$,

(ii)　或る $N \gg 0$ を選ぶと，$I^N \subset I'$，$J \subset J'$.

(iii)　$I \cdot J = I' \cap J$.

23 Noether 環 A のイデアルを I とし，$J=\bigcap_{n=1}^{\infty} I^n$ とおく，

(i) 任意の $n>0$ につき $J\cap I^n=J$,

(ii) $J\cdot I=I'\cap J$, $I'\supset I^N$ となる I' がある，

(iii) $J\cdot I\supset J$.

24 M を有限生成 A 加群とする．A のイデアル I が $IM\supseteqq M$ を満たすならば，或る $a\in I$ につき，$(a-1)M=0$.

25 問題 24 において，$\mathfrak{R}(A)=\{\bigcap \mathfrak{m}\,;\,\mathfrak{m}$ は極大イデアル$\}$ とおくとき，$I\subset\mathfrak{R}(A)$ を仮定すると，$M=0$.

26 (Krull の定理)　R を局所 Noether 環とする．$\mathfrak{a}\subsetneqq R$ をイデアルとすると，$\bigcap\mathfrak{a}^n=0$. 別のイデアル $I\subseteqq R$ をとると，$\bigcap(\mathfrak{a}^n+I)=I$.

27 (中山の補題)　A を環とする．有限生成 A 加群を M, M の A 部分加群を N とする．$\mathfrak{a}\subset\mathfrak{R}(A)$ をイデアルとするとき，

(i) $\mathfrak{a}M=M$ ならば $M=0$,

(ii) $N+\mathfrak{a}M=M$ ならば $M=N$.

28 M を A 加群とし，$\mathfrak{p}\in \mathrm{Spec}\,A$ 上の関数 $d(\mathfrak{p})=\dim_{k(\mathfrak{p})}M\otimes_A k(\mathfrak{p})$ を定義する．M が有限生成ならば，$\mathfrak{p}\mapsto d(\mathfrak{p})$ は上半連続関数となる．

29 上記で，A を局所整域，$d(\mathfrak{p})$ を定数関数とすると，M は A 自由加群.

30 $a\in\mathfrak{R}(A)$ をとり，I, J を A のイデアルとする．A が Noether 環のとき，

$$J\subset I,\ \ I\subset aA+J,\ \ I:a=I \quad \text{ならば}\quad I=J.$$

［ヒント］ $I=aI+J$ を導いて，中山の補題による．

31 A を局所 Noether 環とし，$\mathrm{Spec}\,A=\{\mathfrak{m}\}$ とする．このとき

(i) $\sqrt{0}=\mathfrak{m}$,

(ii) $\mathfrak{m}^j/\mathfrak{m}^{j+1}$ は $k=A/\mathfrak{m}$ 上有限次元，

(iii) A は Artin 環，すなわち，極小条件を満たす.

32 Noether 環 A の素イデアルがすべて極大ならば，A は Artin 環となる.

［注意］ 問題 32 の逆も正しく，秋月の定理とよばれる.

33 (Krull の単項イデアル定理)　A を Noether 整域とする．$a\neq0$ を非可逆元とする．$\mathfrak{p}$ を aA の極小素イデアルとすると，$\mathrm{ht}\,\mathfrak{p}=1$. すなわち，$0$ と $\mathfrak{p}$ との間の素イデアルは存在しない．これをつぎの手順に従って示せ.

(i) $(A,\mathfrak{p})$ を局所環とその極大イデアルとしてよい.

(ii) $0\subset\boldsymbol{P}\subsetneqq\mathfrak{p}$ を素イデアルとし，$\boldsymbol{P}^{(n)}=\boldsymbol{P}^nA_{\boldsymbol{P}}\cap A$, $I_n=aR+\boldsymbol{P}^{(n)}$ とおくとき，$\bigcap\boldsymbol{P}^{(n)}=0$.

(iii) A/aA は素イデアルを一つしかもたない Noether 環．よって A/aA は Artin 環.

(iv) $N>0$ があり $n\geqq N$ なる n につき $\boldsymbol{P}^{(n)}+aR=\boldsymbol{P}^{(N)}$.

(v) $a\notin\sqrt{\boldsymbol{P}^{(n)}}$.

(vi) $\boldsymbol{P}^{(N)}=0$.

(vii)　$\boldsymbol{P}=0$.

[注意]　$\dim A=n$ ならば $\dim A/aA=\dim \operatorname{Spec} A/aA=n-1$ を意味する．Spec A を n 次元のスキームとみるとき，$V(a)=\operatorname{Spec} A/aA$ はその超曲面であって，これが $n-1$ 次元になることは，当然のことといわねばならない．

34 (Krull の標高定理)　A を Noether 環とする．$a_1, \cdots, a_s \in A$ からイデアル $\mathfrak{a}=\sum a_j A$ をつくる．$\mathfrak{a}$ の極小素イデアルを $\mathfrak{p}$ とすると，

$$\operatorname{ht} \mathfrak{p} \leqq s.$$

35　$\operatorname{Spec} A=\{0, \mathfrak{p}, \mathfrak{m}\}$，$0 \subset \mathfrak{p} \subset \mathfrak{m}$ となる Noether 環は存在しない．

36　正規化定理(定理1.12)から，Hilbert の零点定理(弱形)を導け．

37　$R=\{\varphi(X)/\psi(X)\,;\varphi, \psi \in k[X],\ \psi(0) \neq 0\}$ とおくとき，R の可逆元全体を R^* とおくと，$R^* \supset k^*$．そこで，R^*/k^* の抽象群としての構造を求めよ．

38　$\operatorname{Ker}(A \to A_f)=\{a\,;$ 或る $m>0$ により $af^m=0\}$.

[ヒント]　$A_f=A[X]/(fX-1)$ とおく．

39　$\varphi: X \to S$，$\psi: Y \to S$ を S スキームとし S 上のファイバー積をつくる．S の開部分スキーム V に対し，$\mu: X \times_S Y \to X \to S$ をつくると，

$$\mu^{-1} V \cong \varphi^{-1}(V) \times_V \psi^{-1}(V).$$

40　V を代数多様体，$p \in V$ とする．p での芽 (V, p) の自己同型写像を定義し，つぎを示せ．

$$\operatorname{Aut}_k(V, p) \simeq \operatorname{Aut}_k(\mathcal{O}_{V,p}).$$

41　環準同型 $\varphi: A \to B$ のあるとき，集合 $S \subset B$ に対し，$\varphi^{-1}S$ を $A \cap S$ で表す．

(i)　$A_1 \to A$ がさらにあれば，適当な意味をつけて，

$$A_1 \cap (A \cap S)=A_1 \cap S.$$

(ii)　$\mathfrak{p}$ を A の素イデアルとすると，$\mathfrak{p}A_{\mathfrak{p}} \cap A=\mathfrak{p}$，また，$\mathfrak{q}'$ を $\mathfrak{p}A_{\mathfrak{p}}$ に属する準素イデアルとすると，$\mathfrak{q}' \cap A$ も準素．$\mathfrak{q}$ を $\mathfrak{p}$ に属する準素イデアルとすると，$A \cap \mathfrak{q}A_{\mathfrak{p}}=\mathfrak{q}$ となる．

42　$V=\operatorname{Spec} A$ を k 代数的アフィン・スキームとする．$\{x \in V,\ x$ は閉点$\}=\boldsymbol{V}$ とおくと，V の稠密な集合になる．

[ヒント]　Hilbert の零点定理．

43　$A=k[X, Y, Z]/(X^n+Y^n-Z^n)$ とおく．$n \geqq 3$ のとき，$\operatorname{Hom}_k(\boldsymbol{A}^1, \operatorname{Spec} A)$ を求めよ．

44　(Sch/k) において $f: X \to Y$，$g: Y \to Z$ があって，f が全射，$g \cdot f$ が固有正則ならば，g も固有正則である．

45　V を k スキームとし，$A=k[\varepsilon]$ を双数の環とする．

$$\{\varphi \in \operatorname{Hom}(\operatorname{Spec} A, V)\,;\varphi(0)=x\}=\operatorname{Hom}(\mathfrak{m}_x/\mathfrak{m}_x^2, k)$$

を示せ．(右辺を $T_x(V)$ とかき V の x での Zariski 接空間という．)

46　Zariski 接空間を通常の多様体の接空間と同様に定義することを試みよ．

第2章　正規多様体と因子

§2.1　はじめに

一般の代数多様体をそのまま研究するのは難しいので，若干の条件をつけた取り扱い易い多様体をはじめに考察し，それをもとに全く一般の代数多様体の詳しい議論をする．この章では主に正規代数多様体 (normal algebraic variety) を考える．まず，その環論的骨格を明らかにしよう．

§2.2　整元，整拡大

(可換)整域 A を含む体を一つきめ L とする．$z\in L$ が A 上**整** (integral) とは，或る $a_1,\cdots,a_m\in A$ があり，

$$z^m+a_1z^{m-1}+\cdots+a_m=0$$

を満たすこととして定義される．A 上整の元全体は L の部分環をつくるから，これを A_L' で示し，A の L での**整閉包** (integral closure) とよぶ．というのは，$w\in L$ を A_L' 上整の元とすると，$w\in A_L'$ になるから．これらを証明するためにつぎの補題を用いる．

補題 2.1　環準同型 $A\to A_1$ があり，A_1 を A 加群とみて有限生成ならば，A_1 の元はすべて A 上整である．このとき $A\to A_1$ は有限拡大とか A_1 は有限 A 多元環とかいう．

証明　$\alpha_1,\cdots,\alpha_m\in A_1$ があり $A_1=A\alpha_1+\cdots+A\alpha_m$ と書ける．$\beta\in A_1$ をとると $\beta\alpha_i=\sum a_{ij}\alpha_j$ となる $a_{ij}\in A$ がとれる(a_{ij} の選び方はいろいろあるかもしれない)．

$$(\beta 1_m-(a_{ij}))^t(\alpha_1,\cdots,\alpha_m)=0$$

と行列で書くと，直ちに $\det(\beta 1_m-(a_{ij}))=0$．これを展開して $\beta^m+b_1\beta^{m-1}+\cdots+b_m=0$，$b_i\in A$ を得る．∎

$z\in L$ を A 上整とすると，$r>0$ があり $A[z]=A+\cdots+Az^r$，さらに $w\in L$ を $A[z]$ 上整とすると $A[z,w]=A[z]+\cdots+A[z]w^s=\sum Az^iw^j$，$0\leqq i\leqq r$，$0\leqq j\leqq s$．よって $z+w$，zw なども補題2.1より A 上整になる．かくて，A_L' は L の部分

環になる．さらに w を A_L' 上整とすると，$\alpha_1, \cdots, \alpha_q \in A_L'$ があり

$$w^q+\alpha_1 w^{q-1}+\cdots+\alpha_q = 0.$$

すなわち w は $A[\alpha_1, \cdots, \alpha_q]$ 上整の元だから，A 上整になり，$w \in A_L'$.

§2.3 例

かくて，整拡大 $A \subsetneq A_L'$ を得る．とくに $L=Q(A)$ (A の商体)とするとき，A_L' を A' で示し，A の整閉包(または正規化環)という．$A=A'$ なる整域を**正規環** (normal ring) という．

例 2.1　$A=k[t^2, t^3]$ (t は k 上超越元)を考えると，A の商体は $k(t)$．しかも $t=t^3/t^2 \in k[t]-k[t^2, t^3]$ は $X^2-t^2=0$ の根になる．それゆえに $A'=k[t]$，かつ $\dim A'/A=1$．この例は $(p, q)=1$ なる正整数について $A=k[t^p, t^q]$ としてもほぼ同様に一般化できる．

例 2.2　$\beta_1, \cdots, \beta_n \in k^*$ を相異なる元とし，$\varphi=y^{n+1}+\prod(y-\beta_j x)$ とおくと，φ は既約多項式だから，

$$A = k[x, y]/(\varphi)$$

と整域を得る．$n \geqq 2$ のとき，A は正規ではないというものの A' を直接求めることはそれほど楽ではない．φ は $k[[x, y]]$ では可約になるので，それを利用して，$\dim A'/A$ を求めることができる．

例 2.3　整域 A が正規ならば，その局所化 $S^{-1}A$ は正規である．——

証明は各自試みられる方がよいから略す．

§2.4 U.F.D.

a)　正規よりやや強い条件に U.F.D.(素元分解環)がある．すなわち，整域 A の元 a $(\neq 0)$ は $a=a_1 a_2$ (a_i は単元でない)と書かれるとき，**可約元**といわれ，可約元でないとき，**既約元**とよばれる．aA が素イデアルならば，a は既約元である．しかし逆は真でない．そこで，aA が素イデアルのとき，a を**素元**(prime element)ということにすると，素元は既約元となる．

さて，A の 0 でも単数でもない元が有限個の素元の積に書けるとき，A を**素元分解環**という．このとき，素元の積に分解する仕方は本質的に一意である．

[証明]　$a=p_1 \cdots p_m=q_1 \cdots q_n$ と二様に素元 $p_1, \cdots, q_n$ を用いて書けているとき，

$p_1R \ni q_1 \cdots q_n$ だから，どれかの q_i が p_1R に入る．番号をつけかえて $q_1 \in p_1R$，すなわち，$q_1 = p_1u_1$．q_1 は既約だから，u_1 は単数．$q_2' = u_1q_2$ と書くと $p_2 \cdots p_m = q_2' \cdots q_n$．これをくりかえして，ついに $n=m$，$p_i = q_iu_i$，u_i は単数．▮

かくして，素元分解環は**一意分解環**(unique factorization domain ; U. F. D.) ともいわれる意味が正当化される．

Noether 環ではつねに，任意の元は有限個の既約元の積に書ける．これは自明に近い．そしてこの表示がつねに一意的ならば，既約元は素元である．実際，q を既約元とし，$qA \ni a_1a_2$ とすると，$q\alpha = a_1a_2$ と書かれるから，一意性より，$a_1 = qa'$ または $a_2 = qa''$．だから qA は素イデアル．

b) **定理 2.1** U. F. D. は正規環である．

証明 A を U. F. D. とする．A の商体の元 $\alpha = a_1/a_2 \notin A$ を既約分数として書く．すなわち，a_1, a_2 を素元分解したとき共通の素元がないとしてよい．a_1/a_2 が A 上整ならば $c_1, \cdots, c_m \in A$ があり，

$$(a_1/a_2)^m + c_1(a_1/a_2)^{m-1} + \cdots + c_m = 0$$

を満たす．すると，

$$a_1{}^m = -(c_1a_1{}^{m-1} + c_2a_1{}^{m-2}a_2 + \cdots + c_ma_2{}^{m-1})a_2$$

と書かれるから，a_2 と $a_1{}^m$ すなわち a_2 と a_1 は共通の素元をもってしまう．▮

著名な U. F. D. の例は，多項式環 $k[X_1, \cdots, X_n]$，ベキ級数環 $k[[X_1, \cdots, X_n]]$ などである．A が U. F. D. ならば，その局所化 $S^{-1}A$ も U. F. D. である．

c) U. F. D. が代数幾何で有用なのはつぎの定理が成り立つからである．

定理 2.2 Noether 整域 A が U. F. D. になる必要十分条件は，高さ 1 の素イデアルがつねに単項になることである．

証明 A を U. F. D. とし，ht$=1$ の素イデアル $\mathfrak{p}$ を考える．$\mathfrak{p} \ni a(\neq 0)$ をとり，素元分解する：$a = p_1 \cdots p_m$．$\mathfrak{p}$ が素イデアルだから，どれかの p_j，たとえば p_1 が $\mathfrak{p}$ に属する．$\mathfrak{p} \supset p_1A \supset 0$．だから，ht $\mathfrak{p}=1$ の仮定より，$\mathfrak{p} = p_1A$．つぎに A が U. F. D. でないなら，素元でない既約元 q がある．qA を含み高さ 1 の素イデアル $\mathfrak{p}$ がある(第 1 章問題 33 の単項イデアル定理)．$\mathfrak{p}$ は単項だから，$\mathfrak{p} = pA \supset qA$．よって $q = p\alpha$ と書かれ，q が可約になってしまう．▮

§2.5　正規アフィン・スキーム

a)　既約スキーム X は，各点 $x\in X$ につき $\mathcal{O}_{X,x}$ が正規環になるとき，正規スキームとよばれる．とくに，

$$\operatorname{Spec} A \text{ が正規} \iff A \text{ が正規環}.$$

[証明]　左向き $\Longleftarrow$ の証明は，§2.3の例2.3による．$\Longrightarrow$ を示そう．まず A は整域である．$\alpha\in A'$ をとる．各極大イデアル $\mathfrak{m}$ につき $A_\mathfrak{m}$ は正規だから $\alpha\in A_\mathfrak{m}$．さて，$A:\alpha=\{a\in A\,;a\alpha\in A\}$ とおき，$A:\alpha\neq A$ と仮定する．§1.5補題1.2の(2)により，$A:\alpha$ を含む極大イデアル $\mathfrak{m}$ がある．$\alpha\in A_\mathfrak{m}$ になり，$\mathfrak{m}$ に属さぬ a があって $a\alpha\in A$．すなわち $a\in A:\alpha\subset\mathfrak{m}$ と矛盾に到る．▌

b)　$\mathcal{O}_{X,x}$ が正規環になるとき，x を X の**正規点**という．正規点は非常に多く存在する．たとえば非特異点(non-singular point, §2.7)は正規点である．非特異点とは，いいづらいことばであるが古くは単純点(simple point)，通常点，最近では正則点(regular point)，滑らかな点(smooth point)ともいわれる．語感からは，単純点が一番よいが，すべて非特異点からなる代数多様体を非特異多様体(non-singular variety)というのはすでに定着したいい方で，これを，(単純点とよぶついでに)単純多様体とよぶことはちょっとできかねる．用語が単純だと類推をよんで誤解のうれいが生じるが，特異な用語を用いれば，そのうれいはなくなる．それで，ここでは非特異点という用語で統一する．

§2.6　正則局所環

n 次元局所 Noether 環を R とし，そのただ一つの極大イデアルを $\mathfrak{m}$ とする．$\mathfrak{m}/\mathfrak{m}^2$ は $k_1=R/\mathfrak{m}$ 上の有限次元のベクトル空間で，この双対空間を R の **Zariski 接空間**という．$\dim_{k_1}(\mathfrak{m}/\mathfrak{m}^2)=m$ とすると，$m\geqq n$ である．実際，$\mathfrak{m}/\mathfrak{m}^2$ の底 $\bar{x}_1,\cdots,\bar{x}_m$, $x_i\in\mathfrak{m}$ をとると，$\mathfrak{m}^2+\sum Rx_i=\mathfrak{m}$ だから，中山の補題により $\mathfrak{m}=\sum Rx_i\,(=(x_1,\cdots,x_n)R$ とも書く)．一方，一般に n 次元の局所 Noether 環の極大イデアルを生成するには，少なくとも n 個の元が入用(Krull の標高定理，第1章問題34)だから，$m\geqq n$.

とくに，$m=n$ になるとき，R を**正則局所環**(regular local ring)という．

例 2.4　アフィン n 空間 $\boldsymbol{A}_k{}^n$ 内の超曲面 $V(f)$ を考える．$0\in V(f)$ とし f は既約としよう．$\boldsymbol{A}_k{}^n$ の 0 を原点とするアフィン座標 $X_1,\cdots,X_n$ をとり，$R=\mathcal{O}_{A^n,0}$,

$M=(X_1,\cdots,X_n)R$ とし，$\bar{R}=R/(f)=\mathcal{O}_{V(f),0}$，$\bar{M}=M/(f)$ とおく．仮定より $f(0,\cdots,0)=0$ だから，

$$f(X_1,\cdots,X_n)=\sum(\partial_j f)_0 X_j+\text{高次}\equiv\sum(\partial_j f)_0 X_j \mod M^2.$$

($\partial_j f$ は $\partial f/\partial X_j$ を略したもの.) よって，

$$\dim(M/(f))/(M^2+(f))/(f)=n-1 \Leftrightarrow \text{或る } j \text{ があり } (\partial_j f)_0\neq 0.$$

このことを一般に考察して，$X=V(f)$ の**特異点集合**を Sing $V(f)$ で示すと，

$$\mathrm{Sing}\,V(f)=V(f,\partial_1 f,\cdots,\partial_n f).$$

これはつぎの§2.7, e) で詳しく取り扱う一般論の 1 例である．

§2.7 正則パラメータ系

a) $\mathcal{O}_{X,x}$ が正則局所(Noether)環のとき，$x\in X$ を**非特異点**という．また $\mathfrak{m}$ を $\mathcal{O}_{X,x}$ の極大イデアルとするとき，$\mathfrak{m}=(x_1,\cdots,x_n)R$，$n=\dim\mathcal{O}_{X,x}$ なる $(x_1,\cdots,x_n)$ を，X の x での**正則パラメータ系**という．もちろん，解析多様体論にでてくる局所座標の類似物である．局所座標 $(z_1,\cdots,z_n)$ には，

(1) 0 で正則な関数は，$(z_1,\cdots,z_n)$ の正則関数として表される，

(2) $w_j(0)=0$ を満たす正則関数 $w_1,\cdots,w_n$ をとり $\dfrac{\partial(w_1,\cdots,w_n)}{\partial(z_1,\cdots,z_n)}(0)\neq 0$ ならば $w_1,\cdots,w_n$ を局所座標に使える，

といった利用し易い性質があった．われわれの場合，すなわち代数的な場合でも殆んど同様の事実が成立する．(1)に対応してつぎの考察をする:

$X\ni x$ で正則な関数 φ とは $\mathcal{O}_{X,x}=R$ の元のことである．$k_1=R/\mathfrak{m}\hookrightarrow R$ と仮定しよう．すると，$\varphi \mod \mathfrak{m}=a_0\in k_1\subset R$ が求まるから，$\varphi-a_0\in\mathfrak{m}$．よって $\varphi=a_0+\sum x_j\varphi_j$，$\varphi_j\in R$ と書ける．$\varphi_j \mod \mathfrak{m}=a_j\in k_1\subset R$ として $\varphi_j-a_j=\sum x_k\varphi_{kj}$．これをくりかえすと，

$$\varphi=a_0+\sum a_j x_j+\sum a_{jk}x_j x_k+\cdots.$$

右辺は収束するわけではないが，任意の n で考えると $\mathrm{mod}\,\mathfrak{m}^n$ で等しくなる．そこで一般に φ を右辺のごとく表示することを考えよう．

b) **gr˙ R** R を局所 Noether 環，$\mathfrak{m}$ を極大イデアルとして，$k_1(=R/\mathfrak{m})$ 加群 $\mathfrak{m}^j/\mathfrak{m}^{j+1}$ $(j=0,1,2,\cdots)$ の直和を考える:

$$\mathrm{gr}_{\mathfrak{m}}^{\cdot}(R)=\bigoplus_{j=0}^{\infty}\mathfrak{m}^j/\mathfrak{m}^{j+1}.$$

$\bar{a}\in\mathfrak{m}^j/\mathfrak{m}^{j+1}$, $\bar{b}\in\mathfrak{m}^i/\mathfrak{m}^{i+1}$ に対し $\bar{a}\bar{b}=\overline{ab}\in\mathfrak{m}^{j+i}/\mathfrak{m}^{j+i+1}$ として積を $\mathrm{gr}_{\mathfrak{m}}^{\cdot}(R)$ に入れると，k_1 多元環になる．$\mathfrak{m}=(x_1,\cdots,x_n)$ ならば

$$\mathfrak{m}^j/\mathfrak{m}^{j+1}=(\bar{x}_1{}^j,\bar{x}_1{}^{j-1}\bar{x}_2,\cdots,\bar{x}_n{}^j)$$

であり，環の全射準同型

$$\begin{array}{ccc}\Phi_R: k_1[X_1,\cdots,X_n] & \longrightarrow & \mathrm{gr}_{\mathfrak{m}}^{\cdot}R=k_1[\bar{x}_1,\cdots,\bar{x}_n]\\ \Psi & & \Psi\\ X_i{}^j & \longmapsto & \bar{x}_i{}^j\end{array}$$

を得る．さて，

$$R\text{ は正則，}(x_1,\cdots,x_n)\text{ が正則パラメータ系}\Longrightarrow\Phi_R\text{ が同型.}$$

実際，$\mathrm{Ker}\,\Phi_R\neq0$ ならば，つぎの補題により矛盾に到る．

補題 2.2　(i)　多項式環 $k[X_1,\cdots,X_n]$ の斉次イデアル $\mathfrak{a}\neq0$ をとり，$A(n)=k[X_1,\cdots,X_n]/\mathfrak{a}$, $A(n)_d$ を $A(n)$ の斉 d 次式のつくる k 部分空間とする．$\mathfrak{a}\neq0$ ならば，$\varphi_n(d)=\dim A(n)_d$ は，$n-2$ 次以下の或る多項式でおさえられる．($d\gg0$ のとき，実は $\varphi_n(d)$ は多項式になる.)

(ii)　R を n 次元局所 Noether 環とする．$\mathfrak{m}$ をその極大イデアルとし，$\sigma(d)=\lg_R(R/\mathfrak{m}^d)$ (R 加群の長さ) とおくとき，$\sigma(d)$ は，二つの n 次の多項式 $P_1(d)$, $P_2(d)$ により，$P_1(d)\leqq\sigma(d)\leqq P_2(d)$ とはさめる．(実は $d\gg0$ のとき $\sigma(d)$ は n 次の多項式となる.)

証明　(i)　n についての帰納法．$n=1$ ならば，$\alpha\neq0$ により $\mathfrak{a}=(\alpha)$ と書かれ $\deg\alpha$ より大な d につき $\varphi_1(d)=0$．さて一般の n のとき，すべての X_j を $\mathfrak{a}$ が含むとする．$d>0$ ならば，$\varphi_n(d)=0$．よって $X_n\notin\mathfrak{a}$ にできる．さて同型

$$k[X_1,\cdots,X_n]/(X_n)\simeq k[X_1,\cdots,X_{n-1}]$$

により $\mathfrak{a}$ をうつし，$\bar{\mathfrak{a}}$ と書くと $\bar{\mathfrak{a}}\neq0$ である．さらに，$\bar{\mathfrak{a}}$ から $A(n-1)$ をつくり，$x_n=X_n \bmod \mathfrak{a}$ とおくと，完全系列

$$A(n)_{d-1}\xrightarrow{\cdot x_n}A(n)_{d+1}\longrightarrow A(n-1)_{d+1}\longrightarrow0$$

ができて，

$$\varphi_n(d)-\varphi_n(d-1)\leqq\varphi_{n-1}(d).$$

$\varphi_{n-1}(d)$ をおさえる $n-3$ 次の多項式があるから，$\varphi_n(d)$ は $n-2$ 次の多項式でおさえられる．

(ii)　$\mathfrak{m}$ の元 x を R の非零因子，$\bar{R}=R/xR$ とすると単項イデアル定理により，

$\dim \bar{R}=n-1$. $\bar{\mathfrak{m}}=\mathfrak{m}/xR$ は $\bar{R}$ の極大イデアル．するとつぎの同型が成り立つ．

$$\bar{R}/\bar{\mathfrak{m}}^d \simeq R/xR+\mathfrak{m}^d \simeq R/\mathfrak{m}^d \div (xR+\mathfrak{m}^d/\mathfrak{m}^d).$$

さて，$R \overset{\cdot x}{\to} xR$ によると，

$$R/\mathfrak{m}^d : xR \simeq xR/\mathfrak{m}^d \cap xR \simeq xR+\mathfrak{m}^d/\mathfrak{m}^d.$$

明らかに，$x \in \mathfrak{m}$ により $\mathfrak{m}^{d-1} \subset \mathfrak{m}^d : xR$. 一方，第1章問題22の少しの変形より，或る ρ があり，すべての $d>\rho$ につき，

$$\mathfrak{m}^d : xR = \mathfrak{m}^{d-\rho}\,(\mathfrak{m}^\rho : xR) \subset \mathfrak{m}^{d-\rho}.$$

かくて，

$$\lg_R(R/\mathfrak{m}^{d-\rho}) \leqq \lg_R(R/\mathfrak{m}^d : xR) \leqq \lg_R(R/\mathfrak{m}^{d-1}).$$

$\sigma(d)=\lg_R(R/\mathfrak{m}^d)$, $\bar{\sigma}(d)=\lg_{\bar{R}}(\bar{R}/\bar{\mathfrak{m}}^d)$ とおくと，

$$\bar{\sigma}(d) = \sigma(d)-\lg_R(R/\mathfrak{m}^d : xR)$$

だから，

$$\sigma(d)-\sigma(d-1) \leqq \bar{\sigma}(d) \leqq \sigma(d)-\sigma(d-\rho).$$

かくて，$\dim R$ についての帰納法により証明が完了する．▮

さて，$\sigma(d)=\sum_{i=0}^{d}\dim_{k_1}\mathrm{gr}_\mathfrak{m}{}^i R$ $(k_1=R/\mathfrak{m})$ であり，

$$\dim_k(k[X_1, \cdots, X_n]/\mathrm{Ker}\,\Phi)_d = \dim_k \mathrm{gr}_\mathfrak{m}{}^d R.$$

だから，R が n 次元ならば $\mathrm{Ker}\,\Phi=0$, すなわち Φ は同型である．

逆に，$\mathrm{gr}_\mathfrak{m}{}^\cdot R$ が k 次数環として，多項式環 $k[T_1, \cdots, T_n]$ と同型としよう．$\dim k[T_1, \cdots, T_n]_d=\binom{n+d-1}{n-1}$ は $n-1$ 次の，d についての多項式だから，$\sigma(d)$ は n 次式，よって補題2.2(ii)により，$\dim R=n$. 一方，$\mathrm{gr}_\mathfrak{m}{}^1 R$ は n 次元だから，R は正則局所環である．

いってみれば，$\mathrm{gr}_\mathfrak{m}{}^\cdot R$ に移行するとき，R の正則性が，多項式環という形で表にでてくるのである．

一般に，$\mathrm{gr}_\mathfrak{m}{}^\cdot R$ が整域ならば，R も整域になることは容易に示される．また，$\mathrm{gr}_\mathfrak{m}{}^\cdot R$ が正規環ならば，R も正規環になることも，少し注意深く考察して示される．各自試みられるとよい．

多項式環はもちろん正規だから，前のことと合せて，**正則局所環は正規環**が正しいことになる．この両者の定義の理念は全く別のもので，“正則 $\Longrightarrow$ 正規”といった基本的のことも自明とはいい難いのである．逆に，正規局所環は正則か？

というと無論正しくはないが，1次元なら成立するのである．この事実こそ一般の次元の代数多様体でも，正規性が重要になる根本的理由なのである(§2.9).

c）正則パラメータ系の変換　残しておいた(2)の方の類似をのべると，$y_1, \cdots, y_n \in \mathfrak{m}$ について，$y_i=\sum a_{ij}x_j \bmod \mathfrak{m}^2$，$a_{ij}\in R$ をとると，$\bar{a}_{ij}\in k_1$ は確定する．$\det[\bar{a}_{ij}]\neq 0 \iff (y_1, \cdots, y_n)R=\mathfrak{m}$．すなわち，$y_1, \cdots, y_n \in \mathfrak{m}$ について

$$\left.\frac{\partial(y_1, \cdots, y_n)}{\partial(x_1, \cdots, x_n)}\right|_0 = \det[\bar{a}_{ij}] \in k_1$$

と定義すれば，(2)の類似はほぼ完全に近い．

d）非特異部分多様体　解析空間 X が0で非特異，部分空間 $Y\subset X$ が0を含み，かつ，0で非特異ならば，X の局所座標$(z_1, \cdots, z_r, w_1, \cdots, w_s)$をとり，0の周りで Y は $w_1=\cdots=w_s=0$ と定義され，$(z_1, \cdots, z_r)$が Y の局所座標となるのであった(図2.1).

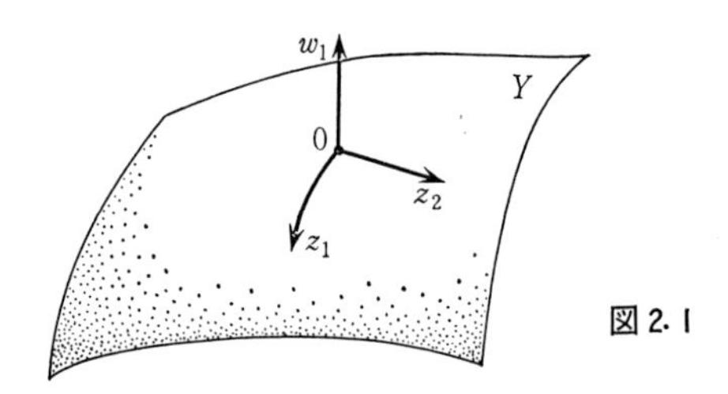

図2.1

この性質を(3)とし，その類似を代数的な場合に考えると，

定理2.3　(i)　局所 Noether 環 R の極大イデアル $\mathfrak{m}$ の元 $x_1, \cdots, x_r$ をとり，$\dim R/(x_1, \cdots, x_r)R=n-r=s$ $(n=\dim R)$，かつ，$\bar{R}=R/(x_1, \cdots, x_r)R$ を正則とすると，R も正則で，$y_1, \cdots, y_s\in\mathfrak{m}$ を選ぶとき$(x_1, \cdots, x_r, y_1, \cdots, y_s)$を R の正則パラメータ系にできる．

(ii)　R を正則局所環とする．$\mathfrak{a}$ を R のイデアルとすると，

$$R/\mathfrak{a} \text{ は正則} \iff (x_1, \cdots, x_r)R=\mathfrak{a} \text{ となる } R \text{ の正則パラメータ系}$$
$$(x_1, \cdots, x_r, y_1, \cdots, y_s) \text{ がある} \qquad (r+s=n).$$

証明　(i) $\bar{R}$ の正則パラメータ系を $\bar{y}_1, \cdots, \bar{y}_s$ とし，その R での代表元を各 $y_1, \cdots, y_s$ と書くと，$(x_1, \cdots, x_r, y_1, \cdots, y_s)$は R の極大イデアルを生成してしまう．

(ii) $\Longleftarrow$ の証明．$\bar{y}_1, \cdots, \bar{y}_s$ は $\bar{R}=R/\mathfrak{a}$ の極大イデアルを生成するから，$\dim \bar{R}$

$\leqq s$. 一方，Krull の標高定理より，$\dim \bar{R} \geqq n-r$. よって $\dim \bar{R}=s=n-r$ だから，$(\bar{y}_1, \cdots, \bar{y}_s)$ は $\bar{R}$ の正則パラメータ系である.

(ii) $\Longrightarrow$ の証明. $(\mathfrak{a}+\mathfrak{m}^2)/\mathfrak{m}^2$ は $\mathfrak{m}/\mathfrak{m}^2=k\bar{x}_1+\cdots+k\bar{x}_n$ の部分ベクトル空間だから1次変換して，$x_1, \cdots, x_r \in \mathfrak{a}$ かつ $\bar{x}_1, \cdots, \bar{x}_r$ は $(\mathfrak{a}+\mathfrak{m}^2)/\mathfrak{m}^2$ の底にできる. $\bar{R}$ の正則パラメータ系の各代表元を $y_1, \cdots, y_s$ とすると，$(x_1, \cdots, x_r)R+(y_1, \cdots, y_s)R+\mathfrak{m}^2=\mathfrak{m}$. よって，中山の補題により，$(x_1, \cdots, x_r, y_1, \cdots, y_s)R=\mathfrak{m}$. ∎

この証明の仕方は，極めてまっとうでやさしい. 定理2.3(ii)は，部分多様体(subvariety)がそれ自体非特異ならば，submanifold になることを意味し，微分可能多様体より簡明な性質を示すのである.

e)　さらに $R/\mathfrak{a}$ が必ずしも正則でない場合をも考えてみよう. R は，$\mathfrak{m}=(x_1, \cdots, x_n)$ を正則パラメータ系とする正則局所環とし，$\mathfrak{a}$ をイデアルとする. $k=R/\mathfrak{m}$, $\bar{R}=R/\mathfrak{a}$, $\bar{\mathfrak{m}}=\mathfrak{m}/\mathfrak{a}$ と記号を用意すると，

$$\bar{\mathfrak{m}}/\bar{\mathfrak{m}}^2 \simeq \mathfrak{m}/(\mathfrak{m}^2+\mathfrak{a}).$$

$\bar{x}_i=x_i \bmod \mathfrak{m}^2$ と書くと

$$\mathfrak{m}/\mathfrak{m}^2 = k\bar{x}_1+\cdots+k\bar{x}_n$$

となる. $f \in \mathfrak{a}$ は $\mathfrak{m}/\mathfrak{m}^2$ の元とみて

$$f \equiv \sum a_j\bar{x}_j \mod \mathfrak{m}^2 \qquad (a_j \in k)$$

と書かれる. 記号として $a_j=(\partial f/\partial x_j)_0$ を用いると，一般の $f \in R$ につき $k \subset R$ ならば，$\bar{f}(0)=f \bmod \mathfrak{m} \in k \subset R$ とみて，$f \equiv \bar{f}(0)+\sum(\partial f/\partial x_j)_0\bar{x}_j \bmod \mathfrak{m}^2$ ときれいに書ける.

さて，$\xi_j=x_j \bmod \mathfrak{m}^2+\mathfrak{a}$ とおくと，$\bar{\mathfrak{m}}/\bar{\mathfrak{m}}^2$ の元は $\xi_1, \cdots, \xi_n$ によりはられて，これらの間の1次関係式は，$f \in \mathfrak{a}$ につき

$$\sum\left(\frac{\partial f}{\partial x_j}\right)_0 \xi_j = 0.$$

しかし $\mathfrak{a}=\sum_{l=1}^{\rho} f_l R$ ならば，$f=\sum g_l f_l$ と書くとき，

$$\left(\frac{\partial f}{\partial x_j}\right)_0 = \sum\left(\frac{\partial g_l}{\partial x_j}\right)_0 \bar{f}_l(0)+\sum \bar{g}_l(0)\left(\frac{\partial f_l}{\partial x_j}\right)_0.$$

ただし $\bar{f}_l(0)=f_l \bmod \mathfrak{m} \in k$ とおいた. このため，$\bar{f}_l(0)=0$ である. ゆえに，

$$\sum\left(\frac{\partial f}{\partial x_j}\right)_0 \xi_j = 0$$

は $f=f_1, \cdots, f_\rho$ について考えておけば十分である．すなわち，

$$\dim \frac{\overline{\mathfrak{m}}}{\overline{\mathfrak{m}}^2} = n - \mathrm{rank}\left[\left(\frac{\partial f_l}{\partial x_j}\right)_0\right]_{1\leqq j\leqq n, 1\leqq l\leqq \rho}.$$

さて $\dim \bar{R}=r$ とすると，$r \leqq \dim \overline{\mathfrak{m}}/\overline{\mathfrak{m}}^2$．いいかえると，

定理 2.4

$$\mathrm{rank}\left[\left(\frac{\partial f_l}{\partial x_j}\right)_0\right] \leqq n-r.$$

$$\bar{R}\text{ は正則} \Leftrightarrow \mathrm{rank}\left[\left(\frac{\partial f_l}{\partial x_j}\right)_0\right] = n-r.$$ ——

このようにして，行列の位数で正則性がわかるので，これを**非特異性のヤコビアン判定法**という．

形式的偏微分 $(\partial f/\partial x_j)_0$ の記号を用いると，§2.7, c) の Jacobi 行列式も

$$\left.\frac{\partial(y_1, \cdots, y_n)}{\partial(x_1, \cdots, x_n)}\right|_0 = \det\left[\left(\frac{\partial y_i}{\partial x_j}\right)_0\right]$$

と合理的に書かれる．

f)　$\boldsymbol{A}_k{}^n$ 内の部分多様体 V が $V(f_1, \cdots, f_\rho)$ と書かれているとし，イデアル $\mathfrak{p}=(f_1, \cdots, f_\rho)$ は素としよう．また，$\dim V=r$ ならば，

$$\mathrm{rank}\left[\left(\frac{\partial f_l}{\partial X_j}\right)_p\right] = n-r \text{ となる } p \in V \text{ は非特異点，}$$

が成立する．($\partial f_l/\partial X_j \in \mathcal{O}_{A^n, p}$; $(\partial f_l/\partial X_j)_p = \overline{\partial f_l/\partial X_j}(p) \in k(p)$ とみる.)

［説明］　$\boldsymbol{A}_k{}^n = \mathrm{Spec}\, k[X_1, \cdots, X_n]$ と大文字をつかい，$p=(a_1, \cdots, a_n)$ と k 有理点 (すなわち，極大イデアル $(X_1-a_1, \cdots, X_n-a_n)$ に応ずる点) をとるとき，$x_i=X_i-a_i$ として，$\mathcal{O}_{A,p}$ の正則パラメータ系をとれる．このとき，$k=\mathcal{O}_{A,p}/\mathfrak{m}_p$ であって，

$$\left(\frac{\partial f}{\partial X_j}\right)_p = \left(\frac{\partial f}{\partial x_j}\right)_0$$

になることは $X_j=x_j+a_j$ から明白である．それだから，k 有理点では，ヤコビアン判定法がつかえることがわかった．

行列 $[\partial f_l/\partial X_j]$ の $n-r$ 次の小行列式を $M_1(X), \cdots, M_\nu(X)$ とおくと

$$\mathrm{rank}\left[\left(\frac{\partial f_l}{\partial X_j}\right)_p\right] < n-r \Leftrightarrow M_1(X)_p = \cdots = M_\nu(X)_p = 0.$$

よって，

$$\Sigma = V(\mathfrak{p}, M_1(X), \cdots, M_\nu(X)) \subset V = V(\mathfrak{p})$$

と閉集合が定義される．

議論を簡単化するために，k を代数閉体としよう．すると，V の k 有理点（$=V$ の閉点）らは V の稠密集合 $\boldsymbol{V}$ をつくる．そして，$p \in \boldsymbol{V}$ につき

$$p \in \boldsymbol{V} \text{ が非特異} \Leftrightarrow \mathcal{O}_{V,p} \text{ が正則} \Leftrightarrow p \notin \Sigma \cap \boldsymbol{V}.$$

一般に，つぎの定理がたいした困難もなく証明される．

定理 2.5 $\{V \text{ の非特異点}\} = V - \Sigma.$ ——

その証明は技術的わずらわしさがあるから省略しよう．V の特異点の集合を $\mathrm{Sing}\,V$ と書く．また $\mathrm{Reg}\,V = V - \mathrm{Sing}\,V$ と書いたりする．

非特異点とは本来，陰関数定理が使えて，局所的に陽関数化できる点のことで，すなわち，ヤコビアン判定法の使えるところである．正則局所環による非特異性は，内在的ではあるが，k が代数閉体のとき，たいした困難もなく，非特異点の古典的定義に帰着する．

V は既約だから，生成点 $*$ があり，$R(V) = \mathcal{O}_{V,*}$ は体だから正則局所環，したがって $* \in \mathrm{Reg}\,V$．よって $\mathrm{Reg}\,V \neq \phi$．すなわち，つぎの系が得られる．

系 代数多様体 V の特異点集合 $\mathrm{Sing}\,V$ は低次元の閉集合である．——

この系は，V を Noether 整型スキームとすると成立しないことがある．

§2.8 Supp (A'/A)

a) 正規環に戻ろう．A を整域，A' を A の正規化とする．$\mathfrak{p} \in \mathrm{Spec}\,A$ に対し，$A_\mathfrak{p}$ が正規ならば $(A'/A)_\mathfrak{p} = 0$ が直ちにわかる．逆に，$(A'/A)_\mathfrak{p} = 0$ としよう．$Q(A)$ の元 z が $A_\mathfrak{p}$ 上整とすると，$u \notin \mathfrak{p}$ を選ぶことにより，uz は A 上整になる．よって $uz \in A'$．仮定より，$A' \otimes_A A_\mathfrak{p} = A_\mathfrak{p}$ なのだから結局，$z \in A_\mathfrak{p}$．すなわち $A_\mathfrak{p}$ は正規である．一般に A 加群 M につき，M の**支え**(support)を，

$$\mathrm{Supp}_A M = \{\mathfrak{p} \in \mathrm{Spec}\,A\,;\, M_\mathfrak{p} \neq 0\} = \mathrm{Supp}_{\tilde{A}} \tilde{M}$$

で定義する．M が A 加群として有限生成ならば，§1.12, a) の (iii) により，$\mathrm{Supp}\,\tilde{M}$ も閉集合である．そして，$\{\mathfrak{p}\,;\,\text{非正規点}\} = \mathrm{Supp}\,(A'/A)$ だから，いつ，A' が A 加群として，有限生成になるかを調べよう．A が Noether 環であっても，このことは成立しないことがある．成立するための必要十分条件をめぐって種々の興味深い研究がなされてきた．

b) 整閉包の有限性 ここではもっとも基本的な場合のみを取り扱う.

定理 2.6 A を体 k 上有限生成の整域, L を A の商体 $Q(A)$ の有限次代数拡大とする. A の L 内での整閉包 A_L' は A 加群として有限生成である.

証明 (1) つぎの仮定のもとに証明する. A を正規環, $L=Q(A)(\alpha)$, α は A 係数の多項式 $f(X)=X^m+a_1X^{m-1}+\cdots+a_m\ (a_j\in A)$ の零点で, かつ $f'(\alpha)\neq 0$.

さて, m についての帰納法を組み合せて, f を既約としてよい. L の代数拡大体を適当にとり, そこでの $f(X)=0$ の根を $\alpha_1=\alpha, \alpha_2, \cdots, \alpha_m$ として, $A_1=\sum A[\alpha_j]$ とおく. A_1 は A の有限整拡大, かつ A_1 の商体 $Q(A_1)$ は $Q(A)$ の Galois 拡大. Galois 群 $G=\mathrm{Gal}(Q(A_1)/Q(A))$ は A_1/A に作用する. また, A は正規だから, G 不変な A_1 の元は A の元である. $g_i(X)=f(X)/(X-\alpha_i)$ とおくと, $f'(X)=\sum g_i(X)$, $f'(\alpha)=g_1(\alpha)$. A の各元を不変にする G の部分群を H とおく. $f(X)$ は既約だから, 各 α_i につき $\sigma_i(\alpha)=\alpha_i$ となる σ_i がある. $g_i(X)=f(X)/(X-\alpha_i)=f(X)/(X-\sigma_i(\alpha))=\sigma_i(g_1(X))$. そこで $g_1(X)=X^{m-1}+c_{m-2}X^{m-2}+\cdots+c_0\ (c_i\in A[\alpha])$ と書く. A' の元 b に対して, $\sigma_i(g_1)(\alpha)=0\ (i>1)$ に注意すれば,

$$bf'(\alpha)=bg_1(\alpha)=\sum_i\sigma_i(b)\sigma_i(g_1)(\alpha)=\sum_{i,j}\sigma_i(b)\sigma_i(c_j)\alpha^j.$$

$\sum\sigma_i(b)\sigma_i(c_j)$ は H 不変, かつ $\sigma_1=1, \sigma_2, \cdots, \sigma_m$ でも不変である. 直ちにわかるように, G は H と σ_j らから生成されるから, さらに G 不変である. よって, $\sum\sigma_i(b)\sigma_i(c_j)\in Q(A)\cap A'$. ゆえに A は正規だから, $\sum\sigma_i(b)\sigma_i(c_j)\in A$. かくて $bf'(\alpha)\in A[\alpha]$. 書きかえて, $A'f'(\alpha)\subset A[\alpha]$. すなわち, $A'\subset 1/f'(\alpha)\cdot A[\alpha]$. この右辺は A 上有限生成の加群. その A 部分群として, A' も有限生成 A 加群である. なぜなら, A は Noether 環だから.

(2) 仮定をややゆるめて, A を正規環, $L/Q(A)$ を有限次分離的代数拡大, として証明する. まず, 体の一般論から, $L=K(\alpha)$ なる $\alpha\in L$ の存在を知る. 必要ならば $c\in A$ をとって $c\alpha$ にかえて, α の A 上の既約多項式を $f(X)=X^m+a_1X^{m-1}+\cdots+a_m\ (a_i\in A)$ にできるから (1) を適用できる.

(3) 一般のとき, Noether の正規化定理 (§1.12) から, 適当に A の元 $z_1, \cdots, z_r$ を選び, $k[z_1, \cdots, z_r]$ を r 変数の多項式環, $k[z_1, \cdots, z_r]\subsetneq A$ が有限次拡大にできる. $A_0=k[z_1, \cdots, z_r]$, $K_0=Q(A_0)$ としよう. L が K_0 上分離的と仮定する. A_0 の L 内での整閉包が A' になるので, (2) により, A_L' は A_0 加群として有限

生成である．だから無論，A 加群として有限生成である．L/K_0 に非分離拡大がでてくるときは，少し細工して，分離拡大のときに帰着される．ここでは詳細を略する．∎

かくして，k 上有限生成の整域 A について，$X=\mathrm{Spec}\,A$ の正規点は，或る Zariski 開集合となることがわかった．

c）定理 2.6 で $k=\boldsymbol{Q}$，$A=\boldsymbol{Z}$ とおくと，A_L' は L の代数的整数の環になり，これが $\boldsymbol{Z}$ 加群として有限生成になる．これこそ環論のおこりともいうべき重要な発見であった．正規環は一番早くから考えられていたが，代数的整数のときは 1 次元であり，正則になって非常に簡明になる．多項式環の拡大体での整閉包は正規ではあっても次元が高いから正則ではなく，やや難しくなってくる．

§2.9 曲線の正規点

a）とくに $\dim X=1$ としよう．非正規点集合は有限個の点になる．そして，非正規点は特異点と一致する．というのは，つぎの定理が成り立つから．

定理 2.7 1 次元局所 Noether 正規環 R は，局所正則環である．

証明 $\mathfrak{m}$ を R の極大イデアルとする．$\mathfrak{m}^*=\{x\in Q(R)\,;\,x\mathfrak{m}\subset R\}$ とおくと，$\mathfrak{m}\mathfrak{m}^*\subset R$ であるが，$\mathfrak{m}\mathfrak{m}^*=R$ となることをまず示そう．実際 $a\neq 0\in\mathfrak{m}$ をとると，aR を含む素イデアルは $\mathfrak{m}$ だけだから，$\mathfrak{m}^r\subset aR$ となる r がある．r をこのような中で最小に選ぶと，$\mathfrak{m}^{r-1}-aR$ から b がとれる．$b\mathfrak{m}\subset aR$ をいいかえて $b/a\in\mathfrak{m}^*$，すなわち，$R\subsetneq\mathfrak{m}^*$．さて，$R$ のイデアル $\mathfrak{m}\mathfrak{m}^*$ は $\mathfrak{m}$ を含むから，$\mathfrak{m}\mathfrak{m}^*=\mathfrak{m}$ または $\mathfrak{m}\mathfrak{m}^*=R$．前者ならば $0\neq u\in\mathfrak{m}^*$ をとると，$\mathfrak{m}u\subset\mathfrak{m}$ により u は R 上整（補題 2.3）．したがって $u\in R$．だから $\mathfrak{m}^*=R$ となり，矛盾．よって $\mathfrak{m}\mathfrak{m}^*=R$．

このとき $\pi\in\mathfrak{m}-\mathfrak{m}^2$ をとると $\pi\mathfrak{m}^*\subset R$，もし $\pi\mathfrak{m}^*\subset\mathfrak{m}$ ならば $\pi R=\pi\mathfrak{m}^*\mathfrak{m}\subset\mathfrak{m}^2$ となり，π のとり方に反するから，$\pi\mathfrak{m}^*\not\subset\mathfrak{m}$．よって $\pi\mathfrak{m}^*=R$．$\pi R=\pi\mathfrak{m}^*\mathfrak{m}=\mathfrak{m}$．かくて，$\dim R=1$ であって，$\mathfrak{m}=\pi R$ だから R は正則局所環になる．∎

上記で用いたのはつぎの補題である．

補題 2.3 R を Noether 整域，$\mathfrak{a}\neq 0$ を R のイデアル，$a\in Q(R)$ とするとき，$a\mathfrak{a}\subset\mathfrak{a}$ ならば a は R 上整である．

証明 $b\neq 0\in\mathfrak{a}$ をとると，$a^m b\in\mathfrak{a}\subset R$ が $m=0,1,2,\cdots$ に対し成り立つ．故に $a^m\in(1/b)R$．よって Noether 加群 $(1/b)R$ の部分 R 加群として，$R[a]$ も R 上

有限生成の加群．これは補題2.1より a が R 上整を意味する．∎

b）離散付値　さて，1次元正則局所環 R の極大イデアル $\mathfrak{m}$ は単項イデアル πR であった．一般のイデアル $\mathfrak{a}$ をとると $\mathfrak{a}\subset\mathfrak{m}$ により，$\mathfrak{a}=\pi\mathfrak{a}_1$ と表される．これをくり返して，ついに，$\mathfrak{a}=\pi^r R$ と書かれてしまう．R の商体 $Q(R)$ を K と書こう．K の元を $a/b\,(a,b\in R)$ と書き表すとき，$b\notin\mathfrak{m}$ ならば，単元だから $b=1$ としてよい．$a=a/1=\pi^r u$（u は単元）と書かれる．そして，$\mathrm{ord}\,(a)=r$ と書く．また $a/b\notin R$ ならば，$b\in\mathfrak{m}$，$a\notin\mathfrak{m}$ としてよいから，$\mathrm{ord}\,(a/b)=-\mathrm{ord}\,(b/a)$ とおく．さらに $\mathrm{ord}\,(0)=\infty$ と約束しておこう．すると，写像

$$\mathrm{ord}: K\longrightarrow \boldsymbol{Z}\cup\{\infty\}$$

が定まり，(i) $\mathrm{ord}\,(ab)=\mathrm{ord}\,a+\mathrm{ord}\,b$，(ii) $\mathrm{ord}\,(a+b)\geqq\min\,(\mathrm{ord}\,a,\mathrm{ord}\,b)$ なる性質をもつ．とくに，$\mathrm{ord}^{-1}(\boldsymbol{N}\cup(0)\cup(\infty))=R$，$\mathrm{ord}^{-1}(\boldsymbol{N}\cup(\infty))=\mathfrak{m}$ である．ord を K の R による**(離散)付値**(valuation)といい，R を付値 ord に応ずる**付値環**という．

例 2.5　$R=k[t]_{(0)}=\{P(t)/Q(t)\,;\,Q(0)\neq 0$ なる k 係数の多項式 $Q,P\}$，あるいは，もう少し徹底させて，

$$\hat{R}=k[[t]]=\{t\text{ の形式的ベキ級数}\}$$

を考えてもよい．これらは付値環である．

c）因子による付値　A を Noether 正規環とし，$\mathfrak{p}\in\mathrm{Spec}\,A=X$ を $\dim\mathcal{O}_{X,x}=1$ なる点 x に応ずる素イデアルとする．このとき，$\mathcal{O}_{X,x}=A_{\mathfrak{p}}$ は1次元の正規環だから正則局所環である．よって $A_{\mathfrak{p}}$ の商体$=Q(A)=K$ の付値 $\mathrm{ord}_{\mathfrak{p}}$ が定義される．

例 2.6　k 上の多項式 $f(X)\in k[X]$ をとる．k を代数的閉体としよう．すると，相異なる根 $\alpha_1,\cdots,\alpha_s$ を各 $e_1,\cdots,e_s$ 重にもち

$$f(X)=a_0\prod(X-\alpha_j)^{e_j}$$

と書かれる．$(X-\alpha_j)=\mathfrak{p}_j$ と書くと，$x\in\mathrm{Spec}\,k[X]$ について，

$$x=\mathfrak{p}_j\quad\text{ならば}\quad\mathrm{ord}_x f=e_j.$$

それら以外の x で $\mathrm{ord}_x f=0$．

もし k が閉体でないならば，既約因子 $\varphi_j(X)$ をもち

$$f(X)=\prod\varphi_j(X)^{e_j}.$$

一方，$(\varphi_j(X))$ は素イデアル $\mathfrak{p}_j$ になるから結論は同じ．このような形で書くな

らば，多変数でも一向さしつかえない．X を $X_1, \cdots, X_n$ の略記と思えば，それで他の変更はいらない．

$$\{\mathfrak{p} \in \operatorname{Spec} k[X_1, \cdots, X_n]\,;\, \dim A_{\mathfrak{p}}=1\} = \{(\varphi(X))\,;\, \varphi \text{ は既約}\}$$

という対応のつくことに注意しさえすればよい．ここで $k[X_1, \cdots, X_n]$ が，U.F.D. であることが用いられているが，それは思いすごしで，正規性さえあれば十分であろう．もっと倹約していえば，$\dim A_{\mathfrak{p}}=1$ ならば $A_{\mathfrak{p}}$ は付値環，すなわち正則局所環ということでよい．このとき，整域 A は**条件** (R_1) を満たすという．しかし (R_1) だけでは，正規性には不十分で，ここにかなり微妙な問題がある．

§2.10 準素イデアル分解

Noether 環 A において，非常に大事な性質は**準素イデアル分解**の成立することであった．読者の便宜のために，少し復習をしておこう．A の素イデアル $\mathfrak{p}$ は或るイデアル $\mathfrak{a}$ と A の元 a とにより $\mathfrak{a}:a=\mathfrak{p}$ と書かれるとき，$\mathfrak{a}$ の**素因子**という．ただ一つしか，素因子を持たないイデアルを**準素イデアル**という．

すると，任意のイデアル $\mathfrak{a}$ は

(1) $\mathfrak{a}=\mathfrak{q}_1 \cap \cdots \cap \mathfrak{q}_r$ と準素イデアル $\mathfrak{q}_j$ の共通部分として書かれる．この r の長さを極小にとったとき**最短表示**という．

(2) 最短表示の準素イデアル分解 $\mathfrak{a}=\mathfrak{q}_1 \cap \cdots \cap \mathfrak{q}_r$ において，$\mathfrak{p}_j=\sqrt{\mathfrak{q}_j}$ は，$\mathfrak{q}_j$ を含む極小の素イデアルで，$\mathfrak{a}$ の素因子をつくす．

さて

$$V(\mathfrak{a}) = V(\mathfrak{q}_1) \cup \cdots \cup V(\mathfrak{q}_r) = V(\mathfrak{p}_1) \cup \cdots \cup V(\mathfrak{p}_r)$$

だから，アフィン・スキームの台集合 $V(\mathfrak{a})$ が既約な空間成分 $V(\mathfrak{p}_j)$ に一見わけられているようにみえるが，たとえば，$V(\mathfrak{p}_2) \subset V(\mathfrak{p}_1)$ といったこともおこりうる．すなわち，$\mathfrak{p}_1 \subset \mathfrak{p}_2$ である．台集合にのみ注目すると，このような $V(\mathfrak{p}_2)$ は目に見えない．だから，$\mathfrak{p}_2$ を $\mathfrak{a}$ の**埋没因子**という．番号をつけかえて，これらを $\mathfrak{p}_{s+1}, \mathfrak{p}_{s+2}, \cdots, \mathfrak{p}_r$ としよう．

$V(\mathfrak{a}) = V(\sqrt{\mathfrak{a}}) = V(\mathfrak{p}_1) \cup \cdots \cup V(\mathfrak{p}_s)$ は，既約閉部分空間の分解になる．かくて $\mathfrak{a}$ を含む極小の素イデアルは，$\mathfrak{p}_1, \cdots, \mathfrak{p}_s$ であり，一方，素因子の定義により，$A/\mathfrak{a}$ の非零因子は，$\mathfrak{p}_1 \cup \cdots \cup \mathfrak{p}_r$ の補集合なのだ．ここでも微妙な喰い違いがある．

§2.11 正規性判定法

さて，正規 Noether 環の判定条件としてつぎの定理がある．

定理 2.8 (Krull, Serre, 永田)　A を Noether 整域とする．A が正規環になる必要十分条件は

(i)　$\dim A_{\mathfrak{p}}=1$ なる $\mathfrak{p}\in \operatorname{Spec} A$ について，つねに $A_{\mathfrak{p}}$ が付値環になる，

(ii)　$a\in A$ に対し，aA は埋没因子をもたない．

証明　A が正規環のとき (ii) を示そう．$\mathfrak{p}$ を aA の埋没因子とすると $\mathfrak{p}=aR:b$ となる b がある．$R=A_{\mathfrak{p}}$，$\mathfrak{m}=\mathfrak{p}A_{\mathfrak{p}}$ とおくと，$\dim R\geqq 2$ であるから，定理 2.7 の証明をみると，$b/a\in \mathfrak{m}^*$，$\mathfrak{m}\mathfrak{m}^*=\mathfrak{m}$ となる．補題 2.3 により，$\mathfrak{m}^*$ の元は R 上整．よって $\mathfrak{m}^*=R$．だから $c\notin\mathfrak{p}$ があって，$bc/a=d\in A$．$\mathfrak{p}=aR:b=acR:bc=acR:ad=cR:d$ により $c\in\mathfrak{p}$ となり矛盾．つぎに (i), (ii) を仮定し，a, b は A の元，b/a は A 上整としよう．

$$aR=\mathfrak{q}_1\cap\cdots\cap\mathfrak{q}_r$$

を最短準素イデアル分解とする．$\sqrt{\mathfrak{q}_j}=\mathfrak{p}_j$ とおく．(ii)によると $\dim A_{\mathfrak{p}_j}=1$．(i) によると $A_{\mathfrak{p}_j}$ は付値環である．だから $b/a\in A_{\mathfrak{p}_j}$．よって $b\in aA_{\mathfrak{p}_j}=\mathfrak{q}_jA_{\mathfrak{p}_j}$．$A\cap\mathfrak{q}_jA_{\mathfrak{p}_j}=\mathfrak{q}_j$ だから $b\in\mathfrak{q}_j$．よって $b\in\bigcap\mathfrak{q}_j=aR$．∎

例 2.7　多項式 $f(X_1, \cdots, X_n)\in k[X_1, \cdots, X_n]$ は既約で，$V(f)$ の特異点集合 $\operatorname{Sing} V(f)=V(f, \partial_1 f, \cdots, \partial_n f)$ の余次元は 2 以上とする．このとき，$k[X_1, \cdots, X_n]/(f)$ は正規環である．とくに $n\geqq 3$ で，$V(f)$ の特異点が孤立していればよい．定理を適用するには，(ii) の成立を確かめねばならない．すなわち，

Cohen の定理　正則局所環 R のイデアル $\mathfrak{a}$ が s 個の元で生成され，$\operatorname{ht}\mathfrak{a}=\operatorname{codim}(V(\mathfrak{a}))=s$ のとき，$\mathfrak{a}$ は埋没因子をもたない．——

現在このような主張の成立する Noether 環の一般論がつくられていて Cohen-Macaulay 環の理論という．その完全な記述は環論的準備が多くいるから“可換環論”にゆずる．

§2.12 接続定理

定理 2.9　A を正規 Noether 環とする．

$$A=\{\bigcap A_{\mathfrak{p}}\,;\,\mathfrak{p}\text{ は }\dim A_{\mathfrak{p}}=1\text{ を満たす素イデアル}\}.\qquad ——$$

幾何的にいいかえると，$X=\operatorname{Spec} A$ をアフィン・スキームとみて，X の余次

元1の閉部分多様体に応ずる素イデアル $\mathfrak{p}$ で，付値 $\mathrm{ord}_{\mathfrak{p}}$ をつくる．X の有理関数 φ をとるとき

$$\varphi \text{ は } X \text{ 上で正則} \Longleftrightarrow \mathrm{ord}_{\mathfrak{p}}(\varphi) \geqq 0 \qquad (\text{すべての高さ } 1 \text{ の } \mathfrak{p}). \quad ——$$

そこで，X の閉集合 F, $\mathrm{codim}\, F \geqq 2$ をとると，$X-F$ の余次元1の閉部分多様体と X の余次元1の閉部分多様体とは同じものだから，

$$X-F \text{ 上の正則関数} \quad \text{は} \quad X \text{ の正則関数}.$$

アフィン多様体でわかったので直ちに一般化され，正規代数多様体 X, その余次元 $\geqq 2$ の閉集合 F に対し，つぎの定理が成立する．

定理 2.9 の幾何的定式化

$$\Gamma(X-F, \mathcal{O}) = \Gamma(X, \mathcal{O}). \quad ——$$

これは，まさに多変数関数論での Hartogs の定理に似ている．しかし，Hartogs の定理は，$X-F$ の holomorphic 関数というだけで，X の有理関数であるといった安直な条件は何もないから，これより，ずっと本質的定理と考えられる．

定理 2.9 の証明　$b/a \in \bigcap A_{\mathfrak{p}}$ をとる．最短準素イデアル分解

$$aA = \mathfrak{q}_1 \cap \cdots \cap \mathfrak{q}_r$$

を考えると，$\mathfrak{p}_j = \sqrt{\mathfrak{q}_j}$ は $\mathrm{ht}\, \mathfrak{p}_j = 1$ を満たすから，

$$b/a \in A_{\mathfrak{p}_j}, \qquad \text{よって} \quad b \in aA_{\mathfrak{p}_j} = \mathfrak{q}_j A_{\mathfrak{p}_j}.$$

これより $b \in \mathfrak{q}_j$, よって $b \in \bigcap \mathfrak{q}_j = aA$. ∎

この証明でも，aA が埋没因子をもたないことが本質的で，(R_1) を満たす環に比べて，いかに正規環が美しい性質をもっているかがわかるだろう．

§2.13　素因子の付値

k 上の正規代数多様体を考える．すなわち，V は代数多様体で，$V = \bigcup_{j=1}^{m} V_j$ とアフィン開集合 $V_j = \mathrm{Spec}\, A_j$ でおおうとき，A_j が正規環になる．W を V の余次元1の既約部分多様体とする．このような W を V の**素因子** (prime divisor) ともいう．$W \cap V_j \neq \phi$ ならば，$W \cap V_j = V(\mathfrak{p}_j)$ と A_j の高さ1の素イデアル $\mathfrak{p}_j$ がきまる．V の有理関数体 $R(V) = Q(A_j)$ の元 φ に対し $\mathrm{ord}_{\mathfrak{p}_j}(\varphi)$ が定義されるが，これは W のみによる．というのは，$V_i \cap W \neq \phi$ と $V_j \cap W \neq \phi$ とは既約多様体 W の空でない開集合だから $V_i \cap V_j \cap W \neq \phi$. さて，$W$ の生成点 w は $V_i \cap V_j \cap W$ の元であるから，$A_{i, \mathfrak{p}_i} = \mathcal{O}_{V,w} = A_{j, \mathfrak{p}_j}$. さらに $\mathfrak{m}_w = \mathfrak{p}_i A_{\mathfrak{p}_i} = \mathfrak{p}_j A_{j, \mathfrak{p}_j}$. それだ

から $\mathrm{ord}_W=\mathrm{ord}_{\mathfrak{p}_i}=\mathrm{ord}_{\mathfrak{p}_j}=\cdots$ と記そう．定理2.9によれば，

$$\Gamma(V,\mathcal{O}_V)=\{\varphi\in R(V)\,;\,\mathrm{ord}_W\varphi\geqq 0\}.$$

§2.14　因　子

V の有理関数 $\varphi(\neq 0)$ をとる．すなわち，$\varphi\in Q(A)^*$；ここに $A=A_1$ とした．$\varphi=b/a$ $(b,a\in A)$ と書かれる．$V_1=\mathrm{Spec}\,A_1$ において $V(b)=W_1{}^0\cup\cdots\cup W_r{}^0$ と既約成分にわけて，V での $W_j{}^0$ の閉包を W_j と記す(図2.2)．$V(b)=V_1\cap(W_1\cup\cdots\cup W_r)$，同様にして，$V(a)=V_1\cap(W_1'\cup\cdots\cup W_s')$．一方，$V-V_1$ は閉集合だから既約成分にわけ，そのうち余次元1のものを $W_1'',\cdots,W_t''$ と記す．さて V の素因子 W をとる．$W\cap V_1=\phi$ ならば，W は或る W_i'' になる．$W\cap V_1\neq\phi$ ならば，$W=W_j$ となるときのみ $\mathrm{ord}_W\varphi>0$；$W=W_k'$ となるときのみ $\mathrm{ord}_W\varphi<0$．いずれにせよ，$\mathrm{ord}_W\varphi\neq 0$ なる素因子 W は有限個しかない．

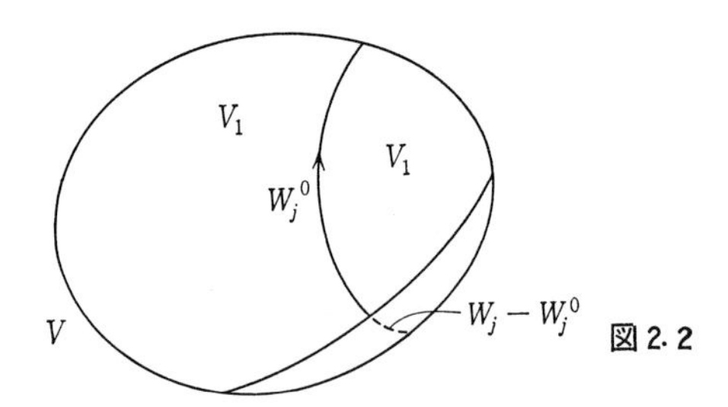

図2.2

一般に V の素因子らの生成する $\boldsymbol{Z}$ 自由加群を V の**因子群**といい，$\mathcal{G}(V)$ で記す．$\mathcal{G}(V)$ の元を**因子**(divisor)という．すなわち，

$$\sum_{i=1}^{s}m_iW_i\qquad(m_i\in\boldsymbol{Z},\ W_i\text{ は素因子})$$

が因子であり，その加法は自由加群としてのそれである．さて，

$$(\varphi)=\sum\mathrm{ord}_W(\varphi)\,W$$

とおくと，$\mathrm{ord}_W\varphi\neq 0$ なる W は有限個であったから，一つの因子を定める．$e=\mathrm{ord}_W\varphi>0$ のとき，φ は W で e 重の零点をもつ，$e'=\mathrm{ord}_{W'}\varphi<0$ のとき，φ は W' で $-e'$ 位の極をもつ，という．

§2.15 線型同値

因子 D は或る有理関数 φ により $D=(\varphi)$ と書かれるとき，線型的に自明，または0に線型同値とよばれる．

§2.9, b) の (i) により，$(\varphi\psi)=(\varphi)+(\psi)$ であるから，$\{(\varphi)\,;\varphi\in R(V)-\{0\}\}$ は $\mathcal{G}(V)$ の部分群をなす．これを $\mathcal{G}_l(V)$ で記す．

さて，

$$\begin{array}{ccc} R(V)^*=R(V)-\{0\} & \longrightarrow & \mathcal{G}_l(V) \\ \Psi & & \Psi \\ \varphi & \longmapsto & (\varphi) \end{array}$$

は全射準同型だから，この核を考える．その元 φ は，すべての素因子 W につき $\mathrm{ord}_W\varphi=0$，いいかえると，V に零点も極も持たない関数である．$\mathcal{O}_V{}^*$ として各 $p\in V$ で $\mathcal{O}_{V,p}$ の単元よりなる乗法群 $\mathcal{O}_{V,p}{}^*$ をファイバーとする層を考えるなら，

$$1\longrightarrow\Gamma(V,\mathcal{O}_V{}^*)\longrightarrow R(V)-\{0\}\longrightarrow\mathcal{G}_l(V)\longrightarrow 0 \quad (\text{完全})$$

を得る．

§2.16 完備多様体上の正則関数体

$k^*=k-\{0\}\subset\Gamma(V,\mathcal{O}_V{}^*)$ であるが，$\subset$ が一致する条件を考えたい．そこで，もう少し一般に $\varphi\in\Gamma(V,\mathcal{O}_V)$ をとる．φ は V の有理関数であるから，定数でない限り V 上では正則でも V の無限遠成分といった所で，極を持ちうると考えられよう．無限遠成分などつけ加える余地のない代数多様体は，字義からいえば完備代数多様体 (complete algebraic variety) であるべきだろう．V が完備代数多様体のとき

$$V\xrightarrow[\varphi]{}\boldsymbol{A}_k{}^1\underset{j}{\hookrightarrow}\boldsymbol{P}_k{}^1$$

と考える．V が完備だから $j\cdot\varphi$ は固有的 (§1.36 $\overline{\text{(iii)}}$)．よって閉写像である．$\varphi(V)$ は $\boldsymbol{P}^1$ の真部分閉集合で連結だから $\varphi(V)=\alpha\in\boldsymbol{A}^1$，すなわち，$\varphi$ は定数写像である．$\varphi\in k(\alpha)$，ここに $k(\alpha)$ は k 上有限拡大である．よって φ を $R(V)$ の元とみると k 上代数的である．逆に k 上代数的な $R(V)$ の元は V 上の正則関数とみられる．よって，$k_1=\Gamma(V,\mathcal{O}_V)$ は体で k 上有限拡大である．k_1 を V の係数体という．k_1 は k の $R(V)$ 内での代数的閉包となっている．

さて $k=k_1$ をいいかえると，$R(V)/k$ は代数的閉拡大である．標数が0ならば，

これは“$R(V)/k$ が正則拡大”ということであった．だから，一般の体でも

$$V \text{ が完備，} R(V)/k \text{ は正則拡大　ならば　} \Gamma(V, \mathcal{O}_V{}^*) = k^*$$

したがって，

$$R(V)^*/k^* \simeq \mathcal{G}_l(V).$$

§2.17 $L(D)$

§2.16の結果の一部は，“V が完備のとき，$\Gamma(V, \mathcal{O}_V)$ は k 加群として有限生成”，といわれるが，これは極めて広く強力な**完備多様体の有限性定理**(第7章)のもっとも簡単な例とみられる．やはり有限性定理の一つの系としてつぎの定理を得る．D を因子とし

$$\boldsymbol{L}(D) = \{\varphi \in R(V);\ \varphi = 0 \text{ または } (\varphi)+D>0\}$$

とおく．ここで，因子 $D=\sum m_i W_i$ はすべて $m_i \geqq 0$ のとき**正**といい，$D>0$ で表す一般的記法を用いている．

定理 2.10 $\boldsymbol{L}(D)$ は k 加群として有限生成である．——

また，便宜上 $R(V)/k$ を正則拡大とする．$l(D)=\dim_k \boldsymbol{L}(D)$ と書く．

$$|D| = \{D+(\varphi)\,;\, \varphi \in \boldsymbol{L}(D)-\{0\}\}$$

とおいて，D の**完備1次系** (complete linear system) という．$\varphi \mapsto (\varphi)$ により，$\boldsymbol{L}(D)-\{0\} \to |D|$ は k^* バンドルになり，ちょうど $|D|$ は $\boldsymbol{L}(D)$ の射影化空間になっている．その次元は，

$$\dim |D| = l(D)-1$$

と書かれる．

$D_1-D_2 \in \mathcal{G}_l(V)$ のとき $D_1 \sim D_2$ と書いて，D_1 と D_2 とは**線型同値**という．この言葉を用いると，

$$|D| = \{D \text{ と線型同値な正因子}\}$$

とも書かれる．無論 $|D|=\phi$ のことも多い．また $D_1 \sim D_2$ ならば $|D_1|=|D_2|$．

§2.18 1 次 系

a) 必ずしも完備でない1次系 Λ はつぎのように定義される．因子 D と或る k 部分ベクトル空間 $\boldsymbol{M} \subset \boldsymbol{L}(D)$ とがあって

$$\Lambda = \{(\varphi)+D\,;\, \varphi \in \boldsymbol{M}-\{0\}\}.$$

$D' \in \Lambda$ をとると $\Lambda \subset |D'|$ であり，$|D'|$ は Λ を含むただ一つの完備1次系である．

b) Λ に付属する有理写像　さて，$D^* \in \Lambda$ を一つ任意にとり，$D^* = (\varphi^*) + D$ となる $\varphi^* \in \boldsymbol{M}$ を一つきめて，$\boldsymbol{M}^* = \boldsymbol{M} \cdot 1/\varphi^*$ と書く．すると，同型対応

$$\begin{array}{ccc} \boldsymbol{L}(D^*) & \simeq & \boldsymbol{L}(D) \\ \Psi & & \Psi \\ \psi & \longmapsto & \psi\varphi^* \end{array}$$

により，$\boldsymbol{M}^*$ は $\boldsymbol{M}$ にうつる．もちろん，D^* と $\boldsymbol{M}^*$ とから1次系をつくってみると，Λ を再現する．$\boldsymbol{M}^*$ のベクトル空間としての底を $\varphi_0 = 1, \varphi_1, \cdots, \varphi_l$ ($l = \dim \Lambda$) と選ぶ．そして，

$$\begin{array}{ccc} V & & \boldsymbol{P}^l \\ \cup & & \cup \\ V - D^* & \xrightarrow{(\varphi_1, \cdots, \varphi_l)} & \boldsymbol{A}^l = \{X_0 \neq 0\} \\ \Psi & & \Psi \\ p & \longmapsto & (\varphi_0(p) : \varphi_1(p) : \cdots : \varphi_l(p)) = (\varphi_1(p), \cdots, \varphi_l(p)) \end{array}$$

の定める有理写像 $\Phi_\Lambda \colon V \to \boldsymbol{P}^l$ を得る．$\boldsymbol{M}^*$ の選び方，その底の選び方は結局 $\boldsymbol{P}^l$ の座標変換にすぎないから，Λ により，Φ_Λ は確定する．さて，$D^* \in \Lambda$ をとると，Φ_Λ は，$V - D^*$ で定義される正則写像を代表にもつ．$D_j{}^* = (\varphi_j) + D^*$ と書くと，$D_j{}^*$ をとって同様に議論できるから，結局

$$\mathrm{dom}(\Phi_\Lambda) \supset \bigcup (V - D_j{}^*) = V - \bigcap D_j{}^*.$$

そこで，$B_s\Lambda = \bigcap D_j{}^*$ と書き，$p \in B_s\Lambda$ を Λ の**底点** (base point) という．それは，すべての $D^* \in \Lambda$ の共通部分ともいいうる．

完備1次系と正規性は密接な関連をもち，完備1次系 $|D|$ による $\Phi_{|D|}$ の性質を代数的に精密化して，正規環の概念が抽出されてきたのである (第7章)．

§2.19 因子のひき戻し

a) V_1, V_2 を完備正規代数多様体，$f \colon V_1 \to V_2$ を全射正則写像とする．f による V_2 の素因子 W のひき戻しを考える．$f^{-1}W$ の余次元1の既約成分を W' とすると，W' の生成点 w' において，付値環 $R' = \mathcal{O}_{V_1, w'}$ ができる．$f(w') = p \in W$ だから，W を p の近傍で定義する $\mathcal{O}_{V_2, p}$ のイデアルを $\mathfrak{a}$ とおくと，$e' > 0$ があり，$\mathfrak{a}R' = \pi^{e'}R'$，ここに π は R' の極大イデアルの生成元．このように各 W' に e' を定めて $f^*W = \sum e'W'$ とおき，さらに線型的に延長して，群準同型 $f^* \colon \mathcal{G}V_2 \to \mathcal{G}V_1$ を得る．$f^*(\varphi) = (\varphi \cdot f)$，$f^*\mathcal{G}_l(V_2) \subset \mathcal{G}_l(V_1)$ となることもみやすい

だろう.

b)　**定理 2.11**　$R(V_1)/R(V_2)$ が代数的閉拡大ならば,

$$f^*: \boldsymbol{L}(D_2) \simeq \boldsymbol{L}(f^*D_2).$$

証明　単射は明らかである. 実際 $f^*(\varphi)=(\varphi\cdot f)=0$ ならば, $\varphi\cdot f=\alpha\in k$. f は全射だから φ も定数. さて全射を示そう. $\psi\in \boldsymbol{L}(f^*D_2)$ をとる. v_2 を V_2 の生成点とすると $k(v_2)=R(V_2)$ であり, $f^{-1}(v_2)$ を代数多様体とみると, $R(f^{-1}(v_2))=R(V_1)$ である. ψ を $\psi|f^{-1}(v_2)$ とみると, これは完備多様体 $f^{-1}(v_2)$ 上に極がないから定数である. したがって, $\psi|f^{-1}(v_2)$ は $R(V_2)$ の $R(V_1)$ 内での代数的拡大の元になる. 仮定より, $\psi=\psi|f^{-1}(v_2)\in R(V_2)$. よって $\psi\in R(V_2)$. 詳しく書くと, V_2 の有理関数 ψ_2 があって $\psi=\psi_2\cdot f$.

$$(\psi)+f^*D_2 = f^*((\psi_2)+D_2) > 0$$

により

$$(\psi_2)+D_2 > 0, \qquad \text{すなわち} \quad \psi_2\in \boldsymbol{L}(D_2). \qquad \blacksquare$$

したがってこのとき $\Phi_{|f^*D_2|}=\Phi_{|D_2|}\cdot f$.

c)　一般の全射正則写像 f に対し, $f^*\Lambda$ を各元のひき戻しとして定義すると, $\Phi_{f^*\Lambda}=\Phi_\Lambda\cdot f$ である. そして, $f^*|D_2|\subseteq|f^*D_2|$.

§2.20　正規多様体の一性質

a)　V, W を正規代数多様体, $f: V\to W$ を全射固有正則写像とする. $R(V)/R(W)$ は代数的閉拡大とする. このとき, つぎの定理が成り立つ.

定理 2.12　$$f_*\mathcal{O}_V = \mathcal{O}_W.$$

証明　$\mathcal{O}_W\subset f_*\mathcal{O}_V$ は明らかだから $W=\operatorname{Spec} A$, A は正規環としてよい. w を W の生成点とすると,

$$\Gamma(V, \mathcal{O}_V)\otimes_A Q(A) \simeq \Gamma(f^{-1}(w), \mathcal{O}_{f^{-1}(w)}).$$

一方, $f^{-1}(w)$ は $R(w)$ 上完備だから体についての仮定により, $\Gamma(f^{-1}(w), \mathcal{O}_{f^{-1}(w)})=Q(A)$. さて $\varphi\in\Gamma(V, \mathcal{O}_V)$ は A 正則写像

$$\varphi: V \longrightarrow \operatorname{Spec} A[T]$$

とみなされる. $V\to W$ は固有的だから φ も固有的. それゆえ, $\varphi(V)$ は $\operatorname{Spec} A[T]$ の閉集合. よって $\varphi(V)=\operatorname{Spec} B$, $B=A[T]/\mathfrak{a}=A[b]$, $b\in B\subset Q(A)$. よって $b=a_1/a_2$ $(a_i\in A)$ と書かれる. もし $\operatorname{ht}\mathfrak{p}=1$ の素イデアル $\mathfrak{p}$ について,

$a_1/a_2 \notin A_\mathfrak{p}$ ならば，$(a_1/a_2)A_\mathfrak{p}=\pi^{-r}A_\mathfrak{p}$ ($r>0$，π は $A_\mathfrak{p}$ の素元)．Spec $B\to$ Spec A は固有的だから，Spec $B\otimes_A A_\mathfrak{p}\to$ Spec $A_\mathfrak{p}$ は閉写像．しかし，$B\otimes A_\mathfrak{p}=D(\pi^{-r})$ は Spec $A_\mathfrak{p}$ の開集合だから，これで矛盾した．さて A の正規性を用いて，$b\in\bigcap A_\mathfrak{p}=A$．これは $B=A$，すなわち $f_*\mathcal{O}_V=\mathcal{O}_W$ を意味する．∎

b)　同じ条件下で

系　$\mathscr{L}$ を局所自由有限生成 $\mathcal{O}_W$ 加群の層とすると，

$$f^*:\Gamma(W,\mathscr{L})\simeq\Gamma(V,f^*\mathscr{L}).$$

c)　証明にはいる前に，記号の説明をしなければならない．誤解をさけるために，$f=(\psi,\theta):V=(V,\mathcal{O}_V)\to W=(W,\mathcal{O}_W)$ と，連続写像 $\psi:V\to W$，層準同型 $\theta:\mathcal{O}_W\to\psi_*\mathcal{O}_V$ をあからさまにする．$\mathscr{F}$ を $\mathcal{O}_V$ 加群の層とすると，$\psi_*\mathscr{F}$ なる W 上の層を得るが，それは $\psi_*\mathcal{O}_V$ 加群の層になっている．そこで，θ を経由して，$\mathcal{O}_W$ 加群の層とみた $\psi_*\mathscr{F}$ を $f_*\mathscr{F}$ と書こう．一方，ψ^*, f^* が定義される．すなわち，$\mathscr{G}$ を $\mathcal{O}_W$ 加群の層とするとき $(\psi^*\mathscr{G})_v=\mathscr{G}_{\psi(v)}$ とストークをつくり，これらを合せて層 $\psi^*\mathscr{G}$ がつくられる．$\psi^*\mathscr{G}$ は $\psi^*\mathcal{O}_W$ 加群の層にはなっているから，$\theta^\#:\psi^*\mathcal{O}_W\to\mathcal{O}_V$ をテンソル積して

$$f^*\mathscr{G}=\psi^*\mathscr{G}\otimes_{\psi^*\mathcal{O}_W}\mathcal{O}_V$$

とおくと，$\mathcal{O}_V$ 加群の層を得る．

d)　アフィン・スキーム $V=\mathrm{Spec}\,B$，$W=\mathrm{Spec}\,A$，$f={}^a\varphi$ として，$\mathscr{F}=\tilde{M}$，$\mathscr{G}=\tilde{N}$ が f_*, f^* で，いかに写されるかみてみよう．M は B 加群だが，$\varphi:A\to B$ を経由して，A 加群とみなせる．$\tilde{A}$ 加群としての層 $\tilde{M}$ が $f_*\tilde{M}$ である．一方，N は A 加群だから，$N\otimes_A B$ と B 加群をつくりうる．すると $f^*\tilde{N}=\widetilde{N\otimes_A}B$.

さて，B 加群 M を φ を用いて A 加群として，B をテンソル積すると $M\otimes_A B$ を得る．B は M に作用するので

$$\begin{array}{ccc} M\otimes_A B & \longrightarrow & M \\ \cup & & \cup \\ m\otimes b & \longmapsto & mb \end{array}$$

が自然につくられる．これは自然な B 準同型だから，貼り合さって，

$$f^*f_*\mathscr{F}\longrightarrow\mathscr{F}$$

を得る．これを $\sigma_\mathscr{F}$ で示す．つぎに，A 加群 N から，$N\otimes_A B$ をつくり，これを，あらためて A 加群とみる．すると，A 準同型

$$\begin{array}{ccc} N & \longrightarrow & N\otimes_A B \\ \Psi & & \Psi \\ n & \longmapsto & n\otimes 1 \end{array}$$

を得る．これはやはり層のレベルで，$\mathcal{O}_W$ 準同型

$$\rho_{\mathcal{G}}: \mathcal{G} \longrightarrow f_* f^* \mathcal{G}$$

を定義する．

さて，$\mathcal{F}$ を $\mathcal{O}_V$ 加群の層，$\mathcal{L}$ を $\mathcal{O}_W$ 局所自由有限生成の層とすると，

射影公式 (projection formula) F: $f_*\mathcal{F}\otimes\mathcal{L} \simeq f_*(\mathcal{F}\otimes f^*\mathcal{L})$

が成立する．すなわち，$1\otimes\rho: f_*\mathcal{F}\otimes\mathcal{L}\to f_*\mathcal{F}\otimes f_*f^*\mathcal{L}$ および $f_*\mathcal{F}\otimes f_*f^*\mathcal{L}\to f_*(\mathcal{F}\otimes f^*\mathcal{L})$ を合成して，求める準同型 F を得る．

つぎに，各点 w でのストークが同型になることをいう．このとき，$\mathcal{L}_w \simeq \mathcal{O}_w{}^r$ だから，直ちに

$$(f_*\mathcal{F})_w\otimes\mathcal{L}_w \simeq (f_*\mathcal{F})_w{}^r,$$
$$f_*(\mathcal{F}\otimes f^*(\mathcal{L}))_w \simeq f_*(\mathcal{F}\otimes\mathcal{O}_U{}^r)_w \simeq (f_*\mathcal{F})_w{}^r,$$

ここに U は $f^{-1}(w)$ を含む近傍．かくして F は同型になることがわかった．

e) 系の証明 射影公式より

$$f_*(f^*\mathcal{L}\otimes\mathcal{O}_V) \simeq \mathcal{L}\otimes f_*\mathcal{O}_W \simeq \mathcal{L},$$
$$\Gamma(W,\mathcal{L}) \simeq \Gamma(W, f_*f^*\mathcal{L}) = \Gamma(V, f^*\mathcal{L}). \quad \blacksquare$$

この同型対応を§2.20, b) の系で f^* で書いたのである．f^* は便利な記号だから，種々の，もちあげの意味を含むところに用いられる．さらに $f: V\to W$ が埋入ならば，$f^*\mathcal{F}$ を $\mathcal{F}|V$ と書く．

§2.21 dom (f)

a) dom(Φ_Λ) の補集合の余次元 $\geqq 2$ である．一般に，

定理 2.13 V を正規代数多様体，$f: V\to \boldsymbol{P}^l$ を有理写像とすると，

$$\operatorname{codim}(V-\operatorname{dom}(f)) \geqq 2.$$

証明 $F=V-\operatorname{dom}(f)$ を既約成分にわけ，そこに余次元1の既約成分があったとして W とおく．W の生成点 w で f が実は定義されてしまうことを示そう．$p\in\operatorname{dom}(f)$ をとり，$f(p)=(\varphi_0(p):\cdots:\varphi_l(p))\in\boldsymbol{P}^l$ と書くとき，$\varphi_0(p)\neq 0$ としてよい．そこで，p の近傍の正則関数 $\psi_j=\varphi_j/\varphi_0$ を得る．$\psi_j\in R(V)$ とみて，番号をとりかえ $\operatorname{ord}_W\psi_1\leqq\cdots\leqq\operatorname{ord}_W\psi_l$ とすると，$-e=\operatorname{ord}_W\psi_1<0$.

$$\varphi_0:\varphi_1:\cdots:\varphi_l=1/\psi_1:1:\cdots:\psi_l/\psi_1$$

であり，$\mathrm{ord}\,\psi_j/\psi_1\geqq 0$ だから，右辺のような表示をとると，w で正則になる．▌

b) この定理は $\boldsymbol{P}^l$ でなく，射影多様体 X で考えて無論よい．なぜならば，$f: V\to X$, $X\subset\boldsymbol{P}^l$ を合成して $f_1: V\to\boldsymbol{P}^l$ を得る．$\mathrm{dom}(f_1)=\mathrm{dom}(f)$ だから，f_1 について証明しさえすればよいのだから．さらに X_1 を完備多様体とし，有理写像 $f: V\to X_1$ に対して $\mathrm{codim}\,(V-\mathrm{dom}(f))\geqq 2$ となる．第3章§3.9をみよ．

c) **系** 非特異完備代数曲線 C, C_1 に対し，$f: C\to C_1$ なる有理写像は正則になる．とくに，f が双有理写像ならば f は同型になってしまう．だから

$$\mathrm{Aut}_k\,C\simeq\mathrm{Bir}_k\,(C)=\mathrm{Aut}_k\,R(C).$$

d) **固定成分** $\mathrm{codim}\,B_s\Lambda=1$ であれば，$\mathrm{dom}\,(f)\supsetneqq V-B_s\Lambda$．だから，このときの $B_s\Lambda$ はいささか徹底を欠くともみられよう．Λ の任意の元が必ず含む正因子を Λ の固定因子という．すなわち記号で書けば，

$$D>0 \text{ が } \Lambda \text{ の固定因子になる} \iff \Lambda=D+\Lambda'.$$

二つの正因子 $D=\sum n_iD_i$, $D'=\sum m_iD_i$ (D_i は素因子)に対して

$$D\vee D'=\sum\max\,(n_i,m_i)D_i,$$
$$D\wedge D'=\sum\min\,(n_i,m_i)D_i$$

と最小公倍因子，最大公約因子を定義する．この記号を用いると，

$$D \text{ と } D' \text{ が } \Lambda \text{ の固定成分 ならば } D\vee D' \text{ も } \Lambda \text{ の固定成分.}$$

ゆえに，Λ には最大固定成分がある．これを Λ の**固定部分** (fixed part) といい，Λ_{fix} で示す．$\Lambda_{\mathrm{red}}=\Lambda-\Lambda_{\mathrm{fix}}$ とおくと，Λ_{red} は，もはや固定成分がない．しかし，有理写像として $\Phi_\Lambda=\Phi_{\Lambda_{\mathrm{red}}}$ が成立する．このとき $\mathrm{dom}\,(\Phi_\Lambda)=V-B_s(\Lambda_{\mathrm{red}})$．

e) **有理写像と1次系** Φ_Λ は一見特殊な有理写像であるが，実は極めて一般的なものである．実際，やはり V を正規代数多様体とし，$f: V\to\boldsymbol{P}^l$ を有理写像としよう．$\varphi=f|\mathrm{dom}\,(f)$ は正則写像であり，$\boldsymbol{P}^l$ の超平面 H を φ でひき戻して $\varphi^*H=\sum m_jW_j^0$ を得る．W_j^0 の V での閉包 W_j をとり $f^*H=\sum m_jW$ として，f^* を定義しよう．$H\sim H'$ ならば $\varphi^*H\sim\varphi^*H'$．すなわち，$f^*H\sim f^*H'$ が dom (f) 上で成立し，$\mathrm{codim}\,(V-\mathrm{dom}\,(f))\geqq 2$ だから，$f^*H\sim f^*H'$.

$\{f^*H\}$ は1次系 $\Lambda(f)$ をなす．$\boldsymbol{P}^l$ の座標を $z_0,\cdots,z_l$ とし H_λ を $z_\lambda=0$ とすると，$f^*H_\lambda=D_\lambda$, $\lambda=0,1,\cdots,l$ が定まる．$\varphi_\lambda=f^*(z_\lambda/z_0)$ とすると，$1,\varphi_1,\cdots,\varphi_l$ は $\Lambda(f)$ に応ずるベクトル空間を生成はするが，1次独立かどうか調べる必要があ

る．そこで，k の元 a_λ に対し

$$\sum a_\lambda \varphi_\lambda = 0 \iff f^*(\sum a_\lambda z_\lambda) = 0 \iff \varphi(V) \text{が} \sum a_\lambda z_\lambda = 0 \text{ に含まれる,}$$

に注目する．必要なら $\boldsymbol{P}^l$ 内の線型部分空間でおきかえ，$\varphi(V)$ は $\boldsymbol{P}^l$ の超平面に含まれないと仮定する．このとき，$f=\Phi_{\Lambda(f)}$．しかも $\Lambda_{\mathrm{red}}=\Lambda(\Phi_\Lambda)$ となることは今迄の推論から直ちにわかるであろう．このように，有理写像と因子または1次系は密接に関連し，歴史的にも初期から認識され活用されてきた．

f) $\dim \Lambda=1$ の1次系 Λ を**1次束**(linear pencil)という．この起原は甚だ古い．2点 p, q を通り，与えられた円 C に接する円を描け，という初等解析幾何の問題を考えるとき，まず2円 C_1, C_2 の方程式 $x^2+y^2-1=0$，$y=0$ を書き，$x^2+y^2-1+\lambda y=0$ として，1次のパラメータを含んだ円の1次系 $\{D_t\}$ を得，つぎに C と接する，という条件を書くのがよい解法であった(図2.3)．

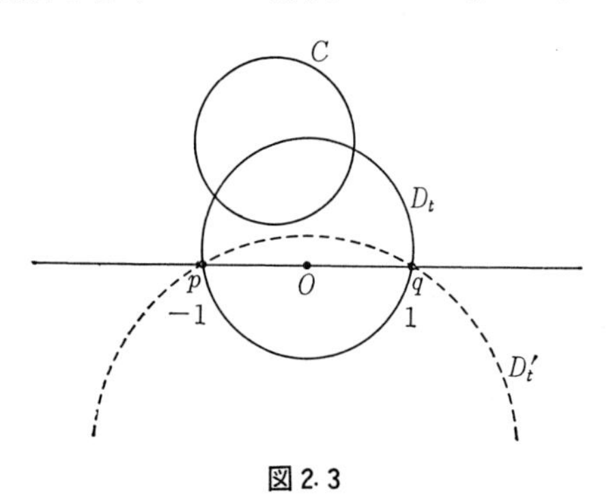

図2.3

また，$\dim \Lambda=2$ のとき Λ を1次網(linear net)，$\dim \Lambda=3$ のとき Λ を1次巣(linear web)という．

§2.22 可逆層

a) 定理2.11と§2.20, b)の系とは同趣旨の主張である．この関連をはっきりさせるため，代数多様体 V 上の局所的に $\mathcal{O}_V$ と同型な $\mathcal{O}_V$ 加群層 $\mathcal{L}$ を考察しよう．このような $\mathcal{L}$ を V の**可逆層**(invertible sheaf)とよぶ．

定義により V のアフィン開集合被覆 $\bigcup V_i$，$V_i=\mathrm{Spec}\, A_i$ があり，$\theta_i : \mathcal{O}_{V_i} \simeq \mathcal{L}|V_i$ となる $\mathcal{O}_{V_i}$ 同型 θ_i がある．$\theta_i(V_i) : A_i \simeq \Gamma(V_i, \mathcal{L})$ により，1の行く先を β_i と書くと，$\mathcal{L}|V_i=\mathcal{O}_{V_i}\cdot\beta_i$ である．別に V_j をとると，$V_i \cap V_j \neq \phi$ であり，

$\mathcal{L}\mid V_i\cap V_j=\mathcal{O}_{V_i\cap V_j}\cdot\beta_i=\mathcal{O}_{V_i\cap V_j}\cdot\beta_j$. ただし，ここの β_i は正確には $\beta_i\mid V_i\cap V_j$ のことであるが略記した．また $V_i\cap V_j$ はアフィンであり，$\Gamma(V_i\cap V_j,\mathcal{O})=A_{ij}$ と書こう．それゆえ，$\beta_i=s_{ji}\beta_j$ ($s_{ji}\in\Gamma(V_i\cap V_j,\mathcal{O}_V)=A_{ij}$) が成り立つ．$s_{ji}s_{ij}=1$ だから，$s_{ji}\in\Gamma(V_i\cap V_j,\ \mathcal{O}_V{}^*)=A_{ij}{}^*$ である．そして明らかに $s_{ij}s_{jk}=s_{ik}$.

さて $\alpha\in\Gamma(V,\mathcal{L})$ をとると，$\alpha\mid V_i\in\Gamma(V_i,\mathcal{L}\mid V_i)=A_i\beta_i$ だから，$\alpha\mid V_i=a_i\beta_i$ となる $a_i\in A_i$ がある．よって，

$$a_i=s_{ij}a_j.$$

また逆に，上記を満たす $\{a_i\}$ が与えられたなら，$a_i\beta_i=a_j\beta_j=\cdots$ だから $\Gamma(V,\mathcal{L})$ の元を定める．

b) 1-コホモロジー類　さて，$\mathcal{L}$ は局所的に $\mathcal{O}_V$ と同型というだけだから，局所同型 θ_i と θ_i をとりうる被覆 $\bigcup V_i$ の選び方とに任意性が残る．まず，同じ被覆で別の同型 $\theta_i':\mathcal{O}_{V_i}\simeq\mathcal{L}\mid V_i$ のあるときは，同様にして，$\mathcal{L}\mid V_i=\mathcal{O}_{V_i}\cdot\beta_i'=\mathcal{O}_{V_i}\cdot\beta_i$ だから，$\beta_i=b_i\cdot\beta_i'$ ($b_i\in A_i$) だが，$\beta_i'=b_i'\cdot\beta_i$ なる $b_i'\in A$ もあり，$b_i\cdot b_i'=1$ だから，$b_i\in\Gamma(V_i,\mathcal{O}_V{}^*)=A_i{}^*$．また，$\beta_i'=s_{ji}'\cdot\beta_j'$ により $s_{ji}'\in A_{ij}{}^*=\Gamma(V_i\cap V_j,\mathcal{O}_V{}^*)$ をきめると，$s_{ij}=b_is_{ij}'b_j{}^{-1}$.

一般論との関連でつぎの記法を用いる．V の被覆 $\{V_i\}$ を $\mathcal{U}$ と記し，

$$C^1(\mathcal{U},\mathcal{O}_V{}^*)=\{\{s_{ij}\in A_{ij}{}^*\}_{ij}\}$$

すなわち，各 i,j につき元 $s_{ij}\in A_{ij}{}^*$ を指定して $\{s_{ij}\}$ をつくり，これを1鎖という．1鎖全体が $C^1(\mathcal{U},\mathcal{O}_V{}^*)$ である．

$$C^1(\mathcal{U},\mathcal{O}_V{}^*)\supset Z^1(\mathcal{U},\mathcal{O}_V{}^*)=\{\{s_{ij}\}\,;i,j,k\text{ について }s_{ii}=1,\ s_{ij}s_{jk}=s_{ik}\}.$$

$$Z^1(\mathcal{U},\mathcal{O}_V{}^*)\supset B^1(\mathcal{U},\mathcal{O}_V{}^*)=\{\{t_it_j{}^{-1}\}\,;\text{ただし }t_i\in A_i{}^*\}.$$

そこで商 Abel 群をつくる：

$$\check{H}^1(\mathcal{U},\mathcal{O}_V{}^*)=Z^1(\mathcal{U},\mathcal{O}_V{}^*)/B^1(\mathcal{U},\mathcal{O}_V{}^*).$$

この元を1-コホモロジー類という．かくて，被覆 $\mathcal{U}$ がきまっているとき，同型 θ_i のとり方を任意にかえても，$\check{H}^1(\mathcal{U},\mathcal{O}_V{}^*)$ の元はただ一つに確定する．逆に，$Z^1(\mathcal{U},\mathcal{O}_V{}^*)\ni\{s_{ij}\}$ をとるとき，まず，一つの被覆の添字，たとえば1をきめて，$\beta_i=s_{1,i}$ とおく．すると，開集合 $U\neq\phi$ に対し $\beta_i=s_{ji}\beta_j$ を満たす．$\mathcal{L}_i=\mathcal{O}_{V_i}\cdot\beta_i\subset\widetilde{R(V)}$ (ここで $\widetilde{R(V)}$ は，$\widetilde{R(V)}(U)=R(V)$ で定義される定数層，もちろん $\mathcal{O}_V$ 加群層ではあるが有限生成ではない) とおくと，$\mathcal{L}_i\mid V_i\cap V_j=\mathcal{L}_j\mid V_i\cap V_j$. よって $\{\mathcal{L}_i\}$ は $\mathcal{O}_V$ 加群層 $\mathcal{L}$ を定める．$s_{ij}'=b_i{}^{-1}s_{ij}b_j$ ($b_i\in A_i{}^*$) から同様に $\mathcal{L}'$ を

つくると，明らかに $\mathcal{O}_V$ 同型 $\mathcal{L}'\rightleftarrows\mathcal{L}$ を得る．まとめて，

$$\{\mathcal{U}\text{ で }\mathcal{O}_V\text{ と局所同型になる可逆層の同型類}\}\simeq\check{H}^1(\mathcal{U},\mathcal{O}_V{}^*).$$

つぎに可逆層 $\mathcal{L}$ の別の被覆 $\mathcal{V}=\{V_\lambda\}$ による局所同型 $\eta_\lambda:\mathcal{O}_{V_\lambda}\rightleftarrows\mathcal{L}|V_\lambda$ を考えよう．はじめに考えた V の被覆 $\mathcal{U}=\{V_i\}$ と共通細分 $V_\lambda\cap V_i$ を考えこれをあらためて V_λ にとることにより，$V_\lambda\subset V_i$ となっている i が λ に対していつもとれるとしてよいことがわかる．その i を一つきめて $i(\lambda)$ とする．θ_i からきめた $s_{ij}\in A_{ij}$ を $V_\lambda\cap V_\mu$ に制限して，$s_{ij}|V_\lambda\cap V_\mu=s_{\lambda\mu}$ を得る．かくて，

$$\begin{array}{rccc}\psi_{\mathcal{V},\mathcal{U}}: & Z^1(\mathcal{U},\mathcal{O}^*) & \longrightarrow & Z^1(\mathcal{V},\mathcal{O}^*)\\ & \uplus & & \uplus\\ & \{s_{ij}\} & \longmapsto & \{s_{\lambda\mu}\}.\end{array}$$

$\psi_{\mathcal{V},\mathcal{U}}$ は写像 $\lambda\mapsto i(\lambda)$ に依存するから，$\mathcal{V}$ の細分 $\mathcal{W}$ をとっても，$\psi_{\mathcal{W},\mathcal{U}}=\psi_{\mathcal{W},\mathcal{V}}\cdot\psi_{\mathcal{V},\mathcal{U}}$ となるとは限らない．しかし，このくい違いは B^1 のずれによって修正される．すなわち，$\psi_{\mathcal{V},\mathcal{U}}(B^1(\mathcal{U},\mathcal{O}^*))\subset B^1(\mathcal{V},\mathcal{O}^*)$ が容易に確かめられ，

$$\bar{\psi}_{\mathcal{V},\mathcal{U}}:\check{H}^1(\mathcal{U},\mathcal{O}^*)\longrightarrow\check{H}^1(\mathcal{V},\mathcal{O}^*)$$

が導かれ，さらに $\bar{\psi}_{\mathcal{W},\mathcal{U}}=\bar{\psi}_{\mathcal{W},\mathcal{V}}\cdot\bar{\psi}_{\mathcal{V},\mathcal{U}}$ が証明される．証明は難しくはないが技術的でもあり，応用上は全くいらないから，略すことにする．これらの帰納極限をČech コホモロジー群 $\check{H}^1(V,\mathcal{O}^*)$ という．記号で書くと，

$$\check{H}^1(V,\mathcal{O}^*)=\varinjlim\check{H}(\mathcal{U},\mathcal{O}^*).$$

さて，$\{\eta_\lambda\}$ からきまる $\{\bar{s}_{\lambda\mu}\}$ は前の主張から

$$\{\bar{s}_{\lambda\mu}\}\equiv\{s_{ij}\}\bmod B^1(\mathcal{V},\mathcal{O}^*).$$

かくして，$\{s_{ij}\}$ も $\check{H}^1(V,\mathcal{O}^*)$ の元としては $\{\bar{s}_{\lambda\mu}\}$ と等しくなる．$\Theta(\mathcal{L})=\{s_{ij}\}\in\check{H}^1(V,\mathcal{O}^*)$ として Θ が定義された．また，$\mathcal{L}$ と同型な $\mathcal{L}'$ から $\{s_{ij}'\}$ をきめると，同様にしてわかるように，$\check{H}^1(V,\mathcal{O}^*)$ の元として $\{s_{ij}\}$ と等しい．かくて，つぎの定理が示された．

定理 2.14　　$\Theta:\{V\text{ の可逆層の同型類}\}\simeq\check{H}^1(V,\mathcal{O}^*).$　——

しかも $\Theta(\mathcal{L}\otimes\mathcal{M})=\Theta\mathcal{L}\cdot\Theta\mathcal{M}$，すなわち群同型である．すなわち，可逆層 $\mathcal{L}$，$\mathcal{M}$ に対し，十分細かい被覆 $\mathcal{U}=\{V_i\}$ をとり，これで $\mathcal{O}_V$ と同型になるとする．

$$\theta_i:\mathcal{O}_{V_i}\rightleftarrows\mathcal{L}|V_i,\qquad\theta_i':\mathcal{O}_{V_i}\rightleftarrows\mathcal{M}|V_i.$$

同じように，$\beta_i=\theta_i(V_i)(1)$，$\beta_i'=\theta_i'(V_i)(1)$ とすると，

$$\theta_i\otimes\theta_i':\mathcal{O}_{V_i}\rightleftarrows\mathcal{L}\otimes\mathcal{M}|V_i\quad\text{だから}\quad(\theta_i\otimes\theta_i')(V_i)(1)=\beta_i\beta_i'.$$

$$\beta_i = s_{ji}\beta_j, \quad \beta_i' = s_{ji}'\beta_j' \quad \text{より} \quad \beta_i\beta_i' = s_{ji}s_{ji}'\beta_j\beta_j'.$$

$\mathcal{L}^* = \mathcal{HOM}(\mathcal{L}, \mathcal{O}_V)$ は $\mathcal{L}\otimes\mathcal{L}^* = \mathcal{O}_V$ を満たすから

$$\Theta\mathcal{L}^* = \Theta(\mathcal{L})^{-1}.$$

$\check{H}^1(V, \mathcal{O}_V^*)$ を Pic V と書いて，V の **Picard 群**とよぶ．

§2.23 有理切断

a) $\mathcal{L}$ を V の可逆層とするとき，$\Gamma(V, \mathcal{L})$ の元を $\mathcal{L}$ の V 上の**正則切断**(regular section)というが，もう少し一般の切断，すなわち $\mathcal{L}$ の**有理切断**(rational section)を $\Gamma(V, \mathcal{L}\otimes\widetilde{R(V)})$ の元 $\tilde{\alpha}$ として理解しよう．

$\tilde{\alpha} = \tilde{a}_i\beta_i = \tilde{a}_j\beta_j = \cdots$ と書くとき，$\tilde{a}_i, \tilde{a}_j, \cdots \in R(V)$ であり，$\tilde{a}_i = s_{ij}\tilde{a}_j$ を満たす．また，逆に $\tilde{a}_i = s_{ij}\tilde{a}_j$ を満たす $\{\tilde{a}_i\}$ から $\tilde{a}_i\beta_i = \tilde{a}_j\beta_j = \cdots$ をつくると，これは $\mathcal{L}$ の有理切断をきめる．さて，$\tilde{\alpha} \in \Gamma(V, \mathcal{L}\otimes\widetilde{R(V)})$ と $\tilde{\alpha}' \in \Gamma(V, \mathcal{L}\otimes\widetilde{R(V)})$ から $\tilde{\alpha}\cdot\tilde{\alpha}'$ をつくると，$\Gamma(V, \mathcal{L}\otimes\mathcal{L}'\otimes\widetilde{R(V)})$ にはいる．とくに，$\mathcal{L}' = \mathcal{L}^*$ にとると，$\tilde{\alpha}\cdot\tilde{\alpha} \in \Gamma(V, \widetilde{R(V)}) = R(V)$．よって，一つ $\tilde{\alpha}^0 \in \Gamma(V, \mathcal{L}\otimes\widetilde{R(V)})$ をきめておくと，

$$\Gamma(V, \mathcal{L}\otimes\widetilde{R(V)}) = \{\tilde{\alpha}^0\varphi\,;\, \varphi \in R(V)\}.$$

$\mathcal{L}$ の有理切断をつくるのは極めて容易である．たとえば添字を任意に一つ指定して1とし，$\tilde{a}_i^0 = s_{i,1} \in A_{1,i}^* \subset R(V)$ とおくと，$\tilde{a}_i^0 = s_{ij}\tilde{a}_j^0$．これで切断 $\tilde{\alpha}^0$ がつくれる．かくして

$$\Gamma(V, \mathcal{L}\otimes\widetilde{R(V)}) = \tilde{\alpha}^0\cdot R(V).$$

b) 一方，

$$\mathrm{Hom}_{\mathcal{O}_V}(\mathcal{O}_V, \mathcal{L}\otimes\widetilde{R(V)}) = \Gamma(V, \mathcal{L}\otimes\widetilde{R(V)})$$

だから，0でない有理切断 $\tilde{\alpha}$ には

$$\psi : \mathcal{O}_V \longrightarrow \mathcal{L}\otimes\widetilde{R(V)}$$

が対応し，ψ には，$\mathcal{L}^{-1}$ をテンソル積して，単射 $\mathcal{O}_V$ 準同型

$$\psi_1 : \mathcal{L}^{-1} \longrightarrow \widetilde{R(V)}$$

が対応する．$\psi_1(\mathcal{L}^{-1}) \subset \mathcal{O}_V$ のときを考える．$\psi_1(\mathcal{L}^{-1})$ は $\mathcal{O}_V$，または固有なイデアルの層 $\mathcal{I}$ である． $D = \mathrm{Supp}\,(\mathcal{O}/\mathcal{I})$ は，純余次元1の部分スキームであって，

$$0 \longrightarrow \mathcal{I} \longrightarrow \mathcal{O}_V \longrightarrow j_*(\mathcal{O}_D) \longrightarrow 0 \quad (\text{完全}).$$

閉埋入 $D \hookrightarrow V$ を j と書いた．また $\mathcal{I}$ を $\mathcal{O}(-D)$ と書き，$\mathcal{I}^{-1} = \mathcal{O}(D)$ と書く．

$\mathcal{L} \mid V_i = \beta_i \mathcal{O}_{V_i}$ とすると，$\psi_1(\mathcal{L}^{-1} \mid V_i) = \psi_1(\beta_i^{-1})\mathcal{O}_{V_i}$ であって，$\psi_1(\beta_i^{-1})$ が D を定義するイデアルの生成元である．そこで，一般の $\mathcal{L}$ についても，単射 ψ_1: $\mathcal{L}^{-1} \to \widetilde{R(V)}$ に対して，$\psi_1(\beta_i^{-1}) = \tilde{a}_i \in R(V)$ を考えると，V_i 上 $\tilde{a}_i$ により定まる因子として，因子 $D(\psi_1)$ がつくられる．詳しく書くとこうである．

$\tilde{a}_i = a_i/a_i'$ と $a_i, a_i' \in A_i$ で表し，$V(a_i)$, $V(a_i')$ $(\subset V_i)$ の既約因子の V での閉包を $W_1, W_2, \cdots$ とすると，

$$n_j = \mathrm{ord}_{W_j}(\tilde{a}_i)$$

が定まるので，

$$D(\psi_1) = \sum n_j W_j$$

とおく．V が完備で $R(V)/k$ が正則拡大のとき $D(\psi_1) = D(\psi_1')$ ならば，$\psi_1' = \gamma\psi_1$ $(\gamma \in k)$ と書かれることはみやすい．

さらに，$\psi(1) = \beta_i \tilde{a}_i$ は $\mathcal{L} \otimes \widetilde{R(V)}$ の切断 $\tilde{\alpha}$ を定義する．よって，$\tilde{\alpha} \in \Gamma(\mathcal{L} \otimes \widetilde{R(V)})$ を $\tilde{\alpha} = \tilde{a}_i \beta_i$ と $\{\tilde{a}_i\}$ によって表すとき，$\{\tilde{a}_i\}$ のきめる因子が $D(\psi_1)$ としてもよい．$D(\psi_1)$ を $(\tilde{\alpha})$ と書く．

まとめて，つぎのようになる．

定理 2.15　(i)　$\{\mathcal{L}$ の有理切断$\} - \{0\} \simeq \{\mathcal{L}^{-1} \to \widetilde{R(V)}$; 単射$\}$，

(ii)　$\mathcal{L}$ の有理切断 $\tilde{\alpha} \neq 0$ には $(\tilde{\alpha}) = D$ が対応，

(iii)　$(\tilde{\alpha}) = (\tilde{\beta}) \Longrightarrow \tilde{\beta} = \gamma \cdot \tilde{\alpha}$，$\gamma \in k^*$，

(iv)　$\{\mathcal{L}$ の有理切断$\} - \{0\}/k^* \simeq D$ の線型同値類．

§2.24　$\mathcal{L}$ と $L(D)$

a)　局所的に単項的な因子 D を考える．すなわち，V_i 上で $\tilde{a}_i \in R(V)^*$ により定義され，$\tilde{a}_i = a_{ij}\tilde{a}_j$ と書くと，$a_{ij} \in A_{ij}^*$ となっている．$\tilde{a}_i^{-1}\mathcal{O}_{V_i}$ の全体により可逆層ができるからこれを $\mathcal{O}(D)$ と書く．$\mathcal{O}(D)$ の有理切断 $1 = \tilde{a}_i \cdot \tilde{a}_i^{-1} = \tilde{a}_j \cdot \tilde{a}_j^{-1}$ に対応して，因子 (1) をつくると D になる．

一方，可逆層 $\mathcal{L}^{-1}$ の 0 でない有理切断をとり，それから単射 $\psi_1 : \mathcal{L} \to \widetilde{R(V)}$ をつくると，$\psi_1(\mathcal{L}) \subset \widetilde{R(V)}$ を考えることにより，$\mathcal{L}$ と同型な $\widetilde{R(V)}$ の部分層を得る．そこで $\mathcal{L} \subset \widetilde{R(V)}$ と仮定し，その切断を考える．$\mathcal{L} \mid V_i = \beta_i \mathcal{O}_{V_i}$ と $\beta_i \in R(V)^*$ をきめておくと，

$$\Gamma(V, \mathcal{L}) \ni \alpha = a_i \beta_i = a_j \beta_j = \cdots, \qquad a_i \in A_i = \Gamma(V_i, \mathcal{O}_V).$$

一方，$\alpha\in\Gamma(V,\mathscr{L})\subset R(V)$ だから，α は V の有理関数でもある．$\mathscr{L}=\mathcal{O}(D)$，$D=\sum n_jW_j$ としよう．$\beta_i=\tilde{a}_i^{-1}$，$\tilde{a}_i$ は $V_i\cap D$ の定義式だから，

$$\alpha\in\Gamma(V,\mathcal{O}(D)) \Longleftrightarrow (\alpha)\,|\,V_i=(a_i)-(\tilde{a}_i)\geqq -D\,|\,V_i$$

すなわち $(\alpha)+D\geqq 0$．ゆえに

$$\Gamma(V,\mathcal{O}(D))=\boldsymbol{L}(D).$$

b) 任意の素因子 W は，その生成点 w で単項イデアルで定義される．すべての閉点で W の定義イデアル層 $\mathscr{I}_W$ が単項的になれば，$\mathscr{I}_W$ は可逆層．すなわち，各点 $p\in V$ で，$\mathcal{O}_{V,p}$ の高さ1の素イデアル $\mathfrak{p}$ がつねに単項的になると，$\mathscr{I}_W$ は可逆層．$\mathcal{O}_{V,p}$ が U.F.D. ならばこの条件は満たされる．まとめて，つぎの定理になる．

定理 2.16 V が U.F.D. 完備代数多様体，$R(V)/k$ が正則拡大ならば，

$$H^1(V,\mathcal{O}^*)=\{V\text{ の可逆層の同型類}\}\simeq \mathcal{G}(V)/\mathcal{G}_l(V)$$
$$(\text{記号の対応では }\mathcal{O}(D)\mapsto -D).\qquad ――$$

一般の代数多様体において，局所的に単項イデアルで定義される部分多様体の有限形式和を **Cartier 因子**という．Cartier 因子とは，可逆層のことといっても，代数多様体ではそう違わない．形式的な一般論を展開するのに，可逆層は非常に便利ではあるが，実質的な幾何的考察には正規多様体の因子は捨てがたいものである．

§2.25 因子の制限またはひき戻し

可逆層の便利さは，定理2.11のように，ひき戻しを考えるときにも表れる．すなわち，代数多様体間の正則写像 $f: V\to W$，W の可逆層 $\mathscr{L}$ に対して，層として $f^*\mathscr{L}$ をつくると，明らかに $f^*\mathscr{L}$ も可逆層である．そして，$f^*: H^1(W,\mathcal{O}^*)\to H^1(V,\mathcal{O}_V{}^*)$ は正規多様体のときの因子のひき戻しと対応することもおのずと明らかといってよい．

しかし，f が全射でないとき，因子のひき戻しをそのまま論ずることは困難が生じる．たとえば，$V_1=W$ が V の素因子のとき，因子 W 自身を V_1 にひき戻すことは直接にはできない．しかし，W が可逆層 $\mathscr{L}$ と対応しているとき，$\mathscr{L}$ の V_1 へのひき戻し $\mathscr{L}\,|\,V_1$ はとにかく可逆層で，これから因子の同型類は確定できる．また，$\mathscr{L}$ の1-コホモロジー類 $\{s_{ij}\}$ を用いれば，$s_{ij}'=s_{ij}\,|\,V_1$ の定める1-コ

ホモロジー類$\{s_{ij}'\}$をえるから，これの定める因子類を考えればよい．このような同型類も $W|W$ という記号で表す．あるいは $W|W$ でこの同型類の1代表元としての因子を表す，という解釈をとるときもある．

§2.26 正規化

a) 一般の代数多様体 V やその上の因子の研究には V の正規化(normalization)多様体を利用する．

定理 2.17 代数多様体 V に対し，つぎの性質をもつ正規代数多様体 V' と正則写像 $\mu: V'\to V$ とが存在する．

(i) V' は正規，

(ii) μ は双有理かつ有限正則． ——

同じ性質をもつ(V'', μ')があるなら，同型$\lambda: V'\to V''$が存在して$\mu=\mu'\cdot\lambda$．さらに，V がアフィンならば V' もアフィンである．V が完備ならば V' も完備である．

証明 V がアフィンのとき，k 上の有限生成整域 A があって，$V=\mathrm{Spec}\,A$ と書かれる．A' を A の商体内での整閉包とすると，定理2.6により，$j: A\hookrightarrow A'$ は有限整拡大である．それゆえ $V'=\mathrm{Spec}\,A'$，$\mu={}^a j$ とおけばよい．V が一般のときは，アフィン被覆 $V=\bigcup V_j$ を考えて，各 V_j に $\mu_j: \mathrm{Spec}\,A_j'=V_j'\to V_j$ をつくるとき，$\{V_j'\}$ が代数多様体 V' を定義することをまずみる．$\xi_{i|j}: V_i\cap V_j=\mathrm{Spec}\,A_{i,j}\hookrightarrow V_i$ より，$A_i'\to A_{i,j}'$ が導かれる．$V_{i,j}'=\mathrm{Spec}\,A_{i,j}'$ は V_i' の開部分多様体とみられる．同型 $\eta_{ij}: \mathrm{Spec}\,A_{i,j}\to\mathrm{Spec}\,A_{j,i}$ より，$\eta_{ij}': V_{i,j}'\to V_{j,i}'$ が導かれる．環の正規化の一意性より，$\eta_{ij}'\eta_{ji}'=1$，$\eta_{ij}'\eta_{jk}'=\eta_{ik}'$．かくして，§1.19, c)により，$\bigcup V_i'=V'$ となる正規多様体を得る．$\mu: V'\to V$ は有限正則だから，結局 V' も正規代数多様体になる．∎

これを V の**正規化**という．一意性については§2.28をみよ．

さて，$R(V)$を含む体 L をきめておき，A_i' の代りに $A_{i,L}'$ をとると，やはり正規多様体 V_L' と，有限正則写像 $\mu: V_L'\to V$ を得る．$R(V_L')$は$R(V)$の L 内での代数的閉包である．V_L' を V の L 内での整閉包(または L 正規化)という．

とくに V が代数曲線，すなわち1次元であれば，V_L' は非特異になってしまう．このようにして代数曲線の非特異モデルは極めて算術的に構成できる(Zariski)．

第9章では，2次変換をくり返して少しずつ特異性を減退せしめて，ついに非特異モデルを得る極めて幾何的方法——M. Noether の方法——を説明する．この方が，はるかに労力が多いが，高次元にも通用する考えを含んでいる．

b)　V を非特異とするとき，開集合

$$V_L'-\Sigma=\{p\in V_L';\theta^\sharp(\mu):\mathcal{O}_{V',p}\to\mathcal{O}_{V,\mu(p)}\text{ が完備化で同型,}$$
$$\text{すなわち }\hat{\theta}^\sharp:\hat{\mathcal{O}}_{V',p}\simeq\hat{\mathcal{O}}_{V,\mu(p)}\}$$

を定義する．Σ を $\mu:V_L'\to V$ の**分岐点集合** (branch locus) という．すなわち，$p\notin\Sigma$ ならば $p\to\mu(p)$ は局所的に（解析的）同型となっている．

定理 2.18　Σ は純余次元1の閉集合である．——

これは，purity of branch locus とよばれる重要なもので，正規環の重要性の今一つの例証だが，本講では応用しないから証明は略する．

c) **非特異モデル**　代数多様体の非特異モデル (V^*,μ) とは，つぎの性質を満たす代数多様体 V^* と正則写像 $\mu:V^*\to V$ の組のことである：

(i)　V^* は，非特異代数多様体，

(ii)　μ は，固有的双有理正則写像．

すなわち，(ii) によると，μ は関数体の同型 $R(V)\simeq R(V^*)$ をひきおこすから，V^* のことを関数体 $R(V)$ の非特異モデルとよぶこともある．V が1次元であれば，(ii) から μ は有限になってしまうが，2次元以上では殆んどつねに μ は有限でない．したがって，正規化と異なり，(V^*,μ) は一意ではない．

d)　また，代数多様体間の正則写像 $f:V\to Z$ があるならば，一意にその正規化に f も延長される．$f':V'\to Z'$．そして，もし $g:Z\to X$ もあるならば，$(g\cdot f)'=g'\cdot f'$ である．（証明には§2.28の知識がいる．）とりわけ，

$$\mathrm{Aut}_k V\subsetneq \mathrm{Aut}_k V'.$$

非特異モデル V^* ではこのように鮮やかにはいかない．

§2.27　$l_V(\mathcal{L})$

さて，V を完備代数多様体，$\mathcal{L}$ を V の可逆層とする．$\mu:V'\to V$ を V の正規化として，

$$l_V(\mathcal{L})=\dim\Gamma(V',\mu^*\mathcal{L})$$

とおく．すると，つぎの定理が得られる．

定理 2.19　$f: Z \to V$ を完備代数多様体間の全射正則写像とし，$R(V)/R(W)$ を閉拡大とすると，

$$l_Z(f^*\mathscr{L}) = l_V(\mathscr{L}).$$

証明　Z, V の正規化を考えそれらを Z', V' とおくと，f ももちあがって f': $Z' \to V'$ を得る(図式 2.1)．定義から，

$$l_V(\mathscr{L}) = l_{V'}(\mu^*\mathscr{L}), \qquad l_Z(f^*\mathscr{L}) = l_{Z'}(\mu_1{}^*f^*\mathscr{L}).$$

一方，$\mu_1{}^*\mathscr{L}^*\mathscr{L} = f'^*\mu^*\mathscr{L}$ だから，定理 2.12 の系により

$$l_{V'}(\mu^*\mathscr{L}) = l_{Z'}(f'^*\mu^*\mathscr{L}) = l_{Z'}(\mu_1{}^*f^*\mathscr{L}).$$ ∎

$$\begin{array}{ccc} Z' & \xrightarrow{f'} & V' \\ {\scriptstyle \mu_1}\downarrow & & \downarrow{\scriptstyle \mu} \\ Z & \xrightarrow[f]{} & V \end{array}$$

図式 2.1

正規化を用いないと，この簡明な性質は失われる．

§2.28　有理写像のグラフ

a)　V, W を代数多様体とし，有理写像 $f: V \to W$ を考える．$\varphi = f|\mathrm{dom}(f)$ とおくと，Γ_φ は閉埋入だから，$\Gamma_\varphi(V)$ をまた Γ_φ と書き，グラフ $\Gamma_\varphi \subset \mathrm{dom}(f \times W)$ を得る．射影 $\mathrm{dom}(f \times W) \to \mathrm{dom}(f)$ と合成して $\Gamma_\varphi \to \mathrm{dom}(f)$ をつくると，これは同型(恒等写像)である．$V \times W$ 内での Γ_φ の閉包を Γ_f とおくと代数多様体になる．Γ_f を f の**グラフ**という．$\mu: \Gamma_f \hookrightarrow V \times W \to V$ と定義すると，μ は $\mu^{-1}(\mathrm{dom}(f))$ 上恒等写像である．だから μ は双有理である．一方，$g: \Gamma_f \hookrightarrow V \times W \to W$ とおくと，有理写像として $f = g \cdot \mu^{-1}$．そこで，$f(p) = g(\mu^{-1}(p))$ と $\mathrm{dom}(f)$ 以外の p についても $f(p)$ を定義する．$p \notin \mu(\Gamma_f)$ ならば $f(p) = \phi$，$p \in \mu(\Gamma_f) - \mathrm{dom}(f)$ ならば $f(p)$ は1点でなく閉集合になることが多い．

例 2.8　$f: \boldsymbol{A}^2 \to \boldsymbol{P}^1 \times \boldsymbol{P}^1$，$f(x, y) = (x/y, y)$，とすると，

$$\mathrm{dom}(f) = \boldsymbol{A}^2 - (0, 0), \qquad f(0, 0) = \boldsymbol{P}^1 \times (0).$$

例 2.9　U を V の開集合，$j: U \hookrightarrow V$ は双有理だから，$f = j^{-1}: V \to U$ とおくと，

$$\mathrm{dom}(f) = U, \qquad f|\mathrm{dom}(f) = \mathrm{id}_U.$$

b) **不確定点除去モデル**　一般に，V, W を正規にとっても，Γ_f は正規とは限らないから，正規化 Γ_f' をとり，$\Gamma_f' \to \Gamma_f \to V$，$\Gamma_f' \to \Gamma_f \to W$ を μ', g' と書いて

f の研究に用いることが便利である．もっと一般に，双有理正則写像 $\mu: Z\to V$ があり，$g=f\cdot\mu$．ここで $Z\to W$ が正則写像になるとき (Z, μ)，略して，Z を f の**不確定点除去モデル**という．Z が正規多様体ならば**正規モデル**，非特異ならば**非特異モデル**などと言葉を重ねる．

さて，f の不確定点除去モデルが二つ $(Z, \mu), (Z', \mu')$ あったとしよう．$\lambda: Z\times_V Z'\to Z'$，$\lambda': Z\times_V Z'\to Z$ と書く．$\mu': Z'\to V$ は双有理だから，或るアフィン開集合 $V_1\subset V$ があって $\mu'|\mu'^{-1}V_1: \mu'^{-1}V_1\rightleftarrows V_1$．これより，

$$Z\times_V Z' \supset \mu^{-1}V_1\times_{V_1}\mu'^{-1}V_1 \rightleftarrows \mu^{-1}V_1.$$

したがって，$Z\times_V Z'$ の既約成分 Z'' に，$\mu^{-1}V_1$ と同型の開集合をもつものがある．$Z''\hookrightarrow Z\times_V Z'\to Z$ も λ で示すと，図式 2.2 のようになり，λ, λ' ともに双有理である．$p\in\mu Z\cap\mu' Z'$ をとると，

$$g'\mu'^{-1}(p) = g'\lambda\lambda^{-1}\mu'^{-1}(p) = g\lambda'\lambda'^{-1}\mu^{-1}(p) = g\mu^{-1}(p).$$

だから，$f(p)$ は (Z, μ) のとり方によらない．ここの式で，$\lambda Z''$ から r をとると $\lambda\lambda^{-1}(r)=r$ となることを用いている (図式 2.2)．

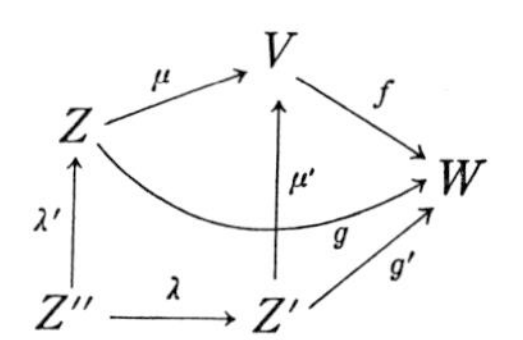

図式 2.2

c) 接続定理　定理 2.9 を用いて，つぎの定理が示される．

定理 2.19　V を正規多様体，W を k 上代数的アフィン・スキームとする．有理写像 $f: V\to W$ が，$\operatorname{codim}(V-\operatorname{dom}(f))\geqq 2$ を満たすならば，$V=\operatorname{dom}(f)$．いいかえると f は正則写像である．

証明　定義から $W\subset \boldsymbol{A}_k{}^m=\boldsymbol{A}_k{}^1\times\cdots\times\boldsymbol{A}_k{}^1$．よって，各成分に定理 2.9 を用いればよい．∎

この定理はつぎの重要な帰結を産出する．

定理 2.20　V を正規代数多様体，W を完備代数多様体，$f: V\to W$ を有理写像とし，$f(p)$ が 1 点 $\{q\}$ になるとき $p\in\operatorname{dom}(f)$．

証明　定理 2.13 により，$\operatorname{codim}(V-\operatorname{dom}(f))\geqq 2$ である．さて q のアフィン近傍を W_1 とする．f の不確定点除去モデル (Z, μ) を μ が固有正則写像となるよ

うに選び(問題13), $g=f\cdot\mu$ としよう. $Z_1=g^{-1}W_1$ とおくと, $Z_1\supset\mu^{-1}(p)$. μ は固有だから, $\mu(Z-Z_1)$ は閉集合. そこで $V_1=V-\mu(Z-Z_1)$ とおくと, $\mu^{-1}V_1\subset Z_1$, なぜならば $p_1\in\mu^{-1}V_1\Leftrightarrow\mu(p_1)\in V_1\Leftrightarrow\mu(p_1)\notin\mu(Z-Z_1)$. よって

$$p_1\in Z_1.$$

さて, $\mathrm{dom}(f|V_1)=\mathrm{dom}(f\cap V_1)$. だから仮定より, $\mathrm{codim}(V_1-\mathrm{dom}(f|V_1))\geqq 2$. よって定理2.19により $\mathrm{dom}(f)\supset V_1$, すなわち $p\in\mathrm{dom}(f)$. ∎

d) 連結性原理 定理2.20は仮定を $f(p)$ に0次元の既約成分, すなわち孤立点成分がある, という形に弱められる. その理由はつぎの定理が成立するからである.

定理2.21 (Enriquesの連結性原理) V を代数多様体, W を正規代数多様体, $f: V\to W$ を全射固有正則写像, $R(V)\supset R(W)$ は代数的閉拡大とするとき, $w\in W$ について $f^{-1}(w)$ は連結集合である. ——

この定理は直観的にはみやすいが(図2.4), 一般に証明するのは決して容易でない. ここでは省略する. 定理2.20の証明で, μ は双有理固有だから, $\mu^{-1}(p)$ は連結で, よって, $f(p)$ に孤立点成分 q があれば $f(p)=q$. かくて, 定理2.20は一般に証明できた. これより, 正規化の一意性は明らかである.

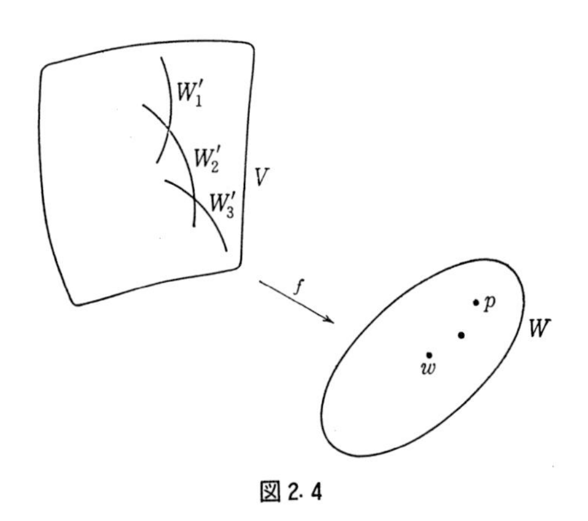

図2.4

e) Z. M. T. つぎの定理は**Zariskiの主定理**(Zariski's main theorem), 略してZ. M. T. とよばれる重要なものである.

定理2.22 V, W を代数多様体, W を正規, $f: V\to W$ を双有理正則写像と

し，V の点 p が $f^{-1}(f(p))$ の連結成分ならば，$q=f(p)$ とおくとき，q の近傍 U があって $f|f^{-1}(U):f^{-1}(U)\simeq U$．とりわけ，すべての W の点 q につき $f^{-1}(q)$ が有限集合ならば，f は $f(V)$ の上に同型になってしまう．——

この定理の証明も略す．

§2.29　Stein 分解

V を正規代数多様体，W を完備代数多様体，$f: V\to W$ を支配的正則写像（すなわち $f(V)$ が W 内の稠密集合）とする．$L=R(V)\supset R(W)$ だから，W の L 内での正規化を W_L' と書くと，$\mu: W_L'\to W$ は有限正則写像で，$R(V)=L\supset R(W_L')\supset R(W)$．だから，有理写像 $g: V\to W_L'$ があって $R(V)\supset R(W_L')$ をひきおこす．

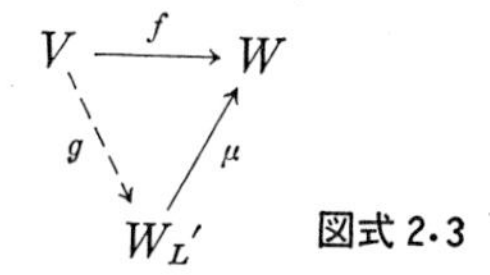

図式 2.3

さて，μ は有限だから $\mu(g(p))=f(p)$ により $g(p)$ は有限集合．よって§2.28 の定理 2.20 と 2.21 から，g は支配的正則写像．g により代数的に閉じた拡大 $R(V)/R(W_L')$ を得る．とくに，V が完備であれば，g のファイバーは連結になる．このような f の分解 $f=g\cdot\mu$ を f の **Stein 分解**という．

問　　題

1　k を体とする．t を k 上超越的元とするとき，$m, n\in \mathbf{Z}$ について $A=k[t^m, t^n]$ をつくる．A' を A の正規化とするとき

$$\dim_k (A'/A)$$

を計算せよ．

2　同様に，$p, q, r>0$，$(p, q, r)=1$，$A=k[t^p, t^q, t^r]$ とおく．A' を求め

$$\dim_k (A'/A)$$

をいくつかの例につき計算せよ．

3　$\beta_1, \cdots, \beta_m$ を相異なる k の元とする．次のように k 準同型を定める．

$$\varphi: k[x, y]\longrightarrow k[t]\oplus\cdots\oplus k[t],$$
$$\varphi(x)=(t, t, \cdots, t),\qquad \varphi(y)=(\beta_1 t, \beta_2 t, \cdots, \beta_m t).$$

このとき $\dim_k \mathrm{Coker}\,\varphi$ を計算せよ．

4　R を局所 Noether 環，$\mathfrak{m}$ を極大イデアルとする．$\mathrm{gr}_{\mathfrak{m}}{\cdot}R$ が正規環ならば，R も正規環である．

［ヒント］　最後に，第1章の問題26を使う．

5　R が Noether 正規環ならば，$R[X]$ も正規環である．

6　$f \in k[[X_1, \cdots, X_n]]$ とし，$f(0)=0$ のとき

$$R = k[[X_1, \cdots, X_n]]/(f)$$

を，局所環とみて，その極大イデアル $\mathfrak{m}$ につき，$\varphi(d) = \dim \mathfrak{m}^d/\mathfrak{m}^{d+1}$ とし，

$$\sigma(m) = \varphi(0) + \varphi(1) + \cdots + \varphi(m)$$

とおく．十分大きな m につき，

$$\sigma(m) = \frac{\alpha}{(n-1)\,!} m^{n-1} + \cdots$$

と展開するとき α を求めよ．

7　R を局所 Noether 環とし，$\mathfrak{m}$ を極大イデアルとする．$\mathfrak{a}$ を R のイデアルとするとき，$\hat{R} = \varprojlim R/\mathfrak{m}^n$ を定義すると

$$\mathfrak{a} \otimes_R \hat{R} \simeq \mathfrak{a}\hat{R} \subset \hat{R}$$

なることを示せ．だから $\hat{R}$ は R 平坦になる．

［ヒント］　或る $r>0$ があり，すべての $n>r$．$\mathfrak{m}^n \cap \mathfrak{a} = \mathfrak{m}^{n-r}(\mathfrak{m}^r \cap \mathfrak{a})$（問題23をみよ）．

8　問題7の条件下で，M を有限生成 R 加群とするとき，

$$\bigcap \mathfrak{m}^n M = 0.$$

9　R を Noether 整域，S を R の乗法系，$0 \notin S$ とし，S の元はすべて素元の積とする．

$$S^{-1}R \text{ が U. F. D} \Longrightarrow R \text{ も U. F. D.}$$

10　A を環，R を A 上の多項式環 $R=A[X]$ とする．

(i)　$A \supset \mathfrak{q}$ が準素イデアル，$\mathfrak{p} = \sqrt{\mathfrak{q}}$ とおくとき，$\mathfrak{q}R$ も準素で

$$\sqrt{\mathfrak{q}R} = \mathfrak{p}R.$$

(ii)　$f \in R$ に対して，

$$\mathrm{Inh}\,(f) = f \text{ の係数で生成された } A \text{ のイデアル}$$

とおき f の内容 (Inhalt) という．

$f, g \in R$ に対して，

$$\sqrt{\mathrm{Inh}\,(fg)} = \sqrt{\mathrm{Inh}\,(f)} \cap \sqrt{\mathrm{Inh}\,(g)}.$$

11　$A \to B$ を環準同型とする．$\mathfrak{q}$ が B の準素イデアルならば $A \cap \mathfrak{q}$ も準素イデアルで

$$\sqrt{A \cap \mathfrak{q}} = A \cap \sqrt{\mathfrak{q}}.$$

12　局所自由有限生成の $\mathcal{O}_V$ 加群の層をベクトル束の層，または短く，ベクトル束という．さて，V を正規代数多様体，$F \subset V$ を $\mathrm{codim}\,F \geqq 2$ の閉集合，$\mathcal{L}$ をベクトル束とするとき

$$\Gamma(V-F, \mathcal{L}) = \Gamma(V, \mathcal{L}).$$

13　永田の定理（§1.36の定理1.17）を利用して，つぎのことを示せ．

W を完備代数多様体，$f: V \to W$ を代数多様体からの有理写像とする．そのとき，或る代数多様体 Z からの固有双有理正則写像 $\mu: Z \to V$ があって，$g = f \cdot \mu$ が正則写像．

［注意］（W の完備性を忘れて）このように，或る固有双有理写像によって，不確定点除去のできる有理写像を**強有理写像**（strictly rational map）という．

14　$V_1, V_2, \cdots, W$ を代数多様体とし，$f: V \to W$ を有理写像とする．

（i）f が強有理ならば，グラフからの射影 $\Gamma_f \to V$ は固有正則，

（ii）$f_1: V_1 \to V_2$，$f_2: V_2 \to V_3$ が強有理，かつ f_1 が支配的ならば，$f_2 \cdot f_1$ は強有理，

（iii）強有理写像 f は常に $f(p) \neq \phi$，

強有理写像 f は，適当に固有双有理正則写像を選ぶとき g をも固有にできるならば，固有的とよばれる．さて，

（iv）f は双有理写像で f, f^{-1} ともに強有理ならば，f は固有的，

（v）V を完備，W をアフィンとする．自明の写像を除くと，有理写像 $f: V \to W$ は強有理でない．

V の固有的双有理写像は（ii），（iv）により群をつくるから $\mathrm{PBir}(V)$ と表わす．

（vi）$V = \mathrm{Spec}\, R$ ならば，$\mathrm{PBir}(V) = \mathrm{Aut}(V')$，ここに V' は V の正規化．

15　$\boldsymbol{A}^3$ 内で連立方程式

$$\begin{cases} y^2 = u(1-a^2u) \\ x^2 = u \end{cases}$$

で定義された曲線を考える．これの特異点を求めよ．またこれを $\boldsymbol{P}^3$ でみてその特異性を論ぜよ．

16　アフィン空間 $\boldsymbol{A}_k{}^n$ の Picard 群は自明である．また，

$$\mathrm{Pic}\,(\boldsymbol{P}^n) \simeq \boldsymbol{Z}, \qquad \mathrm{Pic}\,(\boldsymbol{P}^n \times \boldsymbol{P}^m) \simeq \boldsymbol{Z} \oplus \boldsymbol{Z}.$$

17　k を代数的閉体とせよ．$f \in k[X_1, \cdots, X_n]$ を多項式とするとき，f が既約ならば

$$k(X_1, \cdots, X_n)/k(f)$$

は代数的閉拡大である．以下 k の標数は0としている．

18　逆に $k(X_1, \cdots, X_n)/k(f)$ を代数的閉拡大とすると，$\lambda \in k$ を選ぶとき $f - \lambda$ を既約多項式にできる．

19　$f_1, \cdots, f_r \in k[X_1, \cdots, X_n]$ をすべて定数でない既約多項式とする．$\mathrm{tr\,deg}\, k(f_1, \cdots, f_r) = 1$ ならば，

$$k[f_1] = \cdots = k[f_r]$$

であって，

$$k(X_1, \cdots, X_n)/k(f_i)$$

は代数的閉拡大になる．

20　$F_1, \cdots, F_\rho \in k[X_0, \cdots, X_n]$ を各 d_j 次の既約斉次多項式とする．

$$\{(m_1, \cdots, m_\rho)\,;\, \textstyle\sum m_j d_j = 0\} \subset \boldsymbol{Z}^\rho$$

の $\boldsymbol{Z}$ 底を $v_1=(m_{1,1},\cdots,m_{1,\rho})$, …, $v_{\rho-1}=(m_{\rho-1,1},\cdots,m_{\rho-1,\rho})$ とし,

$$f_j=F_1{}^{m_{j,1}}\cdots F_\rho{}^{m_{j,\rho}}$$

とおくと, $f_j\in k(x_1,\cdots,x_n)$, ここに $x_j=X_j/X_0$.

このとき, $\mathrm{tr\,deg}\,k(f_1,\cdots,f_{\rho-1})=1$ ならば,

$$k(x_1,\cdots,x_n)/k(f_1,\cdots,f_{\rho-1})$$

は代数的閉拡大である. さらに $k[f_1,\cdots,f_{\rho-1}]$ は正規環である.

21　k を標数0の代数閉体とする. k 多元環

$$k[x,y,1/(xy-1)]$$

の, k 自己準同型を f とする. $f(x)=X(x,y)$, $f(y)=Y(x,y)$ は, x,y の有理式であるが, Jacobi 行列式はつぎの形に

$$\frac{\partial(X,Y)}{\partial(x,y)}=0\quad \text{または}\quad c(xy-1)^m$$

と書けることを示せ.

22　V_1, V_2 を代数多様体, $f:V_1\to V_2$ を正則写像とする. V_2 が正規ならば, V_1 の正規化 V_1' から V_2 に正則写像 f' があって

$$f'=f\cdot\mu.$$

かつこのような f' はただ一つである.

23　A を k 上有限生成の整域とする. $U(A)$ を A の単元のつくる群とする. $k^*\subset U(A)$ だから, $U^*(A)=U(A)/k^*$ とおく. k を閉体とすると, $U^*(A)$ は $\boldsymbol{Z}$ 上有限生成の自由 Abel 群になる.

24　問題23に関連して, さらに, $f\in A$ をとり, $\mathrm{rank}\,U^*(A_f)=\mathrm{rank}\,U^*(A)$ とする. このとき f は単元である.

25　V を代数多様体とする. V の閉集合を F とし,

$$V-F\quad \text{は}\quad \text{アフィン・スキーム}$$

を仮定する. このとき $F=\phi$ または F の各既約成分の余次元が1.

26　V を代数多様体とする. V の開集合 W と正則写像 $f:V\to W$ があって $f|W$ は同型とする. このとき $V=W$ を証明せよ.

第3章　射影スキーム

§3.1 次数環

a) 射影スキームの原型は，射影空間 $\boldsymbol{P}_k{}^n$ 内の閉部分多様体 $\boldsymbol{V}$ である．$\boldsymbol{P}_k{}^n$ の同次座標を $X_0, X_1, \cdots, X_n$ とし，座標環 $S=k[X_0, X_1, \cdots, X_n]$ の同次 d 次成分を S_d で表すと，$S_d \cdot S_e \subset S_{d+e}$, $S=\bigoplus_{d=0}^{\infty} S_d$ を満たすから，S は**次数環**(graded ring)になる．$f \in S_d$ をとると，$\{(X) \in \boldsymbol{P}_k{}^n ; f(X)=0\}$ として，$\boldsymbol{P}^n$ 内の超曲面が定まる．これを $\boldsymbol{V}_+(f)$ で示そう．

$$\mathfrak{A}_d = \{f \in S_d,\ \boldsymbol{V}_+(f) \supset \boldsymbol{V}\}, \qquad \mathfrak{A} = \bigoplus \mathfrak{A}_d$$

とおくと，$S_e \mathfrak{A}_d \subset \mathfrak{A}_{d+e}$ を満たし，$\mathfrak{A}$ は S の斉次イデアルになる．

$$A = S/\mathfrak{A} = \bigoplus S_d/\mathfrak{A}_d$$

は k 次数環になる．次数環としての A こそ $\boldsymbol{V}$ のより内在的な性格を表すものである．

そこで R を環とし，A を R 多元環とする．つぎの2条件を満たすならば，A は R 次数環とよばれる．

(i) $A = \bigoplus_{d=0}^{\infty} A_d$ (ここに A_d は R 加群),

(ii) $A_d \cdot A_e \subset A_{d+e}$.

b) さらに，A **次数加群** M をつぎの2条件で定義する．まず，M は A 加群であって，

(i)′ $M = \bigoplus_{n=-\infty}^{\infty} M_n$ (M_n は R 加群),

(ii)′ $A_n \cdot M_m \subset M_{n+m}$.

一つ A 次数加群 M があれば，A 加群としては同じで，次数づけの異なる加群 $M(l)$ が定義される：$M(l)_n = M_{l+n}$．A 自身を A 次数加群とみなし，その次数づけをずらして，$A(1), A(2), \cdots, A(-1), A(-2), \cdots$ をつくることができる．

c) M, N を A 次数加群とすると，次数加群としての $M \otimes_A N$ が作られる．

L を $\boldsymbol{Z}$ 加群としての M と N のテンソル積とするとこれは $\boldsymbol{Z}$ 次数加群. $\{\alpha x \otimes y - x \otimes \alpha y\,;\, \alpha \in A_d,\, x \in M_m,\, y \in N_n\}$ の生成する部分加群 I による商加群 L/I を $M \otimes_A N$ と書く.

$$\mathrm{Hom}_A(M,N)_0 = \{\varphi : M \to N,\ A \text{ 準同型で } \varphi M_m \subset N_m\},$$
$$\mathrm{Hom}_A(M,N)_n = \mathrm{Hom}_A(M, N(n))_0$$

とおくと,

$$\mathrm{Hom}_A(M,N) = \bigoplus \mathrm{Hom}_A(M,N)_n$$

に A 次数加群の構造が入り,

$$\mathrm{Hom}_A(M(m), N(n)) = \mathrm{Hom}_A(M,N)(n-m),$$

とくに $\mathrm{Hom}_A(A(n), A) = A(-n)$.

§3.2　斉次スペクトル

次数環において, 幾何学的に意味のあるのは斉次イデアルである.

$$A_+ = \bigoplus_{n \geqq 1} A_n$$

とおくと, たしかに斉次イデアルではあるが, 射影空間において $X_0 = \cdots = X_n = 0$ なる点はないのと同じ理由で, 幾何的イデアルとは考えられない. そこで

$$\mathrm{Proj}\, A = \{A_+ \text{ を含まない } A \text{ の斉次素イデアル}\}$$

とおき, A の**斉次スペクトル** (homogeneous spectrum) とよぼう.

例 3.1　k を代数閉体とし, $A = k[X_0, X_1]$ の斉次イデアルを $\mathfrak{A}$ とする. $\mathfrak{A} \ni f \neq 0$ から $f(1, X_1/X_0)$ をつくり, $T = X_1/X_0$, $\bar{f}(T) = f(1, X_1/X_0)$ とおく. $f \neq 0 \in \mathfrak{A}$ について $\deg \bar{f}(T) > 0$ ならば, Euclid 互除法により, $\mathfrak{A} = (f_0)$ となる f_0 がある. この他ならば $\mathfrak{A} \ni X_0{}^m$ である. そこで $\mathfrak{A}$ を素としよう. $\mathfrak{A} \ni X_0$ だから, $\mathfrak{A} = X_0 A$ または $\mathfrak{A} = X_0 A + X_1 A = A_+$. 結局, $\infty = (X_0 A)$ と書くと,

$$\begin{aligned} \mathrm{Proj}\, A &= \{(0),\ X_0 A,\ (X_1 - \lambda X_0) A,\ (\lambda \in k)\} \\ &= \{*\} \cup k \cup \{\infty\} = \boldsymbol{A}_k{}^1 \cup \{\infty\}. \end{aligned}$$

一般に, $\mathrm{Proj}\, A \subset \mathrm{Spec}\, A$ だから $\mathrm{Spec}\, A$ の位相を相対位相として, $\mathrm{Proj}\, A$ に導入し, これを位相空間にする. 斉次元 $f \in A$ につき, $D_+(f) = D(f) \cap \mathrm{Proj}\, A$, $V_+(\mathfrak{A}) = V(\mathfrak{A}) \cap \mathrm{Proj}\, A$ 等と書く.

§3.3　同伴写像 ${}^a\varphi$, Proj φ

A, B を R 次数環, $\varphi: A \to B$ を次数を保つ R 準同型としよう．すると,

$$\begin{array}{ccc} {}^a\varphi: \operatorname{Spec} B & \longrightarrow & \operatorname{Spec} A \\ \cup & & \cup \\ \operatorname{Proj} B & & \operatorname{Proj} A. \end{array}$$

${}^a\varphi(\operatorname{Proj} B) \subset \operatorname{Proj} A$ とは限らないから, Proj の水準で考えるには, 定義域をせばめる必要がある．すなわち, $G(\varphi) = {}^a\varphi^{-1}(\operatorname{Proj} A) = D_+(\varphi(A_+))$, $\operatorname{Proj} \varphi = {}^a\varphi \mid G(\varphi)$ とおくと,

$$\operatorname{Proj} \varphi: G(\varphi) \longrightarrow \operatorname{Proj} A.$$

例 3.2　$A = k[X_0, \cdots, X_n]$, $B = k[Y_0, \cdots, Y_m]$, $\varphi: A \to B$ を

$$\varphi(X_i) = \sum \lambda_{ij} Y_j, \qquad \lambda_{ij} \in k$$

なる1次写像とすると

$$G(\varphi) = \bigcup_{i=0}^{n} D_+(\sum \lambda_{ij} Y_j).$$

古典射影幾何では, 1次の有理写像

$$\rho: \boldsymbol{P}^m \longrightarrow \boldsymbol{P}^n$$

を射影といい, 1次式系 $X_i = \sum \lambda_{ij} Y_j$ により定義される.

$$C = \{Y\,;\, \sum \lambda_{ij} Y_j = 0\}$$

となる点で ρ は定義されない．有理写像 ρ の定義域は

$$\operatorname{dom}(\rho) = \boldsymbol{P}^m - C$$

となるのであった．C を1次変換 ρ の**中心** (center) という．$G(\varphi)(\bar{k}) = \boldsymbol{P}^m - C$ である.

$m=2$, $n=1$ のとき, $k = \boldsymbol{R}$ として直観的な図3.1を書く．C は点になる．$p \neq C$ ならば p と C とを結ぶ直線と $\boldsymbol{P}^1$ との交点として q が求まり, $\rho(p) = q$ である．しかし, $p = C$ のとき $\rho(p)$ をきめる手段がない.

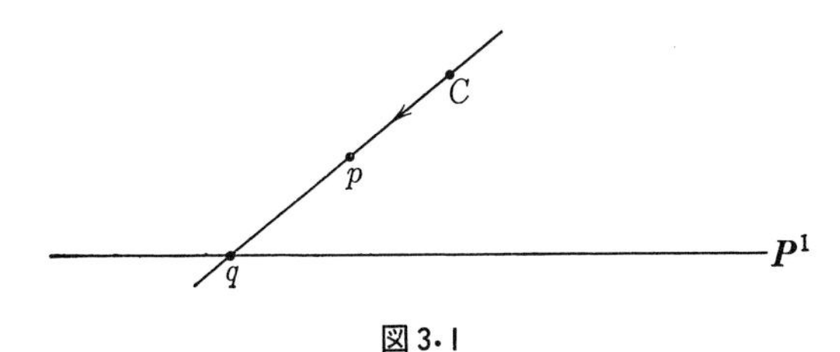

図 3.1

例 3.3　$\boldsymbol{P}^2$ 内の既約非特異3次曲線を C とする．1点 $p_0 \in C$ をきめ，$q \neq p_0$ をとると，同様にして，q, p_0 を通る直線と C との交点を r として，$\rho(q)=r$ なる有理写像 $\rho: C \to C$ が定まる．ところが，ρ は双有理で C は非特異完備だから，§2.21, c) により，$\rho: C \to C$ は正則になってしまう．そこで $p_0=0$ にとり，$r=-q$ と書く．さて，$p_1, p_2, p_3 \in C$ が，共線関係にあるとき

$$p_1+p_2=-p_3$$

として $-$ と $+$ を定義でき，これによって，C は加法群になることが証明される(図3.2)．

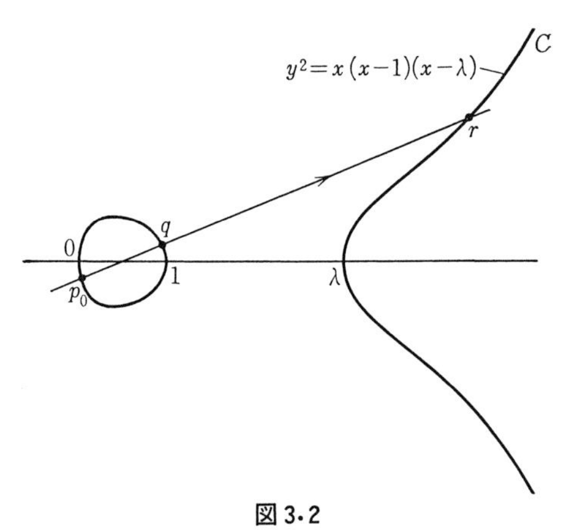

図 3・2

例 3.4　一方，S を $\boldsymbol{P}^3$ 内の既約非特異3次曲面とすると，同様にして，有理写像 $\rho: S \to S$ が定義されるが，今度は，S が2次元だから，ρ は正則にはなれない．だから，群構造を S に入れることはできないが，これをもとにして，群類似の代数構造を入れることができる．Manin による可換 Moufang ループとよばれるものがそれである．

同様にして，$\boldsymbol{P}^4$ 内の3次元3次多様体を考え ρ をつくると，双有理変換群の立場から極めて興味のある1例を得るが，ここではふれることができない．

§3.4　有限生成の次数環

a)　さて，φ が全射ならば，$G(\varphi)=\mathrm{Proj}\, B$ となっている．このような例をつくってみる．

R 次数環 A が，つぎの条件を満たすとしよう．

(i)′　$A_0 = R$　(または (i)″ A_0 は R 上有限生成加群)，

(ii)′　A_1 は R 加群として有限生成，

(iii)′　$n > 0$ に対し　$A_n \cdot A_1 = A_{n+1}$．

このとき，A は R 上有限生成の次数環とよぶ．(ii)′ によると，$\alpha_0, \alpha_1, \cdots, \alpha_n \in A_1$ があって，$A_1 = R\alpha_0 + R\alpha_1 + \cdots + R\alpha_n$．(iii)′ を用いると，$A_d$ は $\alpha_0, \alpha_1, \cdots, \alpha_n$ につき，d 次の斉次多項式として書かれることがわかる．すなわち

$$S = R[X_0, X_1, \cdots, X_n]$$

とおき，

$$\begin{array}{ccc} S & \longrightarrow & A \\ \Cup & & \Cup \\ X_i & \longmapsto & \alpha_i \end{array}$$

により R 環準同型 Ψ をつくると，次数を保ち，かつ全射である．したがって

$$^a\Psi\colon \operatorname{Proj} A \hookrightarrow \operatorname{Proj} S = \boldsymbol{P}_R{}^n.$$

$^a\Psi$ が 1 対 1 であることは，Spec A の水準で正当だから明らかであろう．かくして，Proj A は $\boldsymbol{P}_R{}^n$ の閉部分集合となった．A_0 加群 A_1 の生成元のとり方をかえると，いろいろな射影空間に埋入される．そのされ方をも指定して考察することは，射影幾何の立場と考えられる．代数幾何の立場，すなわち，スキームとして Proj A を論ずるとき，普通は一つでも埋め込みのあることを知っていればよい．

b)　以下では，見通しよく論ずるため，次数環は R 上有限生成の次数環のみ考える．記号の便宜上 n を r と書く．

$\mathfrak{p} \in \operatorname{Proj} A$ をとると，$\mathfrak{p} \not\supset A_+$ だから或る斉次元 $\alpha \in A_d$ があって $\alpha \notin \mathfrak{p}$．すなわち，$D_+(\alpha) \ni \mathfrak{p}$．$\alpha = \sum a_I \alpha_0{}^{i_0} \cdots \alpha_r{}^{i_r}$ $(I = (i_0, \cdots, i_r),\ \sum i_j = d)$ と書かれるから，或る α_i があって $\mathfrak{p} \in D_+(\alpha_i)$．すなわち，

$$\operatorname{Proj} A = D_+(\alpha_0) \cup \cdots \cup D_+(\alpha_r).$$

さて，$D_+(\alpha_i)$ はアフィン・スキームの台空間と同相になる．もう少し一般に斉 d 次元 α をとり，A_α を $\{\alpha^n\}$ による局所化としよう．次数環の添字と混乱しないため $A_\alpha = A[1/\alpha]$ と書くことにする．$A[1/\alpha]$ は負の添数をも許した次数環である：$(A[1/\alpha])_p = \sum_{m \geq 0} A_{p+dm} \cdot 1/\alpha^m$．$A_{[\alpha]} = (A[1/\alpha])_0$ と書く．

$\mathfrak{p} \in D_+(\alpha)$ をとるとき，$\mathfrak{p}A[1/\alpha]$ は斉次素イデアル．そこで $\mathfrak{p}' = A_{[\alpha]} \cap \mathfrak{p}A[1/\alpha]$

として Spec $A_{[\alpha]}$ の元がきまるので，$\mathfrak{p}'=\psi_\alpha(\mathfrak{p})$ と書こう．

補題 3.1　$\psi_\alpha : D_+(\alpha) \to \mathrm{Spec}\, A_{[\alpha]}$ は同相写像である．

証明　(i) 連続性．$b \in A_{nd}$ をとると，

$$b/\alpha^n \in \psi_\alpha(\mathfrak{p}) \Longleftrightarrow b \in \mathfrak{p}.$$

これを書きかえ，

$$\psi_\alpha{}^{-1} D(b/\alpha^n) = D_+(b) \cap D_+(\alpha),$$

すなわち連続．

(ii) 1対1なること．$\mathfrak{p}_1 \neq \mathfrak{p}_2 \in D_+(\alpha)$ をとる．$\mathfrak{p}_2$ に入らぬ斉次元 $b \in \mathfrak{p}_1 \cap A_n$ があるから，$b^d/\alpha^n \in \psi_\alpha(\mathfrak{p}_1) - \psi_\alpha(\mathfrak{p}_2)$．

(iii) 全射．$\mathfrak{p}' \in \mathrm{Spec}\, A_{[\alpha]}$ とすると，$\psi_\alpha \mathfrak{p} = \mathfrak{p}'$ となるには，その n 次部分は

$$\mathfrak{p}_n = \{b \in A_n \,;\, b^d/\alpha^n \in \mathfrak{p}'\}$$

とならねばならない．そこで $\mathfrak{p}_n$ を上式で定義すると，$b \in A_n$, $c \in A_m$, $bc \in \mathfrak{p}_{n+m}$ のとき $(bc)^d/\alpha^{n+m} \in \mathfrak{p}'$ だから，$b \in \mathfrak{p}_n$ または $c \in \mathfrak{p}_m$．よって $\bigoplus \mathfrak{p}_n = \mathfrak{p}$ は素イデアルになる．$\mathfrak{p}$ は斉次かつ $\not\supset A_+$．

(iv) $\psi_\alpha{}^{-1}$ の連続性は容易だから略す．∎

c) 射影スキーム ϕ　さて，環 A に対して，Spec $A=\phi \Longleftrightarrow A=0$ が成り立っていた．有限性の条件 §3.4 (i)′, (ii)′, (iii)′ のついた次数環 A に対して Proj $A=\phi$ としてみよう．

補題3.1により，$A_{[\alpha_0]}=\cdots=A_{[\alpha_n]}=0$．$A_{[\alpha]}=0$ ならば $N \gg 0$ をとると，$\alpha^N\alpha_0=\cdots=\alpha^N\alpha_n=0$ になる．$\alpha=\alpha_0, \cdots, \alpha_n$ について共通の N をとるとき，$m>0$ に対し $A_{(d+1)N+m}=0$．だから，$d \gg 0$ にとると $A_d=0$．逆にこうならば，$a \in A_+$ に対し $a^n=0$ だから，素イデアルは A_+ を含んでしまう．まとめて，

$$\mathrm{Proj}\, A = \phi \Longleftrightarrow \text{或る } n_0 > 0 \text{ があり，} d > n_0 \text{ ならば } A_d = 0.$$

§3.5　貼り合せ，射影スキームの構成

$\alpha \in A_d$, $\beta \in A_e$ につき，自然に

$$\varphi_{\alpha,\beta} : A_{[\alpha\beta]} \simeq A_{[\alpha]}\left[\frac{\alpha^e}{\beta^d}\right].$$

$$\frac{c}{(\alpha\beta)^n} \longmapsto \frac{c\beta^{dy-n}}{\alpha^{n+ey}}\left(\frac{\alpha^e}{\beta^d}\right)^y,$$

$y \gg 0$ にとり，$dy > n$ にしておくと，どんな $y \in \boldsymbol{N}$ でも関係なく $\varphi_{\alpha,\beta}$ は定義される．同様にして，自然に

$$A_{[\alpha\beta]} = A_{[\beta\alpha]} \simeq A_{[\beta]}\left[\frac{\beta^d}{\alpha^e}\right].$$

それ故，位相空間 Proj A の上に環の層 $\mathcal{O}_X$ を，つぎの条件を満たすように導入できる：

$$\eta_\alpha : \mathcal{O}_X \,|\, D_+(\alpha) \simeq \tilde{A}_{[\alpha]}.$$

さて，各 $\alpha \in A_d$ について Proj $A = \bigcup D_+(\alpha)$ と開被覆ができるので，これに呼応して，$X_\alpha = \mathrm{Spec}\, A_{[\alpha]}$ とおき，$\alpha \in A_d, \beta \in A_e$ については $X_\alpha \supset X_{\alpha\beta} = D(\beta^d/\alpha^e)$ と $X_{\alpha\beta}$ を定義する．スキームとしての同型 $\xi_{\alpha\beta} : D(\beta^d/\alpha^e) \simeq \mathrm{Spec}\, A_{[\alpha\beta]}$ を利用して，$\eta_{\alpha\beta} = \xi_{\beta\alpha}{}^{-1} \cdot \xi_{\alpha\beta}$ とおくと，$\eta_{\alpha\alpha} = \mathrm{id}$，$\eta_{\alpha\beta}\eta_{\beta\alpha} = \mathrm{id}$，そして $\eta_{\alpha\beta}\eta_{\beta\gamma} = \eta_{\alpha\gamma}$ を満たす．したがって，$\{X_\alpha\}$ が貼り合さって(§1.19)，スキーム X を定義する．X は定義から Proj A と同相であり，位相空間を同一視すると，$D_+(\alpha)$ 上で同型 η_α を得ることになる．

A が有限生成の条件を満たしているとき，Proj $A = D_+(\alpha_0) \cup \cdots \cup D_+(\alpha_r)$ であり，有限個のアフィン・スキーム Spec $A_{[\alpha_j]}$ が貼り合さったものにすぎない．各 $A_{[\alpha_j]}$ は，0 次の成分だから，いわゆる射影空間の非同次座標に対応するわけである．(Proj A, $\mathcal{O}_{\mathrm{Proj}\, A}$) を A の定める**射影スキーム**とよぶ．Proj A と略記もする．A は $R(=A_0)$ 多元環でもあるので，正則写像 $D_+(\alpha) \to \mathrm{Spec}\, R$ が貼り合さり，正則写像 Proj $A \to \mathrm{Spec}\, R$ を得るので，R 射影スキームとよぶこともある．

§3.6 分離性など

射影スキームは非常によい性質をもつ．

(i) Proj A は $\boldsymbol{Z}$ 上分離的，だから R 上分離的，

(ii) A のベキ零根基 $\sqrt{0}$ をとり $(\sqrt{0})_+ = A_+ \cap \sqrt{0}$ とおくと，$\sqrt{0}, (\sqrt{0})_+$ は斉次イデアルで

$$\mathrm{Proj}\,(A/(\sqrt{0})_+) = (\mathrm{Proj}\, A)_{\mathrm{red}}.$$

[証明] (i) $X = \mathrm{Proj}\, A = \bigcup D_+(\alpha_i)$ だから，

$$\Delta_X(X) = \bigcup_\alpha \Delta_X(D_+(\alpha)) \subset \bigcup D_+(\alpha) \times_{\boldsymbol{Z}} D_+(\beta).$$

そこで,

$$A_{(\alpha)}\otimes_{\boldsymbol{Z}}A_{(\beta)}\longrightarrow A_{(\alpha\beta)}$$

は全射だから, 閉埋入 $j_{\alpha\beta}: D_+(\alpha\beta)\hookrightarrow D_+(\alpha)\times D_+(\beta)$ を得る. $j_{\alpha\beta}D_+(\alpha\beta)=\varDelta_X(D_+(\alpha\beta))$ だから, $\bigcup_{\alpha\beta}\varDelta_X(D_+(\alpha\beta))=\varDelta(X)$ は $X\times_{\boldsymbol{Z}}X$ への閉埋入になる.

(ii) $\alpha\in A_d$ をとり $\bar{A}=A/(\sqrt{0})_+$ への像を $\bar{\alpha}$ で示す. $\bar{A}_{(\bar{\alpha})}\ni\bar{x}/\bar{\alpha}^m$ がベキ零元としよう. すると $x^l\alpha^{m'}\in(\sqrt{0})_+$. よって $x^{pl}\alpha^{pm'}=0$, すなわち $\bar{x}/\bar{\alpha}^m=0$. したがって, $\operatorname{Spec}\bar{A}_{(\bar{\alpha})}$ は被約. また, $x/\alpha^m\in\operatorname{Ker}(A_{(\alpha)}\to\bar{A}_{(\bar{\alpha})})$ をとると, $x\alpha^p\in(\sqrt{0})_+$ となり, $x^l=0$ が, $A_{(\alpha)}$ で成り立つ. ▮

§3.7 閉部分スキーム

つづいてつぎの性質を示そう.

(iii) $\operatorname{Proj}A$ の R 閉部分スキーム Y は, 或る R 斉次イデアル $\widehat{\mathfrak{A}}$ により $\operatorname{Proj}(A/\widehat{\mathfrak{A}})$ として表される. すなわち, Y も R 射影スキームである.

[証明] 斉次元 α により $\operatorname{Proj}A=\bigcup D_+(\alpha)$ とアフィン・スキームで表す. $Y\cap D_+(\alpha)=V(\mathfrak{a}(\alpha))$ となる $A_{(\alpha)}$ のイデアル $\mathfrak{a}(\alpha)$ がある. さらに, $\alpha\in A_d$, $\beta\in A_e$ ならば, $\mathfrak{a}(\alpha)A_{(\alpha)}[\beta^d/\alpha^e]\simeq\mathfrak{a}(e)A_{(\beta)}[\beta^d/\alpha^e]$ が $Y\cap D_+(\alpha\beta)$ を定める. それ故 $\widehat{\mathfrak{A}}=\sum\psi_\alpha{}^{-1}\mathfrak{a}(\alpha)$ と A のイデアルを定義するとき $V_+(\widehat{\mathfrak{A}})\cap D_+(\alpha)=Y\cap D_+(\alpha)$ が各 α について成り立つから $V_+(\widehat{\mathfrak{A}})=Y$. いうまでもなく, スキームとして,

$$Y\simeq\operatorname{Proj}(A/\widehat{\mathfrak{A}}).$$ ▮

(iv) R 次数環 A, R 多元環 R' に対して, R' 次数環 $A'=A\otimes_R R'=\bigoplus A_n\otimes_R R'$ を考える. このとき,

$$\operatorname{Proj}A'=\operatorname{Proj}(A\otimes_R R')=(\operatorname{Proj}A)\otimes_R R'.$$

[証明] 右辺は $\operatorname{Proj}A\to\operatorname{Spec}R$ と $\operatorname{Spec}R'\to\operatorname{Spec}R$ とのファイバー積の略記であったことを思いだしておく. さて, 射影 $\varphi: A\to A'=A\otimes_R R'$ を自然に $\alpha\mapsto\alpha\otimes1$ で定義すると, $G(\varphi)=\operatorname{Proj}A'$. それ故, $\operatorname{Proj}A'\to\operatorname{Proj}A$ が定まり, $\operatorname{Proj}A'\to\operatorname{Spec}R'$ とあわせて考えると,

$$\Phi:\operatorname{Proj}A'\longrightarrow(\operatorname{Proj}A)\otimes_R R'$$

を得る. そして $D_+(\alpha)\otimes_R R'=D_+(\alpha')$ $(\alpha'=\alpha\otimes1\in A_d')$ 上で, 環の同型

$$A'_{(\alpha')}\simeq A_{(\alpha)}\otimes_R R'$$

に注意すると, Φ が同型になることがわかる. ▮

(v) さて，R 次数環 A が有限生成の条件を満たすとき，射影 $\varphi: \mathrm{Proj}\, A \to \mathrm{Spec}\, R$ を考える．このとき，

$$Z = \{\mathfrak{p} \in \mathrm{Spec}\, R\,;\, \varphi^{-1}(\mathfrak{p}) \neq \phi\} = \varphi(\mathrm{Proj}\, A)$$

は閉集合．

[証明] $\varphi^{-1}(\mathfrak{p}) = \mathrm{Proj}\, A \otimes R(\mathfrak{p}) = \phi$ としよう．§3.4, c)により $N \gg 0$ をとると，$A_N \otimes R(\mathfrak{p}) = 0$．さて $A_N \otimes R_{\mathfrak{p}}$ は $R_{\mathfrak{p}}$ 加群として有限生成だから，中山の補題より $A_N \otimes R_{\mathfrak{p}} = 0$．だから $u \notin \mathfrak{p}$ があり $uA_N = 0$．そこで $I_N = 0 : A_N \subset R$ を考えると，$I_N \subset I_{N+1} \subset \cdots$．よって $I = \bigcup_{N \geq 1} I_N$ として，R のイデアルができる．すると，$u \in I$．かくして，$\mathfrak{p} \not\supset I$，いいかえると，$\mathfrak{p} \in D(I)$．逆に，$\mathfrak{p} \in D(I)$ ならば $u \notin \mathfrak{p}$，となる $u \in I$ がある．それ故，或る N があって，$u \in I_N$，いいかえると，$uA_N = 0$．かくして，$\mathrm{Proj}(A \otimes R_{\mathfrak{p}}) = \phi$，すなわち，$\varphi^{-1}(\mathfrak{p}) = \phi$．よって $Z = V(I)$．∎

§3.8 射影的正則写像

a) さて，スキーム X, Y の間の正則写像 $f: X \to Y$ が射影的になることを定義しよう．Y の或るアフィン被覆 $Y = \bigcup Y_i$，$Y_i \cong \mathrm{Spec}\, R_i$ をとると，$f^{-1}Y_i = \mathrm{Proj}\, A_i$ (A_i は，R_i 次数環，かつ，有限生成条件§3.4 (i)′, (ii)′, (iii)′ を満たす) と書けるとき，f を**射影的正則写像**という．このとき，任意のアフィン開集合 $U = \mathrm{Spec}\, R$ について $f^{-1}U$ は R 上の射影スキームといえず，具合が悪い．

第7章で射影的正則写像を導入する．さて，(i)により，

(vi) 射影的正則写像は分離的である．

また，有限生成になることは仮定されている．§3.7の(iii)によると，閉埋入は，射影的正則であり，§3.7の(iv)によると，基底変換で保たれることがわかる．されど，射影的正則写像の合成が射影的正則であることは確かめられない．§3.7の(v)のいいかえにより，つぎの定理が得られる．

定理 3.1 射影的正則写像 f は固有的である．

証明 f が絶対的に閉写像であればよい．射影的は，基底変換で保たれるから，f が閉写像であればよい．そこで，Y をアフィン・スキーム $\mathrm{Spec}\, R$ にできる．すると，$f: X \to \mathrm{Spec}\, R$ は有限性の条件から，R 上で $X \hookrightarrow \boldsymbol{P}_R{}^n$ と，閉埋入になる．それ故に $\boldsymbol{P}_R{}^n \to \mathrm{Spec}\, R$ が閉写像であることをいおう．$\boldsymbol{P}_R{}^n$ の閉集合 Y は $Y = V_+(\hat{\mathfrak{A}})$ と，斉次イデアル $\hat{\mathfrak{A}}$ で書かれるから $Y = \mathrm{Proj}(R[X_0, \cdots, X_n]/\hat{\mathfrak{A}})$ である．

$A=R[X_0, \cdots, X_n]/\widehat{\mathfrak{A}}$ と書くと，§3.7の(v)により，Proj $A=Y$ の Spec R への像は閉集合，がわかる．▮

かくして，証明は鮮やかに完結したが，この古典的いいかえは注目に値する．

定理 3.1′(定理3.1のいいかえ)　k を代数的閉体とし，多項式を係数にする T の斉次多項式の組 $F_1(x, T), \cdots, F_r(x, T) \in k[x_1, \cdots, x_n][T_0, \cdots, T_m]$ をとる．

(☆)　$$F_1(x, T)=\cdots=F_r(x, T)=0$$

なる方程式系から T を消去すると，

(☆☆)　$$f_1(x)=\cdots=f_s(x)=0$$

を得る．逆に，k が代数閉体のとき，(☆☆)を満たす点 x をとると，或る $T \in k^{m+1}$ が存在し(☆)を満たす．——

T の斉次式であることは本質的である．たとえば，

例 3.5　$$x-T_1T_2=0, \quad y-T_2=0$$

を考えると，$a \neq 0$ のとき，$(a, 0) \in k^2$ にのる点$(T_1, T_2, x, y) \in k^4$ は存在しない．しかし，T_1, T_2 を消去すると，x, y についての関係は自明なものしかありえない．斉次化して，

$$T_0{}^2x-T_1T_2=0, \quad T_0y-T_2=0$$

を方程式系と考えるならば，$T_0=0,\ T_1=\alpha,\ T_2=0,\ x=a,\ y=0$ で決定される点は，$(a, 0)$ にうつる．

定理 3.1′ の証明　$R=k[x_1, \cdots, x_n]$ とおく．$A=R[T_0, \cdots, T_m]$ を R 次数環とみて，斉次イデアル $\mathfrak{A}=(F_1, \cdots, F_r)$ を定め，

$$V_+(\mathfrak{A}) \subset \boldsymbol{P}_R{}^m$$

と閉集合 $V_+(\mathfrak{A})$ を考える．$\pi: \boldsymbol{P}_R{}^m \to \mathrm{Spec}\, R$ と射影を表すと，$\pi V_+(\mathfrak{A})$ は閉集合だから，イデアル $I \subset R$ により $\pi V_+(\mathfrak{A})=V(I)$ と書かれる．R は Noether 環だから，I には有限個の生成元$(f_1, \cdots, f_s)$がある．さて，k が代数閉体のとき，$V(I)$ の極大イデアルは$(X_1-x_1, \cdots, X_n-x_n)$と，$x_j \in k$ により表されるから，証明が完了する．▮

これは，**消去法**ともいわれ，古典代数幾何で基礎的なものの一つであるが，射影スキームの完備性，多項式環の Noether 性，それに Hilbert の零点定理が，混在しているともみれるので，基礎的原点と考えるには不適切であろう．

b)　射影的正則写像 f_1, f_2 の積はやはり射影的であるとのべたが，この特殊な

場合でしかももっとも重要な場合は，射影空間である．すなわち“重射影空間が，やはり射影空間の閉部分多様体になる”という主張で，普通の証明は Segre の方法による．Segre の正則写像は次式で定義される：

$$\zeta : \boldsymbol{P}^n \times \boldsymbol{P}^m \longrightarrow \boldsymbol{P}^{(n+1)(m+1)-1}$$

$$\{(x_0 : \cdots : x_n), (y_0 : \cdots : y_m)\} \longmapsto \{(x_0 y_0 : \cdots : x_0 y_m : x_1 y_0 : \cdots : x_1 y_m : \cdots : x_n y_0 : \cdots : x_n y_m)\}.$$

これをスキーム論的にわざわざみるに及ばない．右の大きな次元の射影空間の超平面の式を

$$\lambda_0 z_0 + \lambda_1 z_1 + \cdots + \lambda_N z_N = 0, \qquad N+1 = (n+1)(m+1)$$

と書く．ζ でひき戻すと

$$x_0(\lambda_0 y_0 + \cdots + \lambda_m y_m) + x_1(\lambda_{m+1} y_0 + \cdots + \lambda_{2m+2} y_m) + \cdots = 0.$$

$\boldsymbol{P}^n$ の超平面を H_n，$\boldsymbol{P}^m$ の超平面を H_m，$\boldsymbol{P}^N$ の超平面を H_N とすると，

$$V_+(\lambda_0 y_0 + \cdots + \lambda_m y_m) \sim V_+(\lambda_{m+1} y_0 + \cdots + \lambda_{2m+2} y_m) \sim \cdots \sim H_m$$

だから，

$$\zeta^*(H_N) \sim \boldsymbol{P}^n \times H_m + H_n \times \boldsymbol{P}^m.$$

ζ は閉埋入になることは式から直ちにチェックされる．n, m の小さい時も興味がある．

$$\zeta : \boldsymbol{P}^1 \times \boldsymbol{P}^1 \longrightarrow \zeta(\boldsymbol{P}^1 \times \boldsymbol{P}^1) \subset \boldsymbol{P}^3.$$

$\zeta(\boldsymbol{P}^1 \times \boldsymbol{P}^1)$ は $\boldsymbol{P}^3$ の 2 次曲面である．2 次曲面論にでてくる 2 組の母線系は $\{\zeta(t \times \boldsymbol{P}^1)\}_{t \in \boldsymbol{P}^1}$，$\{\zeta(\boldsymbol{P}^1 \times t)\}_{t \in \boldsymbol{P}^1}$ として得られる．ただし，3 次元以上の 2 次超曲面はこのように分解できない．

$\zeta(\boldsymbol{P}^n \times \boldsymbol{P}^m)$ の $\boldsymbol{P}^N$ 内での次数(degree)は $(n+m)!/n! \cdot m!$ である(第 8 章)．これによると，

$$\zeta(\boldsymbol{P}^1 \times \boldsymbol{P}^2) \subset \boldsymbol{P}^5 \quad \text{は} \quad 3 \text{次},$$

$$\zeta(\boldsymbol{P}^1 \times \boldsymbol{P}^3) \subset \boldsymbol{P}^7 \quad \text{は} \quad 4 \text{次},$$

とおのおのなり，射影幾何で重要な例となっている．

§3.9 Chow の補題

a) つぎを **Chow の補題**といい，完備スキームと射影スキームの関連を明らかにした重要なものである．

定理 3.2　X を体 k 上代数的完備スキームとする．すると，k 上代数的射影スキーム X' と双有理正則写像 $f: X'\to X$ とが存在する．

証明　概略をのべる．X を有限個のアフィン開部分スキーム $U_1, \cdots, U_m$ で被覆する．k 上代数的アフィン・スキーム U_i は，定義により，或るアフィン空間 $\boldsymbol{A}^N$ の閉部分スキームである．そこで $U_i \subset \boldsymbol{A}^N \subset \boldsymbol{P}^N$ と $\boldsymbol{A}^N$ に $N-1$ 次元の平面をつけ加えて $\boldsymbol{P}^N$ をつくり，U_i の $\boldsymbol{P}^N$ 内での閉包を P_i とする．P_i は k 上の射影スキームである．$U=U_1\cap\cdots\cap U_m$ とし，$U\hookrightarrow U_i$ の対角写像により $U\subset U_1\times\cdots\times U_m$ を得る．$U_i\subset P_i$ の積：$U_1\times\cdots\times U_m\subset P_1\times\cdots\times P_m=P$ を考える．いままでの埋入 $U\subset U_1\times\cdots\times U_m\subset P$ を合成して $\varphi: U\hookrightarrow P$ と書くと，グラフ $\Gamma_\varphi\subset U\times P$ を得る．$U\times P$ を $X\times P$ にひろげて，Γ_φ の $X\times P$ 内での閉包を X' とおき，射影と合成して，$f: X'\hookrightarrow X\times P\to X$, $g: X'\hookrightarrow X\times P\to P$ を定義する(図式 3.1(a))．

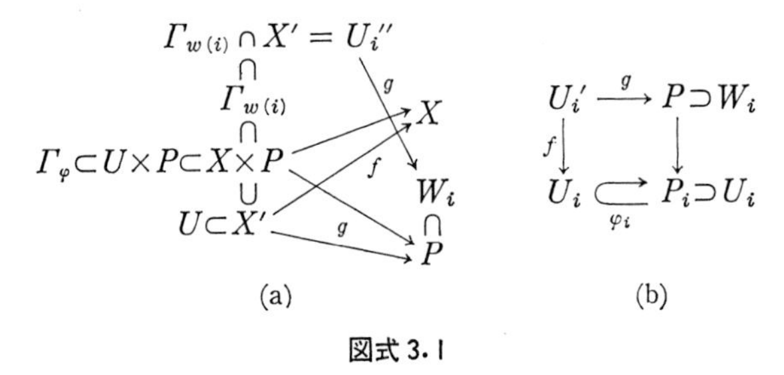

図式 3.1

$P\to\operatorname{Spec} k$ は射影的だから固有的，よって f も固有的である．したがって $fX'=X$．さて g は閉埋入になることを証明しよう．$P=P_1\times\cdots\times P_m$ のうち P_i のみを U_i におきかえ W_i とおく：$W_i=P_1\times\cdots\times U_i\times\cdots\times P_m$．$W_i\to P$ のグラフを $\Gamma_{w(i)}$ と書くと，P は k 上分離的だから，$\Gamma_{w(i)}\hookrightarrow X\times P$ は閉埋入．そして $\Gamma_{w(i)}\to P$ は埋入だから，$g|X'\cap\Gamma_{w(i)}: X'\cap\Gamma_{w(i)}\to W_i$ は閉埋入である．さて，$X'\cap\Gamma_{w(i)}=g^{-1}(W_i)\,(1\leqq i\leqq m)$ は X' の開被覆になる．なぜならば，$(U_i\times P)\cap X'=U_i'=f^{-1}(U_i)$ であって可換図式 3.1(b) をえる．$f(U_i')\subset U_i$ より，$U_i'\subset g^{-1}(W_i)$．一方，$\bigcup U_i'=\bigcup f^{-1}(U_i)=f^{-1}(X)=X'$ だからである．

したがって X' は射影スキームになり，$f|U$ は同型だから，f は固有双有理(射影的でもある)．∎

さらに，X が代数多様体ならば，X' もそう．X が正規であれば，X' の正規化をあらためて X' と書いて，やはり射影的正規な X' を得る．

b） 射影的でない完備代数多様体は永田によって構成されている．X が射影的ならば，有限個の閉点 $p_1, \cdots, p_m$ に対して，これらを通らない X の超平面切断 H がとれる(図3.3)．$X-H$ はアフィン開集合である．このことを念頭において，或る完備曲面 X(正規ではあっても，非特異ではないが)を構成し，その特定の2点 p, q がつぎの条件を満たすようにする：p, q を同時に含むアフィン開集合は存在しない．すると，X は射影曲面でない．

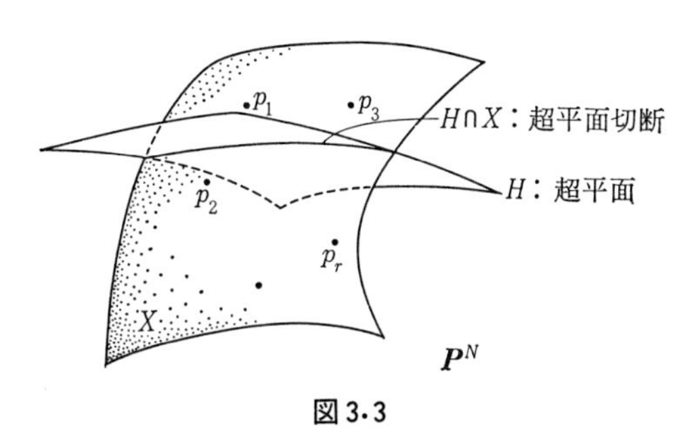

図3·3

c） Chow の補題を用いて，定理2.13の証明を完結させよう．X を完備代数多様体とし，$f: V \to X$ を有理写像とする．V が正規のとき $\operatorname{codim}(V-\operatorname{dom}(f), X) \geqq 2$ をいう．Chow の補題により，射影代数多様体 X' と双有理正則写像 μ: $X' \to X$ とがある．$f_1 = \mu^{-1} \cdot f$: $V \to X'$ は有理写像で X' は射影的だから，$\operatorname{codim}(V-\operatorname{dom}(f_1)) \geqq 2$．さて，$\operatorname{dom}(f) \supset \operatorname{dom}(f_1)$ によって $\operatorname{codim}(V-\operatorname{dom}(f)) \geqq \operatorname{codim}(V-\operatorname{dom}(f_1)) \geqq 2$.

問　　題

1 $\boldsymbol{P}^3$ の座標を $x:y:z:w$ とする．

$$y^3-xyz-yzw+xw^2 = yw-z^2 = 0$$

で定義された曲線は $\boldsymbol{P}^1$ であり，次数3であることを示せ．ことばをかえると，イデアル

$$(y^3-xyz-yzw+xw^2,\ \ yw-z^2)$$

は素ではなく，そのベキ零根基が3次曲線 (twisted cubic) を定義する．

2 V, W をアフィン代数多様体とする．$f: V \to W$ を正則写像とするとき，

$$f(V) = (U_1 \cap F_1) \cup (U_2 \cap F_2) \cup \cdots \cup (U_r \cap F_r)$$

となる開集合 $U_1, \cdots, U_r$，閉集合 $F_1, \cdots, F_r$ の存在を示せ．

右辺のように書ける集合を**構造集合** (constructible set) という．

[ヒント] $\dim V$ についての帰納法. アフィン多様体を射影多様体に開部分集合として入れて, 定理3.1を用いる.

3 $\boldsymbol{P}^n$ の超曲面 V が, m 次既約斉次多項式 $F(X_0, \cdots, X_n)$ により定義されているとき,

$$\mathrm{Sing}\, V = V_+(\partial F/\partial X_0, \cdots, \partial F/\partial X_n).$$

ただし, $V_+(\mathfrak{a})$ は, 斉次イデアルで定義される $\boldsymbol{P}^n$ の閉スキームをさす.

4 $\boldsymbol{P}^n$ 内の代数曲線を C とする. C がどのような $\boldsymbol{P}^n$ の超平面にもふくまれないとき, C の次数を $\deg C$ で示せば,

$$\deg C \geqq n$$

となることを示し, $\deg C = n$ ならば, C は非特異で $\boldsymbol{P}^1$ と同型になることを証明せよ.

5 上の事実を, $\boldsymbol{P}^n$ 内の代数多様体 V に, 一般化せよ. 答は,

$$\deg V \geqq n+1-\dim V.$$

6 コンパクト複素多様体 M がつぎの性質をもつとする. M 上の任意の余次元1の部分多様体は, 或る特定の点を必ずふくむ. このとき, M は代数的でありえない.

7 アフィン平面曲線の漸近線を射影代数曲線の立場からみて定義せよ.

第4章　層のコホモロジー

§4.1　コホモロジー論心がまえ

層のコホモロジー論は，基礎から論ずることのまことに不適当なものといってよい．使い慣れてしまえば，基礎づけに必要であった，もろもろのルーチンかつ形式的な議論は一切いらない．コホモロジー論を積極的に使う立場からすると，まず使用法をのみこみ，そのままつっ走るのが一番よいのである．自動車の使用には，道交法と運転技術と，社会道徳をまもる心構えがあればよく，自動車の製造工程の知識が不用なのと同等のことであろう．自動車とは何かくらいは，一応知っておく必要があるのは事実で，それにならい，コホモロジーの定義だけは，はっきりのべよう．

§4.2　単射的層

$X=(X,\mathcal{O}_X)$ を環空間とし，$\mathcal{F},\mathcal{G},\mathcal{H},\cdots$ を $\mathcal{O}_X$ 加群の層とする．さて，或る $\mathcal{O}_X$ 加群の層 $\mathcal{I}$ は，任意の完全系列

$$0\longrightarrow\mathcal{F}\longrightarrow\mathcal{G}$$

に対して，つねに，

$$\mathrm{Hom}_{\mathcal{O}_X}(\mathcal{G},\mathcal{I})\longrightarrow\mathrm{Hom}_{\mathcal{O}_X}(\mathcal{F},\mathcal{I})\longrightarrow 0\quad(\text{完全})$$

になるとき，**単射的層** (injective sheaf) とよばれる．環 A の加群でも類似に A 単射加群が論じられたことを思い出してもよいし，あるいは直接 $X=\mathrm{Spec}\,A$, $\mathcal{F}=\tilde{M},\cdots$ とすると，A 加群 I は $\tilde{I}$ が単射的ならば，無論 I も A 加群として単射的になっていることに注意してもよい．

補題 4.1　$\mathcal{O}_X$ 加群の層 $\mathcal{F}$ は単射的加群の層に延長できる．

証明　$\mathcal{F}_x$ を $\mathcal{O}_{X,x}$ 加群とみて，その単射的加群の延長を一つとり I_x と書き，開集合 U に対して

$$\mathcal{I}(U)=\prod_{x\in U}I_x$$

とおく．$\mathcal{I}$ は $\mathcal{O}_X$ 加群の層になる．さらに任意の $\mathcal{G}$ について

$$F:\mathrm{Hom}_{\mathcal{O}_X}(\mathcal{G},\mathcal{I})\simeq\prod_{x\in X}\mathrm{Hom}_{\mathcal{O}_{X,x}}(\mathcal{G}_x, I_x)$$

となる．実際，$x\in U$ をとると

$$v(U)_x:\mathcal{I}(U)=\prod_{y\in U}I_y\longrightarrow I_x$$

と自然な x 成分への射影を考えて，

$$v(x)=\varinjlim_{v} v(U)_x:\mathcal{I}_x\longrightarrow I_x$$

を得る．よって，

$$\varphi:\mathcal{G}\longrightarrow\mathcal{I}\quad\text{より}\quad\varphi_x:\mathcal{G}_x\longrightarrow\mathcal{I}_x\longrightarrow I_x$$

を得る．そこで $F(\varphi)=(\varphi_x)_{x\in X}$ と F を定義する．F の同型になることをいう．

まず，F は1対1．というのは，$F(\varphi)=0$ とすると，各 x につき，$(\varphi_x:\mathcal{G}_x\to I_x)=0$．だから，或る開集合 U につき

$$\begin{array}{ccl}\varphi_U:\mathcal{G}(U) & \longrightarrow & \mathcal{I}(U)=\prod I_x\\ \quad\ \ \Psi & & \quad\ \Psi\\ \quad\ \ s & \longmapsto & (\cdots,\varphi_x(s_x),\cdots)_{x\in U}.\end{array}$$

よって $\varphi=0$ である．F の全射も容易である．

F の同型によれば，$\mathcal{I}$ が単射的になることは自明であろう．また，$\mathcal{F}_x\subset I_x$ により $\mathcal{F}\subset\mathcal{I}$．▌

§4.3 単射的分解

補題4.1によれば，任意の $\mathcal{F}$ の単射的分解が得られる．$0\to\mathcal{F}\to\mathcal{I}^0$ なる単射的層 $\mathcal{I}^0$ を補題4.1によりつくり，この商層を $\mathcal{F}_1$ として，その或る延長として単射的層 $\mathcal{I}^1$ をつくる．これをくり返すと，

$$\begin{array}{l}0\longrightarrow\mathcal{F}\xrightarrow{i_0}\mathcal{I}^0\xrightarrow{j_0}\mathcal{F}_1\longrightarrow 0\\ \qquad\qquad\qquad 0\longrightarrow\mathcal{F}_1\xrightarrow{i_1}\mathcal{I}^1\xrightarrow{j_1}\mathcal{F}_2\longrightarrow 0\\ \qquad\qquad\qquad\qquad\qquad\qquad 0\longrightarrow\mathcal{F}_2\xrightarrow{i_2}\mathcal{I}^2\\ \qquad\qquad\qquad\cdots\cdots\cdots\cdots\cdots.\end{array}$$

そこで $\delta_0=i_1\cdot j_0$，$\delta_1=i_2\cdot j_1$，… とすると，

$$0\longrightarrow\mathcal{F}\xrightarrow{i_0}\mathcal{I}^0\xrightarrow{\delta_0}\mathcal{I}^1\xrightarrow{\delta_1}\mathcal{I}^2\longrightarrow\cdots \tag{4.1}$$

を得る．この列は完全系列である．実際

$$\operatorname{Ker}\delta_0 = \operatorname{Ker} j_0 = \operatorname{Im} i_0, \quad \operatorname{Ker}\delta_1 = \operatorname{Ker} j_1 = \operatorname{Im} i_1 = \operatorname{Im}\delta_0, \quad \cdots\cdots.$$

(4.1)の列のように，第2項以下が単射的である完全系列を，$\mathscr{F}$ の**単射的分解**という．この $\mathscr{F}$ をはずして，複体 $\mathscr{I}^{\cdot} = (\mathscr{I}^m, \delta_m)_{m=0}^{\infty}$ を得る．

§4.4 基本定理

a) X の開集合 U に対して複体：$\Gamma(\mathscr{I}^{\cdot}, U) = (\Gamma(\mathscr{I}^m, U), \delta_m(U))$ を定義する．そこで $\mathscr{F}$ の U 上の **p 次コホモロジー群**

$$H^p(U, \mathscr{F}) = H^p(\Gamma(\mathscr{I}^{\cdot}, U))$$

を定義すると，これは，$\Gamma(U, \mathscr{O}_X)$ 加群となり，つぎの性質をもつ．

定理 4.1 （I） $H^p(U, \mathscr{F})$ は単射的分解(4.1)によらない．

（II） $\mathscr{O}_X$ 準同型 $u: \mathscr{F} \to \mathscr{G}$ のあるとき，$\Gamma(U, \mathscr{O})$ 準同型 $H^p(u): H^p(U, \mathscr{F}) \to H^p(\mathscr{G})$ が定まり，関手的．すなわち

$$H^p(\mathrm{id}) = \mathrm{id},$$

さらに $v: \mathscr{G} \to \mathscr{H}$ があれば，

$$H^p(v \cdot u) = H^p(v) \cdot H^p(u).$$

（III） 完全系列 $0 \to \mathscr{F} \to \mathscr{G} \to \mathscr{H} \to 0$ の与えられたとき，各 p につき，$\Gamma(U, \mathscr{O})$ 準同型

$$\vartheta_p: H^p(U, \mathscr{H}) \longrightarrow H^{p+1}(U, \mathscr{F})$$

が定まって

$$\xrightarrow{\vartheta_{p-1}} H^p(U, \mathscr{F}) \xrightarrow{H^p(u)} H^p(U, \mathscr{G}) \xrightarrow{H^p(v)} H^p(U, \mathscr{H})$$
$$\xrightarrow{\vartheta_p} H^{p+1}(U, \mathscr{F}) \xrightarrow{H^{p+1}(u)} H^{p+1}(U, \mathscr{G}) \xrightarrow{H^{p+1}(v)} H^{p+1}(U, \mathscr{H})$$
$$\cdots\cdots\cdots\cdots\cdots$$

となる長い完全系列を得る．これを**長完全系列**という．

注意 A 加群と A 準同型との列：$\to K^i \xrightarrow{d^i} K^{i+1} \xrightarrow{d^{i+1}} \cdots$ があるとき，つねに $d^{i+1} \cdot d^i = 0$ を満たすならば，$K^{\cdot} = \{K^i, d^i\}_{i \in \mathbf{Z}}$ を**複体**という．その m 次コホモロジー群 $H^m(K^{\cdot})$ は $\operatorname{Ker} d^m / \operatorname{Im}(d^{m-1})$ で定義される．

b) 証明の代りに説明をつける．まず定義によると，

（i） $H^0(U, \mathscr{F}) = \Gamma(U, \mathscr{F})$.

実際，$\mathscr{F}$ の単射的分解 $0 \to \mathscr{F} \to \mathscr{I}^0 \to \mathscr{I}^1 \to \cdots$ をとり，

$$0 \longrightarrow \Gamma(U, \mathscr{F}) \longrightarrow \Gamma(U, \mathscr{I}^0) \xrightarrow{\delta_0(U)} \Gamma(U, \mathscr{I}^1) \longrightarrow \cdots$$

から $\mathrm{Ker}\,\delta_0(U) = \Gamma(U, \mathscr{F})$. さて，$\mathscr{I}$ を単射的層とすると，

$$0 \longrightarrow \mathscr{I} \xrightarrow{\mathrm{id}} \mathscr{I} \longrightarrow 0 \longrightarrow 0 \longrightarrow \cdots$$

のように，$\mathscr{I}$ の単射的分解がとれるから，$K^0 = \Gamma(U, \mathscr{I})$，$K^1 = K^2 = \cdots = 0$ なる複体のコホモロジー群を計算して直ちに

(ii) $p \geqq 1$ につき $H^p(U, \mathscr{I}) = 0$.

さて，層 $\mathscr{F}$ と，X の開集合 U に対し，前層 F を，$V \subset$ なら $F(V) = \mathscr{F}(V)$，それ以外なら $F(V) = 0$ で定め，$\mathscr{F}_U = {}^aF$，$\mathscr{F}_{X-U} = \mathscr{F}/\mathscr{F}_U$ とおくと完全系列を得る：

$$0 \longrightarrow \mathscr{F}_U \longrightarrow \mathscr{F} \longrightarrow \mathscr{F}_{X-U} \longrightarrow 0.$$

$\mathscr{I}$ を単射的とすると，定義より

$$0 \longrightarrow \mathrm{Hom}_{\mathscr{O}}(\mathscr{F}_{X-U}, \mathscr{I}) \longrightarrow \mathrm{Hom}_{\mathscr{O}}(\mathscr{F}, \mathscr{I})$$
$$\longrightarrow \mathrm{Hom}_{\mathscr{O}}(\mathscr{F}_U, \mathscr{I}) \longrightarrow 0 \quad (\text{完全}).$$

そこで $\mathscr{F} = \mathscr{O}_X$ とすると，$\mathrm{Hom}_{\mathscr{O}}(\mathscr{O}, \mathscr{I}) = \Gamma(X, \mathscr{I})$，… より

$$\Gamma(X, \mathscr{I}) \longrightarrow \Gamma(U, \mathscr{I}) \longrightarrow 0 \quad (\text{完全}).$$

§4.5　軟　弱　層

a)　そこで，$\mathscr{O}_X$ 加群の層 $\mathscr{L}$ が**軟弱**(flabby，フランス語では flasque)を，“任意の開集合 U につき，

$$\Gamma(X, \mathscr{L}) \longrightarrow \Gamma(U, \mathscr{L}) \longrightarrow 0 \quad (\text{完全})$$

となる”で定義しよう．上記の完全性をことばでいうと，任意の開集合 U 上の $\mathscr{L}$ の切断が，実は X 上の $\mathscr{L}$ の或る切断に延長できることを主張するもので，実に強い主張である．

例 4.1　既約空間 X 上の定数層 Z_X は，軟弱である．定数層 Z_X とは，任意の開集合 $U \neq \phi$ について，$Z_X(U) = Z$ (Z は $\mathscr{O}_X$ の作用する或る加群)となる層 Z_X として定義されるのではない．それでは一般に前層にしかならない．すなわち，定数前層の層化を定数層という．しかし，X が既約であれば，開集合はつねに連結となり，定数前層それ自身層になる．

例 4.2　通常の T_2 空間である実解析多様体の超関数の層 $\mathscr{B}$，マイクロ関数の層 $\mathscr{C}$ は軟弱層で，これは超関数論の基礎となる事実であるが，自然につくられた

層が軟弱になる珍らしい例となっている.

b）切断の延長　さて, $\mathscr{L}'$ を軟弱層とし, $\mathcal{O}$ 加群の層の完全系列

$$0 \longrightarrow \mathscr{L}' \xrightarrow{\alpha} \mathscr{L} \xrightarrow{\beta} \mathscr{L}'' \longrightarrow 0$$

を考える. このとき, 任意の開集合 U について

$$0 \longrightarrow \Gamma(U, \mathscr{L}') \xrightarrow{\alpha(U)} \Gamma(U, \mathscr{L}) \xrightarrow{\beta(U)} \Gamma(U, \mathscr{L}'') \longrightarrow 0 \quad (\text{完全}).$$

なぜならば $s'' \in \Gamma(U, \mathscr{L}'')$ をとると, 各 $x \in U$ について, 近傍 $U_x \subset U$ があり, $s \in \Gamma(U_x, \mathscr{L})$ が存在して, $\beta(U_x)(s) = s'' \mid U_x$. s は x に依存するが, s と U_x の組をとり, 他の $\bar{s}, \bar{U}_x$ に対して, $(s, U_x) \prec (\bar{s}, \bar{U}_x)$ を $U_x \subset \bar{U}_x$, $\bar{s} \mid U_x = s$ により定義してやると, $\{(s, U_x)\}$ は帰納的に順序づけられる. それ故 Zorn の補題により極大元 (s^*, U^*) が存在する.

$U \neq U^*$ と仮定しよう. $y \in U - U^*$ について, 或る近傍 U_y とその上の $\mathscr{L}$ の切断 $s_1 \in \Gamma(U_y, \mathscr{L})$ が存在して $\beta(U_y)(s_1) = s'' \mid U_y$. そこで, $s^* \mid U^* \cap U_y - s_1 \mid U^* \cap U_y \in \Gamma(U^* \cap U_y, \mathscr{L})$ は β によって 0 にうつされるから $\Gamma(U^* \cap U_y, \mathscr{L}')$ の元である. よって, $\mathscr{L}'$ は軟弱だから, $t \in \Gamma(U, \mathscr{L}')$ が存在して, $t \mid U^* \cap U_y = s^* \mid U^* \cap U_y - s_1 \mid U^* \cap U_y$.

それ故 $s_2 = s_1 + t \in \Gamma(U_y, \mathscr{L})$ と $s^* \in \Gamma(U^*, \mathscr{L})$ とは, $U_y \cap U^*$ 上共通の切断を定義するから, §1.9 の層の定義(III)(ii)により, $s_3 \in \Gamma(U_y \cup U^*, \mathscr{L})$ が存在して, $s_3 \mid U_y = s_2$, $s_3 \mid U^* = s^*$. よって $\beta(U_y \cup U^*)(s_3) = s'' \mid U_y \cup U^*$. かくして, (s^*, U^*) の極大性に反する $(s_3, U_y \cup U^*)$ がつくれた.

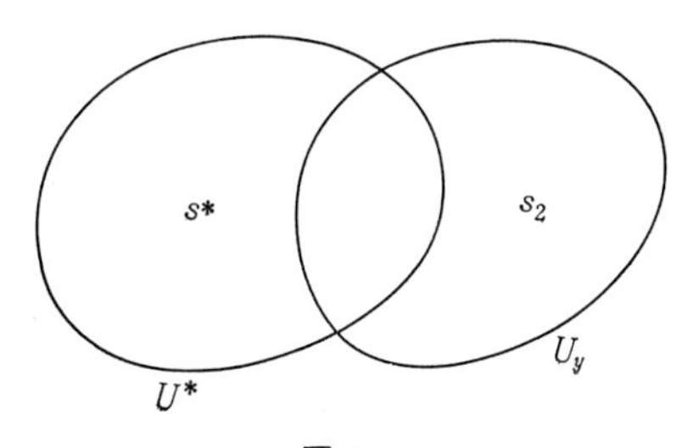

図 4.1

このことより, つぎの補題を得る.

補題 4.2　§4.5, b) の完全系列において

$$\mathscr{L}'' : \text{軟弱} \Longleftrightarrow \mathscr{L} : \text{軟弱}.$$

証明 各開集合 U について，つぎの可換図式4.1

$$\begin{array}{ccccccccc}
0 & \longrightarrow & \Gamma(X,\mathcal{L}') & \longrightarrow & \Gamma(X,\mathcal{L}) & \longrightarrow & \Gamma(X,\mathcal{L}'') & \longrightarrow & 0 \\
 & & \downarrow & & \downarrow & & \downarrow & & \\
0 & \longrightarrow & \Gamma(U,\mathcal{L}') & \longrightarrow & \Gamma(U,\mathcal{L}) & \longrightarrow & \Gamma(U,\mathcal{L}'') & \longrightarrow & 0 \\
 & & \downarrow & & & & & & \\
 & & 0 & & & & & &
\end{array}$$

図式 4.1

ができるから，直ちに確かめられる．∎

§4.6 軟弱層のコホモロジー

さて $\mathcal{L}$ を軟弱とする．そのとき，補題4.1を用いて，単射的層 $\mathcal{I}^0$ をつくり，

$$0 \longrightarrow \mathcal{L} \longrightarrow \mathcal{I}^0 \longrightarrow \mathcal{L}_1 = \mathcal{L}/\mathcal{I}^0 \longrightarrow 0 \quad (\text{完全})$$

をつくると，補題4.2により $\mathcal{L}_1$ も軟弱である．よって，

$$0 \longrightarrow H^0(X,\mathcal{L}) \longrightarrow H^0(X,\mathcal{I}^0) \longrightarrow H^0(X,\mathcal{L}_1)$$
$$\longrightarrow H^1(X,\mathcal{L}) \longrightarrow H^1(X,\mathcal{I}^0) = 0.$$

一方，§4.5, b)により，$H^0(X,\mathcal{I}^0) \to H^0(X,\mathcal{L}_1)$ は全射である．よって軟弱層 $\mathcal{L}$ につき $H^1(X,\mathcal{L})=0$ が証明された．さらに，$\mathcal{L}_1$ は軟弱だから，$H^1(X,\mathcal{L}_1)=0$．よって，長完全系列を書くと

$$H^1(X,\mathcal{L}_1) = 0 \longrightarrow H^2(X,\mathcal{L}) \longrightarrow H^2(X,\mathcal{I}^0) = 0.$$

よって軟弱層 $\mathcal{L}$ につき $H^2(X,\mathcal{L})=0$．したがって $H^2(X,\mathcal{L}_1)=0$．

さらに続けて，つぎの定理が示された．

定理 4.2 $\mathcal{L}$ が軟弱ならば，$p \geqq 1$ に対し

$$H^p(X,\mathcal{L}) = 0.$$

——

このように，或る種の条件下で，コホモロジー群が0になることを主張する定理を一般に，**消失定理**という．

定理4.2の証明における論法を用いて直ちに，つぎの定理を得る．

定理 4.3 $0 \to \mathcal{F} \to \mathcal{G}^0 \to \mathcal{G}^1 \to \mathcal{G}^2 \to \cdots$ なる層の完全系列において，$p \geqq 1$ につき $H^p(X,\mathcal{G}^j)=0$ を満たすとしよう．すると，

$$H^p(X,\mathcal{F}) = H^p(\Gamma(X,\mathcal{G}^{\cdot})).$$

§4.7 Picard 群

X を代数多様体とし，$U \neq \phi$ について $\Gamma(U, \boldsymbol{Z}_X) = \boldsymbol{Z}$ として，環の層 $\boldsymbol{Z}_X$ を定め，$(X, \boldsymbol{Z}_X)$ を環空間と考える．すると，$\mathcal{O}_X{}^*$ はつぎのようにして，$\boldsymbol{Z}_X$ 加群の層とみなせる．すなわち，U 上の切断 $m \in \boldsymbol{Z}_X(U) = \boldsymbol{Z}$，$\alpha \in \Gamma(U, \mathcal{O}_X{}^*)$ について $m \cdot \alpha = \alpha^m$ と・を定めるのである．一方，$R_X{}^* = \widetilde{R(X)} - \{0\}$ とおくとき，X 上の定数層 $\tilde{R}_X{}^*$ ができるが，これも $\boldsymbol{Z}_X$ 加群の層になる．そこで，$\boldsymbol{Z}_X$ 加群の層の完全系列

$$1 \longrightarrow \mathcal{O}_X{}^* \xrightarrow{i} \tilde{R}_X{}^* \xrightarrow{j} \tilde{R}_X{}^*/\mathcal{O}_X{}^* \longrightarrow 1$$

を得る．ここで，$\tilde{R}_X{}^*$ はストークを $R(X)^* = R - \{0\}$ にする定数層なので，軟弱である．よって

$$1 \longrightarrow H^0(X, \mathcal{O}_X{}^*) \xrightarrow{i^*} H^0(X, \tilde{R}_X{}^*) \xrightarrow{j^*} H^0(X, \tilde{R}_X{}^*/\mathcal{O}_X{}^*)$$
$$\xrightarrow{\vartheta} H^1(X, \mathcal{O}_X{}^*) \longrightarrow H^1(X, \tilde{R}_X{}^*) = 0.$$

さて

$$H^0(X, \mathcal{O}_X{}^*) = \{X \text{ のどこでも } 0 \text{ にならぬ正則関数}\},$$
$$H^0(X, \tilde{R}_X{}^*) = R(X)^*, \qquad H^0(X, \tilde{R}_X{}^*/\mathcal{O}_X{}^*) \ni s$$

をとると，各 $x \in X$ につき，

$$s_x \in R(X)^*/\mathcal{O}_{X,x}{}^*.$$

そこで $U_i \ni x$ を選び，代表元 $\alpha_i \in R(X)^*$ をとると

$$\alpha_i \alpha_j{}^{-1} \in \Gamma(U_i \cap U_j, \mathcal{O}_X{}^*).$$

いいかえると，s は，X の適当な開被覆 $\bigcup U_i$ をきめるとき，各 i について $\alpha_i \in R(X)^*$ が定まり，

$$f_{ij} = \alpha_i \alpha_j{}^{-1} \in \Gamma(U_i \cap U_j, \mathcal{O}_X{}^*)$$

となる．そのような $\{(\alpha_i, U_i)\}$ により表される．そこで U_i 上の層 $\alpha_i{}^{-1}\mathcal{O} | U_i$ は，つながって可逆層を定義し，その同型類 $\in H^1(X, \mathcal{O}_X{}^*)$ を定める．さらに，

$$H^0(X, \tilde{R}_X{}^*)/j^*R(X)^* \simeq \check{H}^1(X, \mathcal{O}_X{}^*).$$

それゆえ，自然に Picard 群について次の同型

$$H^1(X, \mathcal{O}_X{}^*) \simeq \check{H}^1(X, \mathcal{O}_X{}^*)$$

を得る．$H^0(X, \tilde{R}_X{}^*/\mathcal{O}_X{}^*)$ の元は Cartier 因子と考えられる．

§4.8　アフィン・スキームのコホモロジー

単射的層による分解を用いて，コホモロジー理論を展開することは，理論的には完璧で美しくもあり，かつ一般化するにもっとも好適なものといえる．しかし，実際の計算，また応用上も，$\check{H}^p$ 的のコホモロジー，すなわち Čech のコホモロジーは便利であり欠かせないものである．

さて，スキームのコホモロジー論でもっとも基礎的な定理をのべる．

定理 4.4 (Serre, Grothendieck)　X をアフィン・スキーム，$\mathscr{F}$ を準連接的 $\mathcal{O}_X$ 加群層とする．$p \geqq 1$ について

$$H^p(X, \mathscr{F}) = 0. \qquad ——$$

証明は略する．このように，空間 X が，非常に多くの層について，その1次以上のコホモロジー群が自明になる，という型の定理を定理 B という(普通名詞的に用いる)．

定理 B は，アフィン・スキームを特徴づける．

定理 4.5　X を代数的スキームとする．つぎの条件は同値である．

(i)　X はアフィン・スキーム．

(ii)　$A = \Gamma(X, \mathcal{O}_X)$ とおくとき，$f_1, \cdots, f_r \in A$ があって，$\sum f_j A = A$，かつ，X_{f_j} はアフィン・スキーム．

(iii)　連接層の完全系列

$$0 \longrightarrow \mathscr{F} \longrightarrow \mathscr{G} \longrightarrow \mathscr{H} \longrightarrow 0$$

に対し，つねに

$$0 \longrightarrow \Gamma(X, \mathscr{F}) \longrightarrow \Gamma(X, \mathscr{G}) \longrightarrow \Gamma(X, \mathscr{H}) \longrightarrow 0.$$

(iv)　任意の連接層 $\mathscr{F}$ と $q > 0$ につき

$$H^q(X, \mathscr{F}) = 0. \qquad ——$$

証明にはいる前に記号の説明をおこなう．$f \in \Gamma(X, \mathcal{O}_X)$ をとると，$x \in X$ に対して，$f_x \in \mathcal{O}_{X,x}$ がきまるから，$\bar{f}(x) = f_x \bmod \mathfrak{m}_x \in k(x)$ が定まる(§1.29, b)のいいかえ)．

$$X_f = \{x \in X; \bar{f}(x) \neq 0\}$$

とおくと，X_f は開集合である．実際，$x \in X$ を含むアフィン開集合 $U = \operatorname{Spec} B$ をとると，$f|U = g \in B$ がきまり，かつ

$$X_f \cap U = D(g).$$

とくに，X_f を含むアフィン開集合 U があれば，X_f もアフィンになる．

証明 (i) $\Longrightarrow$ (ii) は明らか．たとえば，$f_1=1\in A$ でよい．(i) $\Longrightarrow$ (iv) は仮定した定理 4.4 自身．(iv) $\Longrightarrow$ (iii) は層のコホモロジーの長完全系列の性質から直ちにでる．しかも (iv) より弱い $H^1(X,\mathscr{F})=0$ で十分である．

(iii) $\Longrightarrow$ (ii) を示す．閉点 $x\in X$ をとり，x を含むアフィン開集合を U とする．$X-U$ は閉集合だから，連接的イデアル層 $\mathscr{I}$ により定義される．すなわち，$X-U=\mathrm{Supp}(\mathscr{O}_X/\mathscr{I})$．$x$ は閉点だから，$\tilde{\mathfrak{m}}_x=\mathfrak{m}_x\mathscr{O}_X\subset\mathscr{O}_X$ により定義され，$\mathscr{I}'=\mathscr{I}\cap\tilde{\mathfrak{m}}_x$ とおくと，$(X-U)\cup\{x\}=\mathrm{Supp}(\mathscr{O}_x/\mathscr{I}')$．そして，完全系列

$$0\longrightarrow\mathscr{I}'\longrightarrow\mathscr{I}\longrightarrow\mathscr{I}/\mathscr{I}'\longrightarrow 0$$

を得る．$\mathrm{Supp}(\mathscr{I}/\mathscr{I}')=p$，$\mathscr{I}/\mathscr{I}'=\widetilde{k(x)}$ である．(iii) によると，

$$\Gamma(X,\mathscr{I})\longrightarrow\Gamma(X,\widetilde{k(x)})=k(x)\longrightarrow 0.$$

よって $1\in k(x)$ に行く $f\in\Gamma(X,\mathscr{I})$ がある．$f(x)=1$，$f_y\in\mathscr{I}_y\subset\mathscr{O}_y$ だから，$\mathscr{I}_y\neq\mathscr{O}_y$ ならば $\bar{f}(y)=0$．よって，

$$X_f\subset U,\qquad x\in X_f.$$

すなわち，任意の閉点 x を含むアフィン開集合 X_f ができた．このような X_f を合せて開集合 $V=\bigcup X_f$ をつくる．$X-V$ は閉集合．$X-V$ の閉点は同時に X の閉点でもある．よって $X=V$．X は準コンパクトだから，$X=X_{f_1}\cup\cdots\cup X_{f_r}$ となる $f_1,\cdots,f_r$ が存在する．

$$\begin{array}{ccc}\mathscr{O}_X{}^r & \longrightarrow & \mathscr{O}_X\\ \Psi & & \Psi\\ \sum a_ie_i & \longmapsto & \sum a_if_i\end{array}$$

と各切断上で上記のように書ける $\mathscr{O}_X$ 準同型 Φ を考える (e_i は $\mathscr{O}_X{}^r$ の底)．$x\in X$ をとると，$\bar{f}_j(x)\neq 0$ となる f_j がある．それで，Φ は x で全射．すなわち，Φ は全射の層準同型．よって (iii) によると，

$$\begin{array}{ccc}\Gamma(X,\mathscr{O}_X)^r & \longrightarrow & \Gamma(X,\mathscr{O}_X)\longrightarrow 0.\\ \| & & \|\\ A^r & & A\end{array}$$

かくして $A=\sum f_jA$ を得る．

ついで (ii) $\Longrightarrow$ (i) を示す．§1.29，定理 1.10 による正則写像

$$\Psi: X\longrightarrow\mathrm{Spec}\,A$$

をつくると $\Psi^{-1}(D(f_j))=X_{f_j}$ であって，X_{f_j} はアフィンだから，

$$X_{f_j} \simeq \operatorname{Spec} \Gamma(X_{f_j}, \mathcal{O}_X).$$

ところで $\Gamma(X_f, \mathcal{O}_X)=\Gamma(X, \mathcal{O}_X)_f$ が一般に成り立つ．よって，

$$X_{f_j} \simeq \Gamma(X, \mathcal{O}_X)_{f_j} = A_{f_j} \simeq D(f_j).$$

かくして，Ψ は同型になった．∎

注意　証明からわかるように，代数的スキームという仮定を弱めて，X を準コンパクト分離的スキームとすると，連接層を準連接層でおきかえれば成立する．

§4.9　関手 $R^p f_*$

さて，一般論にもどり，X, Y を環空間，$f: X \to Y$ を環空間の射とする．§4.4 の定理 4.1 はつぎのように一般化される．

$\mathcal{F}$ を $\mathcal{O}_X$ 加群の層とする．

$$0 \longrightarrow \mathcal{F} \longrightarrow \mathcal{I}^0 \longrightarrow \mathcal{I}^1 \longrightarrow \cdots$$

を，単射的分解とし，$(R^p f_*)\mathcal{F}=H^p(f^*(\mathcal{I}^\cdot))$ $(p \geqq 0)$ とおくと，$\mathcal{O}_Y$ 加群の層を得るが，これはつぎの性質をもつ．

定理 4.6　(I)　$R^p f_* \mathcal{F}$ は単射的分解によらない．

(II)　$\mathcal{O}_X$ 準同型 $u: \mathcal{F} \to \mathcal{G}$ のあるとき $\mathcal{O}_Y$ 準同型

$$R^p f_*(u): R^p f_* \mathcal{F} \longrightarrow R^p f_* \mathcal{G}$$

が定まり，関手的．すなわち

$$R^p f_*(\mathrm{id}) = \mathrm{id}, \qquad (R^p f_*)(v \cdot u) = R^p f_* v \cdot R^p f_* u.$$

(III)　$0 \to \mathcal{F} \to \mathcal{G} \to \mathcal{H} \to 0$ (完全) の与えられたとき，各 p につき，$\mathcal{O}_Y$ 準同型

$$\vartheta_p: R^p f_* \mathcal{H} \longrightarrow R^{p+1} f_* \mathcal{F}$$

が定まって，

$$\begin{aligned} 0 &\longrightarrow f_*\mathcal{F} \longrightarrow f_*\mathcal{G} \longrightarrow f_*\mathcal{H} \\ &\xrightarrow{\vartheta_0} R^1 f_* \mathcal{F} \xrightarrow{R^1 f_*(u)} R^1 f_* \mathcal{G} \xrightarrow{R^1 f_*(v)} R^1 f_* \mathcal{H} \\ &\xrightarrow{\vartheta_1} \cdots\cdots \\ &\xrightarrow{\vartheta_{p-1}} R^p f_* \mathcal{F} \xrightarrow{R^p f_*(u)} R^p f_* \mathcal{G} \xrightarrow{R^p f_*(v)} R^p f_* \mathcal{H} \\ &\longrightarrow \cdots\cdots. \end{aligned}$$

この ϑ_p はつぎのように関手的である．

(IV)　つぎの可換完全系列

$$\begin{array}{ccccccccc} 0 & \longrightarrow & \mathscr{F} & \xrightarrow{u} & \mathscr{G} & \xrightarrow{v} & \mathscr{H} & \longrightarrow & 0 \\ & & {\scriptstyle\alpha}\downarrow & \circlearrowright & \downarrow{\scriptstyle\beta} & \circlearrowright & {\scriptstyle\gamma}\downarrow & & \\ 0 & \longrightarrow & \mathscr{F}' & \xrightarrow{u'} & \mathscr{G}' & \xrightarrow{v'} & \mathscr{H}' & \longrightarrow & 0 \end{array}$$

から，長完全系列の可換図式を得る．

$$\begin{array}{ccccccccc} \cdots\longrightarrow & R^{p-1}f_*\mathscr{H} & \xrightarrow{\vartheta_{p-1}} & R^pf_*\mathscr{F} & \longrightarrow & R^pf_*\mathscr{G} & \longrightarrow & R^pf_*\mathscr{H} & \longrightarrow\cdots \\ & {\scriptstyle R^{p-1}f_*(\gamma)}\downarrow & \circlearrowright & \downarrow{\scriptstyle R^pf_*(\alpha)} & \circlearrowright & \downarrow{\scriptstyle R^pf_*(\beta)} & \circlearrowright & \downarrow & \\ \cdots\longrightarrow & R^{p-1}f_*\mathscr{H}' & \xrightarrow{\vartheta_{p-1}'} & R^pf_*\mathscr{F}' & \longrightarrow & R^pf_*\mathscr{G}' & \longrightarrow & R^pf_*\mathscr{H}' & \longrightarrow\cdots \end{array}$$

図式 4・2

ここで無論，$\{\vartheta_p\}$ は $\mathscr{F}\to\mathscr{G}\to\mathscr{H}$ に応じる ϑ であり，$\{\vartheta_p'\}$ は下の完全系列 $\mathscr{F}'\to\mathscr{G}'\to\mathscr{H}'$ に応じる ϑ である．——

注意　$Y=1$ 点のとき $f_*\mathscr{F}=\Gamma(X,\mathscr{F})$，$R^pf_*\mathscr{F}=H^p(X,\mathscr{F})$ となる．だから定理4.6の(IV)も Γ, H^p で成立するが，繁を恐れて記さなかったのである．

§4.10　Leray のスペクトル系列

さて，$\Gamma(Y,f_*\mathscr{F})=\Gamma(X,\mathscr{F})$ を，$\mathscr{F}$ に障りなく書くなら，

$$\Gamma(Y,\cdot)\circ f_* = \Gamma(X,\cdot)$$

となる．すると，関手 $H^p(Y,\cdot)$，R^qf_*，$H^m(X,\cdot)$ 等の関係はどうか？　これに解答を与えるのが Leray のスペクトル系列である．

定理 4.7　スペクトル系列 $\{E_r^{p,q}, E^m\}$ がつぎの条件を満たすように構成される．

$$E_2^{p,q} = H^p(Y, R^qf_*\mathscr{F}) \Longrightarrow E^{p+q} = H^{p+q}(X,\mathscr{F}). \qquad ——$$

スペクトル系列の一般論は添字が多くて，やっかいである(問題1の前の説明)．しかし，コホモロジー論では不可欠のもので是非とも習得しておかねばならない技法の一つである．自動車の例でいえば，ハイウェイ運転法ともいえよう．スピードを出しすぎて事故をおこさないように御用心．

スペクトル系列の定義ものべないが，応用上はつぎの事実を知ると過半の役に立つことを心得ておくとよい．

定理 4.8　或る $i>0$ を一つきめる．$p>0$, $0\leqq q<i$ を満たす p,q について $E_2^{p,q}=0$ のとき，

$$0 \longrightarrow E_2^{i,0} \longrightarrow E^i \longrightarrow E_2^{0,i}$$
$$\longrightarrow E_2^{i+1,0} \longrightarrow E^{i+1}$$

となる完全系列を得る.

系 すべての $p \geqq 0$, $q>0$ について $E_2^{p,q}=0$ のとき，すべての m につき

$$E_2^{m,0} \simeq E^m. \qquad \text{——}$$

一般にスペクトル系列 $\{E_r^{p,q}, E^m\}$ において，$E_2^{m,0} \to E^m$, $E^m \to E_2^{0,m}$ は**端写像**(edge homomorphism) とよばれ，通例，はっきりした幾何的意味をもっている．たとえば Leray の定理のときも

$$H^m(Y, f_*\mathscr{F}) \longrightarrow H^m(X, \mathscr{F}),$$
$$H^m(X, \mathscr{F}) \longrightarrow H^0(Y, R^m f_*\mathscr{F}).$$

§4.11 アフィン正則写像 f の $R^p f_*$

スキームの理論においても，関手 $R^p f_*$ は重要である．定理4.4は一般化されて,

定理 4.9 X, Y をスキーム，$f: X \to Y$ をアフィン正則写像とする．$\mathscr{F}$ を準連接的 $\mathscr{O}_X$ 加群の層とすると，$p \geqq 1$ につき

$$R^p f_* \mathscr{F} = 0. \qquad \text{——}$$

この逆も成り立つことは，§4.8の注意と同じである.

さて，$f: X \to Y$ を分離的有限生成の正則写像とすると，$R^p f_* \mathscr{F}$ はやはり準連接的で，Y のアフィン開集合 $U = \mathrm{Spec}\, A$ に対し

$$R^p f_* \mathscr{F} \mid U = \widetilde{H^p(U, \mathscr{F})}$$

となることは容易に示される.

さて定理4.9の条件下で，定理4.8の系を用いると,

$$H^p(Y, f_*\mathscr{F}) \simeq H^p(X, \mathscr{F})$$

が成り立つ.

§4.12 有限性定理

射影スキームのコホモロジー群を計算することは，スキーム論から容易になされるが，形式面の整備にページをとられるので，第7章にゆずる．重要なことはつぎの有限性定理である.

定理 4.10 k を体としよう．X を k 完備代数的スキーム，$\mathscr{F}$ を連接的 $\mathscr{O}_X$ 加群層とすると，各 $p\geqq 0$ につき，

$$H^p(X, \mathscr{F})$$

は k 上有限次元ベクトル空間である．

例 4.3 V を正規完備代数多様体，D を Cartier 因子とすると，

$$H^0(V, \mathscr{O}(D)) \cong \boldsymbol{L}_V(D)$$

は有限次元ベクトル空間となる．

つぎの一般的定理も証明を略する．

定理 4.11 (Grothendieck) X を n 次元 Noether 空間とし，$\mathscr{F}$ を層とする．$p>n$ ならば

$$H^p(X, \mathscr{F}) = 0.$$

§4.13 Euler-Poincaré 指標

X を k 完備代数的スキーム，$\mathscr{F}$ を連接的 $\mathscr{O}_X$ 加群の層とし，$\mathscr{F}$ の**算術的 Euler-Poincaré 指標** $\chi_X(\mathscr{F})$ を

$$\chi_X(\mathscr{F}) = \sum_{p=0}^{\infty}(-1)^p \dim H^p(X, \mathscr{F})$$

により定義する．$p>n=\dim X$ につき $H^p(X, \mathscr{F})=0$ だから，無論有限和である．

定理 4.12 $\mathscr{F}, \mathscr{G}, \mathscr{H}$ を連接的 $\mathscr{O}_X$ 加群の層とし，

$$0 \longrightarrow \mathscr{F} \longrightarrow \mathscr{G} \longrightarrow \mathscr{H} \longrightarrow 0$$

を $\mathscr{O}_X$ 完全系列とする．すると，

$$\chi_X(\mathscr{F})+\chi_X(\mathscr{H}) = \chi_X(\mathscr{G}).$$

証明 長完全系列

$$\begin{aligned}&\longrightarrow H^p(X, \mathscr{F}) \longrightarrow H^p(X, \mathscr{G}) \longrightarrow H^p(X, \mathscr{H})\\ &\longrightarrow H^{p+1}(X, \mathscr{F}) \longrightarrow H^{p+1}(X, \mathscr{G}) \longrightarrow H^{p+1}(X, \mathscr{H})\\ &\longrightarrow \cdots\cdots\end{aligned}$$

から直ちに示される．▌

とくに，$\chi_X(\mathscr{O}_X)$ を χ_X と書き，Hirzebruch の**算術種数** (arithmetic genus) という．

§4.14　閉部分スキームのコホモロジー

X の閉部分スキームを Y とし，$j: Y \hookrightarrow X$ を閉埋入，$\mathscr{I}$ を Y の定義イデアル層とする．すると完全系列

$$0 \longrightarrow \mathscr{I} \longrightarrow \mathscr{O}_X \longrightarrow \mathscr{O}_X/\mathscr{I} = j_*\mathscr{O}_Y \longrightarrow 0 \tag{4.1}$$

を得る．§4.11 により $H^p(X, j_*\mathscr{O}_Y) = H^p(Y, \mathscr{O}_Y)$ であり，$j_*\mathscr{O}_Y$ を $\mathscr{O}_Y$ と略記することが多い．また，$\mathscr{F}$ を有限生成局所自由 $\mathscr{O}_X$ 加群層とすると，射影公式(§2.20, d))により，

$$j_*\mathscr{O}_Y \otimes \mathscr{F} \cong j_*(j^*\mathscr{F}).$$

そこで $\mathscr{F}|Y = j^*\mathscr{F}$ と書き，$j_*(\mathscr{F}|Y)$ を $\mathscr{F}|Y$ と略記してしまうと，(4.1) により，つぎの完全系列を得る．

$$0 \longrightarrow \mathscr{I} \otimes \mathscr{F} \longrightarrow \mathscr{F} \longrightarrow \mathscr{F}|Y \longrightarrow 0. \tag{4.2}$$

$\mathscr{F}$ が連接的のとき，$\mathscr{F}|Y$ も連接的である．よって，

$$\chi_X(\mathscr{F}) = \chi_X(\mathscr{I} \otimes \mathscr{F}) + \chi_Y(\mathscr{F}|Y).$$

§4.15　曲線の Riemann-Roch の定理

さて，V を非特異完備1次元代数多様体(すなわち代数曲線)としよう．そこで V の因子 $D = \sum m_i p_i$ に，可逆層 $\mathscr{L} = \mathscr{O}(\sum m_i p_i)$ を対応させる．また $\deg D = \sum m_i \deg p_i$，$\deg p_i = [k(p_i) : k]$ と書こう．閉点 $p \in V$ をとって，完全系列

$$0 \longrightarrow \mathscr{O}_V(-p) \longrightarrow \mathscr{O}_V \longrightarrow \mathscr{O}_p \longrightarrow 0$$

を得る．さて $\mathscr{F}$ を可逆層 $\mathscr{L}$ とし，(4.2) を用いると，

$$0 \longrightarrow \mathscr{L} \otimes \mathscr{O}(-p) \longrightarrow \mathscr{L} \longrightarrow \mathscr{L}|_p \longrightarrow 0.$$

p は点であり，p の上の可逆層は自明のもの $\mathscr{O}_p$ になる．$\mathscr{O}_p \cong \mathscr{O}_V/\mathfrak{m}_p = k(p)$ に注意すると，

$$\chi_V(\mathscr{L}) = \chi_V(\mathscr{L} \otimes \mathscr{O}(-p)) + \chi_p. \tag{4.3}$$

χ_p とは p の Hirzebruch の算術種数であって，p は0次元だから，

$$\chi_p = \dim H^0(p, \mathscr{O}) = \dim_k k(p) = [k(p) : k].$$

よって，

$$\psi(\sum m_i p_i) = \chi_V(\mathscr{O}(\sum m_i p_i)) - \deg(\sum m_i p_i)$$

とおくと，(4.3) により

$$\psi(m_1 p_1 + \cdots + m_r p_r) = \psi((m_1 - 1)p_1 + \cdots + m_r p_r).$$

くり返して

$$\psi((m_1-1)p_1+\cdots+m_rp_r)=\psi(m_2p_2+\cdots+m_rp_r)=\cdots$$
$$=\psi(0)=\chi_V.$$

かくて，$D=\sum m_ip_i$ とすると

$$\chi_V(\mathcal{O}(D))=\chi_V+\deg D$$

となる．とくに，

定理 4.13　k を代数閉体，V を非特異完備代数曲線，D を因子とする．$i(D)=\dim H^1(V,\mathcal{O}(D))$，$\pi=i(0)=\dim H^1(V,\mathcal{O}_V)$ と書くと，

$$l_V(D)=i(D)+1-\pi+\deg D,$$

ただし $D=\sum m_ip_i$ に対し

$$\deg D=\sum m_i. \qquad \text{——}$$

この定理を **Riemann-Roch の定理**という．第5章で説明する正則形式を用いて，$i(D)$ の意味づけを幾何的に与えることができる．それは Serre の双対定理であって，かくして，本来の Riemann-Roch の定理に到る．この定理こそ代数曲線論の真髄であって，第6章においてその真価を発揮する．

問　　題

本文中のスペクトル系列の取り扱いは余りに粗略であった．少し条件のついたスペクトル系列について説明を追加しよう．

以下，A 加群の圏または $\mathcal{O}_X$ 加群の層の圏で考える．(一般には Abel 圏で考える.) 言葉を固定するために，A 加群というが，実は等しく $\mathcal{O}_X$ 加群の層と思えばそれでも通用するのである．

$r\geqq 2$, $p,q\geqq 0$ につき A 加群 $E_r{}^{p,q}$ があり，A 準同型 $d_r{}^{p,q}:E_r{}^{p,q}\to E_r{}^{p+r,q-r+1}$ が定まっていて，つぎの条件を満たす．

(i)
$$E_r{}^{p,q}\xrightarrow{d_r{}^{p,q}}E_r{}^{p+r,q-r+1}\xrightarrow{d_r{}^{p+r,q-r+1}}E_r{}^{p+2r,q-2r+2}$$

を合成すると 0 である．

ここで，$E_r{}^{p,q}$ のうち $p<0$ または $q<0$ がでてきたら 0 とみなす，と約束する．

そこで，$A_{p,r}{}^m=E_r{}^{p,m-p}$，$\delta_{p,r}{}^m=d_r{}^{p,m-p}$ と書くと，つぎの複体

$$\cdots\longrightarrow A_{p,r}{}^m\xrightarrow{\delta^m}A_{p,r}{}^{m+1}\xrightarrow{\delta^{m+1}}\cdots$$

を得る．これを $A_{p,r}{}^{\cdot}$ と記すとき，(i) により複体になる．

(ii)
$$H^m(A_{p,r}{}^{\cdot})\simeq A_{p,r+1}{}^m.$$

さて,

$$E_r^{p-r,q+r-1} \longrightarrow E_r^{p,q} \longrightarrow E_r^{p+r,q-r+1}$$

に注意すると, $p<r$ ならば $E_r^{p-r,q+r-1}=0$, また, $q+1<r$ ならば $E_r^{p+r,q-r+1}=0$. よって, $r>\max\{p, q+1\}$ にとるとき, (ii) より,

$$E_r^{p,q} = E_{r+1}^{p,q} = \cdots.$$

そこで, この右辺を $E_\infty^{p,q}$ で表わす.

さて, $n\geqq 0$ につき, A 加群 E^n が定められ, さらに, E^n の部分 A 加群の列 $F^p(E^n)$ (E^n のフィルターづけ F^n という)

$$E^n = F^0(E^n) \supset F^1(E^n) \supset \cdots$$

があって, $p, q \geqq 0$ につき, 同型

(iii) $$\beta^{p,q} : E_\infty^{p,q} \simeq F^p(E^{p+q})/F^{p+1}(E^{p+q})$$

が存在する.

このような条件 (i), (ii), (iii) を満たす組 $\{E_r^{p,q}, d_r^{p,q}, E^n, F^p(E^n), \beta^{p,q}\}$ を**スペクトル系列**という. 大変複雑なものではあるが, 通例, 明確な意味をもつのは $E_2^{p,q}$ と E^n だけであって, $d_r^{p,q}$, $F^p(E^n)$ などはかなり複雑で意味づけは困難である.

そして, スペクトル系列を

$$E_2^{p,q} \Longrightarrow E^{p+q}$$

と略記することが多い.

さて, スペクトル系列の問題にはいる.

1　A を Artin 環, $E_r^{p,q}$, E^n を有限生成 A 加群とする.

$$\chi_A(E_2^{\cdot\cdot}) = \sum(-1)^{p+q}\,\mathrm{lg}_A(E_2^{p,q}),$$
$$\chi_A(E^{\cdot}) = \sum(-1)^n\,\mathrm{lg}_A(E^n)$$

とすると ($\mathrm{lg}_A M$ は A 加群 M の長さ),

$$\chi_A(E^{\cdot}) = \chi_A(E_2^{\cdot\cdot}).$$

2　端写像の構成

$$0 = E_r^{-r,p-r+1} \longrightarrow E_r^{0,p} \longrightarrow E_r^{r,p+r-1}$$

により, $E_{r+1}^{0,p} \subset E_r^{0,p}$. よって, くり返して

$$E_\infty^{0,p} \subset \cdots \subset E_2^{0,p}.$$

一方, $E_\infty^{0,p} \simeq E^p/F^1(E^p)$ だから,

$$E^p \longrightarrow E_\infty^{0,p} \subset E_2^{0,p}$$

を合成して, $d^p : E^p \to E_2^{0,p}$ を得る. さて, $d_1^p : E_2^{p,0} \to E^p$ を同様に構成してみよ.

3
$$0 \longrightarrow E_2^{1,0} \xrightarrow{d_1^1} E^1 \xrightarrow{d^1} E_2^{0,1}$$
$$\longrightarrow E_2^{2,0} \xrightarrow{d_1^2} E^2 \quad (完全)$$

を構成せよ.

4　$q \neq 0$ につき $E_2^{p,q}=0$ ならば,

$$E_2{}^{p,0} \simeq E^p.$$

4′ $p \neq 0$ につき $E_2{}^{p,q}=0$ ならば，

$$E_2{}^{0,q} \simeq E^q.$$

5 M を A 加群とする．その単射的分解

$$0 \longrightarrow M \longrightarrow I^0 \longrightarrow I^1 \longrightarrow \cdots$$

を一つつくる．T を A 加群の圏 $\mathcal{C}_A$ から B 加群の圏 $\mathcal{C}_B$ への加法的左完全関手とするとき，複体 $T(I^\cdot)$ をつくる．その p 次コホモロジー群 $H^p(T(I^\cdot))$ は，単射的分解の選び方によらないので，$(R^pT)(M)$ と書く．R^pT は一つの加法的関手になる．そして定理4.1とまったく類似の性質をもつ．R^pT を T の**右導来関手**という．

さて，$K^\cdot$ を A 加群の複体とし，複体の単射的分解

$$0 \longrightarrow K^\cdot \longrightarrow I^{\cdot 0} \longrightarrow I^{\cdot 1} \longrightarrow \cdots$$

を構成する．

$$2\text{重複体 } T(I^{\cdot\cdot})$$

を，通常の方法で，単複体 $s(T(I^{\cdot\cdot}))$ とみて，そのコホモロジー群を考える：$H^p(sT(I^{\cdot\cdot}))$．すると，これは複体の単射的分解によらない B 加群になる．かくて p 次**超コホモロジー群**

$$(\boldsymbol{R}^pT)(K^\cdot) = H^p(sT(I^{\cdot\cdot}))$$

を得る．超コホモロジーとは勇ましい名前であるが，コホモロジーを超克するものでも何でもない．$K^\cdot=(K^m)$ とするとき $R^pT(K^\cdot)=(R^pT(K^m))_{m=0}^{\infty}$ として B 加群の複体ができる．これとの区別のために名前を少しかえたにすぎない．

さて，問題5はつぎのスペクトル系列の構成である．

$$H^q((R^pT)(K^\cdot)) \Longrightarrow \boldsymbol{R}^{p+q}T(K^\cdot),$$
$$R^pT(H^q(K^\cdot)) \Longrightarrow \boldsymbol{R}^{p+q}T(K^\cdot).$$

これの意味は明らかである．すなわち，コホモロジーをつくる操作と，R^pT を作用させることとは一般に可換でない．しかし，無関連ではなく，共通のよくわからない E^{p+q} 項をもつ，2本のスペクトル系列を経て結ばれている，というのである．

このようにして，定かではなくとも，関連がつくのであって，一般的理解の真骨頂がここにある．

6 加法的左完全関手 $T:\mathcal{C}_A \to \mathcal{C}_B$，加法的関手 $S:\mathcal{C}_B \to \mathcal{C}_C$ とし，単射的 A 加群 I に対し，つぎの条件を仮定する．

$$p \geqq 1 \quad \text{につき} \quad (R^pS)\,T(I) = 0,$$

すなわち，$T(I)$ は S 非輪状 (S-acyclic) を仮定する．

さて，M の単射的分解

$$0 \longrightarrow M \longrightarrow I^0 \longrightarrow I^1 \longrightarrow \cdots$$

をつくり，$K^\cdot=T(I^\cdot)$ とおく．S を問題5の T とみなして，2本のスペクトル系列をこの場合に考えて，

$$R^pS(R^qT)(M) \Longrightarrow R^{p+q}(S\cdot T)(M)$$

を証明せよ.

7　射 $f: X=(X, \mathcal{O}_X)\to Y=(Y, \mathcal{O}_Y)$ を考える.

$\mathcal{I}$ を単射的 A 加群の層　とするとき　$f_*\mathcal{I}$ は軟弱

であることを証明せよ.

8　Leray のスペクトル系列定理 (定理 4.7) を証明せよ. また, $f: X\to Y$, $g: Y\to Z$ の導来関手についてスペクトル系列をつくれ.

9　X を準コンパクトなスキーム, $\mathcal{F}$ を連接層とする $f\in\Gamma(X, \mathcal{O}_X)$ をとるとき

$$\Gamma(X, \mathcal{F})_f \cong \Gamma(X_f, \mathcal{F}).$$

$\Gamma(X, \mathcal{F})$ は $\Gamma(X, \mathcal{O}_X)$ 加群だから, f で局所化される. それが左辺.

10　X を代数多様体とする. X 上の連接層 $\mathcal{F}$ には必ずベクトル束の層による分解が存在する. いいかえると, 局所自由有限生成の $\mathcal{O}_X$ 加群層 $\mathcal{L}^0, \mathcal{L}^1, \mathcal{L}^2, \cdots$ と $\mathcal{O}_X$ 準同型 $\varepsilon, d_0, d_1, d_2, \cdots$ があり

$$0 \longleftarrow \mathcal{F} \xleftarrow{\varepsilon} \mathcal{L}^0 \xleftarrow{d_0} \mathcal{L}^1 \xleftarrow{d_1} \mathcal{L}^2 \longleftarrow \cdots$$

という完全系列ができる.

11　上記または単射的分解を用いて, Hom$(\mathcal{F}, \mathcal{G})$, $\mathcal{H}om(\mathcal{F}, \mathcal{G})$ の導来関手 $\mathrm{Ext}^p(X; \mathcal{F}, \mathcal{G})$, $\mathcal{E}xt^p(\mathcal{F}, \mathcal{G})$ を定義せよ.

12　$\mathcal{I}$ が単射的加群層のとき, $\mathcal{H}om(\mathcal{F}, \mathcal{I})$ は軟弱層になる. これにより,

$$H^p(X, \mathcal{E}xt^q(\mathcal{F}, \mathcal{G})) \Longrightarrow \mathrm{Ext}^{p+q}(X; \mathcal{F}, \mathcal{G})$$

を導け.

第5章　正則型式と有理型式

§5.1　型式とは何か

a)　ここでは微分型式(differential form)を短くつめて**型式**(form)という．その係数が，正則関数ならば**正則型式**(regular form)といい，有理関数ならば**有理型式**(rational form)という．

代数多様体の型式や微分の定義は，一見抽象的でとっつき難い．まず微分多様体や複素解析多様体の型式の定義の復習からはじめよう．

複素解析多様体 M の正則 q 型式 ω は，つぎのように表示される．M の座標近傍 U_α による被覆を一つ定め，U_α の局所座標系を $(z_\alpha{}^1, \cdots, z_\alpha{}^n)$ とする．ω は，U_α 上では

$$\sum_{I=(i(1),\cdots,i(q))} a_I(z_\alpha)dz_\alpha{}^{i(1)}\wedge\cdots\wedge dz_\alpha{}^{i(q)} \qquad (a_I(z_\alpha)\text{ は } z_\alpha \text{ の解析的正則関数}),$$

U_β 上でも同様に書かれる．$a_I(z_\alpha)$ の代りに $b_J(z_\beta)$ と書くと，$U_\alpha\cap U_\beta\neq\phi$ 上では

$$\sum a_I(z_\alpha)dz_\alpha{}^{i(1)}\wedge\cdots\wedge dz_\alpha{}^{i(q)} = \sum b_J(z_\beta)dz_\beta{}^{j(1)}\wedge\cdots\wedge dz_\beta{}^{j(q)}.$$

この定義を念頭におきつつ，代数多様体の上にも正則型式を定義しよう，というのである．非特異代数多様体 V には各局所環に正則パラメータ系がある．閉点 p での局所座標 $(z_\alpha{}^1, \cdots, z_\alpha{}^n)$ とは，p での正則パラメータ系と理解すれば大体よい．話を簡単にするため，標数0の代数閉体 k を基礎体にして(Sch/k)で考察することにする．このとき，各閉点には近傍 Spec A_α があり，$A_\alpha\ni x_1, \cdots, x_n$ が存在し，各 Spec A_α の閉点 p で，$(x_1-\bar{x}_1(p), \cdots, x_n-\bar{x}_n(p))$ が $\mathcal{O}_{V,p}$ の正則パラメータ系になっている(§5.6, b))．Spec A_α が座標近傍であり，$(x_1, \cdots, x_n)$ は Spec A_α の局所座標系の役割を演ずる．Spec A_α は Zariski 開集合だから，複素解析多様体のときのように $\boldsymbol{C}^n$ の開領域と同型とはならない．せいぜいアフィン空間 $\boldsymbol{A}^n$ 内のアフィン開集合の上にエタールとなっていることが示されるにすぎない(§5.6, e))．“$a_I(z_\alpha)$ は正則関数”は，“a_I は A_α の元”と読みかえられる．

b)　ところで，$dz_\alpha{}^i$ または dx_i は，はたして何物だろうか．それは**微分**(differential) で，微積分誕生時から，直観的にも実用上も有効で大事なものとして使われてきた．代数幾何においても，微分は重要で，欠くべからざるものなのである．しかし，初期の微積分のように，“何か無限小的のもの”というのでは直観に訴えるのみで，本当のところ考えようがない．近代理論では，考えようのないところを逆手にとって考える．考えられぬ物はわれわれの世界の存在ではありえない．われわれの世界とは別の世界をつくって，そこの住民として位置づけると微分が理解できるのである．何しろ，新世界をこしらえるのだから，天下り的になるのもやむをえない．

§5.2 抽象的微分

a) A, B を環とし，$\varphi: A\to B$ を準同型とする．そこで，$a\in A$, $b\in B$ に対し，$a\cdot b=\varphi(a)b$ と積・を定義し，B を A 多元環とみなす．そして，テンソル積 $B\otimes_A B$ をつくり，積写像 $\mu_B: B\otimes_A B\to B$ を，

$$\mu_B(\sum b_i\otimes c_i) = \sum b_i c_i$$

により定義する．$B\otimes_A B$ は A 多元環であるが，$b, b_1, b_2\in B$ に対し，$b\cdot b_1\otimes b_2=bb_1\otimes b_2$ と B の作用・を定めると，B 加群とも考えられる．μ_B はむろん全射 B 準同型になっている．さて $J=\mathrm{Ker}(\mu_B)$ とおくと，

$$0\longrightarrow J\longrightarrow B\otimes_A B\xrightarrow{\mu_B} B\longrightarrow 0 \quad (\text{完全})$$

を得るが，$\psi(b)=b\otimes 1$ により $\psi: B\to B\otimes B$ を定義するとき，$\mu_B\cdot\psi=1$．そこで $\mu^*: B\otimes_A B\to B$ を，$\mu^*=\mathrm{id}-\psi\cdot\mu_B$ で定めてやると，$\mu_B\cdot\mu^*=\mu_B-\mu_B\cdot\psi\cdot\mu_B=0$. よって，$\mu^*(B\otimes_A B)\subset J$．かくして，$B$ 加群としての直和分解

$$\begin{array}{ccc} B\otimes_A B & \simeq & B\oplus J \\ \Psi & & \Psi \\ \beta & \longmapsto & (\mu_B(\beta), \mu^*(\beta)) \end{array}$$

を得る。

J/J^2 は $B\otimes_A B$ 加群であるが，J は自明にしか作用しないので，$B\otimes_A B/J$ 加群とみなせる．$B\otimes_A B/J\simeq B$ だから，J/J^2 は B 加群になる．B の作用を詳しく書こう．$\mu_B(b\otimes 1)=\mu_B(1\otimes b)=b$ により，

$$b\cdot\sum b_i\otimes c_i\equiv\sum bb_i\otimes c_i\equiv\sum b_i\otimes bc_i \mod J^2.$$

B 加群 J/J^2 を $\Omega^1{}_{B/A}$ と書き，これを B の A 上の**正則1型式の加群**という．

さらに，$b\in B$ に対して，$b\otimes 1-1\otimes b\in J$ だから，

$$d(b)=b\otimes 1-1\otimes b \mod J^2\in \Omega^1{}_{B/A}$$

とおいて，b の A **上の微分** $d(b)$ (詳しくは $d_{B/A}(b)$) が定義される．

b)　定理 5.1 (基本性質)

(i)　$d(A)=0$.

(ii)　$b,c\in B$ につき $d(bc)=db\cdot c+b\cdot dc$.

(iii)　$\{db\}_{b\in B}$ は B 加群 $\Omega^1{}_{B/A}$ を生成する．

証明　$a\in A$ ならば $a\otimes 1-1\otimes a=0$ だから (i) は当然．

(ii) については，まず，$(b\otimes 1-1\otimes b)(c\otimes 1-1\otimes c)\in J^2$ の左辺を計算する．

$$\begin{aligned}(b\otimes 1-1\otimes b)(c\otimes 1-1\otimes c)&=bc\otimes 1-b\otimes c-c\otimes b+1\otimes bc\\&=b\{c\otimes 1-1\otimes c\}+c\{b\otimes 1-1\otimes b\}-\{cb\otimes 1-1\otimes cb\}.\end{aligned}$$

これより $b\cdot dc+c\cdot db=d(bc)$.

(iii) は容易である．もう少し強く，$\sum b_i\otimes c_i\in J$ とすると $\sum b_ic_i=0$ であり，

$$\begin{aligned}\sum b_i\otimes c_i&=\sum(b_ic_i\otimes 1)-\sum b_i(c_i\otimes 1-1\otimes c_i)\\&=(\sum b_ic_i)\otimes 1-\sum b_i(c_i\otimes 1-1\otimes c_i)=-\sum b_i(c_i\otimes 1-1\otimes c_i).\end{aligned}$$

よって J さえも B 加群として，$b\otimes 1-1\otimes b$ により生成されている．∎

§5.3　多項式環の微分

例 5.1　$A=k$，$B=k[X_1,\cdots,X_n]$ (多項式環) のときを考えてみる．定理 5.1 の (ii) によれば，$d(X_i{}^m)=mX_i{}^{m-1}dX_i$ はただちに示され，(iii) を用いると，

$$\Omega^1{}_{A/k}=\sum_i k[X_1,\cdots,X_n]dX_i.$$

大事なことは，$dX_1,\cdots,dX_n$ が $k(X_1,\cdots,X_n)$ 上 1 次独立なことであり，それはつぎのように証明される．

$B\otimes_k B$ において，$X_i=X_i\otimes 1$，$Y_i=1\otimes X_i$ と書くと，$X_iY_j=Y_jX_i$ であり，$B\otimes_k B=k[X_1,\cdots,Y_n]$ は $2n$ 変数の多項式環とみられる．(iii) の証明から，

$$J\rightleftarrows\sum_f k[X,Y](f(X)-f(Y))=\sum_i k[X,Y](X_i-Y_i).$$

実際，$f(X)-f(Y)=\sum \partial f/\partial X_j(X_j-Y_j)-(1/2)\sum \partial^2 f/\partial X_i\partial X_j(X_i-Y_i)(X_j-Y_j)+\cdots$ を用いれば，2 番目の等号も自明である．そこで $dX_1,\cdots,dX_n$ の独立性をいう．$\varphi_1,\cdots,\varphi_n\in k[X]$ が $\sum\varphi_i(X)dX_i=0$ を満たすとして考えると，これは，

$$\sum \varphi_i(X)(X_i - Y_i) \in J^2$$

と同値であって,

$$\sum \varphi_i(X)(X_i - Y_i) = \sum \psi_{ij}(X, Y)(X_i - Y_i)(X_j - Y_j)$$

となる $\psi_{ij}(X, Y)$ の存在を意味する. $Z_i = X_i - Y_i$ とおき, X_i と Z_i とについての $2n$ 変数の多項式の等式としてつぎのように書ける.

$$\sum \varphi_i(X) Z_i = \sum \psi_{ij}(X, X+Z) Z_i Z_j.$$

Z_i の多項式とみて未定係数法より, $\varphi_1 = \cdots = \varphi_n = 0$.

さらに, $F \in k[X]$ に対して,

$$\begin{aligned} dF &= F \otimes 1 - 1 \otimes F \mod J^2 = F(X) - F(Y) \\ &= \sum \frac{\partial F}{\partial X_j}(X_j - Y_j) - \frac{1}{2} \sum \frac{\partial^2 F}{\partial X_i \partial X_j}(X_i - Y_i)(X_j - Y_j) + \cdots \\ &\equiv \sum \frac{\partial F}{\partial X_j} dX_j. \end{aligned}$$

かくして, 全微分の式が証明された. 微分のもつ代数的性質を $d_{B/A}$ は鮮やかにもっているのである. この例で, §5.1にのべた考えを解釈する: $k[X]$ が通常の世界である. それに Y_j という独立なものを持ち込み, $X_i - Y_i$ について2次以上を切り捨て, 通常の世界にはないが, 紙一重で接触している dX_i 達が構成されたのである.

例 5.2　$A = k[X_1, \cdots, X_m]$, $B = k[X_1, \cdots, X_m, T_1, \cdots, T_n]$ とおくと,

$$\Omega^1{}_{B/A} = \sum_{j=1}^{n} k[X, T] dT_j.$$

また, $F(X, T) \in k[X, T]$ に対して,

$$d_{B/A}(F) = \sum_{j=1}^{n} \frac{\partial F}{\partial T_j} dT_j.$$

§5.4　分離拡大

a)　K/k を代数的拡大体とすると,

$$\Omega^1{}_{K/k} = 0 \iff K/k \text{ は体として分離的.}$$

［証明］　$\Longleftarrow$ を示すのは容易である. すなわち, $\alpha \in K$ は k 上分離的だから, α の k 上最小多項式を $f(X)$ とすると $f(\alpha) = 0$, $f'(\alpha) \neq 0$. そして,

$$df(\alpha) = f'(\alpha) d\alpha = 0 \quad \text{より} \quad d\alpha = 0.$$

つぎに $\Longrightarrow$ を背理法で示すために，p を k の標数とし，まず，$K=k(\alpha)\supsetneqq k$，$\alpha^p=a\in k$ のときを考える．$K=k+k\alpha+\cdots+k\alpha^{p-1}$ から K への k 線型写像 δ を $\delta\alpha=\beta\in K$，$\delta\alpha^i=i\alpha^{i-1}\beta$ により定義する．このとき，$i\in\boldsymbol{Z}$ に対して，$0\leqq i+pm\leqq p-1$ になる m をえらぶと，$\delta(\alpha^{i+pm})=(i+pm)\alpha^{i+pm-1}\beta$．$\alpha^{pm}\in k$ だから，$\delta\alpha^i=i\alpha^{i-1}\beta$．これより $g_1(\alpha)$，$g_2(\alpha)\in K$ をとると，$\delta(g_1(\alpha)g_2(\alpha))=g_1(\alpha)\delta(g_2(\alpha))+g_2(\alpha)\delta(g_1(\alpha))$．すなわち，$\Omega^1{}_{K/k}\ni\delta\neq 0$．一般のときは同様にして初等体論でできるから略す．∎

本講で標数 p のでてくるところはここだけである．

b）　さて，B 加群 $\Omega^1{}_{B/A}$ ができたから，この q 次外積 $\Omega^q{}_{B/A}=\bigwedge^q\Omega_{B/A}$ をつくる．これを B の A 上の**正則 q 型式の加群**とよぶ．

例 5.3　$B=k[X_1,\cdots,X_n]$，$A=k$ ならば，

$$\Omega^q{}_{B/k}=\sum_{i(1)<\cdots<i(q)}k[X_1,\cdots,X_n]dX_{i(1)}\wedge\cdots\wedge dX_{i(q)}.$$

§5.5　関数体の型式

a）　k を標数 0 の体，M/k を n 次元（または超越次数 n の）代数関数体とする．すなわち，代数的に独立の元 $x_1,\cdots,x_n\in M$ があり，$M/k(x_1,\cdots,x_n)$ は有限拡大になる．さて $\Omega^1{}_{M/k}$ は何になるだろうか？

定理 5.2　$\Omega^1{}_{M/k}=\sum Mdx_i$，かつ $dx_1,\cdots,dx_n$ は M 上 1 次独立である．

証明　$M=k(x_1,\cdots,x_n)$ のとき，$d(f/g)=(gdf-fdg)/g^2$ だから，定理 5.1(iii) より，$\Omega^1{}_{M/k}=\sum Mdx_i$．$dx_1,\cdots,dx_n$ の 1 次独立性も当然である．一般には，$\alpha\in M$ をとるとき，α の $k(x_1,\cdots,x_n)$ 上の既約方程式

$$\alpha^m+\varphi_1\alpha^{m-1}+\cdots+\varphi_m=0,\qquad \varphi_j\in k(x_1,\cdots,x_n)$$

を考える．

$$(m\alpha^{m-1}+(m-1)\varphi_1\alpha^{m-2}+\cdots+\varphi_{m-1})d\alpha+d\varphi_1\cdot\alpha^{m-1}+\cdots+d\varphi_m=0.$$

k の標数は 0 だから，$m\alpha^{m-1}+(m-1)\varphi_1\alpha^{m-2}+\cdots+\varphi_{m-1}\neq 0$．よって，

$$d\alpha\in\sum Mdx_j.$$

さて $\Omega^1{}_{M/k}$ は M 加群として $d\alpha$ から生成されるから，

$$\Omega^1{}_{M/k}=\sum Mdx_j.$$

つぎに $dx_1,\cdots,dx_n$ が M 上 1 次独立なことをいう．それには $M_0=k[x_1,\cdots,x_n]$，$M_1=k[x_1,\cdots,x_n,\ Y]/(f(Y))$，$(f(Y)\in k[x_1,\cdots,x_n][Y])$ と $f(Y)$ をえらぶと，

$Q(M_1)=M$ にできる．そこで，$\Omega^1{}_{M_1/k}$ における $dx_1,\cdots,dx_n$ の M 上の独立性を §5.3, 例5.1と同様にして証明すればよい．▮

b) **補題5.1** S を B の乗法系とする．このとき

$$S^{-1}\Omega^1{}_{B/A}=\Omega^1{}_{S^{-1}B/A},$$

さらに，$A\to A_1$ を環準同型とし，$B_1=B\otimes_A A_1$ とおくと

$$\Omega^1{}_{B_1/A_1}\simeq\Omega^1{}_{B/A}\otimes_A A_1.$$

証明　前半の証明．$A\to S^{-1}B$ に対して，§5.2と同様の構成を行うが，§5.2の記号 J の代りに J_S と書く．自然に $J\to J_S$ ができる．$J/J^2\to J_S/J_S{}^2$ も導かれ，$J_S/J_S{}^2$ は S の元を可逆にするから，$\rho:S^{-1}J/J^2\to J_S/J_S{}^2$ が導かれる．

$\sum b_i'\otimes c_i'\in J_S$ について，$s,s'\in B$ に対し

$$ss'\sum b_i'\otimes c_i'=s\sum s'b_i'\otimes c_i'\equiv\sum s'b_i'\otimes sc_i' \mod J_S{}^2$$

に注意すると，$sb_i'\in B$, $s'c_i'\in B$ なるように $s,s'\in S$ を選べば

$$\rho\left(\frac{1}{ss'}(\sum s_ib_i'\otimes s'c_i')\right)=\sum b_i'\otimes c_i'\in\Omega^1{}_{S^{-1}B/A}.$$

一方，ρ が単射であることを示すのは，これほど容易でない．しかし，B が整域で Noether 環ならば，つぎの公式を用いると直ちに証明される．

$b^\sharp=b\otimes1-1\otimes b$ と書くとき，$b\in B$, $s\in S$ につき，

$$(b/s)^\sharp=1/s\cdot(b^\sharp-s^\sharp(1\otimes b/s)).$$

一般の場合の証明は略す．

後半の証明．分解する完全系列

$$0\longrightarrow J\longrightarrow B\otimes_A B\longrightarrow B\longrightarrow 0$$

に A_1 をテンソル積しても，やはり完全系列

$$0\longrightarrow J\otimes_A A_1\longrightarrow B\otimes_A B\otimes_A A_1=B_1\otimes_{A_1}B_1\longrightarrow B_1\longrightarrow 0$$

を得る．よって $J\otimes_A A_1=J_1$, $J^2\otimes_A A_1=J_1{}^2$．結局

$$J_1/J_1{}^2\simeq(J/J^2)\otimes_A A_1.$$ ▮

c) M を代数多様体，V の有理関数体を $R(V)$ とするとき，$\Omega^p{}_{M/k}$ の元を V **の有理 p 型式**という．$V\supset\operatorname{Spec}A=V_0$ をアフィン開集合とするとき，$\Omega^p{}_{A/k}$ の元を V_0 **上の正則 p 型式**という．V_0 が非特異の場合を以下詳しく論ずるが，定義だけなら，特異点があってもよい．しかし，その時の正則 p 型式は，かなり複雑になってくるので，とくに V_0 の **Kähler 微分 p 型式**とよんだりする．V_0

が特異点をもつとき，その非特異モデル $\mu: V^* \to V_0$ を考え，V^* の正則 p 型式を V_0 の正則 p 型式として理解するのが本講の立場であり，V_0 の Kähler 微分 p 型式とはっきり区別されるべきである．

§5.6 陰関数定理

a) R は n 次元正則局所環で k を含み，かつ R の極大イデアル $\mathfrak{m}$ による剰余体 $R/\mathfrak{m}$ として k が再現すると仮定する．$\mathfrak{m}$ の正則パラメータ系を $(x_1, \cdots, x_n)$ としよう．

定理 5.3 $$\Omega^1{}_{R/k} = \sum R dx_i.$$

証明 $\alpha \in R$, $a = \alpha \bmod \mathfrak{m} \in k$ をとると，$\alpha - a \in \mathfrak{m}$．よって，$\alpha = a + \sum \alpha_i x_i$ $(\alpha_i \in R)$ と書かれる．これより，$d\alpha = \sum x_i d\alpha_i + \sum \alpha_i dx_i$．すなわち，

$$\Omega^1{}_{R/k} = \sum R dx_i + \mathfrak{m}\Omega^1{}_{R/k}.$$

中山の補題(第1章問題27)により，$\Omega^1{}_{R/k} = \sum R dx_i$．∎

正則パラメータ系 $(x_1, \cdots, x_n)$ は，$Q(R)$ の超越基底をなす．§5.5, b) により，

$$\sum Q(R) dx_i = (R-0)^{-1}\Omega^1{}_{R/k} = \Omega^1{}_{Q(R)/k}.$$

ゆえに，$\sum R dx_i$ での $dx_1, \cdots, dx_n$ は $Q(R)$ 上1次独立でもある．

b) つぎに，局所環でない場合の正則1型式の加群 Ω^1 を考えてみる．複素多様体の座標近傍 U_i は，座標関数 $z_i{}^1, \cdots, z_i{}^n$ をもち，$p \in U_i$ につき，$(z_i{}^1 - z_i{}^1(p), \cdots, z_i{}^n - z_i{}^n(p))$ が，p の局所座標系をなすのであった．これの類似を考えてみようというのである．

k を標数0の代数閉体とし，$\boldsymbol{A}_k{}^N$ 内の閉部分多様体 $V = \operatorname{Spec} A = \operatorname{Spec}(k[X_1, \cdots, X_N]/\mathfrak{p})$ ($\mathfrak{p}$ は素イデアル) を考える．$\dim V = n$ とおき，$\mathfrak{p}$ の底 $(f_1, \cdots, f_m)$ を選んでおく．

$I = \{i(1), \cdots, i(N-n)\} \subset \{1, \cdots, m\}$, $J = \{j(1), \cdots, j(N-n)\} \subset \{1, \cdots, N\}$ に対し，

$$M_{I,J}(X) = \det \begin{bmatrix} \dfrac{\partial f_{i(1)}}{\partial X_{j(1)}} & \cdots & \dfrac{\partial f_{i(N-n)}}{\partial X_{j(1)}} \\ & \cdots\cdots & \\ \dfrac{\partial f_{i(1)}}{\partial X_{j(N-n)}} & \cdots & \dfrac{\partial f_{i(N-n)}}{\partial X_{j(N-n)}} \end{bmatrix}$$

を定義すると，V の閉点 p に対して，§2.7, f) により，

$$V \text{ は } p \text{ で特異} \Longleftrightarrow \text{すべての } I, J \text{ に対して } M_{I,J}(p) = 0.$$

そこで，V が 0 で非特異ならば，$I(0)=\{1,\cdots,N-n\}$，$J(0)=\{1,\cdots,N-n\}$ について，$M_{I(0),J(0)}(0)\neq 0$ としてよい．このとき，$x_1=X_1|V$, $\cdots$, $x_N=X_N|V$ とおくと，$x_{N-n+1},\cdots,x_N$ は $\mathcal{O}_{V,p}$ の正則パラメータ系になる．以下で，これを証明しよう．見通しよく論ずるために，形式的ベキ級数環内で考えることにする．

c)　補題 5.2　n 変数ベキ級数環 $\hat{R}=k[[X_1,\cdots,X_n]]$ を考える．$F_1,\cdots,F_n\in\hat{R}$ が $F_i(0)=0$, $\partial(F_1,\cdots,F_n)/\partial(X_1,\cdots,X_n)(0)\neq 0$ を満たすとき

$$\begin{aligned} \hat{R} &\xrightarrow{\varphi} \hat{R} \\ X_i &\longmapsto F_i(X) \end{aligned}$$

は同型を与える．とくに，

$$k[[X_1,\cdots,X_n]] = k[[F_1(X),\cdots,F_n(X)]].$$

φ の逆を ψ と書くと，$\psi(X_i)=G_i(X)$ はつぎの条件を満たす．

$$F_1(G_1(X),\cdots,G_n(X)) = X_1, \quad \cdots, \quad F_n(G_1(X),\cdots,G_n(X)) = X_n,$$

および

$$G_1(F_1(X),\cdots,F_n(X)) = X_1, \quad \cdots, \quad G_n(F_1(X),\cdots,F_n(X)) = X_n.$$

証明　$\hat{\mathfrak{m}}=(X_1,\cdots,X_n)$ は $\hat{R}$ のただ一つの極大イデアル．さて，

$$F_i(X) = \sum c_{ij}X_j + H_i(X)$$

と $\operatorname{ord} H_i(X)\geqq 2$ の項を分離して書くと，

$$\frac{\partial(F_1,\cdots,F_n)}{\partial(X_1,\cdots,X_n)}(0) = \det[c_{ij}].$$

$X_1,\cdots,X_n$ に線型変換を行い，$c_{ij}=\delta_{ij}$ にできる．すると，$F_i(X)=X_i+H_i(X)$.

さて，$\hat{R}$ の $\hat{\mathfrak{m}}$ による次数環 $\operatorname{gr}^{\cdot}\hat{R}=\bigoplus\hat{\mathfrak{m}}^j/\hat{\mathfrak{m}}^{j+1}$ をつくる．φ の $\hat{\mathfrak{m}}^j/\hat{\mathfrak{m}}^{j+1}$ 上にひきおこす準同型は恒等写像である．$\varphi(\hat{\mathfrak{m}}^j)\subset\hat{\mathfrak{m}}^j$ だから $\varphi_j:\hat{R}/\hat{\mathfrak{m}}^{j+1}\to\hat{R}/\hat{\mathfrak{m}}^{j+1}$ が導かれる．$\eta \bmod \hat{\mathfrak{m}}^{j+1}$ を $\operatorname{Ker}\varphi_j$ からとる．$\eta\not\equiv 0 \bmod \hat{\mathfrak{m}}^{j+1}$ ならば，$\operatorname{ord}\eta=\nu\leqq j$. よって，0 でない $\bar{\eta}=\eta \bmod \hat{\mathfrak{m}}^{\nu+1}\in\hat{\mathfrak{m}}^\nu/\hat{\mathfrak{m}}^{\nu+1}$ が定まり，$\varphi_\nu(\eta)=\varphi_\nu(\bar{\eta})=\bar{\eta}\neq 0$. 一方，$\varphi_j(\eta)=\varphi(\eta) \bmod \hat{\mathfrak{m}}^{j+1}=0$. よって，$\varphi_\nu(\eta)\equiv\varphi(\eta) \bmod \mathfrak{m}^\nu=0$. これで矛盾．すなわち，$\varphi_j$ は単射．$\dim\hat{R}/\hat{\mathfrak{m}}^{j+1}<\infty$ だから，φ_j は全射にもなり，$\varphi_j:\hat{R}/\hat{\mathfrak{m}}^{j+1}\simeq\hat{R}/\hat{\mathfrak{m}}^{j+1}$. そして $\varphi_j \bmod \hat{\mathfrak{m}}^j=\varphi_{j-1}$. だから，$\psi_j=\varphi_j^{-1}$ を定めると，$\psi_j \bmod \hat{\mathfrak{m}}^j=\psi_{j-1}$. $\varprojlim\psi_j=\psi$ は $\hat{R}\to\hat{R}$ の同型で，$\psi\cdot\varphi=\mathrm{id}$ である．一方，$\varphi_j\psi_j=\mathrm{id}$ だから $\varphi\cdot\psi=\mathrm{id}$ でもある．∎

d) **補題 5.3** (陰関数定理) $F_1, \cdots, F_n \in \hat{R}_N = k[[X_1, \cdots, X_n, Y_1, \cdots, Y_m]]$ ($n+m=N$) が $\partial(F_1, \cdots, F_n)/\partial(X_1, \cdots, X_n)(0) \neq 0$ を満たすとき，つぎの条件を満たす $H_1(Y), \cdots, H_n(Y) \in \hat{R}_n = k[[Y_1, \cdots, Y_m]]$ が存在する.

(i) $F_1(H_1(Y), \cdots, H_n(Y), Y) = 0, \ \cdots, \ F_n(H_1(Y), \cdots, H_n(Y), Y) = 0$,

(ii) $\hat{R}_N/(F_1, \cdots, F_n) = k[[Y_1, \cdots, Y_m]]$,

とくに

$$(X_1, \cdots, X_n, Y_1, \cdots, Y_m)\hat{R}_N/(F_1, \cdots, F_n) = (Y_1, \cdots, Y_m)k[[Y_1, \cdots, Y_m]].$$

証明 $F_{n+1} = Y_1, \ \cdots, \ F_N = Y_m$ と補うと,

$$\frac{\partial(F_1, \cdots, F_N)}{\partial(X_1, \cdots, Y_m)}(0) \neq 0.$$

ゆえに，補題 5.2 によって,

$$k[[X_1, \cdots, Y_m]] = k[[F_1, \cdots, F_n, Y_1, \cdots, Y_m]].$$

これより (ii) は明らかである．さて，上式左辺の X_i を右辺の F_j や Y_l で $X_i = \Psi_i(F_1, \cdots, F_n, Y_1, \cdots, Y_m)$ と書くとき,

$$F_j = F_j(X, Y) = F_j(\Psi_1(F, Y), \cdots, \Psi_n(F, Y), Y).$$

さて，$\mathrm{mod}(F_1, \cdots, F_n)$ で考え $H_j(Y) = \Psi_j(0, Y)$ とおけば,

$$F_j(H_1(Y), \cdots, H_n(Y), Y) = 0. \qquad \blacksquare$$

代数多様体の局所環とその完備化とのもっとも基本的な事実はつぎの補題である (第1章問題16参照).

補題 5.4 R を局所 Noether 環，$\hat{R}$ をその完備化とする．$f_1, \cdots, f_r \in R$, $g \in R$ に対し，或る $\varphi_1, \cdots, \varphi_r \in \hat{R}$ があって，$g = \sum \varphi_i f_i$ と書けるならば，$g_1, \cdots, g_r \in R$ が存在して，$g = \sum g_i f_i$ である. ——

この帰結は，$\mathfrak{a} = (f_1, \cdots, f_r) \subset R$ とイデアルを定義するとき，$R \cap \mathfrak{a}\hat{R} = \mathfrak{a}$ と簡略に書かれる．簡略すぎて印象が薄くなる欠点もあろう.

e) さて §5.6, b) の証明につづけよう．$R = \mathcal{O}_{V,0}$ とおくと，補題 5.3 によって

$$x_1, \cdots, x_{N-n} \in \hat{R} = k[[x_{N-n+1}, \cdots, x_N]].$$

よって補題 5.4 から

$$x_1, \cdots, x_{N-n} \in (x_{N-n+1}, \cdots, x_N)R.$$

$\dim R = n$ だから，$(x_{N-n+1}, \cdots, x_N)$ が R の正則パラメータ系になる.

さらに，V 内に，$M_{I(0),J(0)}(p) \neq 0$ なる閉点 p をとって，$x_1 - \bar{x}_1(p), \ \cdots, \ x_N -$

$\bar{x}_N(p)$ に同様の考察を行い，$x_{N-n+1}-\bar{x}_{N-n+1}(p)$, …, $x_N-\bar{x}_N(p)$ が，p での V の正則パラメータ系になることを知る．

f）記号の節約上，V において，$\partial(f_1, \cdots, f_{N-n})/\partial(X_1, \cdots, X_{N-n}) \neq 0$ とし，$x_1 = X_{N-n+1}|V$, …, $x_n = X_N|V$ が V の正則パラメータ系を各点で与えるとしておこう．このような V を p の**座標近傍**という．$A=\Gamma(V, \mathcal{O}_V)$ とおくと，$A_0 = k[x_1, \cdots, x_n] \subset A$ ができて，各閉点 $p \in V$ において，$f={}^a j$ とし，$f(p)=p_0$ と書くとき，$f^*: \mathcal{O}_{V_0,p_0} \to \mathcal{O}_{V,p}$ は，同型 $\hat{\mathcal{O}}_{V_0,p_0} \simeq \hat{\mathcal{O}}_{V,p} \simeq k[[x_1, \cdots, x_n]]$ をひき起こす．それ故，$\Omega^1{}_{A/A_0}=0$. いいかえると，$f: V \to \boldsymbol{A}_k{}^n$ は，中へのエタール写像になる．一般に代数多様体 X から Y への正則写像 f は各閉点 $x \in X$ において，$y=f(x)$ と書くと，$f^*: \mathcal{O}_y \to \mathcal{O}_x$ が完備化での同型 $\hat{\mathcal{O}}_y \simeq \hat{\mathcal{O}}_x$ をひき起こすとき，**エタール写像**とよばれる．

§5.7　層 $\Omega_{X/Y}$

a）§5.2を一般化しよう．$f: X \to Y$ を分離的とすると，$\mu: X \to X \times_Y X$ は閉埋入であって，イデアル層 $\mathcal{I} \subset \mathcal{O}_{X\times X}$ できまる．$\mathcal{I}/\mathcal{I}^2$ を $\mathcal{O}_X \simeq \mathcal{O}_{X\times X}/\mathcal{I}$ により，$\mathcal{O}_X$ 加群層とみて，$\Omega^1{}_{X/Y}$ とおく．$X=\mathrm{Spec}\, B$, $Y=\mathrm{Spec}\, A$ のときには $\Omega^1{}_{X/Y} = \tilde{\Omega}^1{}_{B/A}$ となる．$\Omega^p{}_{X/Y} = \overset{p}{\wedge} \Omega^1{}_{X/Y}$ と定義できるが，もっとも重大な場合は，k を標数0の閉体とした $Y=\mathrm{Spec}\, k$, X を k 上非特異代数多様体 V とした $\Omega^p{}_{V/k}$ である．このとき $\Omega^1{}_{V/k}$ は**階数 n の局所自由層**，$\Omega^p{}_{V/k}$ は階数 $\binom{n}{p}$ の局所自由層である．とくに，$\Omega^n{}_V$ は**可逆層**になる．$\Omega^n{}_V$ に応じる因子を $K(V)$ で表し，V の**標準因子** (canonical divisor) という．この事実はまことに大事なことである．

実際§5.6, f) のように，V を小さくとり V_0 とおくと，

$$\Omega_{V_0/k} = \sum \mathcal{O}_{V_0} dx_i \simeq \mathcal{O}_{V_0} \oplus \cdots \oplus \mathcal{O}_{V_0}.$$

$\Omega^1{}_{V/k}$ は V_0 上自由になり，一般の非特異代数多様体 V はこれら V_0 のはり合せだから，上のことは当然であろう．このような $(x_1, \cdots, x_n)$ を座標近傍 V_0 での**正則パラメータ系**という．

$\Gamma(V, \Omega^p{}_{V/k})$ の元　　を　V 上の**正則 p 型式**，

$\Gamma(\dot{V}, \Omega^p{}_{V/k} \otimes \tilde{R}(V)) = \Omega^p{}_{R(V)/k}$ の元　　を　V 上の**有理 p 型式**

とよぶ．

b）**例 5.4**　射影直線 $\boldsymbol{P}_k{}^1$ は，$V_0=\boldsymbol{A}^1$ と $V_1=\boldsymbol{A}^1$ のはり合せで，$V_0=\mathrm{Spec}$

$k[z_0]$, $V_1=\mathrm{Spec}\, k[z_1]$, $V_0\cap V_1=\mathrm{Spec}\, k[z_0, 1/z_0]=\mathrm{Spec}\, k[1/z_1, z_1]$. だから, 閉点のみで考えるとき, $\boldsymbol{P}^1=\boldsymbol{A}^1\cup\boldsymbol{A}^1$ (ただし $z_0\in\boldsymbol{A}^1-(0)$ と $z_1\in\boldsymbol{A}^1-(0)$ は $z_1=1/z_0$ のとき同一視) としても $\boldsymbol{P}^1$ は得られる. ともかく, $\omega\in\Gamma(\boldsymbol{P}^1, \Omega^1{}_{\boldsymbol{P}})$ は, $\omega\,|\,V_0=\varphi(z_0)dz_0$ と書くと, $\varphi(z_0)$ は $\boldsymbol{A}^1$ 上正則な有理関数だから, z_0 の多項式である. $\omega\,|\,V_1=\varphi_1(z_1)dz_1$ とも書かれるから,

$$\omega\,|\,V_0\cap V_1=\varphi_0(z_0)dz_0=-\varphi_0(1/z_1)\cdot 1/z_1{}^2dz_1$$

により

$$\varphi_1=-\varphi_0(1/z_1)\cdot 1/z_1{}^2.$$

φ_0, φ_1 はともに多項式であり, 結局, $\varphi_0=0$, $\varphi_1=0$ となってしまう. すなわち,

$$\Gamma(\boldsymbol{P}^1, \Omega^1{}_{\boldsymbol{P}})=0.$$

c) **例 5.5** $\boldsymbol{P}^2$ の非特異曲線 $C=V_+(X_0{}^n-X_1{}^n-X_2{}^n)$ の正則1型式 ω を求めてみよう. $C\cap D_+(X_0)$ において, $x=X_1/X_0$, $y=X_2/X_0$ とおくと, $f=x^n+y^n-1=0$. $\bar{y}(p)\neq 0$ なる閉点 p で, $\partial f/\partial y=ny^{n-1}$ より, $x-\bar{x}(p)$ は正則パラメータである. したがって, $x^n=1-y^n$ によると,

$$\omega=\sum_{j=0}^{n-1}a_j(y)x^jdx, \qquad a_j(y)\in k[y, y^{-1}].$$

さらに, $\bar{y}(p)=0$ の近くでは, $\bar{x}(p)\neq 0$ で $x^{n-1}dx=-y^{n-1}dy$ だから,

$$\omega=\sum a_j(y)x^jdx=-\sum a_j(y)y^{n-1}x^{j+1-n}dy$$

によると, $a_j(y)y^{n-1}$ は多項式となる. すなわち,

$$\omega=P(x, y)\frac{dx}{y^{n-1}} \qquad (P(x, y)\text{ は多項式, }x\text{ についての次数が }n-1\text{ 以下}).$$

$\xi=X_0/X_1=1/x$, $\eta=X_2/X_1=y/x$ と表すとき, ω は $C\cap D_+(X_1)$ 上でも正則だから, $\omega=-P(1/\xi, \eta/\xi)\xi^{n-3}d\xi/\eta^{n-1}$ と書けて, $P(1/\xi, \eta/\xi)\xi^{n-3}$ も多項式となる. すなわち, P は高々 $n-3$ 次の多項式となることがわかった. このような P は

$$1,\ x,\ y,\ x^2,\ xy,\ \cdots,\ y^{n-3}$$

の1次結合である. またこれからつくられる ω は $C\cap D_+(X_2)$ でも正則型式を与えることはみやすい. よって

$$\dim\Gamma(C, \Omega^1{}_{C/k})=\frac{(n-1)(n-2)}{2}.$$

とくに, $n=3$ ならば $\omega=\alpha dx/y^2$. $n=4$ ならば

$$\omega=\alpha\frac{dx}{y^3}+\beta\frac{xdx}{y^3}+\gamma\frac{dx}{y^2}$$

と書かれるわけである．

d）例5.5の議論は，Cが非特異平面曲線というところだけが要点である．実際，既約斉n次式$F(X_0,X_1,X_2)$により，非特異代数曲線$C=V_+(F(X_0,X_1,X_2))\subset \boldsymbol{P}^2$が与えられたとしよう．$f(x,y)=F(1,x,y)$と書くと，$f_xdx+f_ydy=0$．よって，$f_y(p)\neq 0$なる閉点$p$では，$x-\bar{x}(p)$を正則パラメータに，また$f_x(p')\neq 0$なる閉点$p'$では，$y-\bar{y}(p')$を正則パラメータにとれる．$C\cap D_+(X_0)$の正則1型式$\omega$を

$$\omega=P(x,y)\frac{dx}{f_y}=-P(x,y)\frac{dy}{f_x}$$

と書くとき，$P\in R(C)=Q(k[x,y]/(f))$は，$C\cap D_+(X_0)=\mathrm{Spec}(k[x,y]/(f))$の開集合$D(f_y)$上正則，また$D(f_x)$上正則である．$C\cap D_+(X_0)$は非特異だから，$C\cap D_+(X_0)=D(f_x)\cup D(f_y)$である．かくして，$P\in k[x,y]/(f)$である．結局，$P$は多項式と考えられる．ついで，$x=1/\xi$, $y=\eta/\xi$と無限遠点のパラメータを導入して，ξ,ηについての正則性から$\deg P\leqq n-3$を得る．よって$\dim H^0(C,\Omega^1{}_C)=(n-1)(n-2)/2$である．

§5.8　正則型式の接続

a）一般にVを非特異代数多様体，ωをVの有理q型式とする．Vの空でない開集合U上で$\omega=0$ならばV全体でも0である．なぜならば，Vの任意の座標近傍をV_α，その正則パラメータ系を$(z_\alpha{}^1,\cdots,z_\alpha{}^n)$とすると，

$$\omega=\sum_I a_I dz_\alpha{}^{i(1)}\wedge\cdots\wedge dz_\alpha{}^{i(q)}\qquad (I=(i(1)<\cdots<i(q)))$$

と書かれる．$V_\alpha\cap U$は空でないから，$\omega|V_\alpha\cap U=0$より，$a_I|V_\alpha\cap U=0$．これは$a_I|V_\alpha=a_I=0$を意味する．

みかけ上一般にのべると，つぎの定理になる．

定理 5.4　ω_1,ω_2をV上の有理q型式とする．$\omega_1|U=\omega_2|U$を満たすならば

$$\omega_1=\omega_2.$$

――

証明の鍵は，$\omega|V_\alpha\cap U=0$ならば$a_I|V_\alpha\cap U=0$なので，結局，$dz_\alpha{}^{i(1)}\wedge\cdots\wedge dz_\alpha{}^{i(q)}$の独立性，いいかえると，$\Omega^q{}_V$の局所自由性にある．$\Omega^q{}_V$が局所自由，

をいいかえると，$\Omega^q{}_V$ はベクトル束の層だから第2章問題12によって，正則型式の接続定理も自動的に示される．

b) **定理 5.5** F を $\mathrm{codim}(F, V)=\mathrm{codim}\, F\geqq 2$ の閉集合とする．$V-F$ 上の正則 q 型式は V 上の正則 q 型式に接続される．式で書けば ——

$$\Gamma(V, \Omega^q{}_V) \simeq \Gamma(V-F, \Omega^q{}_{V-F}).$$

ここの矢印は，$\omega \in \Gamma(V, \Omega^q{}_V)$ を $V-F$ 上に制限して，$\Gamma(V-F, \Omega^q)$ の元とみなす写像である．

念のために，V の空でない開集合上の有理 q 型式は，直ちに V の有理 q 型式ともみなされることに注意を向けておく．

§5.9 型式のひき戻し

a) V_1, V_2 を非特異代数多様体，$f: V_1\to V_2$ を正則写像とし，$f(p_1)=p_2$ としよう．p_2 での正則パラメータ系を $(x_1, \cdots, x_n)$，p_1 での正則パラメータ系を $(y_1, \cdots, y_m)$ とする．

$f^*(x_j)$ は $y_1, \cdots, y_m$ の (p_1 の近傍での) 正則関数と書かれる．ω を V_2 の正則 q 型式とすると，

$$\omega = \sum_I a_I dx_{i(1)} \wedge \cdots \wedge dx_{i(q)}.$$

$f^*(x_j)$ を x_j と略記して，

$$\sum_I a_I\circ f\left(\sum \frac{\partial x_{i(1)}}{\partial y_{j(1)}} dy_{j(1)}\right) \wedge \cdots \wedge \left(\sum \frac{\partial x_{i(q)}}{\partial y_{j(q)}} dy_{j(q)}\right)$$

は p_1 の近傍で正則 q 型式．各 p_1 でこのように表され，V_1 全体で一つの正則 q 型式を定義するから，これを $f^*\omega$ とおこう．かくして，

$$f^*:\ \Gamma(V_2, \Omega^q{}_{V_2}) \longrightarrow \Gamma(V_1, \Omega^q{}_{V_1})$$

が定まる．$f^*\omega$ を ω の f による**ひき戻し** (pull back) という．f が埋入 $W\subset V$ のとき $f^*\omega$ を $\omega|W$ とも書く．そして ω の W 上への制限とよぶ．有理 q 型式については，ひき戻しができないこともある．しかし，f が**支配的**，いいかえると，$f(V_1)$ が V_2 の空でない開集合を含むときはいつでもひき戻せる．それは，V_2 の有理 q 型式 ω_2 も，V_2 の或る空でない開集合 U 上正則であり，$U\cap f(V_1) \neq \phi$ より $f^{-1}(U)\neq\phi$ だから，$f^*(\omega_2|U)$ として，$f^{-1}(U)$ 上の正則 q 型式がきまる，すなわち V_1 上の有理 q 型式を得る，からである．

このことは，関数体で考えるとより鮮明になる．f が支配的だから，単射 $f^*: R(V_2) \hookrightarrow R(V_1)$ を得る．$R(V_2)$ の超越基底を $x_1, \cdots, x_n$，$R(V_1)$ の超越基底を $y_1, \cdots, y_m$ とする．$a_I \in R(V_2)$ により，有理 q 型式 ω は

$$\omega = \sum_I a_I dx_{i(1)} \wedge \cdots \wedge dx_{i(q)}$$

と書かれるから，

$$f^*\omega = \sum_I f^*(a_I)\left(\sum_{j(1)} \frac{\partial x_{i(1)}}{\partial y_{j(1)}} dy_{j(1)}\right) \wedge \cdots \wedge \left(\sum_{j(q)} \frac{\partial x_{i(q)}}{\partial y_{j(q)}} dy_{j(q)}\right)$$

として，$\Omega^q{}_{R(V_1)/k}$ の元を得る．

とくに，$y_1 = x_1$, $\cdots$, $y_n = x_n$, y_{n+1}, $\cdots$, y_m に $R(V_1)/k$ の超越基底を選べば，もっと，みやすく，

$$f^*\omega = \sum a_I dx_{i(1)} \wedge \cdots \wedge dx_{i(q)}$$

でよい．このときは，a_I を $R(V_1)$ の元とみなすだけのことである．だから，$\omega \neq 0$ ならば，むろん $f^*\omega \neq 0$ である．

b)　つぎに，f を有理写像 $f: V_1 \to V_2$，しかし，$\mathrm{codim}(F, V_1) \geqq 2$ の閉集合 F を除くと正則，と仮定しよう．V_2 上の正則 q 型式 ω は，$V_1 - F$ 上の正則 q 型式 $(f|(V_1 - F))^*\omega$ をひき起こす．定理5.5により，$(f|(V_1 - F))^*\omega$ は V_1 上の正則 q 型式 ω_1 にまで一意(定理5.4)に接続されるから，$f^*\omega = \omega_1$ と書こう．

さて，第2章の定理2.13によると，V_2 が完備ならば，有理写像 $f: V_1 \to V_2$ は $\mathrm{codim}(V_1 - \mathrm{dom}(f), V_1) \geqq 2$ であった．ゆえに，V_2 が完備ならば，有理写像 f について

$$f^*: \Gamma(V_2, \Omega^q) \longrightarrow \Gamma(V_1, \Omega^q)$$

が定まる．明らかに $(g \cdot f)^* = f^* \cdot g^*$ である．かくて V_1, V_2 がともに完備，f が双有理的ならば，f^* は**同型写像**，が導かれた．すなわち，$\dim \Gamma(V_1, \Omega^q)$ は**双有理不変**なのである．

c)　以上では，煩瑣をさけるため q 型式と書いたが，もっと一般の正則型式でも同様の推論が実行できる．

V を n 次元非特異完備代数多様体とする．$m_1, \cdots, m_n \geqq 0$ に対し，

$$T_{m_1, \cdots, m_n}(V) = H^0(V,\ (\Omega^1)^{\otimes m_1} \otimes \cdots \otimes (\Omega^n)^{\otimes m_n})$$

とおくとき，この元を**正則** $(m_1, \cdots, m_n)$ **型式**といい，$(0, \cdots, 0, m)$ 型式を $\boldsymbol{m}$ **重** $\boldsymbol{n}$ **型式**という．

定理 5.6　V_1, V_2 を V と同じ条件を満たす多様体とし，$n(i)=\dim V_i$ とする，$f: V_1 \to V_2$ を支配的有理写像とすると，

(i)　$f^*: T_{m_1,\cdots,m_{n(2)}}(V_2) \to T_{m_1,\cdots,m_{n(2)},0,\cdots,0}(V_1)$ は，1対1の線型写像，

(ii)　$(g\cdot f)^* = f^*\cdot g^*$,

(iii)　f が双有理写像ならば，f^* は同型．——

かくして，**双有理不変数**

$$P_{m_1,\cdots,m_n}(V) = \dim T_{m_1,\cdots,m_n}(V)$$

が定義された．これを $(m_1, \cdots, m_n)$ **種数**という．とくに

$q(V) = P_{1,0,\cdots,0}(V)$　を　V の**不正則数** (irregularity),

$p_g(V) = P_{0,\cdots,0,1}(V)$　を　V の**幾何種数** (geometric genus),

$P_m(V) = P_{0,\cdots,0,m}(V)$　を　V の $\boldsymbol{m}$ **種数** (m-genus)

という．$n=1$ のとき，V は曲線で $p_g(V)=q(V)$ であるが，これを V の**種数**といい，$g(V)$ または $p(V)$ で示す．

d)　さて，標数 0 の代数閉体 k 上の**代数関数体**を M としよう．代数関数体というと立派にきこえるが，k 上有限生成の体の意味にすぎない．さて，**広中の定理** (§7.31, a)) によると，非特異射影代数多様体 V があって $R(V)=M$. このような V は M に対し，一意ではないが，みな双有理同値である．したがって，

$$P_{m_1,\cdots,m_n}(M) = P_{m_1,\cdots,m_n}(V)$$

とおき，関数体 M の $(m_1, \cdots, m_n)$ **種数**が定義される．

このようにして，あっけなく**種数の双有理不変性**が確立されたが，それは，代数多様体を厳密に定義し，その初等的性質をていねいに調べ証明してきたからである．

e)　種数の発見とその研究は代数幾何学の主要テーマの一つであり，代数幾何学発達史を概観するのによい手引となる．

(i)　代数曲線の種数 g の発見，N. Abel,

(ii)　代数曲線の種数 g の研究，B. Riemann, K. Weierstrass,

(iii)　代数曲面の p_g の双有理不変性，A. Clebsch,

(iv)　代数曲面の p_g, q の系統的研究，M. Noether,

(v)　$P_2, \cdots, P_m$ の発見とそれによる曲面の分類論，G. Castelnuovo, F. Enriques.

一般の $P_{m_1,\cdots,m_n}$ の双有理不変性が本格的に用いられるには，特異点の解消理論が不可欠であり，1964年(広中平祐，Ann. of Math. 82, 1964)をまたねばならなかった．本講は，これらの多種数，および第11章で導入される対数的多種数により，代数多様体の構造を一般に論じようとする立場にたつ．この試みは現在完結には程遠いが，得られた結果は簡明で，どちらかというと，容易なものである．本格的研究は，けだし将来の問題なのであろう．

§5.10 同伴公式

a）X を $n+1$ 次元非特異代数多様体，V を X の非特異完備素因子，すなわち，余次元1の X の閉部分非特異完備多様体とする．ω を X 上の有理 n 型式とし，V の一般の点 p で(あるいは，V の生成点で(§7.19, b)参照))，ω は正則であると仮定する．ω の V 上への制限 $\omega|V$ は V の有理 n 型式である．しかし，$\omega\neq 0$ でも $\omega|V=0$ かもしれない．定理5.6(i)では f を支配的と仮定しているため $f^*\omega\neq 0$ になっている．しかし，閉埋入 $j: V\to X$ は支配的から程遠い．

さて，閉点 $p\in V$ を含む X の座標近傍 X_α の正則パラメータ系を $(z_\alpha{}^1,\cdots,z_\alpha{}^n, w_\alpha)$ とする．ここで，$V\cap X_\alpha$ は $w_\alpha=0$ で定義されるとしよう．

$$\omega=\varphi_\alpha dz_\alpha{}^1\wedge\cdots\wedge dz_\alpha{}^n+\varphi_\alpha{}^1 dz_\alpha{}^1\wedge\cdots\wedge dz_\alpha{}^{n-1}\wedge dw_\alpha+\cdots \qquad (\varphi_\alpha\in R(V)).$$

さて，$\bar{\varphi}_\alpha=\varphi_\alpha \bmod (w_\alpha)$ は V の有理関数である．よって

$$\omega|V=\bar{\varphi}_\alpha dz_\alpha{}^1\wedge\cdots\wedge dz_\alpha{}^n.$$

もし $\bar{\varphi}_\alpha=0$ ならば，$\varphi_\alpha=w_\alpha{}^e\varphi_\alpha{}'$ $(\varphi_\alpha{}'\in\mathcal{O}_{V,p})$ となる最大の $e>0$ がある．w_α は V の有理関数だから，ψ とあらためて書き，ω を $\omega\psi^{-e}=\omega'$ でおきかえて考え直す．よって $\omega'|V\neq 0$．ω' を ω と書き直す．$\omega|V\neq 0$ となったから，任意の閉点でも $\bar{\varphi}_\beta$ は V の有理関数として0ではない．

$$\begin{aligned}\omega&=\varphi_\alpha dz_\alpha{}^1\wedge\cdots\wedge dz_\alpha{}^n+\varphi_\alpha{}^1 dz_\alpha{}^1\wedge\cdots\wedge dw_\alpha+\cdots\\&=\varphi_\beta dz_\beta{}^1\wedge\cdots\wedge dz_\beta{}^n+\varphi_\beta{}^1 dz_\beta{}^1\wedge\cdots\wedge dw_\beta+\cdots\end{aligned}$$

により

$$\begin{aligned}\varphi_\alpha dz_\alpha{}^1\wedge\cdots\wedge dz_\alpha{}^n\wedge dw_\alpha&=\varphi_\beta dz_\beta{}^1\wedge\cdots\wedge dz_\beta{}^n\wedge dw_\alpha+\cdots\\&=\varphi_\beta\frac{\partial w_\alpha}{\partial w_\beta}dz_\beta{}^1\wedge\cdots\wedge dz_\beta{}^n\wedge dw_\beta.\end{aligned}$$

これより

$$\varphi_\alpha \cdot \frac{\partial(z_\alpha{}^1, \cdots, z_\alpha{}^n, w_\alpha)}{\partial(z_\beta{}^1, \cdots, z_\beta{}^n, w_\beta)} = \varphi_\beta \cdot \frac{\partial w_\alpha}{\partial w_\beta}.$$

ゆえに

$$(*) \qquad \bar{\varphi}_\alpha \cdot \frac{\partial(z_\alpha{}^1, \cdots, z_\alpha{}^n, w_\alpha)}{\partial(z_\beta{}^1, \cdots, z_\beta{}^n, w_\beta)}\Bigg| V = \bar{\varphi}_\beta \cdot \frac{\partial w_\alpha}{\partial w_\beta}\Bigg| V.$$

$w_\alpha = e_{\alpha\beta} w_\beta$ と書くとき,

$$\frac{\partial w_\alpha}{\partial w_\beta}\Bigg| V = e_{\alpha\beta} \,|\, V.$$

さて, $\{e_{\alpha\beta}\}$ は V の決める 1-コホモロジー類, また, $\{\bar{\varphi}_\alpha/\bar{\varphi}_\beta\}$ は $K(V)$ の決める 1-コホモロジー類である. ゆえに, (*)より, つぎの公式を得る.

定理 5.7 (同伴公式) $\qquad K(V) = (K(X)+V) \,|\, V.$ ——

b) $\boldsymbol{P}^n$ の標準因子を求めてみよう. $\boldsymbol{P}^n$ の同次座標を $X_0, \cdots, X_n$ とし,

$\{X_0 \neq 0\} = U_0 \simeq \boldsymbol{A}^n$ の座標を $x_0{}^1 = X_1/X_0,\ x_0{}^2 = X_2/X_0,\ \cdots,\ x_0{}^n = X_n/X_0$ で与え,

$\{X_1 \neq 0\} = U_1 \simeq \boldsymbol{A}^n$ の座標を $x_1{}^0 = X_0/X_1,\ x_1{}^2 = X_2/X_1,\ \cdots,\ x_1{}^n = X_n/X_1$ で与え,

$$\cdots\cdots\cdots\cdots\cdots.$$

そこで, U_0 と U_1 の貼り合せは

$$x_1{}^0 = 1/x_0{}^1, \qquad x_1{}^2 = x_0{}^2/x_0{}^1, \qquad \cdots, \qquad x_1{}^n = x_0{}^n/x_0{}^1.$$

U_0 と U_2 の貼り合せは

$$x_2{}^0 = 1/x_0{}^2, \qquad x_2{}^1 = x_0{}^1/x_0{}^2, \qquad \cdots, \qquad x_2{}^n = x_0{}^n/x_0{}^2,$$

$$\cdots\cdots\cdots\cdots\cdots.$$

さて,

$$dx_1{}^0 \wedge \cdots \wedge dx_1{}^n = -\frac{1}{(x_0{}^1)^{n+1}} dx_0{}^1 \wedge \cdots \wedge dx_0{}^n,$$

$$dx_2{}^0 \wedge \cdots \wedge dx_2{}^n = \frac{1}{(x_0{}^2)^{n+1}} dx_0{}^1 \wedge \cdots \wedge dx_0{}^n,$$

$$\cdots\cdots\cdots\cdots\cdots,$$

$$\omega = dx_0{}^1 \wedge \cdots \wedge dx_0{}^n = \frac{-1}{(x_1{}^0)^{n+1}} dx_1{}^0 \wedge \cdots \wedge dx_1{}^n$$

$$= \frac{1}{(x_2{}^0)^{n+1}} dx_2{}^0 \wedge \cdots \wedge dx_2{}^n = \cdots,$$

とおこう．すると，因子(ω)は，U_0上でϕ，U_1上で$-(n+1)V(x_1{}^0)$，U_2上で$-(n+1)V(x_2{}^0)$，$\cdots$．

c)　一方$\boldsymbol{P}^n$の超平面$V_+(X_0)$を考える．$U_i\cap V_+(X_0)$は$x_i{}^0=0$で定義される．

$$1\cdot X_0 = X_0/X_1\cdot X_1 = x_1{}^0\cdot X_1 = X_0/X_2\cdot X_2 = x_2{}^0\cdot X_2 = \cdots$$

となる関係式により，可逆層$\mathscr{L}$をつぎの条件で定める．

$$\mathscr{L}\mid U_0 = \mathcal{O}_{U_0}\cdot X_0, \quad \mathscr{L}\mid U_1 = \mathcal{O}_{U_1}\cdot X_1, \quad \cdots, \quad \mathscr{L}\mid U_n = \mathcal{O}_{U_n}\cdot X_n.$$

この$\mathscr{L}$を$\mathcal{O}(H)$で表す．すると，$H^0(\boldsymbol{P}^n, \mathcal{O}(mH))\ni F$はつぎのように表示できる．

$$F\mid U_0 = \varphi_0(x_0{}^1, \cdots, x_0{}^n)X_0{}^m, \quad F\mid U_1 = \varphi_1(x_1{}^0, \cdots, x_1{}^n)X_1{}^m, \quad \cdots.$$

さて，φ_0は$U_0=\boldsymbol{A}^n$上正則だから，$x_0{}^1, \cdots, x_0{}^n$の多項式になる．また，$\varphi_0=\varphi_1/(x_1{}^0)^m$は，$\xi_1=x_0{}^1$，$\xi_2=x_0{}^2$，$\cdots$，$\xi_n=x_0{}^n$と書くと，次式を導く．

$$\varphi_0(\xi_1, \cdots, \xi_n) = \xi_1{}^m\varphi_1(1/\xi_1, \xi_2/\xi_1, \cdots, \xi_n/\xi_1).$$

左辺は，ξ_iの多項式だから，

$$\varphi_1(x_1{}^0, x_1{}^2, \cdots, x_1{}^n) \quad \text{は}\quad \text{高々}\ m\ \text{次の多項式}.$$

よって

$$\varphi_1(X_0/X_1, X_2/X_1, \cdots, X_n/X_1)X_1{}^m \quad \text{は}\quad \text{斉次}\ m\ \text{次多項式}.$$

かくして，

$$H^0(\boldsymbol{P}^n, \mathcal{O}(mH)) = \{\text{斉次}\ m\ \text{次多項式}\}$$

が検証された．さらに

$$(\omega) = -(n+1)H.$$

§2.22, a)にでたβ_iの例として，$dz_i{}^1\wedge\cdots\wedge dz_i{}^n$とか$X_i{}^m$とかがあげられる．

d)　$\boldsymbol{P}^n$の可逆層$\mathscr{L}$を考え，一つの有理切断$\tilde{\sigma}$をとる．すると§2.22の記法により，$\tilde{\sigma}=\tilde{a}_i\cdot\beta_i=\tilde{a}_j\cdot\beta_j$と書かれる．$\tilde{a}_0=f_{01}\tilde{a}_1$と書くと，

$$f_{01}\in\Gamma(U_0\cap U_1, \mathcal{O})^* = k[\xi_1, \cdots, \xi_n, \xi_1{}^{-1}]^*.$$

よって

$$f_{01} = \alpha_{01}\xi_1{}^m \qquad (\alpha_{01}\in k^*).$$

同様にして，$f_{ij}\in k[x_j{}^0, \cdots, x_j{}^n, 1/x_j{}^i]^*$により

$$f_{ij} = \alpha_{ij}(x_j{}^i)^m \qquad (\alpha_{ij}\in k^*).$$

よって，mにより$\{f_{ij}\}$の1-コホモロジー類がきまるから，

$$H^1(V, \mathcal{O}^*) = \boldsymbol{Z}H, \qquad K(\boldsymbol{P}^n) \sim -(n+1)H.$$

e) V を $\boldsymbol{P}^{n+1}$ 内の非特異超曲面 $V_+(F(X_0, \cdots, X_{n+1}))$ とする．F は既約の斉 d 次式としよう．すると，V を $\boldsymbol{P}^{n+1}$ 上の因子とみることができ，V は dH と線型同値になる．

同伴公式によれば，

$$K(V) \sim (d-n-2)H|V.$$

そこで $m \geqq 1$ をとり，

$$P_m(V) = \dim H^0(V, (\Omega^n)^{\otimes m}) = \dim H^0(V, m(d-n-2)H|V)$$

を計算しよう．

$$0 \longrightarrow \mathcal{O}_{\boldsymbol{P}}(-V) \longrightarrow \mathcal{O}_{\boldsymbol{P}} \longrightarrow \mathcal{O}_V \longrightarrow 0$$

から，一般に整数 ν に対し，

$$0 \longrightarrow \mathcal{O}_{\boldsymbol{P}}(\nu-d) \longrightarrow \mathcal{O}_{\boldsymbol{P}}(\nu) \longrightarrow \mathcal{O}_V(\nu H|V) \longrightarrow 0.$$

さて，後に第7章で証明する $H^1(\boldsymbol{P}^{n+1}, \mathcal{O}(\nu-d))=0$ ($n+1 \geqq 2$ に注意して，補題7.2(i)) を用いると，$\nu \geqq d$ なら

$$l_V(\nu H|V) = l_{\boldsymbol{P}}(\nu H) - l_{\boldsymbol{P}}((\nu-d)H) = \binom{n+\nu+1}{n+1} - \binom{n+\nu+1-d}{n+1}.$$

かくして，$d \geqq n+2$ なら

$$P_m(V) = \binom{n+1+m(d-n-2)}{n+1} - \binom{n+1+m(d-n-2)-d}{n+1}.$$

よって，

$$\begin{aligned} d < n+2 &\quad \text{ならば} \quad P_m = 0, \\ d = n+2 &\quad \text{ならば} \quad P_m = 1, \\ d > n+2 &\quad \text{ならば} \quad P_m = \frac{(d-n-2)^n}{n!} m^n + \cdots. \end{aligned}$$

$n=1$ のとき，$d=1, 2$ に限って $g=0$ でこのとき $P_m=0$．$d=3$ のとき，$g=1$ で楕円曲線になる．$d \geqq 4$ のとき，$d=4, 5, 6, \cdots$ に応じて $g=3, 6, 10, \cdots$, かつ $K(V)$ が超平面切断因子となる，いわゆる超楕円的でない代数曲線となる (§6.7)．

$n=2$ のとき，$d=1, 2, 3$ に限って $P_m=0$ であり，このとき，実は V は**有理曲面**になる．$d=4$ のとき，$K(V) \sim 0$, $P_m=1$ で V は **$K3$ 曲面**の例を与える．$d \geqq 5$ ならば，**一般型の曲面**の例を与える．

n 次元のとき，$d=1, 2, \cdots, n+1$ について $P_m=0$，とくに $p_g=P_1=0$．$d=n+2$

のとき $P_m=1$ である．しかも一般の d については p_g は d の n 次多項式であるから，d について $1,2,\cdots,n+1$ で零点をもち，$d=n+2$ で1となる．そのような多項式は直ちに書ける．すなわち，つぎの定理を得る．

定理 5.8
$$p_g=\frac{(d-1)(d-2)\cdots(d-n-1)}{(1+n)!}.$$
——

$n=1$ とすると，§5.7, c) の例 5.5 の公式になる．なかなか記憶に便利な公式である．

§5.11　分岐公式

V_1, V_2 を n 次元非特異完備代数多様体とし，$f\colon V_1\to V_2$ を全射の正則写像とする．ω を V_2 の有理 n 型式とすると，$f^*\omega$ は V_1 の有理 n 型式になる．$f^*\omega$ を，因子の用語で書き直してみよう．$p\in V_1$, $q=f(p)$ の局所正則パラメータ系をおのおの $(z_\alpha{}^1,\cdots,z_\alpha{}^n)$，$(w_\alpha{}^1,\cdots,w_\alpha{}^n)$ とするとき，
$$\omega=\varphi_\alpha dz_\alpha{}^1\wedge\cdots\wedge dz_\alpha{}^n,$$
$$f^*\omega=f^*\varphi_\alpha\frac{\partial(z_\alpha{}^1,\cdots,z_\alpha{}^n)}{\partial(w_\alpha{}^1,\cdots,w_\alpha{}^n)}dw_\alpha{}^1\wedge\cdots\wedge dw_\alpha{}^n.$$

$\{\varphi_\alpha\}$ は $K(V_2)$ の有理切断だから，$\{f^*\varphi_\alpha\}$ は $f^*K(V_2)$ の有理切断である．$\{\partial(z_\alpha{}^1,\cdots,z_\alpha{}^n)/\partial(w_\alpha{}^1,\cdots,w_\alpha{}^n)\}$ の定める正因子を f の**分岐因子** (ramification divisor) といい，R_f で表す．かくして，つぎの定理が示された．

定理 5.9
$$K(V_1)\sim f^*K(V_2)+R_f.$$
——

整数論で，数体の拡大のとき，判別式の商としてでてくる差積 (differente) と R_f は類似のものであり，差積の連鎖律に応じて，つぎの公式が成り立つ．

定理 5.10
$$V_1\xrightarrow{f}V_2\xrightarrow{g}V_3$$
に対して
$$R_{g\cdot f}=f^*R_g+R_f.$$
——

これは，1-余輪体公式に似た一種のねじられた準同型とみられよう．

R_f は定義から f のヤコビアンであり，Supp R_f 以外では f はエタールである．とくに，f を双有理的正則写像とすると，§2.28, c) または d) によって，$f(R_f)$ の各点 p で，$\dim f^{-1}(p)>0$ である．もし $\dim f(R_f)=n-1$ ならば，$f(R_f)$ の一般の点 p で，$f^{-1}(p)\cap R_f$ は有限集合となる．$f^{-1}(p)-R_f$ の点があれば，そこ

で $f^{-1}(p)$ は孤立的となる．ゆえに $\dim f^{-1}(p)>0$ に矛盾する．それゆえ，$R_f=s_1E_1+\cdots+s_rE_r$ と既約成分にわけるとき $f_*(E_j)=0$ となる．このことからも P_m の双有理不変性が示される．なぜなら，

$$\boldsymbol{L}(mK(V_1))=\boldsymbol{L}(f^*mK(V_2)+mR_f)$$

であり，R_f は f について例外的，すなわち $f_*(R_f)=0$ だから，§2.19 定理 2.11 の証明と同様に，右辺$=\boldsymbol{L}(mK(V_2))$ となる．この証明は，別の立場で一般化される(第10章)が，$P_m(V)$ の双有理不変性を見るだけならば，正則型式として $P_m(V)$ を捉える方が，はるかに簡明で本質をつかみ易い．

§5.12　一般同伴公式

a)　すべての n 次元代数多様体は，$\boldsymbol{P}^{n+1}$ の或る(特異点を許す)超曲面と，双有理同値である(§1.32, b))．それゆえ，§5.10 の同伴公式を，V が特異点を持つ場合にも拡張することが望ましい．すなわち，X を $n+1$ 次元非特異代数多様体，V を n 次元の X の完備部分多様体，W を n 次元完備非特異代数多様体，$f: W\to V$ を全射正則写像とする．

X の各点 q で，正則パラメータ系 $(z_\alpha{}^1,\cdots,z_\alpha{}^{n+1})$ を考え，$q\in V$ ならば，q を含む適当な座標近傍 X_α をとり，$V\cap X_\alpha$ は $R_\alpha=0$ で定義されていると記号を定めよう．$dz_\alpha{}^i$ を除いた n 型式 $dz_\alpha{}^1\wedge\overset{i}{\check{\cdots}}\wedge dz_\alpha{}^{n+1}$ を $\mathfrak{D}z_\alpha{}^i$ で表し，さらに $Dz_\alpha{}^i=(\mathfrak{D}z_\alpha{}^i\,|\,V)/(\partial R_\alpha/\partial z_\alpha{}^i)$ と書くと，

$$V\text{ 上で}\quad \sum\frac{\partial R_\alpha}{\partial z_\alpha{}^j}dz_\alpha{}^j=0$$

が成り立つから，$Dz_\alpha{}^1=-Dz_\alpha{}^2=Dz_\alpha{}^3=\cdots$．

さて ω を X 上の有理 n 型式で，V の一般の点では正則とすると，

$$\omega=\sum\psi_j\mathfrak{D}z_\alpha{}^j$$

と書かれるから，$\partial_\alpha=\partial/\partial z_\alpha{}^i$ と略記すると，

$$\omega\,|\,V=\sum\psi_j\partial_jR_\alpha Dz_\alpha{}^j=(\psi_1\partial_1R_\alpha-\psi_2\partial_2R_\alpha+\cdots)Dz_\alpha{}^1.$$

$q=f(p)$ とし，p の正則パラメータ系を $(w_\lambda{}^1,\cdots,w_\lambda{}^n)$ で表し，$\{Dz_\alpha{}^1/dw_\lambda{}^1\wedge\cdots\wedge dw_\lambda{}^n\}$ が定義する因子を $-C_f$ で表すとしよう．

さて，$\{\phi_\alpha=\psi_1\partial_1R_\alpha-\psi_2\partial_2R_\alpha+\cdots\}$ は V 上で，因子を表すが，それは $(K(X)+[V])\,|\,V$ なのである．以下でこれを示そう．

$e_{\alpha\beta}=R_\alpha/R_\beta$ とおくと，

$$(*)\qquad \sum_j \partial_j R_\alpha \frac{\partial z_\alpha{}^j}{\partial z_\beta{}^i}\bigg| V = e_{\alpha\beta}\frac{\partial R_\beta}{\partial z_\beta{}^i}\bigg| V.$$

$\mathfrak{D}z_\alpha{}^i=\sum A_{i,j}\mathfrak{D}z_\beta{}^j$ と書くとき

$$dz_\alpha{}^1\wedge\cdots\wedge dz_\alpha{}^{n+1}=(-1)^{i-1}dz_\alpha{}^i\wedge\mathfrak{D}z_\alpha{}^i$$

だから，ヤコビアンはつぎの式を満たす．

$$\frac{\partial(z_\alpha)}{\partial(z_\beta)}=\sum_j\frac{\partial z_\alpha{}^i}{\partial z_\beta{}^j}\cdot(-1)^{i+j}A_{i,j}.$$

その上 $i\neq j$ に対し，$dz_\alpha{}^i\wedge\mathfrak{D}z_\alpha{}^j=0$ だから，これより，

$$\tilde{A}=[(-1)^{i+j}A_{i,j}]_{1\leq i,j\leq n}$$

は行列等式

$$(**)\qquad {}^t\left[\frac{\partial z_\alpha{}^i}{\partial z_\beta{}^j}\right]\cdot\tilde{A}=\frac{\partial(z_\alpha)}{\partial(z_\beta)}\cdot 1_{n+1}$$

を満たすことがわかる．

$\omega=\sum\psi_j\mathfrak{D}z_\alpha{}^j=\sum\psi_j{}'\mathfrak{D}z_\beta{}^j$ とし，

$$\vec{\psi}_\alpha=(\psi_1,-\psi_2,\cdots,(-1)^{n+1}\psi_{n+1}),$$
$$\vec{\psi}_\beta=(\psi_1{}',-\psi_2{}',\cdots,(-1)^{n+1}\psi_{n+1}{}')$$

とおくと

$$\vec{\psi}_\alpha\tilde{A}=\vec{\psi}_\beta$$

となる．一方

$$\overrightarrow{\partial R_\alpha}=(\partial_1R_\alpha,\partial_2R_\alpha,\cdots,\partial_{n+1}R_\alpha)$$

と普通に横ベクトルを定めると，(＊)により

$$(***)\qquad \overrightarrow{\partial R_\alpha}\left[\frac{\partial z_\alpha{}^i}{\partial z_\beta{}^j}\bigg| V\right]=e_{\alpha\beta}\overrightarrow{\partial R_\beta}\,|\,V.$$

さて，目的の $\omega|V$ は $\omega|V=\phi_\alpha Dz_\alpha{}^1$ と表され，(＊＊＊)より

$$\phi_\alpha=\langle\vec{\psi}_\alpha,\overrightarrow{\partial R_\alpha}|V\rangle=\left\langle\vec{\psi}_\beta\tilde{A}^{-1},e_{\alpha\beta}\overrightarrow{\partial R_\beta}\left[\frac{\partial z_\alpha{}^i}{\partial z_\beta{}^j}\bigg| V\right]^{-1}\right\rangle.$$

(＊＊)によると，右辺は

$$e_{\alpha\beta}\left(\frac{\partial z_\alpha}{\partial z_\beta}\right)^{-1}\bigg| V\cdot\phi_\beta$$

と書かれる．よって $\phi_\alpha=e_{\alpha\beta}(\partial z_\alpha/\partial z_\beta)^{-1}|V\cdot\phi_\beta$．

かくして，$f^*\omega=\phi_\alpha Dz_\alpha{}^1=\phi_\alpha(Dz_\alpha{}^1/dw_\lambda{}^1\wedge\cdots\wedge dw_\lambda{}^n)\cdot dw_\lambda{}^1\wedge\cdots\wedge dw_\lambda{}^n$ により，つぎの定理を得る．

定理 5.11　$K(W)=f^*(K(X)+[V]\mid V)-C_f.$　——

これを**一般同伴公式**という．

b） C_f を f の**導手因子**という．V も非特異ならば $C_f=-R_f$ であり，C_f の意味は明らかでないともいえよう．しかし，$n=1$，f が双有理的のとき，$C_f\geqq 0$ になることがわかる．これをみるために，$X=\boldsymbol{C}^2$，$p\in\boldsymbol{C}^2$ を原点，$R(x,y)=0$ を V の定義式とし，$R_y(0)\neq 0$ ならば $Dy=dx/R_y$ で，$(C_f)_p=0$ となる．さて $R_y(0)=0$，かつ $\mathrm{ord}\,R=\tilde{\nu}\geqq 2$ のとき，原点での一つの V の解析的分枝を §9.2 に説明するように，$x=t^\nu$，$y=\sum a_jt^{\lambda_j}$ $(\lambda_1>\nu,\ \lambda_1<\lambda_2<\cdots)$ と展開しよう．すると $\mathrm{ord}\,R_y\geqq 1$ により，$\mathrm{ord}\,R_y(t^\nu,\sum a_jt^{\lambda_j})\geqq\nu$ となるから，

$$C_f=\sum 2\varepsilon_ip_i+\cdots\qquad(p_i\ は原点での\ V\ のすべての解析的分枝)$$

とおくとき，$\nu\geqq 2$ ならば

$$2\varepsilon_i=\mathrm{ord}_t\,R_y-\nu+1\geqq 1.$$

定理 5.12　V の非特異モデル $\tilde{V}$ の種数は

$$2g(\tilde{V})=\deg f^*(K(X)+[V])\mid V-\deg(C_f)+2$$

により与えられる．とくに $X=\boldsymbol{P}^2$，V を n 次曲線とすると，

$$g(V)=(n-1)(n-2)/2-\deg(C_f).\qquad ——$$

C_f は V の導手因子であり，前述のように計算される．

この公式は，一連の**種数公式**の一つであり，§9.9 でやや立ち入った考察を行う．2次元以上のときは，曲面の場合に限っても，一般的な種数公式を求めることは難しい．非常に簡単な場合に C_f が計算されるが，$C_f\leqq 0$ となるときは，V は非特異，または有理2重の特異点という簡単な形になることがわかっている．いずれにせよ，曲線の場合は単純かつ強力な種数公式があることを再度注意しておく．

§5.13　Serre の双対律

a） V が n 次元完備非特異代数多様体のとき，D を因子として $\Omega^p(D)=\Omega^p\otimes\mathcal{O}([D])$ を考える．

$$\Omega^p(D)\otimes\Omega^{n-p}(-D)\longrightarrow\Omega^n$$

なる自然な外積があるから，

$$H^0(\Omega^p(D))\otimes H^0(\Omega^{n-p}(-D))\longrightarrow H^0(\Omega^n)$$

が導かれるが，$H^0(\Omega^n)$ はいろいろだから簡単でない．しかし，$H^n\Omega^n=k$ なのであって，コホモロジー論の双線型写像

$$H^q(\Omega^p(D))\times H^{n-q}(\Omega^{n-p}(-D))\longrightarrow H^n\Omega^n=k$$

により，非退化なカップリングができることが証明され，

$$H^q(\Omega^p(D))\simeq \mathrm{Hom}_k(H^{n-q}(\Omega^{n-p}(-D)),k)$$

となる．とくにつぎの式を得る．

定理 5.13 (Serre の双対律)

$$\dim H^{n-q}(\Omega^{n-p}(-D))=\dim H^q(\Omega^p(D)).$$ ——

b)　ここで有用なのは $p=0$ のときで，

系 1　$$\dim H^q(D)=\dim H^{n-q}(K-D).$$

系 2　$$\dim V=1 \quad のとき \quad i(D)=l(K-D).$$ ——

これらも Serre の双対律 (duality) といわれる．これをきっかけとして，微分型式，とくに標準因子 K が，極めて重要な役割を演じるようになる．双対律は，解析的にも，代数的にも，ホモロジー代数的に捉えるのが，もっとも一般化しやすく，それだけわかりやすいと思われる．

c)　**例 5.6**　$a_1,\cdots,a_{2g+2}$ を相異なる k の元とし，

$$f(x,y)=y^2-(x-a_1)\cdots(x-a_{2g+2})=0$$

の定める代数曲線 C の正則1型式を求めてみよう．まず C の特異点を求める．

$$\frac{\partial f}{\partial y}=2y=0,\qquad -\frac{\partial f}{\partial x}=\frac{d}{dx}(x-a_1)\cdots(x-a_{2g+2})=0$$

の共通零点は $\prod(x-a_j)$ の重根．しかるに $a_1,\cdots,a_{2g+2}$ は相異なるから，共通零点はない．C を $\boldsymbol{P}^2$ の平面曲線とみて無限遠点での特異性を調べよう．$x=X_1/X_0$, $y=X_2/X_0$ と書き，$u=X_0/X_1$, $v=X_2/X_1$ とすると，$x=1/u$, $y=v/u$．これを代入すると，

$$u^{2g+2}\left(\frac{v^2}{u^2}-\prod\left(\frac{1}{u}-a_i\right)\right)=v^2u^{2g}-\prod(1-a_iu).$$

ここにも特異点はない．さらに $\xi=X_0/X_2$, $\eta=X_1/X_2$ とすると，$x=\eta/\xi$, $y=1/\xi$ を入れて，

$$\xi^{2g+2}\left(\frac{1}{\xi^2}-\prod\left(\frac{\eta}{\xi}-a_i\right)\right)=\xi^{2g}-\prod_{i=1}^{2g+2}(\eta-a_i\xi)$$

を得る．$\xi=\eta=0$ は重複度 $2g$ の特異点である．これを処理するには §9.1 で説明する 2 次変換 $\xi=\eta\xi_1$ によらねばならない．先走って結果だけ話そう．

$\xi=\eta\xi_1$ を上式に代入する．

$$\eta^{2g}({\xi_1}^{2g}-\eta^2\prod(1-a_i\xi_1))$$

になる．${\xi_1}^{2g}-\eta^2\prod(1-a_i\xi_1)=0$ は $\xi_1=\eta=0$ を重複度 2 の特異点 p_1 である．これに 2 次変換をくり返す．つぎの図式を得る．

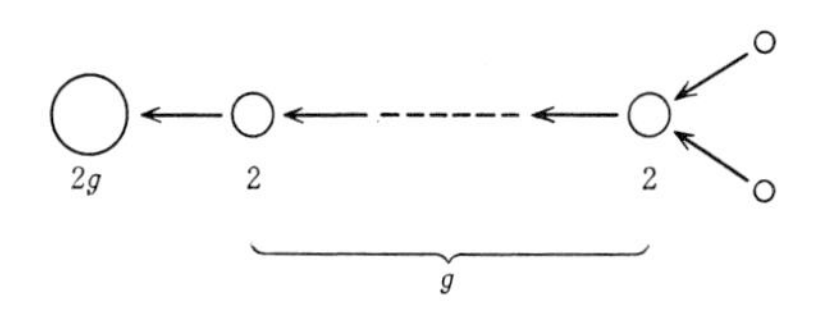

かくして，原点での ε_0 はつぎのように計算できる：

$$\varepsilon_0=\binom{2g}{2}+g=2g^2.$$

他の特異点はないことは直ちに確認される．それゆえ定理 5.12 の公式によれば

$$g(C)=\binom{2g+2-1}{2}-\varepsilon_0=(2g+1)g-2g^2=g.$$

d）特異点の処理に手間どったのを反省して別の方法を用いて，種数を求めよう．C を $\boldsymbol{P}^1\times\boldsymbol{P}^1$ 内の曲線とみる．

$\boldsymbol{P}^1\times\boldsymbol{P}^1$ の点は $(X_0:X_1,\ Y_0:Y_1)$ で表され，$x=X_1/X_0$，$y=Y_1/Y_0$ だから，$x_1=X_0/X_1$，$y_1=Y_0/Y_1$ と書くと，$(x_1,y),(x,y_1),(x_1,y_1)$ という正則パラメータ系を得る．これらの各アフィン近傍と，(x,y) のアフィン近傍とを合せると，$\boldsymbol{P}^1\times\boldsymbol{P}^1$ の被覆となる．

結局，特異点は，$x_1=y_1=0$ に限り，その式は，つぎの通りである．($a_i\neq0$ に選んでおく.)

$${x_1}^{2g+2}{y_1}^2\left(\frac{1}{{y_1}^2}-\prod\left(\frac{1}{x_1}-a_i\right)\right)={x_1}^{2g+2}-{y_1}^2\prod(1-a_ix_1).$$

2 次変換によると，つぎの図式を得る．

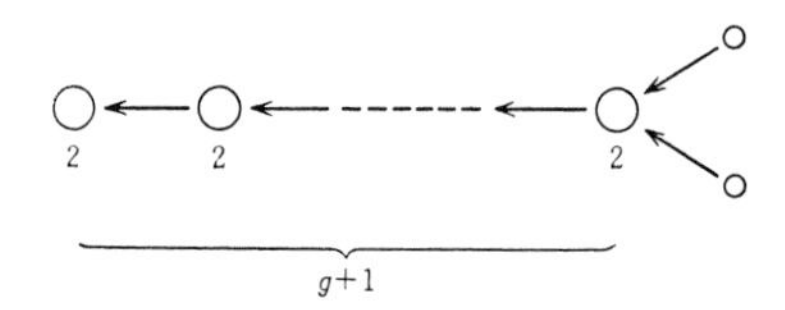

一方，$K(\boldsymbol{P}^1\times\boldsymbol{P}^1)=-2p\times\boldsymbol{P}^1+\boldsymbol{P}^1\times(-2p)$ であり，C は $\boldsymbol{P}^1\times\boldsymbol{P}^1$ 上の因子として，$(2g+2)p\times\boldsymbol{P}^1+\boldsymbol{P}^1\times 2p$ なので，

$$\frac{C(C+K(\boldsymbol{P}^1\times\boldsymbol{P}^1))}{2}+1=2g+1.$$

そして

$$\varepsilon_0=1+\cdots+1=g+1.$$

§9.9 の定理 9.4 の公式により

$$g(C)=2g+1-(g+1)=g.$$

2次変換は第9章で学ぶ知識だから，ここで仮定するのは望ましくない．それをさけるならば，

$$y_2=y_1\sqrt{\prod(1-a_ix_1)}$$

とおき，

$$y_2{}^2-x_1{}^{2g+2}=(y_2-x_1{}^{g+1})(y_2+x_1{}^{g+1})$$

と分解する．$R(x_1,y_2)=y_2{}^2-x_1{}^{2g+2}$ に §5.12, b) を用いる．$y_2=x_1{}^{g+1}$ と $y_2=-x_1{}^{g+1}$ という2通りの展開があることに留意し

$$2\varepsilon_1=\mathrm{ord}_{x_1}(2y_2)-1+1=g+1,$$
$$2\varepsilon_2=\mathrm{ord}_{x_1}(2y_2)-1+1=g+1.$$

よって，

$$\varepsilon_0=\varepsilon_1+\varepsilon_2=g+1.$$

e)　さて，正則1型式をつくろう．x^idx/y $(i\leqq g-1)$ と考える．$x=1/x_1$，$y=1/y_1=\sqrt{\prod(1-a_ix_1)}/y_2$ を用い，

$$\frac{x^idx}{y}=\frac{-1}{x_1{}^{i+2}}\cdot\frac{y_2}{\sqrt{\prod(1-a_ix_1)}}dx_1=\frac{\mp x_1{}^{g+1}}{x_1{}^{i+2}}\cdot\frac{dx_1}{\sqrt{\prod(1-a_ix_1)}}$$
$$=\frac{\mp x_1{}^{g-i-1}}{\sqrt{\prod(1-a_ix_1)}}dx_1$$

を得る．これは，$x_1=y_1=0$ でも x^idx/y が正則になることを意味する．

C の種数は g だから C の正則1型式の底は,

$$\frac{dx}{y}, \quad \frac{xdx}{y}, \quad \cdots, \quad \frac{x^{g-1}dx}{y}$$

になることが, かくして示された. $\boldsymbol{P}^1\times\boldsymbol{P}^1$ で考えると, 特異性の処理が楽になる. この理由もあってか関数論では $\boldsymbol{P}^1\times\boldsymbol{P}^1$ をよく用いる.

問　題

1　V_1, V_2 を非特異代数多様体とする. $V=V_1\times V_2$ とおくとき,

$$\Omega^m{}_V=\bigoplus_{p+q=m}\Omega^p{}_{V_1}\boxtimes_k\Omega^q{}_{V_2}$$

を示せ. (射影 $p_1: V\to V_1$, $p_2: V\to V_2$ を用いるとき, $\mathcal{O}_{V_1}$ 加群の層 $\mathcal{F}_1$, $\mathcal{O}_{V_2}$ 加群の層 $\mathcal{F}_2$ は, V 上の $\mathcal{O}_V$ 加群の層 $p_1{}^*\mathcal{F}_1\otimes p_2{}^*\mathcal{F}_2$ を定める. これを $\mathcal{F}_1\boxtimes_k\mathcal{F}_2$ と略記する.)

とくに

$$K(V_1\times V_2)\sim K(V_1)\times V_2+V_1\times K(V_2).$$

2　以下さらに V_1, V_2 を完備とし, $\mathcal{F}_1$ を局所自由有限生成の $\mathcal{O}_{V_1}$ 加群の層, $\mathcal{F}_2$ も同様とするとき,

$$H^0(V, \mathcal{F}_1\boxtimes\mathcal{F}_2)=H^0(V_1, \mathcal{F}_1)\otimes H^0(V_2, \mathcal{F}_2)$$

を示せ.

3　V_1, V_2 がともに非特異のとき,

$$q_n(V_1\times V_2)=\sum_{i=0}^{n}q_i(V_1)q_{n-i}(V_2)$$

となる. ここに

$$q_i(V)=\dim H^0(V, \Omega^i{}_V)$$

とおいた. $q_i(V)$ は V の $\boldsymbol{i}$ **次不正則数**といわれる.

4　問題2の条件下で,

$$H^r(V, \mathcal{F}_1\boxtimes\mathcal{F}_2)=\bigoplus_{i=0}^{r}H^i(V_1, \mathcal{F}_1)\otimes H^{r-i}(V_2, \mathcal{F}_2)$$

なることを示せ.

5　$\Theta=\mathcal{H}om(\Omega^1, \mathcal{O}_V)$ とおく.

$$H^0(\boldsymbol{P}^n, \Theta)$$

の底を求めよ.

6　$\chi(V, t)=\sum_{p=0}\dim H^p(V, \mathcal{O}_V)t^p$ とおくとき,

$$\chi(V_1\times V_2, t)=\chi(V_1, t)\chi(V_2, t)$$

を示せ.

7　$\chi_r(V, t)=\sum_{p=0}^{\infty}\dim H^p(V, \Omega^r)t^p$ とおくとき, $\chi_r(V_1\times V_2, t)$ を $\chi_s(V_1, t)$, $\chi_u(V_2, t)$

で表示する公式を見出せ.

8　V_1, V_2 をとくに1次元とする. $g_i = g(V_i)$ とおくとき, $g_i \geqq 2$ ならば

$$\dim H^0(V_1 \times V_2, \Theta) = 0,$$
$$\dim H^1(V_1 \times V_2, \Theta) = 3(g_1 + g_2) - 6,$$
$$\dim H^2(V_1 \times V_2, \Theta) = 3(2g_1g_2 - g_1 - g_2)$$

を証明せよ. 曲線の Riemann-Roch の公式については第6章§6.1をみよ.

9　$V_1, \cdots, V_{n-1}$ を $\boldsymbol{P}^n$ の非特異超曲面とし, $V_1 \cap V_2$ は非特異, $V_1 \cap V_2 \cap V_3$ も非特異, 順次同様の条件を満たし, $\Gamma = V_1 \cap \cdots \cap V_{n-1}$ は非特異代数曲線になるとしよう. このとき $g(V)$ を $d_i = \deg V_i$ によって書き表せ.

10　$\boldsymbol{P}^1 \times \boldsymbol{P}^1$ 上の非特異曲線を C とする. $a \in \boldsymbol{P}^1$, $b \in \boldsymbol{P}^1$ を一般の点にとるとき(第8章参照),

$$d = (C, \boldsymbol{P}^1 \times a), \qquad d' = (C, b \times \boldsymbol{P}^1)$$

と, C の双次数 (d, d') を定める. C の種数を d, d' で表す公式を求めよ.

一般に, C は $k[X_0, X_1; Y_0, Y_1]$ の双同次多項式 $\varphi(X_0, X_1; Y_0, Y_1)$ により定義される

$$\varphi(tX_0, tX_1; Y_0, Y_1) = t^d \varphi(X_0, X_1; Y_0, Y_1),$$
$$\varphi(X_0, X_1; tY_0, tY_1) = t^e \varphi(X_0, X_1; Y_0, Y_1)$$

により, φ の双次数 (d, e) が定まる. これは C の $\boldsymbol{P}^1 \times \boldsymbol{P}^1$ での双次数の代数的意味と考えられる.

第6章　代数曲線の一般論

§6.1　Riemann-Roch の定理

a）　この章では一貫して，標数0の代数的閉体 k を定め，圏 (Sch/k) で論ずる．C を非特異完備代数曲線とする．C の余次元1の既約閉集合は閉点 $p\in C$ であり，これを点と略す．因子 D は $D=\sum m_jp_j$ $(m_j\in \boldsymbol{Z})$ と有限代数和に書かれる．K を C の標準因子とすると，§4.15 と定理 5.13 により，つぎの定理が得られる．

定理 6.1 (Riemann-Roch)

$$l(D)=l(K-D)+1-g+\deg D. \qquad ——$$

$D=\sum m_jp_j$ ならば $\deg D=\sum m_j$ であった．g は C の種数 $\geqq 0$ である．ここで

$$g=\dim H^1(C,\mathcal{O})=l(K)$$

を注意しておく．さて $D=K$ とおくと，

$$g=l(K)=l(0)+\deg K+1-g.$$

一方，$l(0)=\dim H^0(C,\mathcal{O})=1$ だから，つぎの系を得る．

系　　$$\deg K=2g-2.$$

b）　つぎの性質は，ほぼ自明であるがあえて証明をつける．

補題 6.1　(i)　$l(D)>0$ ならば $\deg D\geqq 0$; さらに，もし $\deg D=0$ ならば $D\sim 0$.

(ii)　$\deg D\geqq 0$ かつ $l(-D)\geqq 1$ ならば $D\sim 0$.

証明　$|D|\neq\phi$ だから，$D\sim D'$，$D'>0$ があり $\deg D=\deg D'\geqq 0$．これより明らか．∎

Riemann-Roch の定理は，代数曲線の初等的研究の基礎となるもので，適当な条件を満たす有理関数の存在を主張する．存在定理の有用性，強力さを如実に保持している．

補題 6.2　　$\deg D\geqq 2g-1$　ならば　$H^1(C,\mathcal{O}(D))=0$.

証明　$\dim H^1(C,\mathcal{O}(D))=l(K-D)$ であり，$\deg(K-D)=2g-2-\deg D<0$ だから，$l(K-D)=0$. ∎

これは，コホモロジー群の**消失定理**(vanishing theorem)の祖型である．

§6.2　射影直線と楕円曲線の Riemann-Roch の定理

例 6.1　$C=\boldsymbol{P}^1$ のとき，$D=\sum m_jp_j-\sum n_iq_i\ (m_j>0,\ n_i>0)$ としよう．さて，$\boldsymbol{P}^1$ の非同次座標を z として，p_j, q_i の各座標が z の有限値で書けるように z を選んでおこう．すなわち，$z(p_j)=a_j$，$z(q_i)=b_i$ とする．

$\varphi\in \boldsymbol{L}(D)\simeq H^0(\boldsymbol{P}^1, \mathcal{O}(D))$

$\Leftrightarrow$ φ は b_i で少くとも n_i 重の零点，a_j で多くとも m_j 位の極をもち，さらに $\varphi(1/z_1)$ を z_1 の有理関数とみるとき，$z_1=0$ を極にしない．

$\Leftrightarrow$ $\varphi_1=\varphi\dfrac{\prod(z-a_j)^{m_j}}{\prod(z-b_i)^{n_i}}$ は多項式，かつ $\varphi(1/z_1)$ は $z_1=0$ を極にしない．

$\Leftrightarrow$ $d=\sum m_j-\sum n_i$ とおくと，$d\geqq 0$ ならば，$\varphi_1=\alpha_0+\alpha_1z+\cdots+\alpha_dz^d$ $(\alpha_i\in k)$．$d<0$ ならば，$\varphi_1=0$．

したがって，$\deg D=d\geqq 0$ ならば，

$$l(D)=1+\deg D.$$

さらに $dz=-1/z_1{}^2dz_1$ によると，

$$(dz)=-2\cdot(\infty)\qquad(\text{ここに}(\infty)\text{は}\ z=\infty\ \text{となる}\ \boldsymbol{P}^1\ \text{の点})$$

だから $K=-2\cdot p$，$p\in\boldsymbol{P}^1$ とすると，

$$\deg(K-D)=-2-\deg D\geqq -1$$

のとき

$$l(K-D)=1-2-\deg D=-1-\deg D.$$

このようにして，Riemann-Roch の定理が $C=\boldsymbol{P}^1$ のとき確かめられた．

例 6.2　$k=\boldsymbol{C}$, C を楕円曲線とする．すなわち，周期 ω, ω' をもつ Weierstrass の楕円関数 $\wp, \wp'$ によってパラメトライズされた曲線 $y^2=4x^3-\gamma_2x-\gamma_3$ に無限遠点 (∞) をつけ加えた非特異完備曲線を C とする．

$$\begin{array}{ccc}\pi:\boldsymbol{C} & \longrightarrow & C\\ \cup\!\!\!\shortmid & & \cup\!\!\!\shortmid\\ u & \longmapsto & (\wp u, \wp' u)\end{array}$$

を定義したい．$u\neq 0$ ならば，通常の $\wp(u)$，$\wp'(u)$ であって

$$\wp'(u)^2=4\wp(u)^3-\gamma_2\wp(u)-\gamma_3.$$

そして，$\pi(0)=(\wp 0, \wp' 0)=(\infty)$ と解する．さて，

$$\pi(u)=\pi(v) \iff u-v=m\omega+n\omega' ;\ m,n\in \boldsymbol{Z}$$

となるのであった．C の因子 D を

$$D=\sum m_j\pi(a_j)-\sum n_i\pi(b_i)$$

と書く ($m_j>0,\ n_i>0$)．さて $\sum m_j-\sum n_i=d\geqq 0$ とする．$d=0$ ならば，$l(D)\leqq 1$ であり (補題 6.1(i))，

$$l(D)=1 \iff \text{或る楕円関数 } \varphi \text{ があって，} p_j=\pi(a_j),\ q_i=\pi(b_i) \text{ とすると}$$
$$(\varphi)=\sum m_jp_j-\sum n_iq_i$$
$$\iff \sum m_ja_j-\sum n_ib_i\in \boldsymbol{Z}\omega+\boldsymbol{Z}\omega'.$$

これは有名な **Abel の定理**である．

さて，$d>0$ としよう．

$$\sum m_ja_j-\sum n_ib_i=dc \qquad (c\in \boldsymbol{C})$$

として c をきめ，楕円関数 ψ を，Weierstrass の σ 関数を用いて，

$$\psi(u)=\frac{\prod \sigma(u-a_j)^{m_j}}{\prod \sigma(u-b_i)^{n_i}\sigma(z-c)^d}$$

のようにつくる．$\varphi_1=\varphi\cdot\psi$ とおくと，

$$(\varphi_1)=(\varphi)+\sum m_jp_j-\sum n_iq_i-d\cdot p_c,$$

ここに，$p_c=\pi(c)$ とした．

$$\varphi\in \boldsymbol{L}(D)\simeq H^0(C,\mathcal{O}(D)) \iff (\varphi)+\sum m_jp_j-\sum n_iq_i\geqq 0$$
$$\iff (\varphi_1)+dp_c\geqq 0.$$

ところで

$$\boldsymbol{L}(dp_c)\ni\varphi_1=\alpha_0+\alpha_1\wp(u-c)+\cdots+\alpha_{d-1}\wp(u-c)^{(d-2)} \qquad (\alpha_i\in \boldsymbol{C})$$

と展開される．($\mathrm{ord}_c\wp^{(i)}(u-c)=i+2$ であって，有理関数 $1/z$ より，極の位数が一つ進んでいる点にいま一度注意したい.)

したがってつぎの結論を得る．

(i) $\deg D<0$ ならば $l(D)=0$,

(ii) $\deg D=0$ ならば $l(D)\leqq 1$,

とくに，$l(D)=1 \iff \sum m_ja_j-\sum n_ib_i\in \boldsymbol{Z}\omega+\boldsymbol{Z}\omega'$,

(iii) $\deg D>0$ ならば $l(D)=\deg D$.

さらに，$(du)=0$ だから $K(C)=0$.

このようにして楕円曲線のとき，Riemann-Roch の定理が吟味検証される．

Abel の定理のでてくるところが，何ともいえず艶なのである．$\boldsymbol{P}^1$ に比べると，楕円曲線ははるかに複雑，しかし桁違いに興味深い．しかも，この検証においては，z, $\sigma(u)$, $\wp(u)$, $\wp'(u)$ といった基本的な関数を用いて，いろいろな条件を満たす関数を構成することが基本的である．しかし，種数2以上の代数曲線に対しては，こういった基本関数は何一つ知られていない．しかるに Riemann-Roch の定理は一般的に成立しているのである．チャンネルを切り替えよう．舞台は一瞬暗くなる．そして，低い音楽と共に，舞台が半回転して思わぬ明るさの第2幕へと進む，…… どんな連想をしてもよい．

まず因子 D に Riemann-Roch の定理を基礎においた考察をし，ついには $l(D) \geqq 2$ を示す．これは，高々 D にのみ極を許す自明でない有理関数 φ の存在を保証する．φ は C の普遍被覆面たる上半平面の関数とみれば，立派な高等関数なのである．かくして証明は具体的でないだけ内在的になり，その本質をつかみ易くなる．

§6.3　射影直線の特徴づけ

a)　$\boldsymbol{P}^1$ の非同次座標 z を，そのまま有理関数とみると，$z(0)=0$, $z((\infty))=\infty$ だから，$(z)=(0)-(\infty)$.

$$1, z \in \boldsymbol{L}((\infty)), \qquad \text{よって} \quad l((\infty)) \geqq 2.$$

実はこのような因子をもつ曲線は $\boldsymbol{P}^1$ に限るのである．

定理 6.2　C の因子 D で，$\deg D=1$, $l(D)\geqq 2$ を満たすものがあれば，$C=\boldsymbol{P}^1$. $\varphi \in \boldsymbol{L}(D)-k$ をとると，$R(\boldsymbol{P}^1)=k(\varphi)$.

証明　$l(D)>1$ だから $|D|$ の元を改めて D とおき，$D>0$ にできる．$\deg D=1$ だから $D=p$. よって $B_s|p|=\phi$, $l(p)=2$. $\Phi_D: C\to \boldsymbol{P}^1$ は正則写像である．$q\in \boldsymbol{P}^1$ をとると，$\Phi_D{}^*(q)\sim p$ なので，

$$1=\deg p=\deg \Phi_D\cdot \deg q, \qquad \text{よって} \quad \deg \Phi_D=1.$$

Φ_D は双有理正則で C と $\boldsymbol{P}^1$ はともに非特異だから，§2.21, c) により Φ_D は同型である．∎

系　　　　　　$g=0$　ならば　$C=\boldsymbol{P}^1$.

証明　Riemann-Roch の定理によると，$l(p)=2$. ∎

定理 6.3(藤田の Δ 不等式の例)　$\deg D>0$ のとき，

$$\Delta(C,D) = 1+\deg D - l(D)$$

とおくと，

$$\Delta(C,D) \geqq 0, \quad \text{かつ} \quad \Delta(C,D)=0 \ \text{ならば}\ C=\boldsymbol{P}^1.$$

証明　$\deg D$ についての帰納法で示す．$\deg D=1$ ならば前の定理ですんでいる．$\deg D \geqq 2$ のとき，$D=D_1+p$ と書けて $\deg D_1>0$．さて

$$p \in B_s|D| \ \text{ならば}\ l(D)=l(D_1), \qquad \text{よって}\ \Delta(C,D)=\Delta(C,D_1)+1,$$

$$p \notin B_s|D| \ \text{ならば}\ l(D)=l(D_1)+1, \qquad \text{よって}\ \Delta(C,D)=\Delta(C,D_1).$$

だから，$\Delta(C,D)=0$ ならば後者ばかりおきて，$\deg D=1$ の場合になる．▮

この定理を Riemann-Roch の定理で変形すると，つぎの系が得られる．

系　$\deg D \leqq 2g-3$ ならば $l(D) \leqq g$;　もし $l(D)=g$ ならば $g=0$.

だから，$g>0$ のとき，$\deg(D) \leqq 2g-3$ ならば $l(D) \leqq g-1$．もう一つ先をみて，$\deg D=2g-2$ ならば $l(D) \leqq g$ となる．さらにつぎの定理が成り立つ．

定理 6.4　　$\deg D=2g-2$,　$l(D) \geqq g$　ならば　$D \sim K$.

証明　Riemann-Roch の定理により，$l(K-D)=1$ がでるし，$\deg(K-D)=0$ だから $K-D\sim 0$．▮

もう一歩進めて，

$$\deg D \geqq 2g-1 \quad \text{ならば} \quad l(D)=1-g+\deg D \geqq g.$$

これは補題 6.2 の主張 $l(K-D)=0$ により自明である．

$\deg D \leqq 2g-3$ のときも $l(K-D)=0$ になることがあり，このとき $l(D)$ は上と同じく，よくわかる．しかし，$l(K-D)>0$, $l(D)>0$ のときは，微妙になってくる．$l(K-D)>0$ なる正因子 D を**特異** (special) という．

b)　**定理 6.5** (Clifford)

$$l(D)>0, \quad l(K-D)>0 \quad \text{ならば} \quad l(D)-1 \leqq (1/2)\deg D.$$

証明　一般に正因子 $D=\sum n_i p_i$, $E=\sum m_j p_j$ について，$D\vee E=\sum \max(n_i, m_i)p_i$, $D\wedge E=\sum \min(n_i, m_i)p_i$ と最小公倍因子，最大公約因子を定義する．これらは線型同値で不変ではないが，場合により有用な働きをする．

$$V_1=\boldsymbol{L}(D), \qquad V_2=\boldsymbol{L}(E), \qquad V_3=\boldsymbol{L}(D\vee E), \qquad V_4=\boldsymbol{L}(D\wedge E)$$

を $R(C)$ の部分空間とみなして，$V_1+V_2\subset V_3$, $V_1\cap V_2=V_4$ という関係を得る．

$$\dim V_1+\dim V_2 = \dim V_1\cap V_2+\dim(V_1+V_2) \leqq \dim V_3+\dim V_4$$

を書き直すと，

$$l(D)+l(E)\leqq l(D\vee E)+l(D\wedge E)$$

を得る．A を $|D|$ の固定因子とする．$B_s|D-A|=\phi$ だから，$|D-A|$ の一般の元を D' とすると，$E>0$ ならば，$D'\wedge E=0$，$D'\vee E=D'+E$．よって，$l(D)>0$，$l(E)>0$ のとき，

$$l(D)+l(E)=l(D')+l(E)\leqq l(0)+l(D+E-A)\leqq 1+l(D+E).$$

これより

$$l(D)+l(K-D)\leqq 1+l(K)=1+g.$$

そして，Riemann-Roch の定理で変形すれば，Clifford の定理を得る．∎

§6.4　$g=1$ の標準形

a)　$g=1$ としてみよう．$l(p)=1$，$l(2p)=2$，$l(3p)=3$，$l(4p)=4$，… となるから，関数

$$\varphi\in \boldsymbol{L}(2p)-k,\qquad \psi\in \boldsymbol{L}(3p)-\boldsymbol{L}(2p)$$

を選んで，$\varphi^2, \varphi^3, \varphi\psi, \psi^2$ をつくると，これらは $\boldsymbol{L}(6p)$ の元になる．$1, \varphi, \psi$ とあわせると，$\boldsymbol{L}(6p)$ の元が7個できて，$l(6p)=6$ だから，k 上1次の関係式

$$\alpha_0+\alpha_1\varphi+\alpha_2\psi+\alpha_3\varphi^2+\alpha_4\varphi^3+\alpha_5\varphi\psi+\alpha_6\psi^2=0$$

ができる．$\alpha_6\neq 0$ である．なぜなら $\alpha_6=0$ とすると，$\mathrm{ord}_p\varphi^3=-6$，他の元はみな $\mathrm{ord}_p>-6$，よって等式は成立しない．そこで，$\alpha_6=1$ として，$\psi^2+(\alpha_2+\alpha_5\varphi)\psi+\cdots=(\psi+(\alpha_2+\alpha_5\varphi)/2)^2+\cdots$ と展開できるから，$\psi+(\alpha_2+\alpha_5\varphi)/2$ を ψ でおきかえ，さらに φ に1次変換すると，標準形

$$\psi^2=4\varphi^3-\gamma_2\varphi-\gamma_3$$

に到る．これを **Weierstrass の標準形**という．

b)　$\Phi_{|3p|}: C\to \boldsymbol{P}^2$ は $\boldsymbol{L}(3p)\ni 1, \varphi, \psi$ により $\Phi_{|3p|}=1:\varphi:\psi$．よって，$C'=\Phi(C)$ は $\boldsymbol{P}^2$ において

$$F=X_2{}^2X_0-4X_1{}^3+\gamma_2X_1X_0{}^2+\gamma_3X_0{}^3=0$$

で定義される．この特異点を調べよう．

$$\partial_0F=X_2{}^2+2\gamma_2X_1X_0+3\gamma_3X_0{}^2,$$
$$\partial_2F=2X_2X_0,$$
$$\partial_1F=-12X_1{}^2+\gamma_2X_0{}^2.$$

だから，$\partial_2 F=0$ より，$X_0=0$ または $X_2=0$．$X_0=0$ とすると，$X_1=X_2=0$ となり $\boldsymbol{P}^2$ 内の点ではなくなる．$X_0\neq 0$，$X_2=0$ とすると，$12/\gamma_2=(X_0/X_1)^2=(2\gamma_2/3\gamma_3)^2$．よって，

$$3^3\gamma_3{}^2-\gamma_2{}^3=0.$$

楕円関数論で $\Delta=\gamma_2{}^3-27\gamma_3{}^2$ は重要な不変式であり，方程式論的には，

$$g(t)=4t^3-\gamma_2 t-\gamma_3$$

の判別式であった．$\Delta=0$ の場合でも，$g(t)=0$ が 2 重根または 3 重根を持つ場合を，さらに区別せねばならない．それに応じて，C' は非同次座標 (x,y) により

（I）　2 重根のとき：　$y^2=4(x+1)x^2$,

（I）′　3 重根のとき：　$y^2=4x^3$

と書かれる．一方，これらは有理曲線である．実際，（I）ならば $y=\tau x$ として，原点を通る直線束を考えると，$x=(\tau^2-4)/4$，$y=(\tau^2-4)\tau/4$ として，有理式によるパラメータ表示ができてしまう(図 6.1 参照)．

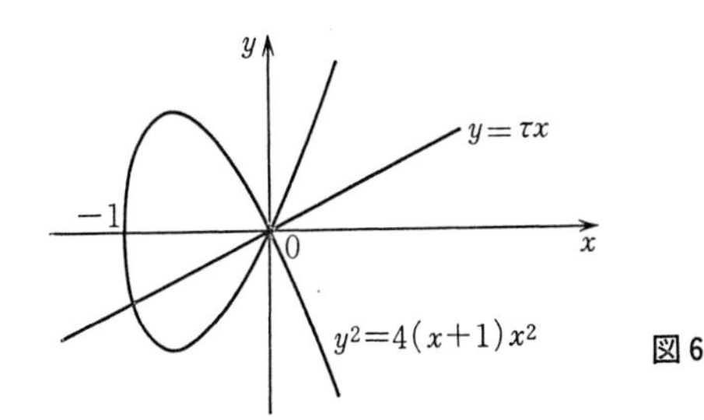

図 6.1

一方，$\boldsymbol{P}^2$ の直線のきめる因子を H とすると，$|3p|\ni\Phi^*(H)$．かつ，$3=\deg\Phi^*(H)=\deg\Phi\cdot\deg C'=\deg\Phi\cdot(C',H)=3\cdot\deg\Phi$．よって，$\Phi=\Phi_{|3p|}$ は双有理的である．$g(C)=1$ より，$g(C')=g(C)=1$．だから，C' は有理的でありえないから，$\Delta\neq 0$．C' は非特異 3 次曲線だから，§5.7, d) 末尾の公式によっても，$g(C')=1$．C と C' は双有理同値で，ともに非特異曲線だから，§2.21, c) より，$\Phi_{|3p|}: C\simeq C'$ である．

c)　さて，$l(mp)=m$ であり，$a=[m/2]$，$b=[(m-3)/2]$ として，

$$\boldsymbol{L}(mp)\ni 1,\varphi,\cdots,\varphi^a,\psi,\psi\varphi,\cdots,\psi\varphi^b.$$

これらが $\boldsymbol{L}(mp)$ の底になる．すなわち，高々 m 位の極を 0 でのみもつ楕円関数

は，1, $\wp, \cdots, \wp^a, \wp', \wp'\wp, \cdots, \wp'\wp^b$ の1次結合で書ける，という事実そのものであり，具体的表示によらず，$l(mp)=m$ がわかればそれでおおよそまにあうことが理解されよう．

§6.5　Riemann-Hurwitz の公式

a)　C_1, C_2 を種数 g_1, g_2 の曲線とし，全射正則写像 $f: C_1 \to C_2$ があるとしよう．定理5.9によると，分岐公式

$$K_1 = f^*K_2 + R_f$$

が成り立つ．

$p_1 \in C_1$ での正則パラメータを x_1，$p_2=f(p_1) \in C_2$ での正則パラメータを x_2 とすると，f^*x_2 を x_2 と略記して，$x_2=x_1{}^e\cdot\varepsilon$，$\bar{\varepsilon}(p_1)\neq 0$ と書ける．$dx_2=x_1{}^{e-1}(e\cdot\varepsilon+x_1\partial\varepsilon/\partial x_1)dx_1$ だから，

$$R_f = (e-1)p_1+\cdots.$$

そこで $e(p_1)=e$ とおき，f の p_1 での**分岐指数** (ramification index) とよぶ．あるいは，f は p_1 で e **位の分岐**をする，ともいう．すると，定理6.1の系により，つぎの定理を得る．

定理 6.6　　$$2g_1-2 = \deg f\cdot(2g_2-2)+\sum_{p_1\in C_1}(e(p_1)-1).$$　——

これを **Riemann-Hurwitz の公式**という．

$g_2=0$, $n=\deg f$ のとき，$g=g_1$ と書くと，

$$g = 1-n+\sum_{p\in C}\frac{e(p)-1}{2}.$$

これが，本来の **Riemann の公式**である．

注意　$p\in C_1$ に対し $\deg f^*(p)$ は p によらないから，$\deg f=\deg f^*(p)$ と書き，f の**次数**または**写像度**という．$\deg f=[R(C_1):R(C_2)]$ でもある．

b)　**例 6.3**　$y^6=x^3(x-1)^2$ を複同次化して $\boldsymbol{P}^1\times\boldsymbol{P}^1$ の曲線とみて，その非特異モデルを C，$(x, y)\to x$ を f とみる．このとき $\deg f=6$，$x=0, 1, \infty$ 上で，f は分岐する．$x=0$ 上で考えると，$y^6=x^3\cdot\varepsilon$，$\bar{\varepsilon}(0)\neq 0$ と書かれるから，$y^2=x\sqrt[3]{\varepsilon}$，$y^2=x\sqrt[3]{\varepsilon}\zeta$，$y^2=x\sqrt[3]{\varepsilon}\zeta^2$ ($\zeta=1$ の原始3乗根) と，3本の分枝 p_0, p_0', p_0'' をもち，各点で y が正則パラメータ．よって $e(p_0)=e(p_0')=e(p_0'')=2$．$x=1$ 上では，2本の分枝をもち，p_1, p_1' と書くと，$e(p_1)=e(p_1')=3$．$x=\infty$ 上では，$y=1/y_1$,

$x=1/x_1$ とすると，$y_1{}^6=x_1{}^5\cdot\varepsilon_1$．よって，$y_1=t^5$，$x_1=\varepsilon_2\cdot t^6$ と正則パラメータ t が入り，$e(p_\infty)=6$．さて，Riemann の公式により

$$g=1-6+\frac{1}{2}\{3+2\cdot 2+5\}=1.$$

このように分岐の様子を知ると，種数が容易に求められる．C の分岐の概念図を図 6.2 にあげておこう．

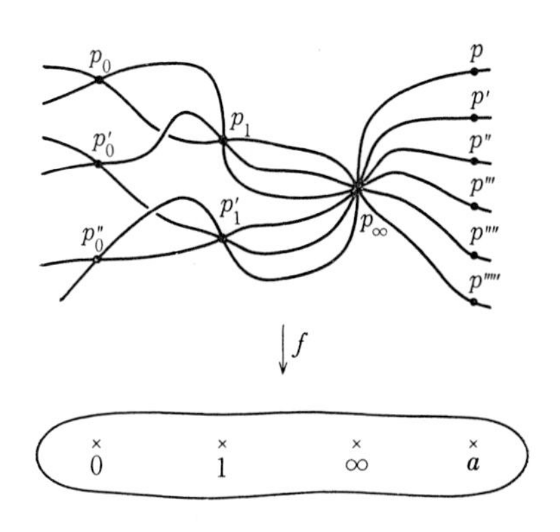

図 6.2　$y^6=x^3(x-1)^2$ の分岐図

c）この例のように，任意の $p_2=f(p_1)$ 上の点 $p_1, p_1', \cdots$ がすべて同一の分岐指数 $e(p_1)=e(p_1')=\cdots$ をもつとき，これを $m(p_2)$ と書く．すると，$d=\deg f$ とおき，Riemann-Hurwitz の公式を書き直すとつぎの式を得る．

$$\begin{aligned}2g_1-2&=d\cdot 2(g_2-1)+\sum\frac{d}{m(p_2)}(m(p_2)-1)\\&=d\left\{2g_2-2+\sum_{p_2\in C}\left(1-\frac{1}{m(p_2)}\right)\right\}.\end{aligned}$$

たとえば $d=2$ ならばいつも上の条件を満たす．さらに $g_2=0$ とすると $m(p_2)=2$ となる点の数を s とおけば，$g=g_1$ と書き

$$2g-2=2\left\{-2+\frac{s}{2}\right\}$$

を得る．これより，$s=2g+2$．

このように，$\boldsymbol{P}^1$ 上への正則写像 $f:C\to\boldsymbol{P}^1$ で $\deg f=2$ を満たすものがある $g=g(C)\geqq 2$ の代数曲線は，**超楕円曲線** (hyperelliptic curve) とよばれる．

§6.6 超楕円曲線

定理 6.7　つぎの条件 (i)-(iv) は互いに同値である．ただし $g=g(C)\geqq 2$.

(i)　C 上には，$\deg D=2$, $l(D)\geqq 2$ を満たす因子 D が存在する．

(ii)　$\deg f=2$ の正則写像 $f:C\to \boldsymbol{P}^1$ が存在する．

(iii)　$K(C)$ は超平面切断因子ではない．

(iii)*　$\Phi_{K(C)}:C\longrightarrow \boldsymbol{P}^1$　かつ　$\deg \Phi_{K(C)}=2$.

(iv)　$R(C)=k(z,w)$,　ここに　$w^2=\psi(z)=(z-a_1)\cdots(z-a_s)$,　a_i らは相異なる．

証明　(i) を仮定すると，$|D|$ の元は $p+q$ と書ける．$B_s|p+q|=\phi$ だから，$f=\Phi_{|p+q|}$ とおくと，$f:C\to\boldsymbol{P}^1$. よって，$\deg f=2$ となる．$|D|\ni f^*(p_1)=2p$ なる $p\in C$ が，f の分岐点を与える．それらは Riemann の公式によれば，ちょうど $2g+2$ 個ある (図 6.3).

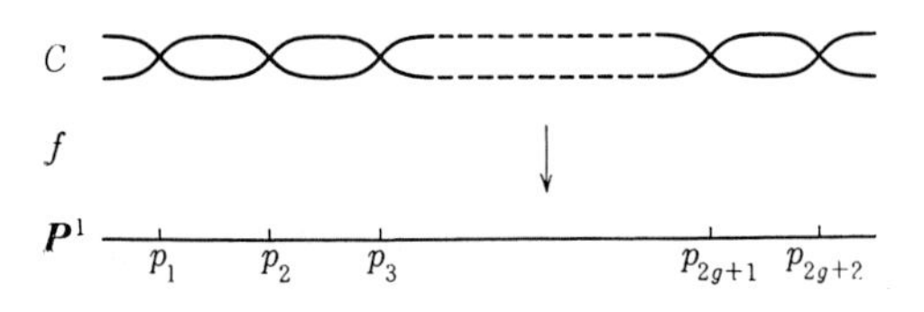

図 6.3　超楕円曲線の分岐図

これらの $\boldsymbol{P}^1$ 上での像を $p_1,p_2,\cdots,p_{2g+2}$ とし，これらが無限遠点にならぬよう，$\boldsymbol{P}^1$ に非同次座標 z を導入しよう．$z(p_j)=a_j$ と書くと，

$$w^2=(z-a_1)(z-a_2)\cdots(z-a_{2g+2}).$$

これにより C の関数体は表示できる．さて，§5.13, e) によると，dz/w が正則1型式を与えるから，

$$(dz/w)=(g-1)f^*(\infty)=K(C).$$

もっと一般に，$q_1,\cdots,q_{g-1}\in\boldsymbol{P}^1$ をとり，

$$A=\sum f^*(q_j)$$

をつくると，$\deg A=2g-2$, $l(A)\geqq l(\sum q_j)=g$. 定理 6.4 によると，$A\sim K$. よって，

$$l_C(f^*(\sum q_j))=l_{\boldsymbol{P}^1}(\sum q_j)=g.$$

だから

$$\Phi_{|K|}=\Phi_{|f^*\Sigma q_j|}=\Phi_{|\Sigma q_j|}\cdot f$$

と分解する(図式 6.1)．かくして，(ii) と (iv) の同値性，それから (iii) の導かれることがわかった．

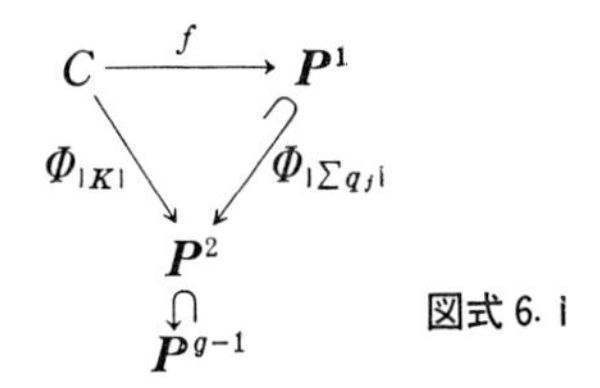

図式 6.1

さて (iii) $\Longrightarrow$ (i) を示すために，(i) の否定，すなわち，任意の $\deg D=2$ なる因子 D は $l(D)\leqq 1$ を仮定して，$K(C)$ は超平面切断因子になることをみる．任意の点 p,q をとると，$l(K-p-q)=g-3+l(p+q)=g-2$．よって，$l(K-p-q)=l(K-p)-1$ になるから，$B_s|K-p|=\phi$．さて，$\Phi=\Phi_{|K|}$ とする．もし $\Phi(p)=\Phi(q)$ であれば，$H^0(C,\mathcal{O}(K))$ の底を $\varphi_0,\cdots,\varphi_{g-1}$ とすると，

$$\varphi_0(p):\varphi_1(p):\cdots:\varphi_{g-1}(p)=\varphi_0(q):\cdots:\varphi_{g-1}(q).$$

だから $\lambda\in k^*$ があって $\varphi_j(p)=\lambda\varphi_j(q)$．よって，

$$(\sum\alpha_j\varphi_j)(p)=0 \quad \text{ならば} \quad (\sum\alpha_j\varphi_j)(q)=0.$$

これは，p を通る $|K|$ の元 $(\sum\alpha_j\varphi_j)$ は必ず q を通ることになり $B_s|K-p|=\phi$ に反する．よって Φ は 1 対 1 の写像である．p での正則パラメータを z とおくと，$|K|_p$ は $(\sum\lambda_j\varphi_j)(z)=0$ となる切断 $\sum\lambda_j\varphi_j$ からつくられる．$|K-2p|\subsetneqq|K-p|$ だから，$\varphi_0(z)\neq 0$ なるように番号づけして，$g_j=\varphi_j/\varphi_0$ と有理関数を得るとき，或る $\lambda_1,\cdots,\lambda_{g-1}$ があって，$(\sum\lambda_jg_j)(z)=\alpha z+\cdots\ (\alpha\neq 0)$．いいかえると，或る g_i は $dg_i/dz(0)\neq 0$．これすなわち，$\Phi:C\to\boldsymbol{P}^{g-1}$ が，閉埋入になっていることを意味する．すなわち，K は超平面切断因子なのである(§7.13 を参照)．∎

この証明より，(ii) にでてくる $f:C\to\boldsymbol{P}^1$ は，$\Phi_{|K|}$ から導かれることをしる．よって一意的になる．また，(i) の $p+q$ も必ず $f^*(p_1)$ として実現されることがわかったことも注意しておこう．また，この定理の条件を満たす曲線は**超楕円曲線**とよばれる．これは前にのべた通りである．いささか，大袈裟な名前の由来はつぎのようである：種数 2 とすると，$l(K)=2$ だから，Φ_K の像は $\boldsymbol{P}^1$ であり，$\deg K=2\cdot 2-2=2$ だから，(i), (ii), (iii) が同時進行的に満たされる．

C の正則 1 型式は

$$\frac{(\alpha+\beta z)dz}{\sqrt{(z-a_1)(z-a_2)\cdots(z-a_6)}}$$

と書かれる(§5.13, e)). この積分は，まさに楕円積分を素直に難かしくしたものだから，超楕円積分(hyperelliptic integral)とよばれてしまう.

§6.7　超平面切断定理

a)　また，定理6.7の証明方法を用いて，つぎのことが同様に証明される.

補題6.3　$B_s|D|=\phi$，任意の p につき $B_s|D-p|=\phi$ ならば，D は超平面切断因子. ——

条件は，任意の p, q につき，$l(D)=l(D-p)+1=l(D-p-q)+2$ といいかえることができる. さて，つぎの定理は，見通しのよい応用しやすいものである.

定理6.8　(i)　$\deg D \geqq 2g$ ならば $B_s|D|=\phi$.

(ii)　$\deg D\geqq 2g+1$ ならば，D は超平面切断因子.

(iii)　$\deg D\geqq 2\varDelta(C, D)+1$ ならば，D は超平面切断因子.

証明　(i)は補題6.2そのものである. (ii)はさらに補題6.3を組合せれば直ちに示される. (iii)は‘藤田の $\varDelta$ 種数論’の1例を与えるものだが，証明はつぎのように理念的に行いうる. $\varDelta(C, D)$ の定義を書きかえると，

$$l(D)=1-\varDelta(C, D)+\deg D.$$

仮定より $\deg D\geqq 2\varDelta(C, D)+1$ だから，$\deg D<2(l(D)-1)$. 定理6.5(Clifford)によると，$l(K-D)=0$. だから，$\varDelta=g$. かくて，(ii)に帰着された. ▌

(i)の式も g を $\varDelta$ でおきかえて定式化してみよう.

(i)*　$\deg D \geqq 2\varDelta(C, D)$ ならば $B_s|D|=\phi$.

[証明]　$\deg D=2\varDelta(C, D)$ のときだけを示せばよい. そのときには，$\deg D=2(l(D)-1)$. $l(K-D)=0$ ならば(i)に帰着される. $l(K-D)>0$ とする. 定理6.5の証明において，$|D|$ の固定成分を A とすると，

$$l(D-A)+l(K-D)=l(K-A)+1\leqq g+1.$$

$\deg D=2(l(D)-1)$ より等号が成り立ち，$l(K-A)=g$. よって $A=\phi$. これは $B_s|D|=\phi$ を意味する. ▌

b)　上のことと関連して，つぎの定理をあげておく.

定理6.9(精密化されたCliffordの定理)　$l(D)>0$，$l(K-D)>0$ かつ $\deg D$

$=2(l(D)-1)$ ならば，$D\sim 0$，または $D\sim K$，または C が超楕円曲線になる．

証明　定理6.5の証明に続ける．等号成立の仮定より，$D\nsim 0$，$D\nsim K$ をさらに仮定すると，$B_s|D|=B_s|K-D|=\phi$ である．よって $|K-D|$ の元 B_1 を一般にえらぶと，各係数は1である：$|K-D|\ni B_1=p+\cdots$．もし $B_s|D-p|=\phi$ ならば，$|D-p|$ の一般の元 $B_2{}^0$ をとると，$B_2{}^0$ は p を成分にもたなく $D\sim B_2=p+B_2{}^0$．よって，$B_1\vee B_2\sim K-p$，$B_1\wedge B_2=p$．

$$l(D)+l(K-D)\leqq l(K-p)+l(p)=g<g+1.$$

これは仮定に反する．だから，$B_s|D-p|\neq\phi$．$q\in B_s|D-p|$ を一つえらび，$D_1=D-p-q$ とおくと，

$$l(D_1)+l(K-D_1)=g+1,\qquad \deg D_1<\deg D.$$

deg についての帰納法によると，C は超楕円曲線，または $D_1\sim 0$，このとき $D\sim p+q$，$B_s|D|=\phi$．よって定理6.7(i)より C は超楕円曲線である．∎

これをさらに精密化する試みは枚挙に暇がないほど沢山ある．それは結局，代数曲線の特異因子の研究なのであり，一種の Abel の定理の高種数の場合の類似とみられなくはない．

c)　つぎの定理は，M. Noether により発見され，近年でも Riemann 面のモジュラスの理論で基本的役割を演じている重要なものである．しかし満足のいく証明は，H. H. Martens らを経て，最近はじめて D. Mumford によって与えられた．さらに，藤田隆夫は証明を改良し完全な一般的定式化に成功しているが，これについては“可換環論”にゆずる．

定理 6.10 (M. Noether)　$g=g(C)\geqq 3$ の代数曲線 C に対し

$$\lambda: H^0(C,\mathcal{O}(K))\otimes H^0(C,\mathcal{O}(K))\longrightarrow H^0(C,\mathcal{O}(2K))$$

を積写像の線型化により定義する．

$$\lambda \text{ は全射} \Longleftrightarrow C \text{ は超楕円曲線でない。}$$

証明は“可換環論”で行うことにする．

C の2種数 $P_2(C)=3g-3$ だから，C が超楕円的でないならば，

$$\dim\operatorname{Ker}\lambda=g^2-(3g-3)=g^2-3g+3.$$

適当に底 $\omega_1,\cdots,\omega_g\in H^0(C,\mathcal{O}(K))$ をえらんでおくとき，$\lambda(\sum c_{ij}\omega_i\otimes\omega_j)=0$ となる c_{ij} をはっきり求めることは，C のテータ関数論で重要になる．

C が超楕円曲線ならば，$w^2=\prod(z-a_i)$ と表すとき，

$$\omega_i = \frac{z^i}{w}dz \qquad (0 \leqq i \leqq g-1)$$

が $H^0(C, \mathcal{O}(K))$ の底をなす（§5.13, e)）. $\mathrm{Im}\,\lambda$ は $z^i(dz/w)^{\otimes 2}$ $(0 \leqq i \leqq 2g-2)$ と書かれる元で生成されるので，

$$\dim \mathrm{Im}\,\lambda = 2g-1.$$

d)　**例 6.4**　$g \geqq 3$ のとき，$\deg(mK) = 2m(g-1) \geqq 2g+1$ が $m \geqq 2$ について成立し，定理 6.8 (ii) から mK は超平面切断的である．$g=2$ のとき，$m \geqq 3$ ならばやはり $\deg(mK) \geqq 6 > 5$．さて，$l(2K)=3$ だから，$\Phi(C) \subset \boldsymbol{P}^2$．$\Phi$ が同型写像ならば $g(\Phi(C)) \geqq 3$．よって，$2K$ は超平面切断的になりえない．

別の見方もできる．$\deg f^*(p)=2$，$l(f^*(p)) \geqq l(p)=2$ だから定理 6.4 により，$f^*(p)=K$．それ故 $2K=f^*(2p)$．しかも $3=l(2K)$，$l(2p)=3$．かくして $l_C(2K) = l_{\boldsymbol{P}}(2p) = l_C(f^*(2p))$．よって，

$$\Phi_{|2K|} = \Phi_{2p} \cdot f.$$

すなわち，$\Phi_{|2K|}(C)$ は $\boldsymbol{P}^2$ 内の 2 次曲線になっている．

§6.8　非超楕円曲線

a)　超楕円的でない曲線は複雑である．$g=3$ としてみると，$l(K)=3$，さらに $\deg K = 2\cdot 3-2=4$ だから，C は，$\boldsymbol{P}^2$ 内の 4 次曲線として実現される．しかも C から C への双有理写像 φ は，$H^0(C, \mathcal{O}(K))$ の 1 次変換をひき起すから，結局 C を C に移す $\boldsymbol{P}^2$ の線型変換になる．したがって，φ は双正則写像になる．$g=4$ ならば，$C \hookrightarrow \boldsymbol{P}^4$，$\deg C = 2\cdot 3 = 6$．$C$ は 2 次曲面と 3 次曲面の交叉として実現される．$g=5$ ならば，$C \subset \boldsymbol{P}^5$，3 個の一般 2 次超曲面の交叉としての 8 次曲線が C の例である．しかし $g \geqq 6$ になると，$\Phi_K(C) \subset \boldsymbol{P}^N$ $(N=g-1)$ は決して完全交叉になりえない．$\Phi_K(C) \subset \boldsymbol{P}^N$ を C の**標準モデル** (canonical model) という．

b) **超楕円曲線の自己同型群**　種数 g の超楕円曲線 C は $2g+2$ 個の分岐点 $p_1, \cdots, p_{2g+2}$ を持ち，これらは $f=\Phi_K$ の分岐点なので，C に固有の点である．たとえば $\sigma \in \mathrm{Aut}(C)$ をとると，σ は $\{p_1, \cdots, p_{2g+2}\}$ の置換をひき起し，もしそれが恒等置換ならば，分岐のえらび方，すなわち $\{\pm 1\}$ しかない．かくして，

$$\begin{array}{c} 1 \longrightarrow \boldsymbol{Z}/2 \longrightarrow \mathrm{Aut}(C) \longrightarrow \mathfrak{S}_{2g+2} \quad (\text{完全}) \\ \| \\ \{\pm 1\} \end{array}$$

を得る．σ は $\boldsymbol{P}^1$ の自己同型をひき起すのだから，まずつぎの問を解かねばならない．

$$G=\{\hat{\sigma}\in PGL(1,k)\,;\ \hat{\sigma}\{a_1,\cdots,a_{2g+2}\}=\{a_1,\cdots,a_{2g+2}\}\}$$

なる群を求めよ．

この群は，$\mathfrak{S}_{2g+2}$ に比べると非常に小さい群であって，後の§6.10, g), h) で研究する．また，$a_1,\cdots,a_{2g+2}$ が一般の位置にあるなら，恒等作用しかありえない．このとき $\mathrm{Aut}(C)=\{\pm 1\}$ になる．

c) 超楕円曲線の分岐点は上でみたようにとても重要で便利なものなので，これの類似を超楕円的でない曲線の場合にも求めてみよう．

そのため，まず，超楕円曲線 C の分岐点 p はつぎの性質をもっていることに注目する：

表 6.1

i	0	1	2	3	4	5	$\cdots$	$2g-3$	$2g-2$	$2g-1$
$l(ip)$	1	1	2	2	3	3	$\cdots$	$g-1$	g	g

一方，p が分岐点でないならば，様子は全く一変する：$1\leqq i\leqq g$ につき $l(ip)=1$，かつ $i>g$ につき $l(ip)=i-g+1$．

§6.9 空 隙 値

a) 種数 $g\geqq 2$ の代数曲線 C のとき，一般的の点 p は，分岐点的でない．これは当然である．さて一方

$$l((g+1)p)=1-g+g+1+l(K-(g+1)p)\geqq 2$$

なので，$l(gp)\geqq 2$ となる p は，C でやや特殊な理解を要する点（分岐点もどき）と考えられる．そこで，一般に，$B_s|jp|\neq\phi$ となる j を p での**空隙値**（gap value, 欠除数ともいう）とよぶ．いいかえてみよう：

$$B_s|jp|\neq\phi\Longleftrightarrow l(jp)=l((j-1)p)\Longleftrightarrow \boldsymbol{L}(jp)=\boldsymbol{L}((j-1)p).$$

これを Riemann-Roch の定理（定理 6.1）でひっくり返すと，

$$\begin{aligned}B_s|jp|\neq\phi &\Longleftrightarrow l(K-jp)=l(K-(j-1)\,p)-1\\ &\Longleftrightarrow H^0(\Omega^1(j-1)(-p))\supsetneqq H^0(\Omega^1(j(-p)))\\ &\Longleftrightarrow p\ \text{において，}j-1\ \text{位の零点をもつ正則1型式がある．}\end{aligned}$$

b)　$$l(0\cdot p)=1\leqq l(p)\leqq\cdots\leqq l((2g-1)p)=g$$

と増える過程を分析してみよう.

$$l(ip)=l((i-1)p)\quad\text{または}\quad l(ip)=l((i-1)p)+1.$$

前者の i は空隙値で，空隙値の数は $l(ip)$ の増え方の足ぶみの回数．それは，$2g-1-(g-1)=g$ である．そこで，空隙値を順にならべ $j_1<j_2<\cdots<j_g$ とし,

$$\{j_1, j_2, \cdots, j_g\}$$

を C の p での**空隙値列** (gap sequence) とよぼう.

p での C の正則パラメータを z とし，空隙値 j_i に応じて，つぎの正則1型式を選ぶと，これらは $H^0(C, \Omega^1)$ の底となる.

$$\omega_1=(z^{j_1-1}+\cdots)dz,$$
$$\cdots\cdots\cdots\cdots\cdots$$
$$\omega_g=(z^{j_g-1}+\cdots)dz.$$

これらの**ロンスキアン** (Wronskian) $W(\omega_1, \cdots, \omega_g)$ を考える.

c)　われわれの取り扱っているのは微分型式であって，関数ではない．したがって，ロンスキアンが微分型式としても意味をもつことを説明せねばならない.

記法の便宜上，二つの1型式 ω_1, ω_2 を考えて，p での正則パラメータを z_α，p' での正則パラメータを z_β とし，つぎのように書き表す.

$$\omega_1=\varphi_\alpha dz_\alpha=\varphi_\beta dz_\beta,$$
$$\omega_2=\psi_\alpha dz_\alpha=\psi_\beta dz_\beta.$$

そこで,

$$W(\omega_1, \omega_2)=\det\begin{bmatrix}\varphi_\alpha(z_\alpha)dz_\alpha & \psi_\alpha(z_\alpha)dz_\alpha\\ \varphi_\alpha'(z_\alpha)(dz_\alpha)^2 & \psi_\alpha'(z_\alpha)(dz_\alpha)^2\end{bmatrix}=\det\begin{bmatrix}\varphi_\alpha & \psi_\alpha\\ \varphi_\alpha' & \psi_\alpha'\end{bmatrix}(dz_\alpha)^3$$

とおくとき，$W(\omega_1, \omega_2)$ が3重1型式になることをみよう．$\varphi_\alpha'(z_\alpha)$ は z_α についての導関数，$\varphi_\beta'(z_\beta)$ は z_β についての導関数とすると,

$$\varphi_\alpha=\varphi_\beta\frac{dz_\beta}{dz_\alpha}$$

により

$$\frac{d\varphi_\alpha}{dz_\alpha}=\frac{d\varphi_\beta}{dz_\alpha}\cdot\frac{dz_\beta}{dz_\alpha}+\varphi_\beta\cdot\frac{d^2z_\beta}{dz_\alpha{}^2}=\frac{d\varphi_\beta}{dz_\beta}\cdot\left(\frac{dz_\beta}{dz_\alpha}\right)^2+\varphi_\beta\cdot\frac{d^2z_\beta}{dz_\alpha{}^2}.$$

だから，$\varphi_\alpha(dz_\alpha)^2=\varphi_\beta'(dz_\beta)^2+\varphi_\beta z_\beta''(dz_\beta)^2$ と書かれ,

$$\begin{bmatrix} \varphi_\alpha dz_\alpha & \psi_\alpha dz_\alpha \\ \varphi_\alpha'(dz_\alpha)^2 & \psi_\alpha'(dz_\alpha)^2 \end{bmatrix}$$

$$= \begin{bmatrix} \varphi_\beta dz_\beta & \psi_\beta dz_\beta \\ \varphi_\beta'(dz_\beta)^2 + \varphi_\beta z_\beta''(dz_\beta)^2 & \psi_\beta'(dz_\beta)^2 + \psi_\beta z_\beta''(dz_\beta)^2 \end{bmatrix}.$$

行列式の性質により

$$\det\begin{bmatrix} \varphi_\alpha dz_\alpha & \psi_\alpha dz_\alpha \\ \varphi_\alpha'(dz_\alpha)^2 & \psi_\alpha'(dz_\alpha)^2 \end{bmatrix} = \det\begin{bmatrix} \varphi_\beta dz_\beta & \psi_\beta dz_\beta \\ \varphi_\beta'(dz_\beta)^2 & \psi_\beta'(dz_\beta)^2 \end{bmatrix}.$$

d) そこで，前ページ b)に続けよう．

$$W(\omega_1, \cdots, \omega_g) \in H^0\left(\mathcal{O}\left(\frac{g(g+1)}{2}K\right)\right) = H^0((\Omega^1)^{\otimes g(g+1)/2}).$$

一方，p の近傍で

$$W(\omega_1, \cdots, \omega_g)$$

$$= \left(\det\begin{bmatrix} z^{j_1-1}+\cdots & \cdots\cdots & z^{j_g-1}+\cdots \\ (j_1-1)z^{j_1-2}+\cdots & \cdots\cdots & \\ & \cdots\cdots\cdots\cdots & \\ \cdots\cdots & & (j_g-1)(j_g-2)\cdots(j_g-g+1)z^{j_g-g}+\cdots \end{bmatrix} + \cdots\right)$$

$$\times (dz)^{g(g+1)/2}$$

$$= (\delta z^{w(p)} + \cdots) dz^{g(g+1)/2}.$$

ここに，

$$\delta = \det\begin{bmatrix} 1 & \cdots\cdots & 1 \\ j_1-1 & \cdots\cdots & j_g-1 \\ & \cdots\cdots\cdots\cdots & \\ (j_1-1)\cdots(j_1-g+1) & \cdots\cdots & (j_g-1)\cdots(j_g-g+1) \end{bmatrix} \neq 0,$$

$$w(p) = j_1-1+j_2-2+\cdots+j_g-g = \sum_{i=1}^{g} j_i - g(g+1)/2.$$

e) **Weierstrass 点**　さて，$\deg(W(\omega_1, \cdots, \omega_g)) = (2g-2)\cdot g(g+1)/2 = (g^2-1)g$ によると，$(W(\omega_1, \cdots, \omega_g)) = \sum w(p)p$ だから，

$$\sum_{p \in C} w(p) = (g^2-1)g.$$

$$p \text{ は } W(\omega_1, \cdots, \omega_g) \text{ の零点でない} \iff w(p) = 0$$

$$\iff \sum j_i = g(g+1)/2 \iff j_1 = 1,\ \ j_2 = 2,\ \ \cdots,\ \ j_g = g$$

$$\iff l(gp) = 1 \iff p \text{ は } C \text{ の } \textbf{Weierstrass} \text{ 点でない(これは定義)}$$

が明らかに成り立つので，Weierstrass 点は高々 $(g^2-1)g$ 個しかないことが証明

された.

$$w(p)=1 \Leftrightarrow j_1=1,\ j_2=2,\ \cdots,\ j_{g-1}=g-1,\ j_g=g+1$$

なのだから，上式の右のような空隙値列をもつ Weierstrass 点しかないときにのみ，Weierstrass 点は $(g^2-1)g$ 個存在するわけである.

f) Weierstrass 因子　$(W(\omega_1,\cdots,\omega_g))$ は，みかけ上，底 $\omega_1,\cdots,\omega_g$ に依存するが，実は曲線 C に対して一意にきまる正因子なのである．実際，他の底 $\omega_1{}^*$, $\cdots,\omega_g{}^*$ をとると，$c_{ij}\in k$ によって，

$$\omega_i{}^*=\sum c_{ij}\omega_j$$

と書かれ，$\det[c_{ij}]\neq 0$．定義によると，

$$W(\omega_1{}^*,\cdots,\omega_g{}^*)=\det[c_{ij}]W(\omega_1,\cdots,\omega_g).$$

だから，正因子 $(W(\omega_1,\cdots,\omega_g))$ は一意に確定する．これを $W(C)$ と書き，C の **Weierstrass 因子**という．$W(C)$ の台集合が，Weierstrass 点の集合である.

g)　定理 6.11 (A. Hurwitz)　Weierstrass 点の数は少なくとも $2g+2$，多くとも $(g^2-1)g$ である．ちょうど $2g+2$ 個しかないときは，C が超楕円曲線のときに限る.

証明　最小の方の証明をすればよい．結局，$w(p)$ の最大値を評価して，

$$w(p)=\sum j_i-g(g+1)/2\leqq g(g-1)/2$$

になることを証明してやればよい．さて a が p での空隙値でないなら，或る有理関数 φ_a が存在してその極因子は $(\varphi_a)_\infty=ap$，また $(\varphi_a\varphi_b)_\infty=a+b$ である．よって a も b も空隙値でないならば $a+b$ も空隙値でない.

そこで，つぎの補題を用いる.

補題 6.4　$\boldsymbol{N}$ の部分半群 $N(g)$ はつぎの性質をもつ。

(i)　$\boldsymbol{N}-N(g)=\{j_1,\cdots,j_g\}$,

(ii)　$2g-1+\boldsymbol{N}=\{2g,2g+1,\cdots\}\subset N(g)$.

このとき

$$\sum j_i\leqq g^2$$

であって，等号の成り立つのは $j_1=1$，$j_2=3$，$\cdots$，$j_g=2g-1$ に限る.

[証明]　$N(g)$ の最小の元を μ とする．$j\in\boldsymbol{N}-N(g)$ ならば，$j-\mu>0$ のとき $j-\mu\in\boldsymbol{N}-N(g)$．$j>\mu$ のとき $(j-\mu)_+=j-\mu$．$j\leqq\mu$ のとき $(j-\mu)_+$ は何も表さないことを意味するとしよう．すると，

$$\{j_1, \cdots, j_g\} \supset \{(j_1-\mu)_+, \cdots, (j_g-\mu)_+\} \supset \{(j_1-2\mu)_+, \cdots\}.$$

これを逆行させてみる．μ の定義から，$1, 2, \cdots, \mu-1 \in \boldsymbol{N}-N(g)$．$\mu$ を法として 1 と合同な最大の j_i を $r_1=\nu_1\mu+1$，同様に，$r_2=\nu_2\mu+2, \cdots$ をきめる．このとき，$\boldsymbol{N}-N(g)$ はつぎのように並べることもできる．

$$(*)\quad \begin{cases} 1 \quad \mu+1 \quad \cdots \quad \nu_1\mu+1 & (\text{左辺の和}=\nu_1(\nu_1+1)\mu/2+\nu_1+1) \\ 2 \quad \mu+2 \quad \cdots \quad \nu_2\mu+2 & \\ \qquad \cdots\cdots\cdots\cdots\cdots & \\ \mu-1 \qquad\qquad \nu_{\mu-1}\mu+\mu-1. & \end{cases}$$

さて (i) の条件から，

$$\#\{\boldsymbol{N}-N(g)\} = \sum(\nu_i+1) = \sum\nu_i+\mu-1 = g.$$

評価すべき式は j_i 達の和だから，まず横にたして，それらを合せる．

$$\begin{aligned}\sum j_i &= \sum\{\nu_i(\nu_i+1)\mu/2+i(\nu_i+1)\} = \sum(\nu_i+1)(\nu_i\mu+2i)/2 \\ &= \sum(r_i-i+\mu)(r_i+i)/2\mu = \sum(r_i{}^2-i^2)/2\mu+\sum(r_i+i)/2 \\ &= \frac{1}{2\mu}\sum r_i{}^2-\frac{(\mu-1)(2\mu-1)}{12}+\frac{\mu}{2}\left(g-\frac{\mu-1}{2}\right)+\frac{\mu(\mu-1)}{4} \\ &= \frac{1}{2\mu}\sum r_i(r_i+1-2g)+g^2-\frac{(\mu-1)(\mu-2)}{6}.\end{aligned}$$

そこで $\mu=2$ とすると，自動的に $r_1=2g-1$．よって，表$(*)$は，

$$1,\ 3,\ 5,\ \cdots,\ r_1 = 2g-1$$

しかない．このとき

$$\sum j_i = g^2.$$

また $\mu \geqq 3$ ならば，$r_i \leqq 2g-1$ が (ii) よりいえるから，

$$w(p) = \sum j_i-(g+1)g/2 < g(g-1)/2.$$

これにより，C が超楕円的でないとき，Weierstrass 点は少なくとも $2g+3$ 個存在することがわかった．(定理 6.11 の証明終り.) ∎

定理 6.12 に応用の必要上からは，この結果でよいが，空隙値列を詳しく調べ，$w(p)$ の評価を精密化することも興味深い問題である．

たとえば，$g=3$ のとき，μ は $2, 3, 4$ をとる可能性がある．

$\mu=2$ ならば，空隙値列は $\{1, 3, 5\}$ しかなく，$w=3$.

$\mu=3$ のとき，表$(*)$のように並べる．

(i) $\begin{cases} 1\ 4 \\ 2 \end{cases}$　　(ii) $\begin{cases} 1 \\ 2\ 5 \end{cases}$

このとき w はそれぞれ1と2になる．$\mu=4$ なら $\{1,2,3\}$ で，$w=0$ になる．したがって，(ii)がすべての Weierstrass 点でおきても，12個の Weierstrass 点が存在する．同様の計算を行い次表をえる．ただし，$0\leqq w\leqq 5$ は0から5までの各値をとることとしよう．

表 6.2

g	$w=w(p)$
4	$0\leqq w\leqq 4$, 6
5	$0\leqq w\leqq 5$, 10
6	$0\leqq w\leqq 6$, 8, 9, 10, 15
7	$0\leqq w\leqq 12$, 14, 21
8	$0\leqq w\leqq 17$, 28
9	$0\leqq w\leqq 18$, 21, 23, 24, 36
10	$0\leqq w\leqq 25$, 28, 30, 45
11	$0\leqq w\leqq 30$, 33, 36, 38, 55

h) $\boldsymbol{W(C, D)}$　Weierstrass 点の理論では，ロンスキアンが偉大な効能を発揮する．そして自然に m 重1型式が登場してくる．そこでロンスキアンにもう少し働いてもらおう．

D を C の因子とし，$|D|$ の定める1-コホモロジー類を $\{f_{\alpha\beta}\}$ で代表させよう．さて $\varphi\in H^0(C, \mathcal{O}(D))$ は $\{\varphi_\alpha\}$ によって局所的に表示され，$\varphi_\alpha=f_{\alpha\beta}\varphi_\beta$ を満たす．さらに，

$$d\varphi_\alpha = f_{\alpha\beta}d\varphi_\beta + df_{\alpha\beta}\cdot\varphi_\beta,$$
$$d^2\varphi_\alpha = f_{\alpha\beta}d^2\varphi_\beta + 2df_{\alpha\beta}\cdot d\varphi_\beta + d^2 f_{\alpha\beta}\cdot\varphi_\beta,$$
$$\cdots\cdots\cdots\cdots\cdots$$

ここで d^2 の意味は近代的な外微分のくりかえしではない．Leibniz の微分学の d^2 なのである．詳しく書こう．$f(z)\varphi(z)$ という関数の積を考える：

$$\frac{d(f\varphi)}{dz} = f'\cdot\varphi + f\cdot\varphi'$$

をまた微分して

$$\frac{d^2(f\varphi)}{(dz)^2}=f''\cdot\varphi+2f'\cdot\varphi'+f\cdot\varphi''$$

を得る．$d^2\varphi=\varphi''(dz)^2$ などの記法によれば，

$$d^2(f\varphi)=fd^2\varphi+2df\cdot d\varphi+\varphi d^2f.$$

さて，$l(D)=l$ とし，底 $\varphi^{(1)},\cdots,\varphi^{(l)}\in H^0(C,\mathcal{O}(D))$ をえらぶと，

$$W(\varphi^{(1)},\cdots,\varphi^{(l)})_\alpha=\det\begin{bmatrix}\varphi_\alpha{}^{(1)} & \cdots & \varphi_\alpha{}^{(l)}\\ d\varphi_\alpha{}^{(1)} & \cdots & d\varphi_\alpha{}^{(l)}\\ & \cdots\cdots & \\ d^{l-1}\varphi_\alpha{}^{(1)} & \cdots & d^{l-1}\varphi_\alpha{}^{(l)}\end{bmatrix}$$

が定義され，これは $l(l-1)/2$ 重 1 型式．そして

$$W(\varphi^{(1)},\cdots,\varphi^{(l)})_\alpha=f_{\alpha\beta}{}^lW(\varphi^{(1)},\cdots,\varphi^{(l)})_\beta.$$

よって

$$W(\varphi^{(1)},\cdots,\varphi^{(l)})\in H^0(C,(\Omega^1)^{\otimes l(l-1)/2}(lD)).$$

かくして，$\mathcal{O}(lD)$ に係数をもつ $l(l-1)/2$ 重 1 型式を得た．その上，これのきめる正因子は，底 $\varphi^{(1)},\cdots,\varphi^{(l)}$ によらず，ただ $|D|$ のみに依存する．これを $W(C,D)$ と書こう．

i）$\boldsymbol{D}$ Weierstrass 点　$W(C,D)$ の支えはどんな幾何学的意味をもつかを考えねばならない．

$$l=l(D)\geqq l(D-p)\geqq\cdots\geqq l(D-mp)=0$$

と m を大きくとると，$l(D-mp)$ は 0 になり，かつ $l(D-jp)=l(D-(j+1)p)$ または $l(D-(j+1)p)+1$ なので，

$$\{a\in\boldsymbol{N}\,;\,l(D-ap)=l(D-(a+1)p)+1\}$$

はちょうど l 個存在する．これを順に並べ

$$\{a_1,a_2,\cdots,a_l\}$$

とおく．これも一種の空隙値列である．そして，p での正則パラメータを $z=z_\alpha$ として，つぎのように底をえらぶ．

$$\varphi_\alpha{}^{(1)}=z^{a_1}+\cdots,$$
$$\cdots\cdots\cdots\cdots\cdots$$
$$\varphi_\alpha{}^{(l)}=z^{a_l}+\cdots.$$

すると，

$$W(C,D)=\sum_p\left(\sum a_i-l(l-1)/2\right)p.$$

よって，$\rho_p=\sum a_i-l(l-1)/2\geqq 1$ となる p は高々

$$\deg W(C,D)=l\deg D+l(l-1)(g-1)$$

個しかないことがわかった．

$\rho_p>0$ となる p こそ **D Weierstrass 点**とでもよぶべきものであり，$\{a_1,\cdots,a_l\}$ を p での **D 空隙値列**といってよかろう．

p が D Weierstrass 点でないことを，いいかえると，D 空隙値列が $\{0,1,\cdots,l-1\}$ となることなのだから，

$$(*)\qquad\begin{cases}|D| \text{ は } p \text{ を底点にもたず，}\\ |D-p| \text{ は } p \text{ を底点にもたず，}\\ \qquad\cdots\cdots\cdots\cdots\cdots\\ |D-(l-1)p| \text{ は } p \text{ を底点にもたず，　そして，}\\ D\sim lp+D' \text{ となる正因子 } D' \text{ がただ一つきまる．}\end{cases}$$

$B_s|D|$ は有限個で，この点以外に p をえらべば，$(*)$ の最初の条件は当然であるが，$(*)$ の2番目以下まで責任がもてない．$p\notin W(C,D)$ ならば，考えられるぎりぎりまで，p を底点にしないのだから，因子の一般論からして，とてもよい結果といえる．

j）**例 6.5**　C を $\boldsymbol{P}^2$ 内の非特異3次曲線とし，D を $\boldsymbol{P}^2$ の直線切断とすると，$l(D)=3$，$\deg D=3$ である．

p を D Weierstrass 点とすると，

$$l(D)>l(D-p)=2>l(D-2p)=l(D-3p)=1>l(D-4p)$$

を満たすべきで，D 空隙値列は $\{0,1,3\}$．よって $\rho_p=0+1+3-3\cdot 2/2=1$．したがって，$D$ Weierstrass 点はちょうど $3\cdot 3+3\cdot 2\cdot 0=9$ 個存在する．このような点 p は $D\sim 3p$ を満たし，これは p が3次曲線の変曲点となることを意味している．

k）このようにして，D Weierstrass 点は一種の変曲点とも考えられる．この立場に立つ限り，$|D|$ ではなく，1次系 Λ につき同様の考察をすべきだろう．このとき $W(C,\Lambda)$ を定める多重1型式ができ，同様の定理が成り立つ．

たとえば，C を非特異 d 次曲線とすると，C の変曲点の本当の個数 w は $3d+6(g-1)$ でおさえられる．

w の減少分は，$\rho_p \geqq 1$ となる p に起因する．Λ を C の直線切断因子のつくる1次系としよう．$B_s\Lambda=\phi$ だから，

$$3 = l(\Lambda) > 2 = l(\Lambda - p) > 1 = l(\Lambda - 2p),$$

ここに $\Lambda - ip$ は p を i 重に通る Λ の元のつくる Λ の部分1次系である．

$$l(\Lambda-2p) = \cdots = l(\Lambda - ap) > 0 = l(\Lambda-(a+1)p)$$

となる a は，結局，p を通る C の接線と C の交点数である．このとき $\rho_p=1+a-3=a-2$．よって

$$W(C, \Lambda) = \sum (a-2)p.$$

そして

$$\sum (a-2) = 3d+6(g-1) = 3d(d-2).$$

少し計算してみよう．

表 6.3

d	3	4	5	6	7	8	9
$g=\dfrac{(d-1)(d-2)}{2}$	1	3	6	10	15	21	28
$3d(d-2)$	9	24	45	72	105	144	189

9次曲線は一般には189個の変曲点をもつ．なるほど式を書いて計算するのが難かしい道理である．

$d=4$ のとき，非特異平面4次曲線であるが，このとき K は直線切断因子で，$\Lambda=|K|$ と考えられる．この変曲点は Weierstrass 点である．

例 6.6 $x^n+y^n=1$．これは非特異の n 次曲線である．ζ を1の n 乗根とすると，$y=\zeta$ と $x^n+y^n=1$ は $x^n=0$ を交点にもつから，n 重接触の変曲点である．ここで $\rho_p=n-2$，この点は n 個．$x=\zeta$ で考えてやはり n 個．ついで，無限点で考えてやはり n 個の n 重接触の変曲点を得る．合計して $\sum(n-2)=3n(n-2)$ を得るから，この他に変曲点はもちえない．

$n=4$ とすると，Weierstrass 点は12個で，各点の空隙値列は $\{1, 2, 5\}$ (§6.9, g) 参照)．

一般に $x^n+y^n=1$ の Weierstrass 点と空隙値列を決定することは，かなり面倒ではあるが，実行できることである．

l) i) で得た公式

$$\sum \rho_p = l \deg D + l(l-1)(g-1)$$

の左辺は各点での幾何学的情報の総和，右辺は特性類的である．この形の公式は数多い．たとえば S. Lefschetz の不動点定理，F. Hirzebruch による Riemann-Roch 定理の定式化，M. Atiyah 等の指数公式などがそれである．

m) Hurwitz の定理 さて Weierstrass 点の集合 $\{p_1, \cdots, p_w\}$ は，分岐点集合の如きものである．Aut(C) はこれらの置換をひき起す．ところで，C が超楕円的でないならば，

$$\mathrm{Aut}(C) \hookrightarrow \mathfrak{S}_w$$

なのである．これを確かめるには，つぎの定理によればよい．

定理 6.12 (A. Hurwitz) $2g+3$ 個以上の点 $p_1, \cdots, p_w$ を固定する C の正則写像 $f: C \to C$ は恒等写像である．

証明 $g=0, 1$ のときはやさしいから，$g \geqq 2$ としてよい．$p \neq p_1, \cdots, p_w$ をとると $l((g+1)p) \geqq 2$ だから，$\varphi \in \boldsymbol{L}((g+1)p) - k$ をとり，$\psi = \varphi - f^*(\varphi)$ とおく．$\psi(p_j) = \varphi(p_j) - \varphi(f(p_j)) = \varphi(p_j) - \varphi(p_j) = 0$．よって，$\deg(\psi)_0 \geqq w \geqq 2g+3$．一方，$\deg(\psi)_\infty \leqq 2(g+1)$ だから $\psi = 0$ である．さて，$\infty = \varphi(p) = \varphi(f(p))$ により $f(p) = p$ となる．よって $f | C - \{p_1, \cdots, p_w\} = \mathrm{id}$．だから，正則写像の接続の一意性によると，$f = \mathrm{id}$ である．▮

結局，つぎの定理が示されたことになる．

定理 6.13 $g \geqq 2$ の曲線を C とおく．このとき Aut(C) は有限群である．

§6.10 Riemann-Hurwitz の公式の応用

a) **定理 6.14** (H. Weber) $g = g(C) \geqq 1$ の曲線について，全射正則写像 $f: C \to C$ はエタール．さらに $g \geqq 2$ ならば f は同型となる．

また，$s \geqq 3$ のとき，支配的正則写像 $f: \boldsymbol{P}^1 - \{a_1, \cdots, a_s\} \to \boldsymbol{P}^1 - \{a_1, \cdots, a_s\}$ は同型になる．$t \geqq 1$ のとき，E を楕円曲線とし $E - \{b_1, \cdots, b_t\}$ についても同様の性質がある．

証明 $2g-2 = \deg f \cdot (2g-2) + \deg R_f$ に $2g-2 \geqq 0$ を用いれば $R_f = 0$ がでる．$g \geqq 2$ ならば $\deg f = 1$．よって f は §2.28, c) により同型となる．

さて，$\boldsymbol{P}^1$ についての主張を証明しよう．$f: \boldsymbol{P}^1 - \{a_1, \cdots, a_s\} \to \boldsymbol{P}^1 - \{a_1, \cdots, a_s\}$ は $\boldsymbol{P}^1$ 間の非退化有理写像である．よって f は $\bar{f}: \boldsymbol{P}^1 \to \boldsymbol{P}^1$ にのびる．$\bar{f}$ ももち

ろん固有正則写像である．$\sharp\{\bar{f}^{-1}(a_i)\}\geqq 1$ より，$\bar{f}^{-1}(a_i)=\{a_i'\}$．$\bar{f}^*(a_i)=\deg f\cdot a_i'$ と書かれ，$R_f\geqq\sum(\deg f-1)a_i'$ だから

$$-2\geqq\deg f\cdot(-2)+s(\deg f-1).$$

これより

$$0\geqq(\deg f-1)(s-2),\quad s\geqq 3\quad \text{により}\quad \deg f=1.$$

楕円曲線の場合はもっと簡単である．∎

b) **定理 6.15** (Hurwitz)　$g\geqq 2$ のとき，自己同型群 $\mathrm{Aut}(C)$ の位数を d と書くと，

$$d=84(g-1),\ 48(g-1),\ 40(g-1),\ 36(g-1),\ \cdots.$$

証明　$\mathrm{Aut}(C)$ の部分群 G をとり，G による C の商代数曲線 $\hat{C}=C/G$ を考える．C/G の構成は容易である．C の有理数体 $R(C)$ の有限群 G による不変体 $R(C)^G$ の非特異完備モデルを $\hat{C}$ とおく．$R(\hat{C})=R(C)^G\subset R(C)$ に応じて有理写像 $f:C\to\hat{C}$ ができこれは正則写像になり，分岐する被覆を与える．$R(C)/R(\hat{C})$ は Galois 拡大であり，分岐被覆 f も Galois 的または正規とよばれる．なぜなら，$f(p)=f(p')$ ならば，p と p' は G で同値である．いいかえると，$\sigma\in G$ により $\sigma(p')=p$．p での固定群 G_p をとると，$G_{p'}=\sigma G_p\sigma^{-1}$．さて G_p は有限巡回群である．なぜなら $G_p\subset\mathrm{Aut}(\mathcal{O}_{C,p})\subset\mathrm{Aut}(\hat{\mathcal{O}}_{C,p})=\mathrm{Aut}\,k[[x]]$．これに章末の問題 10 の解を用いれば，$G_p\simeq \boldsymbol{Z}/(m)$ とすると，f は p で $y=x^m\varepsilon$，$\bar{\varepsilon}(p)\neq 0$ と書かれる．よって，f は正規被覆となる．$f(p)=p_1$ 上には m 位の分岐点が d/m 個のっている．$p_1\in\hat{C}$ をきめると，

$$\sum_{f(p)=p_1}(m-1)=d-\frac{d}{m}=d\left(1-\frac{1}{m}\right)$$

と書かれるので，分岐指数の寄与を $\hat{C}$ から書くことができ，Hurwitz の公式

$$2g-2=d\left\{2\hat{g}-2+\sum\left(1-\frac{1}{m_j}\right)\right\}$$

を得る．ここに m_j は各 p_j 上の点 p_j' での f の分岐指数を示す．

さて，$\{\hat{g}\,;m_1,\cdots,m_s\}$ を G (または f) の**分岐指数分布**という．$\hat{g}=0$ のとき，$\{m_1,\cdots,m_s\}$ と略記もする．

与えられた g に対し，$d,\hat{g},m_1,\cdots,m_s$ について上記の式を解く．m_j は d の約数であり，一種の Diophantos 方程式と考えて解けばよい．

$$\hat{g} \geqq 2 \quad のときは \quad d \leqq g-1,$$
$$\hat{g} = 1 \quad のときは \quad d \leqq 4(g-1).$$

さて $\hat{g}=0$ のとき，ややデリケートな考察が入用である．便宜上，$m_1 \geqq \cdots \geqq m_s$ と順序をつけておく．$m_s \geqq 2$ であり，

$$2g-2 \geqq d\left(-2+\frac{s}{2}\right)$$

によると，

（i） $s \geqq 5$ ならば，

$$d \leqq 4(g-1).$$

（ii） $s=4$ ならば，$m_1 \geqq 3$ であり，

$$2g-2 \geqq d\left(-2+\frac{2}{3}+\frac{3}{2}\right) \geqq \frac{d}{6} \quad により \quad d \leqq 12(g-1).$$

(iii) $s=3$ ならば，

$$2g-2 = d\left(1-\frac{1}{m_1}-\frac{1}{m_2}-\frac{1}{m_3}\right).$$

（イ） $m_3 \geqq 3$ ならば $m_1 \geqq 4$ で，$d \leqq 24(g-1)$.

（ロ） $m_3=2$, $m_2 \geqq 4$ ならば $m_1 \geqq 5$ で，$d \leqq 40(g-1)$.

（ハ） $m_3=2$, $m_2=3$ ならば $m_1 \geqq 7$ であり，$m_1=7$ ならば $d=84(g-1)$；$m_1=8$ ならば $d=48(g-1)$；$m_1 \geqq 9$ ならば $d \leqq 36(g-1)$. ∎

これらのうち，実際に存在するものを決定するのは，むろんやさしいことではない．$g=2$ ならば，最大の $d=84$ になりえない（§6.10, j)）．$g=3$ のときには，$d=84 \times 2=168$ の位数の群を自己同型にもつ曲線を F. Klein がつくっている．それは $x^3+xy^3+y=0$ であって，群は $PSL(2,7)$，すなわち，A_5 のつぎの単純群である．

種数さえ気にしなければ，どんな有限単純群も高種数の代数曲線の自己同型群に入ってでてきそうである．また，種数 g をきめたとき，その自己同型群に含まれる巡回群の位数の評価，Abel 群のときの評価など種々の研究がなされている．

c） 試みに $g=\hat{g}=0$ のとき，Hurwitz の公式を観察すると

$$-2 = d\left\{-2+\sum_{j=1}^{s}\left(1-\frac{1}{m_j}\right)\right\}$$

を得る．$m_1 \geqq \cdots \geqq m_s \geqq 2$ と順序づけると，

$$-2 \geqq d\left(-2+\frac{s}{2}\right)$$

により，$s \leqq 3$．$s=1$ とすると，

$$-2 = d\left(-2+1-\frac{1}{m_1}\right).$$

$d=d'm_1$ と書いて，$2=d'(m_1+1) \geqq 3d'$ を得るから矛盾．

(i) $s=2$ のとき．

$$2 = d\left(\frac{1}{m_1}+\frac{1}{m_2}\right) \geqq \frac{2d}{m_1}$$

により，$d \leqq m_1$．一方，m_1 は d の約数だから，$d=m_1$．それゆえ，

$$2 = d\left(\frac{1}{d}+\frac{1}{m_2}\right) = 1+\frac{d}{m_2}.$$

これから $d=m_2$ を得る．

(ii) $s=3$ のとき．

$$-2 = d\left(1-\frac{1}{m_1}-\frac{1}{m_2}-\frac{1}{m_3}\right) \leqq d\left(1-\frac{3}{m_3}\right)$$

により，$m_3=2$ を得る．

$$-2 = d\left(\frac{1}{2}-\frac{1}{m_1}-\frac{1}{m_2}\right) \leqq d\left(\frac{1}{2}-\frac{2}{m_2}\right)$$

により，$m_2 \leqq 3$ を得る．

(イ) $m_2=3$ とする．$-2=d\left(\frac{1}{6}-\frac{1}{m_1}\right)$ により，$m_1 \leqq 5$．よって，$m_1=3, 4, 5$．おのおのに応じて d を求めると，$m_1=3$ ならば $d=12$；$m_1=4$ ならば $d=24$；$m_1=5$ ならば $d=60$．

(ロ) $m_2=2$ とする．$m_1=\nu$ は $\nu \geqq 2$ しか条件がつかない．したがって，$d=2\nu$ となる．

以上は初等的な算数にすぎない．$d=12, 24, 60$ という，数の系列は，正多面体群の位数を連想させずにはおかない．

d) $k=\boldsymbol{C}$ として，$PGL(1, \boldsymbol{C})=\mathrm{Aut}(\boldsymbol{P}^1)$ に注目する．立体射影を用いて，または $PG(1, \boldsymbol{C})$ の極大コンパクト群は $SO(3)$ という Lie 群論の初等的事実によって，$PGL(1, \boldsymbol{C})$ の有限部分群は $SO(3)$ の有限部分群とみなせることを知る．さて，$SO(3)$ の有限部分群はいいかえると有限 (空間) 回転群である，群論初歩の考

察により，つぎの5種の有限回転群を作りあげることができる．

① 正12面体群 $= \mathfrak{A}_5$,

② 正6面体群 $= \mathfrak{S}_4$,

③ 正4面体群 $= \mathfrak{A}_4$,

④ 正2面体群 $= D_\nu$,

⑤ 巡 回 群 $= C_n$.

$G \subset PGL(1, \boldsymbol{C})$ が巡回群 $\boldsymbol{Z}/(n)$ のとき，$G = \langle\sigma\rangle$ と書く．また $\sigma(z) = \alpha z + \beta/\gamma z + \delta$ と書けるが，$\sigma^n = 1$ により，行列として，

$$\begin{bmatrix} \alpha & \beta \\ \gamma & \delta \end{bmatrix}^n = \lambda \begin{bmatrix} 1 & 0 \\ 0 & 1 \end{bmatrix}.$$

$\alpha' = \alpha/\sqrt[n]{\lambda}, \cdots$ におきかえて，$\lambda = 1$ としてよい．そこで，z に1次変換して，新しい座標を適当に選んでまた z で表すと，$\sigma(z) = \varepsilon z$ (ε は1の原始 n 乗根) と書ける．$w = z^n$ は σ の作用で不変．$\boldsymbol{P}^1$ の有理関数体 $R(\boldsymbol{P}^1)$ は $\boldsymbol{C}(z)$．そして，$n = [R(\boldsymbol{P}^1) : R(\boldsymbol{P}^1/G)]$．また，$w \in R(\boldsymbol{P}^1/G)$ であり $R(\boldsymbol{P}^1) = \boldsymbol{C}(z) \supset R(\boldsymbol{P}^1/G) \supset \boldsymbol{C}(w)$．かつ $n = [\boldsymbol{C}(z) : \boldsymbol{C}(w)]$ だから $R(\boldsymbol{P}^1/G) = \boldsymbol{C}(w)$ である．よって，

$$\begin{array}{ccc} f : \boldsymbol{P}^1 & \longrightarrow & \boldsymbol{P}^1 \\ \Psi & & \Psi \\ z & \longmapsto & z^n = w \end{array}$$

が §6.10, b) の f になっている．f の分岐を調べよう．

$$dw = nz^{n-1}dz$$

により，z の有限値の範囲では，$z=0$ で n 次の分岐をする．$z = 1/\zeta$, $w = 1/\omega$ により ∞ 点でのパラメータを入れると $\omega = \zeta^n$．よって $d\omega = n\zeta^{n-1}d\zeta$．かくして，$\infty$ 点でやはり n 位の分岐をすることがわかる(図6.4)．

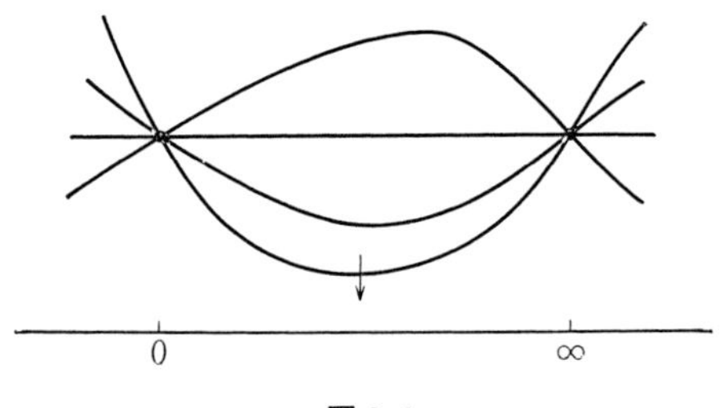

図6.4

よって，$m_1=n$, $m_2=n$, $d=n$. これは，$s=2$ の分岐と合致している．

正 2 面体群 $G=D_\nu\subset PGL(1,\boldsymbol{C})$ のとき，

$$G=\langle\sigma,\tau\rangle,\qquad \sigma^\nu=1,\qquad \tau^2=1,\qquad \tau\sigma\tau=\sigma^{-1}$$

を生成元にとっておく．

$$\sigma(z)=\varepsilon z,\qquad \tau(z)=az+b/cz+d$$

と書くとき，$\sigma\tau(z)=\tau\sigma^{-1}(z)$ を変形して

$$\varepsilon\cdot\frac{az+b}{cz+d}=\frac{a\varepsilon^{-1}z+b}{c\varepsilon^{-1}z+d}$$

を得る．$z=0$ として，$\varepsilon\cdot b/d=b/d$. よって b または $d=0$. $z=\infty$ として，$\varepsilon\cdot a/c=a/c$. よって a または $c=0$. 結局，$a=d=0$ または $b=c=0$ である．$a=d=0$ ならば $\tau(z)=b/z$ と書かれ，$\tau^2=\mathrm{id}$. だから $z/b=z_1$ と新座標を入れると，$\tau(z_1)=\varepsilon z_1$, $\tau(z_1)=1/z_1$. 一方 $b=c=0$ ならば $\tau(z)=az$ で σ と可換になってしまう．$\tau^2=\mathrm{id}$ だから，$a=-1$. よって $\sigma=\tau$ となり矛盾．

D_ν で不変な有理関数として $z^\nu+1/z^\nu$ がつくられる．$2\nu=[\boldsymbol{C}(z),\boldsymbol{C}(z^\nu+1/z^\nu)]$ により $R(\boldsymbol{P}^1/D_\nu)=\boldsymbol{C}(z^\nu+1/z^\nu)$.

$w=z^\nu+1/z^\nu$ の分岐を調べよう．

$$dw=\nu(z^{2\nu}-1)/z^{\nu+1}dz$$

によると，$z^{2\nu}=1$, $z=0$, $z=\infty$ の点でのみ分岐しうる．

(イ) $z_0{}^\nu=1$ となる z_0 をとると，$w_0=2$ が対応して，$z=z_0+t$, $w-2=\omega$ とおくとき

$$\begin{aligned}\omega&=(z_0+t)^\nu+(z_0+t)^{-\nu}-2\\&=\nu\frac{t}{z_0}+\binom{\nu}{2}\frac{t^2}{z_0{}^2}+\cdots-\nu+\binom{-\nu}{2}\frac{t^2}{z_0{}^2}+\cdots\\&=\left\{\binom{\nu}{2}+\binom{-\nu}{2}\right\}\frac{1}{z_0{}^2}t^2+\cdots.\end{aligned}$$

よって，分岐指数は 2 である．

(ロ) $z_1{}^\nu=-1$ となる z_1 をとると，$w_1=-2$ が対応する．他も(イ)と同様．

(ハ) $z=0$ には $w=\infty$ が対応し，$w=1/\omega$ とおくと，

$$\omega=\frac{z^\nu}{1+z^{2\nu}}.$$

だから $d\omega=(\nu z^{\nu-1}+\cdots)dz$. よって ν 位の分岐である。

（ニ）　$z=\infty$ には $w=\infty$ が対応し，$z=1/t$，$w=1/\omega$ とおくと，

$$\omega=\frac{t^{\nu}}{1+t^{2\nu}}.$$

（ハ）と同様に ν 位の分岐をする．

結局，このとき，$s=3$，$m_3=2$，$m_2=2$，$m_1=\nu$ となる．$\nu=4$ として分岐状態を図示すると図 6.5 を得る．

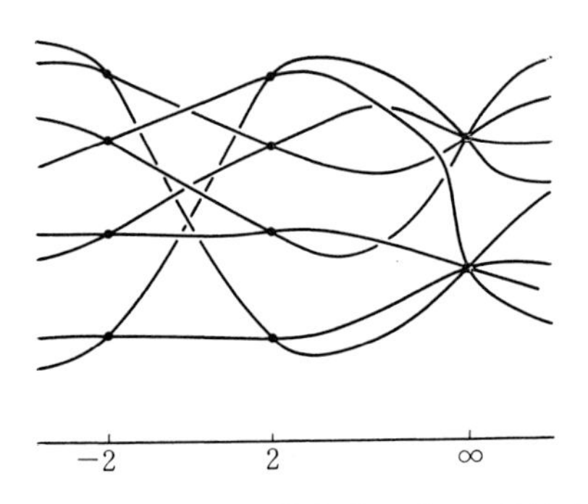

図 6.5　分岐指数分布 $\{2, 2, 4\}$ の 8 重正規被覆

ついで，$G=\mathfrak{A}_4, \mathfrak{S}_4, \mathfrak{A}_5$ の場合を行うとよいのだが，随分面倒である．$G=\mathfrak{A}_5$ のとき，$R(\boldsymbol{P}/G)=\boldsymbol{C}(w)$ となる $w=f(z)$ は 60 次の方程式であって，いわゆる正 12 面体の方程式．それは Galois 方程式で，Galois 群は $\mathfrak{A}_5$．よって，z を w の関数とみるときベキ根記号をつらねて書き下すことはできない．

これらの興味ある具象的事実は，19 世紀の代数方程式論の華やかな一章に必ず登場している．Galois 方程式，不変式，複素関数論，回転群，これらが交錯して小さい小さい桃源郷を形成しているのである．

表 6.4

d	$\{m_1, m_2, \cdots, m_s\}$	G
60	$\{5, 3, 2\}$	$\mathfrak{A}_5$
24	$\{4, 3, 2\}$	$\mathfrak{S}_4$
12	$\{3, 3, 2\}$	$\mathfrak{A}_4$
2ν	$\{\nu, 2, 2\}$	D_ν
n	$\{n, n\}$	C_n

e) さて，d)の考察により，c)で得た分岐の分類の群が明晰にわかる．

$\{3,3,2\}$ の分岐指数分布をもつとき，C_n, D_ν ではありえないから，G の位数をみて，$G=\mathfrak{A}_4$ 等々．かくて表 6.4 を得る．

詳しくいうと，分岐 $\{\nu,2,2\}$ のとき群は D_ν，$\{n,n\}$ のとき群は C_n になることを証明しておかねばならない．

分岐 $\{\nu,2,2\}$ のとき，$d=2\nu$ だから，図 6.6 のように，$f^{-1}(\infty)=\{p,p'\}$ をとると G_p の位数は n，G_p は 1 点の固定群だから巡回群である．よって，$G\supset G'$，$G'\simeq \boldsymbol{Z}/(\nu)$，$[G:G']=2$ である．このような群は巡回的でないならば 2 面体群である．

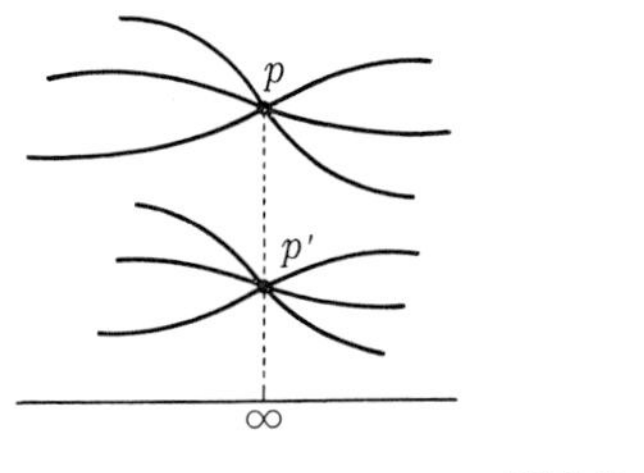

図 6.6

分岐指数分布が $\{n,n\}$ のとき，よりやさしくなって $G_p=G$ だから G は巡回群となる．

このようにして，何もかもよくわかった．副産物として，$SO(3)$ の有限部分群は $\mathfrak{A}_5$, $\mathfrak{S}_4$, $\mathfrak{A}_4$, D_ν, C_n の 5 種に限ることも確定できたのである．これの初等的証明には鋭い数学的直観が入用なのだったと思う．

f) Riemann 面の理論によると，正規に分岐する被覆の基本群の生成元と基本関係式とはつぎの式で与えられる．

C を種数 g のコンパクト Riemann 面，$p_1,\cdots,p_s\in C$ をとる p_j 上の各点で m_j 位の正規分岐をする（図 6.7 のように，p_j の上の点はすべて m_j 位の分岐をすることを正規という）普遍被覆面を $\tilde{C}^*$ とする．その基本群 $\pi_1(\tilde{C}^*/C)$ はつぎの生成元

$$\alpha_1,\quad \beta_1,\quad \cdots,\quad \alpha_g,\quad \beta_g,\quad \gamma_1,\quad \cdots,\quad \gamma_s$$

をもち，基本関係式は

$$\alpha_1\beta_1\alpha_1{}^{-1}\beta_1{}^{-1}\cdots\alpha_g\beta_g\alpha_g{}^{-1}\beta_g{}^{-1}\gamma_1\cdots\gamma_s=\gamma_1{}^{m_1}=\cdots=\gamma_s{}^{m_s}=1.$$

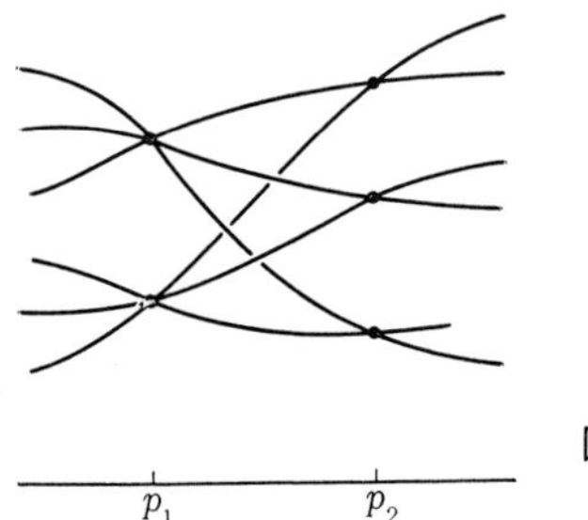

図 6.7

さて，$\tilde{C}^*$ は単連結だから上半平面 $\mathcal{H}$，全平面 $\boldsymbol{C}$，射影直線 $\boldsymbol{P}^1$ のいずれかになる．

$$\lambda = 2g-2+\sum\left(1-\frac{1}{m_j}\right)$$

とおくとき

$$\tilde{C}^* = \mathcal{H} \Leftrightarrow \lambda > 0,$$
$$\tilde{C}^* = \boldsymbol{C} \Leftrightarrow \lambda = 0,$$
$$\tilde{C}^* = \boldsymbol{P}^1 \Leftrightarrow \lambda < 0.$$

そこで，$C=\boldsymbol{P}^1$ のとき，

$$\pi_1 \text{ が有限} \Leftrightarrow \tilde{C}^* = \boldsymbol{P}^1 \Leftrightarrow \lambda < 0$$

を得る．

つぎの問題を考えよう．

群 $G=\langle \gamma_1, \cdots, \gamma_s \rangle$ の基本関係式を

$$\gamma_1{}^{m_1} = \cdots = \gamma_s{}^{m_s} = \gamma_1 \cdots \gamma_s = 1$$

としよう．G はいつ有限群か？　そして，そのような有限群の構造は一体何か？

上記の考察より，有限の条件は

$$\lambda = -2+\sum\left(1-\frac{1}{m_j}\right) < 0$$

となる．$\tilde{C}^*=\boldsymbol{P}^1$ だから，$\pi_1 \subset \mathrm{Aut}(\boldsymbol{P}^1) = PGL(1, \boldsymbol{C})$．

よって，π_1 は5種の有限回転群とみなせる．

このようにして，

$$\mathfrak{A}_5 = \langle u, v \rangle, \qquad u^2 = v^3 = (uv)^5 = 1,$$

$$\mathfrak{S}_4 = \langle u, v \rangle, \qquad u^2 = v^3 = (uv)^4 = 1,$$
$$\mathfrak{A}_4 = \langle u, v \rangle, \qquad u^2 = v^3 = (uv)^3 = 1$$

と基本関係式の与えられることも証明された．これを Coxeter と Moser の定理という．原証明は幾何学的で複雑であるが，代数幾何学の立場にたってみるとこのようにエレガントな証明ができてしまう．

$g=1$，$\hat{g}=0$ のときの考察は読者に委ねる．

g)　これまでの考察によると，$C^0=\boldsymbol{P}^1-\{a_1, \cdots, a_w\}$ $(w \geqq 3)$ の自己同型群を決定する問題（§6.8, b)）がほぼ完全に解かれる．$\sigma: C^0 \to C^0$ を支配的写像とすると，それは自己同型（定理 6.14）であり，さらに $\boldsymbol{P}^1$ の自己同型をひき起す．それゆえ

$$G = \mathrm{Aut}(C^0) \subset \mathrm{Aut}(\boldsymbol{P}^1) = PGL(1, \boldsymbol{C}).$$

定理 6.15 の分岐被覆写像を $f: \boldsymbol{P}^1 \to \boldsymbol{P}^1/G = \boldsymbol{P}^1$ と書く．§6.10, b) の公式により，$d=\#G$，分岐指数を m_j と書けば，

$$-2 = d\left\{-2+\sum\left(1-\frac{1}{m_j}\right)\right\}$$

を得る．$D=\{a_1, \cdots, a_w\}$，$\Sigma=f(D)$ と書く．よって，$D \subset f^{-1}(\Sigma)$ であるが，実は $D=f^{-1}(\Sigma)$ である．なぜならば $f(b)=f(a_1)$ とすると，$\sigma \in G$ があり $\sigma(a_1)=b$．これは $b \in D$ を意味する．$D=f^{-1}(\Sigma)$ をつぎのようにいいかえれる：

$$\begin{array}{ccc} \boldsymbol{P}^1 & \xrightarrow{f} & \boldsymbol{P}^1/G = \boldsymbol{P}^1 \\ \cup & & \cup \\ C^0 & \longrightarrow & C^0/G \end{array}$$

と書くとき，$f|C^0$ も固有正則写像である．

$\Sigma=\{b_1, \cdots, b_v\}$ とすると，$f^*(b_1)=\sum_{j=1}^{e} \nu p_j$ と共通の重複度 ν をもって，m_j がでてくる．もし $\nu>1$ ならば，ν はどれかの m_i，たとえば m_1 と一致する．そして $d(1-1/m_1)=d-e$ から，

$$-2+e = d\left\{-2+1+\sum{}^*\left(1-\frac{1}{m_j}\right)\right\}$$

を得る．$\sum^*$ は $\nu>1$，$\nu=m_1$ のとき，それを $\sum$ から除くことを意味する．$b_2, \cdots, b_v$ についても行い，ついには

$$-2+w = d\left\{-2+v+\sum{}^*\left(1-\frac{1}{m_j}\right)\right\}$$

を得る．ここの $\sum^*$ は上記の意味から推察してほしい．この式は $C^0\to C_1{}^0=C^0/G$ の分岐公式と考えられる．第11章で登場する**対数的分岐公式**のもっとも簡単な一例である．

$w\geqq 3$ のとき，w により d を評価することを試みよう．

$\sum^*(1-1/m_j)=\sum^t(1-1/\nu_j)$ と書くことにする．$\nu_1\geqq\cdots\geqq\nu_t$ と並べると，$v\geqq 1$ に注意して

$$-2+w\geqq d\left(-1+\frac{t}{2}\right)$$

により，$t\geqq 3$ ならば $d\leqq(2w-4)/(t-2)$.

とくに $t=3$ のとき $d\leqq 2w-4$, $t\geqq 4$ ならば $d\leqq w-2$ である．このとき，d は十分小さいと考えてよいであろう．

$t=2$, $\nu_2\geqq 2$ に注意して，

$$-2+w\geqq d\left(1-\frac{1}{\nu_1}-\frac{1}{\nu_2}\right)\geqq d\left(\frac{1}{2}-\frac{1}{\nu_1}\right).$$

これより，$d\leqq 2(w-2)\nu_1/(\nu_1-2)$.

$$\nu_1=3 \quad \text{ならば} \quad d\leqq 6(w-2),$$
$$\nu_1=4 \quad \text{ならば} \quad d\leqq 4(w-2),$$
$$\nu_1\geqq 5 \quad \text{ならば} \quad d\leqq 10(w-2)/3.$$

さらに

$$\nu_1\geqq\nu_2\geqq 3 \quad \text{のとき} \quad d\leqq 3(w-2).$$

$t=1$. このとき $\nu=\nu_1\geqq 2$. よって $d\leqq\nu(w-2)/(\nu-1)\leqq 2(w-2)$.

結局，もっとも d が大きいとき，係数は6だから，定理6.15のときの84に比べて，著しく小さいとみられよう．

$$d=6(w-2) \quad \text{は} \quad v=1, \quad \nu_1=3, \quad \nu_2=2,$$
$$d=4(w-2) \quad \text{は} \quad v=1, \quad \nu_1=4, \quad \nu_2=2.$$

h)　さて，一般に $G\subset PGL(1,\boldsymbol{C})$ だから，§6.10, d), e), f) の考察により，群の構造も分岐指数もわれわれは完全に知っている．そこで $f:\boldsymbol{P}^1\to\boldsymbol{P}^1/G$ から出発し，$\Sigma\subset\boldsymbol{P}^1/G$ を選び，$\{a_1,\cdots,a_w\}=f^{-1}(\Sigma)$ とおいて，$G\subset\mathrm{Aut}(\boldsymbol{P}^1-\{a_1,\cdots,a_w\})$ を得る方向で考えてみる．

まずつぎの記号を定めておく．

G の分岐指数分布を $\{m_1, \cdots, m_s\}$ とする．$m_j=m(p_j)$ と書くと，$e_j=d/m_j$ は $f^{-1}(p_j)$ の個数になる．

(イ) $G=C_n$ のとき．$\{n, n\}$ であり，$\Sigma=\{p_1, p_2\}$ とすると，$v=2$, $w=2$ で $w\geqq 3$ に反する．よって，$p, p' \in \{p_1, p_2\}$ をとり $n\geqq 3$ のとき，$\Sigma=\{p\}$ とすると，$v=1$, $w=n$．そして，$d=n$．同様にして，つぎの表を得る．

表 6.5

Σ	v	w	d
p	1	n	n
p, p_1	2	$n+1$	n
p, p_1, p_2	3	$n+2$	n
p, p'	2	$2n$	n

(ロ) $G=D_\nu$ のとき．$\{\nu, 2, 2\}$ であり，$e_1=2$, $e_2=\nu$, $e_3=\nu$ に注意してつぎの表を得る．

表 6.6

Σ	v	w	d
p_2	1	ν	2ν
p_1, p_2	2	$\nu+2$	2ν
p_2, p_3	2	2ν	2ν
p, p_2	2	$2\nu+2$	2ν

(ハ) $G=\mathfrak{A}_4$ のとき．$\{3, 3, 2\}$ であり，$e_1=4$, $e_2=4$, $e_3=6$．

表 6.7

Σ	v	w	d
p_1	1	4	12
p_2	1	6	12
p_1, p_2	2	8	12
p_1, p_3	2	10	12
p	1	12	12

(ニ) $G=\mathfrak{S}_4$ のとき．$\{4, 3, 2\}$ であり，$e_1=6$, $e_2=8$, $e_3=12$．

表6. 8

Σ	v	w	d
p_1	1	6	24
p_2	1	8	24
p_3	1	12	24
p_1, p_2	2	14	24
p_1, p_3	2	18	24
p	1	24	24

（ホ） $G=\mathfrak{A}_5$ のとき． $\{5, 3, 2\}$ であり， $e_1=12$， $e_2=20$， $e_3=30$．

表6. 9

Σ	v	w	d
p_1	1	12	60
p_2	1	20	60
p_3	1	30	60
p_1, p_2	2	32	60
p_1, p_3	2	42	60
p_2, p_3	2	50	60
p	1	60	60

i） そこで， $d=6(w-2)$ となるときを調べてみると， $d=60$， $w=12$， $G=\mathfrak{A}_5$，それに $d=24$， $w=6$， $G=\mathfrak{S}_4$； $d=12$， $w=4$， $G=\mathfrak{A}_4$．

$d=4(w-2)$ のとき， $d=24$， $w=6$， $G=\mathfrak{S}_4$； $d=8$， $w=4$， $G=D_4$。

とくに w が偶数のとき，でてくる群をならべてみよう：

$$
\begin{aligned}
w &= 4; & G &= \mathfrak{A}_4,\ D_4,\ D_2,\ C_4,\ C_2, \\
w &= 6; & G &= \mathfrak{S}_4,\ \mathfrak{A}_4,\ D_6,\ \cdots, \\
w &= 8; & G &= \mathfrak{S}_4,\ D_8,\ \mathfrak{A}_4,\ \cdots, \\
w &= 10; & G &= D_{10},\ \mathfrak{A}_4,\ \cdots, \\
w &= 12; & G &= \mathfrak{A}_5,\ \mathfrak{S}_4,\ D_{12},\ \mathfrak{A}_4,\ \cdots, \\
w &= 14; & G &= \mathfrak{S}_4,\ D_{14}, \cdots.
\end{aligned}
$$

そして， $w\geqq 32$ ならば D_w が最大位数となる． $w=30$ ならば， D_{30} と $\mathfrak{A}_5$． $28\geqq w\geqq 12$ のとき $G=\mathfrak{A}_5$ のつぎが D_w． $10\geqq w\geqq 6$ のとき $G=\mathfrak{A}_5, \mathfrak{S}_4, D_w$ と並ぶ．

j） 上記のようなことは，完全に初等的数学にすぎないが，自己同型群の一般的構造に重要な示唆を与えるものであろう．

種数 $g \geqq 2$ の代数曲線の自己同型群 G のとき，$d=84(g-1)$ となる群は $PSL(2, 7)$ の他に有限個で，案外，きっかりわかるものなのではないだろうか．

超楕円曲線のときは $w=2g+2$ とおいて，上記の考察により $d \leqq 24g$．$d=24g$ となるのは，$g=2$，$d=48$；$g=5$，$d=120$ のときである．

$g=2$ の代数曲線は超楕円曲線だから，$d \leqq 48$．よって $d=84$ という Hurwitz の評価式の最大値はとりえない．

§6.11　第2種微分

代数曲線の正則1型式は，古くは第1種(Abel)微分とよばれていたもののことである．一方，有理1型式は，点 p で極をもち得る．p での正則パラメータ z を用いて

$$\omega=\left(\frac{\alpha_m}{z^m}+\frac{\alpha_{m-1}}{z^{m-1}}+\cdots+\frac{\alpha_1}{z}+\text{正則}\right)dz \qquad (\alpha_j \in \boldsymbol{C})$$

と展開される．α_1 が ω の p での**留数**であり，p のまわりの道 γ をとると，

$$\frac{1}{2\pi\sqrt{-1}}\int_\gamma \omega=\alpha_1$$

と書かれる(図6.8)．

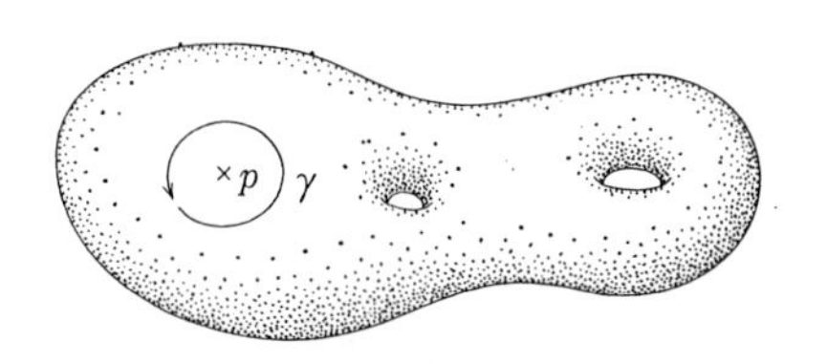

図6.8

それ故，正則パラメータ z のとり方によらず α_1 はきまる．もっとも，直接に計算して z によらぬことを確かめることも容易であろう．$\mathrm{Res}_p(\omega)=\alpha_1$ と書く．

すべての留数が0になる有理1型式を**第2種微分**といい，留数がでてくるとき，**第3種微分**というのであった．さて，$m \geqq 2$ ならば $l(K+mp)=g+m-1$ だから，第2種微分 $\omega_{p,m}$ があり，$(\omega_{p,m})_\infty=mp$ がつくられる．さて各点 p での正則パラメータ z を一つきめて，主要部の展開をすると，$\alpha_1=0$ (定理6.19)．さらに，

$$\tilde{\omega}_{p,m}=\left(\frac{1}{z^m}+\text{正則}\right)dz$$

と書ける元がある．実際，$\omega_{p,2}$ に定数倍を按配して $\tilde{\omega}_{p,2}$ を得る．$m=3$ で

$$\omega_{p,3}=\left(\frac{\alpha_3}{z^3}+\frac{\alpha_2}{z^2}+\text{正則}\right)dz$$

と展開されるから，$\alpha_2\tilde{\omega}_{p,2}$ を引いて，α_3 で割って $\tilde{\omega}_{p,3}$ とおけばよい等々．これらにより第2種微分の空間がつくられる．第1種微分の空間が g 次元であったが，第2種微分の空間はもちろん無限次元である．これを有限次元に減らす工夫が必要である．有理関数 φ から全微分 $d\varphi$ をつくると，これは，第2種微分．そこでつぎの定理が成り立つ．

定理 6.16　$M_2(g)=\{\text{第2種微分}\}/\{\text{全微分}\}$ は $2g$ 次元のベクトル空間である．

証明　ω を第2種微分とし，その極を $q_1,\cdots,q_r$，各 q_j での位数を $m_j\geqq 2$ としよう．$p\neq q_1,\cdots,q_r$ をとり，q_j での正則パラメータを z とおく．$Bs|(2g-1)p+(m_j-1)q_j|=\phi$ だから，$m=m_j$ と書くとき有理関数 φ_m があって，

$$\varphi_m=\frac{-1}{(m-1)}\cdot\frac{1}{z^{m-1}}+\cdots,\qquad \omega=\left(\frac{\alpha_m}{z^m}+\frac{\alpha_{m-1}}{z^{m-1}}+\cdots\right)dz.$$

よって $\omega-\alpha_m d\varphi_m$ は，q_j で高々 $m-1$ 位の極，p で高々 $2g$ 位の極をもつ．これを順次くり返して，1位の極のないことから，或る有理関数 φ により

$$\omega-d\varphi=p\ \text{で高々}\ 2g\ \text{位の極をもつ第2種微分}$$

と書かれることがわかる．ω が p に極をもつときも同様にできる．よって，全微分の差を無視すれば，第2種微分は，第1種微分，すなわち，正則1型式，および $\tilde{\omega}_{p,2}$, $\tilde{\omega}_{p,3}$, $\cdots$, $\tilde{\omega}_{p,2g}$ の1次結合で，書かれることがわかった．

さて $g=1$ ならば定理 6.16 は証明おわり．

$g\geqq 2$ としよう．p を非 Weierstrass 点にとる．すると，$m\geqq g+1$ について $Bs|mp|=\phi$ なので，同様にして，$g+2$ 以上の極をもつ有理1型式は処理できる．よって，正則1型式 $\omega_1,\cdots,\omega_g$ と

$$\tilde{\omega}_{p,2},\quad \tilde{\omega}_{p,3},\quad \cdots,\quad \tilde{\omega}_{p,g+1}$$

により表された．さらに，$\alpha_i,\beta_j\in C$ として，

$$\sum\alpha_i\omega_i+\sum\beta_j\tilde{\omega}_{p,j+1}=d\varphi$$

なる φ があるならば $\varphi\in H^0(C,\mathcal{O}(gp))=C$ だから，$d\varphi=0$ である．よって，p で

の展開の主要部をみて，$\beta_j=0$ になる．▮

一方，容易に $H_1(C,\boldsymbol{Q})\simeq H_1(C-\{p\},\boldsymbol{Q})$ がわかる．だから，p にのみ極をもつ1型式 ω は $H_1(C,\boldsymbol{Q})$ の底 $Z_1,\cdots,Z_{2g}$ (ただし $Z_j\not\ni p$) に沿った積分が0なら，その不定積分 φ が C の有理関数になる．定理6.16により，一般の第2種微分 ω について $\int_Z\omega=0$ がすべての $Z\in H_1(C,\boldsymbol{Q})$ に対し成立すると，ω は全微分になることがわかる．

いいかえると，つぎの定理になる．

定理 6.17

$$\begin{array}{ccc} M_2(g)\times H_1(C,\boldsymbol{C}) & \longrightarrow & \boldsymbol{C} \\ \cup\!\!\!\!\mid & & \cup\!\!\!\!\mid \\ (\omega,Z) & \longmapsto & \langle\omega,[Z]\rangle=\int_Z\omega \end{array}$$

を双1次型式とみると，非退化になる．(ただし Z は ω の極を通らない.) ——

つぎにもっとはっきり，行列で書いてみよう．正則1型式の底 $\omega_1,\cdots,\omega_g$ から横ベクトル $\vec{\omega}=(\omega_1,\cdots,\omega_g)$ をつくる．そこで

$$\Omega_1=\left[\int_{Z_j}\omega_i\right]_{1\leqq i\leqq g,\ 1\leqq j\leqq g},\qquad \Omega_2=\left[\int_{Z_{g+j}}\omega_i\right]$$

をつくると，Riemann 面の理論でよく知られているように，つぎの定理が成り立つ．(本講座“複素解析”参照.)

定理 6.18 $\det\Omega_1\neq 0$，$\Omega_1^{-1}\Omega_2=T$ は対称，かつ，T の虚部行列 $\mathrm{Im}\,T$ は正定値行列である．——

そこで，底をとりかえて，$I=\Omega_1$，$T=\Omega_2$ としよう．また，第2種微分の横ベクトル $\vec{\omega}'=(\omega_1',\cdots,\omega_g')$ の元と $\vec{\omega}$ の元とを合せると，$M_2(g)$ の底になるとしよう．そこで，行列 A_1,A_2 をとり

$$\vec{\omega}^*=\vec{\omega}A_1+\vec{\omega}'A_2$$

とする．

$$\Omega_1^*=\left[\int_{Z_j}\omega_i^*\right],\qquad \Omega_2^*=\left[\int_{Z_{g+j}}\omega_i^*\right],$$

$$T_1^*=\left[\int_{Z_j}\omega_i'\right],\qquad T_2^*=\left[\int_{Z_{g+j}}\omega_i'\right]$$

をつくると，

$$\Omega_1^*=A_1+A_2T_1^*,\qquad \Omega_2^*=A_1T+A_2T_2^*.$$

よって，$\Omega_1^*=0$，$\Omega_2^*=I$ に A_1, A_2 をえらぶことができる．かくして，適当に第1種微分 $\omega_1, \cdots, \omega_g$，第2種微分 $\omega_{g+1}, \cdots, \omega_{2g}$ をえらぶと

$$\Omega = \left[\int_{Z_j} \omega_i\right]_{1\leqq i,j\leqq 2g} = \begin{bmatrix} I & T \\ O & I \end{bmatrix}.$$

そして ${}^tT=T$ により，$\Omega \in Sp(g, \boldsymbol{C})$ を得る．

このようにして，第1種微分と第2種微分との周期の関係が明らかにされた．これを **Legendre-Weierstrass の関係**という．$g=1$ のときが，本来の **Legendre の関係式**で，もっとも原始的な形で書けば，$w^2=z(z-1)(z-\lambda)$ $(\lambda\neq 0, 1)$ とおくとき

$$\int_0^1 \frac{dz}{w}\int_0^\infty \frac{zdz}{w} - \int_0^1 \frac{zdz}{w}\int_0^\infty \frac{dz}{w} = 2\pi\sqrt{-1}.$$

この式が昇華されて，定理 6.17, 6.18 になったと考えられる．

§6.12 第3種微分

a) 第3種微分とは，留数のでてくる有理型式であり，$p\neq q\in C$ に対して，$l(K+p+q)=l(K)+1$ により，存在の保証された $\omega_{p,q}$ $((\omega_{p,q})_\infty=p+q)$ がもっとも簡単な第3種微分である．定数倍を調節して $\mathrm{Res}_p\,\omega_{p,q}=1$ にしておく．

さて，第3種微分 ω が，$q_1, \cdots, q_r$ で極をもち，$\alpha_j=\mathrm{Res}_{q_j}\omega$ とおくと，$p\neq q_1, \cdots, q_r$ をえらぶとき，

$$\omega - \sum \alpha_j \omega_{q_j,p}$$

は p 以外で，留数をもたない．一方，一般の第3種微分 ω につき，つぎの定理が成り立つ．

定理 6.19
$$\sum_{p\in C} \mathrm{Res}_p(\omega) = 0.$$

証明 $p_1, \cdots, p_m$ を ω の極とし，p_j のまわりの小円を γ_j とすると，$H_1(C-\{p_1, \cdots, p_m\}, \boldsymbol{Q})$ において $\gamma_1+\cdots+\gamma_m=0$．だから，

$$0 = \int_0 \omega = \sum \int_{\gamma_j} \omega = 2\pi\sqrt{-1}\sum \mathrm{Res}_{p_j}(\omega).$$ ∎

したがって，

$$\mathrm{Res}_p(\omega - \sum \alpha_j \omega_{q_j,p}) = 0.$$

よって，

$$\omega-\sum\alpha_j\omega_{q_j,p}\in M_2(g).$$

定理 6.20 (Galois) 任意の第3種微分(有理1型式)は,

$$\sum_{i=1}^{g}\beta_i\omega_i+\sum_{j=1}^{g}\gamma_j\tilde{\omega}_{p,j+1}+\sum_j\alpha_j\omega_{q_j,p}+d\varphi$$

の形に一意に書かれる. ——

これは,すでに E. Galois の決闘前の遺書として書かれていたものである.

b) 第3種微分の周期はむしろ簡単である. $\Gamma=C-\{p_0,p_1,\cdots,p_t\}$ は $2g+t$ 次元の $H_1(\Gamma,\boldsymbol{Q})$ をもち,底として, $Z_1,Z_2,\cdots,Z_{2g}$, $\gamma_1,\cdots,\gamma_t$ をえらべる. $j:\Gamma\hookrightarrow C$ とおくとき $j_*(\gamma_1)=\cdots=j_*(\gamma_t)=0$ である. $\varphi_j=\omega_{p_j,p_0}$ $(1\leqq j\leqq t)$ とおくとき,つぎの定理が成り立つ.

定理 6.21

$$A_1=\left[\int_{Z_1}\omega_1,\cdots,\int_{Z_1}\omega_g,\cdots,\int_{Z_1}\varphi_t\right],$$

$$\cdots\cdots\cdots\cdots\cdots$$

$$A_{2g}=\left[\int_{Z_{2g}}\omega_1,\cdots,\int_{Z_{2g}}\omega_g,\cdots,\int_{Z_{2g}}\varphi_t\right],$$

$$B_1=\left[\int_{\gamma_1}\omega_1,\cdots,\int_{\gamma_1}\omega_g,\cdots,\int_{\gamma_1}\varphi_t\right],$$

$$\cdots\cdots\cdots\cdots\cdots$$

$$B_t=\left[\int_{\gamma_t}\omega_1,\cdots,\int_{\gamma_t}\omega_g,\cdots,\int_{\gamma_t}\varphi_t\right]$$

と, $\boldsymbol{C}^{g+t}$ 内の $2g+t$ 個の横ベクトルを定めると,これらは, $R-\boldsymbol{C}$ 上1次独立である.

証明 主張の意味はこうである. $a_j\in\boldsymbol{R}$, $b_i\in\boldsymbol{C}$ をとり,

$$\sum a_jA_j+\sum b_iB_i=0$$

とすると, $a_1=\cdots=b_t=0$.

さて ω_j は C 上の正則1型式だから

$$\int_{\gamma_i}\omega_j=\int_{\gamma_i}j^*\omega_j=\int_0\omega_j=0.$$

よって, $a_1=\cdots=a_{2g}=0$ は定理6.18より導かれる. 明らかに, $\dfrac{1}{2\pi\sqrt{-1}}\displaystyle\int_{\gamma_i}\varphi_l=\delta_{l,i}$ だから, $b_1=\cdots=b_t=0$ も従う. ∎

$\boldsymbol{C}^{g+t}$ 内の離散群 $\tilde{\boldsymbol{L}}=\sum\boldsymbol{Z}A_j+\sum\boldsymbol{Z}B_i$ による商多様体

$$\tilde{J} = \boldsymbol{C}^{g+t}/\tilde{\boldsymbol{L}}$$

を，$C-\{p_0, \cdots, p_t\}$ の**準 Jacobi 多様体**という．

問　題

1　$\boldsymbol{P}^2$ 内の曲線 $C_n : X_0{}^n = X_1{}^n + X_2{}^n$ を考える．ζ を1の原始 n 乗根とし

$$\varphi(X_0 : X_1 : X_2) = X_0 : \zeta X_1 : \zeta^2 X_2$$

とおくと，$\varphi : C \to C$ を得る．φ^d の不動点を求めよ．$(d=1, 2, \cdots, n-1)$

2　$g \geqq 2$ の曲線を C とする．$f : C \to C$ がつぎの条件を満たすとしよう：C 上の正則1型式 ω について，つねに $f^*\omega = \omega$．このとき $f = \mathrm{id}$．

3　$g \geqq 2$ のとき $l(2K) = 3g-3$ を示せ．

4　$m, p, q \geqq 2$，かつ G. C. D. $(m, p, q) = 1$ としよう．代数曲線

$$w^m = z^p (1-z)^q$$

の種数 g が0になるとき，(m, p, q) を決定せよ．

[注意]　問題4は，いわゆる Newton の2項積分の問題であって，$\int z^{p/m} (1-z)^{q/m} dz$ がいつ初等関数で書けるか，と密接に関連している．1857年に Chevishev によって解かれたが，これは結果としては問題4の曲線の種数 $g=0$ の場合の決定になっている．

5　問題4と同じ条件下で，$g=1$ のときを決定せよ．

6　$PGL(1, \boldsymbol{C})$ の有限部分群は3次元有限合同群と一致する．

7　C を完備代数曲線とし，有限群 $G \subset \mathrm{Aut}(C)$ を一つえらぶ．G は関数体 $R(C)$ に作用し，その不変体を $R(C)^G$ とおく．$R(C)^G$ はやはり代数関数体で $[R(C) : R(C)^G] = \# G$ を満たす．さて，$R(C)^G$ の完備代数曲線としてのモデルを $\hat{C}$ とする．すなわち，$\hat{C}$ は完備代数曲線で，$R(\hat{C}) = R(C)^G$ を満たす．$R(\hat{C}) \subset R(C)$ は正則写像 $f : C \to \hat{C}$ を定める．これらをきちんと証明せよ．

8　例6.2の記法を用いて，$\pi(u_1) = p_1$，$\pi(u_2) = p_2$，$\pi(u_3) = p_3$ を考える．つぎの (i), (ii), (iii) は同値を示せ．

(i)　p_1, p_2, p_3 が $\boldsymbol{P}^2$ 上の点として，或る射影直線にのること．

(ii)　因子 $p_1 + p_2 + p_3 \sim 3(\infty)$．

(iii)　$u_1 + u_2 + u_3 \equiv 0 \mod \boldsymbol{Z}\omega + \boldsymbol{Z}\omega'$．

9　上問の記法をさらに用いる．

$$\pi(u) = p \text{ が } C \text{ の変曲点} \iff 3u \equiv 0 \mod \boldsymbol{Z}\omega + \boldsymbol{Z}\omega'$$

$$\iff u \in \frac{1}{3}\boldsymbol{Z}\omega + \frac{1}{3}\boldsymbol{Z}\omega'.$$

上のことを示し，C の変曲点は9個あること，3個の変曲点を通る直線は12本あること，これらの直線と点はつぎの**共線-共点関係**をもつ．

1点を通る直線は4本．1直線上に3個の点がのる．(このとき，3元体上の**アフィン平**

面幾何をなすという.)

10　1変数ベキ級数環 $\boldsymbol{C}[[x]]$ をとり，$G=\mathrm{Aut}_{\boldsymbol{C}}\boldsymbol{C}[[x]]$ とおく．G の有限部分群はすべて巡回群になる.

11　C を種数 g の非特異空間曲線 $\subset \boldsymbol{P}^3$ とする．C はどんな平面 $=\boldsymbol{P}^2 \subset \boldsymbol{P}^3$ にも含まれないとする．H を $\boldsymbol{P}^3$ の平面とし，$d=(C,H)$ (交点数，§8.1) を C の次数とよぶ．任意の点 $p\in C$ につき H をえらぶと，$H|C=3p+\cdots$ にできる．或る H が存在して，$H|C=4p+\cdots$ と書ける点 p を空間曲線の変曲点とよぼう．すると，それらの数 $\leqq 4d+12(g-1)$.

12　§6.9, h) の記法を用いる.

$$N_0=\{a\in \boldsymbol{N};\ l(D-ap)=l(D-(a-1)p)\},$$
$$N_1=\{j\in \boldsymbol{N};\ l(K-jp)=l(K-(j-1)p)\}$$

とおくとき，半群 N_1 は自然に N_0 に作用する：

$$\begin{array}{ccc} N_1\times N_0 & \longrightarrow & N_0 \\ \Psi & & \Psi \\ (j,a) & \longmapsto & j+a \end{array}$$

13　§6.9, i) の記法を用いる．ρ_p の下からの評価を行え．とくに，$2K$ Weierstrass 点，$3K$ Weierstrass 点の数を評価せよ.

14　$g(C)\geqq 2$ の曲線を C とする．さて，$f:C\to \boldsymbol{P}^1$ は或る p で $\sharp f^{-1}(p)=1$ を満たすとしよう．このような f は有限個しかないことを示し，この数の評価式を見出せ.

15　$\boldsymbol{P}^1\ni\infty,0,1,\lambda_1,\cdots,\lambda_{t-2}$ を相異なる点とする．$G=\mathrm{Aut}(\boldsymbol{P}^1-\{\infty,0,1,\cdots,\lambda_{t-2}\})$ と体 $\boldsymbol{Q}(\lambda_1,\cdots,\lambda_{t-2})$ の関係を求めよう．$C=\boldsymbol{P}^1-\{\infty,0,1,\cdots,\lambda_{t-2}\}$ と書き，左の群を $G(C)$，右の体を $\boldsymbol{Q}_C$ と書くと，

(i)　$\sharp G=d>2(t+1)$ ならば，$\boldsymbol{Q}_C$ は代数体.

(ii)　$\sharp G=d=2(t+1)$ のとき，$\boldsymbol{Q}_C$ が代数体でないとして，G を定めよ.

(iii)　(i) の代数体 $\boldsymbol{Q}_C$ を具体的に求めよ.

16　$\mathfrak{A}_4$ の行列表示

$$\tau(z)=-z,\qquad \sigma(z)=\frac{z+\sqrt{-1}}{z-\sqrt{-1}}$$

をもとに $f:\boldsymbol{P}^1\to\boldsymbol{P}^1/\mathfrak{A}_4=\boldsymbol{P}^1$ の式を書き下せ．これを正四面体方程式という.

17　$\mathfrak{S}_4$ につき同様に

$$\tau(z)=\sqrt{-1}\,z,\qquad \sigma(z)=\frac{z+\sqrt{-1}}{z-\sqrt{-1}}$$

とおくとき，$\langle\tau,\sigma\rangle=\mathfrak{S}_4$．正八面体方程式を書け.

18　$\mathfrak{A}_5$ についても同様である．$\rho=\exp(2\pi\sqrt{-1}/5)$ とする.

$$\tau(z)=\rho z,\qquad \sigma(z)=\frac{(\rho-\rho^4)z+\rho^3-\rho^2}{(\rho^3-\rho^2)z-(\rho-\rho^4)},$$
$$\theta_1(z)=z(z^{10}+11z^5-1),$$
$$\theta_2(z)=-z^{20}+228(z^{15}-z^5)-494z^{10}-1,$$
$$\theta_3(z)=z^{30}+522(z^{25}-z^5)-10005(z^{20}+z^{10})+1$$

は一種の不変式で，$\theta_3{}^3=1728\theta_1{}^5-\theta_2{}^3$ が成り立つ.

これらを用いると，$f(z)=\theta_2{}^3(z)/\theta_1{}^5(z)$ と書ける.

19　既約平面3次曲線には必ず変曲点の存在することを示し，これを無限遠にする非同次座標 x, y を用いると，C はつぎの3類に分類される：

(I)　$y^2=x^2(x+1)$,

(I)′　$y^2=x^3$,

$(\mathrm{II})_\lambda$　$y^2=x(x-1)(x-\lambda)$；$\lambda\neq 0, 1$.

20　$g(C_1)\geqq 2$, $g(C_2)\geqq 2$ の曲線 C_1, C_2 を考える．$f, g: C_1 \rightrightarrows C_2$ を全射として，その $T_1(C_2)\to T_1(C_1)$ にひきおこす線型写像 f^*, g^* は一致する：$f^*=g^*$，としよう．このとき $f=g$ となることを示せ．(砂田)

21　$a_1, \cdots, a_{2g+1}$ を相異なる複素数とし，超楕円曲線 $w^2=(z-a_1)\cdots(z-a_{2g+1})$ を C とおく．$H^0(C, (\Omega^1)^{\otimes m})$ の底をすべて求めて

$$H^0(C, (\Omega^1)^{\otimes a})\otimes H^0(C, (\Omega^1)^{\otimes b})\longrightarrow H^0(C, (\Omega^1)^{\otimes(a+b)})$$

の像空間の次元を求めよ．

22　C を $g(C)\geqq 2$ の代数曲線とし，基本群 $\pi_1(G)$ の1次表現を $\chi:\pi_1(\boldsymbol{C})\to\boldsymbol{C}^*$ とする．C の多価1型式 ω で，$\gamma\in\pi_1(b)$ につき $\omega(\gamma p)=\chi(\gamma)\omega(p)$ を満たすとき，χ 1型式といい，正則 χ 1型式を Prym の微分型式ともいう．これらの空間の次元を求めよ．

23　§6.10, b) の公式で，$g=1$, $\hat{g}=0$ のときの $\{m_1, \cdots, m_s\}$ を求め，実際の群との対応を完全に決定せよ．

24　$\boldsymbol{P}^1$ から $w=2a+1$ 個の点を除いた曲線を C とする．C の自己同型群は D_ν または C_n になることを示せ．

25　$g=5, 6$ のとき，Weierstrass 点での空隙値列の表を求めよ．(実際の存在は問題にしない.)

26　$1\leqq j_1<\cdots<j_g\leqq 2g-1$ を自然数とし，$\boldsymbol{N}-\{j_1, \cdots, j_g\}$ は加法半群と仮定する．このときすべての $i\leqq g$ に対し，

$$j_i\leqq 2i-1.$$

27　上の条件下で，ある $1<i<g$ について $j_i=2i-1$ なら，すべての $l\leqq g$ につき $j_l=2l-1$ を示せ．

第7章　射影スキームのコホモロジー

§7.1　次数加群の層化

a)　A を R 次数環とする．α を A の斉次元とすると，Proj A の開集合 $D_+(\alpha)$ 上に環の層 $\tilde{A}_{[\alpha]}$ が導入され，これらは貼り合さって，$X=\mathrm{Proj}\,A$ 上の環の層 $\mathcal{O}_X$ を定めるのであった(第3章§3.5)．M を A 次数加群とする．$M[1/\alpha]$ は A 次数加群と考えられる．$M[1/\alpha]$ の0次部分は $\sum_{m=-\infty}^{\infty} M_{dm}\cdot 1/\alpha^m$ ($\alpha\in A_d$ とした)．これを $M_{[\alpha]}$ と書くと $A_{[\alpha]}$ 加群とみなされる．$\tilde{A}_{[\alpha]}$ 加群層 $\tilde{M}_{[\alpha]}$ をつくると，これらは§3.5と同様に貼り合さって $\mathcal{O}_X$ 加群層 $\tilde{M}$ を定める．$\tilde{M}$ を M の層化という．この記号は射影スキーム上の層をつくる意味であって，Spec A 上の層をつくる $\tilde{M}$ と意味は違う．混用しないが注意をしていて欲しい．

b)　M と N とを A 次数加群，$\varphi: M\to N$ を次数を保つ A 準同型とする．$\alpha\in A_d$ に対して，$x\in M_{dm}$ をとると，$\varphi(x/\alpha^m)=\varphi(x)/\alpha^m$ も0次の元．よって，φ は $\varphi_{[\alpha]}: M_{[\alpha]}\to N_{[\alpha]}$ をひき起こす．$\tilde{\varphi}_{[\alpha]}: \tilde{M}_{[\alpha]}\to\tilde{N}_{[\alpha]}$ は貼り合さって，$\mathcal{O}_X$ 準同型 $\tilde{\varphi}: \tilde{M}\to\tilde{N}$ を定める．

重要な A 次数加群 M の例は $\cdots, A(-1), A, A(1), A(2), \cdots$ である．$\tilde{A}(m)$ を $\mathcal{O}_X(m)$ と書く．或る η があり，$n\geqq\eta$ ならば $M_n=0$ としよう．すると，$\alpha\in A_d$ に対し $M_{[\alpha]}$ の元 $x/\alpha^m=x\alpha^n/\alpha^{m+n}=0$ だから，$M_{[\alpha]}=0$．よって $\tilde{M}=0$．このような A 次数加群を **T. N. 的**(仏語での type nilpotent ベキ零型からきた)という．T. N. 的 M の射影スキーム上の層化は0になるわけである．

§7.2　基本層とテンソル積

a)　さて，以下本章では，R 次数環 A が§3.4の有限性の条件を満たすとする．いいかえると，$\alpha_0,\alpha_1,\cdots,\alpha_n\in A_1$ が存在して $A=R[\alpha_0,\cdots,\alpha_n]$ と書かれているとする．$\alpha\in A_1$ をとると，

$$A(1)_{[\alpha]}=\sum A_{1+m}\cdot 1/\alpha^m=\sum_{j=0}^{n}\alpha_j A_{[\alpha]}=\alpha A_{[\alpha]}\rightleftarrows A_{[\alpha]}.$$

実際，$\alpha(\alpha_j/\alpha)=\alpha_j/1$ だから最後の等号は当然で，$\alpha/1$ は $A[1/\alpha]$ の元として可逆元だから，最後の同型は自然である．よって $\mathcal{O}_X(1)$ は $D_+(\alpha_j)$ 上 $\mathcal{O}_X$ と同型となる．だから $\mathcal{O}_X(1)$ は可逆層である．これを $X=\mathrm{Proj}\,A$ の**基本層**という．§3.4 のように，R 全射準同型 $\Psi: S=R[X_0,\cdots,X_n]\to A$ をつくると，閉埋入 $j=\mathrm{Proj}\,\Psi={}^a\Psi$: $X=\mathrm{Proj}\,A\subset \boldsymbol{P}_R{}^n=\mathrm{Proj}\,S$ ができる．$\boldsymbol{P}_R{}^n$ の基本層を $\mathcal{O}_{\boldsymbol{P}}(1)$ と書くと，$j^*\mathcal{O}_{\boldsymbol{P}}(1)=\mathcal{O}_X(1)$．なぜならば，$S(1)\otimes_S A$ は A 次数環とみて $A(1)$ なのだから．$j^*\mathcal{O}_{\boldsymbol{P}}(1)$ を略して $\mathcal{O}_{\boldsymbol{P}}(1)|X$ とも書く．

b) **定理 7.1** M, N を A 次数加群，$M\otimes_A N$ を A 次数加群とみる(§3.1, b))．このとき $\tilde{M}\otimes_{\mathcal{O}}\tilde{N}\simeq(M\otimes_A N)^\sim$．よって，とくに

$$\tilde{M}(m)\simeq\tilde{M}\otimes\mathcal{O}_X(m),\qquad \mathcal{O}_X(m)\otimes\mathcal{O}_X(n)\simeq\mathcal{O}_X(m+n).$$

証明 $\alpha\in A_1$ をとり，つぎの同型

$$\psi_\alpha: M_{[\alpha]}\otimes N_{[\alpha]}\simeq(M\otimes_A N)_{[\alpha]}$$

を示す．左辺はむろん $A_{[\alpha]}$ 加群としてのテンソル積である．$x\in M_m$，$y\in N_n$ に対し $\psi_\alpha(x/\alpha^m\otimes y/\alpha^n)=x\otimes y/\alpha^{m+n}$ により，$A_{[\alpha]}$ 同型 ψ_α が定義できる．これの検証は常套的手段でつぎのようにできる．$(M\otimes_A N)_i=\sum M_m\otimes N_{i-m}$ とみられ，$x\in M_m$, $y\in N_{i-m}$ による $\sum x\otimes y/\alpha^i$ が $(M\otimes_A N)_{[\alpha]}$ の元を表す．よって，

$$\sum\psi_\alpha(x/\alpha^m\otimes y/\alpha^{i-m})=(\sum x\otimes y)/\alpha^i.$$

さて $\psi_\alpha(\sum x/\alpha^m\otimes y/\alpha^{i-m})=(\sum x\otimes y)/\alpha^i=0$ とする．$1/\alpha$ の定義によると，$j>0$ があって，$\sum(x\otimes y)\alpha^j=0$．これにより，$\sum\alpha^j x\otimes y=0$．だから，$(M\otimes N)[1/\alpha]=M[1/\alpha]\otimes N[1/\alpha]$ 内でみて $\sum x/\alpha^m\otimes y/\alpha^{i-m}=0$．よって ψ_α は同型である．

$$\tilde{\psi}_\alpha: \tilde{M}_{[\alpha]}\otimes\tilde{N}_{[\alpha]}\simeq(M_{[\alpha]}\otimes N_{[\alpha]})^\sim\simeq(M\otimes N)_{[\alpha]}{}^\sim$$

は，α をいろいろにとると貼り合さって，同型

$$\tilde{\psi}: \tilde{M}\otimes\tilde{N}\simeq(M\otimes_A N)^\sim$$

を定める．∎

A_1 が A_+ を生成しないとき，一般に定理 7.1 は正しくない．

§7.3 次数自由加群

a) M', M, M'' を A 次数加群とし，A 次数準同型にかえると，次数を保存する A 準同型 $M'\to M$, $M\to M''$ があって，完全系列

$$0\longrightarrow M'\longrightarrow M\longrightarrow M''\longrightarrow 0$$

ができているとする．$\alpha \in A_1$ により局所化しても，完全系列，その 0 次部分をとり，層化してもやはり完全系列である．かくして，$\mathcal{O}_X$ 加群層の完全系列を得る：

$$0 \longrightarrow \tilde{M}' \longrightarrow \tilde{M} \longrightarrow \tilde{M}'' \longrightarrow 0.$$

とくに，M' が T.N. 的ならば $\tilde{M}'=0$ である．よって，

$$\tilde{M} \simeq \tilde{M}''.$$

A 次数加群 M そのものより，$\tilde{M}$ を尊重する立場にたつと，T.N. 的 M' は無視されるべきである．

b） 或る $l_1, \cdots, l_r$ と，A 次数全射準同型

$$A(l_1)\oplus\cdots\oplus A(l_r) \longrightarrow M$$

のあるとき，M は A 次数加群として**有限生成**という．上式左辺の A 次数加群を**有限型の A 次数自由加群**といい，L で示す．他の L' と A 次数準同型があって，完全系列

$$L' \longrightarrow L \longrightarrow M \longrightarrow 0$$

をつくるとき，M を A 次数加群として**強有限生成**という．

さて，T.N. 的 M' と，A 次数加群として有限生成な M'' により，A 次数加群としての完全系列

$$0 \longrightarrow M' \longrightarrow M \longrightarrow M'' \longrightarrow 0$$

のできるとき，M は，**T.F. 的**(仏語での type fini 有限型からきた)といわれる．

c） **定理 7.2** 有限生成の次数環を A と書き，M, N を A 次数加群とする．M が強有限生成ならば，

$$\mathrm{Hom}_A(M, N)^{\sim} \simeq \mathcal{H}om_{\mathcal{O}}(\tilde{M}, \tilde{N}).$$

証明 A 次数加群としての $\mathrm{Hom}_A(M, N)$ の層化から，$\mathcal{H}om(\tilde{M}, \tilde{N})$ への $\mathcal{O}_X$ 準同型のつくり方は自然のものである．さて強有限生成の M でないと Hom はよい性質を示さない．まず，もっとも簡単な $M=A(l)$ のとき，$\mathrm{Hom}(A(l), N)=N(-l)$，$\tilde{M}=\mathcal{O}(l)$ なので，$\mathcal{H}om(\mathcal{O}(l), \tilde{N})=\tilde{N}(-l)$ である．よってこのとき上記の同型が確認できた．$L=A(l_1)\oplus\cdots\oplus A(l_r)$ のとき，直和の性質から，やはり同型が示される．一般には，自由加群による分解

$$L' \longrightarrow L \longrightarrow M \longrightarrow 0$$

を用いて，完全系列の可換図式をつくればよい．∎

§7.4　準同型 $\boldsymbol{\alpha}, \boldsymbol{\beta}$

a)　M を A 次数加群とし，$\alpha \in A_d$，$\beta \in A_e$，$\gamma = \alpha^e \beta^d \in A_{2de}$ に対して，$M_0 \ni b \mapsto b/1 \in M_{[\alpha]}, \cdots$ をつくると，つぎの可換図式 7.1 を得る：

$$\begin{array}{ccccc} & \nearrow & M_{[\alpha]} = \Gamma(D_+(\alpha), \tilde{M}) & \searrow & \\ M_0 & & & & M_{[\gamma]} = \Gamma(D_+(\alpha) \cap D_+(\beta), \tilde{M}) \\ & \searrow & M_{[\beta]} = \Gamma(D_+(\beta), \tilde{M}) & \nearrow & \end{array}$$

図式 7.1

よって，これより準同型 $\boldsymbol{\alpha}_0$: $M_0 \to \Gamma(X, \tilde{M})$ をえる．M の代りに $M(n)$ を用いた $\boldsymbol{\alpha}_0$ を M に対しての $\boldsymbol{\alpha}_n$ と書き，和をつくり

$$\boldsymbol{\alpha} = \bigoplus \boldsymbol{\alpha}_n \colon M = \bigoplus M_n \longrightarrow \Gamma_*(X, \tilde{M}) = \bigoplus \Gamma(X, \tilde{M}(n))$$

が定義される．ついで $\mathcal{O}_X$ 加群層 $\mathcal{F}$ に対し，$\mathcal{F}(m) = \mathcal{F} \otimes \mathcal{O}_X(m)$ とおき，

$$\Gamma_*(X, \mathcal{F}) = \bigoplus \Gamma(X, \mathcal{F}(n))$$

を定義しよう．すると，$\Gamma_*(X, \mathcal{F})$ は $\Gamma_*(X, \mathcal{O}_X)$ 次数加群になる．さらに $\boldsymbol{\alpha}: A \to \Gamma_*(X, \mathcal{O})$ により，A 次数加群とも考えられる．

b)　A を有限生成の(§3.4 の条件(i)′, (ii)′, (iii)′ を満たす)次数環とし，M を A 次数加群とし，$X = \operatorname{Proj} A$，$\mathcal{F}$ を準連接 $\mathcal{O}_X$ 加群層とするとき，

$$\tilde{\boldsymbol{\alpha}} \colon \tilde{M} \longrightarrow \Gamma_*(X, \tilde{M})^\sim$$

の逆にあたる

$$\boldsymbol{\beta} \colon \Gamma_*(X, \mathcal{F})^\sim \longrightarrow \mathcal{F}$$

を構成しよう．A の生成元 $\alpha_0, \cdots, \alpha_n$ を §3.4, a) のようにえらぶ．

$$\Gamma_*(X, \mathcal{F})^\sim \mid D_+(\alpha_1) = \Gamma_*(X, \mathcal{F})_{[\alpha_1]}{}^\sim$$

だから，$\Gamma(D_+(\alpha_1), \mathcal{O}_X)$ 準同型

$$\Gamma_*(X, \mathcal{F})_{[\alpha_1]} \longrightarrow \Gamma(D_+(\alpha_1), \mathcal{F})$$

をなるべく自然につくってやればよい．左辺の等式

$$\sigma/\alpha_1{}^m = \sigma'/\alpha_1{}^l \qquad (\sigma \in \Gamma(X, \mathcal{F}(m)),\ \sigma' \in \Gamma(X, \mathcal{F}(l)))$$

は，定義により，適当な p があり $\sigma' \alpha_1{}^{m+p} = \sigma \alpha_1{}^{l+p}$ を意味する．さて，

$$\Gamma(D_+(\alpha_1), \mathcal{F}(m)) = \Gamma(D_+(\alpha_1), \mathcal{F}) \alpha_1{}^m$$

とみられるから，

$$\sigma \mid D_+(\alpha_1) = \tau \alpha_1{}^m, \qquad \sigma' \mid D_+(\alpha_1) = \tau' \alpha_1{}^l$$

となる $\tau, \tau' \in \Gamma(D_+(\alpha_1), \mathcal{F})$ がある．のみならず，

$$\sigma\alpha_1{}^{l+p} \mid D_+(\alpha_1) = \tau\alpha_1{}^{m+l+p} \mid D_+(\alpha_1)$$
$$= \sigma'\alpha_1{}^{m+p} \mid D_+(\alpha_1) = \tau'\alpha_1{}^{l+m+p} \mid D_+(\alpha_1).$$

$\alpha_1 \mid D_+(\alpha_1)$ は単元的だから，$\tau=\tau'$. かくして，準同型 $\boldsymbol{\beta}(D_+(\alpha_1))$

$$\Gamma_*(X, \mathscr{F})_{[\alpha_1]} \ni \sigma/\alpha_1{}^m \longmapsto \tau \in \Gamma(V_+(\alpha_1), \mathscr{F})$$

がつくられた. この構成の自然さからしても，各 $D_+(\alpha_i)$ 上同様に定まった準同型が貼り合さり，$\mathcal{O}_X$ 加群層準同型 $\boldsymbol{\beta}$ を定めることは当然といってよい.

さて $\boldsymbol{\beta}\cdot\tilde{\boldsymbol{\alpha}}=\mathrm{id}$ となることをみよう.

$$\tilde{M} \xrightarrow{\tilde{\alpha}} \Gamma(X, \tilde{M})^{\sim} \xrightarrow{\beta} \tilde{M}$$

を各近傍 $D_+(\alpha_1)$ 上でみると，$\sigma \in M_m$ をとるとき

$$\begin{array}{ccccc} M_{[\alpha_1]} & \longrightarrow & \Gamma(X, \tilde{M})_{[\alpha_1]} & \longrightarrow & M_{[\alpha_1]} \\ \Psi & & & & \Psi \\ \sigma/\alpha_1{}^m & \longmapsto & \boldsymbol{\alpha}(\sigma)/\boldsymbol{\alpha}(\alpha_1)^m & \longmapsto & \sigma/\alpha_1{}^m. \end{array}$$

よって，$\boldsymbol{\beta}\cdot\tilde{\boldsymbol{\alpha}}=\mathrm{id}$.

実は $\mathscr{F}$ が準連接的でなくても $\boldsymbol{\beta}$ は定義できるのだが，実用上の考慮から，準連接的に限って書いたのである. 準連接層の性質はつぎの定理で有効になる.

c) **定理 7.3** $\mathscr{F}$ を準連接的 $\mathcal{O}_X$ 加群層とすると，$\boldsymbol{\beta}$ は同型である:

$$\boldsymbol{\beta}: \Gamma(X, \mathscr{F})^{\sim} \simeq \mathscr{F}.$$

証明 $D_+(\alpha_1)$ 上の同型

$$\Gamma_*(X, \mathscr{F})_{[\alpha_1]} \simeq \Gamma(D_+(\alpha_1), \mathscr{F})$$

を確かめればよい. 上述の記号 $\sigma/\alpha_1{}^m \mapsto \tau$ を用いる. $\tau=0$ ならば，$\sigma \mid D_+(\alpha_1)=\tau\alpha_1{}^m$ により $\sigma/\alpha_1{}^m=0$. よって単射である.

つぎに全射を示す. $\tau \in \Gamma(D_+(\alpha_1), \mathscr{F})=\Gamma(X-V_+(\alpha_1), \mathscr{F})$ が与えられたとしよう. $X=D_+(\alpha_0) \cup \cdots \cup D_+(\alpha_n)$ とし,

$$D_+(\alpha_j)-D_+(\alpha_j) \cap V_+(\alpha_1) = \mathrm{Spec}\, A_{[\alpha_j]}-V(\alpha_1/\alpha_j)$$

に注意すると，各 j に対し $a_j=\alpha_1/\alpha_j$ とかけば，$\tau_j \in \Gamma(D_+(\alpha_j), \mathscr{F})$ と共通の m とがあり,

$$\tau \mid D_+(\alpha_j) \cap D_+(\alpha_1) = \tau_j/a_j{}^m$$

と書かれる. よって，$\hat{\tau}_j=\tau_j\alpha_j{}^m \in \Gamma(D_+(\alpha_j), \mathscr{F}(m))$ とおくと,

$$\tau\alpha_1{}^m \mid D_+(\alpha_1) \cap D_+(\alpha_j) = \hat{\tau}_j \mid D_+(\alpha_1) \cap D_+(\alpha_j).$$

i, j について，$\tau\alpha_1{}^m$ の共通性により,

$$\hat{\tau}_i \mid D_+(\alpha_1) \cap D_+(\alpha_i\alpha_j) = \hat{\tau}_j \mid D_+(\alpha_1) \cap D_+(\alpha_i\alpha_j).$$

だから，l を i, j に共通に大きくとると，

$$\hat{\tau}_i{\alpha_1}^l \mid D_+(\alpha_i) \cap D_+(\alpha_j) = \hat{\tau}_j{\alpha_1}^l \mid D_+(\alpha_i) \cap D_+(\alpha_j).$$

それゆえ，$\hat{\tau}_i{\alpha_1}^l \in \Gamma(D_+(\alpha_i), \mathscr{F}(l+m))$ は貼り合さり，$\hat{\tau} \in \Gamma(X, \mathscr{F}(l+m))$ を定め，

$$\hat{\tau} \mid D_+(\alpha_i) = \hat{\tau}_i{\alpha_1}^l = \tau{\alpha_1}^{m+l}.$$

$\hat{\tau}/{\alpha_1}^{m+l} \in \Gamma_*(X, \mathscr{F})_{[\alpha_1]}$ は $\boldsymbol{\beta}$ により τ にいく．▌

d)　さて，M を T.F. 的 A 次数加群とするとき，A 次数自由加群 L と A 次数準同型 $\varphi: L \to M$ があり，Coker φ は T.N. 的．よって，$\tilde{\varphi}: \tilde{L} \to \tilde{M}$ は全射である．各 $D_+(\alpha_i)$ 上でみると，

$$\mathcal{O}_X{}^r \mid D_+(\alpha_i) \simeq \tilde{L} \mid D_+(\alpha_i).$$

よって，$\tilde{M}$ は有限生成の $\mathcal{O}_X$ 加群層である．

逆に，$\mathscr{F}$ を有限生成の準連接 $\mathcal{O}_X$ 加群層としよう．$M = \Gamma_*(X, \mathscr{F})$ とおくと，定理7.3により $\tilde{M} \simeq \mathscr{F}$．さて，$M$ の有限生成 A 次数部分加群 M_i すべてを考えると，$\lim M_i = M$．さて，$\lim \tilde{M}_i = \tilde{M}$ が有限生成だから，或る i があり $\tilde{M}_i = \tilde{M}$．よって，M は有限生成かどうか，T.F. 的かどうかすらわからないが，有限生成の M_i があり，$\mathscr{F} = \tilde{M}_i$ と $\mathscr{F}$ は構成できる．

さて，$\Gamma_*(X, \tilde{M})$ と M がともに有限生成としよう．

$$\tilde{M} \xrightarrow{\tilde{\alpha}} \Gamma_*(X, \tilde{M})^\sim \xrightarrow{\beta} \tilde{M}$$

を合成すれば，恒等的で，2番目の $\boldsymbol{\beta}$ は定理7.3により同型である．したがって $\tilde{\boldsymbol{\alpha}}: \tilde{M} \simeq \Gamma_*(X, \tilde{M})^\sim$．それ故，Coker $\boldsymbol{\alpha}$ は有限生成，かつ (Coker $\boldsymbol{\alpha}$)$^\sim$ = Coker $\tilde{\boldsymbol{\alpha}}$ $= 0$．よって，Coker $\boldsymbol{\alpha}$ は T.N. 的である．

e)　A を有限生成の R 次数環とし，R を Noether 環とする．$A = R[\alpha_0, \cdots, \alpha_n]$ と書かれ，A も Noether 環になる．

M を有限生成の A 加群とし，さらに A 次数加群の構造が入っているとしよう．定義より，$x_1, \cdots, x_r \in M$ があって，$M = Ax_1 + \cdots + Ax_r$．一方，x_i の斉次部分も M の元だから，x_i の代りに，x_i のすべての零でない斉次部分を用いて書きかえ，$M = Ay_1 + \cdots + y_s$ $(y_i \in M(l_i)_0)$ とできる．かくして，

$$\begin{aligned} A(l_1) \oplus \cdots \oplus A(l_s) &\longrightarrow M \\ (a_1, \cdots, a_s) &\longmapsto \sum a_i y_i \end{aligned}$$

なる A 次数全射準同型ができ，この核を考えると，A は Noether 環だったから，やはり A 上有限生成である．

前の考察をくり返すと，次数自由加群 $L=A(l_1)\oplus\cdots\oplus A(l_s)$ と $L'=A(m_1)\oplus\cdots\oplus A(m_r)$ とが存在し，次数加群としての完全系列

$$L'\longrightarrow L\longrightarrow M\longrightarrow 0$$

を得る．したがって，M は A 上強有限生成である．

f) **定理 7.4** $\mathcal{F}$ を有限生成の準連接 $\mathcal{O}_X$ 加群層とすると，

$$\mathcal{O}_X(l_1)\oplus\cdots\oplus\mathcal{O}_X(l_s)\longrightarrow\mathcal{F}\longrightarrow 0 \quad (\text{完全})$$

と書ける．さらに，m を十分大にとると，或る l が存在して，

$$\mathcal{O}_X{}^l\longrightarrow\mathcal{F}(m)\longrightarrow 0 \quad (\text{完全}).$$

証明 前半は，d), e) の考察より明らかである．後半を示すには，

$$\mathcal{O}_X(l_1+m)\oplus\cdots\oplus\mathcal{O}_X(l_s+m)\longrightarrow\mathcal{F}(m)\longrightarrow 0 \quad (\text{完全})$$

に注意して，$m\geqq -l_1,\cdots,-l_s$ に選ぶ．そして，負でない m の $\mathcal{O}_X(m)$ に対し，l の存在をいう．$A_1=R\alpha_0+\cdots+R\alpha_n$ $(A_0=R)$ だから $A_m=A_1{}^m=R\alpha_0{}^m+R\alpha_0{}^{m-1}\alpha_1+\cdots+R\alpha_n{}^m$．$l=\binom{n+m}{m}$ とおけば

$$R^l\ni\sum a_je_j\ (e_j\ \text{は単位})\longmapsto a_0\alpha_0{}^m+a_1\alpha_0{}^{m-1}\alpha_1+\cdots\in A_m$$

は，A 次数準同型として延長され，つぎの次数準同型

$$\varphi: A^l\longrightarrow A(m)\longrightarrow 0 \quad (\text{完全})$$

を得る．Coker(φ) は正斉次部分が 0．よって T. N. 的である．これより，$\mathcal{O}_X{}^l\to\mathcal{O}(m)\to 0$ (完全)．∎

§7.5 正規次数環

a) A を整域としよう．$\boldsymbol{\alpha}: A\to\Gamma_*(X,\mathcal{O}_X)$ の定義は結局，局所化だから，$\boldsymbol{\alpha}$ は単射である．$R=A_0$ を体 k としよう．もちろん A は k 上有限生成とする．斉次素イデアル $\mathfrak{P}$ によって，

$$A\rightleftarrows k[X_0,\cdots,X_n]/\mathfrak{P}$$

と書かれる．$X_i \bmod \mathfrak{P}$ に応ずる A の元 α_i は 1 次で，これらにより A は生成されている．さて，$j: X\subset\boldsymbol{P}^n$ を §3.2 の閉埋入，$\boldsymbol{P}^n$ の超平面の X 上での切断の定める正因子を H とすると，H は Cartier 因子である．

さらに，X は正規代数多様体とする．$A_m\to H^0\mathcal{O}(mH)$ は単射であった．

$H^0\mathcal{O}(mH)$ の元から，正因子をつくると，完備1次系をなす．A_m の元から正因子をつくると，1次系で，それは $\boldsymbol{P}^n$ の m 次超曲面の X 上での切断のつくる1次系である．よって，

$$\boldsymbol{\alpha}_m \text{ は同型} \iff \boldsymbol{P}^n \text{ の } m \text{ 次超曲面らの } X \text{ 上での切断のつくる1次系は完備}$$

が成り立つわけである．

古典代数幾何学では，$j: X\subset \boldsymbol{P}^n$ が上の $m=1$ の条件を満たすとき，**X は $\boldsymbol{P}^n$ 内で正規**とよんでいた．

b)　$\boldsymbol{\alpha}$ が同型ならば，実は $A\simeq\Gamma_*(X, \mathcal{O}_X)$ が正規環となる．何故ならば，つぎの定理が一般に成立するからである．

定理 7.5　V を完備正規代数多様体，D を因子とする．$\boldsymbol{L}(mD)\subset R(V)$ に注意して，$R(V)[t]$ の部分環 $R_D{}^*=\sum \boldsymbol{L}(mD)t^m$ を定義する．

$$R_D{}^* \simeq H^0\mathcal{O}\oplus H^0\mathcal{O}(D)\oplus H^0\mathcal{O}(2D)\oplus\cdots$$

は正規環である．とくに $\alpha\in R(V)$ を $\boldsymbol{L}(D)$ 上整な元とする．このとき $\alpha\in \boldsymbol{L}(D)$ である．

証明　$D=\sum e_jD_j$ と既約成分にわけて書く．D_j での付値を ord_j と書くとき，$\varphi(t)\in R(V)[t]$ をとると，すべての j について考えれば明らかに，

$$\varphi(t)\in R_D{}^* \iff \varphi(t)=\sum a_mt^m \text{ とおくと } \mathrm{ord}_j(a_m)\geqq -e_jm.$$

D_j の生成点を w_j とし，その局所環を $\mathcal{O}_j$，極大イデアルを (π_j) と生成元 π_j により表しておく．$a_m\in R(V)$ に対して，$\mathrm{ord}_j(a_m)\geqq -e_jm \iff a_m\in \mathcal{O}\pi^{-em}$（右辺の添字を略した）である．

$\varphi(t)$ は $R_D{}^*$ 上整だから，$\alpha_i(t)\in R_D{}^*$ があり，

$$\varphi(t)^N+\alpha_1(t)\varphi(t)^{N-1}+\cdots+\alpha_N(t)=0$$

を満たす．w_j で考えると，$\alpha_i(t)=\sum a_{im}t^m$ と書くとき，$a_{im}\in\mathcal{O}\pi^{-em}$．そこで，$t/\pi^e=u$ と書けば，$\alpha_i(t)=\alpha_i(\pi^eu)\in\mathcal{O}[u]$．さて $\mathcal{O}$ は離散付値環だから U. F. D. である．よって，$\mathcal{O}[u]$ は Gauss の補題によって U. F. D. である．だから $\mathcal{O}[u]$ は正規環（§2.4 の定理 2.1）である．$\varphi(\pi^eu)$ は $\mathcal{O}[u]$ 上整なので，$\varphi(\pi^eu)\in\mathcal{O}[u]$．これを各 j でみて，$\varphi(t)\in R_D{}^*$ が示される．

つぎに $\alpha\in R(V)$ が $a_1, \cdots, a_m\in \boldsymbol{L}(D)$ により，

$$\alpha^m+a_1\alpha^{m-1}+\cdots+a_m=0$$

と書かれているとしよう．

$$(\alpha t)^m + a_1 t(\alpha t)^{m-1} + \cdots + a_m t^m = 0$$

を満たす．$a_i t^i \in R_D{}^*$ とみられるから $\alpha t \in R_D{}^*$．よって $\alpha \in \boldsymbol{L}(D)$ である．∎

§7.6 射影的正規性

a) 前節と同様に，A は k 上有限生成の次数整域とし，$X = \mathrm{Proj}\, A$ は正規とする．H を超平面切断因子とすると，つぎの注意から，$R_H{}^*$ は A の正規化だから，A 加群として有限生成である（§2.8 の定理 2.6）．したがって，$a_i \in \boldsymbol{L}(m_i H)$ があって，$\tilde{a}_i = a_i t^{m_i}$ とおけば

$$\sum A\tilde{a}_i = R_H{}^* \qquad (\text{ただし } \boldsymbol{\alpha} \text{ により } A \subset R_H{}^* \text{ とみる}).$$

$m > \max\{m_1, \cdots, m_r\}$ をとると，

$$R^*{}_{H,m+1} = \sum A_{m+1-m_i}\tilde{a}_i = A_1 \sum A_{m-m_i}\tilde{a}_i = A_1 R^*{}_{H,m}.$$

したがって，$l > 0$ につき

$$R^*{}_{H,m+l} = A_l R^*{}_{H,m} \subset R^*{}_{H,l} R^*{}_{H,m} \subset R^*{}_{H,m+l}.$$

これより，$R^*{}_{H,m+l} = R^*{}_{H,l} R^*{}_{H,m}$．

記号を書き直す：

$$\begin{aligned}\mathrm{Im}\{H^0(X, \mathcal{O}(m)) \otimes H^0(X, \mathcal{O}(l)) \to H^0(X, \mathcal{O}(m+l))\} \\ = H^0(X, \mathcal{O}(m)) H^0(X, \mathcal{O}(l))\end{aligned}$$

と略記して，

$$A_l H^0(X, \mathcal{O}(m)) = H^0(X, \mathcal{O}(l)) H^0(X, \mathcal{O}(m)) = H^0(X, \mathcal{O}(l+m))$$

を得る．$l = (\lambda - 1)m$ のときは

$$H^0(X, \mathcal{O}(m)) \cdots H^0(X, \mathcal{O}(m)) = H^0(X, \mathcal{O}(\lambda m)).$$

注意 一般に A の商体 $Q(A)$ は $R(X)(t)$ と同型である．また $Q\Gamma_*(X, \mathcal{O}_X) \simeq R(X)(t)$．実際，$x \in A_1 - (0)$ を一つ定め $A_m \ni \alpha \mapsto (\alpha/x^m) \cdot t^m \in R(X)[t]$ を延長して $A \to R(X)[t]$ ができ，これの商体が同型 $Q(A) \simeq R(X)(t)$ を与える．

b) それゆえ，$\Gamma_*(X, \mathcal{O}_X)$ は A の正規化なのである．まとめて，つぎの定理を得る．

定理 7.6 つぎの条件は同値である．

(i) A は正規環,

(ii) $\boldsymbol{\alpha}$ は同型,

(iii)　$X\subset \boldsymbol{P}^n$ は正規，$\boldsymbol{P}^n$ の m 次 Veronese 埋入 $\xi_m:\boldsymbol{P}^n\subset\boldsymbol{P}^{N(m)}$ を合成して，$X\subset\boldsymbol{P}^{N(m)}$ をつくるとき，どれも正規である ($N(m)=\binom{n+m}{m}-1$，ξ_m については §7.13, b), c) を参照)．——

かくして，古典的な幾何的正規性と代数的正規性が整合する (Zariski)．

このとき $X\subset\boldsymbol{P}^n$ を**射影的正規** (projectively normal) ともいう．

c)　$\Gamma_*(X,\mathcal{O}_X(l))=\Gamma_*(X,\mathcal{O}_X)(l)$ は A 加群として有限生成である．それゆえ，M を A 次数自由加群 (もちろん有限生成) とすれば，$\Gamma_*(X,\tilde{M})$ も A 加群として有限生成である．§7.4, d) の考察から，

$$\boldsymbol{\alpha}: M\longrightarrow \Gamma_*(X,\tilde{M})$$

は，Coker $\boldsymbol{\alpha}$ は T. N. 的，を満たすことがわかる．このとき，$\boldsymbol{\alpha}$ を T. N. 的同型という．後にコホモロジー論を用いて，T. F. 的 M について，$\boldsymbol{\alpha}$ が T. N. 的同型になることを証明する (定理 7.11)．

§7.7　$B_s|D|=\phi$ のときの $R_D{}^*$

a)　定理 7.5 の条件のもとで，一般の因子 D について考える．$\Gamma(V,\mathcal{O})\oplus\Gamma(V,\mathcal{O}(2D))\oplus\cdots$ は，正規環ではあっても，k 上有限生成とは限らない．なかなかの曲物である．もっとも簡単な $B_s|D|=\phi$ のときを取り扱ってみよう．

$\Phi_m=\Phi_{mD}$ は正則写像である．よって，$W_m=\Phi_m(V)$ と書くと，射影多様体を得る．D は正因子だから，Φ_m の定義により，正則写像 $\rho_m: W_m\to W_{m-1}$ があり，$\Phi_{m-1}=\rho_m\cdot\Phi_m$ である．よって，関数体の列ができる：

$$R(V)\supset\cdots\supset R(W_{m+1})\supset R(W_m)\supset\cdots\supset R(W_1).$$

$R(V)/R(W_1)$ は有限生成なので，体論の考察により，或る $m\gg 0$ をとると，

$$R(W_m)=R(W_{m+1})=\cdots.$$

このとき，$R(V)/R(W_m)$ は**代数的閉拡大**になる．実際，$R(V)$ の元 α が $R(W_m)$ 上代数的としよう．すなわち，

$$\alpha^N+a_1\alpha^{N-1}+\cdots+a_N=0\qquad(a_i\in R(W_m)).$$

$R(W_m)$ の定義によると，ν を十分大にとれば，$a_i\in\boldsymbol{L}(\nu mD)$．よって，定理 7.5 の後半から $\alpha\in\boldsymbol{L}(\nu mD)$．すなわち，$\alpha\in R(W_{\nu m})=R(W_m)$．

b)　便宜上，mD を D と書き直す．D は W_1 の超平面切断により，$D=\Phi_1{}^*(H)$ と書かれる．定理 2.19 によると，任意の s に対して，

$$l(sD) = l(sH).$$

一般に $l(sH) \geqq \dim H^0(W, \mathcal{O}(sH))$ であった．W の正規化を $\mu: W' \to W$ とする．あとで証明する定理 7.33 により，μ^*H はアンプルである．適当な r をとると，$r\mu^*H$ が超平面切断因子になる．$\mu^*(m+r)H$ はやはり超平面切断因子となる．なぜなら $B_s|\mu^*mH| = \phi$ なのだから (定理 7.24)．さて，

$$(m+r)D = (m+r)\Phi_1^*(H) = (m+r)\Phi_1'^*(\mu^*H)$$

である．ただし $\Phi_1': V \to W'$ は Φ_1 の正規化，すなわち，$\Phi_1 = \mu\Phi_1'$．それゆえ

$$|(m+r)D| = \Phi_1'^*|(m+r)\mu^*H|.$$

$H(m+r) = (m+r)\mu^*H$ と書けば，

$$\Phi_{m+r} = \Phi_{H(m+r)}\Phi_1'.$$

結局，$H(m+r)$ は超平面切断因子なのだから，

$$W_{m+r} = \Phi_{m+r}(V) = \Phi_{H(m+r)}\Phi_1'(V) = \Phi_{H(m+r)}(W_1') \simeq W_1'.$$

かくしてつぎの定理を得る．

定理 7.7 V を完備正規代数多様体，D を底点のない因子とする．十分大きい m につき，$\dim W_D = \dim W_{mD}$ とする．このとき，十分大きい m をとると，

$$W_{mD} \quad \text{は} \quad W_D \text{ の } R(V) \text{ 内での正規化}.$$

さらに $\rho_{m+1}: W_{m+1} \simeq W_m$ は同型．——

§7.8 $\boldsymbol{P}^n$ 上への転嫁

さて，射影スキームのコホモロジー群を調べよう．話を簡単にするために，体 k 上の代数的射影スキーム $X = \operatorname{Proj} A$ に限って考察する．A は k 上有限生成の条件を満たす次数環 (§3.4) と仮定しておく．だから，X は $\boldsymbol{P}^n$ の閉部分スキームであり，X の基本層 $\mathcal{O}_X(1)$ は $\mathcal{O}_{\boldsymbol{P}}(1)|X$ として得られる．自然な閉埋入を $j: X \subset \boldsymbol{P}^n$ で書く．

$\mathcal{F}$ を連接的 $\mathcal{O}_X$ 加群層とする．すると，$j_*\mathcal{F}$ も連接的 $\mathcal{O}_{\boldsymbol{P}}$ 加群層となる．なぜなら，$\boldsymbol{P}^n$ のアフィン近傍を $\operatorname{Spec} R$ と書くとき，R のイデアル $\mathfrak{a}$ により，$X \cap U = \operatorname{Spec}(R/\mathfrak{a})$，$\mathcal{F}|X \cap U = \tilde{M}$ ($M = \Gamma(U \cap X, \mathcal{F})$ とした) と書かれる．M は有限生成の $R/\mathfrak{a}$ 加群だから M を R 加群とみても有限生成である．よって，$\operatorname{Spec} R$ 上で M の層化 $\tilde{M}_R$ をつくると，これも連接層である．$\tilde{M}_R = j_*\tilde{M}|U$ に注意すると，$j_*\mathcal{F} = j_*\tilde{M}$ の連接性が導かれたことになる．

$\mathcal{F}(n)=\mathcal{F}\otimes\mathcal{O}_X(m)$，$(j_*\mathcal{F})(m)=j_*\mathcal{F}\otimes\mathcal{O}_{\boldsymbol{P}}(m)$ と書くと，§2.20, d) の射影公式により，

$$j_*(\mathcal{F}(m))=j_*(\mathcal{F}\otimes j^*\mathcal{O}_{\boldsymbol{P}}(m))\simeq(j_*\mathcal{F})\otimes\mathcal{O}_{\boldsymbol{P}}(m)=(j_*\mathcal{F})(m).$$

ゆえに，$q\geqq 0$ に対して

$$H^q(\boldsymbol{P}^n,(j_*\mathcal{F})(m))\simeq H^q(\boldsymbol{P}^n,j_*(\mathcal{F}(m)))\simeq H^q(X,\mathcal{F}(m)).$$

だから，X の $\mathcal{F}$ 係数コホモロジー群の計算は $\boldsymbol{P}^n$ のそれに帰着される．しかし，$\mathcal{F}$ が簡単でも，$j_*\mathcal{F}$ は極めて複雑になりうる．空間を簡単にしたため層がその分だけ，複雑怪奇になっているのである．

§7.9　定理 B

a)　§7.8 の立場により，つぎの定理を示す．

定理 7.8　$\mathcal{F}$ を連接的 $\mathcal{O}_X$ 加群層とする．$q>0$ に対し，m を十分大にとると，$H^q(X,\mathcal{F}(m))=0$ である．

証明　$X=\boldsymbol{P}^n$ として証明すればよい．一方，$q>n$ ならば，定理 4.11 (Grothendieck) により，$H^q(X,\mathcal{F}(m))=0$ がつねに成り立つ．それゆえ，q について大きい方から小さい方へ帰納法を用いる．q に対して，定理が成立していると仮定する．§7.4, f) により，或る $\mathcal{L}=\mathcal{O}(l_1)\oplus\cdots\oplus\mathcal{O}(l_r)$ と全射準同型 $\varphi:\mathcal{L}\to\mathcal{F}$ とが存在する．$\mathcal{R}=\mathrm{Ker}(\varphi)$ としよう．すると，完全系列

$$0\longrightarrow\mathcal{R}(m)\longrightarrow\mathcal{L}(m)\longrightarrow\mathcal{F}(m)\longrightarrow 0$$

を得る．長完全系列を考える：

$$\longrightarrow H^{q-1}(\boldsymbol{P}^n,\mathcal{L}(m))\longrightarrow H^{q-1}(\boldsymbol{P}^n,\mathcal{F}(m))\xrightarrow{\vartheta}H^q(\boldsymbol{P}^n,\mathcal{R}(m))\longrightarrow\cdots.$$

$m\gg 0$ をとると，仮定により $H^q(\boldsymbol{P}^n,\mathcal{R}(m))=0$ である．一方，$\mathcal{L}(m)=\mathcal{O}(l_1+m)\oplus\cdots\oplus\mathcal{O}(l_r+m)$ により，

$$H^q(\boldsymbol{P}^n,\mathcal{L}(m))=H^q(\mathcal{O}(l_1+m))\oplus\cdots\oplus H^q(\mathcal{O}(l_r+m)).$$

むろん，右辺では自明な $\boldsymbol{P}^n$ を省略している．時には括弧もはずして，$H^q(X,\mathcal{F})$ を $H^q\mathcal{F}$ とも書く．この方が式がひきしまり見易いこともある．

b)　したがって，$X=\boldsymbol{P}^n$，$\mathcal{F}=\mathcal{O}(l)$ のとき定理 7.8 が成り立ちさえすればよいことがわかった．しかし，コホモロジーの導入が極めて抽象的天下り的であったことが禍してか，形式的な議論を相当に積み重ねないと，うまく H^q が計算できる形にならない．このような形式的整備にページを費やす余裕がないから，つぎ

の定理を証明されたもの，または公理的のものとして認めてしまい，議論を先に進めることにしよう．

定理 7.9 $q>0$ のとき，m を大にとると，$H^q(\boldsymbol{P}^n, \mathcal{O}(m))=0$ である．——かくして，定理 7.8 は示された．▮

§7.10 有限性定理

a) 前節と同じ状況下で，つぎの有限性定理を示す．

定理 7.10 $H^q(X, \mathcal{F})$ は有限次元の k ベクトル空間である．

証明 定理 7.8 の証明と同じ記号を用いる．そして

$$\longrightarrow H^{q-1}\mathcal{L} \longrightarrow H^{q-1}\mathcal{F} \longrightarrow H^q\mathcal{R} \longrightarrow \cdots$$

に注目する．$q>n$ ならば $H^q\mathcal{F}=0$ なので，やはり，q に対して，定理が成立していると仮定してよい．結局，$\dim H^q(\boldsymbol{P}^n, \mathcal{O}(m))$ がすべての q と m とにつき有限次元になることをいえばよい．つぎの補題を用いる．

b) **補題 7.1** 多項式環 $S=k[X_0, \cdots, X_n]$ に対して，

$$\boldsymbol{\alpha}: S \simeq \Gamma_*(\boldsymbol{P}^n, \mathcal{O}_{\boldsymbol{P}}).$$

証明 $\Gamma(\boldsymbol{P}^n, \mathcal{O}_{\boldsymbol{P}}(m))$ は m 次の超曲面の式すべてからなる (§5.10, c)) から自明といってよい．▮

補題 7.2 (i) $0<q<n$，または (ii) $q=0$，$m<0$，または (iii) $q=n$，$m>-(n+1)$ のとき $H^q(\boldsymbol{P}^n, \mathcal{O}(m))=0$ である．さらに，

$$\dim H^n(\boldsymbol{P}^n, \mathcal{O}(-m)) = \dim H^0(\boldsymbol{P}^n, \mathcal{O}(m-n-1)).$$

証明 n についての帰納法で行う．$n=0$ ならば当然である．そこで，$n-1$ のとき主張を仮定し，長完全系列に注目する：

$$\begin{aligned} &\cdots \longrightarrow H^{q-1}(\boldsymbol{P}^{n-1}, \mathcal{O}(m)) \\ &\longrightarrow H^q(\boldsymbol{P}^n, \mathcal{O}(m-1)) \longrightarrow H^q(\boldsymbol{P}^n, \mathcal{O}(m)) \longrightarrow H^q(\boldsymbol{P}^{n-1}, \mathcal{O}(m)) \\ &\longrightarrow \cdots\cdots. \end{aligned}$$

$2\leqq q\leqq n-2$ のとき，$H^{q-1}(\boldsymbol{P}^{n-1}, \mathcal{O}(m))=H^q(\boldsymbol{P}^{n-1}, \mathcal{O}(m))=0$ が成立する．よって $H^q(\boldsymbol{P}^n, \mathcal{O}(m-1))=H^q(\boldsymbol{P}^n, \mathcal{O}(m))$．したがって，順次続けると，$H^q(\boldsymbol{P}^n, \mathcal{O}(m-1))=\cdots=H^q(\boldsymbol{P}^n, \mathcal{O}(N))$．定理 7.9 が使えて

$$H^q(\boldsymbol{P}^n, \mathcal{O}(N)) = 0 \qquad (N\gg 0).$$

$q=1$ のとき，$H^0(\boldsymbol{P}^n, \mathcal{O}(m))=S_m$ ($m<0$ ならば $S_m=0$ として) を用いる．$\tilde{S}=$

$k[X_0, X_1, \cdots, X_{n-1}]$ とおくと，つぎの完全系列を得る：

$$0 \longrightarrow S_{m-1} \xrightarrow{\cdot X_n} S_m \longrightarrow \bar{S}_m$$
$$\longrightarrow H^1(\boldsymbol{P}^n, \mathcal{O}(m-1)) \longrightarrow H^1(\boldsymbol{P}^n, \mathcal{O}(m)) \longrightarrow H^1(\boldsymbol{P}^{n-1}, \mathcal{O}(m)) = 0.$$

当然ながら $S_m \to \bar{S}_m$ は全射である．よって，$H^1(\boldsymbol{P}^n, \mathcal{O}(m-1)) \simeq H^1(\boldsymbol{P}^n, \mathcal{O}(m))$. 前と同様の推論から

$$H^1(\boldsymbol{P}^n, \mathcal{O}(m-1)) = 0.$$

$q=n-1$ のとき，

$$\cdots \longrightarrow H^{n-2}(\boldsymbol{P}^{n-1}, \mathcal{O}(m)) = 0$$
$$\longrightarrow H^{n-1}(\boldsymbol{P}^n, \mathcal{O}(m-1)) \longrightarrow H^{n-1}(\boldsymbol{P}^n, \mathcal{O}(m)) \longrightarrow H^{n-1}(\boldsymbol{P}^{n-1}, \mathcal{O}(m)).$$

それゆえ，

$$\dim H^{n-1}(\boldsymbol{P}^n, \mathcal{O}(m-1)) \leqq \dim H^{n-1}(\boldsymbol{P}^n, \mathcal{O}(m)).$$

よって，定理 7.9 により

$$\dim H^{n-1}(\boldsymbol{P}^n, \mathcal{O}(m-1)) \leqq \cdots \leqq \dim H^{n-1}(\boldsymbol{P}^n, \mathcal{O}(N)) = 0 \qquad (N \gg 0).$$

かくして，

$$H^{n-1}(\boldsymbol{P}^n, \mathcal{O}(m-1)) = 0.$$

$q=n$ とする．長完全系列は短くなってつぎのようになる．

$$0 \longrightarrow H^{n-1}(\boldsymbol{P}^{n-1}, \mathcal{O}(m)) \longrightarrow H^n(\boldsymbol{P}^n, \mathcal{O}(m-1)) \longrightarrow H^n(\boldsymbol{P}^n, \mathcal{O}(m))$$
$$\longrightarrow 0.$$

そこで，$\phi_n(m) = \dim H^n(\boldsymbol{P}^n, \mathcal{O}(-m))$ とおくと，

$$\phi_{n-1}(m) - \phi_n(m+1) + \phi_n(m) = 0.$$

$m<n$ ならば $\phi_{n-1}(m)=0$. よって $\phi_n(m+1) = \phi_n(m) = \cdots = 0$. $m \geqq n$ のとき，仮定によると，

$$\phi_{n-1}(m) = \dim H^0(\boldsymbol{P}^{n-1}, \mathcal{O}(m-n)) = \binom{m-1}{m-n}.$$

それゆえ，

$$\phi_n(m+1) - \phi_n(m) = \binom{m-1}{m-n}$$

をといて，

$$\phi_n(m) = \binom{m-1}{m-n-1} + \text{const}.$$

$\phi_n(n+1)=1$ により，$\phi_n(m)=\binom{m-1}{m-n-1}$．一方，$\dim S_r=\binom{n+r}{r}$ だから

$$\dim S_{m-n-1}=\binom{m-1}{m-n-1}=\phi_n(m)$$

を得る．∎

この補題によって，有限性定理(定理 7.10)の証明も完結する．

§7.11　$\boldsymbol{\alpha}$ は T. N. 的同型

高次コホモロジー群が消失する，という定理 7.8 の主張は一見して高踏的，抽象的だが，なかなか有用である．いま一つの例証としてつぎの定理を示す．

定理 7.11　条件は前の定理 7.10 と同じにして，M を T. F. 的 A 次数加群とする．このとき

$$\boldsymbol{\alpha}: M \longrightarrow \Gamma_*(X, \tilde{M})$$

は T. N. 的同型である．

証明　まず，M は有限生成としてよいことに注意する．

適当な $L=A(l_1)\oplus\cdots\oplus A(l_s)$，$L'=A(t_1)\oplus\cdots\oplus A(t_r)$ と A 次数準同型 ψ, φ とをえらび，完全系列をつくる：

$$L' \xrightarrow{\psi} L \xrightarrow{\varphi} M \longrightarrow 0.$$

これを短完全系列に分解しよう：

$$\begin{array}{ccccccccc} & & 0 \longrightarrow \mathrm{Ker}\,\varphi & \xrightarrow{i} & L & \xrightarrow{\varphi} & M & \longrightarrow 0 \\ & & \| & & & & & \\ 0 \longrightarrow \mathrm{Ker}\,\psi \longrightarrow L' & \xrightarrow{p} & \mathrm{Im}\,\psi & \longrightarrow 0. & & & & \end{array}$$

m を十分大にとって，$H^1(X, \widetilde{\mathrm{Ker}\,\varphi}(m))=H^1(X, \widetilde{\mathrm{Ker}\,\psi}(m))=0$ とする．かくして，完全系列図式：

$$\begin{array}{c} 0 \longrightarrow H^0\,\widetilde{\mathrm{Ker}\,\varphi}(m) \xrightarrow{i^0} H^0\tilde{L}(m) \xrightarrow{\varphi^0} H^0\tilde{M}(m) \longrightarrow 0 \\ \| \\ 0 \longrightarrow H^0\,\widetilde{\mathrm{Ker}\,\psi}(m) \xrightarrow{i^0} H^0\tilde{L}'(m) \xrightarrow{p^0} H^0\,\widetilde{\mathrm{Im}\,\psi}(m) \longrightarrow 0 \end{array}$$

図式 7.2

を得る．これを縮めて，$\psi^0=i^0\cdot p^0$ に注意して完全系列：

$$H^0\tilde{L}'(m) \xrightarrow{\psi^0} H^0\tilde{L}(m) \longrightarrow H^0\tilde{M}(m) \longrightarrow 0 \quad (\text{完全})$$

ができる．それゆえ，もし $m\gg 0$ のとき

$$\boldsymbol{\alpha}_m:\ A_m \simeq H^0(X, \mathcal{O}(m))$$

がいえてしまえば，つぎの図式7.3により証明が終了する．

$$\begin{array}{ccccccc}
L_m' & \longrightarrow & L_m & \longrightarrow & M_m & \longrightarrow & 0 \\
\wr\downarrow & & \wr\downarrow & & \downarrow & & \\
H^0\tilde{L}'(m) & \longrightarrow & H^0\tilde{L}(m) & \longrightarrow & H^0\tilde{M}(m) & \longrightarrow & 0
\end{array}$$

図式 7.3

さて，$j_*(\mathcal{O}_X)=\widetilde{S/\mathfrak{P}}$ と書かれるので，有限生成 S 次数自由加群 L'' により，

$$L''\longrightarrow S\longrightarrow S/\mathfrak{P}=A\longrightarrow 0$$

なる完全系列ができる．それゆえ $\boldsymbol{\alpha}: S\simeq \Gamma_*(\boldsymbol{P}^n, \mathcal{O})$ (補題7.1) より，A についても $\boldsymbol{\alpha}$ の T. N. 的同型が示されるわけである．∎

§7.12 超曲面のコホモロジー

a) さて，補題7.2(iii)の式

$$\dim H^n(\boldsymbol{P}^n, \mathcal{O}(m)) = \dim H^0(\boldsymbol{P}^n, \mathcal{O}(-n-1-m))$$

は正に Serre の双対律 (§5.13) である．すなわち，$\boldsymbol{P}^n$ の因子 D は或る mH (ここに $\mathcal{O}(H)\simeq\mathcal{O}_{\boldsymbol{P}}(1)$) と線型同値である．かつ§5.10, c) により，$K\sim-(n+1)H$. よって，非退化のペアリング：

$$H^i(\boldsymbol{P}^n, \mathcal{O}(m))\times H^{n-i}(\boldsymbol{P}^n, \mathcal{O}(-n-1-m))\longrightarrow k$$

は本質的に補題7.2(ii), (iii)の式にすぎない．

b) もう少し自明でない場合を考える．X を $\boldsymbol{P}^n$ 内の d 次超曲面とする．X を定義する可逆層 $\mathcal{O}(-X)$ は $\mathcal{O}_{\boldsymbol{P}}(-d)$ と同型である．よって任意の m に対し，つぎの完全系列を得る：

$$0\longrightarrow\mathcal{O}_{\boldsymbol{P}}(m-d)\longrightarrow\mathcal{O}_{\boldsymbol{P}}(m)\longrightarrow\mathcal{O}_X(m)\longrightarrow 0.$$

これにより，つぎの定理が示される．

定理 7.12 (i) $0<q<n-1=\dim X$ ならば，任意の m につき，

$$H^q(X, \mathcal{O}(m))=0.$$

(ii) $\dim H^{n-1}(X, \mathcal{O}(m))=\dim H^0(X, \mathcal{O}(-n-1+d-m))$.

(iii) $F\in S$ を X の定義斉次多項式とする．$S/(F)=A$ と書けば，

$$\boldsymbol{\alpha}: A\simeq\Gamma_*(X, \mathcal{O}).$$

証明　$\boldsymbol{P}^n$ を省略して，長完全系列を書こう：

$$\cdots \longrightarrow H^{q-1}(X, \mathcal{O}_X(m))$$
$$\longrightarrow H^q\mathcal{O}(m-d) \longrightarrow H^q\mathcal{O}(m) \longrightarrow H^q(X, \mathcal{O}_X(m))$$
$$\longrightarrow H^{q+1}\mathcal{O}(m-d) \longrightarrow \cdots.$$

$0<q<n-1$ のとき，$H^q\mathcal{O}(m)=H^{q+1}\mathcal{O}(m-d)=0$．よって $H^q(X, \mathcal{O}_X(m))=0$．
$q=n-1$ のとき，

$$\dim H^{n-1}(X, \mathcal{O}_X(m)) = \dim H^n\mathcal{O}(m-d)-\dim H^n\mathcal{O}(m)$$
$$= \phi_n(d-m)-\phi_n(-m).$$

一方，$H^1\mathcal{O}(m-d)=0$ により，つぎの可換完全図式を得る：

$$\begin{array}{ccccccccc} 0 \longrightarrow S_{m-d} = S(-d)_m & \xrightarrow{\cdot F} & S_m & \longrightarrow & A_m & \longrightarrow 0 \\ \wr\!\downarrow & & \wr\!\downarrow & & \wr\!\downarrow & \\ 0 \longrightarrow H^0\mathcal{O}(m-d) & \longrightarrow & H^0\mathcal{O}(m) & \longrightarrow & H^0(X, \mathcal{O}(m)) & \longrightarrow 0 \end{array}$$

図式 7.4

これより，$\boldsymbol{\alpha}: A \simeq \Gamma_*(X, \mathcal{O})$．したがって任意の ν に対し

$$\dim H^0(X, \mathcal{O}(\nu)) = \dim S_\nu-\dim S_{\nu-d} = \binom{n+\nu}{\nu}-\binom{\nu-d+n}{\nu-d}. \quad \blacksquare$$

もし X が非特異代数多様体ならば，$K(X) \sim (d-n-1)H|X$ (§5.10, e)) である．よって，

$$\dim H^n(X, \mathcal{O}(m)) = \dim H^0(X, \Omega^n(-m)) = \dim H^0(X, \mathcal{O}(d-n-1-m))$$

は Serre の双対律そのものである．定理 7.12 の主張は，非特異の仮定なしにも双対律が形式上成立することを暗示しているとみられよう．これについては“可換環論”で詳しく論ずる．

(ii) の特殊な場合として，

$$\dim H^{n-1}(X, \mathcal{O}) = \frac{(d-1)(d-2)\cdots(d-n)}{n!}.$$

X が非特異のときの $p_g(X)$ の公式 (定理 5.8) が，かくして別証明されたとも，また一般化されたともいえる．

c)　$\boldsymbol{P}^n$ の超曲面 $V_+(F_1), V_+(F_2), \cdots, V_+(F_r)$ を考える．明らかに

$$\dim V_+(F_1) = n-1.$$

さて，

$$\dim V_+(F_1, F_2) = \dim V_+(F_1) \text{ または } \dim V_+(F_1)-1.$$

そこで，ついには

$$n-r \leqq \dim V_+(F_1, F_2, \cdots, F_r) \leqq n-1.$$

さて，もっとも次元の下がった条件：$\dim V_+(F_1, F_2, \cdots, F_r)=n-r$ を満たすとき，$V_+(F_1, F_2, \cdots, F_r)$ を完全交叉型スキームという．これは比較的取り扱いやすい．これに対しても，定理7.12と，類似の結果が示される．各自試みられるとよい．

§7.13 超平面切断

a) X を k 完備代数的スキームとし，$\mathscr{L}$ を X 上の可逆層とする．さて或る射影スキーム $V\subset \boldsymbol{P}^n$ と，同型 $\eta: X\to V$ とがあり，$\mathcal{O}_V(1)=\mathcal{O}_{\boldsymbol{P}}(1)|V$ の引き戻し $\eta^*\mathcal{O}_V(1)$ が $\mathscr{L}$ と同型になるならば $\mathscr{L}$ は**超平面切断的**とよばれる．$\mathscr{L}$ が Cartier 因子 D によりつくられているとき，いいかえると，$\mathcal{O}(D)\simeq\mathscr{L}$ のとき，D を**超平面切断因子**とよぶ．

超平面切断因子を，英語では very ample，仏語では美しく très ample という．正しく日本語に訳せば，非常に豊富，というわけであるが，もとの仏語のもつ簡明で力強いひびきを少々損っているかに思われる．あえて意味を汲みとり，本講では長々しく，超平面切断的，とよぶことにしよう．

b) **定理 7.13** $\mathscr{L}$ が超平面切断的のとき，任意の $m>0$ 回のテンソル積 $\mathscr{L}^{\otimes m}$ も超平面切断的である．

証明 まず $\mathcal{O}_{\boldsymbol{P}}(m)$ が超平面切断的になることを示す．$S=k[T_0, T_1, \cdots, T_n]$ を $\boldsymbol{P}^n$ の定義次数環とする．T_i らの m 次単項式をすべて並べる：

$$M_0 = T_0{}^m, \quad M_1 = T_0{}^{m-1}T_1, \quad \cdots, \quad M_l = T_n{}^m; \quad l+1 = \binom{n+m}{m}.$$

そこで，$l+1$ 変数の多項式環

$$S^* = k[Y_0, Y_1, \cdots, Y_l]$$

を考えて，環準同型 $\psi_m: S^*\to S$ を $\psi_m(Y_j)=M_j$ により定める．ψ_m は a 次式を am 次式に移している．よって，$\operatorname{Ker}\psi_m$ は同次素イデアルである．$\operatorname{Ker}\psi_m$ の定める $\boldsymbol{P}^l$ の閉部分多様体を Z とすると，$\operatorname{Proj}(\psi_m)$ は自然に同型 $\xi_m: \boldsymbol{P}^n\simeq Z\subset\boldsymbol{P}^l$ となる．$\boldsymbol{P}^l$ の基本層は，超平面の式

$$\sum \lambda_i Y_i = 0$$

に対応し，$\xi_m{}^*\mathcal{O}_{\boldsymbol{P}}(1)$ は

$$\xi_m{}^*(\sum \lambda_i Y_i) = \sum \lambda_i M_i = 0$$

に対応する．これは $\boldsymbol{P}^n$ 内の m 次超曲面である．よって，$\xi^*\mathcal{O}_{\boldsymbol{P}}(1) \rightleftarrows \mathcal{O}_{\boldsymbol{P}}(m)$．よって，$\mathcal{O}_{\boldsymbol{P}}(m)$ は閉埋入 $\xi_m: \boldsymbol{P}^n \subset \boldsymbol{P}^l$ を考えると，$\boldsymbol{P}^l$ の超平面の，$\xi_m(\boldsymbol{P}^n)$ 上の切断に応じる可逆層とみられる．ゆえに $\mathcal{O}_{\boldsymbol{P}}(m)$ は超平面切断的である．よって，$\mathcal{L}^{\otimes m}$ は $\xi_m{}^*\mathcal{O}_{\boldsymbol{P}}(1)|V$ の η による引き戻しと同型になる．▮

c）　上記の $\xi_m: \boldsymbol{P}^n \subset \boldsymbol{P}^l$ を $\boldsymbol{P}^n$ の m 次 **Veronese 埋入**という．

$\xi_m(\boldsymbol{P}^n)$ は $\boldsymbol{P}^n$ と同型ではあっても，$\boldsymbol{P}^l$ 内の閉部分多様体としての $\xi_m(\boldsymbol{P}^n)$ は m^n 次の多様体であり，しばしば興味深い例を与える．

例 7.1　$\xi_2(\boldsymbol{P}^1)$ は $\boldsymbol{P}^2$ 内の非特異 2 次曲線である．すなわち，既約 2 次曲線は非特異であり，代数多様体として $\boldsymbol{P}^1$ と同型である，という少々意外な結果を ξ_2 は与えている．非特異 2 次曲面は，Segre 写像により $\boldsymbol{P}^1 \times \boldsymbol{P}^1$ と同型であった（§3.8, b)）ことを思い出すとよい．

例 7.2　$\xi_3(\boldsymbol{P}^1)$ は $\boldsymbol{P}^3$ 内の 3 次曲線で，非特異であり，どんな平面にも含まれない．これを**ねじれ 3 次曲線**という．

一般に m 次有理曲線 $\xi_m(\boldsymbol{P}^1)$ の定義式をきめよう．

$$\xi_m:\ (T_0 : T_1) \longmapsto (T_0{}^m : T_0{}^{m-1}T_1 : \cdots : T_1{}^m) \in \boldsymbol{P}^m.$$

よって，$\xi_m(\boldsymbol{P}^1)$ の元は $Y_0 = \rho T_0{}^m$, $Y_1 = \rho T_0{}^{m-1}T_1, \cdots, Y_m = \rho T_1{}^m$ (ρ は定数) とパラメータ表示をもつ．これから，T を消去すれば，Y について関係式を得る．その実行はそれほど容易でない．$m=3$ とおいて T の消去を試みる．すると，

$$Y_3 Y_0{}^2 = Y_1{}^3, \qquad Y_2 Y_0 = Y_1{}^2, \qquad Y_1 Y_2 = Y_0 Y_3.$$

これらが，$\xi_3(\boldsymbol{P}^1)$ の定義式であることをみるのは容易である．

例 7.3　$\xi_2(\boldsymbol{P}^2)$ は $\boldsymbol{P}^5$ 内の 4 次曲面で，$\xi_3(\boldsymbol{P}^2)$ は $\boldsymbol{P}^9$ 内の 9 次曲面である．$\xi_3(\boldsymbol{P}^2)$ は超平面切断が，－標準因子となっていて，ちょうど $\xi_2(\boldsymbol{P}^1)$ と同種の性質をもつ．これを **9 次の Del Pezzo 曲面**という．$\deg \xi_3(\boldsymbol{P}^2) = \dim \boldsymbol{P}^9 = 9$ であった．$\boldsymbol{P}^n$ 内の超平面に含まれない非特異曲面 V が，$\deg V = n$ を満たすならば，Del Pezzo 曲面とよばれ，$n \leqq 9$ である．かつ $n=9$ ならば $V = \xi_3(\boldsymbol{P}^2)$ となる．

X 上の超平面切断的 Cartier 因子 D をとる．X の閉部分多様体 Y に制限して $D|Y$ を得る．定義により $D|Y$ も超平面切断的，同じことだが，X 上の超平

面切断的可逆層 $\mathcal{L}$ の Y への引き戻し $\mathcal{L}|Y$ も超平面切断的である.

§7.14　アンプル層とアンプル因子

完備代数的スキーム X 上の可逆層 $\mathcal{L}$ を考える. 或る正の数 m が存在して, $\mathcal{L}^{\otimes m}$ が超平面切断的になるとき, $\mathcal{L}$ は**アンプル**とよばれる. $\mathcal{L}=\mathcal{O}(D)$ がアンプルとなる Cartier 因子 D もアンプルとよばれる. アンプル可逆層についても定理7.8の形の消失定理が成り立つ. このような形の消失定理を**定理 B** という.

定理 7.14　$\mathcal{L}$ を完備代数スキーム X 上のアンプル可逆層とする. $\mathcal{F}$ を連接的 $\mathcal{O}_X$ 加群層とすると, 任意の $q>0$ に対し, m を十分大にとると

$$H^q(X, \mathcal{F}\otimes\mathcal{L}^{\otimes m}) = 0.$$

証明　このときも, 記号として $\mathcal{F}(m)=\mathcal{F}\otimes\mathcal{L}^{\otimes m}$ と書いてしまおう. 仮定より, $\mu\gg 0$ をえらぶと, $\mathcal{L}^{\otimes \mu}$ は超平面切断的である. さて $\mathcal{F}_a=\mathcal{F}(a)$ に対して, 定理7.8を用いると, $r(a)$ が存在し, $r\geqq r(a)$ ならば $H^q(X, \mathcal{F}_a(r\mu))=0$. さて, $\max\{r(0), \cdots, r(\mu-1)\}$ を r_0 とおく. そこで, $m\gg 0$ について, μ で割算し $m=r\mu+a$ とおくと, $r>r_0$ になり, $\mathcal{F}(m)=\mathcal{F}_a(r\mu)$ と書かれるから, $q>0$ に対し

$$H^q(X, \mathcal{F}(m)) = H^q(X, \mathcal{F}_a(r\mu)) = 0.$$ ∎

§7.15　定 理 A

定理 7.15　$\mathcal{L}$ をアンプル可逆層, $\mathcal{F}$ を連接的 $\mathcal{O}_X$ 加群層とする. $m\gg 0$ をえらぶと, $\mathcal{F}(m)$ は $\mathcal{O}_X$ 加群層として $H^0(X, \mathcal{F}(m))$ から生成される. ——

この形の定理を定理 A という. これは, 定理 B すなわち定理7.14のみから証明される.

証明　$x\in X$ を閉点とし, $\{x\}$ を定義する $\mathcal{O}_X$ のイデアル層を $\mathcal{I}_x$ とおく.

$$0\longrightarrow \mathcal{I}_x\mathcal{F}\longrightarrow \mathcal{F}\longrightarrow \mathcal{F}/\mathcal{I}_x\mathcal{F}\longrightarrow 0$$

なる完全系列に $\mathcal{L}^{\otimes m}$ をテンソル積して,

$$0\longrightarrow \mathcal{I}_x\mathcal{F}(m)\longrightarrow \mathcal{F}(m)\longrightarrow \mathcal{F}/\mathcal{I}_x\mathcal{F}(m)\longrightarrow 0$$

を得る. 連接層 $\mathcal{I}_x\mathcal{F}$ に定理 B の性質を使う. $m\gg 0$ にとるとき $H^1\mathcal{I}_x\mathcal{F}(m)=0$. よって, 完全系列

$$H^0\mathcal{I}_x\mathcal{F}(m)\longrightarrow H^0\mathcal{F}(m)\longrightarrow H^0\mathcal{F}/\mathcal{I}_x\mathcal{F}(m)\longrightarrow 0$$

を得る. $\operatorname{Supp}\mathcal{F}/\mathcal{I}_x\mathcal{F}\subset\{x\}$ だから, これは0次元である. よって,

$$H^0\mathscr{F}/\mathscr{I}_x\mathscr{F}(m) = (\mathscr{F}/\mathscr{I}_x\mathscr{F}(m))_x = \mathscr{F}(m)_x \otimes_{\mathcal{O}_x} k(x).$$

$\gamma_x: H^0\mathscr{F}(m) \to \mathscr{F}(m)_x$ を $\gamma_x(\varphi)=\varphi_x$ で定義する．$\mathrm{Im}\,\gamma_x$ は $\mathscr{F}(m)_x$ の $\mathcal{O}_x$ 部分加群である．そして $\mathrm{Im}\,\gamma_x \otimes k(x) = \mathscr{F}(m)_x \otimes k(x)$ によって，$\mathrm{Im}\,\gamma_x + m_x\mathscr{F}(m)_x = \mathscr{F}(m)_x$．中山の補題(第1章問題27)によって，$\mathrm{Im}\,\gamma_x = \mathscr{F}(m)_x$．これは，$\mathscr{F}(m)_x$ が $H^0(X, \mathscr{F}(m))$ により $\mathcal{O}_{X,x}$ 加群として生成されることを意味する．

x のアフィン近傍 $U=\mathrm{Spec}\,R$ をとると，$\mathscr{F}(m)|U=\widetilde{M}_m$ となる有限生成 R 加群 M_m がある．よって，$M_m=\sum R\psi_i$ と書ける．さて，$s_1, \cdots, s_l \in H^0(X, \mathscr{F}(m))$ を選ぶと，x において

$$\psi_i = \sum a_{ij}s_j \qquad (a_{ij} \in \mathcal{O}_{X,x})$$

と書かれる．a_{ij} らの定義できる開集合を U_x としよう．すると，$\mathscr{F}(m)|U_x$ は $H^0(X, \mathscr{F}(m))$ により $\mathcal{O}_U$ 加群の層として生成される．ただしこの U も m に依存してきまることに気をつけねばならない．

さて $\mathscr{F}=\mathcal{O}_X$ として，上の操作を行うと，或る x の近傍 U' と $n_1 \gg 0$ があり，$\mathscr{L}^{\otimes n_1}=\mathcal{O}(n_1)$ は U' 上 $H^0\mathcal{O}(n_1)$ により生成されることがわかる．$a=0, 1, \cdots, n_1$ について n_0 を十分大にとると，$\mathscr{F}(n_0+a)$ に対して同様の近傍 U_a があって，$\mathscr{F}(n_0+a)|U_a$ が $H^0\mathscr{F}(n_0+a)$ により生成される．この n_0 を固定しておく．

$$U_x = U' \cap U_0 \cap \cdots \cap U_r$$

として x の近傍を定める．$\mathcal{O}(n_1m)|U'$ は任意の $m>0$ につき $H^0\mathcal{O}(n_1m)$ で生成できるから，結局，

$$\mathscr{F}(n_0+a+n_1m) \quad \text{は} \quad U_x \quad \text{上} \quad H^0(X, \mathscr{F}(n_0+a+n_1m))$$

により $\mathcal{O}_{U_x}$ 加群の層として生成される．さて，$n \gg 0$ をとると $n=n_0+a+n_1m$ と書きわけられるので，$\mathscr{F}(n)|U_x$ は $H^0\mathscr{F}(n)$ により生成されることが証明された．さて，$x \in X$ をすべての閉点にわたって考える．U_x らは X をおおいつくす．X は準コンパクトだから，有限個の点 $x_1, \cdots, x_t$ に応じる近傍 $U_1, \cdots, U_t$ で被覆される．よって，これらに共通に m を十分大にとることにより，$\mathscr{F}(m)$ は各点で $H^0\mathscr{F}(m)$ により生成されることが証明される．▮

§7.16　超平面切断因子の特徴づけ

a)　実は定理7.15すなわち定理Aが成り立つとき $\mathscr{L}$ はアンプルになる(本講では証明しない)．アンプルは非常に効率のよい性質なのである．超平面切断は

それに比べると幾何的で使い易いが，直接に或る因子が超平面切断となっていることを証明するのは至難のことである．

b)　k を代数閉体とし，k 代数多様体について考察する．とくにことわらぬ限り点は閉点をさす．V を完備代数多様体とし，D を V 上の Cartier 因子とする．D が超平面切断因子になる一つの十分条件を与えよう．$\dim H^0\mathcal{O}(D)<\infty$ だから，$H^0\mathcal{O}(D)$ の底 $\varphi_0,\cdots,\varphi_l$ をとり，有理写像 Φ_D を $p\notin B_s|D|$ に対して

$$V\ni p\longmapsto \varphi_0(p):\cdots:\varphi_l(p)\in \boldsymbol{P}^l$$

により定義する．これは実質上§2.18, b) の $\Phi_{|D|}$ と同じである．そこでは，V を正規とし，ふつうの因子 (Weil 因子ともいう) D に対して定式化されている．

詳しく Φ_D の定義をのべる．$\mathcal{O}(D)$ の1-コホモロジー類の代表を $\{f_{\alpha\beta}\}$ とする．すなわち，V のアフィン被覆 $\{V_\alpha\}$ があり，$f_{\alpha\beta}\in\Gamma(V_\alpha\cap V_\beta,\mathcal{O}^*)$．さて φ_j は V_α 上 $\varphi_{j,\alpha}\in\Gamma(V_\alpha,\mathcal{O})$ で表され，$\varphi_{j,\alpha}=f_{\alpha\beta}\varphi_{j,\beta}$ を満たす．$p\in V_\alpha$ に対し，$(\varphi_{0,\alpha}(p),\cdots,\varphi_{l,\alpha}(p))$ を考えると，これは p の属する V_α のとり方に依存する．しかし，$\varphi_{0,\alpha}(p)=\cdots=\varphi_{l,\alpha}(p)=0$ を満たさないならば，斉次化して

$$\begin{aligned}\varphi_{0,\alpha}(p):\cdots:\varphi_{l,\alpha}(p)&=f_{\alpha\beta}(p)\varphi_{0,\beta}(p):\cdots:f_{\alpha\beta}(p)\varphi_{l,\beta}(p)\\&=\varphi_{0,\beta}(p):\cdots:\varphi_{l,\beta}(p).\end{aligned}$$

かくして，V_α のとり方によらず $\boldsymbol{P}^l$ の点が確定できる．

$$\begin{aligned}B_s|D|&=\{p\in V;\ p\ \text{は}\ D\ \text{と線型同値な正因子の共通点}\}\\&=\{p\in V;\ p\in V_\alpha\ \text{なる}\ \alpha\ \text{をとると}\ \varphi_{0,\alpha}(p)=\cdots=\varphi_{l,\alpha}(p)=0\}\end{aligned}$$

とおき，$p\in B_s|D|$ を $|D|$ の**底点**とよぶ．

$V_\alpha\cap D$ を定義する $\psi_\alpha\in H^0(V_\alpha,\mathcal{O})$ を集めて，$\psi=\{\psi_\alpha\}\in H^0\mathcal{O}(D)$ を得る．V が正規のとき，同型

$$\begin{array}{ccc}H^0\mathcal{O}(D)&\simeq&\boldsymbol{L}(D)\\ \cup&&\cup\\ \varphi&\longmapsto&\varphi/\psi\end{array}$$

があるので，$\Phi_D=\Phi_{|D|}$ が自ずとわかる．

c)　$B_s|D|=\phi$ ならば，Φ_D は正則写像で，$\Phi_D{}^*\mathcal{O}_{\boldsymbol{P}}(1)\simeq\mathcal{O}_V(D)$．したがって，$\Phi_D$ が閉埋入になれば，$\mathcal{O}(D)$ は超平面切断的になる．

“Φ_D が1対1である”，をいいかえる：閉点 $p,q\in V$ につき $\Phi_D(p)=\Phi_D(q)$ とする．$p\in V_\alpha$, $q\in V_\beta$ となる α,β をえらぶと，

$$\Phi_D(p)=\varphi_{0,\alpha}(p):\cdots:\varphi_{l,\alpha}(p)=\Phi_D(q)=\varphi_{0,\beta}(q):\cdots:\varphi_{l,\beta}(q).$$

よって，連比の定義から，$\varphi_{j,\alpha}(p)=\lambda\varphi_{j,\beta}(q)$ となる $\lambda\in k-(0)$ がある．p で 0 になる切断 $\sigma=\sum\lambda_j\varphi_j\in H^0\mathcal{O}(D)$ をとると，

$$0=\sigma_\alpha(p)=\sum\lambda_j\varphi_{j,\alpha}(p)=\lambda\sum\lambda_j\varphi_{j,\beta}(q)=\lambda\sigma_\beta(q).$$

よって，σ は q でも 0 になる．幾何的にいいかえると，

$$\Phi_D \text{ が } 1 \text{ 対 } 1 \iff \text{任意の閉点 } p\neq q\in V \text{ に対し，} D'\in|D| \text{ が存在して}$$
$$D'\ni p \text{ かつ } D'\not\ni q.$$

その上，Φ_D が閉埋入，いいかえると，$V\simeq\Phi_D(V)$ になるためには，局所的に同型となりさえすればよい．点，すなわち，閉点 $p\in V$ をとる．$q=\Phi_D(p)$ と書く．$T_p(V)=\mathrm{Hom}_k(\mathfrak{m}_p/\mathfrak{m}_p{}^2,k)$ は点 p での V の Zariski 接空間である．Φ_D は $\mathcal{O}_{P^l,q}\to\mathcal{O}_{V,p}$ を導き，それはさらに $\mathfrak{m}_q/\mathfrak{m}_q{}^2\to\mathfrak{m}_p/\mathfrak{m}_p{}^2$ を導く．

よって線型写像 $d_p\Phi_D: T_p(V)\to T_q(\boldsymbol{P}^l)$ を得る．$d_p\Phi_D$ は正則写像の合成を保つ．たとえば，Φ_D を $V\to\Phi_D(V)\hookrightarrow\boldsymbol{P}^l$ と分解すると，$d_p\Phi_D$ も

$$T_p(V)\longrightarrow T_q(\Phi_D(V))\longrightarrow T_q(\boldsymbol{P}^l)$$

と分解する．$\Phi_D(V)\hookrightarrow\boldsymbol{P}^l$ だから $T_q(\Phi_D(V))\hookrightarrow T_q(\boldsymbol{P}^l)$．そこで $V\simeq\Phi_D(V)$ ならば $T_p(V)\simeq T_q(\Phi_D(V))$ になり，とくに $d_p\Phi_D$ は 1 対 1 である．

d) 逆に，$d_p\Phi_D$ が 1 対 1 のとき，$\Phi_D: V\to W=\Phi_D(V)$ は同型になる．実際，$\mathcal{O}_q{}^*=\mathcal{O}_{W,q}$ と書くとき，$T_p(V)\to T_q(W)$ が 1 対 1 ならば，$\mathfrak{m}_q{}^*/\mathfrak{m}_q{}^{*2}\to\mathfrak{m}_p/\mathfrak{m}_p{}^2$ は全射．よって，$\mathfrak{m}_p=\mathfrak{m}_q{}^*\mathcal{O}_p+\mathfrak{m}_p{}^2$．$\mathfrak{m}_p$ は有限生成 $\mathcal{O}_p$ 加群だから，中山の補題を適用して $\mathfrak{m}_p=\mathfrak{m}_q{}^*\mathcal{O}_p$ を得る．Φ_D は有限正則写像だから，$\mathcal{O}_p$ は $\mathcal{O}_q{}^*$ 加群とみて有限生成である．さて $k(p)/k$ は代数拡大，一方，k は代数閉体なので，$k=k(p)$．同様に $k(q)=k$ である．したがって，$\mathcal{O}_q{}^*\subset R(W)\subset R(V)$ に注意すると，$\mathcal{O}_q{}^*\hookrightarrow\mathcal{O}_p$ なので，つぎの補題を使える．

補題 7.3 局所環の拡大 $A\hookrightarrow B$ があってつぎの条件を満たすとする，

(i) $k(A)=A/\mathfrak{m}\simeq B/\mathfrak{n}$ ($\mathfrak{m},\mathfrak{n}$ はそれぞれの極大イデアル),

(ii) B は有限 A 加群,

(iii) $\mathfrak{m}B=\mathfrak{n}$,

このとき $A=B$ である．

証明 (i) と (iii) とによって，

$$B/A\otimes_A k(A)\simeq B\otimes_A k(A)/k(A)=(B/\mathfrak{n})/k(A)=0.$$

(ii)により中山の補題が適用できて，$A=B$. ∎

このようにして，$\Phi_D: V \simeq W$ が証明された.

e)　これまでのことをまとめて，つぎの定理を得る.

定理 7.16　k が代数閉体のとき，D が超平面切断因子になる必要十分条件は，

(i)　相異なる閉点 p, q につき，$D' \in |D|$ が存在して $p \in D'$, $q \notin D'$.

(ii)　各閉点 p につき，$d_p\Phi_D: T_p(V) \to T_q(\boldsymbol{P}^l)$ は1対1である．ここに，$q=\Phi_D(p)$, $l=l(D)-1$. ——

これを Weil の定理ということもある．(ii)の条件：$d_p\Phi_D$ についての単射性は，Φ_D の単射性を少し強め，1位の無限小での分離を主張するもので，“無限に近い相異なる2点を，Φ_D はやはり無限に近い相異なる2点に写す”，と説明されたりする．また，この定理は§6.6, §6.7で既に用いられた.

§7.17　解析的局所同型

a)　$d_p\Phi_D$ の単射性のみを仮定するときに，何がいえるかを少し考える．以下§7.22まで k を標数0の代数閉体とし(Sch/k)で考えるとする.

定理 7.17　V と W を各 n 次元 m 次元の非特異代数多様体とし，$f: V \to W$ を正則写像とする．閉点 $p \in V$, $q=f(p) \in W$ をとり，$d_pf: T_p(V) \to T_q(W)$ を単射とする．このとき，$f(V)$ は q において，W の非特異部分多様体であり，$f(V)$ の q での局所環を $\mathcal{O}_q{}^*$ と書くと，$f^*: \hat{\mathcal{O}}_q{}^* \simeq \hat{\mathcal{O}}_p$ である.

証明　$\mathcal{O}_p$ の正則パラメータ系を $(x_1, \cdots, x_n)$, $\mathcal{O}_q$ の正則パラメータ系を $(y_1, \cdots, y_m)$ とする．$\bar{x}_j = x_j \bmod \mathfrak{m}_p{}^2$ とし，$\mathfrak{m}_p/\mathfrak{m}_p{}^2$ の底 $(\bar{x}_1, \cdots, \bar{x}_n)$ を得る．この双対底を $\partial/\partial x_j$ $(j=1, \cdots, n)$ と書こう．いいかえると，$\partial/\partial x_j(\bar{x}_i) = \delta_{ij}$.

さて，$\theta(f)$ を前のように f^* で表し，$f^*: \mathcal{O}_q \to \mathcal{O}_p$ を得るが，これは線型写像 $\vartheta_p f$

$$\mathfrak{m}_q/\mathfrak{m}_q{}^2 = \sum k\bar{y}_j \longrightarrow \mathfrak{m}_p/\mathfrak{m}_p{}^2 = \sum k\bar{x}_i$$

をひき起こす．$f^*(y_j) = f_j(x_1, \cdots, x_n) \in \mathfrak{m}_p$ と書き，これを $=\sum a_{ji}(x)x_i$ $(a_{ji}(x) \in \mathcal{O}_p)$ の形に書いて，

$$\left.\frac{\partial f_j}{\partial x_i}\right|_0 = \bar{a}_{ji}(p) \in k$$

とおく．すると，

$$\vartheta_p f(\bar{y}_j) = \sum_{i=1}^{n} \frac{\partial f_j}{\partial x_i}\bigg|_0 \cdot \bar{x}_i.$$

この双対写像が $d_p f$ である．すなわち，

$$d_p f\left(\frac{\partial}{\partial x_i}\right) = \sum_{j=1}^{m} \frac{\partial f_j}{\partial x_i}\bigg|_0 \cdot \frac{\partial}{\partial y_j}.$$

かくして，$d_p f$ は行列 $\left[\dfrac{\partial f_j}{\partial x_i}\bigg|_0\right]$ で表示された．

$d_p f$ が単射ならば $n \leqq m$ であって，$f_1, \cdots, f_m$ の番号を必要ならつけかえて，

$$\frac{\partial(f_1, \cdots, f_n)}{\partial(x_1, \cdots, x_n)}\bigg|_0 \neq 0$$

とできる．さて，$y_1, \cdots, y_n$ に1次変換をして，$\partial f_j/\partial x_i|_0 = \delta_{ij}$ と簡単にしておく．

$$f_j \in \mathcal{O}_p \subset \hat{\mathcal{O}}_p = k[[x_1, \cdots, x_n]]$$

なのだから，$\varphi_1(y), \cdots, \varphi_n(y) \in k[[y_1, \cdots, y_n]]$ が存在して，

$$y_j = f_j(\varphi_1(y), \cdots, \varphi_n(y)), \qquad x_j = \varphi_j(f_1(x), \cdots, f_n(x)) \qquad (j \leqq n).$$

そして，$f^*(y_{n+1} - f_{n+1}(\varphi_1(y), \cdots, \varphi_n(y))) = f_{n+1}(x) - f_{n+1}(x) = 0, \ \cdots, \ f^*(y_m - f_m(\varphi_1(y), \cdots, \varphi_n(y))) = 0$．かくして，

$$\mathrm{Ker}(\hat{f}^* : \hat{\mathcal{O}}_q \to \hat{\mathcal{O}}_p) \ni y_{n+1} - f_{n+1}(\varphi(y)), \ \cdots, \ y_m - f_m(\varphi(y)).$$

一方，$\psi(y) \in \hat{\mathcal{O}}_q$ があり，$f^*\psi(y) = 0$ としよう．

$$\tilde{\psi}(y_1, \cdots, y_n) \equiv \psi(y_1, \cdots, y_n, y_{n+1}, \cdots, y_m) \mod (y_{n+1} - f_{n+1}(\varphi(y)), \cdots)$$

とおくとき，$f^* : k[[y_1, \cdots, y_n]] \simeq k[[x_1, \cdots, x_n]]$ だから，

$$f^*\tilde{\psi}(y) = \tilde{\psi}(f_1(x), \cdots, f_n(x)) = 0$$

は $\tilde{\psi}(y) = 0$ を意味する．よって，

$$\hat{\mathcal{O}}_q / \mathrm{Ker}\, \hat{f}^* \simeq \hat{\mathcal{O}}_p.$$

一方，$f(V)$ の q での局所環 $\mathcal{O}_q{}^*$ は $\mathrm{Coim}(f^* : \mathcal{O}_q \to \mathcal{O}_p)$ であって，

$$\hat{\mathcal{O}}_q{}^* = \hat{\mathcal{O}}_q / \mathrm{Ker}\, f^* \simeq \hat{\mathcal{O}}_p. \quad ▮$$

b)　**系**　$n = m$, $R_f \not\ni p$ ならば，$\hat{f}^* : \hat{\mathcal{O}}_q \simeq \hat{\mathcal{O}}_p$．いいかえると，$f$ は p でエタール(不分岐)．逆も正しい．

証明　$n = m$ のとき，

$$d_p f \text{ が単射} \iff \det\left[\frac{\partial f_i}{\partial x_j}\bigg|_0\right] \neq 0 \iff R_f \not\ni p$$

が自明に成り立つから，定理7.17を直接に使えばよい．▮

定理 7.17 とその系はともに，微分多様体，解析多様体での同種の定理と全く同じ形をしている．代数幾何学では非特異点のみの考察ではしばしば不十分だから，この定理も，より一般化されるべきである．

c) **定理 7.18** V と W とを代数多様体，$f: V \to W$ を正則写像とし，閉点 p, $q=f(p)$ につぎの条件を仮定する．

$$d_pf: T_p(V) \longrightarrow T_q(W) \quad は\quad 単射.$$

このとき，f は p で不分岐という．さらに，$f: V \to f(V)$ が p で平坦ならば，$\hat{\mathcal{O}}_p \rightleftarrows \hat{\mathcal{O}}_{f(V),q}$ である．すなわち，f は p でエタールである．

証明 同様の記法により，$\mathcal{O}_p \supset \mathcal{O}_q{}^*$ かつ $\mathfrak{m}_q{}^*\mathcal{O}_p = \mathfrak{m}_p$ が示される．このとき f: $V \to W$ または $f: V \to f(V)$ は p で不分岐という．さて，これからでは，$\hat{\mathcal{O}}_q \to \hat{\mathcal{O}}_p$ は全射，しかわからない．

$\mathcal{O}_p$ は $\mathcal{O}_q{}^*$ 加群とみられ，さらに $\mathcal{O}_p$ は $\mathcal{O}_q{}^*$ 平坦を仮定する．

$$0 \longrightarrow \mathfrak{m}_q{}^{*r} \longrightarrow \mathcal{O}_q{}^* \quad (完全)$$

に $\mathcal{O}_p$ をテンソル積して

$$0 \longrightarrow \mathfrak{m}_q{}^{*r} \otimes \mathcal{O}_p \longrightarrow \mathcal{O}_p \quad (完全).$$

そこで

$$\mathfrak{m}_q{}^{*r}/\mathfrak{m}_q{}^{*r+1} \otimes \mathcal{O}_p = \mathfrak{m}_q{}^{*r}\mathcal{O}_p/\mathfrak{m}_q{}^{*r+1}\mathcal{O}_p$$

となる．$\mathfrak{m}_q{}^*\mathcal{O}_p = \mathfrak{m}_p$ により，上式右辺は $\mathfrak{m}_p{}^r/\mathfrak{m}_p{}^{r+1}$．一方，$\mathfrak{m}_q{}^{*r}/\mathfrak{m}_q{}^{*r+1} \rightleftarrows \oplus k$ と体の直和に書くとき，

$$k \otimes \mathcal{O}_p = \mathcal{O}_q{}^*/\mathfrak{m}_q{}^* \otimes \mathcal{O}_p = \mathcal{O}_p/\mathfrak{m}_q{}^*\mathcal{O}_p = \mathcal{O}_p/\mathfrak{m}_p = k$$

だから，

$$\mathfrak{m}_q{}^{*r}/\mathfrak{m}_q{}^{*r+1} \otimes \mathcal{O}_p \rightleftarrows \mathfrak{m}_q{}^{*r}/\mathfrak{m}_q{}^{*r+1}.$$

かくして，同型

$$\mathrm{gr}^{\cdot}\mathcal{O}_q{}^* = \oplus \mathfrak{m}_q{}^{*r}/\mathfrak{m}_q{}^{*r+1} \rightleftarrows \oplus \mathfrak{m}_p{}^r/\mathfrak{m}_p{}^{r+1} = \mathrm{gr}^{\cdot}\mathcal{O}_p$$

を得る．$\mathrm{gr}^{\cdot}$ の同型は $\hat{\mathcal{O}}_q{}^* \rightleftarrows \hat{\mathcal{O}}_p$ を意味することは容易に確認できよう．▮

この定理は，d_pf により局所同型を特徴づけるものだが，局所同型の局所は，Zariski 位相的のそれではなく，完備化して得られる局所性で，解析的または形式的局所同型性とよばれるものである．

§7.18　代数的 Sard の定理

a)　**定理 7.19**　V と W を各 n 次元 m 次元の非特異代数多様体とし，$f: V\to W$ を正則写像とする．閉点 $p\in V$，$q=f(p)\in W$ において，$d_pf: T_p(V)\to T_q(W)$ は全射としよう．このとき，$f^{-1}(q)$ は p で非特異になる．

証明　定理 7.17 の証明と同様の正則パラメータ系をえらび，他の記法も同じにとると，$\vartheta_p f$ は単射

$$\mathfrak{m}_p/\mathfrak{m}_p{}^2 = (\bar{x}_1, \cdots, \bar{x}_n) \supset \mathfrak{m}_q/\mathfrak{m}_q{}^2 = (\bar{y}_1, \cdots, \bar{y}_m).$$

それゆえ $\bar{y}_i=\sum c_{ij}\bar{x}_j$ と $c_{ij}\in k$ により書かれ，行列 $[c_{ij}]$ の階数は m．そこで，k 係数の線型変換を $(y_1, \cdots, y_m)$ と $(x_1, \cdots, x_m)$ とについて行うと，$\bar{y}_1=\bar{x}_1$, $\cdots$, $\bar{y}_m=\bar{x}_m$ を満たす．さて，$f^{-1}(q)$ の p における局所環は $\mathcal{O}_p/\mathfrak{m}_q\mathcal{O}_p=\mathcal{O}_p/(y_1, \cdots, y_m)$．その極大イデアルを $\mathfrak{m}$ とする．$x_{m+1} \bmod (y_1, \cdots, y_m)$ を η_1, $\cdots$, $x_n \bmod (y_1, \cdots, y_m)$ を η_{n-m} と書くと，$\mathfrak{m}$ は $\eta_1, \cdots, \eta_{n-m}$ で生成されている．実際，$\mathfrak{m}/\mathfrak{m}^2=(\bar{x}_{m+1}, \cdots, \bar{x}_n)=(\bar{\eta}_1, \cdots, \bar{\eta}_{n-m})$ なのだから．∎

この定理は，非特異の仮定のもとに，微分多様体のときと類似の事実を主張しているわけだが，定理 7.18 のように，特異点の場合にも d_pf の全射性から何が帰結するかも考えてみるとよい．

b)　前定理の条件の全射を仮定しないで考える．記号は証明中のを用いる．

さて，$x_1, \cdots, x_n$ は $R(V)$ の元で，このとき $R(V)/k(x_1, \cdots, x_n)$ は代数的拡大である．標数 0 の場合しか考えていないので，§5.5 より，$dx_1, \cdots, dx_n$ を V の有理 1 型式の底にとっておく．同様に $dy_1, \cdots, dy_m$ を W の有理 1 型式とみると，

$$f^*(dy_j) = \sum A_{ji}dx_i$$

と書ける．A_{ji} は $R(V)$ の元で $\partial y_j/\partial x_i$ と書かれることも多い．その上 $f^*(dy_j)$ を dy_j と略記するのも通例である．大事なことは，$\bar{y}_j=\sum c_{ji}\bar{x}_i$ と $c_{ji}\in k$ をきめるとき，$c_{ji}=\bar{A}_{ji}(0)$ になることであろう．$x_1, \cdots, x_n$ が p の近傍 U での正則パラメータ系ならば，閉点 $p_1\in U$ につき $x_1-x_1(p_1)$, $\cdots$, $x_n-x_n(p_1)$ が p_1 の正則パラメータ系になり，$\bar{y}_j=\sum c_{ji}(p_1)\overline{x_i-x_i(p_1)}$ と書くとき，$c_{ji}(p_1)=\bar{A}_{ji}(p_1)$ も同様に成り立つ．

f を支配的とすると，$\Omega^1{}_{R(W)/k}$ は $\Omega^1{}_{R(V)/k}$ の中に入る．そして行列 $[\partial y_j/\partial x_i]$ の階数は m だから，適当に番号をつけかえると，$\partial(y_1, \cdots, y_m)/\partial(x_1, \cdots, x_m)\neq 0$．それゆえ，すべての $\partial y_i/\partial x_j$ の定義される開集合を V_0 とし，$V_0\cap U$ において，

$\partial(y_1, \cdots, y_m)/\partial(x_1, \cdots, x_m) \neq 0$ となる点は開集合をなすから，そこに閉点 p をえらぶと，$d_p f$ は全射となる．

$$\boldsymbol{R}_f = \{p \in V,\ p \text{ は閉点で } d_p f \text{ が全射にならない}\}$$

とおく．$\boldsymbol{R}_f$ は V の閉点集合 $\boldsymbol{V}$ 内での閉集合だから，R_f により，その V 内での閉包をとると，$\boldsymbol{R}_f = R_f \cap \boldsymbol{V}$ である．

上に示したことは，つぎの定理にまとめられる．

定理 7.20　R_f は閉集合で V と異なる．——

実はさらに強い主張もできる．

c)　**定理 7.21**　$f(R_f)$ の W 内での閉包は W と異なる．したがって，W の一般の閉点 q をとるとき，$f^{-1}(q)$ は非特異である．

証明　$f: R_f \to W$ を支配的と仮定しよう．R_f の或る既約成分 R が存在して，$f|R$ は支配的である．R は代数多様体である．それゆえ，R の一般の点を p とすると，p において R は V の非特異部分多様体であって，$g = f|R$ と書くとき，$d_p g$ は全射である(定理 7.19)．$g(p) = f(p) = q$ とおくとき，W の q での正則パラメータ系を $(y_1, \cdots, y_m)$ と書き，R の p での正則パラメータを $z_1, \cdots, z_r$ と書くと，$\bar{z}_1 = \bar{y}_1, \cdots, \bar{z}_m = \bar{y}_m$ としてよかった．さらに，$x_{r+1}, \cdots, x_n$ を $\mathfrak{m}_{V,p}$ からえらぶと，$(z_1, \cdots, z_r, x_{r+1}, \cdots, x_n)$ を V の p での正則パラメータ系にできる．すると，$d_p f$ は行列

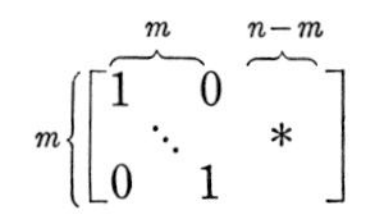

$$m\left\{\left[\begin{array}{ccc|c} \overbrace{1 \quad\quad 0}^{m} & & & \overbrace{\quad\quad}^{n-m} \\ & \ddots & & * \\ 0 & & 1 & \end{array}\right]\right.$$

で表されるから全射である．よって $p \notin \boldsymbol{R}_f$ となり矛盾．∎

上の定理は微分多様体での Sard の定理に相当する．

§7.19　一般の点と生成点

a)　上の定理で，一般の点(閉点)ということばを無批判に用いた．いわんとする気持はわかってもらえたと思うが，このことばを厳密に検討しよう．とくに閉体 k を基礎体にした代数多様体を考えているとき，スキームの意味での点をすべて考えるのは不必要で，古典的な点，すなわち，閉点のみを考えれば十分である．このような点のみを考えてはじめて直観的な幾何学が円滑に進行する．さ

て，“一般の点とは，或る閉集合を除いた点のこと”である．どの閉集合を除くべきかが指定されない以上，この定義は全くのナンセンスである．しかし，“一般の点は性質 **P** を満たす”ということは明確に定義できる．すなわち，“或る V と等しくない閉集合 F があり，F 以外の点では，性質 **P** が満たされる”と解すればよい．一般の点は性質 $\mathbf{P}_1$ を満たす．また一般の点は性質 $\mathbf{P}_2$ を満たす．すると，一般の点は性質 $\mathbf{P}_1$ と $\mathbf{P}_2$ とを同様に満たす．これは，代数多様体 V が既約空間であることを反映している．この性質のために，一般の点という，いい方が便利なのである．

b)　一般の点を英語でいえば general point である．生成点は generic point であった(§1.6, b))．さて，general point の代用を generic point でしようという考えもある．生成点は代数多様体には一つしかないから，“生成点は性質 **P** を満たす”を証明すればよく，こうして，一般の点のもちやすいあいまいさを消去できるが，d_pf のように，閉点でしか定義されない対象のでてくるときには，とても難しい．閉点でないときにも d_pf を定義せねばならない．d_pf はあきらめたとしても，w を W の生成点とし，$f^{-1}(w)=V\times_W \mathrm{Spec}\, k(w)$ が非特異になることを示さねばならない．d_pf のように便利なものが使えないから，これを示すことも一仕事である．

例 7.4　$\varphi, \psi\in k[x, y]$ をとる．φ と ψ は定数倍を無視してもなお相異なる既約多項式とする．一般の点 $\lambda\in \boldsymbol{A}_k{}^1$ をとると，$\varphi+\lambda\psi=0$ は $\varphi=\psi=0$ の共通点以外では非特異になる．

［証明］　$F_\lambda=\varphi+\lambda\psi$ とおく．$F_\lambda=0$ の特異点を p としよう．$\partial_xF_\lambda=\partial_yF_\lambda=0$ により，

$$\varphi(p)+\lambda\psi(p)=0,$$
$$\partial_x\varphi(p)+\lambda\partial_x\psi(p)=0,$$
$$\partial_y\varphi(p)+\lambda\partial_y\psi(p)=0.$$

さて，$\varphi(\partial_x\psi)-(\partial_x\varphi)\psi=0$ と $\varphi(\partial_y\psi)-(\partial_y\varphi)\psi=0$ がつねに成り立つとすると，

$$\partial_x(\varphi/\psi)=(\partial_x\varphi\psi-\varphi\partial_x\psi)/\psi^2=0.$$

同様に，$\partial_y(\varphi/\psi)=0$ だから $\varphi=c\psi$ と $c\in k$ により書かれ，φ と ψ とが相異なるという仮定に反する．そこで，$\psi(p)\neq 0$，$\partial_x\varphi(p)\psi(p)-\varphi(p)\partial_x\psi(p)=\partial_y\varphi(p)\cdot\psi(p)-\varphi(p)\partial_y\psi(p)=0$ をすべて満たす点 p をとると，$-\varphi(p)/\psi(p)$ は有限個

しかない．これらと異なる $\boldsymbol{A}^1$ の閉点を λ としよう．すると，$\psi(p)\neq 0$ ならば，$\varphi+\lambda\psi=0$ は p でたしかに非特異である．だから，$\boldsymbol{A}^1$ の一般の点 λ をとると，$\varphi+\lambda\psi=0$ は $\varphi=\psi=0$ 以外の点で非特異といえる．∎

この例はつぎの Bertini の定理で一般化される．

§7.20 Bertini の定理

a)　定理 7.22　V を代数多様体，Λ を V 上の Cartier 因子の1次系とする．Λ の一般の元 D は $\mathrm{Sing}\, V\cup B_s\Lambda$ 以外の点で非特異になる．

証明　$\Lambda=\{(\varphi)\,;\,\varphi\neq 0$ で $\varphi\in\boldsymbol{L}\}$ (D_0 は正の Cartier 因子，$\boldsymbol{L}$ は或る $H^0(V,\mathcal{O}(D_0))$ の部分ベクトル空間) と表す．$V=\bigcup V_\alpha$ とアフィン開集合 V_α で被覆をつくり，$\boldsymbol{L}$ の底 $\varphi_0,\cdots,\varphi_l$ を $\varphi_{j,\alpha}=\varphi_j\,|\,V_\alpha\in\Gamma(V_\alpha,\mathcal{O})$ と書いておく．射影 $V\times\boldsymbol{P}^l\to\boldsymbol{P}^l$ を π で示し，$V\times\boldsymbol{P}^l$ の部分被約スキーム $Z(\Lambda)$ をつぎのように定める．

$$Z(\Lambda)=\{(p,\lambda)\in V\times\boldsymbol{P}^l\,;\,\textstyle\sum\lambda_j\varphi_{j,\alpha}(p)=0\}.$$

$(p,\lambda)\in\mathrm{Sing}\, Z(\Lambda)$ をとる．$p\notin\mathrm{Sing}\, V$ とし，$\lambda_0\neq 0$ としよう．$\mu_i=\lambda_i/\lambda_0$ と書き，また $\psi_j=\varphi_{j,\alpha}$ と書くと，$Z(\Lambda)$ は (p,λ) の近くで，$F=\psi_0+\mu_1\psi_1+\cdots+\mu_l\psi_l=0$ により定義される．この特異点は，μ_j の偏微分を ∂_j と書けば

$$\partial_j F=\psi_j=0$$

を満たすから，結局，$p\in B_s\Lambda$ である．

かくして，$\mathrm{Sing}\, Z(\Lambda)\subset(B_s\Lambda\cup\mathrm{Sing}\, V)\times\boldsymbol{P}^l$．また，$\pi\,|\,Z(\Lambda)$ は支配的だから，$Z(\Lambda)$ の或る既約成分 $Z'(\Lambda)$ をとると，$\pi\,|\,Z'(\Lambda)$ も支配的である．定理 7.21 によると，一般の $\boldsymbol{P}^l$ の点 λ につき，$\pi^{-1}(\lambda)\cap\mathrm{Reg}\, Z'(\Lambda)$ は非特異である．

$$\pi^{-1}(\lambda)\cap\mathrm{Reg}\, Z'(\Lambda)\supset(\textstyle\sum\lambda_j\varphi_j)\cap(V-\mathrm{Sing}\, V)\times\{\lambda\}.$$

だから，一般の元 $D_\lambda=(\sum\lambda_j\varphi_j)$ は $\mathrm{Sing}\, V\cup B_s\Lambda$ 以外で非特異になる．∎

Λ が固定成分 F^* をもつとき，$F^*\times\boldsymbol{P}^l$ は $Z(\Lambda)$ の既約成分になっている．

つぎの定理も Bertini の定理とよばれる．

b)　定理 7.23(Bertini の第2定理)　定理 7.22 と同じ条件のもとで，Λ には固定成分がないとする．もし Λ の一般元 D が可約スキームならば，Λ は代数的1次系から構成されている．

証明　$\Phi_\Lambda\colon V\to\boldsymbol{P}^l$ をつくる．必要ならば，余次元 $\geqq 2$ である $B_s\Lambda$ を V からぬいて，Φ_Λ を正則写像と仮定できる．$\overline{\Phi_\Lambda(V)}=W$ とおこう．$f=\Phi_\Lambda\colon V\to W$ の

Stein 分解 $f=\mu\cdot g$: $V\xrightarrow{g}W'\xrightarrow{\mu}W$ を考える．μ は有限正則．W が 2 次元以上と仮定すると，$\boldsymbol{P}^l$ の一般の超平面 H で W を切ると，$H\cap W=H_1$ は既約，$\mu^{-1}H_1=\mu^{-1}H\cap W$ も既約となる．これは絵を観察して納得することにしよう(図 7.1)．

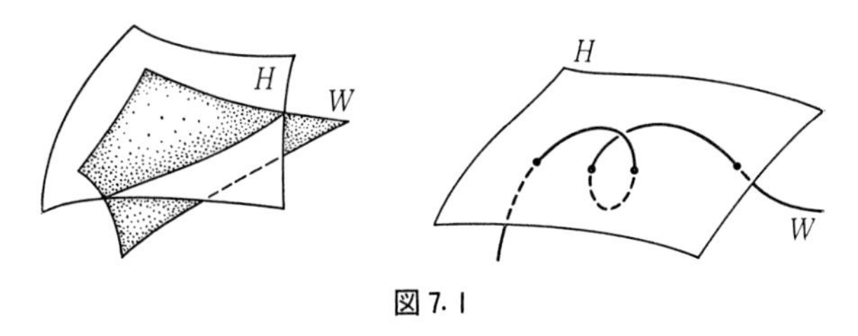

図 7.1

g の一般ファイバーは既約だから，$g^{-1}\mu^{-1}H_1=f^{-1}(H_1)$ も既約である．さて $D=f^{-1}(H_1)$ は Λ の一般の元だから，かくて，D は既約になることが示された．よって D が可約ならば，Φ: $V\to W'$ は 1 次元代数系である．∎

詳しく言えば，Λ は V 上の 1 次系で Φ_Λ: $V-B_s\Lambda\to W$ であり，$g^{-1}(u_i)$ の V 内での閉包達が D の既約成分になる．そこで，有理写像 g: $V\to W'$ を既約 1 次元代数系とよぶのである．図 7.2 のような仕組で Λ が得られるわけである．

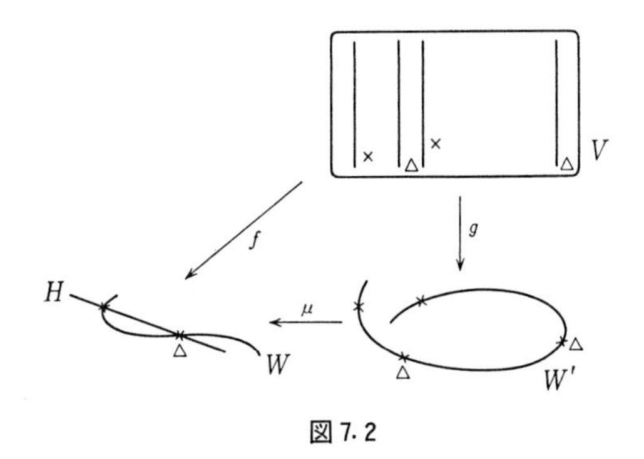

図 7.2

Bertini の第 2 定理の純代数的証明は Zariski によって得られているが，かなり難しい．

§7.21　超平面切断因子の一定理

a)　V を完備非特異代数多様体とする．D が V の超平面切断因子ならば，$B_s|D|=\phi$．よって，$|D|$ の一般の元 D^* は非特異で(定理 7.22)，さらに，dim V

$\geqq 2$ ならば，D^* は既約でもあり，結局，D^* は非特異代数多様体になる．

定理 7.24　V を完備代数多様体とし，D, D' を Cartier 因子とする．$B_s|D'|=\phi$ かつ D が超平面切断的ならば，$D+D'$ も超平面切断的である．

証明　$\Phi_{D'}: V\to \boldsymbol{P}^a$ は正則で $\Phi_D: V\to \boldsymbol{P}^b$ は閉埋入．$(\Phi_{D'}, \Phi_D): V\to \boldsymbol{P}^a\times\boldsymbol{P}^b$ に Segre 写像 $\boldsymbol{P}^a\times\boldsymbol{P}^b\xrightarrow{\zeta}\boldsymbol{P}^{a+b+ab}$ を合成すると，やはり閉埋入 $\psi=\zeta\cdot(\Phi_{D'}, \Phi_D)$: $V\to\boldsymbol{P}^{a+b+ab}$ を得る．これより形式的な議論を少しすると直ちに結論を得る．∎

b)　D' を一般的な Cartier 因子とする．さらに D をアンプルとし，$h\gg 0$ にとると定理 7.15 により，$|D'+hD|$ は底点をもたない．$h_1\gg 0$ にとると，h_1D は超平面切断的である．定理 7.24 により，$D'+(h+h_1)D$ も超平面切断的である．

かくして，つぎの定理を得る．

定理 7.25　D' を Cartier 因子，D をアンプル因子とする．$h\gg 0$ を選ぶと，$D'+hD$ は超平面切断的である．

系　任意の因子 D' は二つの非特異多様体 D_1, D_2 により，$D'\sim D_1-D_2$ と表される．

証明　上の定理に，Bertini の第1定理（定理 7.22）を用いればよい．∎

もちろん $\dim V=1$ ならば，D_1 は相異なる点の有限和であり，$\dim V\geqq 2$ ならば，D_1 は既約である．

§7.22　定理 A, B の相対化

a)　定理 7.10, 7.14, 7.15 は，体 k を Noether 環 R におきかえても以下の形で成立する．証明はほぼ類似であるからここでは略す．

R 上有限生成の次数環を A とし，$X=\operatorname{Proj} A$, $\mathcal{O}_X(1)=\widetilde{A[1]}$ とおく．X_1 上の可逆層 $\mathcal{L}$ は，R 同型 $\eta: X_1\to X$ があって $\eta^*\mathcal{O}_X(1)$ と同型になるならば **R 超平面切断的**という．または Spec R に関し超平面切断的という．さらに，$\mathcal{L}^{\otimes m}$ $(m>0)$ が R 超平面切断的ならば，$\mathcal{L}$ を **R アンプル**，または Spec R アンプルという．R アンプルな $\mathcal{L}$ に関して $\mathcal{F}(m)=\mathcal{F}\otimes\mathcal{L}^{\otimes m}$ と書くときつぎの定理が成立する．

有限性定理　連接的 $\mathcal{O}_X$ 加群層 $\mathcal{F}$ はつぎの性質をもつ：$H^q(X, \mathcal{F})$ は R 加群として有限生成である．

定理 A　同様の $\mathcal{F}$ に関して，十分大きい m をえらぶと，

$$H^0(X, \mathcal{F}(m))\mathcal{O}_X=\mathcal{F}(m).$$

定理 B 同様の $\mathscr{F}$ に関して，十分大きい m をえらぶと，$q>0$ について，

$$H^q(X, \mathscr{F}(m)) = 0. \qquad ——$$

定理 A，または定理 B を仮定すると，$\mathscr{L}$ は R アンプルになる．これについては §7.27 で再論することにしよう．

b) 体 k から，R に基礎体(または基礎環)を一般化したことは，応用上にも理論上にも多くの成果をあげる重大な進歩を可能にした．

X, Y をスキーム，$f: X \to Y$ を有限生成，分離的正則写像とする．X 上の可逆層 $\mathscr{L}$ は，アフィン開集合 $\mathrm{Spec}\, R_i$ に関し，$\mathscr{L} \mid f^{-1}(\mathrm{Spec}\, R_i)$ が R_i アンプルならば，***Y* アンプル**とよばれる．ときには，f を明白にして，***f* アンプル**ともいう．

話を簡単にするため，スキーム論の標準的テキスト A. Grothendieck の É. G. A. (Éléments de Géométrie Algébrique) の f アンプルより，条件を強めたアンプルの定義を本講では使う．つぎの関係に注意しておこう：

本講の f アンプル $\Longleftrightarrow$ É. G. A. の f アンプル；f は固有的．

c) Noether 環 R からつくられたアフィン・スキーム $\mathrm{Spec}\, R$ を **Noether アフィン・スキーム**といい，有限個のそれらによって開被覆されるスキームを **Noether スキーム**という．さて，Y を Noether スキーム，f を固有的正則写像とし，X 上に f アンプル可逆層 $\mathscr{L}$ が存在するとしよう．連接的 $\mathscr{O}_X$ 加群層 $\mathscr{F}$ について，つぎの 3 定理が成立する．

有限性定理 $R^q f_* \mathscr{F}$ は連接的 $\mathscr{O}_Y$ 加群層である．

定理 A m を十分大にえらぶとき，

$$f^* f_* \mathscr{F}(m) \longrightarrow \mathscr{F}(m) \longrightarrow 0 \quad (\text{完全}) \qquad (\mathscr{F}(m) = \mathscr{F} \otimes \mathscr{L}^{\otimes m} \text{ とおいた}).$$

定理 B m を十分大にえらぶと，$q>0$ に関して，

$$R^q f_* \mathscr{F}(m) = 0. \qquad ——$$

これらの定理は Y について局所的主張だから，前の定理から直ちに示される．$U = \mathrm{Spec}\, R \subset Y$ をアフィン開集合とすると，$R^q f_* \mathscr{F} \mid U = H^q(f^{-1}(U), \mathscr{F})^{\sim}$ が成立していたことを再度注意しておこう．

§7.23 射影正則写像

a) f アンプルな $\mathscr{L}$ が存在すると，f は射影的正則写像になる．しかし，逆が成立するわけではない．それゆえ，f アンプルな $\mathscr{L}$ が存在するとき，f を**射影**

正則写像(projective morphism)とよぼう．射影正則写像は§1.36の $\bar{\boldsymbol{P}}$ の条件(i), (ii), ($\overline{\text{iii}}$)を満たす．条件を再録すると，正則写像の合成およびテンソル積に関して，射影正則は保存され，かつ閉埋入は射影正則である．

$f: X\to Y$ を射影的正則写像とする．定義により，$Y=\bigcup_{i=1}^{r} Y_i$，$Y_i=\operatorname{Spec} R_i$ があり，$f^{-1}(Y_i)$ 上に Y_i アンプルな $\mathcal{L}_i$ がある．しかし，このような $\mathcal{L}_i$ をもとに X 上の $\mathcal{L}$ をつくり，$\mathcal{L}|f^{-1}(Y_i)$ を Y_i アンプルにすることは，なかなかできそうにない．このような $\mathcal{L}$ の存在は，Y について大局的性質と考えられる．

b) 有限性定理　このようなわけで，前節の有限性定理に，f が射影正則という条件がついているのはいかにも窮屈なのである．実は，f が固有正則写像であれば，有限性定理は正しい．固有正則という条件は Y について局所的であり，意味論的に考えても最も望ましい形の有限性定理である．この有限性定理こそ，Grothendieck のスキーム論の最初の大収穫なのである．

定理 7.26 (Grothendieck)　Y を局所 Noether スキーム，$f: X\to Y$ を固有正則写像，$\mathcal{F}$ を連接的 $\mathcal{O}_X$ 加群層とする．このとき $R^q f_*\mathcal{F}$ は連接的 $\mathcal{O}_Y$ 加群層である．(Y は局所的に Noether アフィン・スキームになる.)

証明　射影スキームのとき，ベクトル束の層 $\mathcal{L}$ による分解 $0\to\mathcal{R}\to\mathcal{L}\to\mathcal{F}\to 0$ を用いたのであった．一般の場合にもこの短完全系列による分解という思想に基づくのである．短完全系列がない限り，コホモロジー論が進行しない，というのが正直の所といってもよいだろう．

$\boldsymbol{K}$ として，連接的 $\mathcal{O}_X$ 加群層の集合を考える．$\boldsymbol{K}$ には完全系列の概念があり，Coim$\simeq$Im を満たす．すなわち，$\boldsymbol{K}$は **Abel 圏**をなす．つぎにすべての q につき，$R^q f_*\mathcal{F}$ が連接的 $\mathcal{O}_Y$ 加群層となる $\mathcal{F}\in\boldsymbol{K}$ をすべて集めて $\boldsymbol{K}'$ とおく．すると，つぎの (i, ii, iii, iv) が成立する．そして定理 7.27 を用いて証明が完了する．

(i)　$\boldsymbol{K}$ の元の完全系列

$$0\longrightarrow\mathcal{F}'\longrightarrow\mathcal{F}\longrightarrow\mathcal{F}''\longrightarrow 0$$

を考える．どれかの2者が $\boldsymbol{K}'$ に入れば残りも $\boldsymbol{K}'$ に入る．(このとき，$\boldsymbol{K}'$ を $\boldsymbol{K}$ の**完全部分圏**とよぶ．すでに§1.12において，連接層全体が完全部分圏であること(Serre の定理)を注意しておいた.)

[証明]　$\longrightarrow R^{q-1}f_*\mathcal{F}''\longrightarrow R^q f_*\mathcal{F}'\longrightarrow R^q f_*\mathcal{F}\longrightarrow R^q f_*\mathcal{F}''\longrightarrow R^{q+1}f_*\mathcal{F}'$ なる完全系列に注目する．$\mathcal{F}'', \mathcal{F}\in\boldsymbol{K}'$ のとき左の三つ組を用い，$\mathcal{F}', \mathcal{F}''\in\boldsymbol{K}'$ の

ときその隣りを用いる．一般に，$R^q f_* \mathscr{F}$ は準連接的であることは§4.11でみた．有限生成は，つぎの補題7.4による．よって連接性が導かれる(§1.13, a))．∎

補題 7.4 A を Noether 環，M', M, M'' を A 加群とし，M', M'' を A 上有限生成とする．完全系列

$$M' \xrightarrow{\alpha} M \xrightarrow{\beta} M''$$

があるとき，M も A 上有限生成である．

証明 $\mathrm{Im}\,\alpha$ は A 上有限生成であり，また $\mathrm{Im}\,\beta$ も，A が Noether 環だから，A 上有限生成である．∎

(ii) $\mathscr{F} \in \boldsymbol{K}$ は $\mathscr{F} \oplus \cdots \oplus \mathscr{F} \in \boldsymbol{K}'$ ならば $\mathscr{F} \in \boldsymbol{K}'$.

[証明] $R^q f_*$ は加法関手だったから，直和 $\mathscr{F} = \mathscr{F}' \oplus \mathscr{F}''$ があれば，$R^q f_*(\mathscr{F}) = R^q f_*(\mathscr{F}') \oplus R^q f_*(\mathscr{F}'')$．よって，もし $R^q f_*(\mathscr{F})$ が連接的ならば，$R^q f_*(\mathscr{F}')$ も $R^q f_*(\mathscr{F}'')$ も連接的である．∎

(iii) X の任意の閉既約部分集合 Z をとり，それを被約代数的スキームとみなし生成点を z とする．このとき $\mathscr{G} \in \boldsymbol{K}'$ があり $(\mathscr{G}|Z)_z \simeq k(z)^m$ $(m \geqq 1)$ を満たす．

(iv) $\mathscr{F} \in \boldsymbol{K}$，かつ $\mathrm{Supp}\,\mathscr{F}$ が閉点なら $\mathscr{F} \in \boldsymbol{K}'$.

[証明] $Z = X$ のとき条件(iii)を満たす $\mathscr{G}$ ができればよい．実際，条件は $\mathrm{Supp}\,\mathscr{G} = X$ といいかえてよいし，一般の Z については，閉埋入を $j: Z \to X$ で表して，$f \cdot j$ につき，(iii)を満たす $\mathscr{G}'$ をとる．$R^q(f \cdot j)_* \mathscr{G}' = R^q f_*(j_* \mathscr{G}')$ は連接的である．ゆえに，$\mathscr{G} = j_* \mathscr{G}' \in \boldsymbol{K}'$．そして $\mathrm{Supp}\,\mathscr{G} = \mathrm{Supp}\,\mathscr{G}' = Z$．そこで，$Z = X$ のとき(iii)を示すため第3章の定理3.2をやや一般化したのを用いる．

補題 7.4' (Chow の補題) 定理7.26と同じ条件下で，或る射影双有理正則写像 $g: X' \to X$ で，$f \cdot g$ も射影正則となるものが存在する．——

この証明は $Y = \mathrm{Spec}\,k$ のときと本質的に同じだから略する．

さて，g は射影正則だから，g アンプル可逆層 $\mathscr{L}$ が存在するので，$\mathscr{O}_{X'}(n) = \mathscr{L}^{\otimes n}$ と簡単に書く．$n \gg 0$ のとき§7.22の定理A, Bによると，

$$g^* g_* \mathscr{O}_{X'}(n) \longrightarrow \mathscr{O}_{X'}(n) \longrightarrow 0 \quad (\text{完全}),$$

$$q > 0 \quad \text{につき} \quad R^q g_* \mathscr{O}_{X'}(n) = 0.$$

それゆえ，Leray のスペクトル系列の定理4.7により，

$$(R^p f_*) g_*(\mathscr{O}_{X'}(n)) \simeq R^p(f \cdot g)_* \mathscr{O}_{X'}(n) \qquad (p = 0, 1, 2, \cdots).$$

$f \cdot g$ は射影正則だから，右辺は連接的である．したがって，$(R^p f_*) g_*(\mathscr{O}_{X'}(n))$ も

連接的である．さて，$\mathcal{G}=g_*(\mathcal{O}_{X'}(n))$ とおくと，$\mathcal{G}\in \boldsymbol{K}'$ であって，$g^{-1}(\mathrm{Supp}\,\mathcal{G})=\mathrm{Supp}\,g^*(\mathcal{G})=\mathrm{Supp}\,\mathcal{O}_{X'}(n)=X'$ となり，結局，$\mathrm{Supp}\,\mathcal{G}=X$ である．∎

§7.24　ねじまわし

前節の (i), (ii), (iii), (iv) を確かめると，$\boldsymbol{K}'=\boldsymbol{K}$ になる．このドグマ的主張ほど，Grothendieck らしさのでているものは他にないだろう．すなわち，

定理 7.27（ねじまわしの補題）　X が Noether スキームのとき，$\boldsymbol{K}'$ が定理 7.26 の (i), (ii), (iii), (iv) を満たすならば $\boldsymbol{K}'=\boldsymbol{K}$ である．

証明　(1)　まず，一般に X の閉部分空間 Z が或る性質 $\mathbf{P}$ を満たす，ということを証明する一つの技巧を与えよう．

(α)　閉点 p は必ず $\mathbb{P}$ を満たす．

(β)　任意の閉集合 Z をとる．すべての Z の真閉部分集合 Z' が $\mathbf{P}$ を満たすならば，Z も $\mathbf{P}$ を満たす．

上記の2条件を $\mathbf{P}$ が満たしているならば，X も $\mathbf{P}$ を満たすことが示される．これは Noether 的帰納法の一例である．証明しよう．$\mathbf{P}$ を満たさない閉集合があったとして，それを Z_1 とする．(β)によると，Z_1 の真閉集合 Z_2 に $\mathbf{P}$ を満たさぬものがある．これをくり返して，閉集合の列 $Z_1\supsetneqq Z_2\supsetneqq\cdots$ ができる．X は Noether 空間だから，有限回でおわる．それを Z_m とおく．(α)により，Z_m は点ではない．すると (β) に矛盾してしまう．

(2)　したがって，X の閉集合 Z について，

$$\{\mathcal{F}\in\boldsymbol{K},\ \mathrm{Supp}\,\mathcal{F}\subseteqq Z\Longrightarrow\mathcal{F}\in\boldsymbol{K}'\}$$

という性質を考え，これを $\mathbf{P}$ とおく．Z が閉点ならば条件 (iv) が直ちに使えることに注目しよう．よって $\mathcal{F}\in\boldsymbol{K}'$．かくて $\mathbf{P}$ は (α) を満たす．$\mathbf{P}$ が (β) をも満たすことをいえさえすれば証明をおえる．ことばをかえていえば，

$$\mathrm{Supp}\,\mathcal{F}\subseteqq Z\quad ならば\quad \mathcal{F}\in\boldsymbol{K}'$$

を証明するとき，$\mathrm{Supp}\,\mathcal{F}\subsetneqq Z$ ならば $\mathcal{F}\in\boldsymbol{K}'$ を仮定してよいわけである．

そこで，Z は被約スキームとして，連接的イデアル層 $\mathcal{I}$ により定義されているとしよう．

$$Z=\mathrm{Supp}(\mathcal{O}_X/\mathcal{I}),\qquad \mathcal{O}_Z=\mathcal{O}_X/\mathcal{I}.$$

さて，$\mathrm{Supp}\,\mathcal{F}\subset Z$ だから，或る $m>0$ が存在して，$\mathcal{I}^m\mathcal{F}=0$．そこで

$$0 \longrightarrow \mathcal{I}^{m-1}\mathcal{F} \longrightarrow \mathcal{F} \longrightarrow \mathcal{F}/\mathcal{I}^{m-1}\mathcal{F} \longrightarrow 0,$$
$$0 \longrightarrow \mathcal{I}^{m-2}\mathcal{F}/\mathcal{I}^{m-1}\mathcal{F} \longrightarrow \mathcal{F}/\mathcal{I}^{m-1}\mathcal{F} \longrightarrow \mathcal{F}/\mathcal{I}^{m-2}\mathcal{F} \longrightarrow 0,$$
$$\cdots\cdots\cdots\cdots\cdots\cdots$$
$$0 \longrightarrow \mathcal{I}\mathcal{F}/\mathcal{I}^2\mathcal{F} \longrightarrow \mathcal{F}/\mathcal{I}^2\mathcal{F} \longrightarrow \mathcal{F}/\mathcal{I}\mathcal{F} \longrightarrow 0$$

となる完全系列を観察する．最左端はどれも連接的 $\mathcal{O}_Z=\mathcal{O}_X/\mathcal{I}$ 加群層であり，また $\mathcal{F}/\mathcal{I}\mathcal{F}$ も $\mathcal{O}_Z$ 加群層である．よって，$\mathcal{O}_Z$ 加群層である $\mathcal{F}\in\boldsymbol{K}$ について，$\mathcal{F}\in\boldsymbol{K}'$ となることが示されれば，(i) により順次くりさがって，ついには $\mathcal{F}\in\boldsymbol{K}'$ となる．よって $\mathcal{F}$ は $\mathcal{O}_Z$ 加群層としてよいことがわかった．

(3) Z が可約のとき，$Z'\subsetneqq Z$, $Z''\subsetneqq Z$ となる閉集合により $Z=Z'\cup Z''$ と書かれる．$\mathcal{F}|Z'$ を $Z'\subset Z$ により $\mathcal{O}_Z$ 加群層とみて $\mathcal{F}'$ とおく．$\mathcal{F}''$ も同様．すると，$\mathcal{F}\to\mathcal{F}'$, $\mathcal{F}\to\mathcal{F}''$ が自然に導かれ，和をつくって $u:\mathcal{F}\to\mathcal{F}'\oplus\mathcal{F}''$ を得る．$z\notin Z'\cap Z''$ をとると u_z は同型である．よって，

$$\operatorname{Supp}\operatorname{Ker}(u)\subset Z'\cap Z'',\qquad \operatorname{Supp}\operatorname{Coker}(u)\subset Z'\cap Z''.$$

さて，$\operatorname{Supp}\mathcal{F}'\subset Z'\subsetneqq Z$, $\operatorname{Supp}\mathcal{F}''\subseteqq Z''\subsetneqq Z$ だから，(2) の冒頭の注意により，$\mathcal{F}', \mathcal{F}''$, $\operatorname{Ker} u$, $\operatorname{Coker} u\in\boldsymbol{K}'$．さて，

$$0\longrightarrow \operatorname{Im} u\longrightarrow \mathcal{F}'\oplus\mathcal{F}''\longrightarrow \operatorname{Coker} u\longrightarrow 0,$$
$$0\longrightarrow \operatorname{Ker} u\longrightarrow \mathcal{F}\longrightarrow \operatorname{Im} u\longrightarrow 0$$

に注意して，$\boldsymbol{K}'$ の完全性によると，$\mathcal{F}\in\boldsymbol{K}'$．

(4) Z が既約のとき，その生成点を z とすると，$\mathcal{O}_{Z,z}\simeq k(z)$．さて，$\mathcal{G}_z\simeq k(z)^m$ $(m>0)$，$\mathcal{F}_z\simeq k(z)^s$ なる m, s が定まるので，$\mathcal{G}_z{}^s\simeq\mathcal{F}_z{}^m$．

ここでつぎの一般的補題を用いる．

補題 7.5 Z を Noether スキーム，$\mathcal{F}, \mathcal{G}$ を連接的 $\mathcal{O}_Z$ 加群層とする．或る $z\in Z$ で，$\mathcal{F}_z\simeq\mathcal{G}_z$ としよう．このとき，$\mathcal{F}\oplus\mathcal{G}$ の連接的部分 $\mathcal{O}_Z$ 加群層 $\mathcal{H}$ があり，準同型 $u:\mathcal{H}\to\mathcal{F}\oplus\mathcal{G}\to\mathcal{F}$, $v:\mathcal{H}\to\mathcal{F}\oplus\mathcal{G}\to\mathcal{G}$ は，z の開近傍 W 上で共に同型になる．すなわち $\operatorname{Ker} u$, $\operatorname{Coker} u$, $\operatorname{Ker} v$, $\operatorname{Coker} v$ の支えは $Z-W$ に含まれる：

$$\operatorname{Supp}\operatorname{Ker} u,\ \operatorname{Supp}\operatorname{Coker} u,\ \operatorname{Supp}\operatorname{Ker} v,\ \operatorname{Supp}\operatorname{Coker} v\subset Z-W.$$

証明 Z がアフィンのときを考えれば十分である．$Z=\operatorname{Spec} A$, $\mathcal{F}=\tilde{M}$, $\mathcal{G}=\tilde{N}$ となる有限 A 加群 M, N と $z=\mathfrak{p}\in\operatorname{Spec} A$ をとるとき，同型 $u_z: M_\mathfrak{p}\simeq N_\mathfrak{p}$ は，$A_\mathfrak{p}$ 部分加群 $L_\mathfrak{p}=\{(x, u_z(x)\}\subset M_\mathfrak{p}\oplus N_\mathfrak{p}$ を定義し，$L_\mathfrak{p}\to M_\mathfrak{p}\oplus N_\mathfrak{p}\to N_\mathfrak{p}$ なる自然な埋入と射影との合成は u_z を再構成する．$A_\mathfrak{p}$ は Noether 環だから，$L_\mathfrak{p}$ も $A_\mathfrak{p}$ 上有

限生成である．$x_1, \cdots, x_n \in M \oplus N$ をえらぶと，$L_{\mathfrak{p}} = \sum x_j A_{\mathfrak{p}}$ と書けるから，$L = \sum x_j A \subset M \oplus N$ を得る．$\mathscr{H} = \tilde{L}$ とおけばよい．▮

定理 7.27 の証明をつづける．

補題 7.5 によって，$\mathscr{H} \subset \mathscr{G}^s \oplus \mathscr{F}^m$ が存在して，$u: \mathscr{H} \to \mathscr{G}^s$，$v: \mathscr{H} \to \mathscr{F}^m$ は Supp Ker $u \not\ni z$, Supp Coker $u \not\ni z$ を満たす．$\mathscr{G} \in \boldsymbol{K}'$ から，$\mathscr{G}^s \in \boldsymbol{K}'$ が従い，Noether 的帰納法の仮定により，Ker $u \in \boldsymbol{K}'$, Coker $u \in \boldsymbol{K}'$．よって (i) より，$\mathscr{H} \in \boldsymbol{K}'$．かくして，Supp Ker $v \not\ni z$, Supp Coker $v \not\ni z$ に注意すると，Ker v, Coker $v \in \boldsymbol{K}'$．よって (i) によると，ついには $\mathscr{F}^m \in \boldsymbol{K}'$．だから (ii) より，$\mathscr{F} \in \boldsymbol{K}'$．▮

ねじまわしの補題 (unscrewing lemma; le lemme de dévissage) とは奇妙にきこえるいい方だが，想像力を働かせると，わかるような気もする．

$\mathscr{F}' \to \mathscr{F} \to \mathscr{F}''$ と進むと，R^q が R^{q+1} に移り，ねじが1回転して1山進む．ねじを何度もまわして，ついには，抜いてしまう．すなわち，証明が完了する．この論法は，いかにもコホモロジー論的で，応用すると極めて具体的結果を多数生むのに，論法自身は高度に抽象的である．うまくねじをまわすために，ベキ零元を許したスキームが不可避であることに再度注意して欲しい．

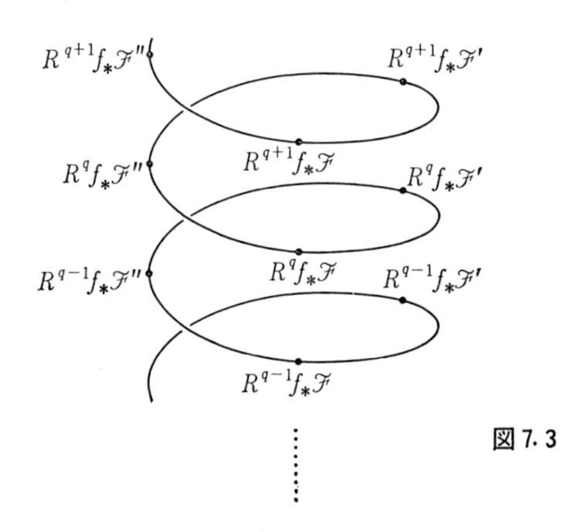

図 7.3

§7.25　Snapper の多項式

a)　X を体 k 上代数的完備スキーム，$\mathscr{L}$ を X 上の可逆層とする．$\mathscr{F}$ を連接的 $\mathcal{O}_X$ 加群層とする．このとき $\mathscr{F}(m) = \mathscr{F} \otimes \mathscr{L}^{\otimes m}$ と書くと，つぎの定理が得られる．

定理 7.28　$\chi(\mathscr{F}(m)) = \sum (-1)^q \dim H^q(X, \mathscr{F}(m))$ は m についての多項式で，

次数は dim Supp $\mathscr{F}$ 以下である．これを **Snapper の多項式**という．

証明 $\boldsymbol{K}'$ として，定理の成立する $\mathscr{F}$ の集合(または圏とみる)をとろう．定理 7.27 の (i) を満たすことは容易にわかる．なぜなら，

$$0 \longrightarrow \mathscr{F}'(m) \longrightarrow \mathscr{F}(m) \longrightarrow \mathscr{F}''(m) \longrightarrow 0$$

より，

$$\chi(\mathscr{F}'(m)) = \chi(\mathscr{F}(m)) - \chi(\mathscr{F}''(m))$$

が導かれる (定理 4.12) から． Supp $\mathscr{F} \supseteqq$ Supp $\mathscr{F}'$， Supp $\mathscr{F}'$ かつ Supp $\mathscr{F}' \cup$ Supp $\mathscr{F}'' \supset$ Supp $\mathscr{F}$ より次数の条件も満たされる．

つぎに (ii) を確かめるのだが，これは容易である．

最後に (iii) を示そう．$\mathscr{L}' = \mathscr{L}|Z$ とおくと $\mathscr{L}'^{\otimes m} = \mathscr{L}^{\otimes m}|Z$ だから，結局，X を代数多様体として，$\mathscr{F} = \mathscr{O}_X \in \boldsymbol{K}'$ を示せばよい．このとき dim Supp $\mathscr{F} <$ dim X ならば，$\mathscr{F} \in \boldsymbol{K}'$ も仮定できる．さて，§2.23, b) の考察より，$\mathscr{L} \subset R(\tilde{X})$ とえらべるから，$\mathscr{I} = \mathscr{L} \cap \mathscr{O}_X$ として，$\mathscr{O}_X$ のイデアル層を得る．そして，$\mathscr{I} \otimes \mathscr{L}^{-1} = \mathscr{J} \subset \mathscr{L} \otimes \mathscr{L}^{-1} = \mathscr{O}_X$ もイデアル層である．だから，Y を $\mathscr{I}$ の定義する部分スキーム，Z を $\mathscr{J}$ の定義する部分スキームとすると，完全系列

$$0 \longrightarrow \mathscr{I} \longrightarrow \mathscr{O}_X \longrightarrow \mathscr{O}_Y \longrightarrow 0,$$
$$0 \longrightarrow \mathscr{J} \longrightarrow \mathscr{O}_X \longrightarrow \mathscr{O}_Z \longrightarrow 0$$

を得る．さて，それぞれに $\mathscr{L}^{\otimes m}, \mathscr{L}^{\otimes m+1}$ をテンソル積すると，

$$(*)\qquad \begin{array}{l} 0 \longrightarrow \mathscr{I} \otimes \mathscr{L}^{\otimes m} \longrightarrow \mathscr{L}^{\otimes m} \longrightarrow (\mathscr{L}|Y)^{\otimes m} \longrightarrow 0, \\ \qquad\qquad \| \\ 0 \longrightarrow \mathscr{J} \otimes \mathscr{L}^{\otimes (m+1)} \longrightarrow \mathscr{L}^{\otimes (m+1)} \longrightarrow (\mathscr{L}|Z)^{\otimes (m+1)} \longrightarrow 0. \end{array}$$

かくして，次式を得る:

$$\begin{aligned} \chi(\mathscr{L}^{\otimes m}) &= \chi(\mathscr{I} \otimes \mathscr{L}^{\otimes m}) + \chi((\mathscr{L}|Y)^{\otimes m}) = \chi(\mathscr{J} \otimes \mathscr{L}^{\otimes (m+1)}) + \chi((\mathscr{L}|Y)^{\otimes m}) \\ &= \chi(\mathscr{L}^{\otimes (m+1)}) - \chi((\mathscr{L}|Z)^{\otimes (m+1)}) + \chi((\mathscr{L}|Y)^{\otimes m}). \end{aligned}$$

さて，Z は X が代数多様体なので，$\mathscr{J} \neq 0$ ならば，dim $Z < n$ のスキームになる．$\mathscr{J} = 0$ ならば $\mathscr{I} = 0$ である．これは，不可能．実際，局所的に考えると，$X = \operatorname{Spec} A$， $z \in R(X) = Q(A)$ があり，$zA \cap A = 0$ ということである．$z = b/c$ ($b, c \in A$) と書けるから，$zc = b \in zA \cap A$．

さて，dim $Y =$ dim Supp $\mathscr{O}_X/\mathscr{I} < n$， dim $Z =$ dim Supp $\mathscr{O}_X/\mathscr{J} < n$ だから，

$$\chi(\mathscr{L}^{\otimes (m+1)}) - \chi(\mathscr{L}^{\otimes m}) = \chi((\mathscr{L}|Z)^{\otimes (m+1)}) - \chi((\mathscr{L}|Y)^{\otimes m})$$

の右辺は m の多項式，よって $\chi(\mathscr{L}^{\otimes m})$ も m の多項式である．∎

b）帰納的証明が貫徹するためには，どうしても連接層 $\mathscr{F}$ にまで話をひろげ，ベキ零を許した代数的スキームが不可欠である．どちらかというと，形式的な感じのするこのような一般化が，すべての議論を円滑にし，一般的推論のメカニズムを作動せしむるのであって，スキームの長所も，またその本質もここに極まったかの感がある．ここでさらに，形式的ベキ級数の代数幾何学ともいうべき，形式スキームの理論をも展開すると，スキーム論の真髄にまさに切迫した感もあり極めて興味深いのだが，そこまで深入りすることは本講の目的ではない．本講では，より具象的で，平明な幾何的事象の研究を行うのである．

c）とくに $\mathscr{L}$ がアンプルならば，$m\gg 0$ のとき，$q>0$ につき，$H^q\mathscr{F}(m)=0$ となり，

$$\chi(\mathscr{F}(m)) = \dim H^0\mathscr{F}(m)$$

が成立する．$H^q\mathscr{F}(m)$ に比べ，$H^0\mathscr{F}(m)$ は幾何学的にはっきりした意味をもつ．コホモロジーをさけるには，$m\gg 0$ のとき $\dim H^0\mathscr{F}(m)$ が多項式になることを示し，その多項式をすべての $m\in \boldsymbol{Z}$ にまで適用して，多項式 $Q(m)$ を得ればよい．かくて，$Q(m)=\chi(\mathscr{F}(m))$ を得る．とくに $m=0$ とおくと，

$$Q(0) = \chi(\mathscr{F}(0)) = \dim H^0\mathscr{F} - \dim H^1\mathscr{F} + \cdots \pm \dim H^n\mathscr{F}$$

がでてくる．実際，四半世紀前まではこのようにして，Hilbert 多項式，また算術種数 $\dim H^n\mathscr{O}_V - \dim H^{n-1}\mathscr{O}_V + \cdots \pm \dim H^1\mathscr{O}_V$ がコホモロジーを避けて導入されたのである．これを postulation formula の方法という．

§7.26　$\dim H^q\mathscr{F}(m)$ の評価

一般に交代和 $\sum(-1)^q \dim B_q$ をつくると話が簡単になる．それは各項 B_q にある非本質的な複雑さが打ち消しあって，簡明な本質が浮き彫りにされるからである．といいきると，いかにも自然なのだが，深く研究するとき，むしろ本質的困難こそ事物の本質で，それをとり去った形骸としての交代和など意味が薄いとも思われてくる．重要なのは $\dim H^0\mathscr{F}$ であり，一般に，任意の可逆層 $\mathscr{L}$ につき，m の関数としての $\dim H^0(\mathscr{L}^{\otimes m})$ を研究することは極めて重要であるといってよい (Zariski)．

定理 7.29　$q, \mathscr{F}, \mathscr{L}$ によりきまる定数 c があり，

$$\dim H^q(\mathcal{F}\otimes\mathcal{L}^{\otimes m}) \leqq c\cdot m^n, \qquad n = \dim \operatorname{Supp} \mathcal{F}$$

が $m \gg 0$ につき成り立つ．(c を大きくとれば，任意の m といってもよい.) ——

証明は，同様の方針で，ぐるぐるとねじをまわすとできるから，読者自ら試みられるとよいであろう．結局，§7.25 (*) より，完全系列

$$H^q(\mathcal{J}\otimes\mathcal{L}^{\otimes m}) \longrightarrow H^q\mathcal{L}^{\otimes m} \longrightarrow H^q(\mathcal{L}\mid Y)^{\otimes m},$$

$$H^{q-1}(\mathcal{L}\mid Z)^{\otimes(m+1)} \xrightarrow{\delta} H^q\mathcal{J}\otimes\mathcal{L}^{\otimes(m+1)} \longrightarrow H^q\mathcal{L}^{\otimes(m+1)}$$

$$H^q\mathcal{J}\otimes\mathcal{L}^{\otimes(m+1)} = H^q(\mathcal{J}\otimes\mathcal{L}^{\otimes m})$$

を得るので，

$$\begin{aligned}\dim H^q\mathcal{L}^{\otimes m} &\leqq \dim H^q\mathcal{J}\otimes\mathcal{L}^{\otimes m} + \dim H^q(\mathcal{L}\mid Y)^{\otimes m} \\ &\leqq \dim H^q\mathcal{L}^{\otimes(m+1)} + \dim H^{q-1}(\mathcal{L}\mid Z)^{\otimes(m+1)} \\ &\quad + \dim H^q(\mathcal{L}\mid Y)^{\otimes m}\end{aligned}$$

となるところが証明の鍵といえよう．

§7.27 定理 B ならばアンプル

§7.22, c) の定理 B は f アンプル層を特徴づける．すなわち，つぎの定理が成立する．

定理 7.30 Y を Noether スキーム，$f: X\to Y$ を固有正則写像，$\mathcal{L}$ を X 上の可逆層とする．任意の $\mathcal{O}_X$ の連接的イデアル層 $\mathcal{J}$ につき，n_0 があり，$q>0$ に対して，

$$R^q f_*(\mathcal{J}\otimes\mathcal{L}^{\otimes n}) = 0$$

が $n \geqq n_0$ につき成り立つとしよう．すると，$\mathcal{L}$ は f アンプルである．

証明 f アンプルの定義 (§7.22, b)) により，Y はアフィン Noether スキーム Spec R と仮定できる．$x\in X$ を閉点，U を x のアフィン開集合とする．また被約閉スキーム $X-U$, $(X-U)\cup\{x\}$ を定義するイデアル層を $\mathcal{J}, \mathcal{J}'$ としよう．

$$0 \longrightarrow \mathcal{J}' \longrightarrow \mathcal{J} \xrightarrow{p} \mathcal{K} \longrightarrow 0 \quad (\text{完全})$$

により $\mathcal{K}$ をつくると，$\operatorname{Supp}\mathcal{K} = \{x\}$ である．

$$0 \longrightarrow \mathcal{J}'\otimes\mathcal{L}^{\otimes n} \longrightarrow \mathcal{J}\otimes\mathcal{L}^{\otimes n} \longrightarrow \mathcal{K}\otimes\mathcal{L}^{\otimes n} \longrightarrow 0$$

なる完全系列により

$$H^0\mathcal{J}\otimes\mathcal{L}^{\otimes n} \xrightarrow{p^*} H^0\mathcal{K}\otimes\mathcal{L}^{\otimes n} \longrightarrow H^1\mathcal{J}'\otimes\mathcal{L}^{\otimes n} \quad (\text{完全})$$

を得る．$n \gg 0$ とすると仮定より第3項は0．一方，$\mathrm{Supp}(\mathcal{K} \otimes \mathcal{L}^{\otimes n}) = \{x\}$ により，

$$H^0(\mathcal{K} \otimes \mathcal{L}^{\otimes n}) \simeq H^0(\{x\}, \mathcal{K}_x \otimes \mathcal{L}_x^{\otimes n} \mid \{x\}) \simeq \mathcal{K}_x \otimes k(x).$$

それゆえ非零元 $g \in H^0(\mathcal{K} \otimes \mathcal{L}^{\otimes n})$ にいく $h \in H^0 \mathcal{I} \otimes \mathcal{L}^{\otimes n} \subset H^0 \mathcal{L}^{\otimes n}$ (すなわち，$p^*(h) = g$) をとると，$\bar{h}(x) \neq 0$，$y \in X - U$ につき $\bar{h}(y) = 0$．よって，

$$U \supset X_h \quad \text{かつ} \quad X_h \ni x.$$

かくして，X_h がアフィン開集合になる $h \in H^0 \mathcal{L}^{\otimes n}$ が沢山つくられて，これらは X を覆いつくす．そこで，有限個の $h(i) \in H^0 \mathcal{L}^{\otimes n(i)}$ をえらび，$X = X_{h(1)} \cup \cdots \cup X_{h(r)}$ としよう．必要ならば $h(i) \otimes \cdots \otimes h(i)$ をとり，$n(i)$ は一定の n にしておく．

さて，一般に X_h がアフィン開集合のとき，

$$\Gamma(X_h, \mathcal{O}) = R[\psi_1, \cdots, \psi_s]$$

となる R 上の生成元 ψ_j をえらぶ．$\psi_j \in \Gamma(X_h, \mathcal{O})$ だから，$\tilde{\psi}_j \in \Gamma(X, \mathcal{L}^{\otimes nm})$ があり，$\tilde{\psi}_j \mid X_h = h^{\otimes m} \otimes \psi_j$ (第7章問題1 (ii))．そこで，各 $h(i)$ につき，上記のような $\tilde{\psi}_j$ をすべてえらび，かつ m も共通に大きくしておく．そこで，$h(i)$ の m 回テンソル積を $\tilde{h}(i)$ とし，これらをすべて並べて，

$$\tilde{h}(1), \quad \tilde{h}(2), \quad \cdots, \quad \tilde{h}(r), \quad \tilde{\psi}_1, \quad \cdots, \quad \tilde{\psi}_\alpha$$

としよう．そこで，

$$\begin{array}{ccc} X & \longrightarrow & \boldsymbol{P}_R{}^{r+\alpha-1} \\ \Psi & & \Psi \\ p & \longmapsto & \tilde{h}(1)(p) : \tilde{h}(2)(p) : \cdots : \tilde{\psi}_\alpha(p) \end{array}$$

とおき，これを Ψ で表す．$X_{h(i)} = X_{\tilde{h}(i)}$，$X = \bigcup X_{h(i)}$ によって，Ψ は正則写像である．さて，$1 \leqq j \leqq r$ に対し，

$$\Psi^{-1}(D_+(T_j)) = X_{h(j)}$$

になる．それゆえ $\Psi^* : R[T_1/T_j, \cdots, T_{r+\alpha}/T_j] \to \Gamma(X_{\tilde{h}(j)}, \mathcal{L}^{\otimes nm})$ ができ，

$$\Psi^*(T_i/T_j) = \tilde{h}(i)/\tilde{h}(j) \qquad (1 \leqq i \leqq r),$$
$$\Psi^*(T_i/T_j) = \tilde{\psi}_{i-r}/\tilde{h}(j) \qquad (r+1 \leqq i \leqq \alpha).$$

さて $\tilde{h}(j) \in \Gamma(X, \mathcal{L}^{\otimes nm}) = \mathrm{Hom}(\mathcal{O}_X, \mathcal{L}^{\otimes nm})$ であり，

$$\tilde{h}(j) : \mathcal{O}_X \longrightarrow \mathcal{L}^{\otimes nm}$$

と考えられる．$\tilde{h}(j) \mid X_{h(j)}$：

$$\begin{array}{ccc} \Gamma(X_{h(j)}, \mathcal{O}) & \simeq & \Gamma(X_{h(j)}, \mathcal{L}^{\otimes nm}) \\ \Psi & & \Psi \\ \psi_j & \longmapsto & \tilde{h}(j) \otimes \psi_j = \tilde{\psi}_j \mid X_{h(j)}. \end{array}$$

それゆえ，Ψ^* は全射の R 環準同型である．よって，Ψ は閉埋入，かつ $\Psi^*\mathcal{O}(1)=\mathcal{L}^{\otimes nm}$ になる．∎

§7.28 被約化

a) X を k 上の代数的完備スキーム，$\mathcal{L}$ を X 上の或る可逆層とする．

定理 7.31 　$\mathcal{L}$ がアンプル $\Longleftrightarrow$ $\mathcal{L}_{\mathrm{red}}=\mathcal{L}\otimes\mathcal{O}_{X_{\mathrm{red}}}$ はアンプル．

証明 　まず $\Longrightarrow$ を証明する．$i: X_{\mathrm{red}}\subset X$ を閉埋入とすると，$\mathcal{L}$ がアンプルならば，$i^*\mathcal{L}$ もアンプルで，$i^*\mathcal{L}=\mathcal{L}_{\mathrm{red}}$ であった．

つぎに $\Longleftarrow$ を証明しよう．$\mathcal{O}_X$ のベキ零イデアルを $\mathcal{N}$ とすると，$r>0$ があって $\mathcal{N}^r=0$．さて，$\mathcal{L}$ がアンプルをいうには，任意の連接的 $\mathcal{O}_X$ 加群層 $\mathcal{F}$ につき，$n\gg 0$, $q>0$ に対し $H^q\mathcal{F}\otimes\mathcal{L}^{\otimes n}=0$ をいえばよい．それには，

$$\mathcal{F}\supset\mathcal{N}\mathcal{F}\supset\cdots\supset\mathcal{N}^{r-1}\mathcal{F}\supset 0$$

だから，$\mathcal{N}^{r-1}\mathcal{F}$ は $\mathcal{O}_{X_{\mathrm{red}}}=\mathcal{O}_X/\mathcal{N}$ 加群層．したがって $n\gg 0$ ならば，

$$H^q(X, \mathcal{N}^{r-1}\mathcal{F}\otimes\mathcal{L}^{\otimes n})=H^q(X_{\mathrm{red}}, \mathcal{N}^{r-1}\mathcal{F}\otimes(\mathcal{L}_{\mathrm{red}})^{\otimes n})=0.$$

実際，$(\mathcal{N}^{r-1}\mathcal{F}\otimes_{\mathcal{O}_X}\mathcal{O}_X/\mathcal{N})\otimes\mathcal{L}^{\otimes n}=\mathcal{N}^{r-1}\mathcal{F}\otimes\mathcal{L}^{\otimes n}$ であり，

$$\begin{aligned}\text{左辺}&=\mathcal{N}^{r-1}\mathcal{F}\otimes(\mathcal{O}_X/\mathcal{N}\otimes\mathcal{L}^{\otimes n})=\mathcal{N}^{r-1}\mathcal{F}\otimes\mathcal{L}_{\mathrm{red}}\otimes\mathcal{L}^{\otimes(n-1)}\\&=\mathcal{N}^{r-1}\mathcal{F}\otimes(\mathcal{L}/\mathcal{N}\mathcal{L})^{\otimes n}.\end{aligned}$$

さて $i: X_{\mathrm{red}}\to X$ は閉埋入だから，

$$H^q(X_{\mathrm{red}}, \mathcal{N}^{r-1}\mathcal{F}\otimes(\mathcal{L}_{\mathrm{red}})^{\otimes n})=H^q(X, \mathcal{N}^{r-1}\mathcal{F}\otimes(\mathcal{L}/\mathcal{N}\mathcal{L})^{\otimes n}).$$

かくして，$\mathcal{L}_{\mathrm{red}}$ はアンプルだから，$n\gg 0$ につき，

$$H^q(X, \mathcal{N}^{r-1}\mathcal{F}\otimes\mathcal{L}^{\otimes n})=0.$$

$$0\longrightarrow\mathcal{N}^{r-1}\mathcal{F}\longrightarrow\mathcal{N}^{r-2}\mathcal{F}\longrightarrow\mathcal{N}^{r-2}\mathcal{F}/\mathcal{N}^{r-1}\mathcal{F}\longrightarrow 0$$

なる完全系列に注目する．$\mathcal{N}^{r-2}\mathcal{F}/\mathcal{N}^{r-1}\mathcal{F}$ は同様にして，$\mathcal{O}_{X_{\mathrm{red}}}$ 加群とみられるから，$n\gg 0$ のとき，

$$H^q(\mathcal{N}^{r-2}\mathcal{F}/\mathcal{N}^{r-1}\mathcal{F})\otimes\mathcal{L}^{\otimes n}=0$$

とできる．長完全系列

$$H^q\mathcal{N}^{r-1}\mathcal{F}\otimes\mathcal{L}^{\otimes n}\longrightarrow H^q\mathcal{N}^{r-2}\mathcal{F}\otimes\mathcal{L}^{\otimes n}\longrightarrow H^q\mathcal{N}^{r-2}\mathcal{F}/\mathcal{N}^{r-1}\mathcal{F}\otimes\mathcal{L}^{\otimes n}\longrightarrow\cdots$$

により $H^q\mathcal{N}^{r-2}\mathcal{F}\otimes\mathcal{L}^{\otimes n}=0$．次々と進んで，ついには $H^q\mathcal{F}\otimes\mathcal{L}^{\otimes n}=0$ に到る．∎

b) **定理 7.32** (i) 任意の閉部分スキーム Y につき $\mathcal{L}|Y$ はアンプル．

(ii) $X=X_1\cup\cdots\cup X_s$ と閉既約成分にわけるとき，任意の i につき $\mathcal{L}|X_i$ がア

ンプルならば $\mathscr{L}$ もアンプルである．

証明 (i) は容易．(ii) を示す．定理 7.31 により，X は被約としてよい．s についての帰納法でおこなう．X_1 を定義するイデアル層を $\mathscr{I}$ とする．$\mathscr{F}$ を連接的 $\mathcal{O}_X$ 加群層とすると，

$$0 \longrightarrow \mathscr{I}\mathscr{F}\otimes\mathscr{L}^{\otimes n} \longrightarrow \mathscr{F}\otimes\mathscr{L}^{\otimes n} \longrightarrow \mathscr{F}/\mathscr{I}\mathscr{F}\otimes\mathscr{L}^{\otimes n} \longrightarrow 0$$

ができて，これは完全系列である．さて $\mathscr{F}/\mathscr{I}\mathscr{F}\otimes\mathscr{L}^{\otimes n}=\mathscr{F}/\mathscr{I}\mathscr{F}\otimes(\mathscr{L}/\mathscr{I}\mathscr{L})^{\otimes n}$ だから，$\mathscr{L}\,|\,X_1$ がアンプルなことにより，$n\gg 0$ につき

$$H^q(\mathscr{F}/\mathscr{I}\mathscr{F}\otimes\mathscr{L}^{\otimes n}) = H^q(\mathscr{F}\,|\,X_1\otimes(\mathscr{L}\,|\,X_1)^{\otimes n}) = 0.$$

一方，$\mathrm{Supp}\,\mathscr{I}\mathscr{F}\subset X_2\cup\cdots\cup X_s$ だから，帰納法の仮定より，

$$H^q(\mathscr{I}\mathscr{F}\otimes\mathscr{L}^{\otimes n}) = 0.$$

そこで，長完全系列を考えて，$H^q\mathscr{F}\otimes\mathscr{L}^{\otimes n}=0$ を得る．∎

§7.29 アンプル層と有限正則写像

a) **定理 7.33** $f: X\to Y$ を全射有限正則写像とし，$\mathscr{L}$ を Y 上の可逆層とするとき，

$$\mathscr{L} \text{ がアンプル} \iff f^*\mathscr{L} \text{ がアンプル}.$$

証明 $\Longrightarrow$ は機械的にできる．$\mathscr{F}$ を連接的 $\mathcal{O}_X$ 加群層とすると，$n\gg 0$ のとき $H^q\mathscr{F}\otimes(f^*\mathscr{L})^{\otimes n}$ を調べる．射影公式により $f_*(\mathscr{F}\otimes(f^*\mathscr{L})^{\otimes n})=f_*\mathscr{F}\otimes\mathscr{L}^{\otimes n}$ であり，有限性定理により $f_*\mathscr{F}$ は連接的，また f はアフィンだから連接層に対して $R^qf_*=0$ $(q>0)$ である．これらにより

$$H^q\mathscr{F}\otimes(f^*\mathscr{L})^{\otimes n} = H^q(f_*\mathscr{F}\otimes\mathscr{L}^{\otimes n}) = 0.$$

$\Longleftarrow$ の証明は少し難しい．定理 7.31 と 7.32 (ii) により，X, Y ともに代数多様体と仮定してよい．次元についての帰納法（または Noether 帰納法）を用いて，$\dim\mathrm{Supp}\,\mathscr{F}<\dim Y$ ならば，$n\gg 0$, $q>0$ につき $H^q\mathscr{F}\otimes\mathscr{L}^{\otimes n}=0$ も仮定できる．さて一般に，連接的 $\mathcal{O}_Y$ 加群層を $\mathscr{F}$ とおく．Y の生成点 $y\in Y$ において，$\mathscr{F}_y=0$ ならば $\dim\mathrm{Supp}\,\mathscr{F}<\dim Y$ となるから帰納法の仮定にあてはまる．$\mathscr{F}_y\neq 0$ として，$\dim\mathscr{F}_y=m$ とおく．一方，f は全射だから $(f_*\mathcal{O}_X)_y\neq 0$ である．よって $\dim(f_*\mathcal{O}_X)_y=r$ とすると，$f_*(\mathcal{O}_X{}^m)_y\simeq\mathscr{F}_y{}^r$ である．よって補題 7.5 により，連接的 $\mathcal{O}_Y$ 加群層 $\mathscr{G}$ と $\mathscr{H}$ があって，$\mathrm{Supp}\,\mathscr{G}$, $\mathrm{Supp}\,\mathscr{H}\not\ni y$ を満たし，

$$0\longrightarrow\mathscr{G}\longrightarrow f_*\mathcal{O}_X{}^m\longrightarrow\mathscr{F}^{\oplus r}\longrightarrow\mathscr{H}\longrightarrow 0$$

が完全系列となる．$n \gg 0$ とすると，帰納法により，結局，

$$H^q f_*(\mathcal{O}_X{}^m) \otimes \mathcal{L}^{\otimes n} \simeq \bigoplus^r H^q(\mathcal{F} \otimes \mathcal{L}^{\otimes n}).$$

一方，

$$\begin{aligned} H^q f_*(\mathcal{O}_X{}^m) \otimes \mathcal{L}^{\otimes n} &\simeq H^q f_*(\mathcal{O}_X{}^m \otimes f^*(\mathcal{L}^{\otimes n})) \\ &\simeq H^q(\mathcal{O}_X{}^m \otimes (f^*\mathcal{L})^{\otimes n}) = 0. \end{aligned}$$ ∎

b) 応　用　前の定理の証明はコホモロジー論の利点が如実にでていると考えられる．幾何学的意味をみるために，つぎの主張の証明に用いる．

V, W を射影代数多様体で正規とし，$f: V \to W$ を有限双有理正則写像とする．このとき f は同型となる．

[証明]　$\mathcal{L}$ を W のアンプル因子とする．$f^*\mathcal{L}$ もアンプルだから，$n \gg 0$ をとり $\mathcal{L}^{\otimes n}$, $(f^*\mathcal{L})^{\otimes n}$ を共に超平面切断因子とする．一方，f は双有理だから $H^0\mathcal{L}^{\otimes n} = H^0(f^*\mathcal{L})^{\otimes n}$ である．すなわち，$\mathcal{L}^{\otimes n}$, $(f^*\mathcal{L})^{\otimes n}$ に応じる正則写像を g, h とすると，$h = g \cdot f$ となり，$g: W \simeq g(W)$，$h: V \simeq h(V) = g(W)$．よって f は同型である．∎

これは Z. M. T. (§2.28, e)) のもっとも応用し易い系の一つである．

§7.30　2次変換

a)　代数多様体 V の閉部分スキーム $W \neq V$ を中心にする2次変換を考えよう．それは代数多様体 $Q_W(V)$ と射影正則写像 $\mu: Q_W(V) \to V$ の組であり，つぎのように構成される：まず，V がアフィン代数多様体 $\operatorname{Spec} R$ のときに構成しよう．W は R のイデアル I によって $W = \operatorname{Spec}(R/I)$ と表されているとし，次数環

$$S(R, I) = R \oplus I \oplus I^2 \oplus \cdots$$

をつくる．これは R 次数環である．ところで，R は Noether 環だから，イデアル I は $(x_1, \cdots, x_N)$ により生成されるとしてよい．すると，R 次数環全射準同型 ψ がつぎのようにつくられる．

$$\begin{array}{cccc} \psi: & R[X_1, \cdots, X_N] & \longrightarrow & S(R, I) \\ & \uplus & & \uplus \\ & X_i & \longmapsto & x_i. \end{array}$$

さて，ψ は R 準同型だから，つぎの図式を得る．

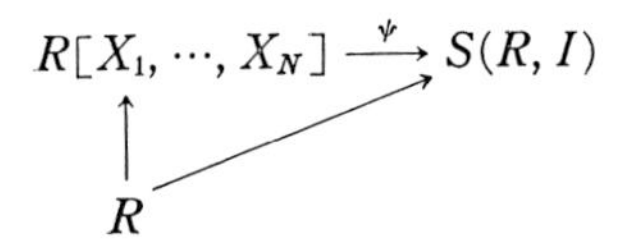

これより

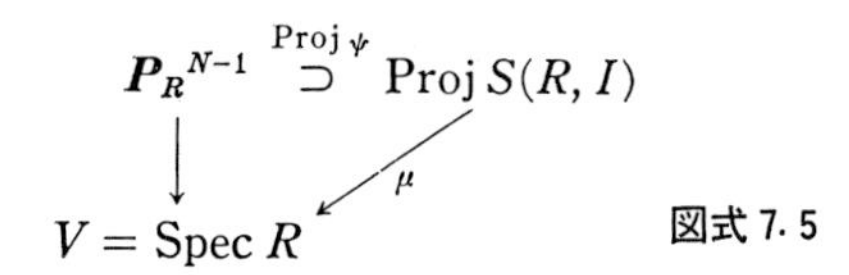

図式 7.5

を得る．

b)　$Q_W(\mathrm{Spec}\,R)=\mathrm{Proj}\,S(R,I)$ とおくとき，つぎの性質が成立する．

(i)　$I=Ru$ と単項的ならば，$\mathrm{Proj}\,S(R,I)=\mathrm{Spec}\,R$ である．いいかえると，

$$Q_W(V)=V.$$

［証明］　R は整域だから，

$$S(R,I)=R\oplus Ru\oplus Ru^2\oplus\cdots$$

は R 上の1変数多項式環 $R[T]$ と同型である．さらに，

$$R=(R[T][T^{-1}])_0$$

だから，$S(R,I)_{[u]}\simeq R$. ▮

(ii)　$\mu^{-1}(\tilde{I})$ は可逆層である．

［証明］　イデアル層 $\mu^{-1}(\tilde{I})$ は，

$$IS(R,I)=I\oplus I^2\oplus I^3\oplus\cdots$$

により，つぎのように造られるのであった．

$Q_W(V)$ は $D_+(x_i)$ 上で $\mathrm{Spec}(S(R,I)_{[x_i]})$．さて

$$S(R,I)_{[x_i]}=R[x_1/x_i,\cdots,x_N/x_i].$$

そこで，

$$IS(R,I)_{[x_i]}=IR[x_1/x_i,\cdots,x_N/x_i]=(x_1,\cdots,x_N)R[x_1/x_i,\cdots,x_N/x_i]$$

と書かれ，$x_i\cdot x_j/x_i=x_j$ という自明な関係に注意すると，

$$IS(R,I)_{[x_i]}=x_iR[x_1/x_i,\cdots,x_N/x_i].$$

よって，$\mu^{-1}(\tilde{I})\,|\,D_+(x_i)=x_i\mathcal{O}_{Q(V)}\,|\,D_+(x_i)$. ▮

(iii)　$p\in V-W$ をとると，§3.7(iv) により，

$$\mathrm{Proj}\,S(R,I)\times_V\mathrm{Spec}\,\mathcal{O}_{V,p}=\mathrm{Proj}\,S(R_{\mathfrak{p}},I_{\mathfrak{p}}).$$

ここに，$\mathfrak{p}$ は p の R での素イデアルとしての表示である．($\mathfrak{p}=p$ なのである．気分を重んじて，字をとりかえたにすぎない.)　$p \notin W$ だから $I_{\mathfrak{p}}=A_{\mathfrak{p}}$．よって単項イデアルになり，(i) によると，

$$\operatorname{Proj} S(R_{\mathfrak{p}}, I_{\mathfrak{p}}) = \operatorname{Spec} R_{\mathfrak{p}} = \operatorname{Spec} \mathcal{O}_{V,p}.$$

すなわち，$q \in \mu^{-1}(p)$ をとると，つねに，

$$\mu^* : \mathcal{O}_q \cong \mathcal{O}_p.$$

これは，μ が p の近傍で同型なことを意味している (§1.31, b))．

c)　$(Q_W(\operatorname{Spec} R), \mu)$ を $\operatorname{Spec} R$ の中心 W の **2 次変換**という．

$y_j=x_j/x_i$ は $Q_W(\operatorname{Spec} R)$ の或る近傍で正則な関数なのだから，μ は $x_j=x_iy_j$ $(j\neq i)$ と書ける．2 次式の変換だから，μ を 2 次変換という．伝統的にはモノイダル変換とよぶべきだが，本講では短く，2 次変換とよぶことにしよう．それは最も簡単で基本的な双有理変換である．

一般の代数多様体 V の 2 次変換は，アフィン開集合 V_α のそれの貼り合せである．すなわち，$V=\bigcup V_\alpha$ をアフィン開集合による被覆とし，$\mu_\alpha : Q_{W\cap V_\alpha}(V_\alpha) \to V_\alpha$ を中心 $W\cap V_\alpha$ の 2 次変換とすると，これらは貼り合さって，代数多様体 $Q_W(V)$ と正則写像 $\mu : Q_W(V) \to V$ を定義する．$(Q_W(V), \mu)$ を V の中心 W の 2 次変換という．略して，$Q_W(V)$ を中心を W にもつ V の 2 次変換という．

また，μ を 2 次変換の逆写像とよぶ古典的いい方もある．$(Q_W(V), \mu)$ を，中心 W を破裂させること (blowing up) とも，引き伸し (dilatation) とも，σ 操作ともいう．

d)　**定理 7.34**　2 次変換 $\mu : Q_W(V) \to V$ は構成できて，つぎの性質をもつ．

(i)　$\mu : Q_W(V) - \mu^{-1}(W) \cong V - W$.

(ii)　$\mu^{-1}\mathcal{I}_W$ は可逆層，ここに $\mathcal{I}_W$ は W を定義する V の連接的イデアル層，$\mu^{-1}\mathcal{I}_W$ は $\mu^*\mathcal{I}_W$ の $\mathcal{O}_{Q_W(V)}$ での像の生成するイデアル層とする．

(iii)　$\mu^{-1}\mathcal{I}_W$ は $E=\mu^{-1}(W)$ を定義するイデアル層であり，$\mathcal{O}(-E)=\mu^{-1}\mathcal{I}_W$ と書くと，これは μ アンプルである．

E を **2 次変換** μ **の例外因子**という．

証明　(i), (ii) は b) の (ii), (iii) から明らかであろう．$V_\alpha=\operatorname{Spec} R_\alpha$, $\mathcal{I}_W \mid V_\alpha = \tilde{I}_\alpha$ と書くとき，

$$\mu^{-1}(\mathcal{I}_W) \mid \mu^{-1}(V_\alpha) = \tilde{I}_\alpha(\mathcal{O} \mid \mu^{-1}(V_\alpha)) = \tilde{I}_\alpha S(R_\alpha, I_\alpha)^\sim$$
$$= (I_\alpha \oplus I_\alpha^2 \oplus I_\alpha^3 \oplus \cdots)^\sim$$

であり，

$$S(R_\alpha, I_\alpha)(1) = I_\alpha \oplus I_\alpha{}^2 \oplus I_\alpha{}^3 \oplus \cdots$$

だから，

$$S(R_\alpha, I_\alpha)(1)^\sim = \mu^{-1}(\mathscr{I}_W) \,|\, \mu^{-1}(V_\alpha).$$

これは $\mu^{-1}(\mathscr{I}_W)$ が μ アンプルであることを意味する．∎

したがって，(iii) より μ は射影正則写像，(i) より μ は双有理正則写像である．

(i) の性質を直観的にいうと，V から W を抜き，代りに正因子 $E=\mu^{-1}(W)$ を補充して，$Q_W(V)$ をつくること，といえる(図 7.4).

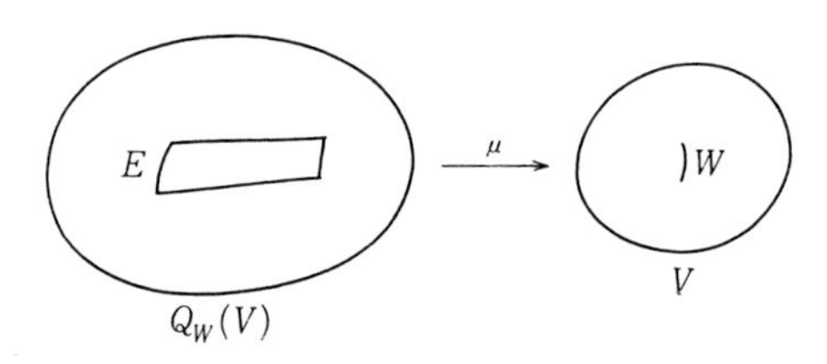

図 7.4

この定義では $W \neq V$ としたが，2次変換の定義を一般のスキーム V についても同様にしておけば，スキームとして $W \neq V$ でも台集合 W は V と等しいことがある．このとき，$\mathscr{I}_W$ はベキ零であって，$Q_W(V)=\phi$ になる．V から，W をとり除いたら，すでに空集合で，これに何か補充しようという知恵もなく，$Q_W(V)=\phi$ となってしまうのであろう．

e)
$$\mu^{-1}(W \cap V_\alpha) = \mathrm{Proj}(R/I \oplus I/I^2 \oplus \cdots)$$

と書けることに注意して，簡単な例を考察しよう．

例 7.5　V は n 次元非特異代数多様体で，$p \in V$ を閉点とする．p での正則パラメータ系を $(x_1, \cdots, x_n)$ とする．p の或るアフィン近傍 Spec R がとれて，$(x_1, \cdots, x_n)=I$ は R の極大イデアルとなる．このとき，$x_i \bmod m^2$ を X_i で表すと，$R/I=k$，$I/I^2=(X_1, \cdots, X_n)$，$I^l/I^{l+1}=kX_1{}^l+kX_1{}^{l-1}X_2+\cdots$ となり，ついに，次数環同型

$$R/I \oplus I/I^2 \oplus \cdots \simeq k[X_1, \cdots, X_n]$$

を得る．それゆえ $E \simeq \boldsymbol{P}^{n-1}$ である．そして，$\mathcal{O}(-E)\,|\,E$ は $k[X_1, \cdots, X_n](1)$ からつくられるので，$\mathcal{O}(-E)\,|\,E \simeq \mathcal{O}_{\boldsymbol{P}}(1)$ を得る．ここで $E\,|\,E$ は一超平面因子な

のである．

さて E 上の閉点 $\mathfrak{p}'$ をとろう．$\mathfrak{p}'\in D_+(X_n)$ とすると，$\mathfrak{p}'$ の或るアフィン近傍 Spec B は

$$B=R[x_1/x_n,\cdots,x_{n-1}/x_n]$$

と書かれる．ここで $x_1/x_n,\cdots,x_{n-1}/x_n$ は $\mathfrak{p}'$ で零になるとする．(もし $x_1/x_n(\mathfrak{p}')=a_1$, $\cdots$, $x_{n-1}/x_n(\mathfrak{p}')=a_n$ ならば，$x_1-a_1x_n,\cdots,x_{n-1}-a_{n-1}x_n$ を $x_1,\cdots,x_{n-1}$ にとればよい.) すると，$u_1=x_1/x_n$, $\cdots$, $u_{n-1}=x_{n-1}/x_n$, x_n が $\mathfrak{p}'$ での正則パラメータ系になる．すなわち，$\mu: Q_p(V)\to V$ は $\mathfrak{p}'$ において，

$$x_1=x_nu_1,\quad \cdots,\quad x_{n-1}=x_nu_{n-1},\quad x_n=x_n$$

と式で書かれるのである．

p を通る V の超曲面 C を $f(x_1,\cdots,x_n)=0$ とする．$f\in\mathfrak{m}$ だから，$f\in\mathfrak{m}^\nu-\mathfrak{m}^{\nu+1}$ となる ν が一意にきまる．そして，

$$f(x_nu_1,\cdots,x_nu_{n-1},x_n)=x_n{}^\nu g(u_1,\cdots,u_{n-1},x_n)$$

と書くとき $g\in\mathcal{O}_{p'}$.

そこで，イデアル層 $\mu^{-1}(f\mathcal{O})$ により定義される $Q_p(V)$ の部分スキームを μ^*C と書くと，νE が分離され，

$$\mu^*C=\nu E+C^*$$

と書かれる．C^* は局所的に $g\mathcal{O}_{p'}$ の定める部分スキームとした．C^* を C の μ による**固有変換** (proper transform) という．

例 7.6 $n=2$, $\beta_1,\cdots,\beta_\nu$ を相異なる k の元として，

$$f=(y-\beta_1x)\cdots(y-\beta_\nu x)$$

としよう．$y=ux$ とおくと，

$$f(x,ux)=x^\nu(u-\beta_1)\cdots(u-\beta_\nu).$$

このように，p での直線束は分離される (図 7.5).

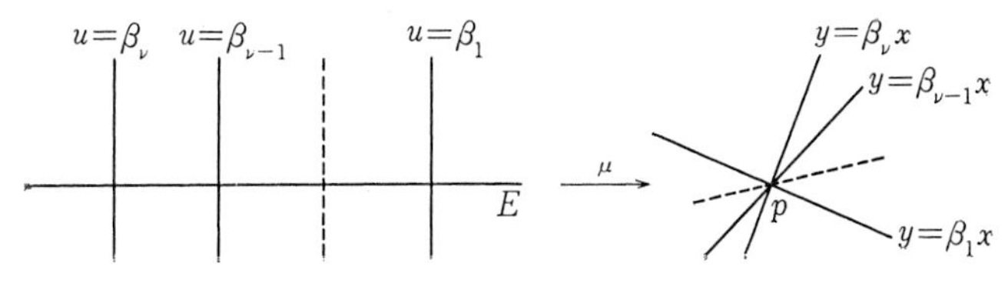

図 7.5

つぎに $n=2$ の例をあげる．$f(x,y)=y^2-x^{2r+1}$ $(r\geqq 1)$ とおくと，$V(f)$ の原点での重複度は2．よって，$y=ux$ とおくと，

$$f(x,ux)=u^2x^2-x^{2r+1}=x^2(u^2-x^{2r-1}).$$

よって，$g(x,u)=u^2-x^{2r-1}$.

$n=3$ の例をあげよう．$f(x,y,z)=xy+z^m$ $(m\geqq 3)$ とすると，$V(f)$ の原点での重複度は2．よって，$x=\xi z$, $y=\eta z$ とおくと，

$$f(\xi z,\eta z,z)=\xi\eta z^2+z^m=z^2(\xi\eta+z^{m-2}).$$

よって，$g(\xi,\eta,z)=\xi\eta+z^{m-2}$.

f）　もう少し一般の場合を考察しよう．やはり V を n 次元非特異代数多様体とし，2次変換 μ の中心 W は r 次元の非特異部分多様体としよう．このときつぎの定理が成り立つ．

定理 7.35　$E\simeq \boldsymbol{P}(N_{V/W})$ である．ここに $N_{V/W}$ は W の V での法バンドル．法バンドル $N_{V/W}\to W$ は $n-r=m$ 次元のベクトル空間をファイバーとしているが，これを射影空間化してつくった射影空間バンドルが $\boldsymbol{P}(N_{V/W})\to W$ である．この射影 $\boldsymbol{P}(N_{V/W})\to W$ と $\mu|\mu^{-1}(W)=E: E\to W$ は一致する．さらに $\mathcal{O}(-E)|E=\mathcal{O}_{\boldsymbol{P}}(1)$.

証明　$\mathcal{I}=\mathcal{I}_W$ とおく．$\mathcal{I}/\mathcal{I}^2|W$ がベクトル束の層になることをみよう．閉点 $p\in W$ をとり，正則パラメータ系 $(y_1,\cdots,y_r,x_1,\cdots,x_m)$ を $(x_1,\cdots,x_m)\mathcal{O}_p=\mathcal{I}_p$ となるようにえらぶ．ここで $r+m=n$ になっている．$x_i \bmod \{(x_1,\cdots,x_m)^2+(y_1,\cdots,y_r)\}$ らは1次独立になる．なぜなら，$c_i\in k$ をとり，

$$\sum c_ix_i\in(x_1,\cdots,x_m)^2+(y_1,\cdots,y_r)$$

とすると，

$$\sum c_ix_i+\sum a_jy_j\in(x_1,\cdots,x_m,y_1,\cdots,y_r)^2$$

となる $a_j\in k$ がある．$(x_1,\cdots,x_m,y_1,\cdots,y_r)$ は正則パラメータ系だから，$c_1=\cdots=c_m=a_1=\cdots=a_r=0$.

かくして，$\mathcal{I}/\mathcal{I}^2|W$ はベクトル束の層になった．この双対層 $\mathcal{HOM}(\mathcal{I}/\mathcal{I}^2|W,\mathcal{O}_W)$ を $N_{V/W}$ と書くのである．例7.5のように，p の適当なアフィン近傍 $U=\operatorname{Spec}R$ をとり，$x_1,\cdots,x_m,y_1,\cdots,y_r$ は R の元で，$\Gamma(U,\mathcal{I})=(x_1,\cdots,x_m)R$ になるとしてよい．$\mathcal{I}|\operatorname{Spec}R=\tilde{I}$ と書くとき，

$$X_i=x_i \bmod I^2 \quad \text{と書けば}\quad R/I\ \text{次数環同型}$$

$$R/I\oplus I/I^2\oplus I^2/I^3\oplus\cdots \simeq R/I[X_1, \cdots, X_m]$$

を得る．よって，

$$\mu^{-1}(W)\,|\,V_\alpha \simeq \mathrm{Proj}\,R/I[X_1,\cdots,X_m]=\boldsymbol{P}_{R/I}{}^{m-1}=\boldsymbol{P}^{m-1}\times(V_\alpha\cap W)$$

が成り立つ．$\boldsymbol{P}_{R/I}{}^{m-1}\to V_\alpha\cap W$ らが貼り合さって，$\boldsymbol{P}(N_{V/W})$ になるわけである。これ以上の詳細は略す．∎

g)　射影 $\boldsymbol{P}(N_{V/W})\to W$ を π で表すとき，$l\geqq 0$ ならば $q>0$ に対し，

$$R^q\pi_*\mathcal{O}_{\boldsymbol{P}}(l)=0$$

である．これは，$W=\bigcup W_\alpha$，$W_\alpha=\mathrm{Spec}\,R_\alpha$ と表すとき，$\boldsymbol{P}(N_{V/W})\,|\,W_\alpha=\boldsymbol{P}^{m-1}\times W_\alpha$ だから補題7.2により当然である．そこで，つぎの定理を示す．

定理 7.36　$l\geqq 0$，$q>0$ につき，

$$R^q\mu_*\mathcal{O}(-lE)=0.$$

証明　つぎのように，閉埋入の記号を導入する．

$$\begin{array}{ccc} \boldsymbol{Q}_W(V) & \xrightarrow{\ \mu\ } & V \\ \cup\!\uparrow j_1 & & \cup\!\uparrow j \\ E & \xrightarrow{\ \pi\ } & W \\ \uparrow\wr & \nearrow & \\ \boldsymbol{P}(N_{V/W}) & & \end{array}$$

図式 7.6

E 上の連接層 $\mathcal{F}$ に対し

$$R^q\mu_*j_{1*}\mathcal{F}=R^q(\mu\cdot j_1)_*\mathcal{F}=R^q(j_*\pi_*)\mathcal{F}=j_*(R^q\pi_*\mathcal{F})$$

が成り立つ．そこで，基本完全系列

$$0\longrightarrow\mathcal{O}_{Q(V)}(-E)\longrightarrow\mathcal{O}_{Q(V)}\longrightarrow\mathcal{O}_E\longrightarrow 0$$

に $\mathcal{O}(-lE)$ をテンソル積して

$$0\longrightarrow\mathcal{O}((-l-1)E)\longrightarrow\mathcal{O}(-lE)\longrightarrow\mathcal{O}_E(-lE\,|\,E)\longrightarrow 0\quad(\text{完全}).$$

$\mathcal{O}_E(-lE\,|\,E)\simeq\mathcal{O}_{\boldsymbol{P}}(l)$ だから，長完全系列

$$\begin{aligned} &\cdots\longrightarrow R^{q-1}\mu_*\mathcal{O}_E(-lE\,|\,E)\\ &\longrightarrow R^q\mu_*\mathcal{O}(-l-1)E\longrightarrow R^q\mu_*\mathcal{O}(-lE)\longrightarrow R^q\mu_*\mathcal{O}_E(-lE\,|\,E)\\ &\longrightarrow\cdots\cdots \end{aligned}$$

により，$l\geqq 0$ ならば $q>0$ のとき，$R^q\pi_*\mathcal{O}_E(l)=0$ を用いて

$$R^q\mu_*\mathcal{O}(-l-1)E\longrightarrow R^q\mu_*\mathcal{O}(-lE)\longrightarrow 0\quad(\text{完全}).$$

一方，$\mathcal{O}(-E)$ は μ アンプルだから，$l^*\gg 0$ のとき $R^q\mu_*\mathcal{O}(-l^*E)=0$ (§7.22,

定理 B)．そこで，前ページ下の完全系列より，$R^q\mu_*\mathcal{O}(-(l^*-1)E)=0$.

くり返して，

$$R^q\mu_*\mathcal{O}(-(l^*-2)E) = \cdots = R^q\mu_*\mathcal{O} = 0. \quad \blacksquare$$

系　$$H^q(V,\mathcal{O}) \simeq H^q(Q_W(V),\mathcal{O}).$$

証明　Leray のスペクトル系列(定理 4.7)

$$E_2^{p,q} = H^p(V, R^q\mu_*\mathcal{O}) \Longrightarrow E^{p+q} = H^{p+q}(Q_W(V),\mathcal{O})$$

を使う．$q>0$ ならば $E_2^{p,q}=0$．だから，§4.10 の系によって，

$$E_2^{q,0} = H^q(V,\mathcal{O}) \simeq E^q = H^q(Q_W(V),\mathcal{O}). \quad \blacksquare$$

§7.31　特異点解消定理

a)　V に特異点のあるとき，つぎのように V の2次変換をとらえる．或る非特異代数多様体 X が，V を閉部分スキームとして含むとする．V の非特異部分代数多様体を W とする．もちろん，$r=\dim W<n=\dim V<N=\dim X$ とする．X に対して中心を W にもつ2次変換を行う．さて，$\mu^{-1}(V-W)\simeq V-W$ であるが，$Q_W(X)$ 内で $V-W$ の閉包をとり V^* とおく．V^* を μ による**強変換** (strict transform) という．定義より，$V^*-V^*\cap E\simeq V-W$ である．

$$\begin{array}{ccc} Q_W(X) & \xrightarrow{\mu} & X \\ \cup & & \cup \\ V^* & \longrightarrow & V \\ & & \cup \\ & & W \end{array}$$

図式 7.7

実は，$(V^*,\mu\,|\,V^*)=(Q_W(V),\mu)$ となることが示される．

さて，W の V での定義イデアル層を $\mathcal{I}_W$ と書く．すべての p につき $(\mathcal{I}_W{}^p/\mathcal{I}_W{}^{p+1})\,|\,W$ が W 上のベクトル束の層になるとき，V は W に沿って**法平坦** (normally flat) という．すると，広中の特異点解消定理はつぎのようにのべられる．この証明は非常に難しく長いから，もちろんここでは述べられない．$\dim X=2$, $\dim V=1$ のとき第9章で詳しく証明する．

定理 7.37 (広中)　代数多様体 V は或る非特異代数多様体 X の閉部分多様体になり，V の特異点集合 $\mathrm{Sing}(V)$ に入っている非特異閉部分多様体 W を考える．V は W に沿って法平坦とし，さらに，W の各点での V の重複度は V の

最大の重複度になっているとする．このとき，W を中心に2次変換 $\mu: Q_W(X) \to X$ を行う．V の強変換を V^* とおく．V^* に特異点のあるとき，$X_1 = Q_W(X)$ と書き，同様の条件を満たす中心 W_1 をとり，$\mu_1: Q_{W_1}(X_1) \to X_1$ による V^* の強変換を $V_1{}^*$ とする．この操作をつづけていく：

$$V_l{}^* \longrightarrow \cdots \longrightarrow V_1{}^* \longrightarrow V^* \longrightarrow V$$

すると，有限回 (l 回とする) の後，$V_l{}^*$ は非特異代数多様体になる．——

例 7.7 $y^2 = x^{2r+1}$ を V にとる．原点を中心に2次変換をすると，V^* として $y^2 = x^{2r-1}$ を得る．$V_1{}^*$ は $y^2 = x^{2r-3}$．よって，r 回後に，

$$V_{r-1}{}^* \quad \text{は} \quad y^2 = x$$

と非特異曲線に到るわけである．

b) ここで，重複度の説明をしておかねばならない．R を n 次元の局所 Noether 環とするとき，$\mathfrak{m}$ をその極大イデアルとする．$k = R/\mathfrak{m}$ と書くと，

$$\varphi(m) = \dim_k \mathfrak{m}^m/\mathfrak{m}^{m+1},$$
$$\sigma_R(m) = \varphi(0) + \varphi(1) + \cdots + \varphi(m)$$

を §2.7, b) で定義した．m が十分大きいとき，$\sigma_R(m)$ は多項式になる．これを R の**特性多項式**という．

$$\sigma_R(m) = \frac{a_0}{n!} m^n + \cdots$$

と表すとき，a_0 は自然数であって，R が正則局所環ならば，$a_0 = 1$．一般にこの a_0 を R の**重複度**という．また V を代数的スキームとするとき，**p での V の重複度**を $\mathcal{O}_{V,p}$ の重複度として定義する．$e(p, V) = e(\mathcal{O}_{V,p})$ により重複度を示すことにする．つぎの結果が知られている．

(1) $e(R) = 1$ ならば R は正則局所環．とくに $e(p, V) = 1$ と p は V の非特異点とは同値である．

(2) $\hat{R}$ を R の完備化とすると，$\hat{\mathfrak{m}} = \mathfrak{m}\hat{R}$ は $\hat{R}$ の極大イデアルで，$\hat{\mathfrak{m}}^m/\hat{\mathfrak{m}}^{m+1} \rightleftarrows \mathfrak{m}^m/\mathfrak{m}^{m+1}$．よって

$$\sigma_R(m) = \sigma_{\hat{R}}(m). \qquad \text{それ故} \quad e(R) = e(\hat{R}).$$

(3) R を正則局所環とし $f \in \mathfrak{m}$ をとる．$f \neq 0$ ならば $f \in \mathfrak{m}^\nu - \mathfrak{m}^{\nu+1}$ となる ν が存在する．ν を f の**位数** (order) といって，$\nu_R(f)$ で示す．すると，

$$\nu_R(f) = e(R/(f)) \qquad (\text{第2章問題6}).$$

(4) $p\mapsto e(p, V)$ は上半連続である．いいかえると，

$$\Sigma_d=\{p\,;\,e(p, V)>d\}$$

とおくと，Σ_d は閉集合になる．$\Sigma_1=\mathrm{Sing}\,V$ である．

(5) V が W に沿って法平坦ならば，$e(p, V)$ は W 上一定で，このとき V は W に沿って**等重複的** (equi-multiple) という．

等重複的でない W' を中心に2次変換すると，特異性が改悪される例はすぐつくれる．広中の特異点理論では等重複的より精密な法平坦が本質的役割をはたしている．

c) 弱変換 ところで，V が X の超曲面のとき，$\mu^*V=V^*+\nu E$ となっていた (§7.30, e)) が，一般の場合には必ずしも成立しない．

さて，R を局所 Noether 環，$\mathfrak{m}$ をその極大イデアルとする．R のイデアル J の R 位数 $\nu_R(J)$ を

$$\nu_R(J)=\max\{\nu\,;\,J\subset\mathfrak{m}^\nu\}$$

により定義する．R を略して $\nu(J)$ とも書く．

さて，$\mathscr{I}$ を X 上の連接的イデアル層とし，W の生成点 w での $\nu(\mathscr{I}_w)$ を d とする．すると，$x\in W$ に対して，$\nu(\mathscr{I}_x)\geqq d$ ($x\mapsto\nu(\mathscr{I}_x)$ はやはり上半連続になる)．その上，$\mu^{-1}\mathscr{I}$ はつぎのように書かれる：

$$\mu^{-1}\mathscr{I}=\mathscr{I}'\cdot\mathcal{O}(-E)^d,$$

ここに $\mathcal{O}(-E)$ は E を定義する素イデアル層である．

これをざっと見てみよう．x を W の閉点とし，$R=\mathcal{O}_{X,x}$, $I=\mathscr{I}_x$ と書く．R の正則パラメータ系を $(x_1,\cdots,x_m,y_1,\cdots,y_r)$ とし，W は x の近傍で $x_1=\cdots=x_m=0$ により定義されるとしよう．

$$\nu(\mathscr{I}_w)=d \quad だから \quad I\subset(x_1,\cdots,x_m)^dR.$$

よって，I の元 α は $\sum M_i(x)a_i$ ($M_i(x)$ は x の d 次単項式，$a_i\in R$) と書かれ，2次変換：

$$x_1=x_1,\qquad x_2=x_1u_2,\qquad \cdots,\qquad x_m=x_1u_m$$

を行うと，

$$\alpha=x_1{}^d\sum M_i(x_1,x_1u_2,\cdots,x_1u_m)a_i/x_1{}^d=x_1{}^d\alpha'$$

と書かれ，$\alpha'\in\mathcal{O}_{X',x'}$ である．α' らはイデアルを生成する．これが $\mathscr{I}'_{x'}$ である．

$\mathscr{I}'$ を $\mathscr{I}$ の $\mu\colon X_1=Q_W(X)\to X$ による**弱変換** (weak transform) という．$\mathscr{I}$

の定義する閉部分スキーム V の弱変換とは，$\mathscr{I}'$ の定める X' の閉部分スキーム V' のことである．かくして，

$$\mu^* V = V' + dE$$

とも書かれようが，一般に閉部分多様体 V の強変換は弱変換より小さい．V が単項的ならば，強変換は弱変換と一致しこれを固有変換という(§7.30, e))．

上のような条件のもとで，さらに $d=\max \nu(\mathscr{I}_x)$ とおく．

$$\{x \in X\,;\ \nu(\mathscr{I}_x)=d\}$$

は閉集合だから，その非特異閉部分多様体 W をとり，W 中心の，2次変換 μ: $X_1 \to X$ を行う．$\mathscr{I}$ の弱変換を $\mathscr{I}'$ とおくと，つぎのことがわかる：

$$\max\{\nu(\mathscr{I}'_x)\,;\ x \in X'\} \leqq d.$$

d) 単純正規交叉　さて，定理を述べるために用語を用意しておく．

非特異代数多様体 X 内の非特異素因子 $D_1, \cdots, D_m$ がつぎの条件を満たすとしよう：

(*)　任意の閉点 $p \in X$ に対し，p を含む D_j らを番号づけし直して $D_1, \cdots, D_r$ とするとき，p での D_j の定義式を $z_j \in \mathcal{O}_{X,p}$ と書けば，$z_1, \cdots, z_r$ を延長し，$(z_1, \cdots, z_r, z_{r+1}, \cdots, z_n)$ を X の p での正則パラメータ系にできる．

すなわち，図示すると，つぎのようになる：

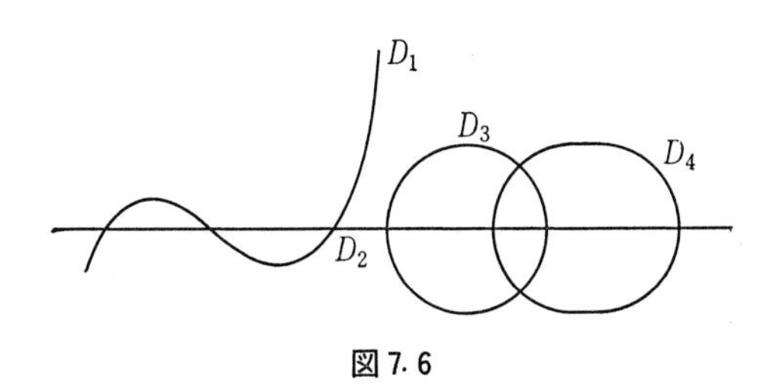

図 7.6

このとき $D_1 + \cdots + D_m$ を X 上の**単純正規交叉型の因子**という．これは重要な概念である．

e)　さて c) の末尾の記号をそのまま用いる．

定理 7.38 (広中)　c) の操作をくり返す．すると，有限回 (l 回としよう) 後に，$\mathscr{I}^{(l)} = \mathcal{O}$，かつ $E_1 + \cdots + E_l$ は単純正規交叉型の因子になる．

この E_j らは，中心 W_j らの X_l への逆像を示す．——

定理7.37とこの定理は，互いに助け合いながら，長い帰納法の旅をへて，同時に証明される．

f）弱変換は有理写像を考えるときに必然的にでてくる．

有理写像 $f: X \to \boldsymbol{P}^n$ は，被約1次系 Λ により与えられる．

$D_0 \in \Lambda$ をとり，Λ を定義する $\boldsymbol{L} \subset \boldsymbol{L}(D_0)$ の底を $\{1, \varphi_1, \cdots, \varphi_\lambda\}$ としよう．$D_j = D_0 + (\varphi_j)$ を定義する $\mathcal{O}_X$ のイデアル層を $\mathcal{O}(-D_j)$ と書き，イデアル層

$$\mathcal{I}[\Lambda] = \mathcal{O}(-D_0) + \cdots + \mathcal{O}(-D_\lambda)$$

を Λ の**底イデアル層**と定義する．この定める閉部分スキームを Λ の**底スキーム**という．その台集合は $B_s\Lambda$ である．

前述のように，中心 W をえらび，2次変換 $\mu: X_1 \to X$ を行う．w を W の生成点とすると，

$$d = \nu(\mathcal{I}[\Lambda]_w) = \max\{\nu(\mathcal{I}[\Lambda]_x)\ ;\ x \in X\}$$
$$\leqq \{\nu(\mathcal{O}(-D_j)_x)\ ;\ x \in W,\ 0 \leqq j \leqq \lambda\}.$$

よって，

$$\mu^* D_j = dE + D_j'$$

と書く．すると，D_j' は正因子になり，かつすべての D_j' が E を含むことはない．かくして $\mu^*\Lambda = dE + \Lambda'$ と書くと，Λ' は $D_0', \cdots, D_\lambda'$ からつくられていて，やはり被約1次系となる．そして，

$$\mathcal{I}[\Lambda'] \quad \text{は} \quad \mathcal{I}[\Lambda] \text{の弱変換},$$
$$\Phi_{\Lambda'} = \Phi_\Lambda \cdot \mu$$

が成立する．このようなわけで，2次変換を l 回くり返して，ついに $\mathcal{I}[\Lambda^{(l)}] = \mathcal{O}$ に到れば，$B_s|\Lambda^{(l)}| = \phi$ となるのだから，

$$\Phi_{\Lambda^{(l)}} = \Phi_\Lambda \cdot \mu \cdot \mu_1 \cdot \cdots \cdot \mu_{(l-1)}: \quad X_l \longrightarrow X_{l-1} \longrightarrow \cdots \longrightarrow X \longrightarrow \boldsymbol{P}^n$$

は正則写像になり，$f = \Phi_\Lambda$ の不確定点が消し去られる．

g）定理7.37の後半部分からつぎの結果をも得る．

X を完備非特異代数多様体，F を X の閉集合とする．このとき F を $X-F$ の代数的境界という．さて，F を定義する X の連接的イデアル層 $\mathcal{I}_F$ を F 内に中心をもつ2次変換のくり返しにより，単項化できる．その結果，2次変換の合成

$$\tilde{\mu}: X_l \longrightarrow X$$

ができ，$\tilde{\mu}^{-1}(F)$ は単純正規交叉型の因子，

$$X_l - \tilde{\mu}^{-1}(F) = X - F.$$

このとき，X_l を**非特異境界 $\tilde{\mu}^{-1}(F)$ をもつ $X-F$ の完備化**という.

例 7.8　$y^2=x^3$ を $\boldsymbol{A}^2$ からとり，それを S とする．S の非特異境界をもつ完備化を求めてみる．C_2 を $\boldsymbol{P}^2$ の無限遠直線とし，C_1 を $y^2=x^3$ の $\boldsymbol{P}^2$ での閉包とする．C_1 は原点 p で特異点をもち，さらに C_1 と C_2 とは接線を共有する．p で2次変換する：

$$\mu_1{}^*C_1 = C_1' + 2E_1, \qquad \mu_1{}^*C_2 = C_2' + E_1.$$

E_1 を例外曲線とすると，$C_1'+C_2'+E$ は，各成分は非特異であっても，正規交叉型因子ではない．さらに2回つづけて2次変換し，ようやく正規交叉型因子 $C_1'''+C_2''+E_1''+E_2'+E_3$ を得る．$QQQ(\boldsymbol{P}^2)$ が S の非特異境界 $C_1'''+C_2''+E_1''+E_2'+E_3$ をもつ完備化なのである (図 7.7).

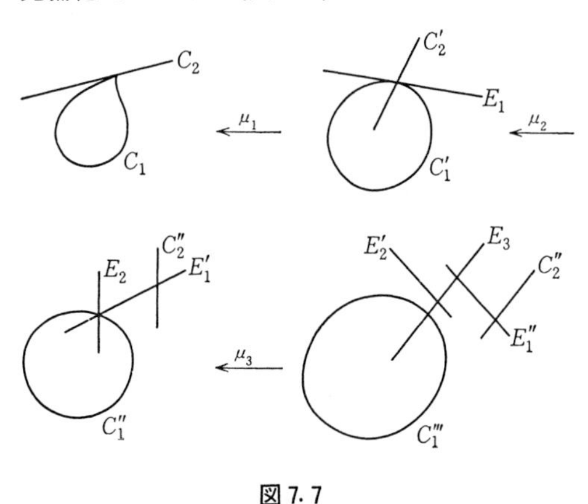

図 7.7

問　　題

1　X を k 上代数的スキームとする．$\mathscr{L}$ を X 上の可逆層，$\mathscr{F}$ を準連接的 $\mathscr{O}_X$ 加群層とするとき，つぎのことを証明せよ．

(i)　$f \in \Gamma(X, \mathscr{L})$ に対し $X_f = \{x \in X\,;\, \bar{f}(x) \neq 0\}$ とおく．すると，$\sigma \in \Gamma(X, \mathscr{F})$ が $\sigma | X_f = 0$ を満たすならば，$m>0$ があり $\sigma \otimes f^{\otimes m} = 0$.

(ii)　$\tau \in \Gamma(X_f, \mathscr{F})$ に対し，$m>0$ と $\sigma \in \Gamma(X, \mathscr{F} \otimes \mathscr{L}^{\otimes m})$ とが存在し，$\sigma | X_f = \tau \otimes f^{\otimes m}$.

2　R を正規 Noether 環とするとき，R 上の多項式環 $R[T_1, \cdots, T_m]$ も正規 Noether 環である．

[ヒント]　この証明は通例，付値の延長定理を用いる．ここではつぎの方針で証明を試

みるとよい．

(i)　$\mathrm{ht}(\mathfrak{p})=1$ の素イデアルに対し，$R_{\mathfrak{p}}$ は離散付値環，かつ，$R=\bigcap R_{\mathfrak{p}}$.

(ii)　$R_{\mathfrak{p}}[T_1, \cdots, T_m]$ は U. F. D., よって正規環.

(iii)　$\bigcap R_{\mathfrak{p}}[T_1, \cdots, T_m]=R[T_1, \cdots, T_m]$.

3　多項式環 $R=k[X_0, \cdots, X_n]$ につぎの次数構造を入れる．$d_0, \cdots, d_n$ を与えられた正整数とし，$\deg X_i=d_i$ とする．この次数環を $R=\bigoplus R_m$ と斉次部分の和で表すとき，十分大なる m に対し，$\dim R_m$ を求めよ．

4　V を正規完備代数多様体とし，D を V 上の正因子で $B_s|D|=\phi$ とする．このとき，十分大なる m に対し，

$$\psi(m)=l(mD)$$

とおけば，有限個の多項式 $P_1(m), \cdots, P_r(m)$ があって，

$$m=nr+i \qquad (1\leqq i\leqq r)$$

と割算するとき

$$\psi(m)=P_i(n)$$

と書かれる．

5　V, V' を非特異代数多様体，$f: V\to V'$ を固有双有理正則写像とする．基礎体 k の標数は0とし，定理7.36, 定理7.38を用いて，

$$q>0 \quad ならば \quad R^q f_*(\mathcal{O}_V)=0$$

を示せ．

[ヒント]　Leray のスペクトル系列を用いる．

第8章　交 点 理 論

§8.1　Bézout の定理

“$\boldsymbol{P}^2$ 内の曲線 C, D が各 n 次 m 次のとき，C と D とは nm 個の点で交わる” という主張は，Bézout の定理であり古典的であるが，複雑な特異点同士が複雑に交わるとき，そこでの C と D との**交点数**をうまく定めねばならず，決して直観的に自明の定理であるとはいえない(図8.1, 8.2)．むしろ Bézout の定理を指針に，これが成り立つように交点数を定義してやるのが近代理論の考え方である．

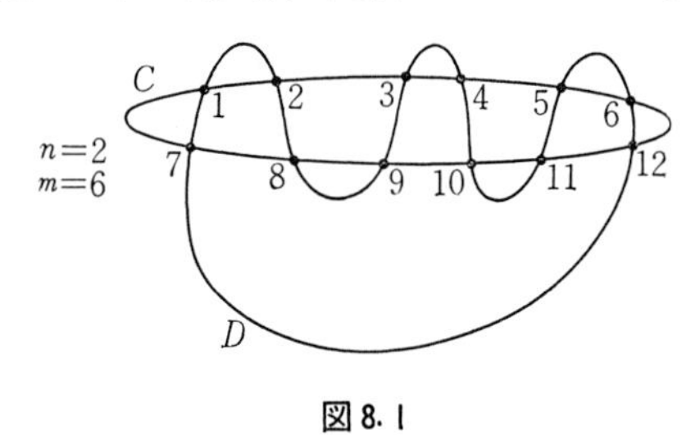

図8.1

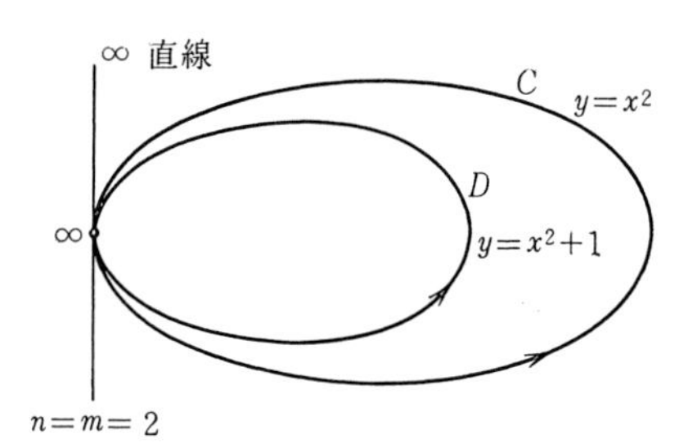

図8.2　C と D とは，∞ でのみ交わる．そこで4重に交わっていると解釈すべきである

§8.2　曲面の交点理論

a)　S を非特異射影的曲面，$\mathcal{G}(S)$ を S の因子の群とし，交点数(,)のもつべき性質を書きならべてみよう．

(i)　$D_1\in\mathcal{G}_l$ (すなわち $D_1\sim 0$) ならば，任意の因子 D_2 について，

$$(D_1, D_2) = 0.$$

(ii)　対称性：　$(D_1, D_2) = (D_2, D_1)$.

(iii)　双線型性：$a_1, a_2\in\boldsymbol{Z}$ につき，

$$(a_1D_1+a_2D_2,\ D_3) = a_1(D_1,\ D_3)+a_2(D_2,\ D_3).$$

(iv)　C が非特異既約代数曲線，$D\in\mathcal{G}(S)$ のとき，$D|C$ として，C 上の因子を得るが，このとき

$$(D, C) = \deg(D\,|\,C).$$

(v)　C_1, C_2 が相異なる既約曲線 $\in\mathcal{G}(S)$ ならば，$C_1\cap C_2=\{p_1, \cdots, p_r\}$．そこで

$$I_p(C_1, C_2) = \dim\mathcal{O}_{C_1,p}\otimes_{\mathcal{O}_{S,p}}\mathcal{O}_{C_2,p} = \dim\mathcal{O}_{S,p}/(\varphi_p, \psi_p)$$

(ただし $\varphi_p\mathcal{O}_{S,p}=\mathcal{O}(-C_1)_p$，$\psi_p\mathcal{O}_{S,p}=\mathcal{O}(-C_2)_p$) とおくと，

$$(C_1, C_2) = \sum_{j=1}^{r} I_{p_j}(C_1, C_2).$$

(vi)　C が既約曲線 $\in\mathcal{G}(S)$ のとき，$\mu:\tilde{C}\to C$ を非特異モデルとすると，

$$(D, C) = \deg(\mu^*(D\,|\,C)).$$

(vii)　$f:S\to S'$ を全射正則写像とする．$D_1', D_2'\in\mathcal{G}(S')$ について，

$$(f^*D_1', f^*D_2') = \deg f\cdot(D_1, D_2).$$

(viii)　(vii) の条件のもとで，$D=\sum r_jC_j\in\mathcal{G}(S)$ と既約曲線 C_j の和にわける．$f(C_j)$ が点ならば $f_*(C_j)=0$，$f(C_j)$ が曲線 Γ_j ならば $f_*(C_j)=\Gamma_j$ とおく．さて，f が双有理のとき，

$$(D, f^*D') = (f_*D, D').$$

(ix)　Δ を代数曲線，$f:S\to\Delta$ を全射正則写像とすると，$p_1, p_2\in\Delta$，$D\in\mathcal{G}(S)$ について，

$$(f^*(p_1), D) = (f^*(p_2), D).$$

b)　Bertini の定理 (定理 7.25) の系によると，任意の $D\in\mathcal{G}(S)$ は非特異既約曲線 $C_1, C_2\in\mathcal{G}(S)$ により $D\sim C_1-C_2$ と書かれる．よって，$(D, D_1)=(C_1-C_2, D_1)=(C_1, D_1)-(C_2, D_1)=\deg(D_1\,|\,C_1)-\deg(D_1\,|\,C_2)$．だから (i)-(iv) により (,) は確定し，(v)-(ix) は証明さるべき性質なのである．

(iv) の条件のもとで，完全系列

$$0\longrightarrow\mathcal{O}(-D-C)\longrightarrow\mathcal{O}(-D)\longrightarrow\mathcal{O}_C(-D\,|\,C)\longrightarrow 0$$

ができるから，$\chi(D)=\chi_S(\mathcal{O}(D))$，$\chi_S=\chi(0)$ と書くとき，

$$\chi_C(-D|C)=\chi(-D)-\chi(-D-C)$$

を得る．さて，C 上の因子 $-D|C$ に対して Riemann-Roch の定理を用いると，

$$(-D,C)=\deg(-D|C)=-\chi_C+\chi_C(-D|C).$$

よって，

$$(D,C)=\chi_S-\chi(-D)-\chi(-C)+\chi(-D-C).$$

c)　そこで，一般に $D_1, D_2\in\mathcal{G}(S)$ について，

$$(D_1,D_2)=\chi_S-\chi(-D_1)-\chi(-D_2)+\chi(-D_1-D_2)$$

とおき，(,)を定義しよう．(i), (ii), (iv) は満たされている．D_2 が非特異ならば，$(D_1,D_2)=\deg(D_1|D_2)$ と，(,)の定義より，変形されるので，このとき D_1 について加法性は確かめられる．一般の D_2 については，つぎのように推論する：

任意の $C\in\mathcal{G}(S)$ を考え，X を S のアンプル因子とし，定理 7.25 を用いれば，$m\gg 0$ をえらぶと $C+mX$ は超平面切断因子になる．このとき，一般の元 $Y_m\in|C+mX|$ は非特異既約曲線となる (§7.21)．よって，

$$(a_1D_1+a_2D_2,\ Y_m)=a_1(D_1,\ Y_m)+a_2(D_2,\ Y_m).$$

さて，$(D_i,\ Y_m)$, $(a_1D_1+a_2D_2,\ Y_m)$ は，m について，ともに 1 次式であり (定理 7.28)，上の式は $m\gg 0$ について成立するから，もちろん多項式として一致する．とくに $m=0$ として等しい：

$$(a_1D_1+a_2D_2,C)=a_1(D_1,C)+a_2(D_2,C).$$

つぎに (v) を示そう．完全系列

$$0\longrightarrow\mathcal{O}(-C_1)\longrightarrow\mathcal{O}_S\longrightarrow\mathcal{O}_{C_1}\longrightarrow 0$$

に $\mathcal{O}_{C_2}$ をテンソル積する：

$$\mathcal{O}(-C_1|C_2)\longrightarrow\mathcal{O}_{C_2}\longrightarrow\mathcal{O}_{C_1}\otimes_{\mathcal{O}_S}\mathcal{O}_{C_2}=\mathcal{O}_{C_1\cap C_2}\longrightarrow 0.$$

実は，上列の左の → も単射である．なぜなら，

$$\mathcal{O}_p/(\psi_p)\xrightarrow{\cdot\varphi}\mathcal{O}_p/(\psi_p)$$

が単射であればよい．それは，(イ) $\mathcal{O}_p/(\psi_p)$ の零因子は ψ_p の因数で，(ロ) C_1 と C_2 とが p で 0 次元の共通部しかないことより，φ_p は ψ_p と共通因子をもたない．このことから当然である (§8.10, c))．かくして，

$$\begin{aligned}\sum I_{p_j}(C_1,C_2)&=\dim\mathcal{O}_{C_1\cap C_2}=\chi_{C_2}-\chi(-C_1|C_2)\\&=\chi-\chi(-C_2)-\chi(-C_1)+\chi(-C_1-C_2)=(C_1,C_2).\end{aligned}$$

(vi) をとばして，(vii) を示す．(iii) の証明と同様に，アンプル因子を用い，多項式一致の原理によると，$B_s|C'|=\phi$，C' は非特異，$f^*C'=C$ も非特異，としてよいことがわかる．$f_1=f|C$ とおくと，$\deg f_1=\deg f$．

$$(f^*D, C)=\deg f^*D|C=\deg(f_1{}^*(D|C))=\deg f_1\cdot\deg(D|C)$$
$$=\deg f\cdot(D, C).$$

つぎに，(viii) を示そう．$f(C_1)=p_1$ ならば，p_1 を通らぬ曲線 D について，$(C_1, f^*D')=0$．一般の因子 D' は p_1 を通らぬ正因子 D_1', D_2' の差と書ける．よって，$(C_1, f^*D')=(C_1, f^*D_1')-(C_1, f^*D_2')=0$．一般の因子 $D\in\mathcal{G}(S)$ については，$f_*C_1=0$ なる C_1 の和 D_1 と，$f_*C_2\neq 0$ なる C_2 達の和 D_2 とにわけて考える：$D=D_1+D_2$．いま $f^*f_*D_2$ から $f_*C_1=0$ となる C_1 をすべて落して，それを $(f^*f_*D_2)_2$ で書くとき，$(f^*f_*D_2)_2=D_2$．そこで，

$$(D, f^*D')=(D_2, f^*D')=((f^*f_*D_2)_2, f^*D')=(f^*f_*D_2, f^*D')$$
$$=(f_*D_2, D')=(f_*D, D').$$

(vi) を示そう．Bertini の定理によって，D は一般の曲線にとれることがわかる．それゆえ，$D\cap\operatorname{Sing} C=\phi$ とみなせる．このとき，$\mu^*D|C^*$ は，C の特異点に応ずる点を成分にもたない．よって，$\mu^*D|C^*=mp+\cdots$ と表すとき，$m=I_p(D, C)$．かくて証明された．

後で証明する2次変換の定理を用いると，Bertini の定理をさけることができる．詳しくいうとこうである．非特異射影曲面 S^* と，固有双有理正則写像 μ: $S^*\to S$ であって，$\mu^*C=C^*+\mathcal{E}$ $(\mu_*\mathcal{E}=0)$ と固有像 C^* を分離して書くとき，C^* が C の非特異モデルとなるような μ が存在する(図 8.3)．これが定理 9.2 の主張である．すると，

$$(D, C)=(\mu^*D, \mu^*C)=(\mu^*D, C^*)+(\mu^*D, \mathcal{E})$$
$$=\deg(\mu^*D|C^*).$$

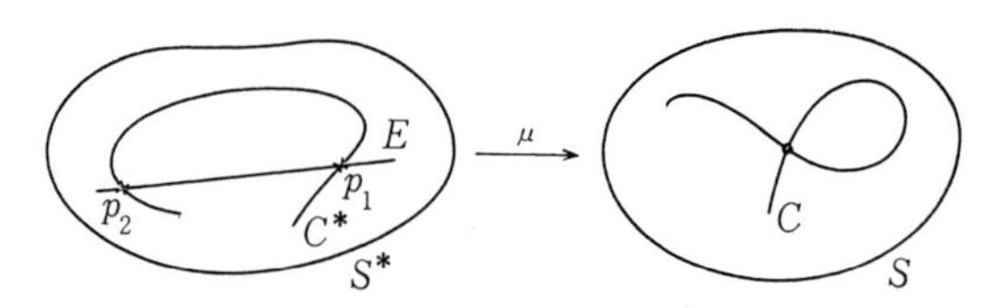

図 8.3

他の場合の証明は同様であり容易だから省略しよう．かくてつぎの定理を得る．

d)　**定理 8.1**　S の因子には，(i)-(iv) を満たす交点数が一意に定義され，さらに (v)-(ix) を満たす．——

例 8.1　$S=\boldsymbol{P}^2$ とする．H を直線の定める正因子とする．§5.10, c) により，$C\sim nH$, $D\sim mH$. これは C と D とが，それぞれ n 次 m 次なることを意味する．$(C, D)=(nH, mH)=nm$. これで，Bézout の定理が証明された．

§8.3　曲面の Riemann-Roch の定理

a)　C を S 上の非特異曲線とすると，定理 5.7 により，

$$K(C)=(K(S)+C)\,|\,C.$$

よって，

$$\deg K(C)=\deg(K(S)+C)\,|\,C=(K(S)+C, C)=(K(S), C)+C^2.$$

$2g(C)-2=\deg K(C)$ だから，一般の因子 $D\in\mathcal{G}(S)$ についても

$$\pi(D)=\frac{D^2+DK}{2}+1$$

で**仮想種数** (virtual genus) を定義する．

D が非特異であれば，

$$(*)\qquad -\pi(D)=-\dim H^1(D,\mathcal{O})=\chi_D-1=\chi_S-\chi(-D)-1.$$

さて，一般の因子 D につき

$$\chi(D)=\pi(-D)-1+\chi_S$$

の成立を示そう．アンプル因子 X をとり，$m\gg 0$ にとると，$-D+mX$ は超平面切断因子になる．よって，

$$A_m=-\pi(-D+mX),\qquad B_m=\chi_S-\chi(D-mX)-1$$

とおく．両方の式はともに m の 2 次式で，$m\gg 0$ のとき，$|mX-D|$ の一般の元 Y_m に対し $(*)$ を用いる：A_m と B_m とは一致する．だから，$m=0$ としてもむろん等しい．かくしてつぎの定理を得る．

定理 8.2 (Riemann-Roch の定理)

$$\chi(D)=\dim H^0(S,\mathcal{O}(D))-\dim H^1(S,\mathcal{O}(D))+\dim H^2(S,\mathcal{O}(D))$$
$$=\frac{D^2-DK}{2}+\chi_S.$$

——

b）　つぎに D を既約としてみると，完全系列

$$0 \longrightarrow \mathcal{O}(-D) \longrightarrow \mathcal{O}_S \longrightarrow \mathcal{O}_D \longrightarrow 0$$

によって $\chi_S=\chi_D+\chi(-D)$．定理8.2によって，$\chi(-D)-\chi_S=\pi(D)-1$．よって

系1
$$\pi(D)=\dim H^1(D, \mathcal{O}_D) \geqq 0.$$
——

c）　Riemann-Roch の定理は代数曲面論の基礎であって，Serre の双対律(定理5.13)：

$$\dim H^1(S, \mathcal{O}(D)) = \dim H^1(S, \mathcal{O}(K-D)),$$
$$\dim H^2(S, \mathcal{O}(D)) = \dim H^0(S, \mathcal{O}(K-D))$$

および，**Noether の公式**：

$$1-q(S)+p_g(S) = \frac{1}{12}(K^2+e_S) \qquad (e_S \text{ は } S \text{ の Euler 数})$$

と組合せて，極めて実用的に用いられる．定理8.2の証明それ自身は結局交点理論の形式的性質の応用で，コホモロジー論的取り扱いの有効な例であろう．

系2
$$l(D)+l(K-D) \geqq \frac{D(D-K)}{2}+\chi_S.$$
——

これは G. Castelnuovo による **Riemann-Roch の不等式**である．

§8.4　Picard 数

a）　$\mathcal{G}(S)$ の交点数 (,) を2次型式とみて考察しよう．

$$\mathcal{G}(S)^{\perp} = \{D \in \mathcal{G}(S) \,;\ \text{すべての } D' \in \mathcal{G}(S) \text{ につき } (D, D')=0\},$$
$$N(S) = \mathcal{G}(S)/\mathcal{G}(S)^{\perp},$$
$$N(S)_0 = N(S) \otimes_{\boldsymbol{Z}} \boldsymbol{Q}$$

とおく．(,) は $N(S)_0$ の非退化2次型式を与える．$N(S)_0$ は $\boldsymbol{Q}$ 上有限次元のベクトル空間で，Picard 数 $\rho(S)$ が

$$\rho(S) = \dim_{\boldsymbol{Q}} N(S)_0$$

により定義される．$\rho(S)$ はかなり微妙な性質をもっている．

b）　$N(S)_0$ の元に $H^2(S, \boldsymbol{Q})$ の元が1対1に対応し，$N(S)_0 \subset H^2(S, \boldsymbol{Q})$ とみなされる．とくに $\rho(S) \leqq b_2(S)$ である．

例 8.2　　$S=\boldsymbol{P}^2$　ならば　$\rho=1$,

S が非特異3次曲面　ならば　$\rho=7$,　$b_2=7$,

$$S\colon X_0^4+X_1^4+X_2^4+X_3^4=0 \quad \text{ならば} \quad \rho=20, \quad b_2=22.$$

§8.5 指数定理

a) さて，$N(S)_0$ 上の非退化2次型式(,)の符号を調べよう．2次型式 I の固有値のうち正のものが α 個，負のものが β 個あるとき，I の符号を (α,β) と書く．(,)の符号を調べよう．

定理 8.3 (Hodge の指数定理)　(,)の符号は $(1,m)$ である．当然のことながら $m+1=\rho(S)$．——

この定理を実用的な形で書く：$\xi,\eta,\zeta,\cdots\in N(S)_0$ として，

$$\xi^2>0,\quad (\xi,\eta)=0 \quad \text{ならば} \quad \eta=0 \ \text{または}\ \eta^2<0.$$

さて，W. A. D. Hodge の原証明は，調和形式の分解を用いた超越的のもので，一般の代数多様体について定式化された指数定理にも通用する．ここでは，定理8.2(Riemann-Roch の定理)を用いて純代数的な証明を行うことにする(A. Grothendieck)．

b) $\xi>0$ を或る $m>0$ を乗ずると，$m\xi=D\in Z(S)=\mathcal{G}(S)/\mathcal{G}_l(S)$，かつ，$|D|\neq\phi$ の意味に用いる．すると，

(i)　$\xi^2>0$ ならば $\xi>0$ または $-\xi>0$．

[証明]　$\xi=D\in\mathcal{G}(S)$ としてよい．§8.3系2によれば

$$\dim H^0(mD)+\dim H^0(K-mD)\geqq\frac{D^2}{2}m^2-\frac{m}{2}(K,D)+\chi_S.$$

$m\gg0$ にとると，右辺は正だから，$|mD|\neq\phi$ または $|K-mD|\neq\phi$．前者ならば証明は終る．したがって $|K-mD|\neq\phi$ としてよい．同様に，$m\ll0$ のときも考察して，結局，$m\gg0$ のとき $|K-mD|\neq\phi$，$|K+mD|\neq\phi$ とすると矛盾のでることをいえばよい．$E_m\in|K-mD|$，$E_m'\in|K+mD|$ をえらび，X を S のアンプル因子とすると，$(E_m,X)+(E_m',X)=2(K,X)$，$0\leqq(E_m,X)$，$0\leqq(E_m',X)$ により，$(E_m,X)\leqq2(K,X)$．すなわち，(E_m,X) は m によらず有界である．$(E_m,X)=-m(D,X)+(E,X)$ によって，$(D,X)\neq0$ ならば矛盾する．そこでつぎの(ii)によると，$D\in\mathcal{G}(S)^{\perp}$，すなわち，$\xi=0$ となり $\xi^2=0$ である．∎

(ii)　任意のアンプル因子 X に対しつねに $(D,X)=0$ ならば $D\in\mathcal{G}(S)^{\perp}$．

[証明]　任意の $E\in\mathcal{G}(S)$ に対し，$r\gg0$ にとると，$E+rX$ をアンプルにでき

る．よって $0=(E+rX,D)=(E,D)+r(X,D)=(E,D)$ により，$(E,D)=0$. ∎

c）定理 8.3 の証明　$\xi^2>0$, $\xi\eta=0$, $\eta^2\geqq 0$ としよう．すると，$(\xi+a\eta)^2=\xi^2+a^2\eta^2>0$ であり，(i) によると，$\pm(\xi+a\eta)>0$ となる．$\xi+a\eta$ は $N(S)_0$ の元として 0 でないから，任意のアンプル因子 ζ に対して $(\xi+a\eta,\zeta)\neq 0$ である．これが任意の a について成り立つから $(\eta,\zeta)=0$ となる．(ii) によれば，$\eta=0$. ∎

この証明は，Riemann-Roch の定理の簡単な形どころか，$\chi(D)=D^2/2+\cdots$ の形しか使っていないことに注意しよう．しかし，次元の評価から，正因子の存在を導いている．そのものを作ってみせることなく，存在を主張する点は，やはり Riemann の名を恥かしめないともいえよう．

d）　さて，応用上は，$(\xi,\eta)=0$ なる η をみつけることが必要で，それは，一般の η からもつくり得る．すなわち，$\alpha\in\boldsymbol{Q}$ を $(\eta+\alpha\xi,\xi)=0$ で定めてやる：$\alpha=-(\eta,\xi)/\xi^2$. すると定理 8.3 により，$\eta=-\alpha\xi$, または $\eta^2+2\alpha(\xi,\eta)+\alpha^2\xi^2<0$ である．これを書きかえると，

$$\xi^2\cdot\eta^2<(\xi,\eta)^2.$$

系　$D^2>0$ なるとき，$(D,E)^2\geqq D^2\cdot E^2$ である．かつ，等号ならば $aD-bE\in\mathcal{G}(S)^\perp$ なる $a,b\neq 0$ がある．——

系の結論は，中学の数学を思い起すと，$(Dt+E)^2=D^2t^2+2(D,E)t+E^2=0$ なる t の 2 次方程式が実根をもつ条件で，系の主張の，かつ以下は，“等根をもてば…”，に対応しているのに気づくであろう．これを幾何学的にいうと，部分空間 $\boldsymbol{Q}D+\boldsymbol{Q}E$ の次元が 2 のとき，そこで，(,) は正定値たりえないということである．すなわち，つぎの一般的考察による．

注意　N を $\boldsymbol{Q}$ 上の有限次元ベクトル空間で，非退化対称双 1 次形式 (,) があるとする．部分空間 M に (,) を制限して，定値ならば，$N=M\oplus M^\perp$ と直和にわかれる．

[証明]　非退化だから，$\dim M+\dim M^\perp=\dim N$, 定値だから，$M\cap M^\perp=0$. ∎

この注意を用いるなら，(i) のかきかえとして，

(i)*　アンプル因子 ζ に対し，$(\xi,\zeta)=0$ ならば $\xi^2\leqq 0$.

これによると，(,) は $(\boldsymbol{Q}\zeta)^\perp$ 内で負定値がでるから，定理 8.3 の証明が 2 行くらい楽になる (E. Bombieri).

§8.6　不動点定理

a）　今度は $\eta^2>0$ を満たす意味のある因子 η をさがそう．非特異既約曲線 C,

C' をとり，種数を各 g, g' とする．$S=C\times C'$ として曲面ができる(図8.4)．これは非特異で射影的である．$p\in C$, $p'\in C'$ を定めて，$\xi=C\times p'$, $\xi'=p\times C'$ とおく．$\xi^2=\xi'^2=0$, $(\xi, \xi')=1$ だから $\xi+\xi'=\eta$ とおくと，$\eta^2=2>0$ である．

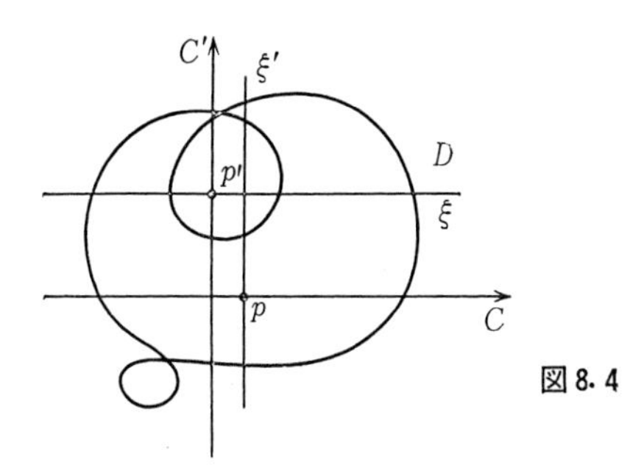

図8.4

さて S 上の因子 D につき，$d(D)=(\xi, D)$, $d'(D)=(\xi', D)$ とおくと，$\mathcal{G}(S)$ または $N(S)_0$ 上の1次型式ができる．定理8.3の系によると，D と η を用いて

$$\left|\frac{d(D)+d'(D)}{2}\right| \geqq \sqrt{\frac{|D^2|}{2}}.$$

b) 上式の左辺は相加平均だから，これを相乗平均でおきかえる工夫をする：D の代りに $D+t\xi$ を用いて，$d=d(D)$, $d'=d'(D)$ とおき，式を整理すると，

$$t^2+2(d-d')t+(d+d')^2-2D^2 \geqq 0.$$

これが，すべての t につき成り立つのだから，判別式 $\leqq 0$．よって，

$$(d-d')^2-\{(d+d')^2-2D^2\} \leqq 0,$$

すなわち，

定理 8.4 $$d(D)\cdot d'(D) \geqq \frac{D^2}{2}.$$ ——

かくして，相乗平均でおきかえられた．

c) さらに D の代りに $tD+E$ を用い，$e=d(E)$, $e'=d'(E)$ とおくと，

$$(2dd'-D^2)t^2+2(d'e+de'-(D, E))t+2ee'-E^2 \geqq 0,$$

これが，すべての t についていえるから，つぎの系が得られる．

系 $$\sqrt{(2dd'-D^2)(2ee'-E^2)} \geqq |d'e+de'-(D, E)|.$$ ——

d) $f: C\to C$ を $\deg f=n$ の正則写像とし，グラフ $\Gamma_f\subset S$ を考える．C と Γ_f

は同型だから，$\pi(\Gamma_f)=\pi(C)=g$．一方，$K(S)=K(C)\times C+C\times K(C)$ だから，

$$2g-2=K\Gamma_f+\Gamma_f^2=(2g-2)(1+n)+\Gamma_f^2.$$

よって $\Gamma_f^2=2n(1-g)$．$\varDelta=\Gamma_{\mathrm{id}}$ とおくと，$\varDelta^2=2-2g$．すると，$\nu(f)=f$ の不動点の数$=(\varDelta, \Gamma_f)$ とし，

$$|(1+n-\nu(f))|\leqq\sqrt{n}\cdot 2g$$

を得る．これが **Weil の不等式**で，$\sqrt{n}=n^{1/2}$ の 1/2 が，**Riemann-Weil 予想**の **1/2** に対応するわけである．

(i)　$g=0$ ならば $\nu(f)=1+n$,

(ii)　$g=1$ ならば $\nu(f)\leqq(1+\sqrt{n})^2$,

(iii)　$g\geqq 2$ ならば $n=1$ (定理6.14) になり，$\nu(f)\leqq 2g+2$.

これは Hurwitz の定理(定理6.12)である．

§8.7　例外曲線の Mumford の定理

a)　S をやはり非特異射影曲面，S' を正規射影(実は完備でよい)曲面としよう．$f:S\to S'$ を双有理正則とし $f^-(p)=\sum E_j=E_1+\cdots+E_l$ と既約曲線にわけるとき，$f^{-1}(p)$ が0次元の成分をもてば，$f^{-1}(p)=p_1$ で p_1 の近傍で f は双正則になった(§2.28)．よって，既約曲線の和としてよいのである．$\mathrm{Sing}(S')=\{p_1=p, \cdots, p_a\}$ だから，S' の超平面切断 X' を $p_1, \cdots, p_a$ を通らぬようにとると，$X=f^*X'\simeq X'$ である(図8.5)．

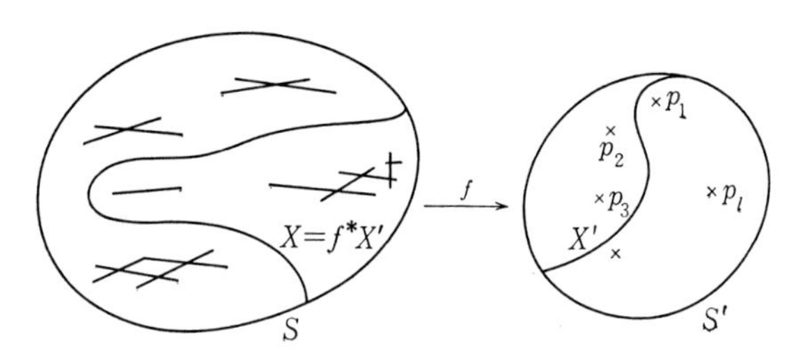

図8.5

$X'\cap\{p_1, \cdots, p_a\}=\phi$ だから，$X\cap(\sum E_j)=\phi$．よって，$X^2>0$, $(X, \sum a_jE_j)=0$．したがって，定理8.3により，

$$(\textstyle\sum a_jE_j)^2<0 \quad \text{または} \quad \sum a_jE_j\in\mathcal{G}(S)^{\perp}.$$

$a_1, \cdots, a_l>0$ ならば，アンプル因子 X に対しつねに $(E_j, X)>0$ だから，$(\sum a_jE_j, X)=\sum a_j(E_j, X)>0$．よって，後者は起らない．だから，$(\sum a_jE_j)^2<0$．一般に $a_1, \cdots, a_i>0$, $a_{i+1}, \cdots, a_l\leqq 0$ として，$F_+=a_1E_1+\cdots+a_iE_i$, $F_-=-a_{i+1}E_{i+1}-\cdots-a_lE_l$ とおこう．$(F_+, F_-)\geqq 0$ であって，

$$(\sum a_jE_j)^2=(F_+-F_-)^2=F_+{}^2-2(F_+, F_-)+F_-{}^2\leqq(F_++F_-)^2<0.$$

だから，$[(E_i, E_j)]$ は負定値行列．よって，$\sum a_jE_j\in\mathcal{G}(S)^\perp$ のとき $a_1=\cdots=a_l=0$．まとめて，つぎの定理を得る．

定理 8.5 $f^{-1}(p)=E_1+\cdots+E_l$ とおくとき，$[(E_i, E_j)]$ は負定値対称行列．とくに $E_1, \cdots, E_l$ は $N(S)_0$ の元として，1 次独立．——

これを Mumford の定理という．ただし，上の証明では，S または S' についての大局的性質である射影性や Hodge の指数定理を用いている．われわれの交点理論も，やはり射影性を用いているから余り意味はないが，局所的別証明を与えておく．

b) 定理 8.5 の局所的証明 p を含むアフィン近傍 $\mathrm{Spec}\,A=U$ をとる．$\varphi\in A$ を $\bar{\varphi}(p)=0$ にえらぶ．$(\varphi)=D$ を U の因子，いいかえると S' の局所因子とし，$f_1=f|f^{-1}(U)$ で D をひき戻す：

$$f_1{}^*D=\sum b_jE_j+D^\sharp \qquad (b_j>0).$$

ここに $D^\sharp$ は $f_1{}^{-1}(D-p)$ の閉包とした．よって $f^{-1}(U)$ 内の正因子である．そこで，$\xi_j=b_jE_j$ とおくと，$(f^*D, \xi_j)=0$．すると，

$$\begin{aligned}(\xi_j, \xi_j)&=(\xi_j, f^*D)-(\xi_j, D^\sharp)-\sum_{i\neq j}(\xi_j, \xi_i)\\&=-(\xi_j, D^\sharp)-\sum_{i\neq j}(\xi_j, \xi_i).\end{aligned}$$

さて，$a_1, \cdots, a_l\in\boldsymbol{Z}$ をとり，$\eta=a_1\xi_1+\cdots+a_l\xi_l$ とおく．

$$(\eta, \xi_j)=-(\eta, D^\sharp)-\sum_{i\neq j}(\eta, \xi_i)$$

なので，

$$\begin{aligned}\eta^2&=\sum a_j(\eta, \xi_j)=\sum a_j{}^2\xi_j{}^2+\sum_{i\neq j}a_ja_i(\xi_i, \xi_j)\\&=-\sum a_j{}^2(\xi_j, D^\sharp)+\sum_{i\neq j}(a_ja_i-a_j{}^2)(\xi_i, \xi_j)\\&=-\sum a_j{}^2b_j(E_j, D^\sharp)-\sum_{i<j}(a_i-a_j)^2(\xi_i, \xi_j)\leqq 0.\end{aligned}$$

$\eta^2=0$ とすると，$(E_i, E_j)\neq 0$ ならば $a_i=a_j$．$(E_i, D^\sharp)\neq 0$ ならば $a_i=0$．

さて，連結性原理(定理2.21)により，$\bigcup E_j$ は連結集合(図8.6)．よって，E_i の番号をつけかえると，$(E_1, E_2)\neq 0$, $(E_2, E_3)\neq 0$, … により，

$$a_1 = a_2 = a_3 = \cdots = a_l.$$

一方，$\bigcup E_j$ と $D^\sharp$ はどこかで交わる：$(E_j, D^\sharp)>0$ とすると，$a_j=0$．よって，$\eta=0$ になってしまう．∎

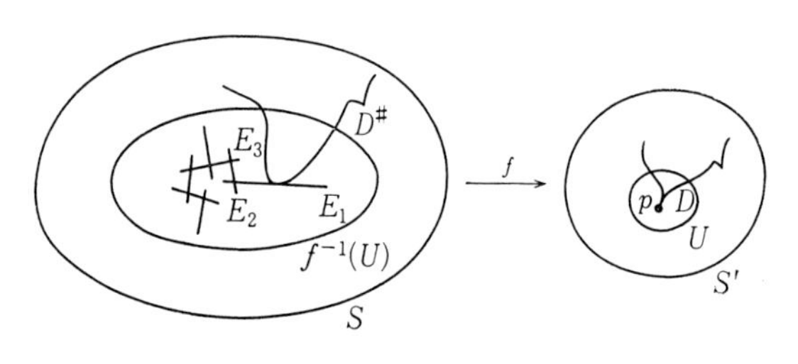

図8.6

c）　例8.3　S を $\boldsymbol{P}^3$ 内の非特異曲面としよう．$d=\deg S$ とし，とくに，S が $\boldsymbol{P}^3$ の直線 l を含むとき，l を S の因子とみて $(l,l)_S$ を求める．H を $\boldsymbol{P}^3$ の平面とすると，$1=(H,l)=(H\,|\,S,l)$．そこで，S 上での H の切断を $\bar{H}$ で書けば，$(\bar{H},l)=1$, $K(S)=(d-4)\bar{H}$ (§5.10)．$\pi(l)=0$ により，

$$-2 = 2\pi(l)-2 = l^2+(K(S),l) = l^2+d-4.$$

かくして，$l^2=2-d$. $d\geqq 3$ ならば $l^2<0$ である．$d=3$ のとき $l^2=(K(S),l)=-1$ となり，これは l が S 上の第1種例外曲線となることを意味する(第9章).

§8.8　束定理

D を S 上の正因子とする．任意の $m\geqq 1$ につき，或る定数 β が存在して $l(mD)\leqq \beta m$ を仮定しよう．このとき D を既約成分にわけ $D=\sum^s r_jC_j$ $(r_j>0)$ とする．

さて，任意の整数 $n_1, \cdots, n_s$ をとり，因子 $D_0=\sum n_jC_j$ を定義する．$p=\max\{n_1, \cdots, n_s\}$ とすると，$D_0<0$ または $pD\geqq D_0$．それゆえ，$l(mD_0)\leqq l(pmD)$．もし $D_0{}^2>0$ ならば m を十分大きくとると，定理8.2の系2より，$l(mD_0)>0$ または $l(-mD_0)>0$．もし後者ならば，$-D_0$ を D_0 と書きかえてよい．再び定理8.2の系によって，或る $\alpha>0$ が存在して

$$l(mD_0) \geqq \alpha m^2.$$

それゆえ，$\alpha m^2 \leqq l(mD_0) \leqq l(pmD) \leqq \gamma\beta m$ が導かれ矛盾である．したがって，つぎの定理を得る．

定理 8.6 $l(mD)$ が m について高々1次の増大度のとき，交点行列 $[(C_i, C_j)]$ は半負定値である．もし負定値ならば $l(mD)=1$ になる．

証明 前半は上記で済んでいる．$|mD|$ の固定部分を A_m とし $|mD|-A_m$ の元 D' があるとしよう．すると，$|D'|$ の一般の元を D'' とおけば，$(D', D'') \geqq 0$．$D' \sim D''$ なので $(D', D') \geqq 0$．一方，A_m は固定成分だから，$D'=u_1C_1+\cdots+u_qC_q$ と書かれている．それゆえ，負定値の仮定に反した．▮

そこで，或る $m>0$ をとるとき，$l(mD) \geqq 2$ になる場合を考えよう．半負定値だから，$D'^2=0$．さらに $t=(D', A_m)>0$ と仮定してみると，$(\alpha D'+A_m)^2=A_m{}^2+2\alpha t$ だから，$\alpha \gg 0$ にとると，$(\alpha D'+A_m)^2>0$ になり負定値性に反する．よって，D' を $|D'|$ の一般の元とすると，$D' \cap A_m=\phi$ である．

$\Phi_{mD}=\Phi_{D'}: S \to \boldsymbol{P}^N$ は正則だから，$f=\Phi_{D'}$，$\Delta=f(S)$ とおくと，$f: S \to \Delta$ になる．Δ の一般の点 u をとると ($m \gg 0$ にとっておけば)，$f^{-1}(u)$ は既約 (§7.7) である．そして $C_u=f^{-1}(u)$ は D' の元の連結成分である．一方，$C_u \cap A_m=\phi$ だから，或る $a_1, \cdots, a_q \in \Delta$ が存在して，$A_m \subset f^{-1}(a_1) \sqcup \cdots \sqcup f^{-1}(a_q)$．$f^*(a_j)$ の係数の最大公約数を e_j とし，$e_1, \cdots, e_q$ の最小公倍数を e とおく．m を e の倍数にとって，十分大きくしてしまう．このとき，つぎの補題によると，A_m の成分でつくった交点行列は負定値となる．

補題 8.1 $f^*(a)=r_1C_1+\cdots+r_sC_s$ と既約成分の和にわける．$f^{-1}(a)=C_1+\cdots+C_s$ を定義すると，$[(C_i, C_j)]$ は半負定値行列，$C_1+\cdots+C_u$ $(u<s)$ からつくった交点行列は負定値である．

証明 $\Gamma=m_1C_1+\cdots+m_uC_u$ が $\Gamma^2=0$ となったとしよう．正係数の m_i についての和を Γ_+，残りの和を $-\Gamma_-$ とすると，$\Gamma=\Gamma_+-\Gamma_-$ だから，

$$0=\Gamma^2=\Gamma_+{}^2-2(\Gamma_+, \Gamma_-)+\Gamma_-{}^2 \leqq \Gamma_+{}^2+\Gamma_-{}^2 \leqq 0.$$

よって，Γ は正数係数としてよい．$f^{-1}(a)$ は連結だから，或る C_{u+1} が存在して，$(\Gamma, C_{u+1})>0$．このとき，$\alpha \gg 0$ をとれば，

$$0 \geqq (\alpha\Gamma+C_{u+1})^2=2\alpha(\Gamma, C_{u+1})+C_{u+1}{}^2>0$$

となる．これは矛盾．したがって $\Gamma^2<0$ である．▮

系 S の m 種数 P_m が m について1次式の増大をするなら，代数曲線 Δ と

全射正則写像 $f: S\to\varDelta$ があり，一般の点 $u\in\varDelta$ に対して $C_u=f^{-1}(u)$ は楕円曲線となる．

証明 $D=m_0K(S)$ として定理8.6の証明の所論に従う．C_u は非特異(定理7.21)だから，$(K, C_u)=0$ によって，同伴公式から

$$\pi(C_u)=\frac{{C_u}^2+KC_u}{2}+1=1. \qquad \blacksquare$$

§8.9 因子の交点理論

a) 交点理論を全く一般に展開するのは，かなり面倒なことである．ここでは，Cartier 因子 $D_1, \cdots, D_n$ の交点数を定義し，これらに対してのみ交点理論をつくることで満足しよう．もっとも実用的な場合であり，以下の章でもこの場合しか交点理論を用いない．

V を n 次元の k 完備な代数的スキームとし，$D_1, \cdots, D_n$ を V 上の Cartier 因子とする．曲面のときにならい，

$$\begin{aligned}(D_1, \cdots, D_n)_V = \chi-\chi(-D_1)-\cdots-\chi(-D_n)+\chi(-D_1-D_2)+\cdots\\ +\chi(-D_{n-1}-D_n)-\cdots+(-1)^n\chi(-D_1-\cdots-D_n)\end{aligned}$$

とおいてみる．$-D_i-D_j$ などは $i<j$ となるすべての組合せについて考えていることはむろんである．定義から，$(D_1, \cdots, D_n)$ は対称式であるが，曲面のときと同様につぎの定理が成立する．

定理 8.7 $(D_1, \cdots, D_n)$ は多重線型型式である．——

証明のために，$(D_1, \cdots, D_n)$ を一般にして，連接的 $\mathcal{O}_V$ 加群層 $\mathcal{F}$ に対して，

$$\begin{aligned}(D_1, \cdots, D_n; \mathcal{F})_V = \chi(\mathcal{F})-\chi(\mathcal{F}\otimes\mathcal{O}(-D_1))-\cdots-\chi(\mathcal{F}\otimes\mathcal{O}(-D_n))\\ +\chi(\mathcal{F}\otimes\mathcal{O}(-D_1-D_2))+\cdots\\ +(-1)^n\chi(\mathcal{F}\otimes\mathcal{O}(-D_1-\cdots-D_n))\end{aligned}$$

とおく．

b) **定理 I**(m) $n=\dim V\leqq m$ ならば V に対し，$(D_1, \cdots, D_n; \mathcal{F})_V$ は $D_1, \cdots, D_n$ について多重線型型式である．——

この定理を m についての帰納法で示す．つぎの定理は補助的に用いられる．

定理 II(m) $n=\dim V\leqq m$, $\mathcal{L}$ が可逆層ならば，

$$(D_1, \cdots, D_n; \mathcal{F}\otimes\mathcal{L})_V=(D_1, \cdots, D_n; \mathcal{F})_V.$$

定理 III(m) $n=\dim V \leqq m$ ならば,

$$(D_1, \cdots, D_{n+1}\,;\mathscr{F})_V = 0.$$

証明の基礎はねじまわしの補題(定理7.27)である. それゆえ

$\boldsymbol{K} = \{$連接的 $\mathscr{O}_V$ 加群層$\}$,

$\boldsymbol{K}'(\mathrm{I}) = \{\mathscr{F} \in \boldsymbol{K}$, かつ I$(n)$ の主張が V について成り立つ$\}$,

同様に, $\boldsymbol{K}'(\mathrm{II}), \boldsymbol{K}'(\mathrm{III})$ とおく.

証明 $\boldsymbol{K}$ の完全系列

$$0 \longrightarrow \mathscr{F}' \longrightarrow \mathscr{F} \longrightarrow \mathscr{F}'' \longrightarrow 0$$

があれば,

$$(D_1, \cdots, D_n\,;\mathscr{F}) = (D_1, \cdots, D_n\,;\mathscr{F}') + (D_1, \cdots, D_n\,;\mathscr{F}'')$$

が成り立つので, $\boldsymbol{K}'$ 達が定理7.27の条件(i)を満たすことは自明であり, 条件(ii)も同様に自明である. さて条件(iii)を確かめよう. V は代数多様体, $\mathscr{F}=\mathscr{O}_V$ のとき定理 I(n), II(n), III(n) を証明すればよいわけである.

まず, つぎを示す: II$(n) \Longrightarrow$ III(n).

$$\begin{aligned}(D_1, \cdots, D_{n+1})_V &= \chi - \chi(-D_1) - \cdots - \chi(-D_n) + \chi(-D_1 - D_2) + \cdots \\ &= (D_1, \cdots, D_n)_V - (D_1, \cdots, D_n\,;\mathscr{O}(-D_{n+1}))_V \\ &= (D_1, \cdots, D_n)_V - (D_1, \cdots, D_n)_V = 0.\end{aligned}$$

つぎに, II$(n-1) \Longrightarrow$ II(n).

D_n について, §7.25と同様の考察をする. 再録すると, $\mathscr{O}(-D_n) \subset R(V)$ に $\mathscr{O}(-D_n)$ をえらんでおく.

$$\mathscr{O}(-D_n) \cap \mathscr{O}_V = \mathscr{I}, \qquad \mathscr{I} \otimes \mathscr{O}(D_n) = \mathscr{J}$$

と書き, $\mathscr{O}_Y = \mathscr{O}_V/\mathscr{I}$, $\mathscr{O}_Z = \mathscr{O}_V/\mathscr{J}$ と, V の真の部分スキーム Y, Z を定義する. さて, §7.25(*)を書き直すと,

$$\begin{aligned}&(D_1, \cdots, D_n)_V \\ &\quad = (D_1 | Y, \cdots, D_{n-1} | Y)_Y - (D_1 | Z, \cdots, D_{n-1} | Z\,;\mathscr{O}(-D_n | Z))_Z.\end{aligned}$$

ここで II$(n-1)$ を Z について用いて,

$$\text{上式} = (D_1 | Y, \cdots, D_{n-1} | Y)_Y - (D_1 | Z, \cdots, D_{n-1} | Z)_Z.$$

同様にして,

$$\begin{aligned}(D_1, \cdots, D_n\,;\mathscr{L})_V = (D_1 | Y, \cdots, D_{n-1} | Y\,;\mathscr{L} | Y)_Y \\ - (D_1 | Z, \cdots, D_{n-1} | Z\,;\mathscr{L} | Z)_Z.\end{aligned}$$

Y と Z に対して II$(n-1)$ によると，結局，

$$(D_1, \cdots, D_n ; \mathscr{L})_V = (D_1, \cdots, D_n)_V$$

最後に，I$(n-1)$, II$(n-1) \Longrightarrow$ I(n) を示そう．

同様の記号を用いて，

$$(D_1, \cdots, D_n)_V = (D_1 | Y, \cdots, D_{n-1} | Y)_Y - (D_1 | Z, \cdots, D_{n-1} | Z)_Z$$

だから，I(n) が示された．

以上によって，定理 I (定理 8.7), II, III の証明が完結する．▮

つぎの定理は幾何学的には当然であろう．

V を既約成分にわけ，そのうち低次元の成分の和を V'' と書く：

$$V = V_1 \cup \cdots \cup V_r \cup V'' \qquad (\dim V = \dim V_1 = \cdots = \dim V_r > \dim V').$$

すると，つぎの定理が得られる．

定理 IV(n)　　$(D_1, \cdots, D_n ; \mathscr{F})_V = \sum (D_1 | V_i, \cdots, D_n | V_i ; \mathscr{F} | V_i)_{V_i}$.

証明　K'(IV) が定理 7.27(ねじまわしの補題) の条件 (i) を満たすことをいうのに注意がいる．完全系列

$$0 \longrightarrow \mathscr{F}' \longrightarrow \mathscr{F} \longrightarrow \mathscr{F}'' \longrightarrow 0$$

より，完全系列

$$\mathscr{F}' | V_j \longrightarrow \mathscr{F} | V_j \longrightarrow \mathscr{F}'' | V_j \longrightarrow 0$$

を得る．短完全系列を得るために，上式を分解して，

$$(*) \qquad 0 \longrightarrow \mathscr{G}_j \longrightarrow \mathscr{F} | V_j \longrightarrow \mathscr{F}'' | V_j \longrightarrow 0 \quad (\text{完全}),$$

$$(**) \qquad 0 \longrightarrow \mathscr{H}_j \longrightarrow \mathscr{F}' | V_j \longrightarrow \mathscr{G}_j \longrightarrow 0 \quad (\text{完全})$$

とおく．さて，V_j の生成点を ξ とすると，$(\mathscr{F}' | V_j)_\xi = \mathscr{F}_\xi'$ となるから $\dim \operatorname{Supp}(\mathscr{H}_j) < n$ である．よって，III$(n-1)$ が使えるから

$$\begin{aligned}(D_1 | V_j, \cdots, D_n | V_j ; \mathscr{F}' | V_j) &= (D_1 | V_j, \cdots, D_n | V_j ; \mathscr{G}_j) \\ &\quad + (D_1 | V_j, \cdots, D_n | V_j ; \mathscr{H}_j) \\ &= (D_1 | V_j, \cdots, D_n | V_j ; \mathscr{G}_j).\end{aligned}$$

さらに，$(*)$ により

$$\begin{aligned}(D_1 | V_j, \cdots, D_n | V_j ; \mathscr{G}_j) &= (D_1 | V_j, \cdots, D_n | V_j ; \mathscr{F} | V_j) \\ &\quad - (D_1 | V_j, \cdots, D_n | V_j ; \mathscr{F}'' | V_j).\end{aligned}$$

かくして (i) が示された．(ii), (iii) も同様に示される．▮

c)　つぎの定理は後に重用される．

定理 8.8　V, W を n 次元完備代数多様体，$f: V\to W$ を支配的正則写像，$\deg f=[R(V):R(W)]$ とおく．すると，

$$(D_1, \cdots, D_n)_W\cdot\deg f = (f^*D_1, \cdots, f^*D_n)_V. \qquad ——$$

これがいかに一般化されるかは読者の考察にまつ．

§8.10　素朴交点理論

a)　V^n を n 次元完備代数多様体とする．r 次元の閉部分スキーム W と，$n-r$ 次元の閉部分スキーム W_1 との交点数を適切に定義することは，一般にはうまくできない．しかし，$r=1$ で W_1 が因子のときは極めて容易である．

$D_1, \cdots, D_r$ を V の Cartier 因子とする．$D_1, \cdots, D_r$ と W との交点数 $(D_1, \cdots, D_r; W)_V$ を $(D_1|W, \cdots, D_r|W)_W$ で定義してしまえばよいのである．

とくに，$r=n-1$ で，W が Cartier 因子 $\mathcal{O}(-W)$ によって定義されているときには

$$\begin{aligned}(D_1, \cdots, D_{n-1}, W) = \chi-\chi(-W)-\{&\chi(-D_{r-1})+\cdots+\chi(-D_1)\\ &-\chi(-D_{r-1}-W)-\cdots-\chi(-D_1-W)\}+\cdots\end{aligned}$$

と変形し

$$0\longrightarrow\mathcal{O}(-W)\longrightarrow\mathcal{O}\longrightarrow\mathcal{O}_W\longrightarrow 0 \quad (完全)$$

を利用して，直ちに，

$$(D_1, \cdots, D_{n-1}, W)_V = (D_1, \cdots, D_{n-1}; W)_V$$

が示される．これは§8.2 (iii) の一般化である．

とくに，$D_1, \cdots, D_n$ が正の Cartier 因子で，$D_1\cap\cdots\cap D_n$ が有限点集合 $\{p_1, \cdots, p_r\}$ のとき，$D_j\cap D_n$ はイデアル層 $\mathcal{O}(-D_j)|D_n$ で定まり，

$$\begin{aligned}(D_1, \cdots, D_n)_V &= (D_1|D_n, \cdots, D_{n-1}|D_n)_{D_n} = \cdots\\ &= (D_1|D_2\cap\cdots\cap D_{n-1})_{D_2\cap\cdots\cap D_{n-1}}\\ &= \dim H^0(D_1\cap\cdots\cap D_n, \mathcal{O})\\ &= \sum_j \dim\mathcal{O}_{V,p_j}/(\varphi_1, \cdots, \varphi_n).\end{aligned}$$

ここに $\mathcal{O}(-D_j)_{p_j}=\varphi_i\mathcal{O}_{V,p_j}$ とした．よって，

$$(***) \qquad I_p(D_1, \cdots, D_n) = \dim\mathcal{O}_{V,p}/(\varphi_1, \cdots, \varphi_n)$$

と，交点数を定義してやると，

$$(D_1, \cdots, D_n)_V = \{\sum I_p(D_1, \cdots, D_n), p \in D_1 \cap \cdots \cap D_n\}$$

となる.

b) 一般の Cartier 因子 $D_1, \cdots, D_n$ については，上記の幾何学的定義に合致する正因子におきかえて考えてやればよい．簡単のため $V=\boldsymbol{P}^n$ のとき，Cartier 因子 $D_1, \cdots, D_n$ の交点数の初等的定義をしよう.

まず，$D_1, \cdots, D_n>0$, $D_1 \cap \cdots \cap D_n=\{p_1, \cdots, p_r\}$ のとき，$I_{p_i}(D_1, \cdots, D_n)$ を (***) で定義して

$$\{D_1, \cdots, D_n\} = \sum I_{p_j}(D_1, \cdots, D_n)$$

とおく．一般には，H を超平面とし，$\nu \gg 0$ をとると，$|D_j+\nu H|$ は超曲面切断因子になる．そこで，一般の元 $X_j \in |D_j+\nu H|$ をとると，$X_1 \cap \cdots \cap X_n=\{p_1, \cdots, p_t\}$ となる．さて，

$$\{D_1+\nu H, D_2+\nu H, \cdots, D_n+\nu H\} = \{X_1, \cdots, X_n\}$$

とおく．{ } の多重線型性を仮定してしまうと

$$\begin{aligned}&\{D_1, \cdots, D_n\}+\nu\{D_2 \mid H, \cdots, D_n \mid H\}_H+\nu\{D_1 \mid H, \cdots, D_n \mid H\}_H+\cdots+\nu^n \\ &\quad = \{X_1, \cdots, X_n\}\end{aligned}$$

となることに注意し，逆にこの式で帰納的に $\{D_1, \cdots, D_n\}$ を定義するのである．もしも，これだけしか知らずに { } がもつべき線型性などの形式的性質を証明しようとするなら，とてつもなく難しくなるであろう．われわれは，議論を逆転させて，形式性から出発して ( ) を定義し，幾何学化することにより，( )={ } を示したわけである.

$\boldsymbol{P}^n$ だから，実は $D_j \sim \nu_j H$ と $\deg D_j=\nu_j$ によって書かれるから

$$(D_1, \cdots, D_n) = (\nu_1 H, \cdots, \nu_n H) = \nu_1 \cdots \nu_n$$

を得る．これは Bézout の定理の一つの一般化である．これは余りにも易しいが，本当は

$$\{D_1, \cdots, D_n\} = \nu_1 \cdots \nu_n$$

なのであり，初等的交点理論を { } について展開するところが，Bézout の定理の証明の核心なのであろう.

c) V をスキーム，$\mathscr{I} \subset \mathcal{O}_V$ を単項イデアル層，W を部分スキームとするとき，$\mathscr{I} \mid W$ は $\mathcal{O}_W$ のイデアル層になるとは限らない．しかし，“Noether スキームのとき，$\mathscr{I}$ の定める部分スキーム Y が W の成分と共通因子をもたないなら，$\mathscr{I} \mid W$

はイデアル層で，この定義する W の部分スキームは $Y\cap W$ である．" これを環論的に確認するためには，結局，つぎの Noether 環の命題を示せばよい．

R は Noether 環，$\varphi\in R$ は $0\to R\xrightarrow{\varphi}R$ (完全)，となるとき，イデアル $\mathfrak{a}$ に対して，$R/\mathfrak{a}\xrightarrow{\cdot\varphi}R/\mathfrak{a}$ を考える：

この $\cdot\varphi$ が単射 $\Leftrightarrow$ φ は $R/\mathfrak{a}$ の零因子でない

$\Leftrightarrow$ φ は $\mathfrak{a}$ の素因子 $\mathfrak{p}$ のどれにも入らない．

このことより，

W の同伴既約因子を $W_1, \cdots, W_m$ とするとき，$Y\not\supset W_j$ ならば，$\mathscr{I}|W$ は $\mathcal{O}_W$ のイデアル層である；

が確認されたことになる．

§8.11 係数の意味

a) さて交点数の定義により，$(D, \cdots, D)$ を D^n と書けば，次式を得る．

$$
\begin{aligned}
(-1)^n D^n &= (-D, \cdots, -D) \\
&= \chi - n\chi(D) + \binom{n}{2}\chi(2D) - \cdots + (-1)^n\chi(nD).
\end{aligned}
$$

よって $\chi(mD)=\alpha_0/n!\cdot m^n+O(m^{n-1})$ とおくと，

$$
(-1)^n D^n\cdot m^n = \left(\frac{-n}{n!}+\binom{n}{2}\frac{2^n}{n!}-\cdots+(-1)^n\frac{n^n}{n!}\right)\alpha_0 m^n+O(m^{n-1})
$$

になる．さて，

$$
-n+\binom{n}{2}2^n-\cdots+(-1)^n n^n = n!\,(-1)^n
$$

なので，

$$
\alpha_0 = D^n.
$$

ところで，定理 7.28 により，またはその証明と同じようにして，

$$
\chi(\mathscr{F}\otimes\mathcal{O}(m_1D_1+\cdots+m_rD_r))
$$

は $m_1, \cdots, m_r$ について多項式となることがわかる．また，

$$
\chi(m_1D_1+\cdots+m_nD_n) \quad \text{の } m_1\cdots m_n \text{ の係数は} \quad (D_1, \cdots, D_n)_V
$$

も容易に示される．

$$
\chi(mD) = \frac{\alpha_0}{n!}m^n+\frac{\alpha_1}{(n-1)!}m^{n-1}+O(m^{n-2})
$$

によって定まる α_1 の幾何的意味は第10章で与えられる．

b) D がアンプルのとき，$D^n>0$ である．これを $n=\dim V$ についての帰納法で証明する．$(mD)^n=m^n\cdot D^n$ だから，適当な mD におきかえ，D を超平面切断因子としてよい．$n\geqq 2$ としよう．D は既約にとれるから，$D^n=(D,\cdots,D)_V=(D|D,\cdots,D|D)_D=(D|D)^{n-1}$．これによって証明を終える．

§8.12 中井の判定法

さて完備代数的スキームの Cartier 因子について，それがいつアンプルとなるかを交点数により判定しよう．

定理 8.9(中井の判定法) V を n 次元完備代数的スキーム，D を V の Cartier 因子とする．D がアンプルとなる必要十分条件は，任意の V の閉部分スキーム $W\neq\phi$ につき，$s=\dim W$ として，

$$(D,\cdots,D\,;W)_V=(D|W,\cdots,D|W)_W=(D|W)^s>0$$

となることである．

証明 D がアンプルならば，$D|W$ は W 上のアンプル因子である．§8.11, b) より，$W\neq\phi$ だから $(D|W)^s>0$．逆を示そう．アンプル因子の諸性質により，V は代数多様体と仮定してよい．そして V の次元についての帰納法により証明しよう．

そこで，V の閉部分スキーム W をとる．W の閉部分スキーム W_1 につき $(D|W_1)^s=((D|W)|W_1)^s>0$ (ここに $s=\dim W_1$) が成り立つ．よって，$D|W$ について D と同じ条件が満たされる．$\dim W<\dim V=n$ とすると，帰納法の仮定により，$D|W$ は W 上のアンプル因子である．さて，

$$\chi_V(mD)=\frac{m^n}{n!}D^n+\cdots$$

である．仮定より $D^n>0$ なのだから，$m\to\infty$ のとき，$\chi_V(mD)\to\infty$．

つぎに，定理 7.28 の記法と層の加群層の完全系列

$$\begin{array}{l}0\longrightarrow\mathscr{I}\otimes\mathcal{O}(mD)\longrightarrow\mathcal{O}(mD)\longrightarrow\mathcal{O}(mD|Y)\longrightarrow 0\\ \qquad\quad\| \\ 0\longrightarrow\mathscr{J}\otimes\mathcal{O}((m+1)D)\longrightarrow\mathcal{O}((m+1)D)\longrightarrow\mathcal{O}((m+1)D|Z)\longrightarrow 0\end{array}$$

を用いる．$Y\subsetneqq V$，$Z\subsetneqq V$ なので，帰納法の仮定により，$D|Y$，$D|Z$ はともにアンプルである．したがって，$m\gg 0$ につき，$q>0$ ならば

$$H^q\mathcal{O}(mD\,|\,Y) = H^q(\mathcal{O}((m+1)D\,|\,Z)) = 0$$

である．

$$\begin{array}{l} H^q\mathcal{O}(mD\,|\,Y) \longrightarrow H^{q+1}\mathcal{I}\otimes\mathcal{O}(mD) \longrightarrow H^{q+1}\mathcal{O}(mD) \longrightarrow H^{q+1}\mathcal{O}(mD\,|\,Y), \\ \qquad\qquad\qquad\qquad\qquad \| \\ H^q\mathcal{O}((m+1)D\,|\,Z) \longrightarrow H^{q+1}\mathcal{J}\otimes\mathcal{O}((m+1)D) \longrightarrow H^{q+1}\mathcal{O}((m+1)D) \\ \qquad\qquad \longrightarrow H^{q+1}\mathcal{O}((m+1)D\,|\,Z) \end{array}$$

は完全系列で，$q>0$ につき，両辺のコホモロジー群がすべて消えるから

$$\begin{aligned} H^{q+1}\mathcal{O}(mD) &\simeq H^{q+1}\mathcal{I}\otimes\mathcal{O}(mD) = H^{q+1}\mathcal{J}\otimes\mathcal{O}((m+1)D) \\ &\simeq H^{q+1}\mathcal{O}((m+1)D). \end{aligned}$$

よって，$m\gg 0$ ならば

$$\chi(\mathcal{O}(mD)) = \dim H^0\mathcal{O}(mD) - \dim H^1\mathcal{O}(mD) + \text{定数} > 0.$$

かくして $\dim H^0\mathcal{O}(mD) > 0$．それゆえ，$mD\sim D'$ となる正の Cartier 因子でおきかえる．結局 D 自身正因子と仮定できる．D を $\mathcal{O}(-D)$ の定義する部分スキームとすれば，完全系列

$$0 \longrightarrow \mathcal{O}((m-1)D) \longrightarrow \mathcal{O}(mD) \longrightarrow \mathcal{O}(mD\,|\,D) \longrightarrow 0$$

を得る．$D\,|\,D$ は帰納法によりアンプル．よって $m\gg 0$ に対して，$H^1\mathcal{O}(mD\,|\,D)=0$．だから，完全系列

$$H^1\mathcal{O}(m-1)D \longrightarrow H^1\mathcal{O}(mD) \longrightarrow H^1\mathcal{O}(mD\,|\,D) = 0$$

により，

$$\dim H^1\mathcal{O}(m-1)D \geqq \dim H^1\mathcal{O}(mD) \geqq \dim H^1\mathcal{O}(m+1)D \cdots$$

左辺は有限の値だから，$l\gg 0$ にとると，

$$\dim H^1\mathcal{O}(m+l)D = \dim H^1\mathcal{O}(m+l+1)D.$$

$m+l$ をあらためて m とおく．かくして，完全系列

$$\begin{aligned} H^0\mathcal{O}(mD) \longrightarrow H^0\mathcal{O}(mD\,|\,D) &\longrightarrow H^1\mathcal{O}(m-1)D \\ &\longrightarrow H^1\mathcal{O}(mD) \longrightarrow 0 \end{aligned}$$

により，$H^1\mathcal{O}(m-1)D \simeq H^1\mathcal{O}(mD)$ を用いると，

$$H^0\mathcal{O}(mD) \longrightarrow H^0\mathcal{O}(mD\,|\,D) \longrightarrow 0$$

を得る．よって

$$B_s|mD| = B_s|mD|\cap D \subset B_s|mD\,|\,D| = \phi$$

だから，$B_s|mD|=\phi$．

mD をあらためて D とおき，正則写像 $f=\Phi_D: V\to \boldsymbol{P}^N$; $N+1=l(D)$，を得る．

つぎに $f: V\to f(V)$ が有限正則になることを示そう．$\dim f^{-1}(p)>0$ となる閉点 $p\in f(V)$ があるなら，1次元閉部分スキーム Γ $(\dim \Gamma>0)$ を $f^{-1}(p)$ 内にとれる．$D=f^*(H)$ であって，$(D\,|\,\Gamma)=(f^*(H\,|\,p))=(f^*(0))=0$．一方，仮定により $(D\,|\,\Gamma)>0$．これで矛盾が示された．かくして，$f: V\to f(V)$ は各逆像が0次元である．一方，f は固有正則だから，合せて f は有限正則写像である．H はアンプルだから定理7.33により，$f^*(H)=D$ はアンプルである．∎

問　題

1　S を $\boldsymbol{P}^2\times\boldsymbol{P}^1$ 内の非特異曲面とする．このとき，$p_g, P_m, K(S)^2$ を求めよ．

2　S を $\boldsymbol{P}^1\times\boldsymbol{P}^1\times\boldsymbol{P}^1$ 内の非特異曲面とする．このとき，$p_g, P_m, K(S)^2$ を求めよ．

3　V を $\boldsymbol{Q}$ 上有限次元ベクトル空間とし，対称内積 $(\ ,\ )$ が定義されているとする．$(\ ,\ )$ は非退化，かつ正の固有値は1個と仮定する．$(h,h)>0$ を満たす V の元 h を一つ定め，$\Gamma=\{x\in V\,;\,(x,x)\geqq 0,\ (x,h)\geqq 0\}$ とおく．このとき，Γ は錐になり，さらに

$$\Gamma^*=\{y\in V\,;\,\text{すべての}\ x\in\Gamma\ \text{につき}\ (x,y)\geqq 0\}$$

を定義すると，$\Gamma^*=\Gamma$ になる．また

$$\Gamma^0=\{x\in V\,;\,(x,x)>0,\ (x,h)>0\}$$

とおくと，Γ^0 の閉包$=\Gamma$．

4　S を完備非特異曲面とし，$V=NS(S)\otimes_{\boldsymbol{Z}}\boldsymbol{Q}$ とおき，交点型式を $(\ ,\ )$ で表せば，問題3の条件を満たす．S の超平面切断因子の V での類を h と書けば，$(h,h)>0$．これを用いて Γ を定義する．さらに，正因子の類のつくる V の部分集合を P で表せば，

(i)　$P^*\supset\{\text{アンプル因子}\}_{\boldsymbol{Q}}$.

(ii)　$P^*\subset\Gamma^*=\Gamma$.

5　D を S 上の因子とし，すべての正因子 H について，$(D,H)\geqq 0$ を仮定する．このとき，

$$D^2\geqq 0.$$

6　V を $\boldsymbol{Q}$ 上有限次元のベクトル空間，$(\ ,\ )$ を負定値の対称内積とする．V の $\boldsymbol{Q}$ 底 $\{e_1,\cdots,e_m\}$ につぎの性質を満たすものがあるとする．

(i)　$(\alpha_i,\alpha_j)\in\boldsymbol{Z}$,

(ii)　$(\alpha_i,\alpha_i)=-2$,　$i\neq j$ に対し $(\alpha_i,\alpha_j)\geqq 0$.

このとき，$(\alpha_i,\alpha_j)=0$ または1を示せ．そしてつぎのような図式を書く．

α_i には $\underset{i}{\circ}$ を対応させ，$(\alpha_i,\alpha_j)=1$ のときには $\underset{i}{\circ}$——$\underset{j}{\circ}$ と線で結ぶ．

このとき，つぎの型の図式の直和としての図式を得る．これを Dynkin 図形とか Schläfli の図とかいう．

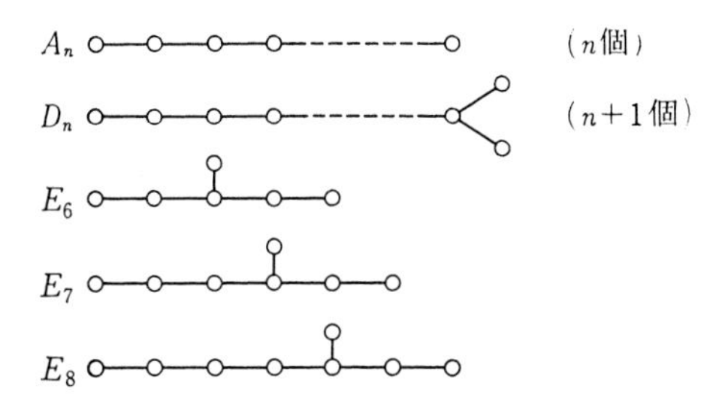

7　S_1 を完備正規曲面，p をその特異点とし，$\mu: S^* \to S_1$ を S_1 の非特異モデルとする．$\mu^{-1}(p) = E_1 + \cdots + E_m$ と書く．S^* の標準因子を K と書くとき，すべての i につき，$(K, E_i) = 0$ を仮定する．このとき，

(i)　$\pi(E_i) = 0$,　$E_i^2 = -2$.

(ii)　$V = \sum \boldsymbol{Q} E_i$ とおくと，問題6の条件を満たし，さらに，でてくる図式は連結になる．

8　問題6の条件で，(,) を半負値，固有値0の数(重複度)は1とする．このとき，$\xi_0 = \sum a_i \boldsymbol{e}_i$ が $\xi_0{}^2 = 0$ を満たすとき，$\{a_1, \cdots, a_m\}$ を共通因数を除いて求めよ．また，問題6と同様の図形を書くとつぎのようになる．これを一般 Dynkin 図形という．

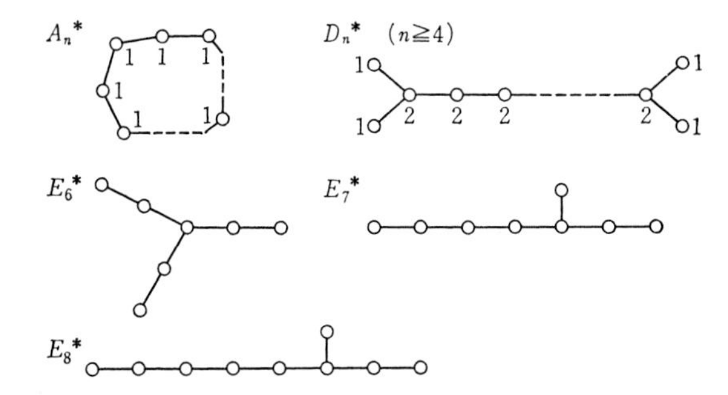

9　S を非特異完備代数曲面とする．C を S 上の代数曲線とする．$l(C) \geqq 2$，かつ，$|C|$ の一般の元が特異点をもつなら $C^2 \geqq 4$ である．とくに $C^2 = 4$ のとき，一般の元の特異点は単純2重点である．(単純 ν 重点とは，自分自身が ν 重点，しかし，これ以外に ν 重の無限に近い特異点(第9章)をもたない点を意味する．)

10　やはり C を S 上の代数曲線とし，また $|C|$ のすべての元は既約とする．$l(C) > m(m-1)/2$ ならば $C^2 \geqq m^2$ である．

11　こんどは $\#B_s|C| = s$ とする．このとき $C^2 \geqq s$ である．

第9章　2次変換と特異点の解消

§9.1　曲面の2次変換

a)　k を標数0の代数閉体，S を2次元の非特異完備 k 代数多様体とする．S を簡単に代数曲面という．(本章および第10,11章ではこの体 k 上でしか考えない.)

C を S 上の代数曲線とする．p を C の特異点としよう．p での C の重複度を $\nu=e(p,C)>1$ とおく．このとき2次変換 $\mu: Q_p(S)\to S$ により C はどのようになるかを考える．C_1 を C の μ による強変換(§7.31,a))とすると，C_1 は C の2次変換と考えられ，

$$\mu^*C = C_1+\nu E.$$

一方，$(\mu^*C, E)=0$ (§8.2交点数の性質(viii))だから，$E^2=\deg(E|E)=-1$ (§7.30,e)の例)を用いると，

$$(C_1, E) = (\mu^*C, E)-\nu(E, E) = \nu.$$

さて $E\cap C_1=\{p_1, \cdots, p_s\}$ とおくとき(図9.1)，$\nu=(C_1, E)=\sum I_{p_j}(C_1, E)$ だから，$s\geqq 2$ ならば $e(p_j, C_1)\leqq I_{p_j}(C_1, E)<\nu$.

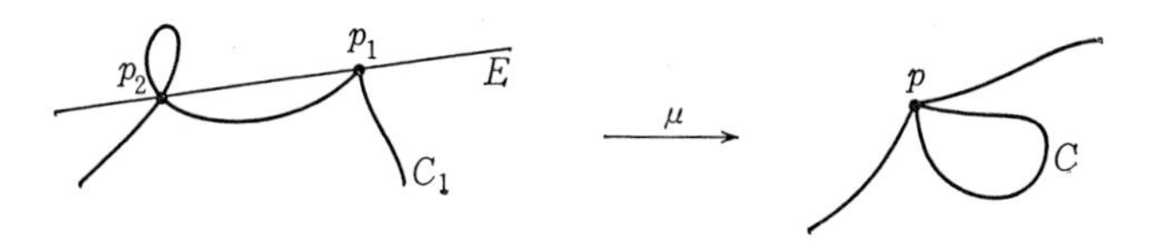

図9.1

しかし，$s=1$ かつ $e(p_1, C_1)=\nu$ となることもしばしばおこる．もっとも簡単な例は§7.30,e)の例にあげられている．少し一般化しよう．

b)　**例9.1**　$\lambda>\nu$ を互いに素とし，$y^\lambda-x^\nu=0$ を C の原点での C の定義方程式としよう．原点を中心に1回2次変換を行うと，$y^{\lambda-\nu}-x^\nu=0$ が C_1 の式になる。そこで，

$$\lambda = k_1\nu + \nu_1 \qquad (0<\nu_1<\nu)$$

と割算をしておく．

$C_{(k_1)}$ は $y^{\nu_1}-x^{\nu}=0$ で定義される．それゆえ $e(0, C_{(k_1)})=\nu_1<\nu$ となる．

$$\nu = k_2\nu_1 + \nu_2 \qquad (0<\nu_2<\nu_1)$$

と割算を行い，さらに k_2 回の2次変換をして，ようやく，$C_{(k_1+k_2)}$ は

$$y^{\nu_1}-x^{\nu_2} = 0$$

で定義される．これをくり返す．

まとめて，つぎのようにいうことができる．λ/ν を

$$\frac{\lambda}{\nu} = k_1 + \frac{1}{k_2} + \cdots + \frac{1}{k_q}$$

と正則連分数に展開するとき，$k_1+\cdots+k_q$ 回2次変換をくり返せば，原点での C の特異点を解消できる．

実はこの簡単な例が，代数曲線の特異点解消の様子を典型的に例示しているのである．

§9.2　形式的ベキ級数

p での C の定義方程式を f とする．$f \in R=\mathcal{O}_{S,p}$ であって，R を完備化 $\hat{R}$ すると，2変数ベキ級数環になる：

$$\hat{R} = k[[x, y]].$$

$R \hookrightarrow \hat{R}$ であり，$\mathfrak{m}$ を R の極大イデアル，(x, y) を R の正則パラメータ系とすると，この x, y が $\hat{R}$ の独立変数になっていると考えられる．f を $\hat{R}$ の元とみるとき，

$$f = \sum_{i+j \geq \nu} c_{i,j}x^i y^j$$

と展開される．

$f \notin \mathfrak{m}^{\nu+1}$ だから，或る i があって $c_{i,\nu-i} \neq 0$．この i を集め集合 I を定める．さて $x=\alpha y+\xi$ とおこう．

$$f(\alpha y+\xi, y) = \sum c_{i,j}(\alpha y+\xi)^i y^j$$

を展開すると，y^ν の係数 $c_{0,\nu}'$ は

$$c_{0,\nu}' = \sum_{i \in I} c_{i,\nu-i}\alpha^i$$

と書かれる．よって，α を選ぶと $c_{0,\nu}'\neq 0$．このような (ξ, y) をまた (x, y) と書くことにより，はじめから $c_{0,\nu}\neq 0$ と仮定しておこう．

§9.3　Newton 多角形

a)　さてつぎのように第1象限 $\boldsymbol{R}_+{}^2$ の部分集合 F^0 を定める：

$$F^0 = \{(i/\nu, j/\nu) \in \boldsymbol{R}_+{}^2 ; c_{i,j}\neq 0\}.$$

$A=(0,1)$ は F^0 の元である．F^0 を含む最小の凸多角形を f の **Newton 多角形**とよび，$F(f; x, y)$ で示す (図 9.2)．A を通る $F(f; x, y)$ の最下辺 L は，x 軸と交わる．もし交わらないなら，$j/\nu\geqq 1$ になり，$f=y^\nu\cdot\varepsilon$ と分解してしまう．そして，$\partial_y f$ と $\partial_x f$ は y を共通因子にもち，$f=0$ の特異点が孤立しなくなり矛盾．

辺 L と x 軸の交点を $B=(d, 0)$ と書く．辺 L の B にもっとも近い点を $(i(0)/\nu, j(0)/\nu)$ で表すと，$i(0)+j(0)\geqq\nu$ であって，$j(0)/\nu+i(0)/d\nu=1$．これより $d\geqq 1$．d は f, x, y によってきまるから $d=d(x, y)=d(f; x, y)$ とも書く．

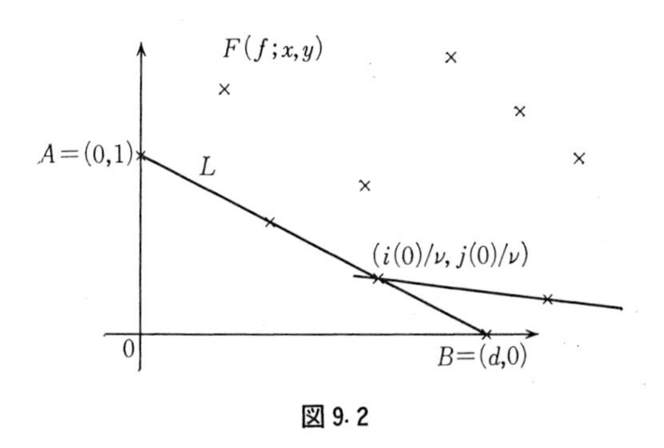

図 9.2

b)　(i)　$d=1$ のとき．f の ν 次部分を f_ν で表すと，

$$f_\nu = y^\nu + \cdots + c_{i(0),j(0)} x^{i(0)} y^{j(0)} = \prod_{i=1}^{\nu} (y-\beta_i x)$$

と書ける．$\beta_1, \cdots, \beta_\nu$ のどれかは 0 でない．

(i)-イ　$\beta_1=\cdots=\beta_\nu\neq 0$ のとき．$\eta=y-\beta_1 x$ とおくと，

$$f(x, y) = \eta^\nu + \cdots = \hat{f}(x, \eta)$$

と展開され，$\hat{f}_\nu=\eta^\nu$ だから，x, η について d を求め，それを $d(x, \eta)$ と書くと，$d(x, \eta)>1$．

(i)-ロ　相異なる $\beta_1, \cdots, \beta_\nu$ があるとき．原点で2次変換をする：$y=xu$ とおくと，

$$f(x, y) = x^\nu g(x, u)$$

と書かれ

$$g(x, u) = (u-\beta_1)\cdots(u-\beta_\nu)+\cdots$$

となる．$u=\beta_1$，$x=0$ の定める点 p_1 で，$1 \leqq e(p_1, C_1) < \nu$.

注意　直線 $y-\beta_i x=0$ を，曲線 $f=0$ の原点での**接線**という．原点は $f=0$ の特異点だから通常の接線はひけないのだが，$\nu=\mathrm{ord}(f)$ のとき，f_ν の既約成分として，$f=0$ に接触する直線を得るからこれをも接線とよぶのである．相異なる $\beta_1, \cdots, \beta_\nu$ の数だけ接線ができることに注意．また，すべての $\beta_1, \cdots, \beta_\nu$ が異なるとき，通常 ν 重特異点という．

c)　(ii)　$d>1$ のとき．$f_\nu=y^\nu$ となる．同様に2次変換をする．$y=xu$ とおき，b) と同様の記号を用いると，

$$g(x, y) = \sum_{i+j \geqq \nu} c_{i,j} x^{i+j-\nu} y^j.$$

さて，$(i/\nu, j/\nu) \in F^0$ をとると，L が最下辺だから，$j+i/d \geqq \nu$．これを用いると，$i \geqq d(\nu-j)$ になり，

$$i+j-\nu+j = i+2j-\nu \geqq d(\nu-j)-2(\nu-j)+\nu = (d-2)(\nu-j)+\nu.$$

(ii)-イ　$d<2$ のとき．$i=i(0)$，$j=j(0)$ とおくと

$$i+j-\nu+j-\nu = (d-2)(\nu-j(0)) < 0.$$

よって，$\nu_1=\mathrm{ord}(g)<\nu$．このときは原点での2次変換で，重複度が下がる．

(ii)-ロ　$d \geqq 2$ のとき．$\nu \geqq j$ ならば

$$i+j-\nu+j-\nu = (d-2)(\nu-j) \geqq 0.$$

$\nu<j$ ならば，なおのこと，

$$i+j-\nu+j-\nu \geqq i \geqq 0.$$

$g=u^\nu+\cdots$ なので，$\mathrm{ord}(g)=\nu$.

$F(g\,;x, u)$ から，$d'=d(x, u)$ を求めよう．

$$i' = i(0)+j(0)-\nu, \qquad j' = j(0)$$

とおくとき，$(i'/\nu, j'/\nu)$ が $A=(0, 1)$ を通る $F(g\,;x, u)$ の最下辺の点であって，

$$\frac{i'}{d'}+j' = \nu$$

を満たす．よって $d'=d-1$。

$d'\geqq 2$ ならば d'' を求める．つづけていけば $d^{(l)}<2$ である．$1<d^{(l)}<2$ になると (ii)-ロにより，重複度が下がる．$d^{(l)}=1$ になると，(i)-ロならば，重複度が下がるけれど，(i)-イならば，とりかえて，新しい $d>1$ に移り，議論が巡回し始め何も証明できなくなる．そもそも $d=d(f\,;x,y)$ は正則パラメータ (x,y) のとり方に依存していた．これの改善を試みねばならぬ．

§9.4 変数変換

$\varphi(0)=0$, $\psi(0)=0$ となる $\varphi, \psi\in k[[x,y]]$ をとる．

$$\frac{\partial(\varphi,\psi)}{\partial(x,y)}(0)\neq 0$$

ならば，$k[[\varphi,\psi]]=k[[x,y]]$．いいかえると，このとき φ,ψ を新しい変数に選べる．このことは，§5.6, c) で証明しておいた．

補題 9.1　$x=\varphi(\xi,\eta)$, $y=\eta\varepsilon(\xi,\eta)$, $\varphi(0)=0$, $\varepsilon(0)\neq 0$,

$$\frac{\partial(\varphi,\eta\varepsilon)}{\partial(\xi,\eta)}(0)=\frac{\partial\varphi}{\partial\xi}(0)\cdot\varepsilon(0)\neq 0$$

とする．$h(\xi,\eta)=f(\varphi(\xi,\eta),\eta\varepsilon(\xi,\eta))$ とおくとき，$h=c'\eta^{\nu}+\cdots$ $(c'\neq 0)$ は満たされ，かつ，$d(f\,;x,y)\leqq d(h\,;\xi,\eta)$ である．

証明　$0\neq c_{i,j}x^iy^j=c_{i,j}(\cdots+*\xi^r\eta^s+\cdots)$ と展開する $(*\in k^*)$．すると，0 と i との間に p が存在して，$r\geqq p$, $s\geqq i+j-p$ となることは φ と $\eta\varepsilon$ との定義から当然である．さて $d=d(f\,;x,y)$ とおき，$i/d+j\geqq\nu$ に注意して，

$$\frac{r}{d}+s\geqq\frac{p}{d}+i+j-p\geqq\frac{(p-i)(1-d)}{d}+\nu\geqq\nu.$$

よって $d(h\,;\xi,\eta)\geqq d$. ∎

§9.5 補　題

補題 9.2　x,y を $x=\varphi(\xi,\eta)$, $y=\psi(\xi,\eta)$ により変数変換する．$h(\xi,\eta)=f(\varphi,\psi)$ をつくるとき，$h_\nu=c'\eta^\nu$ となっていて，$1<d=d(f\,;x,y)<d'=d(h\,;\xi,\eta)$ とする．このとき，$u=y-\alpha x^d$ を選ぶと，$d(f\,;x,u)>d$ である．

証明　段階にわけて証明する．

(1)　$f_\nu=cy^\nu$ だから，$h_\nu=c'\eta^\nu$ になるには，$\psi_1=b'\eta$ とならねばならぬ $(b'\neq 0)$.

よって，$\dfrac{\partial\varphi}{\partial\xi}(0)\neq 0$.

$X=\varphi(\xi,\eta)$，$Y=\eta$ とおき，(ξ,η) を新しい変数 (X,Y) に変換することができる．補題9.1によると，

$$d(x,y)<d(\xi,\eta)\leqq d(X,Y).$$

X, Y を用いて ξ,η を表すと

$$\xi=\Phi(X,Y),\qquad \eta=Y.$$

よって，

$$x=\varphi(\xi,\eta)=\varphi(\Phi(X,Y),Y)=X,$$
$$y=\psi(\xi,\eta)=\psi(\Phi(X,Y),Y).$$

結局，$\varphi=\xi$ としてよいことが証明された．

(2) さらに

$$\psi(\xi,\eta)=B(\xi)+\eta\varepsilon(\xi,\eta)$$

とおくと，$\varepsilon(0)\neq 0$．よって，$\eta_1=\eta\varepsilon(\xi,\eta)$ とおき，(ξ,η) から (ξ,η_1) に変数変換する．$\eta=\eta_1\cdot 1/\varepsilon=\eta_1\varepsilon_1(\xi,\eta_1)$ と単数 ε_1 により逆に解けるから，補題9.1によって，

$$d(\xi,\eta)\leqq d(\xi,\eta_1).$$

かくして，$\psi(x,\eta)=B(x)+\eta$ と仮定しても一般性を失われないことがわかった．

(3) 一般に，$y=B(x)+\eta$ (ここで $B(0)=0$) により，(x,y) から (x,η) に変数変換するとき，$\hat{d}=\operatorname{ord}B(x)$，$d=d(x,y)$ と書けばつぎのことが成り立つ：

$$(*)\qquad \begin{cases} \hat{d}<d & \text{ならば}\quad d>d(x,\eta),\\ \hat{d}\geqq d & \text{ならば}\quad d\leqq d(x,\eta),\\ \hat{d}>d & \text{ならば}\quad d=d(x,\eta). \end{cases}$$

これを証明する．

$B(x)=\alpha x^{\hat{d}}+\cdots$ と書くとき，

$$y^\nu=(\eta+\alpha x^{\hat{d}}+\cdots)^\nu=\eta^\nu+\cdots+\alpha^\nu x^{\nu\hat{d}}+\cdots.$$

また，或る $i>0$ に対し $c_{ij}\neq 0$ ならば，

$$c_{ij}x^iy^j=c_{ij}(x^i\eta^j+\cdots+\alpha^j x^{i+j\hat{d}}+\cdots)$$

に注意して，

$$i+j\hat{d}-\nu\hat{d}\geqq d(\nu-j)+(j-\nu)\hat{d}=(d-\hat{d})(\nu-j)$$

を観察してみよう．

$\hat{d}<d$ のとき，$\nu>j$ ならば右辺は正，よって $i+j\hat{d}>\nu\hat{d}$．$\nu<j$ ならば $i+j\hat{d}-\nu\hat{d}$

$=i+(j-\nu)\hat{d}>0$．ゆえに，$i>0$ の $c_{ij}\neq 0$ からでてきた展開項 $c_{ij}\alpha^j x^{i+j\hat{d}}+\cdots$ により $\alpha^\nu x^{\nu\hat{d}}$ が消されることはない．したがって $d(x,\eta)\leqq\hat{d}<d$.

$\hat{d}\geqq d$ のとき，$i\geqq 0$ に対して，

$$c_{ij}x^i y^j = \cdots + * x^{i+l\hat{d}}\eta^{j-l}+\cdots \qquad (j\geqq l\geqq 0).$$

よって，

$$\frac{i+l\hat{d}}{d}+j-l = \frac{i}{d}+j+\frac{l(\hat{d}-d)}{d} \geqq \nu.$$

したがって $d(x,\eta)\geqq d$.

とくに $\hat{d}>d$ ならば，$l>0$ のとき右辺$>\nu$．よって，$i(0)/d+j(0)=\nu$（ここに $i(0)>0$）を選ぶとき，

$$c_{i(0),j(0)}x^{i(0)}y^{j(0)} = c_{i(0),j(0)}x^{i(0)}\eta^{j(0)}+\cdots$$

は $f(x,\eta+B(x))$ の展開でも必ず生き残る．それゆえ，$\hat{d}>d$ ならば $d(x,\eta)=d$.

(4)　補題9.2の証明にもどる．$d(x,\eta)>d=d(x,y)$ を仮定しているから，(*) によって，$\hat{d}=\mathrm{ord}\,B(x)\geqq d$ となる．$B=\alpha x^{\hat{d}}+B_1(x)$ $(\mathrm{ord}\,B_1(x)>\hat{d})$ と書く．$\hat{d}>d$ ならば (*) により，$d(x,\eta)=d$．これは仮定に反する．よって，$\hat{d}=d$．$u=y-\alpha x^d$ とおく．$\eta=y-B(x)=u-B_1(x)$ に注意して，$d(x,u)$, $d(x,\eta)$ を求める．

$$\mathrm{ord}\,B_1(x)>d \quad だから \quad d(x,u)=d(x,\eta),$$
$$\mathrm{ord}(\alpha x^d)=d \quad だから \quad d(x,u)\geqq d(x,y).$$

$d(x,u)=d(x,y)$ ならば $d(x,\eta)=d(x,y)$ となり仮定に反する．ゆえに $d(x,u)>d(x,y)$．かくして補題9.2が示された．∎

§9.6　最大接触度

a)　さて

$$\delta(f)=\max\{d(f;x,y)\ ;\ (x,y)\}$$

とおくとこれは有限値である．なぜならば，$\delta(f)=\infty$ とすると，つぎのようにして矛盾に到る．$d=d(f;x,y)$ とおく．$d(\xi,\eta)>d(x,y)=d$ となる (ξ,η) があるので，前述の補題9.2により $d(x,y-\alpha x^d)>d$．$\delta(f)=\infty$ なので，この操作は無限にくり返されて，$y-\alpha x^d-\alpha_1 x^{d_1}+\cdots=y_\infty$ が定まる．(x,y_∞) も新しい変数とみなされるけれども $d(x,y_\infty)=\infty$ になり矛盾する．

この $\delta(f)$ を**最大接触度**という．補題9.2をくり返し用いれば，多項式 $\phi(x)$

$=\alpha x^d+\cdots$ が存在して，

$$d(f\,;x,y-\phi(x))=\delta(f)$$

となる．$y=\phi(x)$ はもちろん考えている原点 $(0,0)$ で非特異．$y-\phi(x)=0$ を曲線 $f=0$ の原点での**最大接触曲線**（の一つ）という（§9.16, c）参照）．

b）　さて，$\delta(f)>1$ のとき，$\delta(f)=d(f\,;x,y)$ となる (x,y) を用いて，§9.3, c）のように2次変換する：$y=xu$ とおき，

$$f(x,y)=x^{\nu}g(x,u)$$

とする．$d(g\,;x,u)=\delta(f)-1$ である．さて，

$$d(g\,;x,u)=\delta(g)$$

を証明しよう．もしそうでないならば，補題9.2によって，$u_1=u-\alpha x^{\delta(f)-1}$ を選ぶと，

$$d(g\,;x,u_1)>d(g\,;x,u)=\delta(f)-1.$$

$y=xu=xu_1+\alpha x^{\delta(f)}$ に注意して，$y_1=y-\alpha x^{\delta(f)}$ とおけば，$y_1=xu_1$ によって，§9.3, c）より，

$$d(f\,;x,y_1)=d(g\,;x,u_1)+1>\delta(f).$$

かくして $\delta(f)$ が最大，という定義に反してしまう．かくして $\delta(g)=\delta(f)-1$ がわかった．

$\delta(f)=1$ のとき，つねに $\delta(f)=d(f\,;x,y)$ となる．そして§9.3, b）の (i)-イがおきることはない．よって，2次変換1回で必ず原点での f の位数が減少する．

§9.7　特異点の解消

a）　かくしてつぎの定理を得る．

定理 9.1　$[\delta(f)]$ 回2次変換すると，必ず重複度が下がる．

定理 9.2 (M. Noether)　代数曲面 S 上の代数曲線を C とする．C の特異点を p とし，中心 p の2次変換

$$\mu:S_1=Q_p(S)\longrightarrow S$$

を行う．C_1 を C の μ による強変換（固有変換ともいう）とする．$\mu^{-1}(p)\cap C_1$ 上の C_1 の特異点があればそれを p_1 とし，中心 p_1 の2次変換

$$\mu_1:S_2=Q_{p_1}(S_1)\longrightarrow S$$

を行う．これをくり返し，各 C の特異点で同様に行い，最終的に強変換 C_l を非

特異にできる(図式 9.1)：

$$\begin{array}{ccccccc} S_l & \xrightarrow{\mu_{l-1}} \cdots \longrightarrow & S_2 & \xrightarrow{\mu_1} & S_1 & \xrightarrow{\mu} & S \\ \cup & & \cup & & \cup & & \cup \\ C_l & \longrightarrow \cdots \longrightarrow & C_2 & \longrightarrow & C_1 & \longrightarrow & C \end{array}$$

図式 9.1

証明　定理 9.1 により，特異点の重複度を順次下げ，ついには，すべての点で重複度 1，すなわち非特異にできる．∎

b)　$\mu^{-1}(p)=\{p_1, \cdots, p_s\}$ とするとき，p_i が C_1 の特異点ならば，p_i を p **に無限に近い C の特異点** (infinitely near singular point) という．p_i に無限に近い C_1 の特異点をも p に (位数 2 で) 無限に近い C の特異点という．以下くり返す．定理 9.2 の主張を p に無限に近い特異点は有限個である，といいかえることもできよう．この概念図を図 9.3 (1) に書いておく．C の p での特異性は極めて多様であるが，無限に近い特異点を考えることにより，簡単な特異点に分解できる．

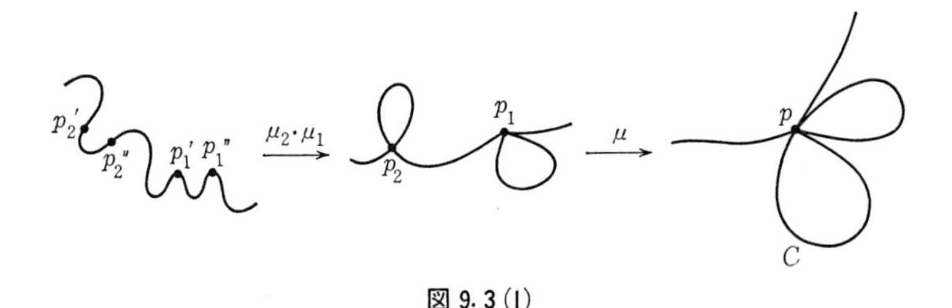

図 9.3 (1)

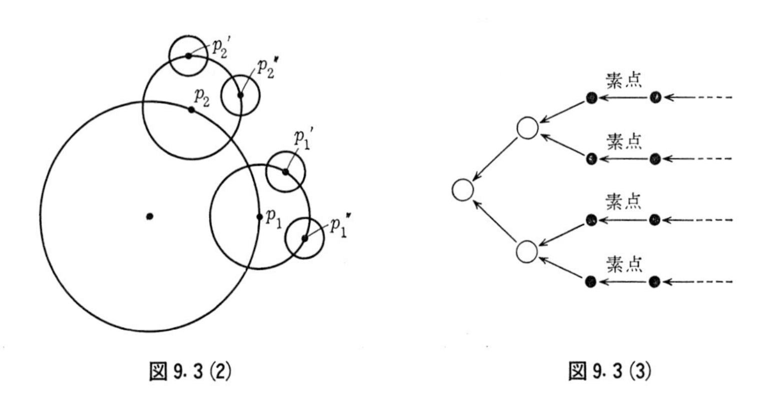

図 9.3 (2)　　図 9.3 (3)

S. Abhyankar は，正弦波への分解を想起させるものがある，という．波に一つ石を落とすと同心円の波紋ができる．さらに，石を沢山落とすと複雑な波紋ができるが，それは，一つ一つの同心円波紋に分解して考えられる．2次変換による特異点の解析はこのようなものなのである(図 9.3 (2))．図 9.3 (3) の図を，特異点解消の**木**という．

§9.8　無限に近い共通点

a)　C と D とを S 上の代数曲線とする．p を C と D との共通点とし，$\nu=e(p,C)$，$\lambda=e(p,D)$ とおこう．さて，p で2次変換 $\mu: S_1=Q_p(S)\to S$ を行う．C と D の μ による強変換をそれぞれ C_1 と D_1 で示すと，§7.30, e) により

$$\mu^*C=C_1+\nu E, \qquad \mu^*D=D_1+\lambda E.$$

C と D との交点数の変化を調べよう．

$$\begin{aligned}(C,D)&=(\mu^*C,\mu^*D)=(\mu^*C,D_1)+\lambda(\mu^*C,E)=(\mu^*C,D_1)\\&=(C_1,D_1)+\nu(E,D_1)=(C_1,D_1)+\nu\lambda.\end{aligned}$$

もっとも交点数の変化するのは p の点または p に無限に近い点に限るから，局所交点数 $I_p(C,D)$ (§8.2, a), (v)) を用いると，$C_1\cap E=\{p_1,\cdots,p_s\}$ とおけば，

$$I_p(C,D)=\sum I_{p_j}(C_1,D_1)+\nu\lambda.$$

もし $p_j\notin D_1$ ならば $I_{p_j}(C_1,D_1)=0$ である．$p_j\in D_1$ ならば p_j を C と D との p に無限に近い共通点という．$\nu_j=e(p_j,C_1)$，$\lambda_j=e(p_j,D_1)$ とおき p_1 で2次変換し，それを p_2 で2次変換し，… と続けていって，ついに p_s で2次変換する．これらを続けた双有理写像による C_1 と D_1 の強変換を C_2, D_2 とおく(図式 9.2):

$$\begin{array}{ccc}Q_{p_1,\cdots,p_s}(S_1)\longrightarrow\cdots\longrightarrow Q_{p_1}(S_1) & \longrightarrow & S_1\\ \cup & & \cup\\ C_2 & \longrightarrow & C_1,\\ D_2 & \longrightarrow & D_1\end{array}$$

図式 9.2

すると，

$$I_p(C,D)=\lambda\nu+\sum\lambda_j\nu_j+\sum_q I_q(C_2,D_2).$$

ここに q は C_2 と D_2 の共通点で p に無限に近い．かくしてつぎの定理を得る．

定理 9.3 (M. Noether)

$$I_p(C, D) = \{\sum \lambda_q \nu_q\,;\ q\text{ は }C\text{ と }D\text{ との }p\text{ に無限に近い共通点で，}\nu_q = e(q, D),\ \lambda_q = e(q, C)\}.$$ ——

p 自身も p に無限に近い点と考えている．q が p に無限に近い点ならば，或る C の 2 次変換の合成 C_i の点なのだから，$e(q, C) = e(q, C_i)$ と定義しておくのである (図 9.4)．

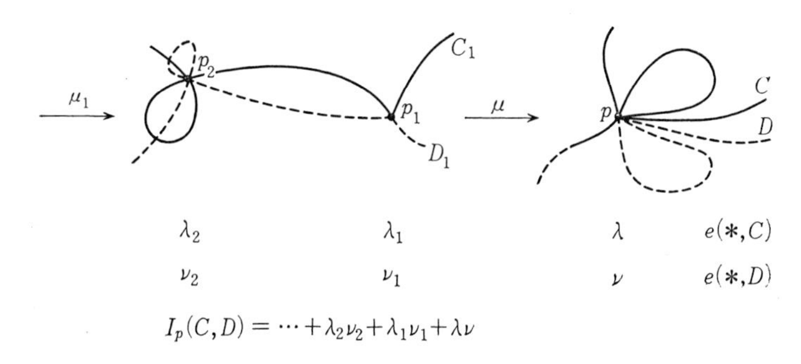

図 9.4

b)　**例 9.2**　C を $y = x^n$，D を $y = 2x^m$ とする．$e(0, C) = e(0, D) = 1$ であり，原点で 2 次変換すると，

$$C_1\text{ は }y = x^{n-1},\qquad D_1\text{ は }y = 2x^{m-1}$$

となる．$n \geqq m$ とすると，

$$C_m\text{ は }y = x^{n-m},\qquad D_m\text{ は }y = 2.$$

したがって C_m と D_m とは共通点が原点でなくなる．よって，

$$I_0(C, D) = 1 + 1 + \cdots + 1 = m.$$

c)　a) につづけよう．とくに

$$I_p(C, D) \geqq e(p, C) \cdot e(p, D).$$

ここで等式になるのは，C と D とが p 以外の p に無限に近い共通点をもたぬときに限り，それは，C と D とに p で共通接線がないこと，といいかえられる．このとき，C と D とは点 p で**通常交叉的**という．M. Noether の定理は，C と D とは無限に近い点で通常交叉的と考えれば，交点数が計算できることを教えている．このように，複雑な交点が単純な要素に分解されるのである．

§9.9　Plücker の公式

S を(完備非特異)代数曲面，C を S 上の代数曲線とする．K を S の標準因子とし，$\pi(C)=\dim H^1(C,O)$ と書く．定理 8.2 の系 1 によると，

$$\pi(C)=\frac{KC+C^2}{2}+1.$$

p を C の特異点とし，p で S を 2 次変換する：$\mu: S_1=Q_p(S)\to S$．C_1 を C の μ による強変換，K_1 を S_1 の標準因子とすると，

$$\mu^*(C)=C_1+\nu E,$$
$$\mu^*(C+K)=C_1+K_1+(\nu-1)E.$$

ここに $\nu=e(p,C)$ とおいた．$C+K$ を C の**随伴曲線** (adjoint curve) といって，C' で表す．上式により，

$$\mu^*(C')=(C_1)'+(\nu-1)E$$

が成り立つので，C' はあたかも，p で $\nu-1$ 位の重複度を持つかのようにふるまう，と考えられる．それゆえ，

$$\pi(C_1)+\binom{\nu}{2}=\pi(C).$$

C_1 にさらに 2 次変換をくり返して，ついに非特異代数曲線 C_l に到ったとすると，

$$\pi(C)=\binom{\nu}{2}+\binom{\nu_1}{2}+\cdots+\binom{\nu_{l-1}}{2}+\pi(C_l).$$

一方，C_l は非特異なのだからそれは C の非特異モデル．よって $\pi(C_l)$ は C の種数 $g(C)$ である．かくして，つぎの定理を得る．

定理 9.4 (J. Plücker の公式)

$$g(C)=\pi(C)-\sum_p\binom{\nu_p}{2}.$$

p は C の (無限に近い) 特異点で，ν_p は p での C の重複度である．

無限に近い点は，少々恐るべきものだから，みかけ上なくして書こう．

$$\varepsilon_p=\left\{\sum\binom{\nu_q}{2};\ q\text{ は } p \text{ に無限に近い特異点}(p\text{ 自身も含める})\right\}$$

とおくとき，

$$g(C)=\pi(C)-\sum\varepsilon_p.$$

したがって，ε_p をいろいろ計算するとよい。

§9.10 ε_p の計算

a)　例 9.3　p が通常 2 重点または簡単な 2 重尖点，いいかえると，$2=e(p, C)$ かつ p に無限に近い (p 以外の) 特異点のないとき，$\varepsilon_p=1$.

例 9.4　p を通常 ν 重点としよう．すると，

$$\varepsilon_p=\frac{\nu(\nu-1)}{2}.$$

これは，つぎのように直観的理解が可能である．通常 ν 重点をミクロ的にみると，ν 本の直線の集りである．それを少しずらすと，ν 本の直線が $\nu(\nu-1)/2$ 個の点で交わる (図 9.5)．各点は通常 2 重点である．

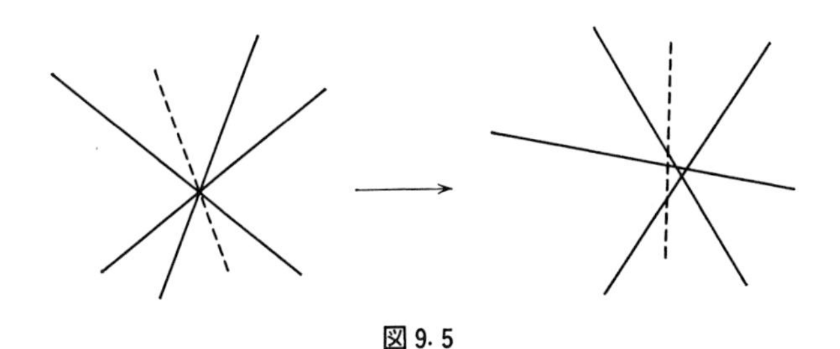

図 9.5

b)　尖点と竹　p を C の特異点とする．p で 2 次変換して $\mu: C_1\to C$ を得るとき $\mu^{-1}(p)=p_1$ と 1 点しかないとする，さらに p_1 で 2 次変換して $\mu_1: C_2\to C_1$ を得るとき $\mu_1{}^{-1}(p_1)=p_2$ と 1 点しかないとする，…．このように，つねに 1 点しかでてこないとき，p を C の**尖点** (cusp) という．$\nu_i=e(p_i, C_i)$ として，つぎのように図示する (図 9.6)．$\nu_1=1$ のとき，簡単な ν 重尖点という．

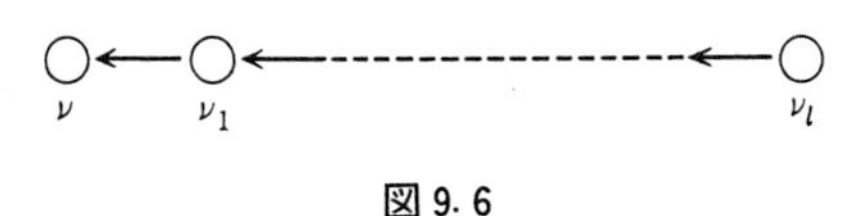

図 9.6

このように枝わかれのない木を**竹**という．日本人は竹というとき，枝わかれした竹を思い浮かべる．しかし，装飾品として磨かれた 4 尺ほどの竹しか見ていない国民には，竹といえば枝わかれなど全然ないのであろう．

c)　例 9.5　§9.1, b) の例 $y^\lambda-x^\nu=0$ をとりあげて竹を描いてみよう．

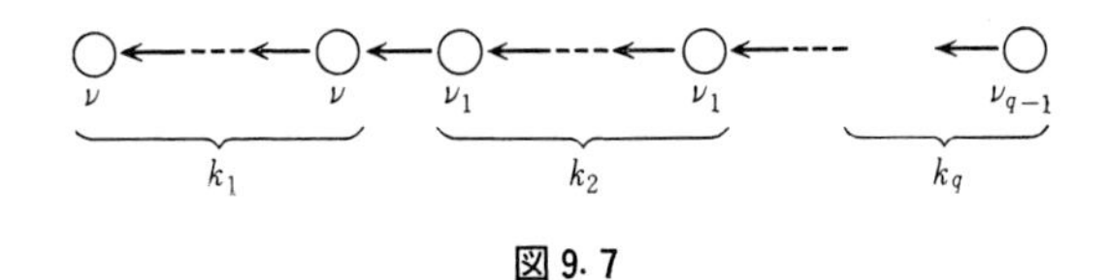

図 9.7

よって,

$$\varepsilon_p = \sum_{i=0}^{q-1} k_{i+1}\binom{\nu_i}{2} \qquad (\nu_0=\nu)$$

である．このように書くと難しくみえるが，Euclid 互除法の式:

$$\lambda = k_1\nu+\nu_1,$$
$$\nu = k_2\nu_1+\nu_2,$$
$$\cdots\cdots\cdots\cdots$$
$$\nu_{q-1} = k_{q+1}\cdot 1$$

によって,

$$\sum k_{i+1}\nu_i^2 = \lambda\nu-\nu_{q-1},$$
$$\sum k_{i+1}\nu_i = \lambda+\nu-\nu_{q-1}-1$$

を得るから,

$$\sum k_{i+1}\binom{\nu_i}{2} = \frac{(\lambda-1)(\nu-1)}{2}.$$

それゆえ

$$\varepsilon_p = \frac{(\lambda-1)(\nu-1)}{2}.$$

さらに，$y^\lambda=x^\nu$ を $\boldsymbol{P}^2$ の曲線とみる．いいかえると，斉次座標 x_0, x_1, x_2 により，$x_2^\lambda-x_0^{\lambda-\nu}x_1^\nu=0$．この特異点は $(0:1:0)$ と $(1:0:0)$ である．$\xi=x_2/x_1$, $\eta=x_0/x_1$ と書くと $\eta^{\lambda-\nu}=\xi^\lambda$．よって，$0=(1:0:0)$, $\infty=(0:1:0)$ と書くとき,

$$\varepsilon_0 = \frac{(\lambda-1)(\nu-1)}{2}, \qquad \varepsilon_\infty = \frac{(\lambda-1)(\lambda-\nu-1)}{2}.$$

さて，$\deg C=\lambda$ だから,

$$\pi(C) = \frac{(\lambda-1)(\lambda-2)}{2}.$$

$\varepsilon_0+\varepsilon_\infty=(\lambda-1)(\lambda-2)/2$ となるので，Plücker の公式 (定理 9.4) により $g(C)=0$.

C の種数を求めるだけなら極めて容易である．$C^0=C-\{0,\infty\}$ とおき，

$$\begin{array}{ccc} G_m & \simeq & C^0 \\ \Psi & & \Psi \\ t & & (t^\lambda, t^\nu) \end{array}$$

を考える．$R(C^0)=R(G_m)=k(t)$ だから C は有理曲線である．よって $g(C)=0$.

d) 一般の特異点では竹では済まず，木がでてくる．一度非特異点になれば，いくらそこで2次変換しても，非特異点が一つでてくるだけである．このような点，すなわち，特異点 p に無限に近いはじめの非特異点 q を，C の p での**素点**という．素点 q での正則パラメータを t_q とすると，$R(C)$ の元 R を p でのパラメータ x,y で $R(x,y)$ と表せば，$x=P(t_q)$, $y=Q(t_q)$ とパラメータ表示して，$\operatorname{ord}_t R(P(t),Q(t))$ $(t=t_q)$ により $R(C)$ に離散付値がきまる．実は C の非特異点も素点とみなすとき，$R(C)$ の離散付値の同値類は素点と1対1に対応し，素点が付値論でとらえられるのであるが，これ以上はふれない．

§9.11 $\boldsymbol{\varepsilon_p=\delta_p}$

代数曲線 C の種数を求める公式を**種数公式**という (定理5.12)．いろいろな種数公式が知られている．C の正規化 C^* を考えることにより，つぎの式を得る．

$$g(C)=\pi(C^*)=\pi(C)-\sum_p \dim(\mathcal{O}_{C,p}'/\mathcal{O}_{C,p}).$$

ここに $\mathcal{O}_{C,p}'$ は $\mathcal{O}_{C,p}$ の整閉包である．$\delta_p=\dim(\mathcal{O}_{C,p}'/\mathcal{O}_{C,p})$ とおくと，C が S 上の曲線ならば

$$\delta_p=\varepsilon_p.$$

この式は決して自明ではない．もし p が C の唯一の特異点ならば，$g(C)=\pi(C)-\delta_p=\pi(C)-\varepsilon_p$ により，仕方なく $\delta_p=\varepsilon_p$.

そこで，特異点の数 s の帰納法で示す．特異点 p_s で2次変換をくり返して，つぎの性質をもつ C_1 を得る．すなわち，$\mu: C_1\to C$ は $\mu|(C_1-\mu^{-1}(p_s))$ が同型．$\mu^{-1}(p_s)$ の各点で C_1 は非特異．すると，$p\in C$ での ε_p,δ_p をそれぞれ $\varepsilon(p,C)$, $\delta(p,C)$ で示すと，$i<s$ に対し $\varepsilon(p_i,C_1)=\delta(p_i,C_1)$. かつ $\varepsilon(p_i,C_1)=\varepsilon(p_i,C)$, $\delta(p_i,C_1)=\delta(p_i,C)$ だから，結局，$\varepsilon(p_i,C)=\delta(p_i,C)$.

ε_p と δ_p とは共に p の局所的な性質によるから，以上の証明は好ましいとはいえない．$k[[x,y]]/(f)$ に対して，純粋に環論的証明も可能である (Zariski).

§9.12　C の導手

C を S 上の曲線とするとき，定理5.12を C に適用する．C の非特異モデル $\mu: C^* \to C$ に対して，導手を計算せねばならない．$p_1 \in \mu^{-1}(p)$ として，p_1 での正則パラメータを t と書き，p での S の正則パラメータ系を (x, y)，C の定義式を $f(x, y)$ と書くとき，μ の導手の p_1 での係数 $\sigma(p_1)$ は

$$\sigma(p_1) = \mathrm{ord}_t \frac{\partial f}{\partial y}(x, y) - \nu + 1$$

で与えられる．もちろん $\mu^*: \mathcal{O}_{S,p} \to \mathcal{O}_{C,p} \to \mathcal{O}_{C^*,p_1}$ に，完備化 $\mathcal{O}_{p_1} \subset \hat{\mathcal{O}}_{p_1} \simeq k[[t]]$ をつなげて，やはり μ^* と書き，$\mu^* f_y(x, y)$ の t に関しての位数を $\mathrm{ord}_t f_y(x, y)$ と略記しているのである．定理5.12によれば，

$$g(C) = \pi(C) - \sum \frac{\sigma(p_1)}{2}.$$

さらに，$\varepsilon_p' = \{\sum \sigma(p_1)/2;\ \mu(p_1) = p$ となる p_1 について$\}$ とおくと，$\varepsilon_p' = \varepsilon_p$ となることは§9.11と同様に証明される．

$\nu = \mathrm{ord}_t x \leqq \mathrm{ord}_t y$ としよう．

$$\begin{cases} x\ (= \mu^* x) = ct^\nu + \cdots, \\ y\ (= \mu^* y) = bt^\lambda + \cdots \end{cases}$$

と展開されるから，$x = \tau^\nu$ となる $\tau = \tau(t) \in k[[t]]$ が存在して $\mathrm{ord}_t \tau = 1$．よって t を τ に座標変換する：

$$\begin{cases} x = \tau^\nu, \\ y = \sum_{m \geqq \lambda} a_m \tau^m \qquad (a_\lambda \neq 0). \end{cases}$$

そこで，係数 a_m が0になるならばそれを書かない，と規約すれば

$$y = \sum_{i=1}^{\infty} a_i \tau^{\lambda_i} \qquad (a_i \neq 0,\ \lambda = \lambda_1 < \lambda_2 < \cdots).$$

このように零でない係数を用いた展開を考えるかぎり，係数 a_i にもまして重要なのは指数列 $\lambda_1 < \lambda_2 < \cdots$ である．以後，このような展開を重用するから，上式を **Puiseux 展開**とよぶことにする．

$\nu \leqq \lambda_1$ だが，$\nu = \lambda_1$ ならば $y = a_1 x + \eta$ とおきかえれば，

$$\begin{cases} x = t^\nu, \\ \eta = \sum a_i t^{\lambda_i} \qquad (a_i \neq 0,\ \nu < \lambda_1 < \lambda_2 < \cdots) \end{cases}$$

という Puiseux 展開を得ることを注意しておこう.

§9.13 交点数のベキ級数表示

§9.8 の状況に戻ろう. すなわち, C と D とを S 上の代数曲線とし, p を C と D との共通点とする. C の非特異モデル $\mu: C^* \to C$ を考えると, §8.2, a) の (vi) より

$$(C, D) = \deg(\mu^*(D|C))$$

であった. だから, 局所的には $\mu^{-1}(p) = \{p_1, \cdots, p_s\}$ と書けば

$$I_p(C, D) = \sum_{j=1}^{s} [\mu^*(D|C) \text{ の } p_j \text{ の係数}].$$

さて, p での S の正則パラメータ系を (x, y) とし, D の定義式を $\psi(x, y)$ とベキ級数で書く. また C の定義式を $\varphi(x, y)$ で表すと, p_1 での正則パラメータ t を用いた式

$$\begin{cases} x = t^\nu, \\ y = \sum a_j t^{\lambda_j} \qquad (\nu \leqq \lambda_1 < \cdots) \end{cases}$$

により $\varphi=0$ が解ける. いいかえると

$$\varphi(t^\nu, \ \sum a_j t^{\lambda_j}) = 0.$$

$\mu^*(D|C)$ の p_1 での係数は,

$$\mathrm{ord}_t \, \psi(t^\nu, \sum a_j t^{\lambda_j})$$

である. よって $I_p(C, D)$ は, 各 t_j で各 ord( ) を求めると, その和になる.

このように, $I_p(C, D)$ を求める方法を **Enriques-Chisini の方法**という.

§9.14 擬多項式

$\varphi, \psi \in k[[x, y]]$ を Weierstrass の準備定理によって, 擬多項式表示をする. 必要ならば, x, y の 1 次変換をして

$$\varphi = \varepsilon(x, y)(y^m + A_1(x) y^{m-1} + \cdots + A_m(x))$$

と書かれる. ここに $A_1(0) = \cdots = A_m(0) = 0$, $\varepsilon(0, 0) \neq 0$. $\tilde{\varphi} = y^m + A_1(x) y^{m-1} + \cdots + A_m(x)$ を $k[[x]]$ を係数とした y の多項式とみて素元分解する:

$$\tilde{\varphi}(y) = \varphi_1(y) \cdots \varphi_e(y).$$

φ を $\mathcal{O}_{S,p}$ の元とみて既約ならば, $\varphi_1, \cdots, \varphi_e$ はみな相異なる. $\deg_y \varphi_i(y) = \nu_i$ と

おく．すると，x の ν_i 乗根を t_i と書くとき，$\varphi_i(y)$ は $k[[t_i]]$ の範囲で1次式に分解する．すなわち

$$\begin{cases} x = t^{\nu} & \left(\nu=\nu_i,\ t=t_i,\ \zeta=\exp\left(2\pi\sqrt{-1}\dfrac{1}{\nu}\right) \text{と書く}\right), \\ y = Q(t) = \sum a_j t^{\lambda_j} & (a_j \neq 0,\ \lambda_1<\lambda_2<\cdots) \end{cases}$$

があって，

$$\varphi_i(y) = (y-Q(t))(y-Q(\zeta t))\cdots(y-Q(\zeta^{\nu-1}t)).$$

これはベキ級数についての代数学の初等的事実 (Newton による) である．

この e が，p の**素点の数**を表すことは当然であろう．$e=1$，すなわち $\varphi(y)$ が y の多項式として既約のとき，p の特異点解消の図を描くと，竹が1本生えたのができる．

§9.15　計算例

a)　$\varphi(y)=y^{\nu}+A_1(x)y^{\nu-1}+\cdots \in k[[x]][y]$ を既約として，

$$\sigma' = \dim\frac{k[[x, y]]}{(\varphi, \varphi_y)}$$

を求めてみよう．これから，$\varepsilon_p{}'$ が求められるから応用上価値のあることでもある．

$$\begin{cases} x = t^{\nu}, \\ y = Q(t) = a_1 t^{\lambda_1}+a_2 t^{\lambda_2}+\cdots & (a_1, a_2, \cdots \neq 0,\ \lambda_1<\lambda_2<\cdots) \end{cases}$$

と Puiseux 展開する．$\nu \leqq \lambda_1$ に注意しておく．

$$\varphi(y) = \prod_{i=0}^{\nu-1}(y-Q(\zeta^i t))$$

だから

$$\varphi_y(y) = \sum_{j=0}^{\nu-1}\prod_{i\neq j}(y-Q(\zeta^i t)).$$

よって

$$\sigma' = \mathrm{ord}_t\,\varphi_y(Q(t)) = \mathrm{ord}_t \prod_{i=1}^{\nu-1}(Q(t)-Q(\zeta^i t)),$$

$$Q(t)-Q(\zeta^i t) = \sum_{m=1}^{\infty} a_m(1-\zeta^{\lambda_m i})t^{\lambda_m}.$$

よって，$i \in [1, \nu-1]$ に対して

$$m(i) = \min\{m\,;\,\lambda_m i \not\equiv 0 \mod \nu\}$$

とおくとき，

$$\sigma' = \sum_{i=1}^{\nu-1} \lambda_{m(i)}.$$

このようにして，σ' の計算は，$\{\nu\,;\,\lambda_1, \lambda_2, \cdots\}$ なる自然数列の問題に帰着された.

b)　$a(1)=\min\{m(i)\}$ とおく．$\lambda_{a(1)}$ は ν の倍数でないような λ_m の最小の数である．いいかえると，

$$\lambda_{a(1)} = \min\{\lambda_m\,;\,\lambda_m \not\equiv 0 \mod \nu\}.$$

$\lambda_{a(1)}/\nu = q_1/p_1$ と既約正分数で書くと，

$$\begin{aligned} a(1) = m(i) &\iff \lambda_{a(1)} i \not\equiv 0 \mod \nu \\ &\iff q_1 i \not\equiv 0 \mod p_1 \\ &\iff i \not\equiv 0 \mod p_1. \end{aligned}$$

よって，

$$\#\{i\,;\,m(i)=a(1)\} = \frac{(p_1-1)\nu}{p_1} = \nu - \frac{\nu}{p_1}.$$

ついで，

$$a(2) = \min\{m(i)\,;\,m(i) > a(1)\}$$

とおき，$\lambda_{a(2)}/\nu = q_2/p_1p_2$ と q_2/p_2 は既約分数になるように表示する．このとき $p_2>1$．なぜならば，$p_2=1$ とするとき $a(2)=m(i)>a(1)$ となる i をとると

$$\lambda_{a(2)} i \not\equiv 0 \mod \nu.$$

を満たす．これにより，

$$q_2 i \not\equiv 0 \mod p_1.$$

よって，$i \not\equiv 0 \mod p_1$ となり，$a(2)=m(i)=a(1)$ となる．これは矛盾.

さて，同様に，

$$\begin{aligned} a(2) = m(j) &\iff \lambda_{a(1)} j \equiv 0 \mod \nu \ \text{かつ}\ \lambda_{a(2)} j \not\equiv 0 \mod \nu \\ &\iff -jq_1 \equiv 0 \mod p_1 \ \text{かつ}\ -jq_2 \not\equiv 0 \mod p_1p_2 \\ &\iff j = lp_1 \ \text{かつ}\ l \not\equiv 0 \mod p_2. \end{aligned}$$

よって，

$$\#\{j\,;\,m(j)=a(2)\} = \frac{\nu}{p_1} - \frac{\nu}{p_1p_2} = \frac{\nu}{p_1}\left(1-\frac{1}{p_2}\right).$$

かくして，帰納的に，

$$a(s) = \min\{m(i)\,;\, m(i) > a(s-1)\},$$

$$\frac{\lambda_{a(s)}}{\nu} = \frac{q_s}{p_1\cdots p_s} \qquad \left(\frac{q_s}{p_s}\text{ は既約分数}\right)$$

と定義すると，$p_s>1$ であって，

$$u_s = \#\{i\,;\, m(i)=a(s)\}$$

とおくと，

$$u_s = \frac{\nu}{p_1\cdots p_{s-1}}\left(1-\frac{1}{p_s}\right).$$

それゆえ，s の最大値を g とおくと，

$$\sigma' = \sum_i \lambda_{m(i)} = \sum_s u_s\lambda_{a(s)} = \sum_{s=1}^{g}\left(\frac{\nu}{p_1\cdots p_s}\right)^2 q_s(p_s-1) \qquad (\nu=p_1\cdots p_g$$

となる．これより

$$\sigma' = \sum (p_{s+1}\cdots p_g)^2 q_s(p_s-1)$$

とも書ける．これはかなり複雑な公式であるが，まとめてつぎの定理を得る．

定理 9.5　$$2\varepsilon_p = \sum (p_{s+1}\cdots p_g)^2 q_s(p_s-1) - \nu + 1.$$ ——

§9.16　特性対

a)　前節で出てきた $\{(q_1, p_1), (q_2, p_2), \cdots, (q_g, p_g)\}$ を $\varphi(x, y)$ の**特性対** (characteristic pairs) という．とくに，(q_1, p_1) を**第1特性対**という．g を $\varphi(x, y)$ の**種数** (genus) ということもある．もちろん，代数曲線の種数とは似てもにつかぬ別ものである．(q_1, p_1) は興味ある性質をもつ．たとえば $\delta(\varphi)=q_1/p_1$．いいかえると，第1特性対は $\delta(\varphi)$ の既約分数表示として得られる．これを証明するために $\delta(\varphi)$ の考察をまず行おう．

$\varphi(x, y) \in k[[x, y]]$ は既約とする．$\operatorname{ord}\varphi(0, y)=\nu$, $\operatorname{ord}\varphi(x, y)=\nu$ としてよい．そこで，Weierstrass の準備定理により，

$$\varphi(x, y) = \varepsilon(x, y)(y^\nu + A_1(x)y^{\nu-1} + \cdots + A_\nu(x)) \qquad (\varepsilon(0, 0) \neq 0)$$

と書かれる．$\operatorname{ord}\varphi=\nu$ だから，$\operatorname{ord} A_i(x) \geqq i$ である．$\varepsilon=1$ として一般性を失わない．さて，中学校で習ったように，$\nu-1$ 次の項の係数を 0 にひき直せる．すなわち，$y+(1/\nu)A_1(x)=\eta$ と新しい変数を用いればよい．η を y と書き

$$\varphi(x, y) = y^\nu + A_2(x)y^{\nu-2} + \cdots + A_\nu(x).$$

これに2次変換を行う：y に xy を代入すると，

$$\varphi(x, xy) = x^\nu\left(y^\nu + \frac{A_2(x)}{x^2}y^{\nu-2} + \cdots + \frac{A_\nu(x)}{x^\nu}\right).$$

だから

$$\varphi_1(x, y) = y^\nu + \frac{A_2(x)}{x^2}y^{\nu-2} + \cdots + \frac{A_\nu(x)}{x^\nu}$$

とおく．これが $\varphi_1(0, 0)=0$ でかつ $\mathrm{ord}\,\varphi_1(x, y) \geqq \nu$ ならば同じ2次変換をくり返す．そして，ついには，

$$\varphi_1(0, 0) \neq 0 \quad \text{または} \quad \varphi_1(0, 0) = 0 \text{ かつ } \mathrm{ord}\,\varphi_1(x, y) < \nu$$

となる．前者ならば，$A_\nu(x) = ax^\nu + \cdots$ $(a \neq 0)$ だから，

$$(\varphi(x, y))_\nu = y^\nu + \alpha x^2 y^{\nu-2} + \cdots + ax^\nu = \prod (y - \beta_i x)$$

と書かれる．もし $\beta_1 = \cdots = \beta_\nu \neq 0$ ならば，$y^{\nu-1}$ の係数が 0 ではありえないから，仮定に反する．よって相異なる接線をもち，$y=\beta_1$，$x=0$ の点で重複度が下がる．後者ならば，$1 \leqq \mathrm{ord}\,\varphi_1(x, y) < \nu$ なので，やはり重複度が下がる．したがって，$d(\varphi; x, y) = \delta(\varphi)$ になる．

このようにして，定理9.1の別証明も得られた．

b) φ が既約ベキ級数のとき，つぎの定理が得られる．

定理 9.6

$$\delta(\varphi) = \frac{q_1}{p_1}.$$

証明 特性対の定義により，

$$\varphi(x, y) = y^\nu + A_2(x)y^{\nu-2} + \cdots + A_\nu(x)$$

としてよいことがわかる．$x=t^\nu$，$y=Q(t)$ と§9.12のように展開すると，

$$\sum_{i=0}^{\nu-1} Q(\zeta^i t) = A_1(x) = 0$$

により，ν の倍数となる λ_i のないことが分る．よって $y = a_1 t^{\lambda_1} + \cdots$，$\lambda_1/\nu = q_1/p_1$ となる．さて，

$$\delta(\varphi) = d(\varphi; x, y) = \min\left\{\frac{\mathrm{ord}\,A_i(x)}{i}; 2 \leqq i \leqq \nu\right\}$$

だから，$\mathrm{ord}\,A_i(x)$ を求める．

$$\lambda_1 i \equiv 0 \mod \nu \iff i \equiv 0 \mod p_1,$$

ゆえに

$$\prod_{i=0}^{\nu-1}(y-a_1\zeta^{i\lambda_1}t^{\lambda_1})=\prod_{0\leqq i\leqq p_1-1}(y-a_1\zeta^{i\lambda_1}t^{\lambda_1})^{\alpha} \qquad \left(\alpha=\frac{\nu}{p_1}\right).$$

$\zeta^{\lambda_1}=\exp(2\pi\sqrt{-1}(q_1/p_1))=\rho$ は1の原始 p_1 乗根である．よって，

$$\prod_{i=0}^{p_1-1}(y-a_1\rho^i t^{\lambda_1})=y^{p_1}-a_1{}^{p_1}t^{\lambda_1 p_1}=y^{p_1}-a_1{}^{p_1}x^{q_1}.$$

上式の α 乗を行うと，

$$y^{\nu}-\alpha a_1{}^{p_1}x^{q_1}y^{p_1(\alpha-1)}+\cdots+(-1)^{\alpha}a_1{}^{\alpha p_1}x^{\alpha q_1}.$$

これにより，

$$A_{ip_1}(x)=(-1)^i\alpha^i a_1{}^{ip_1}x^{iq_1}+\cdots,$$

ゆえに $\operatorname{ord}A_{ip_1}(x)=q_1 i$，そして $jp_1\in\boldsymbol{Z}$ となる $j\in\boldsymbol{Q}$ に対しても，$\operatorname{ord}A_{jp_1}(x)\geqq q_1 j$．よって，

$$\frac{\operatorname{ord}A_{ip_1}(x)}{ip_1}=\frac{q_1 i}{p_1 i}=\frac{q_1}{p_1}.$$

c) さらに，

$$A_{\nu}(x)=Q(t)Q(\zeta t)\cdots Q(\zeta^{\nu-1}t)=a_1{}^{\nu}\zeta^{\lambda_1}\cdots\zeta^{\lambda_1(\nu-1)}x^{\lambda_1}+\cdots$$

だから，$\operatorname{ord}A_{\nu}(x)=\lambda_1$．よって $F(\varphi;x,y)$ の最下辺の延長 AB の $B=(\lambda_1/\nu,0)$ は $F(\varphi;x,y)$ に属する．これにより，

$$\dim\frac{k[[x,y]]}{(\varphi,y)}=\lambda_1=\frac{\nu q_1}{p_1}=\nu\delta(f)$$

がわかった．$\varphi=0$ と $y=0$ の原点での交点数が $\nu\delta(\varphi)$ なのである．

d) 復習しながらまとめてみよう．

ベキ級数 $f\in k[[x,y]]$ をとり，$f(0,0)=0$，$\nu=\operatorname{ord}(f)$ とする．1次変換して，$f=y^{\nu}+\cdots$ と仮定できる．単数因子を無視して，擬多項式表示

$$\varphi(x,y)=y^{\nu}+A_1(x)y^{\nu-1}+\cdots+A_{\nu}(x)$$

をとる．$y+A_1(x)/\nu=\eta$ と変換する．$A_1(x)$ は無限級数ではあるが，補題9.2の変換と類似している．φ を既約としよう．このとき，

$$\varphi(x,y)=y^{\nu}+B_2(x)y^{\nu}+\cdots+B_{\nu}(x)$$

とおけば $\operatorname{ord}B_{\nu}(x)=\nu\delta(\varphi)$ として $\delta(\varphi)$ が得られる．また，$\nu\delta(\varphi)$ は $\varphi=0$ と最大接触曲線 $y+A_1(x)/\nu=0$ との原点での局所交点数とも理解される．すなわち

$$\nu\delta(\varphi)=\max\{I_0(C,W)\,;\,W\text{ は }0\text{ で非特異な曲線}\}$$

としても $\delta(\varphi)$ が特徴づけられる．$\nu\delta(\varphi)=I_0(C,W)$ となる W を**最大接触曲線**と

一般によぶ.

補題9.2によって最大接触曲線を得る方法は迂遠である. Weierstrass の準備定理によると, y についての多項式になり, $\nu-1$ 次の項を切りとると直ちに最大接触曲線を得る. 変換 $y+A_1(x)/\nu=\eta$ を **Tschirnhaus 変換**といい, 一般の特異点解消理論でも重要な働きをする.

§9.17　1次束定理

第1特性対を用いて, つぎの定理を証明する.

定理 9.7 (Jung, Gutwirth, 永田)　$\boldsymbol{P}^2$ 上の曲線 C_u を, 底点 p をもつ1次束 $\{C_u\}$ の一般の元とし, つぎの条件を満たすとしよう:

(i)　$\boldsymbol{P}^2$ 内の或る直線 l に対し, $C_u\cap l=\{p\}$,

(ii)　$C_u-\{p\}\simeq \boldsymbol{A}^1$.

このとき $d=\deg C_u$, $\nu=e(p, C_u)$ とおくと, $d-\nu$ は d の約数になる.

証明　(ii) の条件によると, C_u は有理曲線. C_u の非特異モデルを $\mu:\boldsymbol{P}^1=\tilde{C}_u\to C_u$ と書くと, $\boldsymbol{P}^1-\mu^{-1}(p)\simeq C_u-\{p\}=\boldsymbol{A}^1$. よって $\mu^{-1}(p)$ は1点. これは p の素点がただ一つしかないことを意味する. (すなわち, p は C_u の尖点, このとき特異点 p は単一素点的ともいう.)

p を通る一般の直線を y 軸に, l を x 軸にして, p の近傍のアフィン座標 x, y を導入する. C_u はつぎのように t で Puiseux 展開される:

$$\begin{cases} x=t^{\nu}, \\ y=a_1t^{\lambda_1}+a_2t^{\lambda_2}+\cdots. \end{cases}$$

このとき $\lambda_1=d$. なぜならば $l\cap C_u=\{p\}$ により, $d=(l, C_u)=I_p(l, C_u)$ になり, $0<\varepsilon\ll 1$ に対して, $y=\varepsilon$ は d 個の根を p の近傍で (いいかえると十分0に近い) t の根を d 個もつのだから.

$\nu_h=\text{G. C. D.}\,(d, \nu)$ とおき, d と ν とで割算をする:

$$(\sharp)\qquad \begin{cases} d=k_1\nu+\nu_1, \\ \nu=k_2\nu_1+\nu_2, \\ \quad\cdots\cdots\cdots\cdots \\ \nu_{h-2}=k_h\nu_{h-1}+\nu_h, \\ \nu_{h-1}=k_{h+1}\nu_h. \end{cases}$$

$\nu_h>1$ ならば，さらに2次変換をくり返さねばならない．その重複度を $\nu_{h+1}\geqq\nu_{h+2}\geqq\cdots\geqq\nu_n>\nu_{n+1}=1$ と番号づけよう．

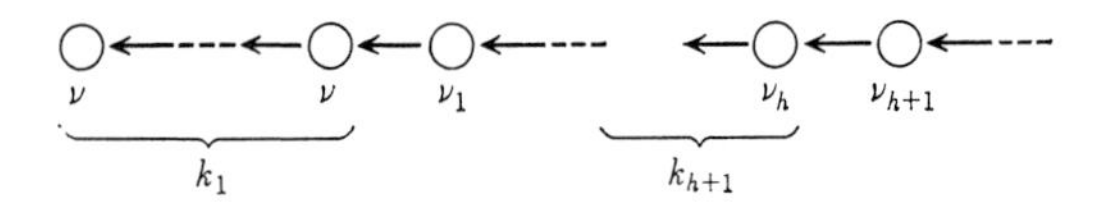

図9.8

Plücker の公式（定理9.4）から

$$0=2g(C_u)=(d-1)(d-2)-\sum k_i\nu_{i-1}(\nu_{i-1}-1)-\sum_{m=h+1}^{n}\nu_m(\nu_m-1).$$

そこで $\sum k_i\nu_{i-1}(\nu_{i-1}-1)=(d-1)(\nu-1)+\nu_h-1$ を代入して，

$$\begin{aligned}0&=(d-1)(d-\nu-1)-(\nu_h-1)-\sum\nu_m(\nu_m-1)\\&\geqq(d-1)(d-\nu-1)-(\nu_h-1)-\sum(\nu_h-1)\nu_m,\end{aligned}$$

なぜならば $\nu_h\geqq\nu_m$.

もし $\nu_h=1$ ならば $d-\nu-1=0$ になり，$d-\nu=1$ は d を割る．

$\nu_h>1$ のとき，割って，

$$(*)\qquad \frac{(d-1)(d-\nu-1)}{\nu_h-1}\leqq 1+\sum\nu_m$$

を得る．この式を $(*)$ として引用する．

一方，C_u は1次束の一般の元だから，別の一般の元 C_u' をとり，M. Noether の定理（定理9.3）によると（図9.9），

$$\begin{aligned}d^2=C_u\cdot C_u'&\geqq\sum k_i\nu_{i-1}{}^2+\sum\nu_m{}^2\\&=(d-1)(d-2)+\sum k_i\nu_{i-1}+\sum\nu_m.\end{aligned}$$

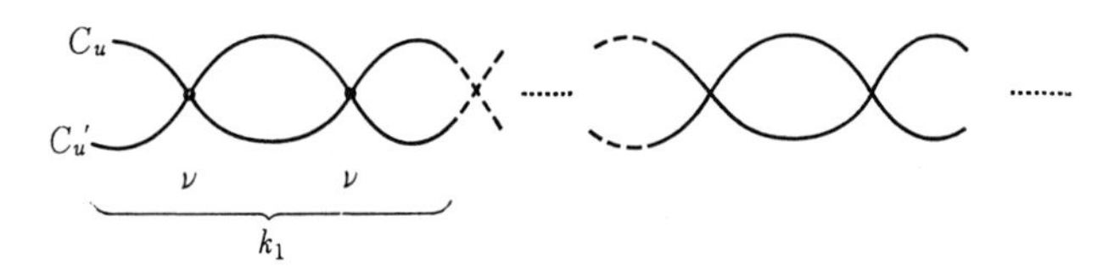

図9.9

割算の式(#)をたてに寄せて

$$\sum k_i\nu_{i-1} = d+\nu-\nu_h$$

を得る．これを用いて，上式より，

$$\sum \nu_m \leqq 2d-2+\nu_h-\nu.$$

(*)に上式を代入すると，

$$\frac{(d-1)(d-\nu-1)}{\nu_h-1} \leqq 2d-1+\nu_h-\nu.$$

$\rho=d-\nu$ と書き，さらに $\rho=v\nu_h$，$d=w\nu_h$ とおく．

$$(d-1)(\rho-1) \leqq (\nu_h-1)(d+\nu_h+\rho-1)$$

により

$$(d-\nu_h)(\rho-1) \leqq (\nu_h-1)(d+\nu_h).$$

よって，

$$(w-1)(v\nu_h-1) \leqq (\nu_h-1)(w+1) = (\nu_h-1)(w-1)+2(\nu_h-1),$$
$$(w-1)(v-1)\nu_h \leqq 2(\nu_h-1) < 2\nu_h.$$

もし $v\geqq 2$ ならば $v-1=w-1=1$ となり，$d=\rho$ がでて矛盾する．∎

ν_h までを精密に考えるということは，第1特性対を考察していることである．

§9.18　$\boldsymbol{A}^2$ の自己同型群

a)　定理9.7の条件を満たす1次束のもっとも簡単な例は，p を通る直線束 $\{C_u'\}$ である．しかし，$\boldsymbol{A}^2=\boldsymbol{P}^2-\infty$ 直線，の自己同型 T によって，$\varphi(C_u'-\{p\})$ をつくり，その閉包として C_u を定義すると，かなり複雑な曲線の1次束 $\{C_u\}$ を得る(図9.10).

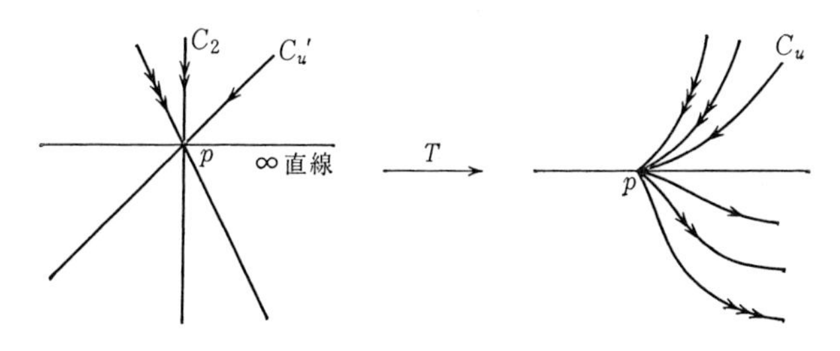

図9.10

これを念頭において，1次束 $\{C_u\}$ を単純化する変換をつくってみよう．

前節とは異なり，無限遠直線が l だから，p を通る一般の直線を x 軸に，p を通らない一般の直線を y 軸にとる．C_u は $f(x, y)=0$ で定義されて，$f(0, y)=0$ は d 個の根，$f(x, 0)=0$ は $d-\nu$ 個の根をもつ．

$$\frac{k[x, y]}{(f)} \simeq k[z]$$

だから，$x=\varphi(z)$，$y=\psi(z)$，$z=F(x, y)$ と多項式で表されて，

$$\varphi = \alpha_0 z^d+\alpha_1 z^{d-1}+\cdots+\alpha_d,$$

$$\psi = \beta_0 z^{d-\nu}+\beta_1 z^{d-\nu-1}+\cdots+\beta_{d-\nu}$$

となる．定理9.7により，$e=d/(d-\nu)$ は整数だから，

$$\varphi_1 = \varphi-\alpha_0\left(\frac{\psi}{\beta_0}\right)^e$$

とおくとき，

$$\deg \varphi_1 < d.$$

さて，$x_1=x-\alpha_0(y/\beta_0)^e$ を用いて $(x, y)\mapsto(x_1, y)$ なる変数変換を行う．(x_1, y) を斉次座標にきりかえて，そこで，$C_u-\{p\}$ の閉包 $C_u{}^*$ を考えると，$\deg C_u{}^* <\deg C_u$．これをくり返すと，ついには C_u の次数は1すなわち直線になってしまう．

系として，つぎの定理を得る．

定理 9.8 (H. W. E. Jung) $k[x, y]$ の自己同型は，線型変換と $x_1=x$，$y_1=y+x^d$ 型の変換を，相互に有限回合成して得られる．——

$x_1=x$，$y_1=y+x^d$ 型の変換を **de Jonquière 変換**という．

定理の結論には，特異点など全然でてこない．しかし，特異点の深い解析によって，はじめて証明ができるのである．

b) Aut $k[x, y]$ の生成元は，比較的単純なものであるが，無限次元群としてのそれ自体は複雑極まりないもので，その正体は依然不明である．

また，定理9.7の証明では1次束の条件が本質的であった．しかし，1次束の条件をおとして，$C-C\cap l\simeq \boldsymbol{A}^1$ を仮定すれば同じ結論を得る．これは，S. Abhyankar と T. T. Moh による長大な論文のはてにようやく証明された深い結果であって，本講の立ちいることのできない領域に属している．

§9.19 級数公式

a) $\boldsymbol{P}^2$ 内の一般の代数曲線を C としよう．$d=\deg C$ とおく．$p_0 \notin C$ をとり，p_0 を通る直線の1次束を Λ としよう．$\Lambda|C$ は底点のない1次束である．C の非特異モデル $\mu: C^* \to C$ により，$\Lambda^*=\mu^*(\Lambda|C)$ を定義する．そして§6.9, k)にある Λ^* Weierstrass 点を求めたい．$p \in C$ が非特異点ならば $p \in C^*$ と考えられる．

$$2 = l(\Lambda^*) > 1 = l(\Lambda^*-p) = \cdots = l(\Lambda^*-\lambda p) > 0$$
$$= l(\Lambda^*-(\lambda+1)p)$$

とおく．λ は p_0 と p を結ぶ直線 l_p と C との交点数である：$\lambda=I_p(l_p, C)$．よって Λ^* 空隙値列は1，$\lambda+1$．よって $\rho_p=1+\lambda+1-3=\lambda-1$ となる．

さて，p は C の特異点としよう．p を中心に $\boldsymbol{P}^2$ に2次変換をくり返し行い，それらを合成して $\mu: S\to\boldsymbol{P}^2$ と書く．C の強変換を C_1 と書くと，$\mu^{-1}(p)=\{p_1, \cdots, p_s\}$ の各点は非特異にできる．(他の特異点でも2次変換を重ねて，$C_1=C^*$ と思ってもよい．)

$$\mu^* l_p = l_p{}^* + \mathcal{E}$$

と，l_p の強変換 $l_p{}^*$ を分離して書こう．$\mu_1=\mu|C_1$，$\Lambda_1=\mu_1{}^*(\Lambda|C)$ とおくと，

$$(l_p{}^*+\mathcal{E})\,|\,C_1 \in \Lambda_1,$$
$$(l_p{}^*+\mathcal{E})\,|\,C_1 = l_p{}^*\,|\,C_1+\mathcal{E}\,|\,C_1 = \sum \lambda_j p_j$$

である．さらに

$$\mathcal{E}\,|\,C_1 = \sum \nu_j p_j$$

とおくと，ν_j は素点 p_j に対応する C の p での分枝の重複度，かつ $\lambda_j \geqq \nu_j$．

さて，p_j での Λ^* 空隙値列は1，λ_j+1．よって p_j での ρ は λ_j-1．そこで，$\deg W(\Lambda^*, C^*)$ を計算して，§6.9, i)によると

$$\sum_{\text{非特異}}(\lambda-1)+\sum_{\text{特異}}\sum_{j}(\lambda_j-1) = 2d+2g-2.$$

さて，p_0 を一般の位置にとると，$\lambda=2$，$\lambda_j=\nu_j$．上式で，非特異点についての和は，p_0 を通る C の接線の数である．これを c で示し C の**級数** (class) という．よって，特異点 p での素点の数 (解析的分枝の数) を $s(p)$ と書き $\nu(p)=e(p, C)$ とすると，つぎの公式を得る．

定理 9.9 (級数公式)　C の級数 c は次式で表される：

$$c = 2d-2+2g-\sum(\nu(p)-s(p)). \qquad \text{——}$$

例 9.6　$(\lambda, \nu)=1$ のとき $y^\lambda=x^\nu$ を射影曲線とみて，C とおく．$\nu(0)=\nu$, $\nu(\infty)=\lambda-\nu$, $d=\lambda$, $g=0$ だから（例 9.5），

$$c = 2\lambda-2+2\cdot 0-(\nu-1)-(\lambda-\nu-1) = \lambda.$$

b）変曲点公式　こんどは，$\varLambda$ として $\boldsymbol{P}^2$ の直線のつくる完備1次系をとる．p を C の非特異点とすると，

$$3 = l(\varLambda)>2 = l(\varLambda-p)>1 = l(\varLambda-2p) = \cdots = l(\varLambda-\lambda p) > 0$$
$$= l(\varLambda-(\lambda+1)p).$$

よって $\varLambda^*$ 空隙値列は $1, 2, \lambda+1$．だから $\rho=\lambda-2$ となる．もし $\rho=1$ すなわち $\lambda=3$ ならば，p は通常の変曲点となる．一般には p を ρ 位の変曲点という．

p を C の特異点とし，§9.19, a) と同様の記号を使うと，

$$3 = l(\varLambda^*) > 2 = l(\varLambda^*-p_1) = \cdots = l(\varLambda^*-\nu_1 p_1) > 1$$
$$= l(\varLambda^*-(\nu_1+1)p_1) = \cdots > 0 = l(\varLambda^*-(\lambda_1+1)p_1)$$
$$(\lambda_1=I_p(C, l_p)\,;\ l_p \text{ は } p_1 \text{ に応ずる } p \text{ での接線}).$$

よって $\varLambda^*$ 空隙値列は

$$1,\quad \nu_1+1,\quad \lambda_1+1.\qquad \text{よって}\quad \rho = \lambda_1+\nu_1-3.$$

$\deg W(\varLambda^*, C^*)$ を調べて，$w=\{\sum \rho_p\,;\ p$ は（非特異）変曲点$\}$ とおくとき，つぎの定理を得る．

定理 9.10（変曲点公式）　$w = 3d+6(g-1)-\sum_{p_j}(\lambda_j+\nu_j-3)$.　――

p_j は，もちろんすべての特異点の素点を動く．$t=t_j$ によって C を表示するときの $x=t^{\nu_j}$, $y=a_1 t^{\lambda_j}+\cdots$ が，ν_j, λ_j なのである．

§9.20　双 対 曲 線

a）　前節の c, w はもっとも古典的な代数曲線論で重要極まりない役割を演じていた．懐古趣味におちいることを恐れつつ古典理論の要点をのべよう．

便宜上アフィン平面上の曲線 $C: f(x, y)=0$ を考える．C は既約で $d=\deg C\geqq 2$ とする．非特異点 $(x, y)\in C$ における C の接線の方程式の座標を X, Y で示すと，接線はつぎのように書ける．

$$\frac{\partial f}{\partial x}(X-x)+\frac{\partial f}{\partial y}(Y-y) = 0.$$

よって $\varDelta=x\partial_x+y\partial_y$ とおくと，$d\geqq 2$ ならば $\varDelta f\neq 0$ だから，

$$\frac{\partial_x f}{\Delta f}X+\frac{\partial_y f}{\Delta f}Y=1.$$

さて，(x, y) を動かすと接線も動く．ところで直線は係数を与えるときまる．いいかえると，

$$\boldsymbol{A}^2 \ni (u, v) \longleftrightarrow \{ux+vy=1\} \in \{\boldsymbol{A}^2 \text{ 内の直線達}\}.$$

それゆえ $u=\partial_x f/\Delta f$，$v=\partial_y f/\Delta f$ とおく．$f(x, y)=0$ をも満たすから，この3式から (x, y) を消去すると，既約方程式 $g(u, v)=0$ を得る．これを $\hat{C}$ で示し，C の**双対曲線** (dual curve) という．$\deg g \geqq 2$ である．

例 9.6 $f=y^\lambda-x^\nu$ ($\lambda>\nu$, 互いに素) とする．$\Delta f=(\lambda-\nu)x^\nu$，$u=-\nu/(\lambda-\nu)\cdot 1/x$，$v=-\lambda/(\lambda-\nu)\cdot 1/y$．よって $(u/\nu)^\nu=(v/\lambda)^\lambda$．だから偶然にも $\hat{C}\backsimeq C$.

b）重要なのはつぎの双対性の**反射律**である．

定理 9.11

$$\hat{\hat{C}}=C.$$

証明 C の有理関数体 $R(C)$ を考え，その k 微分を δ とする．$x, y \in R(C)$ とみ，$f(x, y)=0$ によって，

$$\partial_x f\delta x+\partial_y f\delta y=0.$$

一方，$u=\partial_x f/\Delta f$，$v=\partial_y f/\Delta f$ だから，

$$u\delta x+v\delta y=0.$$

$ux+vy=1$ に δ を作用させて，

$$\delta u x+\delta v y+u\delta x+v\delta y=0.$$

それゆえ，

$$x\delta u+y\delta v=0.$$

$\xi=\partial_u g/\Delta g$，$\eta=\partial_v g/\Delta g$ とおき，δ' を $R(\hat{C})$ の微分とすると，

$$\xi\delta' u+\eta\delta' v=0$$

を得る．一方，$T:(x, y)\mapsto(u, v):C\to\hat{C}$ は支配的だから，$R(C)\supset R(\hat{C})$．さらに $R(\hat{C})\supset k(u)$ だから，$\partial/\partial u$ を $R(\hat{C})$ に延長して δ' とおく．δ' を $R(C)$ の微分に延長してそれを δ とおく．かくして

$$\begin{cases} xu+yv=1, \\ x+y\partial_u v=0, \\ \xi u+\eta v=1, \\ \xi+\eta\partial_u v=0 \end{cases}$$

を得る．1次方程式:

$$(*)\qquad \begin{bmatrix} u & v \\ 1 & \partial_u v \end{bmatrix}\begin{bmatrix} A \\ B \end{bmatrix} = \begin{bmatrix} 1 \\ 0 \end{bmatrix}$$

を考えると，$u\partial_u v - v = \partial_u (v/u)u^2 \neq 0$．なぜならば $g(u, v)$ が1次式でないから．よって，$(*)$ の解はただ一つ．かくして

$$(**)\qquad \xi = x, \quad \eta = y.$$

$T(x, y) = (u, v)$ により有理写像 $C \to \hat{C}$ を定義した．同様に，$\hat{T}(u, v) = (\xi, \eta)$ によって有理写像 $C \to \hat{\hat{C}}$ を定めるとき $(**)$ により，$\hat{T}\circ T|C$ は $\mathrm{id}: C \to C$ と一般の点で一致するから，全体でも一致して $\hat{T}\circ T|C = \mathrm{id}$．よって $\hat{\hat{C}} = C$．∎

§9.21 双対図形

点と直線の対応は，つぎのように例示される．

(i)

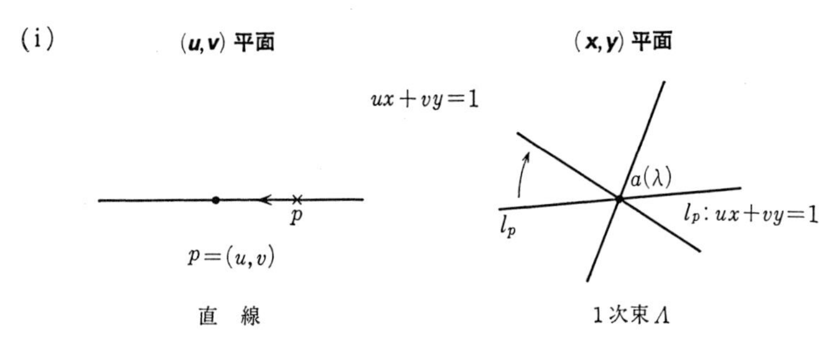

図9.11 (1)

λ に応ずる Λ の底点を $a(\lambda)$ で書く．

(ii)

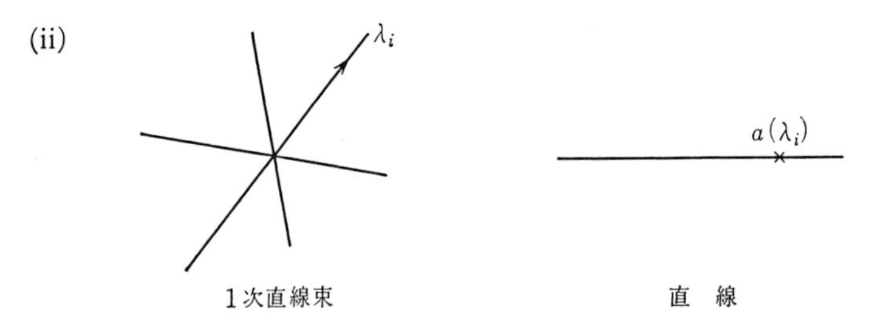

図9.11 (2)

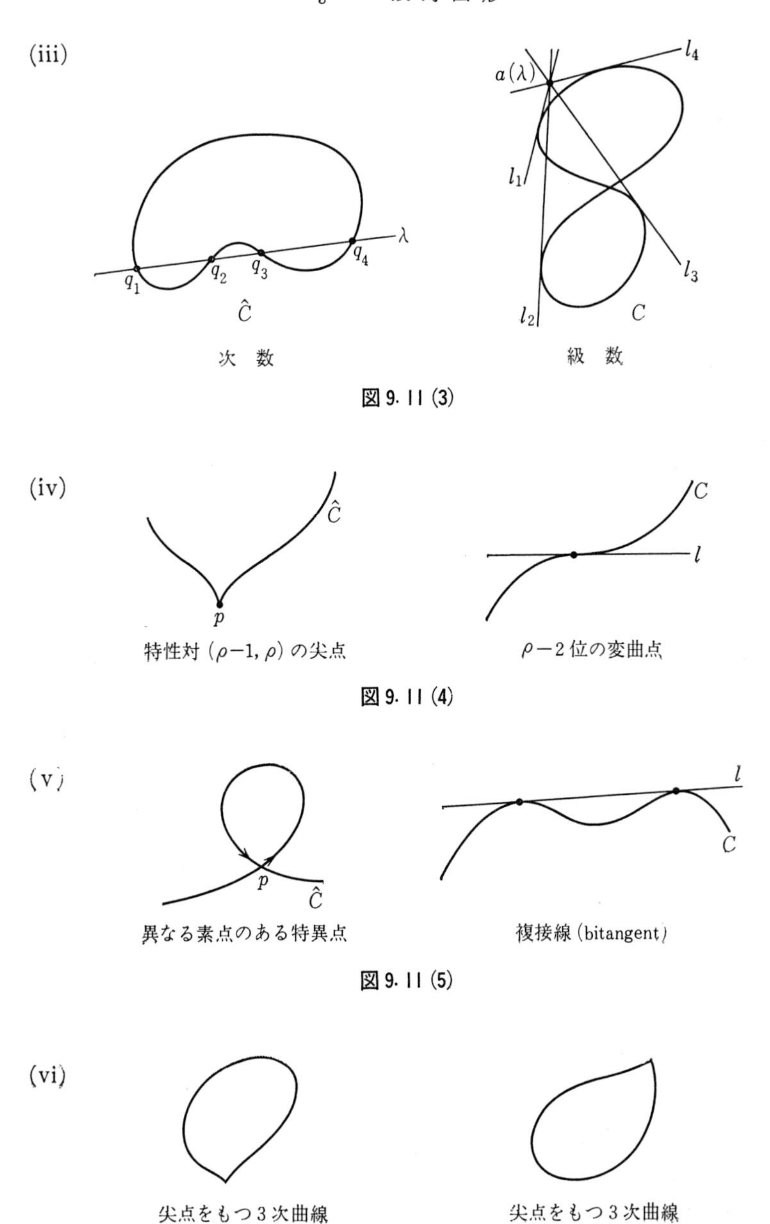

図 9.11 (3)

図 9.11 (4)

図 9.11 (5)

図 9.11 (6)

(vii)

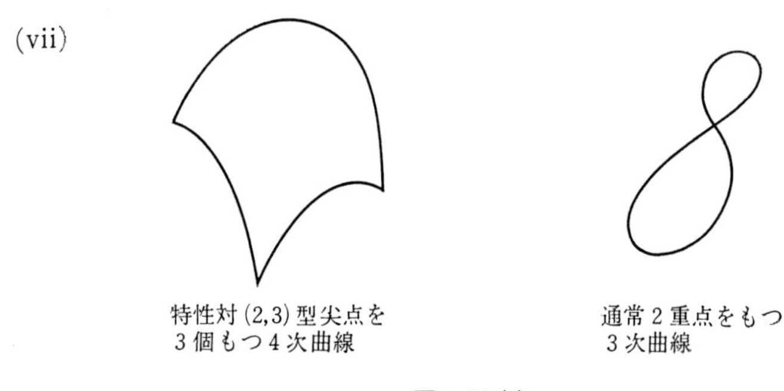

図 9.11 (7)

(viii)

図 9.11 (8)

(ix)

イ) 変曲点，複接線はない

ロ) $y^3=x^4$ 型の特異点は12個

ハ) 通常2重点を16個

$x^4+y^4=1$

イ) 2位の変曲点を12個

ロ) 単純な複接線を16本

(2位の変曲点に，複接線が1本ずつ内蔵されていると考えると28本)

§9.22 Plücker の関係式

C には通常2重点，特性対 (2, 3) の尖点，1位の変曲点，2点でのみ2位に接する複接線しかないとして，おのおのの数を δ, r, w, b で示す．

$$d = \deg C, \qquad c = \deg \hat{C} \quad (C\text{ の級数})$$

と補うとき，つぎの式を得る．

（イ） $c = 2d-2+2g-r$.

さて，種数公式 (定理 9.4) より，

（ロ） $2g-2 = d(d-3)-2\delta-2r$

を得る．一方，$\hat{C}$ について考えると(C と $\hat{C}$ とは双有理同値だから，$g(C)=g(\hat{C})=g$)，

（ハ）$d=2c-2+2g-w$,

（ニ）$2g-2=(c-3)c-2b-2w$.

(イ)と(ロ)とを組合せて，g を消去すると

（Ⅰ）$c=d(d-1)-2\delta-3r$

を得る．これの双対式はつぎの通りである。

（Ⅱ）$d=c(c-1)-2b-3w$.

(ロ)と(ニ)により

$$d(d-3)-2\delta-2r=c(c-3)-2b-2w.$$

(Ⅱ)を右辺に代入して，

$$d(d-3)-2\delta-2r=c(c-3)+d+w-c(c-1).$$

よって，

$$-2c+w=d(d-4)-2\delta-2r.$$

(Ⅰ)を左辺に代入して，次式を得る．

（Ⅲ）$w=3d(d-2)-6\delta-8r$.

双対的に，

（Ⅳ）$r=3c(c-2)-6b-8w$.

(Ⅰ)-(Ⅳ)式を **Plücker の関係式**という．(Ⅲ)式は，定理 9.10 を直接使って直ちに証明することもできる．級数の式と種数公式，および C と $\hat{C}$ の双有理同値性のみからも導けることは上で証明した通りである．

J. Plücker は極線(polar)および Hesse 曲線を用いて，直接に(Ⅰ)-(Ⅳ)をひき出し，これらをもとに(ロ)と(ニ)の右辺が相等しいことを見出している．彼の直観的推論は大胆をきわめ，計算の省略を行いつつも，高次曲線の幾何を鮮かにしてみせた．現代数学的厳密さをもって彼の論文を読むことはできない．本講では，迂遠ではあっても確実な基礎づけを行い，Plücker の関係式を厳密に，また，一般化しつつ精度を高めて再現したのである．

§9.23　双対曲線の特性対

こんどは，一般の平面曲線 C の特異点と，双対曲線 $\hat{C}$ の特異点との関係を研

究しよう．

p を C の特異点とし，その素点を p_1 とする．p_1 に応ずる C の p での分枝を考えその接線 l の定める $\hat{C}$ の点を q とする．いま考えた分枝の p の近くでの接線が動いて l に到達するとき，これに応じて $\hat{C}$ の q での分枝がきまる．この特性対を与えるのが目的である．

p を原点としたアフィン座標 x, y を選び，考えている分枝が，Puiseux 展開により

$$\begin{cases} x = t^{\nu}, \\ y = \sum a_j t^{\lambda_j} \qquad (a_j \neq 0,\ \nu < \lambda_1 < \lambda_2 < \cdots) \end{cases}$$

と表されているとしよう．§9.20, a) での $\hat{C}$ の定義式に，射影変換をし，

$$(*) \qquad \begin{cases} \xi = \dfrac{u}{v} = \dfrac{\partial_x f}{\partial_y f}, \\ \eta = \dfrac{1}{v} = \dfrac{\Delta f}{\partial_y f} = y + x\dfrac{\partial_x f}{\partial_y f} = y + x\xi \end{cases}$$

とおく．さて x, y を t の関数とみて微分するとき，導関数を $\dot{x}, \dot{y}$ で示す．すると $f(x(t), y(t)) = 0$ により，

$$\partial_x f\,\dot{x} + \partial_y f\,\dot{y} = 0.$$

よって，

$$(**) \qquad \begin{cases} \xi = -\dfrac{\dot{y}}{\dot{x}}, \\ \eta = \dfrac{y\dot{x} - x\dot{y}}{\dot{x}}. \end{cases}$$

したがって，

$$\xi = -\sum \frac{a_j \lambda_j}{\nu} t^{\lambda_j - \nu},$$

$$\eta = -\sum \frac{a_j(\lambda_j - \nu)}{\nu} t^{\lambda_j}.$$

よって，$\hat{C}$ の考えている分枝の重複度は $\rho = \lambda_1 - \nu$．かくして，

$$\xi = -t^{\rho} \sum \frac{a_j \lambda_j}{\nu} t^{\lambda_j - \lambda_1} = \tau^{\rho}$$

とおくと，$t = \tau\varepsilon_1(\tau)$，$\tau = t\varepsilon(t)$ と変数変換ができる．ε と ε_1 とは $\{0, \lambda_2 - \lambda_1, \lambda_3 - \lambda_1,$

…} 級数である (章末の問題3).

$$\eta=-\sum\frac{a_j(\lambda_j-\nu)}{\nu}\tau^{\lambda_j}\varepsilon_1(\tau)^{\lambda_j}=\sum b_j\tau^{\omega_j}$$

と Puiseux 展開すると，

$$\omega_j=\lambda_{a(j)}+\gamma_j,\qquad \gamma_j\in N\{0,\lambda_2-\lambda_1,\lambda_3-\lambda_1,\cdots\}.$$

そこで，章末の問題1のように特性対を Ch と書き，

$$\mathrm{Ch}\{\rho,\lambda_1,\lambda_2,\cdots\}=\{(r_1,s_1),(r_2,s_2),\cdots\},$$

$$\lambda_{a(1)}=\frac{\rho r_1}{s_1},\qquad \lambda_{a(2)}=\frac{\rho r_2}{s_2},\qquad \cdots,$$

さらに

$$\mathrm{Ch}\{\rho,\omega_1,\omega_2,\cdots\}=\{(p_1,q_1),(p_2,q_2),\cdots\},$$

$$\omega_{b(1)}=\frac{\rho q_1}{p_1},\qquad \omega_{b(2)}=\frac{\rho q_2}{p_2},\qquad \cdots$$

とおこう．$q_1/p_1=\omega_{b(1)}/\rho$ は最小非整数．問題2の解と同様の方針で，

$$\omega_{b(1)}\geqq\lambda_{a(1)}$$

がわかる．

一方，ξ,η を τ について微分し，その導関数を ξ',η' で示そう．

$$(***)\qquad \eta=y+x\xi$$

を t について微分して，

$$\eta'\dot{\tau}=\dot{y}+\dot{x}\xi+x\xi'\dot{\tau}.$$

(**) の上の式によると，$\dot{y}+\dot{x}\xi=0$．よって，$\eta'\dot{\tau}=x\xi'\dot{\tau}$ により，

$$\begin{cases} x=\dfrac{\eta'}{\xi'},\\ y=\eta-x\xi.\end{cases}$$

x を $-x$ でおきかえると，式(*)の逆がそっくり得られたことになる．したがって，同様にして，

$$\lambda_{a(1)}\geqq\omega_{b(1)}.$$

すなわち，$\lambda_{a(1)}=\omega_{b(1)}$ を得る．よって $q_1=r_1$，$p_1=s_1$ となる．さらに続けて，$\lambda_{a(2)}=\omega_{b(2)}$，… を得る．

かくして，つぎの定理を得る．

定理 9.12　求める q での $\hat{C}$ の分枝の特性対は

$$\mathrm{Ch}\{\lambda_1-\nu, \lambda_1, \lambda_2, \cdots\}$$

である．

系　q が $\hat{C}$ の分枝の非特異点になる必要十分条件は $\lambda_1=\nu+1$ である．

§9.24　2次変換の特徴づけ

a)　非特異代数曲面 S の閉点 p をとり，p で S を2次変換しそれを $\mu: Q_p(S)\to S$ で表す．$E=\mu^{-1}(p)$ とおくと，(i) E は既約曲線で，(ii) $\mu|Q_p(S)-E$ は $Q_p(S)-E$ から $S-p$ の上への同型となる．この2性質は，2次変換を特徴づける．やや一般に，つぎの定理を証明しよう．

定理 9.13　S^* を別の非特異代数曲面，$f: S^*\to S$ を固有双有理正則写像，$f^{-1}(p)$ は(可約)代数曲線とする．このとき，$\varphi=\mu^{-1}f: S^*\to S\to Q_p(S)$ は正則写像である．

証明　φ は双有理だから，双有理写像 φ^{-1}: $Q_p(S)\to S^*$ がある．さて $Q_p(S)-\mathrm{dom}(\varphi^{-1})$ は有限集合になる．実際，$\bar{S}$ を S の非特異完備化，$\bar{S}^*$ を S^* の非特異完備化で，$f: S^*\to S$ の定義する有理写像 $\bar{f}: \bar{S}^*\to\bar{S}$ が正則なるようにとる．f は固有なので，$\bar{f}^{-1}(\bar{S}-S)=\bar{S}^*-S^*$ である．$Q_p(\bar{S})$ は $Q_p(S)$ の自然な完備化となり，$\bar{\mu}: Q_p(\bar{S})\to\bar{S}$ は μ の定める有理写像となる．$\bar{\varphi}=\bar{\mu}^{-1}\bar{f}: \bar{S}^*\to Q_p(\bar{S})$ は双有理写像であり，$\mathrm{dom}(\varphi^{-1})=\mathrm{dom}(\bar{\varphi}^{-1})\cap Q_p(S)$ となるから，定理2.13により $\mathrm{dom}(\bar{\varphi}^{-1})$ は有限点集合である．

さて，$E-E\cap\mathrm{dom}(\varphi^{-1})$ から閉点 q をとる．φ を正則でないと仮定し，$S^*-\mathrm{dom}(\varphi)$ の閉点 p^* を選ぶ．$\varphi(p^*)$ は1点ではないから，$\varphi(p^*)=E$ になる．$\mathcal{O}_p=\mathcal{O}_{S,p}$ の正則パラメータ系 (x, y) を適当に選び，$\mathcal{O}_q$ の正則パラメータ系を $(x, y/x)$ にすることができる．$y_1=y/x$ と書こう．p^* での S^* の正則パラメータ系を (ξ, η) とし，$f^{-1}(p)$ の定義式を $\lambda\in\mathcal{O}_{p^*}$ とするとき，$f(f^{-1}(p))=p$ によると，

$$x=\lambda\alpha, \qquad y=\lambda\beta \qquad (\alpha, \beta\in\mathcal{O}_{p^*})$$

と書ける．φ^{-1} は q で定義され，$\varphi(p^*)=E$ によれば，φ^{-1} は q の近傍で E を p^* につぶす．ゆえに，

$$\xi=xu, \qquad \eta=xv \qquad (u, v\in\mathcal{O}_q).$$

みやすくするため，$\mathcal{O}_q$ の完備化 $\hat{\mathcal{O}}_q$ で考える．すると，$\hat{\mathcal{O}}_q\simeq k[[x, y_1]]$ であり，

$$x=\lambda(\xi, \eta)\alpha(\xi, \eta)$$

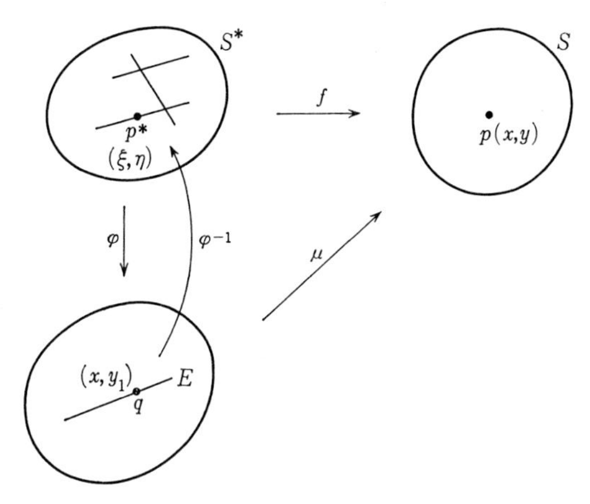

図 9.12

$$= \lambda(xu(x, y_1), xv(x, y_1))\alpha(xu, xv)$$

と書ける．$\mathrm{ord}\,\lambda=\nu$ とすると，右辺は x^ν で割れる．よって $\nu=1$．同様にして $\mathrm{ord}\,\alpha=0$．これは，λ が $\mathcal{O}_{p^*}$ の正則パラメータ系の一員になれることを意味する．$\xi=\lambda$ ととると，

$$x = \xi\alpha = xu\alpha, \qquad y = \xi\beta = xu\beta.$$

よって，$1=u\alpha$, $y_1=u\beta$ が $\mathcal{O}_q$ で成立する．u は単数だから $\mathrm{ord}\,\beta\geqq 1$．さて，

$$y_1 = u\beta(xu, xv) = u\gamma \qquad (\gamma \in \hat{\mathcal{O}}_q)$$

が $k[[x, y_1]]$ で成立してしまう．これは矛盾である．∎

さらに，$f^{-1}(p)$ を既約としてみよう．任意の $a\in E$ につき，$\varphi: S^*\to Q_p(S)$ は固有だから $\varphi^{-1}(a)\neq\phi$，そして，$\varphi^{-1}(a)\subset f^{-1}(p)$ だから，$\varphi^{-1}(a)$ が1点でないならば，$\varphi^{-1}(a)=f^{-1}(p)$．よって，$\varphi(f^{-1}(p))=a$．したがって a 以外の点 $a_1\in E$ をとると，$\varphi^{-1}(a_1)\in f^{-1}(p)$ であって $\varphi(f^{-1}(p))\ni a_1$．これで矛盾した．よって，$\varphi^{-1}$ も正則になる．かくして，つぎの系を得る．

系　$f|S-f^{-1}(p)$ は同型で $f^{-1}(p)$ が既約のとき，$S^*=Q_p(S)$，$f=\mu$．したがって，$f^{-1}(p)$ は $\boldsymbol{P}^1$ になってしまう．

b)　$f^{-1}(p)$ が可約のときは，2次変換を合成してやれば f を得る．これをみるために，$f: S^*\to S$ を固有双有理正則写像とする．$S-\mathrm{dom}(f^{-1})$ の点 p をとると，$f^{-1}(p)$ は（可約）曲線である．$S-\mathrm{dom}(f^{-1})=\{p_1, \cdots, p_r\}$ として，$f: S^*-$

$\bigcup f^{-1}(p_j) \to S-\{p_1, \cdots, p_r\}$ を考える．f は同型になる．$f^{-1}(p_j)$ の既約成分の数を ν_j とする．p_j で2次変換して，$\mu_j: Q(S) \to S$ を得る．$\varphi_j = \mu_j^{-1} f: S^* \to Q(S)$ は正則であり，$E_j = \mu_j^{-1}(p)$ とおくとき $\varphi_j^{-1}(E_j) = f^{-1}(p)$ となる．φ_j によって，点につぶれる $f^{-1}(p)$ の成分の数は $\nu_j - 1$ である．なぜならば $f^{-1}(p)$ の或る成分は E_j の上に写されるから．このようにして順次 S に2次変換をくり返しそれを $Q_l \cdots Q_1(S)$ と書けば，

$$S^* = Q_l \cdots Q_1(S), \qquad f = \mu_1 \cdots \mu_l \qquad (\mu = \mu_1, \cdots)$$

となるのである．

c)　**定理 9.14**　$f: S^* \to S$ を固有双有理写像とする．f は2次変換の合成 $\tilde{\mu} = \mu_1 \cdots$，$\tilde{\mu}_0 = \mu_0 \cdots$ により $f = \tilde{\mu}_0 \tilde{\mu}^{-1}$ と書かれる．

証明　f のグラフ Γ_f をとり，その非特異モデルを $\tilde{\Gamma}$ とする．射影と $\tilde{\Gamma} \to \Gamma_f$ を合成し，φ と ψ とを得る：

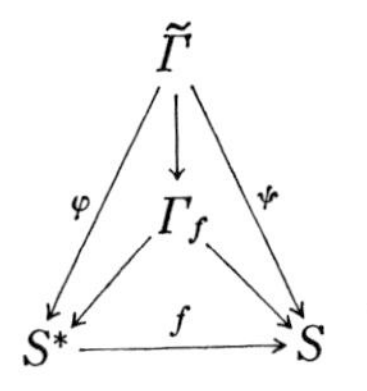

φ と ψ とは固有双有理正則写像．よって，前の考察によれば証明をおえる．∎

もう少し一般に有理写像 $f: S^* \to S$ を考える．f のグラフの非特異モデルを考えれば，同様にして，つぎの結論を得る：f に2次変換の合成 $\tilde{\mu}: Q_l \cdots Q_1(S^*) \to S^*$ を合せると $g = f\tilde{\mu}$ が正則写像になる．

d)　グラフの非特異モデルを考えるのは安易であるが，一般の代数曲面の非特異モデルの存在を証明するのは決して容易なことでない．そもそも，本講では，代数曲線の非特異モデルの存在しか証明していないから，グラフの非特異モデルを使うわけにいかない．そこで別の工夫をしよう．

S を射影的と仮定する．第7章でみたように，f を固定成分のない1次系 Λ により，$f = \Phi_\Lambda$ と書き表す．$B_s\Lambda = \{p_1, \cdots, p_s\}$ とおく．Λ の一般の元 D は $p_1, \cdots, p_s$ を通る．

$e(p_j, D) = m_j$ としよう．p_j で2次変換すると，$\mu: Q(S) \to S$ により，$\mu^* D = D^* + m_j E$ $(E = \mu^{-1}(p_j))$ と書かれ，$D^{*2} + m_j^2 = D^2$ となる．$\{D^*\}$ は Λ の弱変換

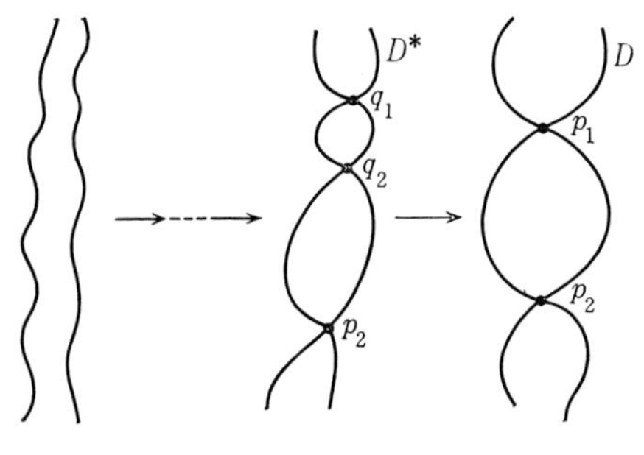

図 9.13

$\mu^*\Lambda-m_jE=\Lambda^*$ の元である．Λ^* に付属した有理写像は $\Phi_\Lambda\cdot\mu$ であった．$D^2>D^{*2}>\cdots$ とだんだん下がり，2次変換は底点のなくなるまでくり返して行われる．よって，$\Phi_\Lambda\cdot\mu\cdot\cdots=f\cdot\tilde{\mu}$ は正則写像である．

D^2 によって，不確定点の度合が計測され，不確定点のある限り2次変換を行うごとに，D^2 は確実に減っていくのだから，これは非常にうまくできている．たとえば，S 上の曲線 C があり，もし C を或る1次系 Λ の一般の元とみれる場合には，このようにして，C の非特異モデルは2次変換によって理想的につくられてしまう．

e）　一般の場合に戻ろう．Λ の一般の元 D が底点 p_j で重複度 m_j をもつとき，$f=\Phi_\Lambda$ は p_j で m_j 位の**不確定性**をもつ，という．前のように，p_j で2次変換し $\mu:Q(S^*)\to S^*$ と書き，D の固有変換を D^* で表す．$\mu^{-1}(p_j)\cap B_s(\mu^*\Lambda-m_jE)$ が空でないとし，$q_i\in\mu^{-1}(p_j)\cap B_s(\mu^*\Lambda-m_jE)$ をとる．$e(q_i,D^*)=n_{ij}$ とする．$\Lambda_1=\mu^*\Lambda-m_jE$ と書く．さらに $\Lambda_2,\Lambda_3,\cdots$ と同様につくる．ついには，$B_s\Lambda_l=\phi$ となる．Λ_j に付属した有理写像を f_j で書こう．

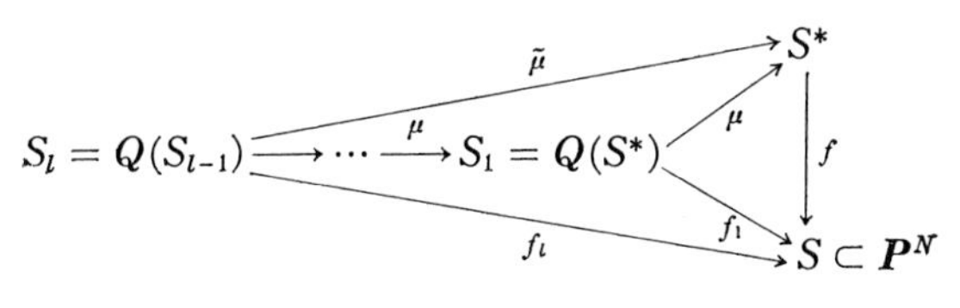

図式 9.3

図式9.3のような記号を用いるとき，$D^☆$ を D の $\tilde{\mu}$ による固有変換とすると，

$$D^{☆2}=D^2-\sum m_j^2-\sum n_{ij}^2-\cdots=\sum' I_p(D,D'),$$

ここに，D' は Λ の一般の元で，$\sum'$ は $B_s\Lambda$ 以外の p での局所交点数の和を示している．このような $\sum' I_p(D, D')$ を Λ の**自由自交点数**という．自由自交点数は，$D^{\star 2}$ として求められる．なぜならば，Λ の自由自交点数$=\Lambda_l$ の自交点数，なのだから．

さて，一般に S^* の1次系 Λ が $B_s\Lambda=\phi$ を満たすとき，$f=\Phi_\Lambda : S^*\to \boldsymbol{P}^N$ をつくる．$f(S^*)$ が曲面 S になるならば，S の或る超平面切断因子 H により，Λ の元 D は f^*H と表される．ゆえに $D^2=(f^*H)^2=H^2\cdot \deg f$．$H^2$ は S の $\boldsymbol{P}^N$ での次数である．それを $\deg S$ で表す．

この一般的考察によって，公式

$$D^2 = \sum {\nu_j}^2 + \deg f\cdot \deg S$$

を得る．ここに ν_j らは，無限に近い点まで考えた f の不確定点 p_j での f の不確定性の位数を示す．

例 9.7　S を完備非特異代数曲面とする．S は線織面ではないとし，その上につぎの性質をもつ既約代数曲線 D があるとしよう．(i) $D^2=5$, (ii) $\Phi_D(S)$ は曲面．このとき $B_s|D|$ の(無限に近い)底点での f の不確定性の位数 $\{\nu_1, \cdots, \nu_s\}$ を求める．そのためには，

$$5 = D^2 = \sum {\nu_j}^2 + \deg f\cdot \deg \Phi_D(S)$$

を用いる．$\deg f=1$ のとき，S と $\Phi_D(S)$ は双有理同値だから，$\Phi_D(S)$ も線織面ではない．よってこのとき $\deg \Phi_D(S) \geqq 4$．

かくしてつぎの表9.1を得る．ただし，表の各類に応じた D があるかどうかは別問題である点に注意する．

表 9.1

$\deg f$	$\deg \Phi_D(S)$	$\dim \|D\|$	$\{\nu_1, \cdots, \nu_s\}$
1	5		ϕ
	4		1
2	2	3	1
	1	2	$\{1, 1, 1\}$
3	1	2	$\{1, 1\}$
4	1	2	1
5	1	2	ϕ

§9.25 Enriques-Castelnuovo の定理

a) 非特異代数曲面 S 上の曲線 E は，或る 2 次変換 $\mu: S=Q_p(S^0)\to S^0$ により $E=\mu^{-1}(p)$ として得られるとき，**第1種例外曲線**とよばれる．ここで S^0 も非特異代数曲面とする．§9.1, a) で注意したように，E は，(i) $E\simeq \boldsymbol{P}^1$，(ii) $E^2=-1$ を満たす．実はつぎの古典的定理が成り立つ．

定理 9.15 (Enriques-Castelnuovo) 非特異代数曲面 S 上の曲線 E が，(i) $E\simeq \boldsymbol{P}^1$，(ii) $E^2=-1$ を満たすならば，E は第1種例外曲線である．すなわち，非特異代数曲面 S^0 と全射固有正則写像 $\mu: S\to S^0$ があり，$\mu(E)$ は点になる．それを p とおくと，

$$\mu|S-E:\ S-E\simeq S^0-\{p\}. \qquad ——$$

証明は決して難しいものではないが，ここでは記さない．

この定理は，まことに有力かつ美麗なものであって，イタリア学派 (19 世紀末から 20 世紀の初葉にかけて，イタリアの幾何学者: L. Cremona, C. Segre, G. Castelnuovo, F. Enriques らが代数幾何学で独創的な多くの研究を行った．彼らをイタリア学派とよぶ) の代数曲面の理論は，本定理と，曲面の Riemann-Roch の定理 (定理 8.2) に立脚しているとも言えるほどである．そして，この第1種例外曲線の数値的特徴づけは，現代数学の多様体論的見地からも極めて興味深く，多様体論の現代の発展の強力な滋養物であり続けている．

b) S を完備非特異代数曲面とし，その標準因子を $K(S)$ で表す．

補題 9.3 S 上の既約曲線 E について，

$$E^2=-1,\quad E\simeq \boldsymbol{P}^1 \Longleftrightarrow E^2=(E, K(S))=-1.$$

証明 同伴公式によると $E^2=-1$ ならば，

$$\pi(E)=\frac{E^2+(E,K(S))}{2}+1=\frac{(E,K(S))+1}{2}.$$

種数公式 $g(E)+\sum \varepsilon_p=\pi(E)$ によると，

$$\pi(E)=0 \Longleftrightarrow E \text{ は非特異},\quad g(E)=0.$$

定理 6.2 により，さらに上の条件は $E\simeq \boldsymbol{P}^1$ と同じ．∎

この補題 9.3 を定理 9.15 と組合せると，非常に実用的な第1種例外曲線の判定法が得られる．

系 E を S 上の既約曲線とする．E が第1種例外曲線になる必要十分条件は

$$E^2 = (E, K(S)) = -1.$$

c)　この系の応用についてのべる．

定理 9.16　$f: S \to \Delta$ を完備非特異代数曲面 S から代数曲線 Δ への全射固有正則写像とする．一般の点 $u \in \Delta$ で，$f^{-1}(u) \simeq \boldsymbol{P}^1$ としよう．$f^*(a) = \sum_{j=1}^{s} m_j C_j$ が可約ならば，必ず $C_1, \cdots, C_s$ のいずれかは第1種例外曲線である．

証明　$f^*(u) \cap f^*(a) = \phi$ だから，

$$(C_1, \sum m_j C_j) = (C_1, f^*(u)) = \deg(f^*(u) \,|\, C_1) = 0.$$

$$0 = (C_1, \sum m_j C_j) = m_1 C_1{}^2 + \sum{}^* m_j (C_1, C_j) \qquad (\textstyle\sum^* \text{ は } j \geqq 2 \text{ の和})$$

であり，$f^*(a)$ は連結している（§2.28, d)）から $\sum^* m_j(C_1, C_j) > 0$．よって $C_1{}^2 < 0$．すなわち，$s \geqq 2$ ならばすべての j につき $C_j{}^2 < 0$．さて，$(K(S), C_j) < 0$ としよう．すると，

$$-2 \leqq 2\pi(C_j) - 2 = C_j{}^2 + (K(S), C_j) \leqq -2.$$

これにより，$C_j{}^2 = (K(S), C_j) = -1$．よって系により，$C_j$ は第1種例外曲線．もし $C_1, \cdots, C_s$ がどれも第1種例外曲線でないとすると，すべての j につき

$$(K(S), C_j) \geqq 0$$

とならねばならぬ．ゆえに

$$(K(S), f^*(a)) = \sum m_j (K(S), C_j) \geqq 0.$$

一方

$$\begin{aligned} -2 = 2\pi(C_u) - 2 &= C_u{}^2 + (K(S), C_u) = (K(S), C_u) \\ &= \sum m_j (K(S), C_j) \geqq 0. \end{aligned}$$

だから，矛盾してしまった．∎

$f^*(a)$ 内の第1種例外曲線を，定理 9.15 により単純点につぶして，ついには，曲面 $\hat{S}$ と $\hat{f}: \hat{S} \to \Delta$ を得る．そのとき，すべての $a \in \Delta$ につき $\hat{f}^*(a) = \boldsymbol{P}^1$ かつ，S は $\hat{S}$ から2次変換をくり返して得られる．このようにして，$f^*(a)$ は，$\hat{f}^*(a) = \boldsymbol{P}^1$ から，2次変換によって，つくられることがわかった．

d)　ついで，定理 9.16 の条件中の $f^{-1}(u) \simeq \boldsymbol{P}^1$ の代りに，

$$f^{-1}(u) \quad \text{は} \quad \text{楕円曲線},$$

としてみよう．その上，$f^*(a)$ 内の第1種例外曲線はみな単純点に縮めておく．すると，§9.25, c) により，すべての j につき，$(K(S), C_j) \geqq 0$．そして，

$$0 = 2\pi(C_u) - 2 = \sum m_j (K(S), C_j).$$

ゆえに $(K(S), C_j)=0$. 一方, $s \geqq 2$ ならば $C_j^2<0$ なので,

$$-2 \leqq 2\pi(C_j)-2 = C_j^2+(K(S), C_j) = C_j^2 \leqq -1.$$

ところで $2\pi(C_j)-2$ は偶数だから,

$$C_j^2 = -2, \quad \pi(C_j) = 0.$$

$\sum_{j=1}^{s} C_j$ は連結であり, $\sum_{j=2}^{s} C_j$ はつぎの性質をもつ:

$$[(C_i, C_j)]_{2\leqq i,j\leqq s} \quad \text{は} \quad \text{負定値行列} \qquad (\text{定理}\,8.5),$$
$$C_j^2 = -2.$$

よって, $\sum_{j=2}^{s} C_j$ の交点行列は第8章問題6のように Dynkin 図形で表示される. そして

$$[(C_i, C_j)]_{1\leqq i,j\leqq s} \quad \text{は} \quad \text{半負定値行列},$$

だから, $\left(\sum_{j=1}^{s} m_j C_j\right)^2=0$ を満たす $(m_1, \cdots, m_s)$ が定数倍を除いて求まる. このように $\sum_{j=1}^{s} C_j$ の交点行列は一般 Dynkin 図形(第8章問題8)により表示される. これにより, 特異ファイバー $f^*(a)$ の様子が概略決定される.

問　　題

1　自然数増加列 $I=\{\nu, \lambda_1, \lambda_2, \cdots\}$ に対し, その特性対 $\mathrm{Ch}\, I=\{(q_1, p_1), \cdots, (q_g, p_g)\}$ をつぎのように定義する:

$$\lambda_{a(1)} = \min\{\lambda_m\,;\, \lambda_m \not\equiv 0 \mod \nu\}$$

とおき, $\lambda_{a(1)}/\nu=q_1/p_1$ と既約正分数で書く. ついで,

$$\lambda_{a(2)} = \min\{\lambda_m\,;\, p_1\lambda_m \not\equiv 0 \mod \nu\}$$

とおき, $p_1\lambda_{a(2)}/\nu=q_2/p_2$ と既約正分数で表す. このとき $\lambda_{a(2)}=\nu q_2/p_1p_2$ になる. これをくり返して, I の特性対が定められる. $\nu=p_1\cdots p_g$ である.

さて, 同様の自然数増加列 I' をとり, I の生成する半群 NI と, I' の生成する半群 NI' が一致したとしよう. このとき, $\mathrm{Ch}\, I=\mathrm{Ch}\, I'$ を示せ.

2　Puiseux 展開

$$x = t^\nu,$$
$$y = \sum a_j t^{\lambda_j} \qquad (a_j \neq 0,\ \nu<\lambda_1<\cdots)$$

をとり, $\varphi, \psi \in k[[X, Y]]$, $\varphi(0)=\psi(0)=0$, $\partial(\varphi, \psi)/\partial(X, Y)\,(0) \neq 0$ によって,

$$\xi = \varphi(x, y), \qquad \eta = \psi(x, y)$$

をつくる. $\nu=\mathrm{ord}(\xi) \leqq \mathrm{ord}(\eta)$ とするとき, 変数 τ により,

$$\xi = \tau^{\nu},$$
$$\eta = \sum b_i \tau^{\mu_i} \qquad (b_i \neq 0,\ \ \mu_1 < \mu_2 < \cdots)$$

と Puiseux 展開される．このとき，

$$\mathrm{Ch}\,\{\nu, \lambda_1, \lambda_2, \cdots\} = \mathrm{Ch}\,\{\nu, \mu_1, \mu_2, \cdots\}$$

を示せ

[ヒント]　つぎの問から解くとよい．

3　自然数増加列 $\lambda_1 < \lambda_2 < \cdots$，$J = \{0, \lambda_1, \lambda_2, \cdots\}$ に対して，J 級数の環 $R(J) \subset k[[t]]$ を定義する：

$$R(J) = \{a_0 + \sum a_j t^{\lambda_j};\ a_0, a_j \in k\}.$$

$R(J)$ は環になる．さらに，$\varepsilon(0) \neq 0$ なる $\varepsilon(t) \in R(J)$ は，$R(J)$ 内に m 乗根をもち，さらに $t\varepsilon(t) = \tau$ とおくと，J 級数 $\varepsilon_1(\tau)$，$\varepsilon_1(0) \neq 0$ があって，$t = \tau\varepsilon_1(\tau)$ と書かれる．

4　原点に特異点をもつ平面4次曲線で，原点の特性対が $\{(2, 7)\}$ になるとき，その標準形を定めよ．また，この双対曲線の特異点の特性対をすべて求めよ．

5　$a_1, \cdots, a_m$ を相異なる複素数とする．このとき

$$y^2 = (x - a_1) \cdots (x - a_m)$$

の級数を求めよ．(もちろん，m の偶奇によって異なる.)

6　p を平面曲線 C の特異尖点とし，その特性対を $\{(m_1, n_1), \cdots, (m_g, n_g)\}$ とする．p で2次変換するとき，特性対がどのようにかわるかを決定せよ．

7　問題6の結果を用いて，定理9.5の別証明をせよ．

第10章　Riemann–Roch の定理(弱形)と D 次元

この章でも前にひき続き標数0の代数閉体 k を固定し，圏 (Sch/k) で考える.

§10.1　Riemann-Roch の定理の意味

V を n 次元完備(または射影)代数多様体とし，D をその上の因子とする．代数多様体の研究上

$$l(D) = \dim H^0(V, \mathcal{O}(D)) \quad \text{を求めること}$$

は非常に大切である．一般的にいって，$l(D)$ の情報を与える公式は，たとえどんなものであれ，**Riemann-Roch の公式**とよばれる資格がある．$n=1$ のときは，極めて有用な Riemann-Roch の定理(定理4.13)があった．$n=2$ のときは，不等式になるものの，有用さを少しも減じない公式(定理8.2の系)がある．さらに，$\dim H^1(V, \mathcal{O}(D))$ を導入すると，曲面のときにも等式が得られる(定理8.2)．一般の n 次元代数多様体についても $\dim H^1(V, \mathcal{O}(D)), \cdots, \dim H^{n-1}(V, \mathcal{O}(D))$ を補い，$\dim H^n(V, \mathcal{O}(D)) = l(K-D)$ (Serre の双対律，定理5.13)を思い起して，

$$\chi_V(D) = \sum_{j=0}^{n} (-1)^j \dim H^j(V, \mathcal{O}(D))$$

を求めることで満足すると，比較的見易い公式を得る．これを **Riemann-Roch-Hirzebruch の公式**という．その式の具体的な説明は，やや面倒であり，本講の範囲を越えるので割愛するが，公式の意味はつぎのようにもいい得る:

> m の多項式 $\chi_V(mD)$ の係数を，V の Chern 類と因子 D の Chern 類により表示する式.

Chern 類により表示できることがわかりさえすれば，具体的公式は簡単な例にあたってみて直ちに求められる.

Hirzebruch 自身による幾何的証明は，結局，次元による帰納法で随分長く手間がかかる．Grothendieck の純代数的証明はずっと短縮された鮮やかなものだ

が，彼の教義学的手法が貫徹しており，これも本講には入れられない．しかも，Riemann-Roch-Hirzebruch の公式を証明しても，われわれの目的である，即物的幾何にはあまり役立たないのが実情である．ここでは，多項式 $\chi(mD)$ の m^{n-1} の係数を求めるにとどめ，ページ数と思考努力を節約しよう．Riemann-Roch の定理の本来の意味からすれば，Hirzebruch の公式が唯一最善のものとは到底思われない．より複雑かつ不透明な，しかし幾何的応用に役立つ公式が，必ずやあるに違いない．

§10.2　Riemann-Roch の定理の弱い形

a)　$\chi_V(mD)$ の漸近表示

定理 10.1　V を n 次元非特異代数多様体，K を V の標準因子とする．V を射影的とすると，

$$\chi(mD) = \frac{D^n}{n!}m^n - \frac{(K, D^{n-1})}{2\cdot(n-1)!}m^{n-1} + O(m^{n-2}).$$

ここに $O(m^{n-2})$ は高々 $n-2$ 次の多項式をさす．

証明　$n=2$ の場合は定理 8.2 により直ちに示される．$n\geqq 3$ として，帰納法による．

(1)　D が超平面切断因子のとき，W を $|D|$ の一般の元とすると，W は既約非特異(定理 7.22)．$D_1=D\,|\,W$ とし完全系列

$$0 \longrightarrow \mathcal{O}((m-1)D) \longrightarrow \mathcal{O}(mD) \longrightarrow \mathcal{O}_W(mD_1) \longrightarrow 0$$

を使うと，$\chi(mD)-\chi((m-1)D)=\chi(mD_1)$．一方，$W$ は 2 次元以上だから Bertini の定理(§7.20, 7.21)により，非特異連結としてよい．よって，同伴公式(定理 5.7)により，

$$K(W) = (K+D)\,|\,W = K\,|\,W + D_1,$$
$$D^n = {D_1}^{n-1}, \qquad (K(W), {D_1}^{n-2}) = (K, D^{n-1}) + D^n.$$

W について，帰納法の仮定を用いると，

$$\chi(mD_1) = \frac{{D_1}^{n-1}}{(n-1)!}m^{n-1} - \frac{(K(W), {D_1}^{n-2})}{2\cdot(n-2)!}m^{n-2} + O(m^{n-3}).$$

そこで

$$\chi(mD)=\frac{\alpha_0}{n!}m^n+\frac{\alpha_1}{(n-1)!}m^{n-1}+O(m^{n-2})$$

と書くと，$\alpha_0=D_1{}^{n-1}=D^n$，$-D^n/2+\alpha_1=-((K,D^{n-1})+D^n)/2$．よって，$\alpha_1=-(K,D^{n-1})/2$.

(2) つぎに一般の因子 D について証明する．X をアンプル因子としよう．$r\in\boldsymbol{Z}$ に対して，

$$\chi(m(D+rX))=\frac{(D+rX)^n}{n!}m^n-\frac{(K,(D+rX)^{n-1})}{2\cdot(n-1)!}m^{n-1}$$
$$+A_0(m)r^n+A_1(m)r^{n-1}+\cdots+A_n(m)$$

とおく．$A_0,\cdots,A_n$ は r に依存しない．そして，m について高々 n 次の多項式である．$r\gg 0$ にとると，$D+rX$ は超平面切断因子と線型同値(定理 7.25)．よって，$m\gg 0$ につき，$A_j(m)=O(m^{n-2})$．だから，つねに $A_j(m)=O(m^{n-2})$．とりわけ $A_n(m)=O(m^{n-2})$．$r=0$ とおくと

$$\chi(mD)=\frac{D^n}{n!}m^n-\frac{(K,D^{n-1})}{2\cdot(n-1)!}m^{n-1}+O(m^{n-2}).\qquad\blacksquare$$

証明の原理は結局アンプル因子による処理で，つまるところ超平面切断をうまくとり，1次元低い場合に帰着させるにすぎない．

b) 定理 10.2 (Riemann-Roch の定理の弱い形)　定理 10.1 の条件に加え，さらに因子 E の与えられたとき

$$\chi(mD+E)=\frac{D^n}{n!}m^n-\frac{((K-2E),D^{n-1})}{2\cdot(n-1)!}m^{n-1}+O(m^{n-2}).\qquad ——$$

証明は定理 10.1 と全く同様にできるから省略しよう．

§10.3　半群 $N(D)$ と W_m

a)　V を従来のように，n 次元の正規完備代数多様体とし，D を V 上の因子としよう．

$$N(D)=\{m\in\boldsymbol{N}\,;\,l(mD)>0\}$$

とおくと，もし $N(D)\neq\phi$ ならば，$N(D)$ は加法半群になる．これの生成する群 $N(D)\boldsymbol{Z}$ は $\boldsymbol{Z}$ の部分群だから，$m_0>0$ が一意にきまり，$N(D)\boldsymbol{Z}=m_0\boldsymbol{Z}$．$m_0$ を $m_0(D)$ と詳しく書くこともある．$N(D)$ の元はどれも m_0 の倍数であるが，逆に，

十分大の m をとると mm_0 は $\boldsymbol{N}(D)$ に属する．実際 $\{a\,;am_0\in\boldsymbol{N}(D)\}$ の最大公約数は1なのだから，つぎの補題を用いればよい．

補題 10.1　p,q を互いに素な自然数または正数とする．p と q とで生成された半群 $\boldsymbol{S}$ に属さぬ自然数は $(p-1)(q-1)/2$ 個である．

証明　初等的な事実だが二様の証明を与える．$p<q$ としておこう．

第1証明．$0<j<p$ に対し，

$$\nu_j=\#\{a\in\boldsymbol{N}\,;ap+j\notin\boldsymbol{S}\},$$
$$a_jp+j=\max\{ap+j\notin\boldsymbol{S}\}$$

とおくと，$a_j=\nu_j-1$ であり，$(a_j+1)p+j\in\boldsymbol{S}$．よって，$(a_j+1)p+j=bp+cq$ と書ける．$b>0$ ならば，a_jp+j の最大性に反する．よって，

$$\nu_jp+j=(a_j+1)p+j=w_jq$$

となる w_j が存在する．$0<w<p$ に対して，$wq=(a+1)p+j$ と割算ができるから，$\{w_1,\cdots,w_{p-1}\}=\{1,2,\cdots,p-1\}$ である．よって，上式を j について加える．

$$\left(\sum\nu_j\right)p+\sum j=\sum w_jq.$$

よって，

$$\left(\sum\nu_j\right)p+\frac{p(p-1)}{2}=\frac{p(p-1)}{2}q.$$

かくて $\sum\nu_j=(p-1)(q-1)/2$．∎

第2証明．代数曲線 $y^p=x^q$ の原点での局所環を $\mathcal{O}$ とする．$\mathcal{O}'$ を $\mathcal{O}$ の正規化とすると，

$$\delta=\dim\frac{\mathcal{O}'}{\mathcal{O}}=\dim\frac{\boldsymbol{C}[t]}{(t^p,t^q)}=\#(\boldsymbol{N}-\boldsymbol{S}).$$

一方，§9.10, c) と §9.11 により，$\delta=\varepsilon_0=(p-1)(q-1)/2$．∎

注意　第2証明では，正規化による非特異化と，2次変換による非特異化の等しいことを用いている．計算し易い2次変換の場合の計算式から証明ができていると考えられる．“2次変換のくり返し” は Euclid 互除法の高度な一般化ともみられるから，両者の証明は結局同一なのである．

b)　半群 $N(D)/m_0$ の構造はかなり複雑であって，現在のところ興味深い性質は何一つ知られていない．ここでは十分大きな m をとるとき $mm_0(D)D$ の持つ特有な性質を論じよう．

$m'\gg 0$ をとり $m'm_0(D)\in\boldsymbol{N}(D)$ を満たすとする．$|m'm_0(D)D|$ の元を改めて

D と書く．かくすれば D は正因子．この D について $m \gg 0$ につき $|mD|$ の研究を行う．$|mD|$ に付属した（§2.18, b)）有理写像を $\Phi_m : V \to \boldsymbol{P}^{N_m}$, $N_m = \dim|mD|$ と書こう．$W_m = \Phi_m(V)$ とする．W_m は $\boldsymbol{P}^{N_m}$ の閉部分多様体である．さて，

$$H^0D = H^0(V, \mathcal{O}(D)) \quad \text{の底を} \quad \varphi_0, \cdots, \varphi_N,$$
$$H^0(mD) \quad \text{の底を} \quad \psi_0, \cdots, \psi_{N_m}$$

とすると，

$$H^0(m+1)D \quad \text{の底に} \quad \psi_0\varphi_0, \cdots, \psi_{N_m}\varphi_0, \psi_0\varphi_1, \cdots,$$

を選ぶことができる：

$$\begin{array}{ccl}
V & \xrightarrow{\Phi_m} & \boldsymbol{P}^{N_m} \\
\Downarrow & & \Downarrow \\
p & \longrightarrow & \psi_0(p) : \cdots : \psi_{N_m}(p) \\
& \searrow & \\
& & \psi_0(p)\varphi_0(p) : \cdots : \psi_{N_m}(p)\varphi_0(p) : \cdots \\
& & \quad \Cap \\
& & \quad \boldsymbol{P}^{N_{m+1}}
\end{array}$$

図式 10.1

だから，$\tilde{\rho}_m(x_0 : \cdots : x_{N_m} : \cdots) = x_0 : \cdots : x_{N_m}$ により射影 $\tilde{\rho}_m : \boldsymbol{P}^{N_{m+1}} \to \boldsymbol{P}^{N_m}$ を定義すると，有理写像 $\rho_m = \tilde{\rho}_m \mid W_{m+1}$ は W_{m+1} から W_m への支配的有理写像になり，$\Phi_m = \rho_m \cdot \Phi_{m+1}$ を満たす．かくして，可換図式

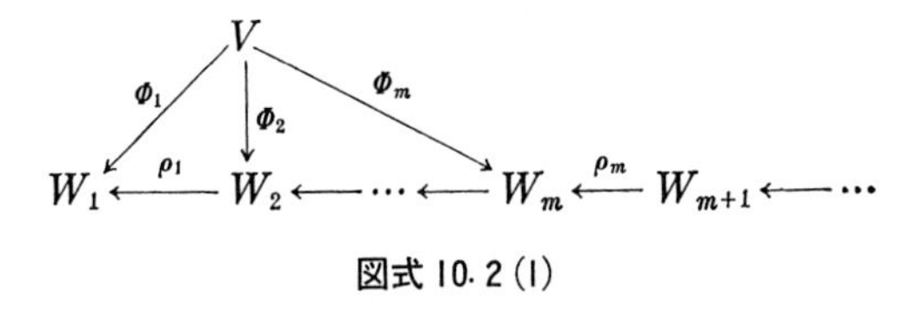

図式 10.2 (1)

を得る．関数体で考えると，つぎの図式のようになる：

$$\begin{array}{c}
R(V) \\
\nearrow \quad \circlearrowleft \quad \nwarrow \\
R(W_1) \hookrightarrow R(W_2) \hookrightarrow \cdots \hookrightarrow R(W_m) \hookrightarrow R(W_{m+1}) \hookrightarrow \cdots
\end{array}$$

図式 10.2 (2)

$R(V)/R(W_1)$ は有限生成の体拡大だから，中間体 $\bigcup R(W_m)$ も有限生成である．よって，或る m_1 があって，$m \geqq m_1$ につき

$$R(W_m)=R(W_{m+1})=\cdots.$$

いいかえると，$m\geqq m_1$ のとき，$\rho_m, \rho_{m+1}, \cdots$ はすべて双有理写像である．さて，このとき $R(V)/R(W_{m_1})$ は代数的閉拡大である．これはつぎの補題により直ちに示される．

§10.4　代数的元

補題 10.2　$z\in R(V)$ を $R(W_m)$ 上代数的元とする．このとき，或る δ があって $z\in R(W_{\delta m})$. ——

証明　定理 7.5 でも示したが，別証明をつける．仮定より，

$$z^r+a_1z^{r-1}+\cdots+a_r=0 \qquad (a_i\in R(W_m))$$

を満たすとしよう．a_i は $H^0(mD)$ の或る斉次式 φ_i, ψ_i によって書かれる 0 次式 φ_i/ψ_i だから，$\delta\gg 0$ を選ぶと，$\varphi_i, \psi_i\in H^0(\delta mD)$ と仮定してよい．かつ，$a_1, \cdots, a_r$ につき $\psi_1=\cdots=\psi_r$ にとっておけるから，これを φ_0 と書こう．すなわち，

$$(*) \qquad (\varphi_0z)^r+\varphi_1(\varphi_0z)^{r-1}+\cdots+\varphi_r{\varphi_0}^{r-1}=0$$

を満たす．$z\in R(V)$ だから，φ_0z は $\mathcal{O}(\delta mD)$ の有理切断である．さて，φ_0z は正則切断になる．これを見るために，V をアフィン近傍 Spec A_j らで被覆する．$\varphi_0, \varphi_1, \cdots, \varphi_r$ の各 Spec A_j 上での表示式を，添字 j を省きやはり，$\varphi_0, \varphi_1, \cdots, \varphi_r$ で書こう．すると，$\varphi_0, \varphi_1, \cdots, \varphi_r\in A_j$．そして $\varphi_0z\in Q(A_j)=R(V)$．$(*)$ 式によると，A_j は正規環なのだから，

$$\varphi_0z\in A_j.$$

これがすべての j でいえるから $\varphi_0z\in H^0(\delta mD)$．すなわち，$z\in R(W_{\delta m})$. ∎

§10.5　V の D 次元

a)　$m\geqq m_1$ のとき，$W_m, W_{m+1}, \cdots$ は互いに双有理同値で，この双有理同値類は $|D|$ により定まる．W_m の基本的不変量 $\dim W_m$ を V の **D 次元**といい，ギリシャ字カッパを用いて $\kappa(D, V)$ で表す．定義を再録すると

$$\kappa(D, V)=\max\{\Phi_{mD}(V)\,;\, m\in N(D)\}.$$

さらに $N(D)=\phi$ のとき，$\kappa(D, V)=-\infty$ と定めておく．

$\kappa(D, V)$ は因子 D を用いて測った V の或る種の次元である．たとえば，D としてアンプル因子 X を選ぶとき，$\kappa(X, V)=\dim V$ であり，一般には $\kappa(D, V)$

の最大値として $\dim V$ が再現する．

b) 反対に，$\kappa(D, V)=0$ となるときを考えてみよう．もし $l(mD)\geqq 2$ となる m があれば，Φ_{mD} は定数写像ではないから $\dim W_m\geqq 1$．よって $\kappa(D, V)>0$．すなわち，$\kappa(D, V)=0$ ならば $l(mD)$ は 1 または 0 である．さて，$m_0=m_0(D)$ とおくとき $l(m_0D)=1$ であり，

$$\boldsymbol{N}(D) = m_0\boldsymbol{N} = \{m_0, 2m_0, \cdots\}$$

となることを示そう．$l(m_1D)=1$ となる最小の正数を m_1 とするとき，$m_1=\nu m_0$ と m_0 で割れる．さて，$a\gg 0$ を適当にとると，$(a\nu+1)m_0\in\boldsymbol{N}(D)$．だから，$E_2\in|(a\nu+1)m_0D|$，$E_1\in|\nu m_0D|$ を選ぶ．

$$(a\nu+1)E_1,\ \nu E_2\in|\nu(a\nu+1)m_0D|$$

であり，右の 1 次系の次元は 0 だから，

$$\nu E_2 = (a\nu+1)E_1.$$

よって，正因子 E により，$E_2=(a\nu+1)E$，$E_1=\nu E$ と書かれる．$\nu E\sim\nu m_0D$ だから，$\tau=E-m_0D$ とおくと，$\nu\tau\sim 0$．一方，$(a\nu+1)\tau=(a\nu+1)(E-m_0D)\sim 0$ でもある．よって，$\tau\sim 0$ となり，$E\sim m_0D$．これは $m_0\in\boldsymbol{N}(D)$ を意味する．

§10.6 曲線の D 次元

a) V が代数曲線のときは，つぎの定理により $\kappa(D, V)$ がわかる．

定理 10.3 V を非特異完備代数曲線とする．

(i) $\deg D<0$; または $\deg D=0$ で，いかなる $\nu>0$ についても $\nu D\sim 0$ とならぬとき，$\kappa(D, V)=-\infty$．

(ii) $\deg D=0$ で，或る $m_0>0$ があり $m_0D\sim 0$ となるならば，$\kappa(D, V)=0$．

(iii) $\deg D>0$ ならば，$\kappa(D, V)=1$．

証明 $l(mD)\geqq 1$ ならば，$m\deg D\geqq 0$．これより，自明にわかるからこれ以上記さない．∎

ともかく，代数曲線の D 次元は実に明解にわかる．一般次元の多様体についても，定理 10.6, 10.9 でみるように，定性的なことなら，ある程度わかる．

b) E を楕円曲線とする．$0\in E$ を原点とし，E を Abel 多様体とみよう．$S=E\times E$ 内の対角線を $\varDelta$ とし，$E_0=E\times(0)$，$D=\varDelta-E_0$ とおく．$p\in E$ に対して，$D_p=D|((p)\times E)=(p)-(0)$ である．さて，

$$\Sigma=\{p\in E\,;\ \kappa(D_p,E_p)=-\infty,\ E_p=(p)\times E\}$$

とおくと，Σ は E の Abel 群としての無限位数の点の集合．よって，代数的集合になりえない．しかし，

$$Z_m=\{p\in E\,;\ mp=0\,(\text{左辺は Abel 群としての和})\}$$

とおくと，$\#Z_m=m^2$ であって，

$$\Sigma=E-Z_1\cup Z_2\cup\cdots.$$

c) 一般に，W を代数多様体とし，真閉部分集合 $Z_1,Z_2,\cdots$ があるとき，$W-Z_1\cup Z_2\cup\cdots$ は W の生成点を含むから空でない．W の基礎体 k が非可算濃度とすると，W の閉点も非可算個含む．なぜならば，$\dim W=1$ のとき，Z_i は有限集合だから濃度を比べれば，それは当然である．$\dim W\geqq 2$ のとき，W 内の代数曲線を考えればよい．k が可算個の元よりなるとき，非可算濃度の拡大体 k_1 で基底変換をすれば，つねに $W-Z_1\cup Z_2\cup\cdots$ は W の閉点を含むと考えてよいことがわかる．

§10.7 $\kappa(D,V)=n-1$ のとき

V を正規完備代数多様体とし，D を V 上の Cartier 因子とする．このときつぎの定理が成り立つ．

定理 10.4 $\kappa(D,V)=n-1$ を仮定する．このとき，正規完備代数多様体 V^* と，双有理正則写像 $\mu:V^*\to V$ と，射影代数多様体 W と，全射正則写像 $f:V^*\to W$ があってつぎの条件を満たす：

(i) $\dim W=n-1$,

(ii) 一般の点 $w\in W$ につき $V_w{}^*=f^{-1}(w)$ は既約，

(iii) $D^*=\mu^*D,\ D_w{}^*=D^*\,|\,V_w{}^*$ とおくとき，$\kappa(D_w{}^*,V_w{}^*)=0$.

証明 (1) $m>0$ をとり D を mD にとりかえても結論は変らない．ゆえに，D を正因子と仮定できる．§10.3 の m_1 を m と書く．すなわち，$R(V)/R(W_m)$ は代数的閉拡大とする．$f=\Phi_m$: $V\to W_m$ は有理写像である．f の不確定点除去モデル(§2.28, b))を $\mu:V'\to V$ とし，Chow の補題(定理3.2)によって，さらに V' を射影代数多様体としておく．また，定理7.37(広中)を援用して，V' を非特異にとる．$l(\mu^*D)=l(D)$ だから，$\Phi_{m\mu^*D}=\Phi_{mD}\cdot\mu$ である．記法の便宜上，$V=V'$ と書くことにしよう．かくして，条件(i), (ii)は満たされる．W_m の自然

な閉埋入 $W_m \subset \boldsymbol{P}^N$ $(N=\dim|mD|)$ による超平面切断因子を H と書くとき，$\Phi_m = \Phi_{f^*(H)}$ である．

いま，$|mD|$ の固定成分 $|mD|_{\text{fix}}$ を A と書くと

$$(*)\qquad mD \sim f^*(H)+A,$$
$$|mD| = |f^*(H)|+A.$$

ここまでは，$\kappa(D, V)=n-1$ と関係しない一般的事項である．

(2)　さて，仮定 $\kappa(D, V)=n-1=\dim W_m$ により，w を W_m の一般の点とすれば，$F=f^{-1}(w)$ は非特異射影代数曲線（定理 7.21）となる．H を固定して w を一般に動かして考えればわかるように，$f^*(H)|F=0$．ゆえに，$(*)$ より

$$mD|F \sim f^*(H)|F+A|F = A|F.$$

A の一つの既約成分を Γ_j と書こう．$f(\Gamma_j)=W_m$ ならば，F は Γ_j と交わる．すなわち，$\Gamma_j|F$ は正因子で，$(\Gamma_j; F)=\deg(\Gamma_j|F)>0$．$f(\Gamma_j)\subsetneq W_m$ ならば，$f(\Gamma_j)$ は W_m の真閉部分集合．だから，一般の点 w は $f(\Gamma_j)$ に属さぬ，と考えられる．よって $\Gamma_j|F=\Gamma_j|f^{-1}(w)=0$．いずれにせよ，

$$\deg(A|F) = \sum \deg(\Gamma_j|F) \geqq 0.$$

(3)　さて，

$$\deg(mD|F) = \deg(f^*(H)|F)+\deg(A|F) = \deg(A|F) > 0$$

と仮定して矛盾を導こう．

$|f^*(H)|$ には底点がないから，Bertini の定理（定理 7.22）によって，一般の元 $V_1=f^{-1}(H_1)=f^*(H_1) \in |f^*(H)|$ は非特異である．そして $\dim V \geqq 3$ ならば V_1 は既約，$\dim V=2$ ならば $\deg(A|F)=(A; F)>0$ とならないことは §8.8 で示されている（あるいは，$\dim V=2$ のとき，$|f^*(H)|$ の一般の元の任意の既約成分を V_1 としてもよい）．$|V_1|$ は底点を持たないので，任意の固定された t につき，$l\to\infty$ に対し，

$$\dim H^i(V, \mathcal{O}(lV_1+tD)) = O(l^{n-i})$$

が成立する．（ここの $O(l^{n-i})$ は，$\limsup O(l^{n-i})/l^{n-i}<\infty$ を意味する．）

これはつぎの一般的定理の帰結である．

定理 10.5　$\mathcal{L}$ を局所自由の連接層，$|D|$ を底点のない完備 1 次系とする．このとき，任意の i につき，$l\to\infty$ に対し，

$$\dim H^i(V, \mathcal{L}\otimes\mathcal{O}(lD)) = O(l^{n-i}).$$

証明　$n=\dim V$ についての帰納法．$n=0$ ならば明らか．さて，$n-1$ のときを仮定する．$|D|$ の一般の元の既約成分を D_j $(1\leqq j\leqq s)$ と書くと，$B_s|\{D\,|\,D_j\}|\subset B_s|D|\cap D_j=\phi$ だから，$|\{D\,|\,D_j\}|$ も底点がない．完全系列

$$0\longrightarrow\mathcal{O}(lD-D_j)\longrightarrow\mathcal{O}(lD)\longrightarrow\mathcal{O}(lD\,|\,D_j)\longrightarrow 0$$

に $\mathcal{L}\otimes\mathcal{O}(-D_1-\cdots-D_{j-1})=\mathcal{L}_j$ をテンソル積すると，つぎの完全系列を得る：

$$0\longrightarrow\mathcal{L}\otimes\mathcal{O}(lD-D_1-\cdots-D_j)\longrightarrow\mathcal{L}\otimes\mathcal{O}(lD-D_1-\cdots-D_{j-1})$$
$$\longrightarrow\mathcal{L}_j\,|\,D_j\otimes\mathcal{O}(lD\,|\,D_j)\longrightarrow 0.$$

これよりつぎの完全系列

$$\longrightarrow H^i(V,\mathcal{L}\otimes\mathcal{O}(lD-D_1-\cdots-D_j))\longrightarrow H^i(V,\mathcal{L}\otimes\mathcal{O}(lD-D_1-\cdots-D_{j-1}))$$
$$\longrightarrow H^i(D_j,\mathcal{L}_j\,|\,D_j\otimes\mathcal{O}(lD\,|\,D_j))\longrightarrow\cdots$$

を得るので，

$$\dim H^i(\mathcal{L}\otimes\mathcal{O}(lD-D_1-\cdots-D_{j-1}))-\dim H^i(\mathcal{L}\otimes\mathcal{O}(lD-D_1-\cdots-D_j))$$
$$\leqq\dim H^i(D_j,\mathcal{L}_j\,|\,D_j\otimes\mathcal{O}(lD\,|\,D_j))\leqq\alpha_j l^{n-1-i}.$$

ここに α_j は $\mathcal{L}_j, D_j$ できまる定数．$\alpha=\max\{\alpha_1,\cdots,\alpha_s\}$ でおきかえて，上の評価式を $j=1,\cdots,s$ について加えると，

$$\dim H^i(\mathcal{L}\otimes\mathcal{O}(lD))-\dim H^i(\mathcal{L}\otimes\mathcal{O}(l-1)D)\leqq s\cdot\alpha l^{n-1-i}.$$

かくして，$l\gg 0$ のとき，次式を満たす定数 β が存在する．

$$\dim H^i(V,\mathcal{L}\otimes\mathcal{O}(lD))\leqq\beta l^{n-i}.$$ ∎

定理 10.4 の証明をつづける．定理 10.5 によると，$l\to\infty$ に対し，つぎの評価式を得る．

$$\begin{aligned}\chi(lV_1+tD)&=\dim H^0(lV_1+tD)-\dim H^1(lV_1+tD)\\&\quad+\sum_{i\geqq 2}(-1)^i\dim H^i(lV_1+tD)\\&=\dim H^0(lV_1+tD)-\dim H^1(lV_1+tD)+O(l^{n-2}).\end{aligned}$$

この式では，第7章のときのように，

$$H^i(lV_1+tD)=H^i(V,\mathcal{O}(lV_1+tD))$$

と略記号を用いている．かくして，

$$\dim H^0(lV_1+tD)+O(l^{n-2})\geqq\chi(lV_1+tD).$$

(4)　つぎに，Riemann-Roch の定理(定理 10.2)を用いて，$\chi(lV_1+tD)$ を評価する．すなわち，

$$\chi(lV_1+tD)=\frac{V_1{}^n}{n!}l^n-\frac{(K, V_1{}^{n-1})-2t(D, V_1{}^{n-1})}{2\cdot(n-1)!}l^{n-1}+O(l^{n-2}).$$

ところで，$V_1{}^n=(f^*(H))^n=0$，$(K, V_1{}^{n-1})=(K;F)\deg W$，$(D, V_1{}^{n-1})=(D;F)\deg W$（ここに $\deg W=(H^{n-1})_W$）であるから，

$$(mD;F)=(A;F)=\deg(A|F)>0$$

に注意して，まず，t を十分大に選ぶ．詳しくは，

$$t>\frac{(K;F)+4}{2(D;F)}$$

に t を選んでおき，つぎに書く $l\to\infty$ のときの評価式に注目する：

$$\dim H^0(lV_1+tD)+O(l^{n-2})\geqq\frac{2\deg W}{(n-1)!}l^{n-1}+O(l^{n-2}).$$

よって，

$$\dim H^0(lV_1+tD)\geqq\frac{2\deg W}{(n-1)!}l^{n-1}+O(l^{n-2}).$$

(5) こんどは $\dim H^0(lV_1+tD)=\dim \boldsymbol{L}(lV_1+tD)$ の評価をせねばならない．

$$V_1+A\sim mD$$

であり，

$$H^0(lV_1+tD)\simeq \boldsymbol{L}(l(mD-A)+tD)\subset \boldsymbol{L}((lm+t)D).$$

一方，$\bigcup_{l>0}\boldsymbol{L}(lD)=R(W)$ だから，$\varphi\in\boldsymbol{L}((lm+t)D)$ は $\varphi=f^*(\psi)$ と $\psi\in R(W)$ により表される．

因子 D に対し，つぎの一般的記号を用いよう．$D=\sum r_jC_j$ と既約成分にわけ，

$$D_{\mathrm{hor}}=\{\textstyle\sum' r_jC_j;f(C_j)=W\}$$

を D の，f に関しての**水平成分**（短く f 水平成分ともいう），

$$D_{\mathrm{ver}}=\{\textstyle\sum'' r_jC_j;f(C_j)\neq W\}$$

を D の，f に関しての**垂直成分**という．むろん

$$D=D_{\mathrm{hor}}+D_{\mathrm{ver}}$$

が成り立つ．そこで，$\varphi\in R(V)$ をとり

$$(**)\qquad \varphi\in\boldsymbol{L}(lV_1+tD)\Leftrightarrow(\varphi)+lV_1+tD\geqq0$$
$$\Leftrightarrow(f^*(\psi))+lf^*(H_1)+tD_{\mathrm{hor}}+tD_{\mathrm{ver}}\geqq0.$$

上式の第1，第2，第4項は垂直成分よりなる．よって，

$$(**)\Leftrightarrow f^*(\psi)+lf^*(H_1)+tD_{\mathrm{ver}}\geqq0.$$

そこで $D_{\rm ver}=\sum' r_j C_j$ に対して，$\Gamma=\sum' r_j f^*(B_j)$ (B_j は $f(C_j)$ を含む既約因子．W は正規でないかもしれない．そのときは，W の正規化 W' をとり，$f: V\to W$ を $f': V\to W'$ におきかえて考えればよい) とおけば，

$$D_{\rm ver}\leqq f^*(\Gamma).$$

$$\begin{aligned}(**)\ &\Longrightarrow f^*(\psi)+lf^*(H_1)+tf^*(\Gamma)=f^*((\psi)+lH_1+t\Gamma)\geqq 0\\ &\Longleftrightarrow (\psi)+lH_1+t\Gamma\geqq 0\\ &\Longleftrightarrow \psi\in \boldsymbol{L}(lH_1+t\Gamma).\end{aligned}$$

H_1 は H と線型同値であり，かくして，次式を得る．

$$\dim H^0(lV_1+tD)\leqq \dim \boldsymbol{L}(lH_1+t\Gamma)=\dim \boldsymbol{L}(lH+t\Gamma).$$

さて $t\Gamma$ は Cartier 因子でないかもしれない．しかし，$a\gg 0$ を選ぶと $t\Gamma+aH$ は超平面切断因子 Γ^* になり (定理 7.25 の系)，これは Cartier 因子．よって，

$$\dim \boldsymbol{L}(lH+t\Gamma)\leqq \dim H^0(W, \mathcal{O}(lH+\Gamma^*)).$$

H はアンプルだから，$l\gg 0$ にとると定理 7.8 により，$i>0$ ならば $H^i(lH+\Gamma^*)=0$ である．ゆえに，$l\to\infty$ のとき，

$$\begin{aligned}\dim H^0(lH+\Gamma^*)&=\chi(lH+\Gamma^*)=\frac{H^{n-1}}{(n-1)!}l^{n-1}+O(l^{n-2})\\ &=\frac{\deg W}{(n-1)!}l^{n-1}+O(l^{n-2}).\end{aligned}$$

(6)　第(4)段階の評価式と組合せると，$l\to\infty$ のとき

$$\frac{\deg W}{(n-1)!}l^{n-1}+O(l^{n-2})\geqq \frac{2\deg W}{(n-1)!}l^{n-1}+O(l^{n-2}).$$

よって，矛盾した．

これにより，$mD|F=0$ が示され，定理 10.4 の証明が完結した．∎

§10.8　D 次元の基本定理

a)　定理 10.4 を一般の $\kappa(D, V)$ に拡張しようとすると，因子の交点数の処理では御しえない重大な困難に逢着する．1 次元のときの定理 10.2，すなわち，F が 1 次元のとき

$$\kappa(D, F)=1 \Longleftrightarrow D \text{ はアンプル}$$

のごとき簡明な事実が，2 次元以上では到底成立しえないことに困難の主因があ

ると思われる．

しかるに一般の $\kappa(D, V)$ に対して定理 10.4 が一般化されるのである．その証明にはもちろん新立脚点が必要であって，本講の範囲をこえてしまう．ここではつぎの定理を認めておく．

定理 10.6 V を n 次元正規完備代数多様体，D を V 上の因子，$\kappa=\kappa(D, V)\geqq 0$ としよう．このとき，正規完備代数多様体 V^*，双有理正則写像 $\mu: V^*\to V$，射影代数多様体 W，全射正則写像 $f: V^*\to W$ がありつぎの条件を満たす：

(i) $\dim W=\kappa(D, V)$,

(ii) 一般の点 $w\in W$ につき，

$$V_w{}^*=f^{-1}(w) \quad \text{は}\quad \text{既約で正規，かつ } n-\kappa \text{ 次元,}$$

(iii) W の真閉部分集合 $Z_1, Z_2, \cdots$ があり，閉点 $w\in W-(Z_1\cup Z_2\cup\cdots)$ をとると，(ii) の結論を満たす上に，

$$\kappa(D_w{}^*, V_w{}^*)=0.$$

また，(i), (ii), (iii) の条件を満たす $f: V^*\to W$ は双有理同値を除いて一意である．——

b) 前にいいわけしたように，ここでは一意性の証明のみをつける．$D>0$，そして，m を定理 10.4 の証明 (1) のように選んでおこう．適当な双有理正則写像 $\mu': V'\to V^*$ を選び，しかる後 $V'=V^*$ と略記して，$|mD^*|$ に付属する有理写像 Φ_m は正則写像と仮定できる．

c) つぎの一般的事実を用いねばならない．

定理 10.7 V, W を代数多様体とし，$f: V\to W$ を全射正則写像とすると，$v\mapsto \dim_v f^{-1}(f(v))$ は上半連続である．——

ここに $\dim_v X$ は v を含む X の連結成分の次元 (§1.14) であった．証明は初等的にできるがここでは略する．

さて定理 10.7 の条件下で，$V_d=\{v; \dim_v f^{-1}f(v)>d\}$ とおくと V_d は閉集合．よって f を固有正則と仮定すれば，$W_d=f(V_d)$ も閉集合である．$W-W_d\neq\phi$ として $w\in W-W_d$ をとると，$\dim f^{-1}(w)\leqq d$．なぜならば，$\dim f^{-1}(w)>d$ のとき $v\in f^{-1}(w)$ を選ぶと，$\dim_v f^{-1}f(v)>d$．よって $v\in V_d$ になり $w\in W_d$．故に

$$W-W_d=\{w\in W; \dim f^{-1}(w)\leqq d\}.$$

$n=\dim V$，$\kappa=\dim W$ とおくとき，$\dim f^{-1}(w)\geqq n-\kappa$ はつねに成立し，

$$W^{\circ} = W - W_{n-\kappa} = \{w \in W; \dim f^{-1}(w) = n-\kappa\}$$

は W の空でない開集合となる．さらに W° の空でない開集合 $W^{\circ\circ}$ を選ぶと，$w \in W^{\circ\circ}$ に対し，$f^{-1}(w)$ は既約にできる．これを簡単に納得するためには，V と W を非特異のとき，$\boldsymbol{R}_f$ を考察するとよい．さらに，必要ならば開集合 $W^{\circ\circ\circ}$ をとると，$w \in W^{\circ\circ\circ}$ に対し，$f^{-1}(w)$ は $n-\kappa$ 次元の既約代数多様体で，$\mathcal{O}_{V,v}$ は $\mathcal{O}_{W,f(v)}$ 平坦となる．

つぎの一般的上半連続(性)定理も仮定せねばならない．

定理 10.8　定理 10.7 の条件下で，さらに，f を固有とし，$\mathcal{O}_{V,v}$ は任意の v につき $\mathcal{O}_{W,f(v)}$ 平坦とする．$\mathcal{L}$ を V 上のベクトル束の層とするとき，

$$w \longmapsto \dim H^i(f^{-1}(w), \mathcal{L} \mid f^{-1}(w))$$

は上半連続関数となる．——

d) 定理 10.6 の一意性の証明　そこで，W の空でない開集合 $W^{\square}$ を選ぶと，任意の $w \in W^{\square}$ はつぎの条件を満たすようにできる．

(ii)′　$V_w{}^* = f^{-1}(w)$ は $n-\kappa$ 次元の既約多様体．

更に $\{w \in W^{\square}; \dim H^0(V_w{}^*, \mathcal{O}(mD^* \mid V_w{}^*)) \leqq 1\} \supset V^* - \bigcup Z_j \neq \phi$ とみれるから

(iii)′　$\dim H^0(V_w{}^*, \mathcal{O}(mD^* \mid V_w{}^*)) = 1.$

ところで，$|mD^*|$ を $V_w{}^*$ に制限して $|mD^*|\{V_w{}^*\}$ と書けば，

$$|mD^*|\{V_w{}^*\} \subset |mD^* \mid V_w{}^*|$$

になるが，(iii)′ によって右辺は 0 次元．ゆえに，

$$\dim |mD^*|\{V_w{}^*\} = 0.$$

これは，Φ_m が $V_w{}^*$ 上一定になることを意味する．よって，正則写像 $\rho^{\circ}: W^{\square} \to \Phi_m(V^*) = \Phi_m(V)$ ができて，ρ° の定める有理写像 $\rho: W \to \Phi_m(V)$ は $\Phi_m = \rho \cdot f$ を満たす(図式 10.3)．

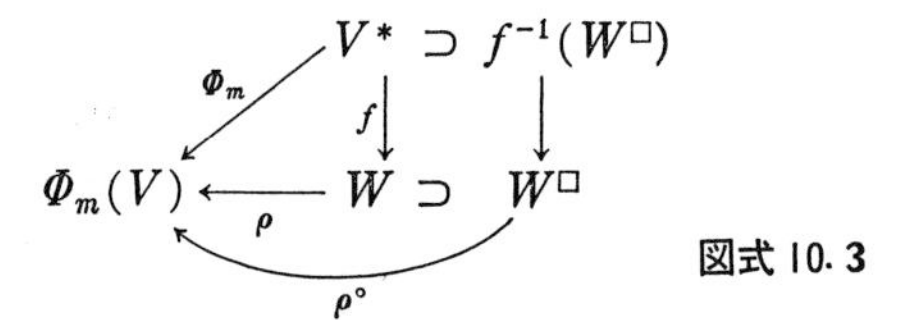

図式 10.3

さて $\dim \Phi_m(V) = \kappa(D, V) = \dim W$ であり，$\rho(W) = \rho \cdot f(V) = \Phi_m(V)$ だから，ρ は支配的である．さらに，一般の $y \in \Phi_m(V)$ をとると，

$$\Phi_m{}^{-1}(y)=f^{-1}(\rho^{-1}(y))$$

は連結なので $\rho^{-1}(y)$ も連結．かくして $\rho: W\to\Phi_m(V)$ は双有理写像である．同一視した $\mu': V'\to V^*$ を復旧させて書けば図式 10.4 を得る．これは $V^*\to W$ と $V'\to\Phi_m(V)$ とが双有理同値なことを意味する．∎

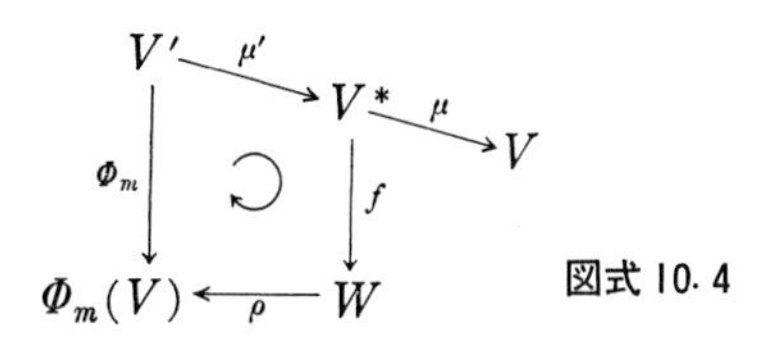

図式 10.4

e) 一意性の証明の鍵は，まさに (iii) の性質なのである．$\Phi_m: V^*\to\Phi_m(V^*)$ を V (または V^*) の D (または $\mu^*D=D^*$) **標準ファイバー多様体**という．

因子 D のもつ最も基本的性質は D 標準ファイバー多様体の幾何的研究を通して明らかにされる．§2.21, e) で強調したように，

$$1\text{次系} \longleftrightarrow \text{有理写像}$$

なる対応関係が古典代数幾何学で特に重用されてきた．一般の 1 次系ではなく，完備 1 次系 $|D|$ には Φ_D が対応し，これは扱い易い有理写像である．$\kappa(D, V)\geqq 0$ のとき $m\gg 0$ に対して Φ_m を考える．これは V の D 標準ファイバー多様体で，非常に優れた性質をもつ．性質 (iii) こそ最重要なものである．§10.16 でみるように，$\mathrm{Bir}(V, D)$ も，D 標準ファイバー多様体を通じて解析される．

注意 V, W を代数多様体，$f: V\to W$ を支配的正則写像とするとき，$\{f: V\to W\}$ を**ファイバー多様体**といい，$w\in W$ に対し $f^{-1}(w)$ をそのファイバーという．

§10.9 $l(mD)$ の漸近式

前定理によると，$\kappa(D, V)$ の数値的特徴づけができる．

定理 10.9 因子 D に対し $\kappa=\kappa(D, V)$ とおくと，正数 α, β が存在して，$m\gg 0$ のとき

$$\alpha m^{\kappa}\leqq l(mm_0(D)D)\leqq \beta m^{\kappa}$$

が成立する．この評価式により，κ は一意にきまるから，上式は $\kappa(D, V)$ の定義を与えるものとも理解される．

証明 $\kappa=-\infty$ のとき，$m^{\kappa}=0$ と解することにより，評価式は自明に正しい．

$\kappa\geqq 0$ としよう．$m_1m_0(D)D$ を D でおきかえ，D を正因子に仮定できる．定理10.4の証明にあるような $\mu: V^*\to V$ をとると($D^*=\mu^*D$ と書くとき)，$\kappa(D^*, V^*)=\kappa(D, V)$ かつ $l(mD^*)=l(mD)$ だから，V^*, D^* について評価式を示しさえすればよい．そこで $D^*=D$, $V^*=V$ と簡易に書き，$f=\Phi_1: V\to W_1$ が D 標準ファイバー多様体である，としよう．さらに正規化を考え，W を正規多様体にできる．

W_1 の超平面切断を H とすると，$D=f^*(H)+A$ と書かれるから，$m\to\infty$ のとき

$$l(mD)\geqq l(mf^*(H))=l(mH)=O(m^\kappa)$$

となる．だから，定理10.9の左辺の不等式は自明．A には，f 水平成分があるかもしれないから，右辺の不等式は注意深く証明せねばならない．

$|mD|$ の元 D_m の f 水平成分を L_m と書く．V_w を f の一般ファイバーとするとき，$mD\sim D_m=(D_m)_{\mathrm{ver}}+L_m$ を V_w に制限し，

$$mD\,|\,V_w\sim L_m\,|\,V_w$$

を得る．

さて，$m=1$ のとき $D\,|\,V_w\sim L_1\,|\,V_w$ だから，

$$mD\,|\,V_w\sim L_m\,|\,V_w\sim mL_1\,|\,V_w.$$

一方，$w\in W-Z_1\cup Z_2\cup\cdots$ をとると，$\kappa(D\,|\,V_w, V_w)=0$ により $\dim|\{mD\,|\,V_w\}|=0$．だから

$$L_m\,|\,V_w=mL_1\,|\,V_w.$$

L_m, mL_1 はともに f 水平成分しかないから，

$$L_m=mL_1.$$

かくして mL_1 は $|mD|$ の固定成分の一部になる．よって

$$|mD|=|mD-mL_1|+mL_1=|m(D-L_1)|+mL_1$$

となり，

$$l(mD)=l(m(D-L_1)).$$

$D-L_1$ は垂直成分よりなるので，$\varphi\in\boldsymbol{L}(m(D-L_1))$ をとると，生成的ファイバー V_* ($*$ を W の生成点とする)に対して，$\varphi\,|\,V_*$ は極をもたない．したがって，$\varphi\in R(W)=*$ での体$=V_*$ の関数体．$R(W)\subsetneq R(V)$ は f^* で与えられるから，$\varphi=f^*(\psi)$ となる ψ があるともいえる．さて，

$$\varphi \in \boldsymbol{L}(m(D-L_1)) \Leftrightarrow f^*(\psi)+m(D-L_1) \geqq 0.$$

$D-L_1=\sum r_iC_i$ と既約成分の和に書く．$f(C_1)=\Gamma_1$ が既約因子のとき，$f^*(\Gamma_1)=e_1C_1+\cdots$ と書こう．

$e_1(D-L_1)-f^*(r_1\Gamma_1)$ には C_1 がでてこない．それ故，$e_1(D-L_1)-f^*(r_1\Gamma_1)\geqq 0$ ならば $e_1(D-L_1)=f^*(r_1\Gamma_1)+\sum_{j=p} s_jC_j$ と書き，$f(C_p)$ について同様の考察をする．かくして，$e>0$ と，W 上の正因子 Γ が定まりつぎの性質を満たす：

(i) $e(D-L_1)\geqq f^*(\Gamma)$,

(ii) $e(D-L_1)-f^*(\Gamma)=\sum t_jC_j$ と書くとき，$f(C_j)$ の余次元 $\geqq 2$，または，$f(C_j)=\Gamma_j$ は既約因子で，$f^*(\Gamma_j)=m_jC_j+\cdots$ と書くと，$m_j((eD-L_1)-f^*(\Gamma))-t_jf^*(\Gamma_j)$ は正因子でない．

それゆえ，

$$f^*(\psi)+me(D-L_1)\geqq 0 \Leftrightarrow (\psi)+m(\Gamma)\geqq 0.$$

よって，

$$l(me(D-L_1)) = l(m\Gamma) \leqq \beta m^\kappa.$$

右辺の評価は自明であろう．詳しくいうと，アンプル因子 X をとり，$tX+\Gamma$ をアンプルになるよう $t\gg 0$ にとる (定理 7.25 の系)．すると，$m\to\infty$ のとき

$$l(m\Gamma) \leqq l(m\Gamma+mtX) = l(m(\Gamma+tX)) = O(m^\kappa). \quad ∎$$

§10.10 $l(mD)$ の階差

さて，定理 10.9 における評価式を若干精密にしてみよう．

定理 10.10 $\kappa(D, V)=\kappa\geqq 1$ のとき，或る $\gamma>0$ が存在して，$m\gg 0$ に対し，

$$l(mm_0(D)D)-l((m-1)m_0(D)D) \leqq \gamma m^{\kappa-1}.$$

証明 $m_0(D)D$ を D と書きかえて，$m_0(D)=1$ にできる．$p\gg 0$ をとると $p-1$, $p\in N(D)$ だから，

$$l((m-1)D) \geqq l((m-1)D-(p-1)D) = l((m-p)D).$$

よって，

$$l(mD)-l((m-1)D) \leqq l(mD)-l((m-p)D).$$

m を p で割算して $m=\nu p+q$ としよう．$0\leqq q<p$ である．$l(mD)\leqq l((\nu+1)pD)$, $l((\nu p+q-p)D)\geqq l((\nu-1)pD)$ だから，

$$l(mpD)-l((m-1)pD) = O(m^{\kappa-1})$$

がいえればよい．したがって，D は正因子，かつ $p=1$ にとることができる．前の定理の証明と同じく，$V^*=V$，$D^*=D$ と書いて定理10.9の D 標準ファイバー多様体 $f: V\to W$ を得る．また，D は垂直成分しかないとしてよい．$D=\sum r_iC_i$ と書く．$f(C_i)=\Gamma_i$ が因子ならば，$f^*(\Gamma_i)=s_iC_i+\cdots\ (s_i>0)$ として C_i がでてくる．$f(C_i)$ が因子でないならば $f(C_i)$ を含む素因子 $\varDelta_i$ をとると，やはり $f^*(\varDelta_i)=t_iC_i+\cdots\ (t_i>0)$．したがって，$W$ の正因子 Γ を選ぶと，$f^*(\Gamma)\geqq D$ にできる．W のアンプル因子 X をとり，$t\gg 0$ を選んで $\Gamma+tX$ を超平面切断因子にしておく．$|\Gamma+tX|$ の一般元を H とすると，$\kappa=\dim W\geqq 2$ ならば，H は既約である．$\kappa=\dim W=1$ であれば，$l(meD)$ は1次式になるから結論は正しい．さて，

$$l(mD-D)\geqq l(mD-f^*(\Gamma+tX))=l(mD-f^*(H))$$

だから $f^{-1}(H)=J$ と書くと $\dim J=n-1$．さて，

$$0\longrightarrow\mathcal{O}(mD-J)\longrightarrow\mathcal{O}(mD)\longrightarrow\mathcal{O}_J(mD\,|\,J)\longrightarrow 0$$

により，

$$l(mD)-l(mD-J)\leqq\dim H^0(mD\,|\,J).$$

その上

$$\begin{aligned}\dim H^0(mD\,|\,J)&\leqq\dim H^0(mf^*(H)\,|\,J)=\dim H^0(mH\,|\,H)\\&=O(m^{\kappa-1})\end{aligned}$$

が明らかに示されるから，

$$l(mD)-l((m-1)D)=O(m^{\kappa-1})$$

を得る．∎

この定理に示唆されると，$\kappa=\kappa(D, V)$ として

$$\lim_{m\to\infty}\frac{l(mm_0(D)D)}{m^\kappa}$$

の存在を確定したくなる．しかし，$n=2$ (Zariski による) を除いて，これはまだ証明されていないように思われる．

§10.11　ひき戻しによる κ の不変性

a)　**定理 10.11**　V_1, V_2 を完備正規代数多様体，$f: V_1\to V_2$ を全射正則写像とする．D_2 を V_2 上の因子とし，E を V_1 上の正因子で f に関して例外的とし

よう．(E の各既約成分を E_j とするとき，つねに $\operatorname{codim} f(E_j) \geqq 2$ を満たすならば，**E は f に関して例外的**といわれる.) さて，$R(V_1)/R(V_2)$ は代数的閉拡大と仮定するならば,

$$l(f^*(D_2)+E) = l(D_2).$$

証明 $E=0$ のときは定理 2.11 になる．証明も同じ方針でできる．すなわち，定理 2.11 の証明に同じく，$\varphi \in \boldsymbol{L}(f^*(D_2)+E)$ を $\psi \in R(V_2)$ により $\varphi=f^*(\psi)$ と書こう．

$$(\varphi)+f^*(D_2)+E > 0$$

を書き直すと，

$$f^*((\psi)+D_2)+E > 0.$$

$(\psi)+D_2=\sum s_jA_j$ と既約成分にわけて書くとき，

$$\sum s_jf^*(A_j)+E > 0.$$

一方，E は f に関して例外的だから，$s_1f^*(A_1)$ と E の成分は打ち消しあえない．よって，$\sum s_jA_j>0$ となる．ゆえに，

$$\psi \in \boldsymbol{L}(D_2).$$

▮

b) 体についての条件をはずすとき，一般には，

$$l(f^*(D_2)+E) \geqq l(D_2)$$

となる．しかし，つぎの定理でみるように，κ は不変になる．

定理 10.12 前の定理で，体の条件を仮定しないとき，

$$\kappa(f^*(D_2)+E, V_1) = \kappa(D_2, V_2).$$

証明 (1) $\dim V_1=\dim V_2=n$ のとき．$R(V_1)/R(V_2)$ は有限次代数拡大．そこで $R(V_1)$ の有限次拡大体 L で，$L/R(V_2)$ が Galois 拡大になるものをとる．V_1 の L 内での正規化を V_3 と書こう．すると，有限正則写像 $\mu: V_3 \to V_1$ ができ，μ^* は体拡大 $R(V_1) \subset R(V_3)$ をひきおこす(§2.29)．さて，$g=f\cdot\mu: V_3 \to V_2$ とおき，D_2 と μ^*E とについて定理 10.12 を証明しよう．これができれば，

$$\kappa(g^*(D_2)+\mu^*E, V_3) = \kappa(D_2, V_2).$$

一方，一般に

$$\kappa(g^*(D_2)+\mu^*E, V_3) \geqq \kappa(f^*(D_2)+E, V_1) \geqq \kappa(D_2, V_2).$$

よって，

$$\kappa(g^*(D_2)+\mu^*E, V_3) = \kappa(f^*(D_2)+E, V_1) = \kappa(D_2, V_2)$$

が示される．

(2)　かくして，(1) の条件に加え，$R(V_1)/R(V_2)$ は有限次 Galois 拡大と仮定して証明してよいことがわかった．

$R(V_1)/R(V_2)$ の Galois 群を $G=\{1=\sigma_1, \sigma_2, \cdots, \sigma_r\}$ で示す．ここで $\sigma_j: R(V_1)\to R(V_1)$ は $R(V_2)$ 上恒等的．ゆえに，σ_j は双有理写像 $\rho_j: V_1\to V_1$ をひき起し，$f\cdot\rho_j=f$ を満たす．さて $j=2$ をとり，ρ_2 の不確定点を，双有理固有正則写像 $\mu_2: V_1^{(2)}\to V_1$ によって除去しよう．すなわち，$\rho_2\cdot\mu_2$ は正則写像である．つぎに，σ_3 は双有理正則写像 $\rho_3'=\rho_3\cdot\mu_2: V_1^{(2)}\to V_1\to V_1$ を定めるから，同様に，双有理固有正則写像 $\mu_3: V_1^{(3)}\to V_1^{(2)}$ を用いて，$\rho_3'\cdot\mu_3$ は正則写像にできる．これをくり返してついに $V_0=V_1^{(r)}$ に到る．そして，$\sigma_j: R(V_1)\to R(V_1)$ は双有理正則写像 $g_j: V_0\to V_1$ を導く．$V_0=V_1^{(r)}\to V_1^{(r-1)}\to\cdots\to V_1$ を合成して μ と書くとき，$f_0=f\cdot\mu$ により V_0 を V_2 スキームとみなすと，$g_j: V_0\to V_1$ は V_2 スキームとしての正則写像になる．

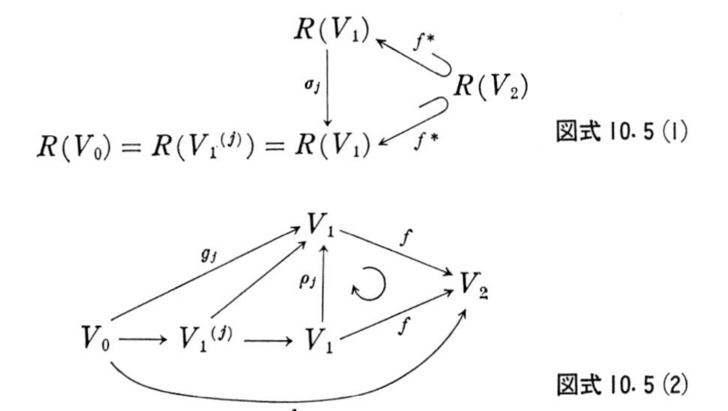

図式 10.5 (1)

図式 10.5 (2)

さて，$\kappa(f^*(D_2)+E, V_1)\geqq 0$ としよう．或る m につき，$\boldsymbol{L}(m(f^*(D_2)+E))\neq\{0\}$ だから，非零の元 φ を選ぶと，

$$m(f^*(D_2)+E)+(\varphi)=D_\varphi\geqq 0.$$

よって，g_j にてひき戻すと，

$$m(g_j^*f^*(D_2)+g_j^*(E))+(\varphi^{\sigma_j})=g_j^*(D_\varphi)\geqq 0.$$

$g_j^*f^*(D_2)=f_0^*(D_2)=\mu^*f^*(D_2)$ となり，これは j によらない．$j=1, 2, \cdots, s$ につき上式の和をつくると，

$$ms\mu^*f^*(D_2)+m\sum_{j=1}^{s}g_j^*(E)+\left(\prod_{j=1}^{s}\varphi^{\sigma_j}\right)=\sum_{j=1}^{s}g_j^*(D_\varphi)\geqq 0.$$

さて，$\varphi_j=\varphi^{\sigma_j}$，$\mathcal{E}=m\sum_{j=1}^{r}g_j^*(E)$ と書くと，上式により，

$$\varphi_1\cdots\varphi_s\in \boldsymbol{L}(ms\mu^*f^*(D_2)+\mathcal{E}).$$

$\varphi_1,\cdots,\varphi_r$ の s 次基本対称式を $S_s(\varphi)=\varphi_1\cdots\varphi_s+\varphi_2\cdots\varphi_{s+1}+\cdots$ と書くと，同様に，$\varphi_2\cdots\varphi_{s+1},\cdots\in\boldsymbol{L}(ms\mu^*f^*(D_2)+\mathcal{E})$ が判るから，ついに $S_s(\varphi)\in\boldsymbol{L}(ms\mu^*f^*(D_2)+\mathcal{E})$．$S_s(\varphi)$ は G 不変だから，$\psi_s\in R(V_2)$ により $S_s(\varphi)=f^*(\psi_s)$ と書かれる．$f_0(\mathcal{E})$ は余次元 $\geqq 2$ なので，$f\cdot\mu=f_0$ だから，

$$f_0^*(\psi_s)+ms\mu^*f^*(D_2)+\mathcal{E}\geqq 0$$

によると，

$$(\psi_s)+msD_2\geqq 0.$$

よって $\psi_s\in\boldsymbol{L}(msD_2)\subset\boldsymbol{L}(mrD_2)$．かくして，$\varphi=\varphi_1$ $(\sigma_1=1)$ は

$$\varphi^r+\psi_1\varphi^{r-1}+\cdots+\psi_r=0$$

を満たすから φ は $\boldsymbol{L}(mrD_2)$ 上代数的となる．よって

$$\kappa(f^*(D_2)+E,V_1)\leqq \operatorname{tr\,deg}R(W_{mrD_2})=\kappa(D_2,V_2).$$

一般に，$\kappa(f^*(D_2)+E,V_1)\geqq\kappa(D_2,V_2)$ であったから，合せて，

$$\kappa(f^*(D_2)+E,V_1)=\kappa(D_2,V_2).$$

(3)　$\dim V_1>\dim V_2$ のとき．$R(V_2)$ の $R(V_1)$ 内での代数的閉包を考え，これを M とおく．V_1 の M 内での正規化を V_4 と書くと，$R(V_2)\subset M=R(V_4)$ は有限正則写像 $g:V_4\to V_2$ をひき起し，$R(V_4)=M\subset R(V_1)$ は正則写像 $h:V_1\to V_4$ を定め，これにより f の Stein 分解 $f=g\cdot h$ ができるのであった(§2.29)．さて，g は有限だから，E が f に関して例外的のとき，h に関しても例外的となる．

$R(V_4)/R(V_2)$ は有限次拡大だから，(1) と (2) の結果を用いると

$$\kappa(g^*(D_2),V_4)=\kappa(D_2,V_2).$$

$R(V_1)/R(V_4)$ は代数的閉拡大だから，定理 10.11 によって，

$$l(m(h^*(g^*(D_2))+E))=l(mg^*(D_2)).$$

ゆえに

$$\kappa(f^*(D_2)+E,V_1)=\kappa(h^*(g^*(D_2))+E,V_1)=\kappa(g^*(D_2),V_4).$$

合せて,

$$\kappa(f^*(D_2)+E, V_1)=\kappa(D_2, V_2).$$

∎

§10.12　D 次元の不等式

a)　定理 10.12 は，本質的には有限正則写像と D 次元の関係を与えるものと理解されよう．こんどは対蹠的な場合を考える．

定理 10.13　V_1 と V_2 とを完備代数多様体，$f: V_1\to V_2$ を全射正則写像とする．D を V_1 の Cartier 因子とするとき，V_2 には真閉部分集合 $Z_1, Z_2, \cdots$ があり，つぎの性質を満たす:

任意の $v\in V_2-\bigcup Z_j$ をとると，$f^{-1}(v)$ の連結成分 V_v は既約であり,

$$\kappa(D, V_1)\leqq\kappa(D\,|\,V_v, V_v)+\dim V_2.$$

証明　f の Stein 分解を考える(§2.29)ことにより，$R(V_1)/R(V_2)$ は代数的閉拡大と仮定してよいことがわかる．このとき $f^{-1}(v)$ は連結である．

(1)　$\kappa(D, V_1)\geqq 0$ のとき．適当な $m>0$ を選べば $|mD|\neq\phi$．$|mD|$ の一般の元を D_m とし，既約成分 C_j の和に書き表す: $D_m=\sum r_jC_j$.

$$(D_m)_{\mathrm{ver}}=\sum_{j\in J}r_jC_j,\qquad (D_m)_{\mathrm{hor}}=\sum_{i\in I}r_iC_i$$

としよう．$Y=\bigcup_{j\in J}f(C_j)$ は V_2 の真閉部分集合．$i\in I$ をとると，$f\,|\,C_i: C_i\to V_2$ は全射．$n=\dim V_1$，$r=\dim V_2$ とおくとき

$$Y_0'=\{v\in V_2\,;\dim f^{-1}(v)>n-r\},$$
$$Y_i'=\{v\in V_2\,;\dim f^{-1}(v)\cap C_i>n-r-1\}$$

は定理 10.7 により真閉部分集合．ゆえに，$I=\{1,\cdots,s\}$ と書き

$$v\in V_2-Y\cup Y_1'\cup\cdots\cup Y_s'\cup Y_0'$$

に対し，つねに $\dim f^{-1}(v)=n-r$，$\dim f^{-1}(v)\cap C_i=n-r-1$,

$$f^{-1}(v)\cap C_j=\phi.$$

かくして，$D_m\,|\,f^{-1}(v)$ も正因子と考えられる．それゆえ $\kappa(D\,|\,V_v, V_v)\geqq 0$．対偶をとると,

$$\kappa(D\,|\,V_v, V_v)=-\infty\quad ならば\quad \kappa(D, V_1)=-\infty.$$

(2)　$\kappa(D\,|\,V_v, V_v)=0$ のとき．$\kappa(D, V_1)=-\infty$ ならば，主張の不等式は自明に正しい．$\kappa(D, V_1)\geqq 0$ のとき，適当な m_0D で D をおきかえ，D は正因子と仮

定してよい．そして§10.3, b) の m_1 を m と書く．適当な双有理固有正則写像 $\mu: V_1' \to V_1$ をとり，$|m\mu^*D|$ に付属した有理写像 Φ_m は正則としよう．便宜上 $V_1 = V_1'$ と書き，$f: V_1 \to V_2$ と D とについて，定理10.6の証明(§10.8, d))と同様の考察をしてつぎの性質をもつ空でない開集合 U が構成できる．

任意の $v \in U$ をとると，$V_v = f^{-1}(v)$ は $\dim V_1 - \dim V_2$ 次元の既約多様体，

$$\dim H^0(V_v, \mathcal{O}(mD \mid V_v)) = 1.$$

V_v は連結だから，Φ_m は V_v 上一定値をとる．ゆえに正則写像 $\tau^0: U \to \Phi_m(V_1)$ が定まり，$\Phi_m \mid f^{-1}(U) = \tau^0 \cdot f \mid f^{-1}(U)$．$\tau^0$ の定義する V_2 から $\Phi_m(V_1)$ への有理写像を τ と書けば，$\Phi_m = \tau \cdot f$ を得る．ゆえに，$\tau(V_2) = \tau f(V_1) = \Phi_m(V_1)$ を満たすから，

$$\kappa(D, V_1) = \dim \Phi_m(V_1) \leqq \dim V_2.$$

(3)　前段の考察を一般にして，$\kappa(D \mid V_v, V_v) > 0$ の場合も証明されるが，ここでは省略する．∎

応用上重要なのは $\kappa(D \mid V_v, V_v) \leqq 0$ の場合である．

さらに，$\kappa(D, V_1) \geqq 0$ の場合にも，(2)と同様に，空でない開集合 U を選ぶと，$v \in U$ に対して $\dim H^0(V_v, \mathcal{O}(mD \mid V_v)) \geqq 1$．よって，$\kappa(D \mid V_v, V_v) \geqq 0$．したがって，$\kappa(D, V_1) \geqq 0$ のとき，V_2 の一般の点 v に対して，

$$\kappa(D \mid V_v, V_v) \geqq 0$$

が証明された．ただし，$\kappa(D \mid V_v, V_v)$ の最小値を κ とするとき

$$\{v \in U ; \kappa(D \mid V_v, V_v) = \kappa\}$$

とおくと，これは一般に開集合とはいえない．仕方がないから，1点 $u \in U$ を固定し，$\varphi_u(r) = \dim H^0(V_u, \mathcal{O}(rmD \mid V_u))$ とおき，r に対し

$$Z_r = \{v \in U ; \varphi_v(r) > \varphi_u(r)\}$$

とおくと，これは閉集合であって $u \notin Z_r$．よって，

$$v \in U - \bigcup Z_r$$

とおくと，

$$\varphi_v(r) \leqq \varphi_u(r).$$

これにより

$$\kappa(D \mid V_v, V_v) \leqq \kappa(D \mid V_u, V_u) = \kappa.$$

右辺は最小値だから，

$$\{v \in U ; \kappa(D \mid V_v, V_v)=\kappa\} \supset U-\bigcup_{r=1} Z_r.$$

b) 以上の3定理: 定理10.6, 10.12, 10.13を **D 次元の3基本定理**という. どれも証明は明解で技術的複雑さは少しもない. かといって取るに足らぬ議論をくり返しているというわけでもない. いずれにせよ, これらの定理の主張はいかにも単純で, 基本的な印象深さを保持している. このことに注意を向けて欲しい. このような単純さは複雑で見通しのきかない研究を続行するときに, 大きな助けとなるのである.

§10.13 κ 算法

$\kappa(D, V)$ の定義によれば, 任意の $m>0$ につき $\kappa(D, V)=\kappa(mD, V)$ となる. これよりつぎの有用な式を得る.

$D_1, \cdots, D_r$ を V 上の正因子, $p_1, \cdots, p_r$ を正整数とするとき,

$$\kappa(p_1D_1+\cdots+p_rD_r, V) = \kappa(D_1+\cdots+D_r, V).$$

D_j が正因子という条件を緩めて, $\kappa(D_j, V)\geqq 0$ にすることもできる. つぎの定理にまとめよう.

定理10.14 (i) $\kappa(D_1, V)\geqq 0, \cdots, \kappa(D_r, V)\geqq 0$ のとき, 任意の $p_1, \cdots, p_r>0$ に対し,

$$\kappa(p_1D_1+\cdots+p_rD_r, V) = \kappa(D_1+\cdots+D_r, V),$$

(ii) $\kappa(D_1, V)\geqq 0$ のとき, 任意の因子 E に対して,

$$\kappa(D_1+E, V) \geqq \kappa(E, V),$$

(iii) 正因子 $D=\sum r_jC_j$ $(r_j>0)$ に対して, その被約化

$$D_{\text{red}} = \sum C_j$$

を定義できる. さて, 定理10.12の条件下で D_2 を正因子としよう. すると, $f^{-1}(D_{2,\text{red}})=(f^*(D_2))_{\text{red}}$ とおけば

$$\kappa(f^{-1}(D_{2,\text{red}})+E, V_1) = \kappa(D_{2,\text{red}}, V_2) = \kappa(D_2, V_2).$$

証明 (ii)は自明. (iii)は(i)より明らか. ∎

いずれも D 次元の持つ簡明な性質を記述しているが, とくに(iii)が印象的であろう. 正因子 D のひき戻し $f^*(D)$ に出てくる係数は重要であり, たとえば交点数の計算には欠かせない. $f^{-1}(D)=(f^*(D))_{\text{red}}$ は幾何学的ではあっても代数

幾何学の理論展開に重要な役を演じそうにはみえないのであるが，定理 10.14 を契機として，$f^*(D)$ よりも微妙で本質的な働きをするようになる．$\kappa(D, V)$ の計算では $\kappa(D_j, V)\geqq 0$ であれば D_j に正数をいくら掛けても値が変らない．単純な加算より数等下級な児戯に類するこの種の計算が幾何学的研究に有用なこと驚くほどのものがある．それゆえ，(i), (ii), (iii) を用いた $\kappa(D, V)$ の計算を **κ 算法** (κ-calculus) と名づけたく思う．

§10.14 $K3$ 曲面の D 次元

a) S を完備非特異曲面とし，その標準因子 K は自明的，かつ $q=0$ と仮定する．(このとき，S は **$K3$ 曲面**とよばれる.) さて S の正因子 D に対し，$\kappa(D,S)$ を計算しよう．

(i) $\kappa(D,S)=0$ のとき．D を既約成分 C_j の和にわけ，$D=\sum r_jC_j$ $(r_j>0)$ と書く．すると，任意の $m_i>0$ について

$$\kappa(\sum m_iC_i) = \kappa(\sum r_jC_j) = 0.$$

それゆえ $m_j\geqq 0$ についても

$$1 \leqq l(\sum m_jC_j) \leqq l(\sum (m_j+1)C_j) = 1$$

により

$$l(\sum m_jC_j) = 1$$

が成立する．一方，$p_g(S)=l(K)=1$, $q(S)=0$ により，S の因子 D' に対して Riemann-Roch の定理の公式(定理 8.2)を書くと，

$$l(D')-\dim H^1(D')+\dim H^2(D') = \frac{(D', D')}{2}+2.$$

D' は自明でない(すなわち $D'\neq 0$) 正因子とすると，

$$\dim H^2(D') = l(K-D') = l(-D') = 0.$$

それゆえ

$$l(D') = \dim H^1(D')+\frac{(D', D')}{2}+2 \geqq \frac{(D', D')}{2}+2.$$

$D'=C_j$ とおけば

$$1 = l(C_j) \geqq \frac{C_j^2}{2}+2$$

が成り立つ．よって $C_j^2 \leqq -2$.

一方，同伴公式(定理5.7)と定理8.2の系1によると

$$2\pi(C_j)-2 = (K, C_j)+C_j^2 = C_j^2 \leqq -2.$$

C_j は既約だから $\pi(C_j) \geqq 0$. 上式と合せて，$C_j^2=-2$, $\pi(C_j)=0$ を得る．さらに $D'=\sum m_jC_j$ とおけば

$$1 = l(\sum m_jC_j) \geqq \frac{1}{2}\sum m_im_j(C_i, C_j)+2$$

により，

$$\sum m_im_j(C_i, C_j) \leqq -2$$

を得る．$\alpha_{ij}=(C_i, C_j)$ とおけば，上式は対称行列 $[\alpha_{ij}]$ が負定値行列となることを意味する．$\alpha_{ii}=-2$, $i \neq j$ ならば $\alpha_{ij} \geqq 0$ であり，この行列 $[\alpha_{ij}]$ は第8章の問題6の条件を満たすことがわかる．すなわち，そのグラフの連結成分は Dynkin 図形により記述される．

逆に，正因子 $D=\sum r_jC_j$ の交点行列 $[(C_i, C_j)]$ が負定値になれば $\kappa(D, S)=0$ となることは容易に看取されるであろう．

(ii)　$\kappa(D, S)=1$ のとき．§8.8の議論が使える．詳しくいうと，$m \gg 0$ を選べば，$|mD|$ は正則写像 $\Phi_m: S \to \Delta$ を定める．$\dim \Delta=\kappa(D, S)=1$ であり，$|mD|$ の固定成分を A_m と書けば，$|mD|-A_m$ の一般の元は $\Phi_m{}^{-1}(u_1)+\cdots+\Phi_m{}^{-1}(u_r)$ $(u_i \in \Delta)$ と書かれる．一般の点 $u \in \Delta$ に対して，$\Phi_m{}^{-1}(u)=C_u$ は既約非特異で，$(K, C_u)=0$. ゆえに，同伴公式より

$$\pi(C_u) = \frac{(K, C_u)+C_u{}^2}{2}+1 = 1.$$

よって C_u は楕円曲線．さて $mD\,|\,C_u=0$ により，$A_m\,|\,C_u=0$. これは A_m の各連結成分 Γ があるファイバー $\Phi_m{}^{-1}(a)$ に入ることを意味する．

$$\Phi_m{}^{-1}(a) = \sum_{j=1}^{s} E_j \qquad (s \geqq 2)$$

と書くとき，$E_j^2<0$, $(K, E_j)=0$ により $E_j^2=-2$, $\pi(E_j)=0$. $[(E_i, E_j)]$ は半負定値で，0の固有値はただ1個である．よって，行列 $[(E_i, E_j)]$ は，一般 Dynkin 図形に応じたグラフにより各成分が記述される(第8章問題8).

(iii)　上記以外は $\kappa(D, S)=2$.

b) Abel 多様体の D 次元　代数群スキームである完備代数多様体 $\mathscr{A}$ を Abel 多様体という．すると，$\mathscr{A}$ は可換群であって射影代数多様体になる．本講では，Abel 多様体の話題はさけるのが執筆上の基本方針であった．しかし，Abel 多様体の D 次元は極めてよくわかるので少し触れざるを得ない．証明は抜いてつぎの結果を列挙しよう．

(i)　0 でない正因子を D とする．$l(2D)\geqq 2$．のみならず，$B_s|2D|=\phi$．

(ii)　正因子 D について，

$$D \text{ はアンプル} \iff D^n > 0 \qquad (n=\dim \mathscr{A}).$$

そしてこのとき $3D$ は超平面切断因子．さらに次式が成り立つ．

$$l(D)=\frac{D^n}{n!}.$$

(iii)　D を $\mathscr{A}$ 上の因子とする．$\kappa(D,\mathscr{A})\geqq 0$ ならば，適当な $m>0$ をとると，$\Phi_{mD}(\mathscr{A})=\mathscr{A}_1$ は Abel 多様体になる．そして $\mathscr{A}_1$ 上にアンプル因子 D_1 があって

$$mD=\Phi_{mD}{}^*(D_1).$$

さらに，すべての $w\in\mathscr{A}_1$ に対して，$\Phi_{mD}{}^{-1}(w)$ は $n-\kappa(D,V)$ 次元の Abel 多様体である．——

2 次元 Abel 多様体を Abel 曲面という．Abel 曲面 S 上の正因子を D とする．(iii) の結果をこの場合に適用してみると，つぎのようにまとめられる．

$\kappa(D,S)=0$　ならば　$D=0$,

$\kappa(D,S)=1$　ならば　楕円曲線 $\varDelta$ の上への正則写像 φ:

$S\to\varDelta$ があり，$D=\varphi^*(\sum m_j p_j)$

と書かれる．そして，$\varphi^{-1}(u)$ はつねに楕円曲線である．

$K3$ 曲面に比べて，いかに簡明になっているかよくわかるであろう．

§10.15　準偏極多様体

a)　完備正規代数多様体 V とその上の因子 D の対 (V,D) は**準偏極多様体**とよばれる(藤田)．とくに D がアンプルならば，準の字をとって，(V,D) を**偏極多様体**という．$\kappa(D,V)$ は準偏極多様体 (V,D) の次元とも理解されるし，D 次元の 3 基本定理は (V,D) の研究に本質的役割をし，よい見通しを与えるものと期待される．

D はもはやアンプルでないから，“高次コホモロジー群が消失する”という類の幸運はありそうにない．古典的代数幾何学は複雑で不透明であったが，近代の多様体論は明晰で強力な論法に富んでいる．明晰さ，力強さの一つの源泉が高次コホモロジー群の消失定理であったことに思いを馳せると，一般の (V, D) を研究するのに二の足を踏みたくなる．しかし，消失定理の明りが届かない彼方に未知の宝島がありそうなのである．一寸先見えない暗闇の海も五分先，否五厘先は見えることもあろう．それを手がかりに進むしかない．…

b)　準偏極多様体 (V_1, D_1) と (V_2, D_2) の間の正則写像(または射 morphism) f とは，まずスキームとしての正則写像 $f: V_1 \to V_2$ で $f^*D_2 \sim D_1$ を満たすもの，と理解する．そして，f を **D 正則写像**という．この意味での同型 $f: (V, D) \to (V, D)$ のつくる群を $\mathrm{Aut}(V, D)$ で書き表そう．$\kappa(D, V) \geqq 0$ のとき，V の D 標準ファイバー多様体 $V^* \to W$ を考えるには，双有理正則写像 $\mu: V^* \to V$ を経由せねばならなかった．$\varphi \in \mathrm{Aut}(V, D)$ に対して $\tilde{\varphi} = \mu^{-1} \cdot \varphi \cdot \mu$ を定義すると，$\tilde{\varphi} \in \mathrm{Aut}(V^*, \mu^* D)$ になるとは限らぬ．そもそも $\tilde{\varphi}: V^* \to V^*$ は双有理写像でしかない．したがって，(V_1, D_1) から (V_2, D_2) への有理写像を定義する必要が生じる．それは (V, D) の双有理幾何とでもいうべきものを産むであろう．

§10.16　(V, D) の双有理幾何

a)　V_1 と V_2 とを完備正規代数多様体とし，$f: V_1 \to V_2$ を有理写像としよう．V_2 の因子 D_2 を f によって引き戻すことを考える．そのために，双有理固有正則写像 $\mu: Z \to V_1$ を用いて f の不確定点を除去する．Z は正規多様体とし，$g = f \cdot \mu$ は正則となる．(このとき，(Z, μ) を f の不確定点除去正規モデルといった．§2.28)　よって g^*D_2 は Z 上の因子だから，μ で落し $\mu_* g^* D_2$ をつくれば，V_1 上の因子を得る．ひき落し μ_* の定義は簡単で，つぎのようにすればよい．

$D = \sum s_j C_j$ を既約因子の和に書いた Z 上の因子としよう．$\mathrm{codim}\, \mu(C_j) \geqq 2$ ならば $\mu_*(C_j) = 0$，$\mathrm{codim}\, \mu(C_j) = 1$ ならば $\mu(C_j)$ は V_1 上の既約因子だから $\mu_*(C_j) = \mu(C_j)$ と定め，$\mu_*(D) = \sum s_j \mu_*(C_j)$ と加法を保つように $\mu_*(D)$ を定義する．μ は双有理写像だったから，線型同値を保つ．

実際，$D = (\varphi) \sim 0$ と $\varphi \in R(Z)$ により書かれているとき $R(Z) = R(V_1)$ だから，$\psi \in R(V_1)$ があって $\varphi = \mu^*(\psi)$．よって，$D = \sum r_j C_j = (\mu^*(\psi)) = \mu^*(\psi)$．

さて，V_1 上の素因子 Γ をとる．$\mu_*\mu^*\Gamma=\Gamma$ を確認しよう．$\mathrm{dom}(\mu^{-1})=V_1{}^0$ をとると，$V-V_1{}^0=F$ は余次元 $\geqq 2$ の閉集合(定理2.13)．$g=\mu^{-1}\mid V_1{}^0$ は正則写像だから，$p\in V_1{}^0$ をとると，$\mu^{-1}(p)=g(p)$ は1点．よって $\mu\mid\mu^{-1}(V_1{}^0)$ は同型．したがって，

$$\mu^*\Gamma\mid\mu^{-1}(V_1{}^0)=(\mu\mid\mu^{-1}(V_1{}^0))^*(\Gamma\cap V_1{}^0)\simeq\Gamma\cap V_1{}^0.$$

$\mu^*\Gamma\mid\mu^{-1}(V_1{}^0)$ の Z での閉包を Γ^* と書くと，これは素因子で，Γ の μ による固有変換とよばれる．$\mu^*\Gamma=\Gamma^*+\mathscr{E}$ と書くと，$\mathrm{Supp}\,\mathscr{E}$ は $\mu^{-1}F$ に入っている．ゆえに，$\mu_*\mathscr{E}=0$．$\mu_*\Gamma^*=\Gamma$ なので，$\mu_*\mu^*\Gamma=\Gamma$ が示された．かくて，$\mu_*D=\mu_*\mu^*(\psi)=(\psi)$．すなわち μ_* は線型同値性を保つのである．

b) **定理 10.15** f^*D は f の分解 $f\cdot\mu=g$ のとり方によらず定まり，$l(f^*D)\geqq l(D)$ を満たす．

証明 f の不確定点除去正規モデル $\mu:Z\to V_1$, $\mu':Z'\to V_1$ をとる．双有理写像 $\mu^{-1}\cdot\mu'$ の不確定点除去正規モデル $Z''\to Z'$ を考えることにより，つぎの図式10.6を得る．破線は有理写像を示す．

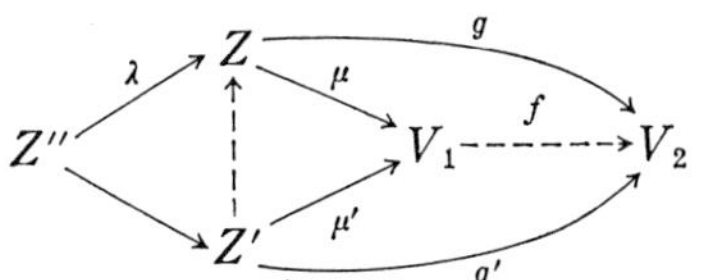

図式 10.6

二つの正規モデル (Z,μ), $(Z'',\mu\cdot\lambda)$ によって定めた D のひき戻しの一致を確定しよう：

$$(\mu\cdot\lambda)_*(g\cdot\lambda)^*D=\mu_*\lambda_*\lambda^*g^*D=\mu_*g^*D.$$

つぎに $f^*D=\mu_*g^*D$ の定める完備1次系の次元を求めよう．一般に，E を Z 上の因子とし，E の成分のうちで，μ に関して例外的な成分の和を $\mathscr{E}$ と書き，残りを E_1 と書けば，$E=E_1+\mathscr{E}$．$\mu_*E=\mu_*E_1$，$E_1+\mathscr{E}_1=\mu^*\mu_*E_1$ とおくと，$\mathscr{E}_1$ も正の例外因子．さて $\mathscr{E}$ は μ に関して例外的だから，定理10.11により

$$l(\mu^*\mu_*E)=l(\mu^*\mu_*E+\mathscr{E})=l(E_1+\mathscr{E}_1+\mathscr{E})$$
$$\geqq l(E_1+\mathscr{E})=l(E).$$

$E=g^*D$ とおけば，

$$l(f^*D)=l(\mu_*g^*D)\geqq l(g^*D)\geqq l(D).$$ ∎

c) $\mu: Z\to V_1$ の逆写像 $\mu^{-1}: V_1\to Z$ を有理写像とみると，(Z,μ) は μ^{-1} の不確定点除去モデルとみなせるので，$g=\mu\cdot\mu^{-1}=\mathrm{id}$ を考慮に入れると，

$$(\mu^{-1})^*D=\mu_*g^*D=\mu_*D.$$

それより(一般には) $\mu^*(\mu^{-1})^*D=\mu^*\mu_*D\neq D$．すなわち，有理写像のひき戻しは，望ましい性質 $(f\cdot g)^*D=g^*f^*D$ を持っていない．

d) この点の改良を試みよう．D 有理写像 $f: (V_1, D_1)\to(V_2, D_2)$ を定義する．まず $f: V_1\to V_2$ は有理写像である．f の不確定点除去正規モデル (Z,μ) をとり，$g=f\cdot\mu$ と書くとき，$g^*D_1\sim\mu^*D_2$ を満たすならば，f は **D 有理写像**とよばれる．条件 $g^*D_1\sim\mu^*D_2$ は (Z,μ) の選び方によらない．このことは定理10.15の前半と全く同様に証明できるから読者に委ねる．$f^*D_2=\mu_*g^*D_2\sim D_1$ に注意しよう．これより $l(f^*D_2)=l(D_1)$ となる．

定理 10.16 $f: (V_1, D_1)\to(V_2, D_2)$，$g: (V_2, D_2)\to(V_3, D_3)$ がともに D 有理写像ならば，$g\cdot f: (V_1, D_1)\to(V_3, D_3)$ も D 有理写像である．とくに $(g\cdot f)^*D_1\sim g^*\cdot f^*(D_1)$．

証明 (Z_2,μ_2), (Z_1,μ_1) を各 g, f の不確定点除去正規モデルとし，$g_1=g\cdot\mu_2$, $f_1=f\cdot\mu_1$ とおく．${\mu_2}^{-1}\cdot f_1$ の不確定点除去正規モデルを (Z,λ) として，$\mu=\mu_1\cdot\lambda$, $\varphi={\mu_2}^{-1}\cdot f_1\cdot\lambda: Z\to Z_2$ とおく．(Z,μ) は，$g\cdot f$ の不確定点除去正規モデルとなる(図式10.7)．

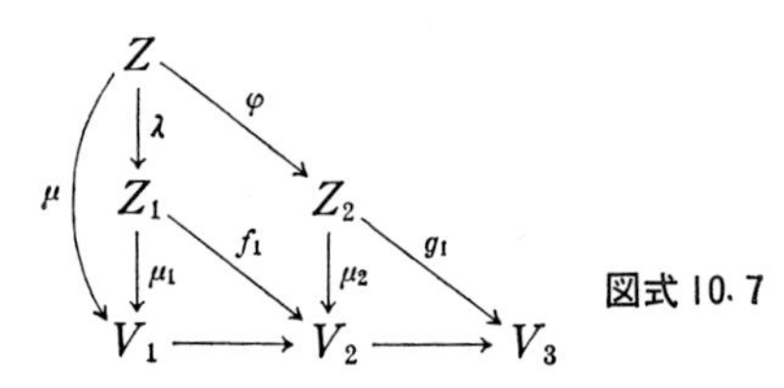

図式 10.7

$$g_1{}^*D_3\sim\mu_2{}^*D_2,\qquad (\mu_2\cdot\varphi)^*D_2\sim\mu^*D_1$$

により，

$$\mu^*D_1\sim(\mu_2\cdot\varphi)^*D_2=\varphi^*\mu_2{}^*D_2\sim\varphi^*g_1{}^*D_3=(\varphi\cdot g_1)^*D_3.$$

$\varphi\cdot g_1$ は $\varphi\cdot g_1=g\cdot f\cdot\mu$ と書かれる正則写像だから，上式は，$g\cdot f$ が D 有理写像になることを意味する．∎

e) 双有理写像 $\varphi: (V,D)\to(V,D)$ が D 有理写像のとき，φ^{-1} も D 有理写像だろうか？ それは確認できない．φ と φ^{-1} がともに D 有理的のとき，φ を**双 D**

有理写像ということにすれば，これら全体は群をつくる．この群を $\mathrm{BDR}(V, D)$ で書き表す．また，D 双有理写像 φ の生成する群を $\mathrm{Bir}(V, D)$ で書けば，当然 $\mathrm{Bir}(V, D) \supset \mathrm{BDR}(V, D)$ が成り立つ．

$\mu: V^* \to V$ を双有理正則写像とする．$\mu: (V^*, \mu^*D) \to (V, D)$ は双 D 有理的である．なぜならば，$\mu^{-1}: V \to V^*$ の不確定点除去正規モデルに (V^*, μ) が選べて，$\mu^{-1} \cdot \mu = \mathrm{id}$．$(\mathrm{id})^* \mu^* D = \mu^* D$ だから，μ^{-1} も D 有理写像になる．そこで $\varphi \in \mathrm{Bir}(V, D)$ をとるとき，$\tilde{\varphi} = \mu^{-1} \cdot \varphi \cdot \mu$ は定理 10.16 により D 有理的であって

$$\tilde{\varphi}^* \mu^* D \sim (\mu \cdot \mu^{-1} \cdot \varphi \cdot \mu)^* D = \mu^* \varphi^* D \sim \mu^* D.$$

よって $\tilde{\varphi} \in \mathrm{Bir}(V^*, \mu^* D)$．$\varphi \mapsto \tilde{\varphi}$ は同型を与える．かくて

$$\begin{array}{ccc} \mathrm{Bir}(V, D) & \simeq & \mathrm{Bir}(V^*, \mu^* D) \\ \cup & & \cup \\ \mathrm{BDR}(V, D) & \simeq & \mathrm{BDR}(V^*, \mu^* D). \end{array}$$

このようにして，§10.15, b) の理想が安易に達せられる．

f) $D=0$ をとるとき，0 有理写像は通常の有理写像で，変りばえがしない．さて一般に $\kappa(D, V) \geqq 0$ の場合を考えてみよう．V^* を V と書いて，$\Phi_m: V \to W$ を D 標準ファイバー多様体とする．φ を $\mathrm{Bir}(V, D)$ の元とし，(Z, μ) を φ の不確定点除去正規モデルとし，$\varphi_1 = \varphi \cdot \mu$ とする．そして，つぎの同型を合成して $\varphi^{\star}$ と書く．

$$\boldsymbol{L}(mD) \underset{\varphi_1{}^*}{\simeq} \boldsymbol{L}(\varphi_1{}^* mD) = \boldsymbol{L}(\mu^* mD) \underset{\mu^{*-1}}{\overleftarrow{\simeq}} \boldsymbol{L}(mD).$$

かくて線型表現

$$\begin{array}{rcl} \rho_D: \mathrm{Bir}(V, D) & \longrightarrow & GL(\boldsymbol{L}(mD)) \\ & & \Psi \\ \varphi & \longmapsto & {}^t\varphi^{\star} \end{array}$$

を得る．

g) つぎの定理が成り立つ．

定理 10.17 $\kappa(D, V) = n = \dim V$ のとき，$\mathrm{Bir}(V, D)$ はアフィン線型群である。さらに V が線織的でないならば $\mathrm{Bir}(V, D)$ は有限群であって，

$$\mathrm{Bir}(V, D) = \mathrm{BDR}(V, D).$$

証明 Φ_m が双有理写像だから ρ_D は単射である．よって $\mathrm{Bir}(V, D) \simeq \mathrm{Im}\, \rho_D \subset GL(\boldsymbol{L}(D))$．さらに，

$$\mathrm{Im}\, \rho_D = \{\sigma \in GL(\boldsymbol{L}(D))\,;\, \sigma W = W\}$$

は $GL(\boldsymbol{L}(D))$ の閉集合．ゆえに $\mathrm{Bir}(V,D)$ は $GL(\boldsymbol{L}(D))$ の閉部分代数群．よって定義により $\mathrm{Bir}(V,D)$ はアフィン代数群となる．その連結成分を $\mathrm{Bir}(V,D)^0$ で示す．$\mathrm{Bir}(V,D)^0\neq\{1\}$ と仮定すると，V は線織的，いいかえると，$\boldsymbol{P}^1\times V_1$ と双有理同値．この証明は代数群の知識が入用なので§11.24, c) にゆずる．さて $\mathrm{Bir}(V,D)$ が有限群のとき，φ を D 双有理写像とすると，$\varphi^r=\mathrm{id}$ となる $r>0$ がある．ゆえに，

$$\varphi^{-1}=\varphi^{r-1}=\varphi\cdots\varphi.$$

右辺は，定理10.16により D 双有理写像．よって φ^{-1} も D 双有理写像となったから，$\varphi\in\mathrm{BDR}(V,D)$．∎

同様につぎの定理も示される．

定理 10.18　V が線織的でなく，$\kappa(D,V)\geqq 0$ としよう．$\dim\mathrm{Aut}(V,D)\geqq n$ を仮定すると，$D\sim 0$ かつ V は Abel 多様体．——

証明は省略する．

$\mathrm{Bir}(V,D)$ または $\mathrm{BDR}(V,D)$ についても定理10.18と同趣旨の定理が成り立つと期待される．

§10.17　小平次元

V を n 次元完備非特異代数多様体とする．V の標準因子を $K(V)$ で書くと，$K(V)$ は線型同値を除いて一意である．よって，準偏極多様体 $(V,K(V))$ が同型を除き一意に定まる．V の $K(V)$ 次元を V の**小平次元**とよび，$\kappa(V)$ で示す．記号で書けば

$$\kappa(V)=\kappa(K(V),V).$$

さて，§5.9, c) で V の m 種数 $P_m(V)$ を定義した．それは，

$$P_m(V)=l(mK(V))$$

であった．ゆえに $m_0=m_0(K(V))$ と書くと，定理10.9によってつぎの定理を得る．

定理 10.19　正の常数 α,β があり，$m\gg 0$ のとき

$$\alpha m^{\kappa}\leqq P_{mm_0}(V)\leqq\beta m^{\kappa}$$

が成り立つ．ここに $\kappa=\kappa(V)$ とおいた．——

$P_m(V)$ は V の双有理不変量だから，小平次元 $\kappa(V)$ も双有理不変量．したが

って，一般の代数多様体 V に対し，その完備化 $\bar{V}$，さらに $\bar{V}$ の非特異射影モデル $\bar{V}^*$ をつくり，

$$\kappa(V) = \kappa(\bar{V}^*)$$

と，V の**小平次元**を定義できる．

§10.18 諸　例

a）V を完備非特異代数曲線とする．$g(V)$ で V の種数を表すと，つぎの表を得る．表の証明は極めて容易であって，Riemann-Roch の定理の簡単な適用ですぐにできる．

表 10.1

型	$\kappa(V)$	$g(V)$	V
I	$-\infty$	0	$\boldsymbol{P}^1$
II	0	1	楕円曲線
III	1	$\geqq 2$	一般型

b）V を $\boldsymbol{P}^3$ 内の非特異 d 次曲面とする．$K(V) \sim (d-4)H$ (H は超平面切断因子) であったからつぎの表を得る．

表 10.2

型	$\kappa(V)$	d	V
I	$-\infty$	1, 2, 3	有理曲面
II	0	4	$K3$ 曲面
III	2	$\geqq 5$	一般型

c）V_1, V_2 を代数多様体とするとき

$$\kappa(V_1 \times V_2) = \kappa(V_1) + \kappa(V_2).$$

これは，第5章の問題1, 2から得られる公式 $P_m(V_1 \times V_2) = P_m(V_1) \cdot P_m(V_2)$ に定理 10.19 を用いて直ちに証明される．

たとえば，E を楕円曲線，C を $g \geqq 2$ の代数曲線とするとき，

$$\kappa(E \times C) = \kappa(E) + \kappa(C) = 1.$$

こうして $\kappa = 1$ の曲面 $E \times C$ が得られた．実は $\kappa(V) = 1$ の曲面は，上のような積構造をやや一般化した構造を持っている．

d)　S を射影非特異曲面とし $\kappa(S)=1$ とする．$m\gg 0$ をとるとき $\Phi_m : S\to\Delta$ の一般ファイバーを C_u とおくと，

$$mK \mid C_u = 0.$$

ゆえに

$$2\pi(C_u) = C_u{}^2 + (K, C_u) = 0.$$

C_u は楕円曲線である．このように S の K 標準ファイバー曲面は**楕円曲面**になる．いいかえると，一般ファイバーが楕円曲線となるファイバー曲面である．

e)　一般に，$\dim V=\kappa(V)$ を満たす V を**一般型代数多様体**という．したがって $g\geqq 2$ の代数曲線は一般型代数曲線といってよい．この呼称は安易なものであるが，B. Riemann, H. Poincaré, O. Teichmüller らの研究により，一般型代数曲線には，共通の深い理論が成立することが示されてきた．それは現在の双曲的解析(小林昭七)の重要な一例であり，指標であり続けている．$\boldsymbol{P}^3$ 内の5次以上の非特異曲面は単連結であって，一般型曲線とはまた趣きを異にする面もあるが，共通点もいくつか指摘できる．それゆえ，一般型という漠然とした呼称をすてて，**双曲型代数多様体**とよぶとよいように思う．こういうわけで，n 次元代数多様体 V に対し，

$\kappa(V)=-\infty$ ならば，V を**楕円型代数多様体** (elliptic type) または**第 I 型**，

$\kappa(V)=0$ ならば，V を**放物型代数多様体** (parabolic type) または**第 II 型**，

$\kappa(V)=n$ ならば，V を**双曲型代数多様体** (hyperbolic type) または**第 III 型**．

そして残った場合；$0<\kappa(V)<n$ のとき，V を**ファイバー型代数多様体** (fiber type) または**第 II 1/2 型**とよぶとよいであろう．

これこそ，最も根源的本質的な代数多様体の分類である．人間に男と女との区別がつくように，代数多様体には四つの型がある．男の特質は何か．その美点として何が挙げられるだろうか．それはいくつもある．女についても然り．全く同様に，双曲型代数多様体の特質を論じ，その美点を数えあげねばならぬ．定理10.23はその一例である．放物型代数多様体，楕円型代数多様体についても公平に論じなければならぬが，現在これらについて一般的に断言できる材料は何もない．とくに楕円型は神秘のベールに包まれた不可解なもので，現在までのところ誰も一般に窺い知ることに成功していない．

一般の多重種数や小平次元は双有理不変量であった．したがって，これらによ

り，代数多様体の双有理不変な性質が究明される．代数多様体の双有理変換で不変な諸性質を研究する分野を**双有理幾何**という．代数多様体 V が与えられたとき，それと双有理同値な射影非特異代数多様体 V^* をとり，これを研究するとよい．$\bar{V}^*$ の研究には，種数の理論，2次変換，Albanese 写像，複素解析，位相幾何などの各種の方法が使えるからである．

§10.19　小平次元の基本定理

a)　V を n 次元完備非特異代数多様体としよう．

定理 10.20　$\kappa=\kappa(V)\geqq 0$ のとき，射影非特異代数多様体 V^*，双有理正則写像 $\mu: V^*\to V$，射影代数多様体 W，全射正則写像 $f: V^*\to W$ とがありつぎの条件を満たす：

（i）　$\dim W=\kappa(V)$,

（ii）　一般の点 $w\in W$ をとると，

$$V_w{}^*=f^{-1}(w)\quad \text{は}\quad \text{既約で非特異},$$

(iii)　W の真閉部分集合 $Z_1, Z_2, \cdots$ があり，$w\in W-Z_1\cup Z_2\cup\cdots$ をとると，$V_w{}^*$ は (ii) をみたし，さらに

$$\kappa(V_w{}^*)=0.$$

証明　$D=K(V)$ として定理 10.6 を用いる．定理 7.31 により定理 10.6 の V^* を射影非特異に選べる．$K(V^*)=\mu^*K(V)+R_\mu$ であり $P_m(V^*)=P_m(V)$ だから，

$$|mK(V^*)|=|m\mu^*K(V)|+mR_\mu.$$

よって $mK(V^*)$ と $m\mu^*K(V)$ とに付属する有理写像は相等しく，$\Phi_m\cdot\mu$ になる．あらためて $V^*=V$ と書く．定理 10.6 によると，$w\in W-Z_1\cup Z_2\cup\cdots$ に対し

$$\kappa(K(V)\,|\,V_w, V_w)=0.$$

そこで，つぎの補題を援用する．

補題 10.3　V, W を完備非特異代数多様体 ($n=\dim V$, $\kappa=\dim W$)，$f: V\to W$ を全射正則写像で，一般の点 $w\in W$ に対し，$V_w=f^{-1}(w)$ は連結とする．このとき $K(V_w)=K(V)\,|\,V_w$.

証明　f は固有であり，$f(R_f)$ は真閉部分集合である (定理 7.20)．そこで閉点 $w\in W-f(R_f)$ をとる．w での正則パラメータ系を一つ定め，$(w_1, \cdots, w_\kappa)$ とおこう．$f(p)=w$ となる閉点 p をとるとき，p での正則パラメータ系を $(z_1{}^{(\alpha)}, \cdots,$

$z_{n-\kappa}{}^{(\alpha)}, w_1, \cdots, w_\kappa$) と選べる．$\omega \neq 0$ を V の有理 n 型式とし，$(\omega)_0, (\omega)_\infty \not\supset V_w$ を満たすように選ぶと，

$$\omega = \varphi_\alpha(z, w)\, dz_1{}^{(\alpha)} \wedge dz_2{}^{(\alpha)} \wedge \cdots \wedge dw_1 \wedge \cdots \wedge dw_\kappa$$
$$= \varphi_\beta(z, w)\, dz_1{}^{(\beta)} \wedge dz_2{}^{(\beta)} \wedge \cdots \wedge dw_1 \wedge \cdots \wedge dw_\kappa.$$

$\{\varphi_\alpha(z, w)\}$ は $K(V)$ の有理切断であり，上式により，

$$\omega_0 = \varphi_\alpha(z, 0)\, dz_1{}^{(\alpha)} \wedge \cdots \wedge dz_{n-\kappa}{}^{(\alpha)}$$
$$= \varphi_\beta(z, 0)\, dz_1{}^{(\beta)} \wedge \cdots \wedge dz_{n-\kappa}{}^{(\beta)}$$

を得る．ゆえに ω_0 は $K(V_w)$ の有理 $n-\kappa$ 型式となる．よって $\{\varphi_\alpha(z, 0)\}$ は $K(V_w)$ の有理切断である．よって $K(V) | V_w = K(V_w)$．∎

したがって定理 10.20 の証明は，この補題によればよい：

$$\kappa(V_w) = \kappa(K(V) | V_w, V_w) = 0. \qquad ∎$$

b）　また，(i), (ii), (iii) を満たす $f: V^* \to W$ は双有理同値を除いて一意的なことも，定理 10.6 の後半部より示される．$\Phi_m: V^* \to W$ を V の**標準ファイバー多様体**という．

標準ファイバー多様体の構造を入れるには，V に2次変換をくり返した V^* を考えねばならぬ．これは $n = \dim V \geqq 3$ のとき避けることのできない困難の一つなのである．

§10.20　二つの基本定理

a）　**定理 10.21**（**不分岐定理**）　V_1 と V_2 を n 次元完備非特異代数多様体とし，$f: V_1 \to V_2$ をエタール正則写像とする．すると

$$\kappa(V_1) = \kappa(V_2).$$

証明　$R_f = 0$ だから $K(V_1) = f^* K(V_2)$．$D_2 = K(V_2)$ として定理 10.12 を用いる．∎

V_1 は完備だから f はもちろん固有．よって，f はエタール被覆写像である（定義により，エタール被覆写像＝エタール＋固有正則）．エタール被覆による差は本質的な違いを代数多様体に与えない，と考えられる．この定理は小平次元が本質的不変量であることの1例であろう．

b）　**定理 10.22**（**小平次元の不等式**）　V と W を代数多様体，$f: V \to W$ を支配的正則写像とし，一般の点 $w \in W$ に対し，$f^{-1}(w)$ は既約とし V_w で書く．W

に真閉部分集合 $Z_1, Z_2, \cdots$ があって,

$$w \in W - Z_1 \cup Z_2 \cup \cdots$$

をとるとき

$$\kappa(V) \leqq \kappa(V_w) + \dim W.$$

証明 小平次元の定義により, V, W がともに完備非特異の場合に帰着される. 補題10.3を考慮に入れて, 定理10.13を用いればよい. ∎

§10.21 有限群定理

$\boldsymbol{P}^1 \times W$ と双有理同値な代数多様体 V を線織的多様体というのであった. このとき,

$$\kappa(V) = \kappa(\boldsymbol{P}^1 \times W) = \kappa(\boldsymbol{P}^1) + \kappa(W) = -\infty.$$

よって V は楕円型になる. V の条件を弱めて, 一般ファイバーが $\boldsymbol{P}^1$ となるファイバー多様体 $f: V \to W$ の構造をもつとしよう. このときも定理10.22により,

$$\kappa(V) \leqq \kappa(\boldsymbol{P}^1) + \dim W = -\infty.$$

さて $\kappa(V) \geqq 0$ とし, $\Phi_m: V^* \to W$ を定理10.6の標準ファイバー多様体とする. $\varphi \in \mathrm{Bir}(V^*) \simeq \mathrm{Bir}(V)$ をとる. (Z, μ) を φ の不確定点除去非特異モデルとし, $\psi = \varphi \cdot \mu: Z \to V^*$ と書く. つぎの同型を合成する:

$$\boldsymbol{L}(mK(V^*)) \underset{\psi^*}{\simeq} \boldsymbol{L}(mK(Z)) \underset{\mu^{*-1}}{\simeq} \boldsymbol{L}(mK(V^*)),$$

$$\varphi^{\star} = \mu^{*-1} \cdot \psi^* \in GL(\boldsymbol{L}(mK(V^*))) = GL(P_m(V), k)$$

とおくと, 線型表現

$$\rho_V: \mathrm{Bir}(V) \longrightarrow GL(P_m(V), k),$$

$$\varphi \longmapsto {}^t\varphi^{\star}$$

ができる.

とくに $\kappa(V) = n$ ならば Φ_m は双有理写像だから, ρ_V は単射.

$$\mathrm{Bir}(V) \simeq \mathrm{Im}\,\rho_V = \{\sigma \in GL(P_m(V), k)\,;\, \sigma W = W\} \subset \mathrm{Aut}(W)$$

は $GL(P_m(V), k)$ の閉代数群. かつ $\kappa(V) \geqq 0$ だから V は線織的でない (§10.16, g)). よって $\mathrm{Bir}(V)$ は有限群である. かくてつぎの定理を得た.

定理 10.23 $\kappa(V) = n$ ならば $\mathrm{Bir}(V)$ は有限群である. ——

この定理は代数曲線の定理6.15の一般化であり, §1.31, c) で予告したもので

ある．

有限群定理は，双曲型代数多様体の構造が十分複雑なことの例証である．因みに，代数曲線の自己同型群を復習してみよう．

表 10.3

型	$\kappa(V)$	$\mathrm{Aut}(V)=\mathrm{Bir}(V)$
I	$-\infty$	$PGL(1,k)$
II	0	連結成分は1次元 Abel 多様体
III	1	有限群

この表により，代数構造が簡単であれば，自己同型への制約が少なく，自己同型群は大きくなり得る，という感じがつかめるであろう．

§10.22　代数曲面の分類

a)　いよいよ代数曲面の分類の大まかな説明をする時がきた．S を非特異完備代数曲面とする．つぎの定理を仮定する．

定理 10.24 (上野-Viehweg)　S から代数曲線 $\varDelta$ の上に正則写像があるとし，一般のファイバー $\varphi^{-1}(u)$ の連結成分を C_u とおく．このとき

$$\kappa(\varDelta)+\kappa(C_u)\leqq\kappa(S). \qquad \text{——}$$

定理自身は，代数曲面の分類理論によれば容易に確かめられる．分類理論によらず直接に証明することが長らく懸案であった．はじめに成功したのは上野健爾，ついで E. Viehweg が $\dim C_u=1$, $\dim S=n$ に対して一般に証明した(1976年)．その証明は代数曲線の族についての最も深い理論に基づくもので，極めて興味深いが，本講では述べられない．この不等式を用いて，代数曲面の分類理論を概括するのが本節の目標である．

b)　$\kappa(S)=-\infty, 0, 1, 2$ の四つの場合があるからこれに応じて S を研究する．

I　$\kappa(S)=-\infty$ のとき．さらに不正則数 $q(S)$ により S を分類する．

定理 10.25 (G. Castelnuovo)

$$\kappa(S)=-\infty,\quad q(S)=0 \Longrightarrow P_2(S)=q(S)=0$$
$$\Longrightarrow S \text{ は有理曲面} \Longrightarrow \kappa(S)=-\infty,\quad q(S)=0. \qquad \text{——}$$

証明は複雑で技巧的だからここでは述べきれない．§6.3 の定理 6.2 で代数曲

線 C に対し，$g(C)=0$ ならば $C\simeq \boldsymbol{P}^1$ を示したが，本定理はこれと似た命題であり，証明も似た精神で行われる．そこで，曲線のときを復習する．

$g(C)=0$ のとき，閉点 $p\in C$ に対し $l(p)=2$ を Riemann-Roch の定理で示して，$\Phi_p: C\to \boldsymbol{P}^1$ が同型なることをみる．あるいはより幾何学的にみることも多い．D を C 上の超平面切断因子とし，$l(D)\geqq 4$ とする．C の標準因子 K を用いると，$l(D-K)=l(D)-2$．よって，$D-K$ も超平面切断因子になることに注意すれば，$l(D)=2$ または 3 になる超平面切断因子 D の存在がわかる．$l(D)=2$ ならば $C=\boldsymbol{P}^1$，$l(D)=3$ ならば C は $\boldsymbol{P}^2$ 内の 2 次曲線である．

Castelnuovo の定理の証明では，まず定理 9.15 により，S 上の第 1 種例外曲線をすべてつぶして，S にはそのような曲線はないとする．つぎに，Riemann-Roch の定理によって，S 上の曲線 C でつぎの条件を満たすものの存在を示す．$\dim |C|\geqq 1$，$|C|$ の一般の元は非特異有理曲線．このために，S 上の超平面切断因子 D をとり，$l(D+mK)\geqq 2$, $l(D+(m+1)K)\leqq 1$ となる m を有効に利用する．詳細は略す．

定理 10.26 (F. Enriques)

$$\kappa(S)=-\infty,\quad q(S)\geqq 1 \Longrightarrow S \text{ は線織面}.$$

(詳しくは，$P_4(S)=P_6(S)=0$，$q(S)\geqq 1$ ならば，S は線織面.)

証明 $q=q(S)\geqq 1$ だから，S の Albanese 写像 $\alpha_S: S\to \mathscr{A}$ を用いる．ここに $\mathscr{A}$ は S の Albanese 多様体とよばれる q 次元の Abel 多様体．$\Delta=\alpha_S(S)$ とおくと，Δ の元の加算をくり返すと $\mathscr{A}$ 全体になることより，$\dim \Delta\geqq 1$．$\dim \Delta=2$ と仮定する．$\mathscr{A}$ は Abel 多様体だから，$P_m(\Delta)\geqq 1$．ゆえに $P_m(S)\geqq P_m(\Delta)\geqq 1$ となり条件に反する．よって，Δ は代数曲線である．そして，$g(\Delta)=q(S)\geqq 1$，かつ α_S の一般ファイバーは連結．これは Albanese 写像の初等的性質であり，確認も容易である．$C_u=\alpha_S{}^{-1}(u)$ とおくとき，上野-Viehweg の定理によれば

$$-\infty=\kappa(S)\geqq \kappa(C_u)+\kappa(\Delta)\geqq \kappa(C_u).$$

ゆえに，$C_u\simeq \boldsymbol{P}^1$．$S$ には第 1 種例外曲線がないから，定理 9.16 より，すべての $a\in \Delta$ につき $\alpha_S{}^*(a)\simeq \boldsymbol{P}^1$．よって S は Δ 上の $\boldsymbol{P}^1$ 束．それゆえ，S は $\boldsymbol{P}^1\times \Delta$ と双有理同値である．∎

c) II $\kappa(S)=0$ のとき．まず $q(S)\leqq 2$ を証明する．$q(S)\geqq 1$ として，S の Albanese 写像 $S\to \mathscr{A}$ を考える．$\Delta=\alpha_S(S)$ とおく．$\dim \Delta=2$ のとき，$q(S)\geqq 3$

とすると $\kappa(\varDelta)>0$(問題6)．ゆえに $\kappa(S)\geqq\kappa(\varDelta)>0$ となり矛盾．よって $q(S)\leqq 2$．$\dim\varDelta=1$ のとき，$\alpha_S:S\to\varDelta$ の一般ファイバーは連結だから C_u と書く．すると，定理 10.22 と上野-Viehweg の定理(定理 10.24)により

$$\kappa(C_u)\leqq\kappa(C_u)+\kappa(\varDelta)\leqq\kappa(S)\leqq\kappa(C_u)+1.$$

これより $\kappa(C_u)=\kappa(\varDelta)=0$．すなわち，$q(S)=g(\varDelta)=1$．

定理 10.27 (Enriques)　S に第1種例外曲線のないとき，$\kappa(S)=0$ とすると，

$q(S)=2$　ならば　S は2次元 Abel 多様体，

$q(S)=1$　ならば　S の或るエタール被覆曲面は Abel 多様体．

後者のとき S を超楕円曲面ともいう．

この証明は技術的に細かいからこれ以上ふれないことにしよう．

$q(S)=0$ のとき，$p_g(S)=1$ または0であったが，$p_g(S)=1$ のとき，$K=0$ が示される．このとき S は $K3$ 曲面である．$p_g(S)=0$ のとき，その2次エタール被覆曲面は $K3$ 曲面，このとき S を Enriques 曲面という．

II 1/2　$\kappa(S)=1$ のとき．S の標準ファイバー曲面は楕円曲面(§10.18, d))．

定理 10.28　以上によりつぎの分類表を得る：

表 10.4

型	$\kappa(S)$	$q(S)$	$p_g(S)$	S	$\mathrm{Bir}(S)$
I	$-\infty$	0	0	有理曲面	∞ 次 元
		≧1	0	線 織 面	
II	0	0	0	Enriques 曲面	離 散 的
			1	$K3$ 曲 面	
		1	0	超楕円曲面	連結成分群が1次元 Abel 多様体
		2	1	Abel 曲面	連結成分群が2次元 Abel 多様体
II 1/2	1			楕円曲面	離散群または連結成分群が1次元
III	2			一 般 型	有 限 群

このようにして，§10.18, a) の分類表(表 10.1)が2次元の場合に一般化されるのである．

d)　つぎの目標は，3次元以上の代数多様体に対して，表 10.1, 10.4 をお手本にして，分類表をつくり証明することである．それには悲観的材料も多い．

3次元代数多様体には多くの(代数曲面論からみると)異様な例が見出される．

(1)　$V \subset \boldsymbol{P}^4$ を3次の非特異3次元多様体とする．$K(V) = -2H$ (H は $\boldsymbol{P}^4$ の超平面切断因子) だから $\kappa(V) = -\infty$．しかし，V は線織的でない (C. H. Clemense-P. A. Griffiths)．

(2)　(1) と同様で，V を4次とする．$K(V) = -H$ であり，$\kappa(V) = -\infty$．だが，$\mathrm{Bir}(V)$ は有限群である (G. Fano, V. A. Iskovskih, Ju. I. Manin)．

後者の例は $\mathrm{Bir}(V)$ が少ないことから，V の構造の複雑さを偲ばせるが，$\kappa = -\infty$ のみならず，(m_1, m_2, m_3) 種数も0．すなわち，小平次元や種数では測り得ない複雑さを V はもっていると考えざるを得ない．

しかし，不思議なことに，日本人数学者の仕事には楽観的材料が多く見出せる．注目すべきなのは最近示されたつぎの結果であろう (1976年8月)．

定理 10.29 (上野)　$\dim V = 3$, $\kappa(V) = 0$ のときに，$q(V) = 3, 2, 1, 0$ となり，$q(V) = 3$ ならば V は3次元 Abel 多様体と双有理同値である．

証明には本講で述べなかった種々の技法が入用だからここで扱えない．それにしても，3次元の双有理同値を除いた分類定理がここにでてきたことは誠に驚くべきものである．上野-Viehweg の定理が証明されるや否や，川又による一般化 (定理 11.45) と，上野による本定理とが得られる等，相次いで重要な定理が証明されはじめた．時は縮まってきたように感ぜられる．

問　題

1　V を完備非特異代数多様体とし，$\kappa(-K(V), V) = 1$ と仮定する．$f: V^* \to W$ を $-K(V)$ 標準ファイバー多様体とするとき，一般の点 w をとると，

$$\kappa(-K(V_w^*), V_w^*) \leqq 0.$$

［注意］ $\kappa(-K(V), V)$ は V の双有理不変量ではない．しかし時によっては有効なので $\kappa^{-1}(V) = \kappa(-K(V), V)$ と書き**反小平次元**という．

2　$\kappa(V) \geqq 0$ ならば

$$\kappa^{-1}(V) \leqq 0.$$

さらに $\kappa^{-1}(V) = 0$ ならば，或る $i > 0$ があり $iK(V) \sim 0$．

同様に，$\kappa^{-1}(V) \geqq 0$ ならば

$$\kappa(V) \leqq 0.$$

3　$\kappa(D, V) = \dim V$ のとき $m_0(D) = 1$ を示せ．

4　問題3と同じ条件のとき，任意の因子 A に対し，十分大きな m をとると，$|mD - A| = \phi$ となる．

5　V を正規完備代数多様体とし，D を V 上の正因子とする．$\kappa(D, V)=1$ のないとき，m の関数 $l(mD)$ は周期的1次式となる．いいかえると，$h+1$ 個の1次多項式 $P_0(x), \cdots, P_h(x)$ があり，

$$l(mD) = P_i\left(\left[\frac{m}{1+h}\right]\right) \qquad (i \text{ は } m \text{ を } h+1 \text{ でわった余り})$$

と書ける．

6　$\mathscr{A}$ を n 次元 Abel 多様体とする．B を $\mathscr{A}$ の r 次元閉部分多様体とするとき，

(1)　$P_m(B) \geqq 1$，$\kappa(B) \geqq 0$，$q(B) \geqq r$，

(2)　つぎの条件は同値:

(i)　B は $\mathscr{A}$ の部分 Abel 多様体(の平行移動)，

(ii)　$\kappa(B) = 0$，

(iii)　$p_g(B) = 1$.

(これは，有名な上野の定理である.)

7　D をアンプルとするとき，

$$\mathrm{Bir}(V, D) = \mathrm{BDR}(V, D) = \mathrm{Aut}(V, D) \subset \mathrm{Aut}(V).$$

8　V を n 次元完備非特異代数多様体，$K(V)$ をその標準因子，D を正規交叉因子とし，或る正整数 m に対して，

$$\kappa(mK(V)+(m-1)D, V) \geqq 0, \qquad \kappa(D, V) = n$$

を仮定する．このとき

$$\kappa(K(V)+D, V) = \kappa(mK(V)+(m-1)D, V) = n$$

を示せ．

9　$f:(V_1, D_1)\to(V_2, D_2)$ を支配的 D 有理写像とし，

$$\dim V_1 = \dim V_2 = \kappa(D_2, V_2)$$

を仮定すると，f は D 双有理写像になる．

10　S を第1種例外曲線のない射影非特異代数曲面とする．

(i)　$|mK(S)| \neq \phi$ とし，$D=\sum r_jC_j \in |mK(S)|$ をとるとき，$(K(S), C_j) \geqq 0$ $(j=1, 2, \cdots)$ を示し，$K(S)^2 \geqq 0$ を確認せよ．

(ii)　$p_g(S)=1$，$q(S)=2$，$\kappa(S)=0$ とするとき，

(イ)　C_j は有理曲線，

(ロ)　$K(S) \sim 0$.

11　$\boldsymbol{P}^1 \times \boldsymbol{P}^2$ 内の非特異超曲面について，表10.4の立場で分類をせよ．

12　$\boldsymbol{P}^1 \times \boldsymbol{P}^1 \times \boldsymbol{P}^1$ 内の非特異超曲面について前問の類似を考えよ．

13　W を $\boldsymbol{P}^n$ の閉部分集合とする．

$$\{\sigma \in PGL(n, k)\ ;\ \sigma(W) = W\}$$

は $PGL(n, k)$ の閉部分代数群になる．

第11章　対数的小平次元

§11.1　問題の設定

第10章では代数多様体の双有理不変な性質が究明された．しかし，代数幾何学では双有理同値類のみを考えれば事足りるというわけにいかない．たとえば，代数群の理論をとってみよう．アフィン代数群はすべて有理代数多様体，すなわち，$\boldsymbol{P}^n$ と双有理同値であって，双有理幾何での代数群論は意味を喪失しがちになる．可換環論に直接関連した分野も同様である．

完備でない代数多様体に対しても，射影的非特異代数多様体を研究手段に活用することを試みよう．このとき，双有理同値よりやや精密な**固有双有理同値**を考えるとすべてが円滑にいくことがわかる(§11.8)．双有理幾何ではなく**固有双有理幾何** (proper birational geometry) ともいうべき研究分野がここにできる．

固有双有理幾何という場で，古典的な双有理幾何と，可換環論などが融合し合う．双有理幾何では，正則型式を用いた種数の理論が強力で統一的な方法を与えたが，固有双有理幾何でも，対数型式を用いた対数的種数の理論が普遍的な威力を発揮する．

これにより，代数多様体の研究という本来の目的は変らぬものの，代数幾何学の本来の意義“代数と幾何の融和”が復活する．このとき最も重要な役割をはたすのが，**対数的小平次元**の概念(§11.11)である．

本章でも標数0の代数閉体 k を一つ定めておき，圏 (Sch/k) 内で考察する．必要があれば $k=\boldsymbol{C}$ と仮定する．

§11.2　非特異境界をもつ完備化

V を n 次元非特異代数多様体とすると，永田の定理(定理1.17)により V の完備化 $\bar{V}$ が存在する．詳しく述べると，$\bar{V}$ は完備代数多様体で，閉集合 F を含み，$\bar{V}-F=V$ となる．F 内に中心をもつ2次変換をくり返すと，ついに $\bar{V}$ は非特異代数多様体 $\bar{V}^*$ に変換される(§7.31，定理7.37(広中))．$\bar{V}^*$ をはじめ

の $\bar{V}$ に選ぶことにより，$\bar{V}$ は非特異と仮定できるわけである．さらに，$F=\bar{V}-V$ 内に中心を持つ2次変換をくり返し，その合成を $\mu: \bar{V}^*\to\bar{V}$ で書くと，つぎの性質をもつようにできた(§7.31, g))：

(i) $\mu^{-1}(V)=V,\quad \mu|\mu^{-1}(V)=\mathrm{id}$,

(ii) $\mu^{-1}(F)=D_1\cup\cdots\cup D_a$ と既約成分に分解すると，各 D_j は非特異素因子，

(iii) 任意の閉点 $p\in D_1\cap\cdots\cap D_r-D_{r+1}\cup\cdots\cup D_a$ をとると，つぎの性質を満たす p での $\bar{V}^*$ の正則パラメータ系 $(z_1,\cdots,z_n)$ が選べる：座標近傍を Spec A とするとき，$D_j\cap\mathrm{Spec}\,A=V(z_j)$．すなわち，$z_j=0$ が D_j の p の近傍での定義式となっている．

このとき，$D_1+\cdots+D_a$ を**単純正規交叉型因子**とよぶのであった(§7.31, d))．

$\bar{D}^*=D_1+\cdots+D_a$ と書き，$\bar{V}^*$ を V の**非特異境界** (smooth boundary) $\bar{D}^*$ **をもった完備化**とよぶ．また $(z_1,\cdots,z_n)$ を V の p での**対数座標系**とよぶのもよいであろう．

§11.3 対数型式

a) 記号の便宜上から $\bar{V}=\bar{V}^*$, $\bar{D}=\bar{D}^*$ と書くことにしよう．$\bar{V}$ 上の連接層 $\Omega^1{}_{\bar{V}}(\log\bar{D})$ をつぎのように定義する：

(i) $\Omega^1{}_{\bar{V}}(\log\bar{D})\subset\Omega^1{}_{\bar{V}}(\bar{D})=\bar{D}$ に1位の極を許す有理1型式の芽の層，

(ii) 任意の閉点 $p\in\bar{D}$ での対数座標系を $(z_1,\cdots,z_n)$ とするとき，$\omega\in\Omega^1{}_{\bar{V}}(\log\bar{D})_p$ は

$$\omega=\sum_{i=1}^{r}a_i(z)\frac{dz_i}{z_i}+\sum_{j=r+1}^{n}a_j(z)dz_j\qquad(a_i\in\mathcal{O}_{\bar{V},p})$$

と書かれる．

§5.7と同様に，$0<q\leqq n$ に対し，$\mathcal{O}_{\bar{V}}$ 上の外積を考え

$$\Omega^q{}_{\bar{V}}(\log\bar{D})=\bigwedge^q\Omega^1{}_{\bar{V}}(\log\bar{D})$$

とおく．ここで $\Omega^q{}_{\bar{V}}$ を Ω^q と略記することも多い．さて定義により，任意の $p\in\bar{V}$ につき

$$\begin{aligned}\Omega^1(\log\bar{D})_p&=\mathcal{O}_p\frac{dz_1}{z_1}+\cdots+\mathcal{O}_p\frac{dz_r}{z_r}+\mathcal{O}_p dz_{r+1}+\cdots+\mathcal{O}_p dz_n\\&\simeq\mathcal{O}_p{}^n\end{aligned}$$

($p\in V$ ならば $r=0$ と考える) が成り立つので，$\Omega^1(\log\bar{D})$ は階数 n のベクトル束の層であり，$\Omega^q(\log\bar{D})$ は階数 $\binom{n}{q}$ のベクトル束の層になる．

$$T_q(\bar{V},\bar{D})=H^0(\bar{V},\Omega^q(\log\bar{D}))$$

とおき，この元 ω を，**$\bar{D}$ に沿って対数的極を許す $\bar{V}$ 上の対数 q 型式**とよぶ．縮めて，V の ($\bar{D}$ に沿って対数的な) **対数 q 型式**とよぶことも多い．この短縮したいい方は§11.6で合理化される．

もう少し一般化しよう．n 個の非負整数の組 $(m_1,m_2,\cdots,m_n)$ を一つ考え M とおく．ベクトル束の層

$$\Omega(\log\bar{D})^M=(\Omega^1(\log\bar{D})^{\otimes m_1})\otimes\cdots\otimes(\Omega^n(\log\bar{D})^{\otimes m_n})$$

を定義し，

$$T_M(\bar{V},\bar{D})=H^0(\bar{V},\Omega(\log\bar{D})^M)$$

とおく．この元を，**$\bar{D}$ に沿って対数的極を許す $\bar{V}$ 上の対数 M 型式**とよび，また，短縮して，V の**対数 M 型式**ともよぶ．

対数 n 型式はやや簡単である．$\bar{D}$ にのみ1位の極を許す有理 n 型式 ω は点 p において

$$\omega=\frac{\varphi}{(z_1\cdots z_r)}dz_1\wedge\cdots\wedge dz_n\qquad(\varphi\in\mathcal{O}_p)$$

と書かれる．書き直せば，

$$\omega=\varphi\frac{dz_1}{z_1}\wedge\cdots\wedge\frac{dz_r}{z_r}\wedge\cdots\wedge dz_n$$

となるから，$\bar{D}$ に沿って p で対数的．よって，

$$\Omega^n(\bar{D})=\Omega^n(\log\bar{D}).$$

したがって，$\bar{V}$ の標準因子を $\bar{K}$ で示すと，$\Omega^n(\log\bar{D})\simeq\mathcal{O}(\bar{K}+\bar{D})$ とも書かれる．

b) dz_1/z_2 は $z_2=0$, $z_1=0$ に沿って対数的ではない．$dz_1/z_1+dz_2/z_2$ はむろん対数的である．$k=\boldsymbol{C}$ として，$z_2=0$ でのこの型式の留数を計算しよう．

(z_1,z_2) 平面内の $z_2=0$ の管状近傍 N をとり，$z_1=\varepsilon\neq0$ で切り，その実境界を γ とする (図11.1)．このとき，

$$\int_\gamma\frac{dz_1}{z_2}=0,\qquad\int_\gamma\left(\frac{dz_1}{z_1}+\frac{dz_2}{z_2}\right)=\int_\gamma\frac{dz_2}{z_2}=2\pi\sqrt{-1}.$$

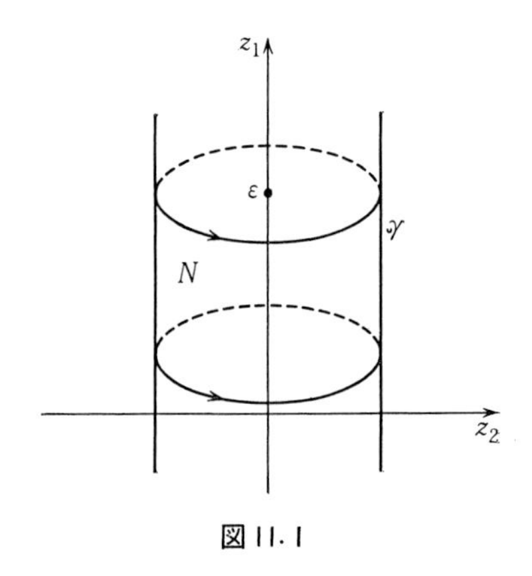

図 11.1

1変数関数論で，第3種微分とは留数のでてくる有理1型式を指すのであった(§6.11)．dz_1/z_2 は1位の極しかないけれど，留数がでてこないから，第2種微分の一般化と考えられる．対数型式は，"洗練された第3種微分"なのである．

§11.4　対数型式の変換

a）　V と W とを非特異代数多様体とし，$f: V\to W$ を正則写像とする．$\bar{V}$ と $\overline{W}$ とを各非特異境界 $\bar{D}$ と $\bar{D}'$ とをもつ V と W との完備化としよう．f は有理写像 $\bar{f}: \bar{V}\to \overline{W}$ を定める(§1.31)．$\bar{f}|V=f$ だから，$\mathrm{dom}(\bar{f})\supset V$ である．それゆえ $\bar{D}=\bar{V}-V$ 内に中心を持つ2次変換をくり返して $\bar{f}$ の不確定点を除去できる．よって，双有理固有正則写像 $\mu: \bar{V}^*\to\bar{V}$ をとり $\bar{f}\cdot\mu$ は正則にできる．その上 $\mu^{-1}(\bar{D})=\mu^*(\bar{D})_{\mathrm{red}}$ も単純正規交叉型の因子である．ゆえに $\bar{V}$ を $\bar{V}^*$ でおきかえ，はじめから，$\bar{f}$ は正則写像と仮定できる．

さて $\bar{f}(V)=f(V)\subset W$ なので，この対偶を考えると，$\bar{V}$ の点 p は，$\bar{f}(p)\in\bar{D}'=\overline{W}-W$ ならば $p\in\bar{D}=\bar{V}-V$．一方，$\bar{f}(p)\in\bar{D}'\Leftrightarrow p\in\bar{f}^{-1}(\bar{D}')$ なので，$\bar{f}(V)\subset W$ より $\bar{f}^{-1}(\bar{D}')\subset\bar{D}$ を得る．

そこで $V'=\bar{V}-\bar{f}^{-1}(\bar{D}')$ とおくと，$V'\supset V$．さらに，V' は $\bar{V}$ と W の $\overline{W}$ 上のファイバー積ともみなされるから，$\bar{f}|V'$ は固有正則写像 $\bar{f}$ の基底変換．したがって，$f'=\bar{f}|V'$ は固有正則である．一般の f は固有正則の f' に，開埋入 $j: V\hookrightarrow V'$ を合成して得られるわけである：$f=f'\cdot j$．よって，もし f が固有正則な

らば，$j: V \hookrightarrow V'$ も固有正則である．よって $j(V)=V$ は V' の閉集合．かくて $V=V'$ となる．

それゆえつぎの補題が証明された．

補題 11.1　f が固有正則 $\Leftrightarrow \bar{f}^{-1}(\bar{D}')=\bar{D}$.　——

b)　ω を W の対数1型式としよう．とにかく，ω は $\overline{W}$ の有理1型式だから，有理型式のひき戻し $\bar{f}^*\omega$ が定義できる(§5.9, a))．$\bar{f}^*\omega$ は $\bar{V}$ 上の有理1型式であるが，実は $\bar{D}$ に沿って対数1型式となることがつぎのように証明できる．

$\bar{f}^*\omega\,|\,V=f^*\omega$ により，$\bar{f}^*\omega$ は V 上正則である．そこで，閉点 $p\in\bar{D}$ をとり，p での V の対数座標系 $(z_1, \cdots, z_r, \cdots, z_n)$ $(n=\dim V)$ を選ぶ．また，$p'=\bar{f}(p)$ をとる．$p'\in\bar{D}'=\overline{W}-W$ のとき，p' での W の対数座標系 $(w_1, \cdots, w_s, \cdots, w_m)$ $(m=\dim W)$ をとり，$p'\in W$ ならば，W の正則パラメータ系を $(w_1, \cdots, w_m)$ とする．後者は前者の $s=0$ の場合と考えられる．r は $\bar{D}$ の定義する p での局所素因子 $\Gamma_1, \cdots, \Gamma_r$ の個数であり，s は $\bar{D}'$ の定義する p' での局所素因子 $\Delta_1, \cdots, \Delta_s$ の個数である．

$$\bar{f}^{-1}(\bar{D}')\subset\bar{D}$$

を p の近くで書き直すと，

$$\bar{f}^{-1}(\Delta_i)\subset\Gamma_1\cup\cdots\cup\Gamma_r.$$

それゆえ，因子としてのひき戻し $\bar{f}^*(\Delta_i)$ は，

$$\bar{f}^*(\Delta_i)=\sum n_{ij}\Gamma_j \qquad (n_{ij}\geqq 0)$$

と書かれる．対数座標系で表すと，

$$(L) \qquad \bar{f}^*(w_i)=\varepsilon_i\prod_{j=1}^{r} z_j^{n_{ij}} \qquad (1\leqq i\leqq s).$$

ここに $\varepsilon_i\in\mathcal{O}_p{}^*$.

ところで，ω は対数1型式だから，

$$\omega=\sum a_i(w)\frac{dw_i}{w_i}+\sum a_j(w)dw_j$$

と書かれている．$a_i(w)\in\mathcal{O}_{W,p'}$ であり，$\bar{f}^*: \mathcal{O}_{W,p'}\to\mathcal{O}_{V,p}$ により $\bar{f}^*(a_i)\in\mathcal{O}_{V,p}$ を得る．

$$\bar{f}^*\omega=\sum\bar{f}^*(a_i)\bar{f}^*\left(\frac{dw_i}{w_i}\right)+\sum\bar{f}^*(a_j)\bar{f}^*(dw_j)$$

であるが，$\bar{f}^*(dw_i/w_i)$ は何になるだろうか．まず式 (L) を対数微分しよう：

$$\left(\frac{dL}{L}\right)\qquad \frac{d\bar{f}^*(w_i)}{\bar{f}^*(w_i)}=\frac{d\varepsilon_i}{\varepsilon_i}+\sum n_{ij}\frac{dz_j}{z_j}$$
$$=\sum_{j=1}^{r}\left(n_{ij}+\frac{z_j}{\varepsilon_i}\frac{\partial\varepsilon_i}{\partial z_j}\right)\frac{dz_j}{z_j}+\sum_{l=r+1}^{n}\frac{1}{\varepsilon_i}\frac{\partial\varepsilon_i}{\partial z_l}dz_l.$$

さて dw の定義により $\bar{f}^*dw=d\bar{f}^*w$．一方，$\bar{f}^*$ は環準同型だから，

$$\bar{f}^*\left(\frac{dw}{w}\right)=\frac{df^*w}{f^*w}.$$

さらに，$t\geqq s+1$ について

$$\bar{f}^*dw_t=d\bar{f}^*w_t=\sum_{j=1}^{r}\left(\frac{\partial\bar{f}^*w_t}{\partial z_j}z_j\right)\frac{dz_j}{z_j}+\sum_{l=r+1}^{n}\frac{\partial\bar{f}^*w_t}{\partial z_l}dz_l$$

と変形して，(dL/L) の式と共に，$\bar{f}^*\omega$ の右辺に代入して整理すると，

$$\bar{f}^*\omega=\sum\alpha_j(z)\frac{dz_j}{z_j}+\sum\alpha_l(z)dz_l\qquad(\alpha_i(z)\in\mathcal{O}_{\bar{V},p})$$

と書かれる．これは $\bar{f}^*\omega\in T_1(\bar{V},\bar{D})$ を意味する．

以上の推論は局所的だから，自然な層準同型

$$\bar{f}^*\Omega^1{}_{\bar{W}}(\log\bar{D}')\longrightarrow\Omega^1{}_{\bar{V}}(\log\bar{D})$$

がある，と結論をまとめてもよい．これにより（あるいは，同様に），$M=(\nu_1,\cdots,\nu_m)$ に対し，

$$\bar{f}^*\Omega_{\bar{W}}(\log\bar{D}')^M\longrightarrow\Omega_{\bar{V}}(\log\bar{D})^M$$

を得るので，

$n\geqq m$ のとき，$(M,0,\cdots,0)$ を $(M,0)$ と書けば，$\omega\in T_M(\overline{W},\bar{D}')$ に対し $\bar{f}^*\omega\in T_{(M,0)}(\bar{V},\bar{D})$ となる．$\bar{f}^*\omega$ を $f^*\omega$ と書く．

$n<m$ のとき，$f^*\omega$ は $(\nu_1,\cdots,\nu_m)$ 型式である．ゆえに，$b>n$ について $\nu_b\neq0$ があれば，$\Omega^b{}_{\bar{V}}(\log\bar{D})=0$ だから $f^*\omega=0$ となる．

もし $(\nu_1,\cdots,\nu_n)=N$ によって $M=(N,0)$ と書かれるならば，

$$f^*:T_M(\overline{W},\bar{D}')=T_{(N,0)}(\overline{W},\bar{D}')\longrightarrow T_N(\bar{V},\bar{D}).$$

そこでつぎの略記法をとる：$(M,0)$ を M と書く．$n=\dim\bar{V}$ に対し，或る $b>n$ に対して $\nu_b\neq0$ となる $M=(\nu_1,\cdots,\nu_b,\cdots)$ があるとき $T_M(\bar{V},\bar{D})=0$ とおく．こうして，つねに線型写像

$$f^*:T_M(\overline{W},\bar{D}')\longrightarrow T_M(\bar{V},\bar{D})$$

が定義される．

いうまでもなく，正則写像 $f: V \to W$，$g: W \to W_1$ に対して，

$$(g \cdot f)^* = f^* \cdot g^* : T_M(\overline{W}_1, \bar{D}_1) \longrightarrow T_M(\overline{W}, \bar{D}') \longrightarrow T_M(\bar{V}, \bar{D})$$

が成り立つ (定理 5.6 (ii))．

§11.5　同型定理

定理 11.1　$f: V \to W$ が支配的正則写像ならば，

$$f^* : T_M(\overline{W}, \bar{D}') \longrightarrow T_M(\bar{V}, \bar{D})$$

は単射である．f が双有理固有正則写像ならば，f^* は同型である．

証明　前半は，有理型式についてすでに成り立っていたから当然である (§5.9, a))．$f: V \to W$ を双有理固有正則とすると，$\bar{D} = \bar{f}^{-1}(\bar{D}')$．さて $\bar{f}: \bar{V} \to \overline{W}$ は双有理だから，$W^0 = \mathrm{dom}(\bar{f}^{-1})$ とおくと，$g: W^0 \to \bar{V}$ が定義できて，$\bar{f} \cdot g = i: W^0 \hookrightarrow \overline{W}$．さて $\mathrm{codim}(\overline{W} - W^0) \geqq 2$ であった (定理 2.13)．$\omega \in T_M(\bar{V}, \bar{D})$ をとると，$g^*\omega$ は W^0 上有理 M 型式で，$g^{-1}(\bar{D})$ に沿って対数的である．$g^{-1}(\bar{D}) = \bar{g}\bar{f}^{-1}(\bar{D}') = (\bar{f} \cdot g)^{-1}\bar{D}' = \bar{D}' \cap W^0$ だから，

$$\bar{g}^*\omega \in H^0(W^0, \Omega(\log \bar{D}')^M \mid W^0).$$

一方，$\Omega(\log \bar{D}')^M$ はベクトル束の層で，$\mathrm{codim}(\overline{W} - W^0) \geqq 2$ だから Hartogs 型の接続定理 (第 2 章問題 12，または定理 2.9 の幾何的定式化) が使えて，

$$H^0(W^0, \Omega(\log \bar{D}')^M \mid W^0) = H^0(\overline{W}, \Omega(\log \bar{D}')^M).$$

一方，

$$f^*(g^*\omega) = (g \cdot \bar{f})^*\omega = \omega$$

により，$f^*: T_M(\overline{W}, \bar{D}') \to T_M(\bar{V}, \bar{D})$ は全射，が示された．∎

§11.6　対数型式の空間 $T_M(V)$

さて定理 11.1 により V の対数型式が V の非特異完備化のとり方によらないことがわかる．詳しく述べよう．V の非特異境界をもつ完備化 $\bar{V}, \bar{V}'$ を考える．$\bar{D} = \bar{V} - V$，$\bar{D}' = \bar{V}' - V$ とおく．恒等写像 $\mathrm{id}: V \to V$ は双有理写像 $\varphi = \overline{\mathrm{id}}: \bar{V} \to \bar{V}'$ をひき起す．$\bar{D}$ 内に中心をもつ 2 次変換をくり返し，φ の不確定点を除去する．すなわち，双有理固有正則写像 $\mu: \bar{V}^* \to \bar{V}$ により，正則写像 $\lambda = \varphi \cdot \mu: \bar{V}^* \to \bar{V}'$ を得る．そして $\bar{D}^* = \mu^{-1}(\bar{D})$ は単純正規交叉型の因子．$\mu^{-1}(V) = V$，$\lambda^{-1}(V)$

$=V$ なので，$\mu|V=\mathrm{id}$, $\lambda|V=\mathrm{id}$ は固有正則．それゆえ定理 11.1 により，

$$T_M(\bar{V}^*, \bar{D}^*) \overset{\mu^*}{\simeq} T_M(\bar{V}, \bar{D}),$$

$$T_M(\bar{V}^*, \bar{D}^*) \overset{\lambda^*}{\simeq} T_M(\bar{V}', \bar{D}').$$

よって，同型

$$\mu^{*-1}\cdot\lambda^* : T_M(\bar{V}', \bar{D}') \simeq T_M(\bar{V}, \bar{D})$$

を得る．有理写像 $\varphi=\lambda\cdot\mu^{-1}$ による ω のひき戻しを考えると，

$$\varphi^* = (\lambda\cdot\mu^{-1})^* = (\mu^{-1})^*\cdot\lambda^* = \mu^{*-1}\cdot\lambda^*.$$

よって，同型 $\mu^{*-1}\cdot\lambda^*$ は μ の選択によらない．しかも，$\mathrm{id}: V\to V$ の定める $\varphi=\overline{\mathrm{id}}: \bar{V}\to\bar{V}'$ が同型 φ^* を与えているから，$T(\bar{V}, \bar{D})$ 達は極めて自然な同型 φ^* により結びついている．それゆえ

$$T_M(V) = T_M(\bar{V}, \bar{D})$$

と書き，V の**対数 M 型式の空間**とよんでも混乱はおきない．

一般に，特異点をもつ代数多様体 V の対数 M 型式の空間をつぎのように定義する．V の非特異モデル (V^*, μ) とは，(イ) V^* は非特異，(ロ) $\mu: V^*\to V$ は双有理固有正則，の 2 条件を満たす V^* と μ との対を指すのであった(§2.26, c))．別の非特異モデル $(V^\sharp, \lambda)$ が与えられたとき，$\varphi=\lambda^{-1}\cdot\mu: V^*\to V^\sharp$ の不確定点除去非特異モデル (Z, τ) をとり，$\psi=\varphi\cdot\tau$ とおく．τ も ψ も双有理固有正則である．ゆえに，

$$\tau^* : T_M(V^*) \simeq T_M(Z),$$

$$\psi^* : T_M(V^\sharp) \simeq T_M(Z)$$

を得る．$\varphi^*=\tau^{*-1}\cdot\psi^*$ だから，φ^* が同型 $T_M(V^\sharp)\simeq T_M(V^*)$ を与える．すなわち，$T_M(V^*)$ は V に対し自然な同型を除いてただ一つ定まる．それゆえ，

$$T_M(V) = T_M(V^*)$$

とおき，V の**対数 M 型式の空間**とよぶことにしよう．

§11.7　強有理写像

有理写像 $f: V_1\to V_2$ は或る双有理固有正則写像 μ により不確定点除去のできるとき，**強有理写像** (strictly rational map) とよばれる (第 2 章問題 3)．$g=f\cdot\mu$ は正則写像であり，$\mu^* : T_M(V_1)\to T_M(Z)$ は同型である．よって，有理写像 μ^{-1}

は $(\mu^{-1})^*: T_M(Z) \simeq T_M(V_1)$ をひき起し，$(\mu^{-1})^* \cdot \mu^* = \mathrm{id}$．さて $f^* = (\mu^{-1})^* \cdot g^*$ は線型写像

$$T_M(V_2) \longrightarrow T_M(Z) \simeq T_M(V_1)$$

である．このようにして，強有理写像 f による有理型式のひき戻しは対数型式を対数型式に写す．このような理由から，強有理写像は重要な研究対象になってくる．第2章の問題14にあげたようにつぎのことが証明される．

$f: V_1 \to V_2$ と $g: V_2 \to V_3$ とが強有理で，g と f が合成写像を定義できるとき，$g \cdot f: V_1 \to V_3$ も強有理写像になる．

とくに $f: V \to V$ を強双有理写像とすると，単射 $f^*: T_M(V) \to T_M(V)$ をひき起す．$\dim T_M(V) < \infty$ だから線型代数でよく知られた定理によれば f^* は同型になる．強双有理写像の合成はやはり強双有理．しかし強双有理写像の逆写像は双有理ではあっても強有理かどうかはわからない．そこで

$$\mathrm{SBir}(V) = \{\varphi_1 \cdot \varphi_2{}^{-1} \cdot \varphi_3 \cdot \varphi_4{}^{-1} \cdots ; \varphi_i : V \to V \text{ は強双有理}\}$$

とおき，V の**強双有理自己同型群**という．

強双有理写像 $f \in \mathrm{SBir}(V)$ に ${}^t f^* \in GL(T_M(V))$ を対応させ，これを自然に延長して，$\mathrm{SBir}(V)$ の $T_M(V)$ での表現 $\rho_M: \mathrm{SBir}(V) \to GL(T_M(V))$ を得ることができる．

§11.8 固有双有理同値

$f: V_1 \to V_2$ を強双有理写像とすると，$f^*: T_M(V_2) \to T_M(V_1)$ は一般に単射でしかない．f^* が同型となるには，もう少し f に条件をつけなければならない．一般に $f: V_1 \to V_2$ を強双有理写像としよう．双有理固有正則写像 $\mu: Z \to V_1$ があって，$g = f \cdot \mu: Z \to V_2$ を固有正則写像にできるなら，f は**固有(的)有理写像**とよばれる．

定義によると，適当な双有理固有正則 μ により $g = f \cdot \mu$ を固有正則にできれば，f は固有的という．この性質は μ の選び方によらない．すなわち，任意の双有理固有正則 $\mu': Z' \to V_1$ により $g' = f \cdot \mu'$ が正則写像になれば，g' は必ず固有正則になる．これをみるためにつぎの図式11.1の記号を用いる．ここで λ は双有理固有正則である．$\mu \cdot \lambda' = \mu' \cdot \lambda$ は固有正則だから，λ' も固有正則．よって $g \cdot \lambda'$ も固有正則．$g' \cdot \lambda = g \cdot \lambda'$ が固有正則で λ は全射．それゆえ g' も固有正則である(第1章

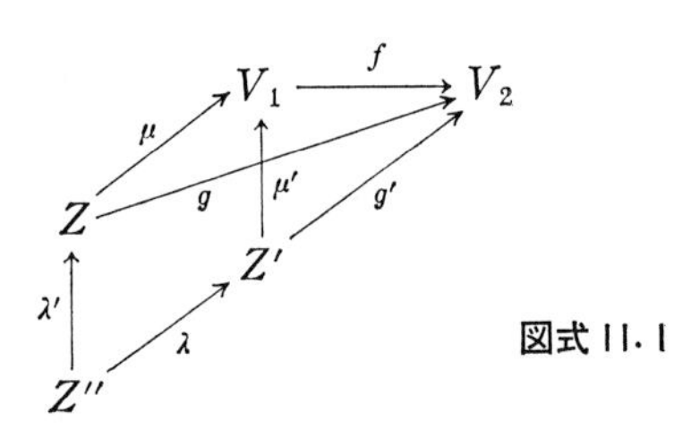

図式 11.1

問題44).

定義により，固有正則写像は固有的有理写像である．また，双有理写像 $f: V_1 \to V_2$ に対して

$$f \text{ が固有的 } \Leftrightarrow f \text{ と } f^{-1} \text{ とが強有理}$$

が成り立つ(第2章問題14).

それゆえ，固有双有理写像 $f: V_1 \to V_2$ は同型 $f^*: T_M(V_2) \simeq T_M(V_1)$ をひき起す．

固有双有理写像 $f: V_1 \to V_2$ が存在するとき，V_1 と V_2 とは**固有双有理同値**ということにすれば，これは同値関係となる．$T_M(V_1)$ は固有双有理同値類に対して，同型を除いて一意に定まる．"$\dim T_M(V_1)$ は固有双有理不変量" ということができるだろう．完備代数多様体同士の双有理同値性は，固有双有理同値性と一致する．必ずしも完備でない代数多様体に対しては，固有双有理同値性は普通の双有理同値性よりやや精密である．

定理 11.2　V_1 と V_2 とをアフィン代数多様体とし，V_i' により V_i の正規化を書き表す．このとき，$f: V_1 \to V_2$ が固有双有理になる必要十分条件はその正規化 $f': V_1' \to V_2'$ が同型になることである．

証明　正規化 $V' \to V$ は双有理固有正則だから，f が固有双有理ならば f' もそうなる．ゆえに V_1 と V_2 とは正規多様体と仮定できる．(Z, μ) を f の不確定点除去正規モデルで，μ は固有正則としよう．$g = f \cdot \varphi$ は固有正則．さて，V_1 の閉点 p に対して，$f(p) = g(\mu^{-1}(p))$ は1次元以上とすると，$\mu^{-1}(p)$ も1次元以上．μ は固有だから $\mu^{-1}(p)$ は完備閉スキーム．よって $f(p)$ も完備である．$f(p)$ はアフィンだから，$f(p)$ は0次元．これは仮定に反する．よって f は正則写像(定理11.3)．f^{-1} も同様に正則写像．よって f は同型である．∎

V から V への固有双有理写像全体は群 $\mathrm{PBir}(V)$ をつくる．これを V の**固有**

双有理変換群という．もちろん PBir$(V)\subset$SBir(V) である．定理 11.2 によると，V がアフィン多様体 Spec R のときつぎの同型を得る (第 2 章問題 14)．

$$\begin{array}{ccccc} \mathrm{PBir}(V) & \simeq & \mathrm{Aut}(V') & \simeq & \mathrm{Aut}(R') \\ \cup & & & & \cup \\ \mathrm{Aut}(V) & & \simeq & & \mathrm{Aut}(R) \end{array}$$

§11.9 諸　例

a)　**例 11.1**　開埋入 $j: V_1=\boldsymbol{A}^1 \hookrightarrow V_2=\boldsymbol{P}^1$ は双有理正則写像．$f=j^{-1}: V_2\to V_1$ は双有理写像だが強有理ではない．——

これを少し一般にしたつぎのことを示そう．

例 11.2　$f: V_1\to V_2$ を有理写像とする．V_1 が完備で V_2 はアフィンとしよう．f が強有理になる必要十分条件は f が定数写像になることである．

[証明]　固有正則写像 $\mu: Z\to V_1$ を考えると，V_1 が完備だから Z も完備．$g=f\cdot\mu$ が正則ならば，$g(Z)$ も完備である．V_2 はアフィンであったから，$g(Z)$ はアフィンでもある．よって，$g(Z)=\mathrm{Spec}\, \Gamma(g(Z), \mathcal{O})$．$g(Z)$ は完備だから，$\Gamma(g(Z), \mathcal{O})$ は k 上有限次元．したがって g は定数写像にならざるをえない．▌

例 11.1 の説明には，つぎの考察も役立つ．

例 11.3　$j: V_1\hookrightarrow V_2$ を開埋入としよう．j^{-1} が強有理ならば $V_1=V_2$．

[証明]　固有双有理正則写像 $\mu: Z\to V_2$ により，j^{-1} の不確定点を除く．いいかえると，$g=j^{-1}\cdot\mu$ は正則．よって $\mu=j\cdot g$ と書かれる．μ は固有双有理だから全射．よって $V_1=V_2$．▌

代数多様体同士間の双有理写像を考えるとき，例 11.3 の j^{-1} などは，いかにも不自然で除外するのは当然である．

b)　少し肯定的な方ものべよう．

例 11.4　有理写像 $f: V_1\to V_2$ は，もし V_2 が完備ならばつねに強有理である．

これは第 2 章問題 13．念のため証明 (解答 ?) をつける．V_1 の完備化 $\bar{V}_1$ をつくる (定理 1.17)．f は有理写像 $\bar{f}: \bar{V}_1\to V_2$ を定めるから，これの不確定点を双有理固有正則写像 $\mu: Z\to\bar{V}_1$ により除去する．すなわち，$g=\bar{f}\cdot\mu: Z\to V_2$ は正則写像．$Z^0=\mu^{-1}V_1$ とおくと，$\mu^0=\mu|Z^0$ は固有正則．$f\cdot\mu^0: Z^0\to V_2$ は正則写像だから，(Z^0, μ^0) により f の不確定点除去ができた．——

定理 2.20 の証明では，例 11.4 の事実が基本的であった．したがって，つぎの形の一般化は自然である.

定理 11.3 V を正規代数多様体, W は代数多様体とし, $f: V \to W$ を強有理写像とする. $f(p)$ が孤立点を成分に含めば, f は p で正則である.

証明 W の完備化 $\overline{W}$ を考え, f と $W \subset \overline{W}$ とを合成して, 有理写像 $F: V \to \overline{W}$ を得る. V の完備化 $\bar{V}$ と Z の完備化 $\bar{Z}$ とを適当に選び, μ の定める有理写像 $\bar{\mu}: \bar{Z} \to \bar{V}$ と g の定める有理写像 $\bar{g}: \bar{Z} \to \overline{W}$ とはともに正則としておこう. μ は固有正則だから, $\bar{\mu}: \bar{Z} \to \bar{V}$ を $j: V \hookrightarrow \bar{V}$ で基底変換すると, μ になることに注意しよう. よって, $\mu^{-1}(p) = \bar{\mu}^{-1}(p) \subset Z$ である. $F(p) = \bar{g}\bar{\mu}^{-1}(p) = g\bar{\mu}^{-1}(p) = g\mu^{-1}(p) = f(p)$ になるので, $F(p)$ は孤立点成分を含む. 定理 2.20 と連結性原理 (§2.28, d)) により, F は p で正則. したがって f も p で正則である. ∎

定理 2.20 の証明の鍵は, f が強有理になる, という事実であった. それゆえ構成的美しさを尊ぶならば, まず強有理写像についての定理 11.3 を示し, 例 11.4 を用いて, 定理 2.20 を示すべきであろう.

§11.10 対数的 M 種数

a) V を n 次元代数多様体, $M = (m_1, \cdots, m_n)$ を n 個の非負整数の組とする. $\dim T_M(V)$ を $\bar{P}_M(V)$ と書き, V の**対数的 M 種数** (logarithmic M-genus) とよぶ. これらは**固有双有理不変量**である. V が完備ならば, $\bar{P}_M(V)$ は §5.9 の $P_M(V)$ と一致する. そこでは一般の代数多様体 V の完備化 $\bar{V}$ をもって $P_M(V) = P_M(\bar{V})$ と定義したのであった. それゆえ,

$$\bar{P}_M(V) \geqq \bar{P}_M(\bar{V}) = P_M(\bar{V}) = P_M(V)$$

の関係がある. 応用上にも幾何学的にも, 最も重要なのは, $M = (1, 0, \cdots, 0)$ と $M = (0, \cdots, 0, m)$ の場合であってつぎのようにも書く:

$\bar{q}(V) = \bar{P}_{1,0,\cdots,0}(V)$, これを**対数的不正則数**とよぶ,

$\bar{P}_m(V) = \bar{P}_{0,\cdots,0,m}(V)$, これを**対数的 m 種数**とよぶ.

とくに $\bar{P}_1(V)$ は $\bar{p}_g(V)$ とも書かれ, **対数的幾何種数**とよばれる. さらに

$\bar{q}_i(V) = \dim H^0(\bar{V}, \Omega^i(\log \bar{D}))$ を**対数的 i 不正則数**といい,

$\bar{p}_a(V) = \bar{q}_n - \bar{q}_{n-1} + \cdots + (-1)^{n-1}\bar{q}_1(V)$ は**対数的算術種数**とよばれる.

b) 代数曲線の種数 V が1次元ならば $\bar{p}_g(V) = \bar{q}(V)$ である. これを V の**対数的種数**とよび $\bar{g}(V)$ で示す. V を非特異として, $\bar{g}(V)$ を求めてみよう. $\bar{V}$

を V の非特異完備化とし，$g=g(\bar{V})$ とおく．また $\bar{V}-V=\{p_0, \cdots, p_t\}$ とし $t\geqq 0$ としよう．定理 6.1 を用いて，

$$\bar{g}(V)=l(K+p_0+\cdots+p_t)=1-g+2g-2+1+t+l(-p_0-\cdots-p_t)$$

だから，

$$\bar{g}(V)=t+g$$

である．よって，$\bar{g}(V)=0$ ならば $g=t=0$．また $\bar{g}(V)=1$ ならば $g=0,\ t=1$ または $g=1,\ t=0$．

かくして，つぎの分類表を得る．

表 11.1

$\bar{g}(V)$	V	V の構造
0	完　備	$\boldsymbol{P}^1$
	非完備	$\boldsymbol{A}^1$
1	完　備	楕円曲線
	非完備	$\boldsymbol{A}^1-\{p\}$，楕円曲線$-\{p\}$
$\geqq 2$		その他

$k=\boldsymbol{C}$ のとき，$\boldsymbol{A}^1-\{p\}=\boldsymbol{C}^*$ だから普遍被覆面は $\boldsymbol{C}$．しかし，楕円曲線$-\{p\}$ の普遍被覆面は，上半平面になり，むしろ双曲型の多様体と考えられる．$\boldsymbol{A}^1-\{p\}$ と楕円曲線$-\{p\}$ とは $\bar{g}$ によって同じ類に組込まれることになり，分類の結果は芳しくない．しかし，$\bar{P}_m$ を考えると鮮かに両者は区別される．

$g=0,\ t=1$ のとき $m\geqq 1$ につき，

$$\bar{P}_m(V)=1.$$

しかし $g=1,\ t=0$ のときには，

$$\bar{P}_m(V)=m.$$

また，$\boldsymbol{A}^1-\{p\}\simeq \operatorname{Spec} k[X, X^{-1}]=G_m$ に注意しておく．

c）代数的トーラス $G_m{}^n$　$\boldsymbol{P}^n=\operatorname{Proj} k[X_0, X_1, \cdots, X_n]$ と書き，$\bar{D}_j=V_+(X_j)$，$\bar{D}=\bar{D}_0+\cdots+\bar{D}_n$ とおく．$\boldsymbol{P}^n-\bar{D}_0$ はアフィン n 空間 $\boldsymbol{A}^n$ と同型である．$x_j=X_j/X_0$ とおけば，

$$\begin{aligned}\boldsymbol{P}^n-\bar{D}&=\boldsymbol{A}^n-\bar{D}_1\cap\boldsymbol{A}^n-\cdots-\bar{D}_n\cap\boldsymbol{A}^n\\&\simeq \operatorname{Spec} k[x_1, \cdots, x_n, x_1{}^{-1}, \cdots, x_n{}^{-1}]=G_m{}^n\end{aligned}$$

となる．$\bar{D}$ は単純正規交叉型因子であり，$\boldsymbol{P}^n$ は $G_m{}^n$ の，非特異境界 $\bar{D}$ をもった完備化とみなされる．さて，$dx_1/x_1, \cdots, dx_n/x_n \in T_1(G_m{}^n)$ である．なぜならば，$D_+(X_1)$ の座標 $y_1 = X_0/X_1$，$y_2 = X_2/X_1$，$\cdots$，$y_n = X_n/X_1$ に対しても，

$$x_1 = y_1{}^{-1}, \quad x_2 = y_2 y_1{}^{-1}, \quad \cdots, \quad x_n = y_n y_1{}^{-1}$$

が成り立つから，

$$\frac{dx_1}{x_1} = -\frac{dy_1}{y_1}, \quad \frac{dx_2}{x_2} = \frac{dy_2}{y_2} - \frac{dy_1}{y_1}, \quad \cdots, \quad \frac{dx_n}{x_n} = \frac{dy_n}{y_n} - \frac{dy_1}{y_1}.$$

同様の関係は $z_1 = X_0/X_2$，$z_2 = X_1/X_2, \cdots$ に対しても成り立つ．ゆえに $dx_1/x_1, \cdots, dx_n/x_n \in T_1(G_m{}^n)$.

さらに，閉点 $p \in D_+(X_0)$ において $x_1(p) = \cdots = x_r(p) = 0$，$x_{r+1}(p) \neq 0, \cdots, x_n(p) \neq 0$ としよう．すると，$\mathcal{O} = \mathcal{O}_{\boldsymbol{P}^n}$ と書くと，x_{r+1} は $\mathcal{O}_p$ で可逆である．ゆえに $x_{r+1}\mathcal{O}_p = \mathcal{O}_p, \cdots$ だから，

$$\begin{aligned} \Omega^1{}_{\boldsymbol{P}^n}(\log \bar{D})_p &= \mathcal{O}_p \frac{dx_1}{x_1} + \cdots + \mathcal{O}_p \frac{dx_r}{x_r} + \mathcal{O}_p dx_{r+1} + \cdots + \mathcal{O}_p dx_n \\ &= \mathcal{O}_p \frac{dx_1}{x_1} + \cdots + \mathcal{O}_p \frac{dx_n}{x_n} \simeq \mathcal{O}_p \oplus \cdots \oplus \mathcal{O}_p. \end{aligned}$$

$p \in D_+(X_1)$ のときも，

$$\frac{dx_1}{x_1} = -\frac{dy_1}{y_1}, \quad \frac{dx_2}{x_2} = \frac{dy_2}{y_2} - \frac{dy_1}{y_1}, \quad \cdots$$

が成り立つから，

$$\Omega^1{}_{\boldsymbol{P}^n}(\log \bar{D})_p = \mathcal{O}_p \frac{dx_1}{x_1} + \cdots + \mathcal{O}_p \frac{dx_n}{x_n}.$$

よって

$$\Omega^1{}_{\boldsymbol{P}^n}(\log \bar{D}) = \mathcal{O}\frac{dx_1}{x_1} + \cdots + \mathcal{O}\frac{dx_n}{x_n} \simeq \mathcal{O} \oplus \cdots \oplus \mathcal{O} = \mathcal{O}^n,$$

$$\Omega^2{}_{\boldsymbol{P}^n}(\log \bar{D}) = \mathcal{O}\frac{dx_1}{x_1} \wedge \frac{dx_2}{x_2} + \cdots + \mathcal{O}\frac{dx_{n-1}}{x_{n-1}} \wedge \frac{dx_n}{x_n} \simeq \mathcal{O}^{\binom{n}{2}},$$

$$\cdots\cdots\cdots\cdots\cdots$$

$$\Omega^n{}_{\boldsymbol{P}^n}(\log \bar{D}) = \mathcal{O}\frac{dx_1}{x_1} \wedge \cdots \wedge \frac{dx_n}{x_n} = \mathcal{O}\frac{dx_1 \wedge \cdots \wedge dx_n}{x_1 \cdots x_n} \simeq \mathcal{O}.$$

よって，

$$\bar{q}(G_m{}^n)=n, \qquad \bar{q}_i(G_m{}^n)=\binom{n}{i}, \qquad \bar{p}_g(G_m{}^n)=\bar{P}_2(G_m{}^n)=\cdots=1.$$

そして，$\bar{\kappa}(G_m{}^n)=0$.

これらの数値は Abel 多様体のそれと全く同一である.

§11.11 対数的小平次元

V の対数的 m 種数は V の非特異モデル V^* の，非特異境界 $\bar{D}^*$ をもった完備化 $\bar{V}^*$ を用いると，

$$\bar{P}_m(V)=l(m(K(\bar{V}^*)+\bar{D}^*))$$

と表される．それゆえ，

$$\bar{\kappa}(V)=\kappa(K(\bar{V}^*)+\bar{D}^*,\ \bar{V}^*)$$

とおいて，V の**対数的小平次元**とよぶ．$\bar{\kappa}=\bar{\kappa}(V)\geqq 0$ ならば $m_0, \alpha, \beta>0$ があって，$m\gg 0$ につき

$$\alpha m^{\bar{\kappa}} \leqq \bar{P}_{mm_0}(V) \leqq \beta m^{\bar{\kappa}}$$

が成立する．かくして $\bar{\kappa}$ も固有双有理不変量である．そして $\bar{\kappa}$ により非特異代数曲線 V の分類ができる：

表 11.2

型	$\bar{\kappa}(V)$	V
I	$-\infty$	$\boldsymbol{P}^1, \boldsymbol{A}^1$
II	0	楕円曲線，G_m
III	1	その他

一般に $\bar{\kappa}(V)=-\infty$ のとき，V は I の型に属す，または楕円型．$\bar{\kappa}(V)=0$ のとき，II の型に属す，または放物型．$\bar{\kappa}(V)=\dim V$ のとき，III の型に属す，または双曲型（しばしば，一般型）とよばれる．

$\boldsymbol{k}=\boldsymbol{C}$ のとき，1次元の V は Riemann 面とみられるが，Riemann 面の型のよび方と上述のよび方は $\boldsymbol{A}^1$ を除くと正しく一致する．

§11.12 積 公 式

a） さて，支配的強有理写像 $f: V_1\to V_2$ があるとき，$\bar{q}(V_1)\geqq\bar{q}(V_2)$．さらに

$\dim V_1 = \dim V_2$ ならば $\bar{P}_m(V_1) \geqq \bar{P}_m(V_2)$．よって $\bar{\kappa}(V_1) \geqq \bar{\kappa}(V_2)$ である．とくに，V_1 が V_2 の空でない開集合ならば，$\bar{q}(V_1) \geqq \bar{q}(V_2)$，$\bar{P}_m(V_1) \geqq \bar{P}_m(V_2)$，$\bar{\kappa}(V_1) \geqq \bar{\kappa}(V_2)$ が導かれる．

この関係の直観的理解はつぎの通り．V_2 から閉集合をとり去ると，それだけ代数的構造は複雑になり，$\bar{P}_m$, $\bar{q}$, $\bar{\kappa}$ らが増大するのである．

定理 11.4　V_1, V_2 を代数多様体とする．

$$\bar{q}(V_1 \times V_2) = \bar{q}(V_1) + \bar{q}(V_2),$$
$$\bar{P}_m(V_1 \times V_2) = \bar{P}_m(V_1) \cdot \bar{P}_m(V_2),$$
$$\bar{\kappa}(V_1 \times V_2) = \bar{\kappa}(V_1) + \bar{\kappa}(V_2).$$

証明　$\bar{q}$ については略す．$\bar{P}_m$ の公式を示せば十分であろう．V_1, V_2 を非特異としてよい．$\bar{V}_i$ を V_i の非特異境界 $\bar{D}_i$ をもつ完備化としよう．$\bar{D} = \bar{D}_1 \times \bar{V}_2 + \bar{V}_1 \times \bar{D}_2$ は $\bar{V} = \bar{V}_1 \times \bar{V}_2$ の単純正規交叉型の因子である．一方，$\bar{V} - \bar{D} = V_1 \times V_2$ だから，

$$\bar{P}_m(V_1 \times V_2) = l(m(\bar{K} + \bar{D})).$$

一方，$\bar{K} = K(\bar{V}_1) \times \bar{V}_2 + \bar{V}_1 \times K(\bar{V}_2)$ であり，$\bar{K} + \bar{D} = (K(\bar{V}_1) + \bar{D}_1) \times \bar{V}_2 + \bar{V}_1 \times (K(\bar{V}_2) + \bar{D}_2)$ と書かれるので，

$$\begin{aligned} l(m(\bar{K}+\bar{D})) &= l(m(K(\bar{V}_1)+\bar{D}_1)) \cdot l(m(K(\bar{V}_2)+\bar{D}_2)) \\ &= \bar{P}_m(V_1) \cdot \bar{P}_m(V_2). \end{aligned}$$ ∎

b)　任意の代数多様体 V について $\bar{\kappa}(V \times \boldsymbol{A}^1) = -\infty$．より一般に，楕円型の成分があると，全体は楕円型になってしまう．さらに $\boldsymbol{k}$ 上有限生成の整域を B とするとき，B 上の多項式環 $B[T]$ は自己同型を多量にもつ．すなわち，$\beta \in B$ につき，$\sigma_\beta : B[T] \to B[T]$ を $\sigma_\beta | B = \mathrm{id}$, $\sigma_\beta(T) = T + \beta$ で定義すると，同型 σ_β を得る．よって $B \neq \boldsymbol{k}$ ならば $\dim \mathrm{Aut}\, B[T] = \infty$．$\mathrm{Spec}(B[T]) = \mathrm{Spec}\, B \times \boldsymbol{A}^1$ だから，$\mathrm{Spec}(B[T])$ はいかにも線織的多様体と似ている．

§11.13　直線達の補集合

2次元射影空間 $\boldsymbol{P}^2$ から，有限個の直線 $\bar{D}_0, \cdots, \bar{D}_t$ をぬいた残りを V とする：$V = \boldsymbol{P}^2 - \bar{D}_0 \cup \cdots \cup \bar{D}_t$．さて，$V$ の対数的小平次元を計算しよう．

(1)　まずつぎの図 11.2 を考える．左のときは，$\bar{D}_0 = \infty$ 直線，$D_i = (\boldsymbol{P}^2 - \bar{D}_0) \cap \bar{D}_i$ とおき，D_1, D_2 を x, y 軸にとるとき，

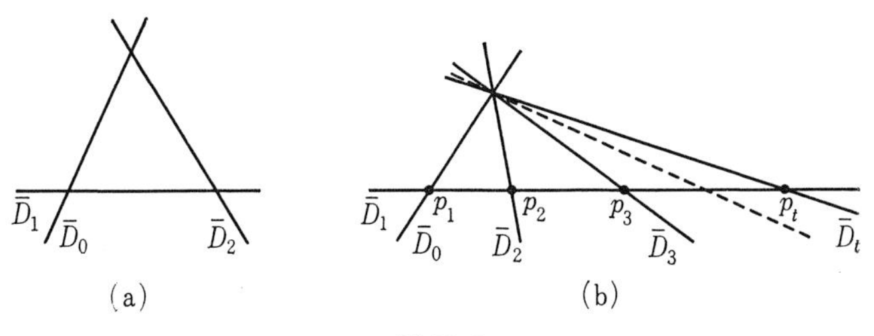

図 11.2

$$V=(\boldsymbol{A}^1-(0))\times(\boldsymbol{A}^1-(0))=G_m\times G_m.$$

よって $\bar{\kappa}(V)=\bar{\kappa}(G_m)+\bar{\kappa}(G_m)=0$.

右のときは，$\bar{D}_i$ と交わる $\bar{D}_1$ の点を p_i $(i\geqq 2)$ とし $C=\boldsymbol{A}^1-\{p_2, \cdots, p_t\}$ を定義する．すると，$t\geqq 3$ ならば $\bar{\kappa}(C)=1$ であって，$V=G_m\times C$ に積公式を用いると $\bar{\kappa}(V)=\bar{\kappa}(G_m)+\bar{\kappa}(C)=1$.

(2)　さて，$t=0$ ならば $V=\boldsymbol{A}^1\times\boldsymbol{A}^1$ であり $\bar{\kappa}(V)=-\infty$．$t=1$ ならば $V=\boldsymbol{A}^1\times G_m$ であり $\bar{\kappa}(V)=-\infty$．そこで，第3番目の直線 $\bar{D}_2$ が，$\bar{D}_0$ と $\bar{D}_1$ との交わりの点 p を通らないと，$\bar{\kappa}(V)=0$ になり，さらに $\bar{D}_3, \cdots, \bar{D}_t$ を除くと，$\bar{\kappa}(V)\geqq 0$．よって $\bar{\kappa}(V)=-\infty$ になるには，$\bar{D}_2, \cdots, \bar{D}_t$ のすべてが，$\bar{D}_0$ と $\bar{D}_1$ の交点 p を通らねばならない．かくて図 11.3 に到る．

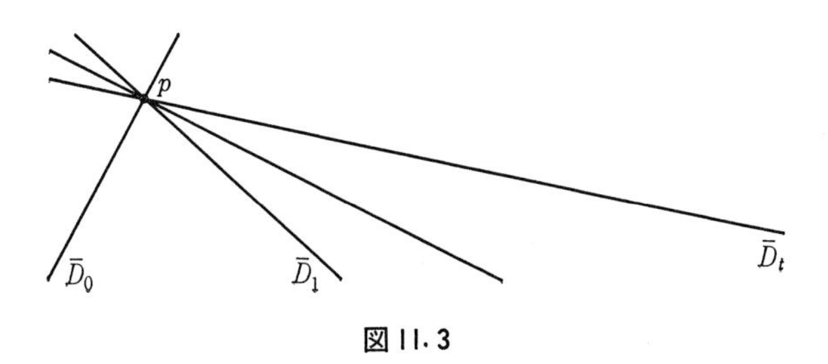

図 11.3

$\bar{D}_0$ を ∞ 直線にとるとき，$D_i=\bar{D}_i-\bar{D}_0\cap\bar{D}_i$ $(i=1, \cdots, t)$ は平行線であり，$x=a_i$ で定義される，としてよい．$C=\boldsymbol{A}^1-\{a_1, \cdots, a_t\}$ とおくと，$V=\boldsymbol{A}^1\times C$．それゆえ $\bar{\kappa}(A)=\bar{\kappa}(\boldsymbol{A}^1)+\bar{\kappa}(C)=-\infty$.

(3)　さて，$V=\boldsymbol{P}^2-\bar{D}_0\cup\cdots\cup\bar{D}_t$ が，$\bar{\kappa}(V)=0$ となるとしよう．$\bar{D}_0$ と $\bar{D}_1$ の交点を通らぬ $\bar{D}_i$ があるから，これを $\bar{D}_2$ とする．この3直線のつくる3頂点 p_0,

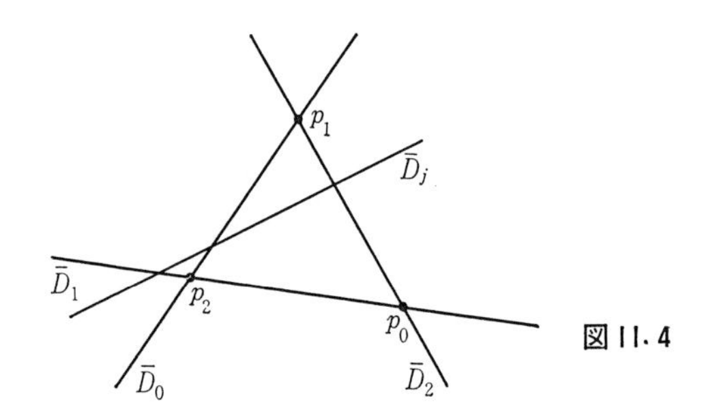

図 11.4

p_1, p_2 を通らぬ第4の直線 $\bar{D}_j$ があったとすると，$V_0=\boldsymbol{P}^2-\bar{D}_0\cup\bar{D}_1\cup\bar{D}_2\cup\bar{D}_j\supset V$ である．一方，$\bar{D}_0+\bar{D}_1+\bar{D}_2+\bar{D}_j$ は単純正規交叉型の因子だから，$\boldsymbol{P}^2$ は V_0 の非特異境界 $\bar{D}_0+\bar{D}_1+\bar{D}_2+\bar{D}_j$ をもつ完備化とみなされて，

$$\bar{\kappa}(V_0)=\kappa(K(\boldsymbol{P}^2)+\bar{D}_0+\bar{D}_1+\bar{D}_2+\bar{D}_j, \boldsymbol{P}^2)=2$$

となる．よって矛盾．結局，第4の直線 $\bar{D}_3$ は3頂点のいずれかを通るから，p_1 を通るとしてよい．$V_1=\boldsymbol{P}^2-\bar{D}_0\cup\bar{D}_1\cup\bar{D}_2\cup\bar{D}_3\supset V$ であって $\bar{\kappa}(V_1)=1\leqq\bar{\kappa}(V)=0$ となり矛盾．よって第4の直線はありえない．$t=2$ で $V=G_m\times G_m$ が $\bar{\kappa}(V)=0$ の唯一のものである．

(4)　$\bar{\kappa}(V)=1$ とする．この V は図 11.2 (b) になる．これをみるには，つぎの図 11.5 に注目する．$V_0=\boldsymbol{P}^2-\bar{D}_1\cup\bar{D}_2\cup\bar{D}_3\cup\bar{D}_4$ とおくと，$\bar{\kappa}(V_0)=2$．これより明らか．

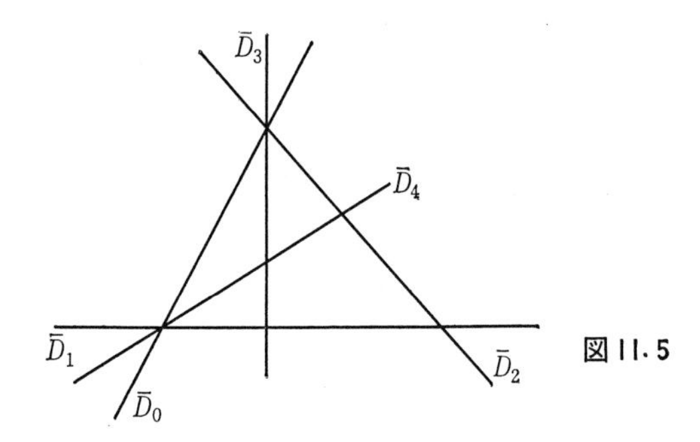

図 11.5

(5)　$\bar{\kappa}(V)=2$ なる V は必ず V_0 に含まれることがわかった．

定理 11.5　まとめてつぎの分類表を得る．

表 11.3

型	$\bar{\kappa}(V)$	V	$G=\mathrm{PBir}(V)=\mathrm{Aut}(V)$
I	$-\infty$	$\boldsymbol{P}^2$ または $\boldsymbol{A}^1\times C$	$\boldsymbol{P}^2$ 以外は無限次元
II	0	$G_m\times G_m$	$G^0=G_m{}^2$
II1/2	1	$G_m\times C$; $\bar{\kappa}(C)=1$	$G^0=G_m$
III	2	$V\subset V_0$	有限群

$\bar{\kappa}(V)=2$ のとき $\mathrm{Aut}(V)$ が有限群になることの証明は極めて一般的に，§11.23 で行われるからここでは略す.

§11.14　被約因子を境界にするとき

a)　このようにして，$\bar{D}$ のもつ特異性が微妙に $\bar{\kappa}$ の計算に関与し，$\bar{\kappa}$ を求めることは通例困難を極める．しかし困難さの中に，代数多様体の構造の本質と深く絡みあった $\bar{\kappa}$ の特性があり，理論を興趣あらしめている何かがあるのである.

$\bar{V}$ を完備非特異代数多様体，$\bar{D}$ を $\bar{V}$ の被約因子とする．$\bar{D}$ に中心をもつ2次変換をくりかえして，$\bar{D}$ の特異性を除去する．いいかえると，固有双有理正則写像 $f:\bar{V}^*\to\bar{V}$ があり，$\bar{V}^*$ は非特異，$f^{-1}(\bar{D})=\bar{D}^*$ は単純正規交叉型，とする。このとき，$V=\bar{V}-\bar{D}=\bar{V}^*-\bar{D}^*$，$\bar{K}^*=K(\bar{V}^*)$ とおくと

$$\bar{P}_m(V)=l(m(\bar{K}^*+\bar{D}^*))\leqq l(m(K(\bar{V})+\bar{D})),$$

とくに，

$$\bar{\kappa}(V)=\kappa(\bar{K}^*+\bar{D}^*)\leqq\kappa(K(\bar{V})+\bar{D},\bar{V}).$$

[証明]　$\bar{D}^*=f^*(\bar{D})_{\mathrm{red}}\leqq f^*(\bar{D})$ だから，$\bar{K}^*=K(\bar{V}^*)=f^*(K(\bar{V}))+R_f$ によると，

$$\bar{K}^*+\bar{D}^*\leqq f^*(K(\bar{V})+\bar{D})+R_f.$$

そして，$f_*(R_f)=0$ (§5.11，このとき R_f を f に関して例外的という) だから，

$$l(m(f^*(K(\bar{V})+\bar{D})+R_f))=l(m(K(\bar{V})+\bar{D})).$$

さて，$\kappa(\bar{V})\geqq 0$ のときは，κ 算法 (§10.13) により，

$$\bar{\kappa}(V)=\kappa(\bar{K}^*+\bar{D}^*,\bar{V}^*)=\kappa(\bar{K}^*+f^*(\bar{D}),\bar{V}^*)$$
$$=\kappa(f^*(K(V)+\bar{D})+R_f,\bar{V}^*)=\kappa(K(\bar{V})+\bar{D},\bar{V}).$$ ▮

まとめてつぎの定理を得る.

定理 11.6　$\bar{D}$ を一般の被約因子とすると，すべての $m \geqq 1$ に対し

$$\bar{P}_m(V) \leqq l(m(K(\bar{V})+\bar{D})).$$

さらに $\kappa(V) \geqq 0$ ならば，

$$\bar{\kappa}(V) = \kappa(K(\bar{V})+\bar{D}, \bar{V}). \qquad \text{——}$$

この定理の後半は，もう少し改良される．

定理 11.7　$f^{-1}(\bar{D})=\bar{D}'+\mathcal{E}$ と書く．$\bar{D}'$, $\mathcal{E}$ ともに被約因子で，$\mathcal{E}$ は f に関して例外的とする．$\kappa(V) \geqq 0$ ならば，$V'=\bar{V}^*-\bar{D}' \supset V$ についても

$$\bar{\kappa}(V') = \bar{\kappa}(V) = \kappa(K(\bar{V})+\bar{D}, \bar{V}).$$

証明　R_f は，f に関しての例外因子をすべて含むことに注意する．だから $R_f \geqq \mathcal{E}$ である．κ 算法による：

$$\begin{aligned}\bar{\kappa}(V) &\geqq \bar{\kappa}(V') = \kappa(K(\bar{V}^*)+\bar{D}', \bar{V}^*) = \kappa(2K(\bar{V}^*)+\bar{D}', \bar{V}^*)\\ &= \kappa(K(\bar{V}^*)+K(\bar{V}^*)+\bar{D}', \bar{V}^*) \geqq \kappa(K(\bar{V}^*)+R_f+\bar{D}', \bar{V}^*)\\ &\geqq \kappa(K(\bar{V}^*)+f^{-1}(\bar{D}), \bar{V}^*) = \bar{\kappa}(V).\end{aligned}$$ ∎

b)　**例 11.5**　V は非特異代数曲面で，その非特異完備化 $\bar{V}$ は，$K3$ 曲面 $\bar{V}_0$ と双有理同値とする．すなわち，双有理正則写像 $f: \bar{V} \to \bar{V}_0$ がある，とする．$F=\bar{V}-V$, $F_0=f(F)$ とおく．F_0 の余次元 1 の成分からなる閉成分を $\bar{D}_0$ と書く．

$$\bar{\kappa}(V) = 0 \iff \kappa(\bar{D}_0, \bar{V}_0) = 0$$

$\iff$ $\bar{D}_0$ の既約成分のつくる交点行列は Dynkin 図形(第8章問題6)によって表される．

$\bar{\kappa}(V)=1$ ならば $\kappa(\bar{D}_0, \bar{V}_0)=1$ になり，$\bar{V}_0$ の或る楕円曲面としてのファイバー構造 $\varphi: \bar{V}_0 \to \Delta$ のファイバーとして $\bar{D}_0$ はつくられている．——

このように，$\kappa(V) \geqq 0$ のとき，かえって話が簡単になる．すなわち，$\bar{D}$ の特異性が関係しないで $\bar{\kappa}$ が求められる．意外な事実である．見方を変えていえば，$\kappa(V) \geqq 0$ ということは土台の $\bar{V}$ がすでに複雑であり，単純なものとしての例外がでてくることを許さないということだろう．ものみな複雑であるという統一性が，一見して単純にみえる原因なのである．

c)　こんどは，$\bar{D}$ の特異性の条件に着目して，いつ $\bar{P}_m(V)=l(m(\bar{K}+\bar{D}))$ となるかを考える．$\bar{D}$ に含まれる非特異中心 C の 2 次変換を $\mu: \bar{V}' \to \bar{V}$ とする．$\mu^{-1}(C)=E$, $v=\operatorname{codim} C$ と書くと，

$$K(\bar{V}') = \mu^* K(\bar{V})+R_\mu, \qquad R_\mu = (v-1)E.$$

一方，各既約成分 $\bar{D}_j$ が C を重複度 e_j で含むとすると，§7.31, c) により，$\mu^*\bar{D}_j = \bar{D}_j' + e_j E$．よって，

$$\mu^*\bar{D} = \bar{D}' + \sum(e_j - 1)E, \qquad \bar{D}' = \mu^{-1}(D).$$

さて，

$$\begin{aligned} K(\bar{V}') + \bar{D}' &= \mu^* K(\bar{V}) + (v-1)E + \bar{D}' \\ &= \mu^*(K(\bar{V}) + \bar{D}) + (v-e)E \qquad (e = \textstyle\sum e_j). \end{aligned}$$

もし $v \geqq e$ ならば，

$$l(m(K(\bar{V}') + \bar{D}')) = l(m(K(\bar{V}) + \bar{D}))$$

になる．

たとえば，$\bar{D}$ を**正規交叉型の因子**としよう．

$p \in \bar{D}$ をとり，$\hat{\mathcal{O}}_{\bar{V},p}$ の正則パラメータを $\zeta_1, \cdots, \zeta_n$ とする．$\bar{D}$ が正規交叉型ということは，$\zeta_1 \cdots \zeta_r = 0$ が p の周りで $\bar{D}$ を解析的に表すということである．ただし，$\bar{D}_1$ は p の周りで解析的に可約で，$\zeta_1 \cdots \zeta_a = 0$ により定義されるかもしれない．ともあれ，$\zeta_1 = \cdots = \zeta_r = 0$ の中に中心 C があるので，$v \geqq r$．一方，$e_1 = a, \cdots$ であって，結局，$e \leqq r$．かくして $v - e \geqq v - r + r - e \geqq 0$．このような 2 次変換で境界は非特異になる．よって，つぎの定理を得る．

定理 11.8　$\bar{D}$ が正規交叉型の因子ならば，すべての $m \geqq 1$ に対し

$$\bar{P}_m(V) = l(m(\bar{K} + \bar{D})), \qquad \kappa(V) = \kappa(K(V) + \bar{D}, \bar{V}). \qquad ——$$

実は，単純正規交叉型因子でなく，正規交叉型因子を基礎にして $\Omega(\log \bar{D})$ を定めても，これはベクトル束になるから今までと同様の理論ができる．

§11.15　自己同型の接続

定理 11.9　$\bar{V}$ を完備非特異代数多様体，$\bar{D}$ を正規交叉型の因子，$\bar{K} + \bar{D}$ をアンプルとする．このとき $V = \bar{V} - \bar{D}$ の自己同型 α は，$\bar{V}$ の自己同型 $\tilde{\alpha}$ の制限として得られる．さらに $\mathrm{Aut}(V)$ は有限群である．

証明　双有理正則写像 $\mu: \bar{V}^* \to \bar{V}$ により，$\bar{D}$ を単純正規交叉型の因子 $\bar{D}^*$ に変換しておく．さて，

$$H^0((\Omega^n(\bar{D}^*))^{\otimes m}) \simeq H^0(m(\bar{K}^* + \bar{D}^*)) \simeq H^0(m(\bar{K} + \bar{D}))$$

であり，α は $H^0((\Omega^n(\bar{D}^*))^{\otimes m})$ の 1 次変換 α^* をひき起すから，$H^0(m(\bar{K} + \bar{D}))$ の 1 次変換 α^* をひき起している．一方，$\bar{K} + \bar{D}$ はアンプルだから，$m \gg 0$ にとる

と，$\bar{V}\to \boldsymbol{P}H^0m(\bar{K}+\bar{D})$ は閉埋入である．

かくして，α^* は $\boldsymbol{P}H^0m(\bar{K}+\bar{D})=\boldsymbol{P}^N$ の自己同型 $\hat{\alpha}$ をひき起し，$\hat{\alpha}(\bar{V})=\bar{V}$ である．$\hat{\alpha}\,|\,V=\alpha$ となるから，$\tilde{\alpha}=\hat{\alpha}\,|\,\bar{V}$ とおけば定理は証明される．(有限群になることは後の定理 11.16 にみる.) ∎

$$\begin{array}{ccccc} V & \hookrightarrow & \bar{V} & \subset & \boldsymbol{P}H^0m(\bar{K}+\bar{D}) \\ \downarrow{\scriptstyle\alpha} & \circlearrowleft & \downarrow{\scriptstyle\tilde{\alpha}} & & \downarrow{\scriptstyle\hat{\alpha}} \\ V & \hookrightarrow & \bar{V} & \subset & \boldsymbol{P}H^0m(\bar{K}+\bar{D}) \end{array}$$

図式 11.2

このようにして，証明は容易であるが，$\bar{V}=\boldsymbol{P}^n$，$\bar{D}_j$ を超平面とした場合すら，この結論は自明でない．$\mathcal{O}(\bar{K}+\bar{D})$ の切断を対数型式とみたてることが証明の鍵になっている．$\alpha\in \mathrm{SBir}(V)$ も $H^0(m(\bar{K}+\bar{D}))$ の1次変換をひき起すから，$\mathrm{SBir}(V)=\mathrm{Aut}(V)$ になっていることがわかる．

§11.16 分類の例

§11.14 では，おのおのが直線のときを考察したから，こんどは，$\boldsymbol{P}^2$ 内の正規交叉因子 $\bar{D}$ をとり $V=\boldsymbol{P}^2-\bar{D}$ の分類を試みよう．

定理 11.8 により，$\bar{\kappa}(V)=\kappa(K(\boldsymbol{P}^2)+\bar{D},\boldsymbol{P}^2)$ だから，

$$\begin{aligned} \bar{\kappa}(V) &= -\infty &&\Leftrightarrow \deg \bar{D} \leqq 2, \\ \bar{\kappa}(V) &= 0 &&\Leftrightarrow \deg \bar{D} = 3, \\ \bar{\kappa}(V) &= 2 &&\Leftrightarrow \deg \bar{D} \geqq 4 \end{aligned}$$

になる．この左辺をみると，第10章の曲面の分類：定理 10.28 が想起され，右辺をみると，曲線の分類を連想せずにはいられない．まさに，$V=\boldsymbol{P}^2-\bar{D}$ の研究は，**1.5次元の代数幾何学**なのである．まとめて次ページの表 11.4 が得られる．

一般に，$\boldsymbol{P}^n$ から相異なる $t+1$ 個の素因子 $\bar{D}_0,\cdots,\bar{D}_t$ を除いて $V=\boldsymbol{P}^n-\bar{D}_0\cup\cdots\cup\bar{D}_t$ とおくと，$\bar{q}(V)=t$．

そして，$\dim \mathrm{Aut}(V)^0$ の決定も難しいのがあるけれど，ともかく，表 11.4 は比較的容易に証明される．

$\bar{\kappa}(V)=0$ の分類がちょうど4種あるというのは，ちょうど例外曲線を含まない非特異完備代数曲面の $\kappa(V)=0$ の分類(表 10.4)を思わせて，薄気味が悪いほどである．いかめしい数学の時折みせる軽いユーモアを感ぜずにはいられない．

表 11.4

	$\bar{\kappa}(V)$	$\bar{q}(V)$		$\dim \mathrm{Aut}(V)^0$
I	$-\infty$	0	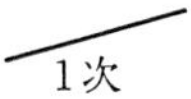 1次  2次	∞
		1		∞
II	0	0	 3次 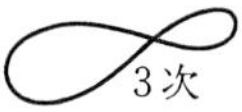 3次	0
		1	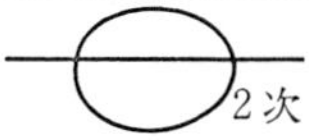 2次	1
		2		2
III	2		そ の 他	0

§11.17 対数的標準ファイバー多様体

小平次元のときと全く平行に対数的小平次元に対しても，§10.12, b)のように，3基本定理が成立する．V を n 次元代数多様体とし，第1基本定理をのべる．

定理 11.10 $\bar{\kappa}=\bar{\kappa}(V)\geqq 0$ のとき，非特異代数多様体 V^*，双有理固有正則写像 $\mu: V^*\to V$，代数多様体 W と支配的正則写像 $f: V^*\to W$ とがあり，つぎの条件を満たす：

(i) $\dim W=\bar{\kappa}(V)$,

(ii) 一般の点 $w\in W$ をとると，

$$V_w{}^*=f^{-1}(w) \quad \text{は} \quad \text{既約で非特異},$$

(iii) W の真閉部分集合 $Z_1, Z_2, \cdots$ があり，$w\in W-Z_1\cup Z_2\cup\cdots$ をとると，$V_w{}^*$ は(ii)の条件を満たし，さらに

$$\bar{\kappa}(V_w{}^*)=0.$$

また，上記の(i)-(iii)を満たすファイバー多様体 $f: V^*\to W$ は固有双有理同値を除いて一意的．これを V の(**対数的**)**標準ファイバー多様体**という．

証明 V を非特異としてよい．$\bar{V}$ を非特異境界 $\bar{D}$ をもつ V の完備化とする．定理10.6により，$\bar{V}$ の $\bar{K}+\bar{D}$ 標準ファイバー多様体 $\bar{f}: \bar{V}^*\to \overline{W}$ をつくる．$\bar{\mu}$:

$\bar{V}^* \to \bar{V}$ は2次変換の合成であった．$\bar{V}^*$ は非特異，$\bar{D}^* = \bar{\mu}^*(\bar{D})_{\mathrm{red}} = \bar{\mu}^{-1}(\bar{D})$ は単純正規交叉型と仮定できる．このとき，

$$H^0(\bar{V}, \mathcal{O}(m(\bar{K}+\bar{D}))) \simeq H^0(\bar{V}^*, \mathcal{O}(m\bar{\mu}^*(\bar{K}+\bar{D})))$$
$$\simeq H^0(\bar{V}^*, \mathcal{O}(m(K(\bar{V}^*)+\bar{D}^*)))$$

に注目すると，

$$\Phi_{m(K(\bar{V}^*)+\bar{D}^*)} = \Phi_{\bar{\mu}^* \cdot m(\bar{K}+\bar{D})} = \Phi_{m(\bar{K}+\bar{D})} \cdot \bar{\mu}$$

がわかる．m を，$\Phi_{m(\bar{K}+\bar{D})}$ が $\bar{K}+\bar{D}$ 標準ファイバー多様体を与えるように選んでおこう．すると，

$$\bar{f} = \Phi_{\bar{\mu}^* \cdot m(\bar{K}+\bar{D})} = \Phi_{m(K(\bar{V}^*)+\bar{D}^*)}.$$

記号の便宜上 $\bar{V}^* = \bar{V}$ と書き，$|m(K(\bar{V})+\bar{D})|$ に付属した有理写像を Φ_m と略記しよう．$\bar{D}_j$ を $\bar{D}$ の既約成分とする．$\bar{D}_j$ が $\bar{f}$ に関して垂直的ならば，一般の点 w は $\bar{f}(\bar{D}_j)$ に属さないから $\bar{D}_j \cap \bar{V}_w = \phi$．よって，$\bar{f}$ に関して水平的な成分だけが問題になる．これらを $\bar{D}_1, \cdots, \bar{D}_r$ としよう．$1 \leqq i \leqq r$ に対し $f: \bar{D}_i \to \overline{W}$ は全射だから，閉集合 $f(R(\bar{f}\,|\,\bar{D}_1)) \cup \cdots \cup f(R(\bar{f}\,|\,\bar{D}_r)$ (f の R_f を $R(f)$ と書いた；定理7.20の記法)に属さない $w \in \overline{W}$ をとると，$\bar{f}\,|\,\bar{D}_i^{-1}(w) = \bar{V}_w \cap \bar{D}_i$ は非特異(定理7.19)である．

さて $\bar{D}_1 \cap \bar{D}_2$ が $\bar{f}$ に関して垂直的ならば，やはり $\bar{V}_w$ と交わらない．そこで，$\bar{D}_1 \cap \bar{D}_2$ は $\bar{f}$ に関して水平的とする．前と同様の議論により，一般の点 $w \in \overline{W}$ をとると，$\bar{D}_1 \cap \bar{D}_2 \cap \bar{V}_w$ は非特異．これは，$\bar{D}_1\,|\,\bar{V}_w + \bar{D}_2\,|\,\bar{V}_w$ が単純正規交叉型を意味する．この操作を $\bar{D}_1, \cdots, \bar{D}_r$ のすべての組合せについて行う．かくして，$\bar{D}\,|\,\bar{V}_w = \sum \bar{D}_j\,|\,\bar{V}_w$ は $\bar{V}_w$ 上の単純正規交叉型の因子になることがわかった．定理10.6の $Z_1, Z_2, \cdots$ を考えるとき，$w \in \overline{W} - Z_1 \cup Z_2 \cup \cdots$ を一般の点とすると，

$$\bar{\kappa}(V_w) = \bar{\kappa}(\bar{V}_w - \bar{D} \cap \bar{V}_w) = \kappa(K(\bar{V}_w) + \bar{D}\,|\,\bar{V}_w, \bar{V}_w)$$
$$= \kappa((K(\bar{V}) + \bar{D})\,|\,\bar{V}_w, \bar{V}_w) = 0.$$

$W = \overline{W}$ とおけば条件を満たす $f = \bar{f}\,|\,\bar{V}^* - \bar{D}^* : V^* = \bar{V}^* - \bar{D}^* \to W$ を得る．

つぎに一意性を証明しよう．

$g: V^\sharp \to W^\sharp$ は上記の条件(i)-(iii)を満たすファイバー多様体とする．$\overline{W}^\sharp$ を $W^\sharp$ の完備化，$\bar{V}^\sharp$ を非特異境界 $\bar{D}^\sharp$ をもつ $V^\sharp$ の完備化で，g の定める有理写像 $\bar{g}: \bar{V}^\sharp \to \overline{W}^\sharp$ は正則になるもの，としよう．さて $\bar{f}: \bar{V}^* \to \overline{W}$ の構成で用いた m をとり，$m(K(\bar{V}^\sharp) + \bar{D}^\sharp)$ に付属した有理写像 $\Phi_m{}^\sharp$ を考察する．必要ならば $\bar{V}^\sharp$ に

2次変換をくり返して，結局，$\Phi_m{}^\sharp$ は正則写像となるように $\bar{V}^\sharp$ を選んでおく．

§10.8, d) と同様に，つぎの性質を満たす $\overline{W}^\sharp$ の空でない開集合 $W^\square$ が存在する．$w \in W^\square$ ならば，

(i)′　$\bar{V}_w{}^\sharp = \bar{g}^{-1}(w)$ は $n-\bar{\kappa}$ 次元の非特異代数多様体，

(ii)′　$\bar{D}_w{}^\sharp = \bar{D}^\sharp \mid \bar{V}_w{}^\sharp$ は単純正規交叉型の因子，

(iii)′　$\dim H^0(\bar{V}_w{}^\sharp, \mathcal{O}(m(K(V_w{}^\sharp)+\bar{D}_w{}^\sharp))) = 1$.

それゆえ，$\Phi_m{}^\sharp$ は $\bar{V}_w{}^\sharp$ 上で一定値．よって正則写像 $\tau^\circ: W^\square \to \Phi_m{}^\sharp(\bar{V}^\sharp)$ を得る．さて $\Phi_m{}^\sharp(\bar{V}^\sharp)$ は $\Phi_m(\bar{V})$ と一致する．そこで $\overline{W} = \Phi_m{}^\sharp(\bar{V}^\sharp)$ と書く．τ° は有理写像 $\tau: W^\sharp \to \overline{W}$ を定め，これは支配的である．さらに，$\overline{W}$ は完備だから τ は強有理．$\dim W^\sharp = \bar{\kappa} = \dim \overline{W}$ であったから $\bar{g}^{-1}(w)$ と $\Phi_m{}^{-1}(w)$ の連結性により τ は強双有理．しかし，$W^\sharp$ は一般に完備ではない（そこまで要請していない）から，固有双有理ではない．この程度の弱い意味であるが，$f: V^* \to W$ は固有双有理同値を除いて一意的というのである．∎

§11.18　対数的分岐公式

a)　完備代数多様体の分岐を考えるとき分岐公式（定理5.9）は簡単だが非常に有用であった．それと類似の公式が対数型式を用いて得られる．

V_1 と V_2 を n 次元非特異代数多様体とし，$f: V_1 \to V_2$ を支配的正則写像としよう．また，$\bar{V}_i$ を V_i の非特異境界 $\bar{D}_i$ をもつ V_i の完備化とし $(i=1, 2)$，f の定める有理写像 $\bar{f}: \bar{V}_1 \to \bar{V}_2$ が正則写像になるよう $\bar{V}_1$ を選んでおく．さて，$\bar{V}_2$ の有理 n 型式 ω $(\omega \neq 0)$ をとる．$q \in \bar{V}_2$ において対数座標系 $(w_1, \cdots, w_n)$ を選ぶ．$w_1 \cdots w_s = 0$ が $\bar{D}_2$ を q の近傍で定義するものとしよう．ω をつぎのように書く：

$$\omega = a_q(w)\frac{dw_1}{w_1} \wedge \cdots \wedge \frac{dw_s}{w_s} \wedge dw_{s+1} \wedge \cdots \wedge dw_n.$$

$a_q(w)$ は V_2 の有理関数である．$\{a_q(w)\}_q$ は $\mathcal{O}(K(\bar{V}_2)+\bar{D}_2)$ の一つの有理切断を与える．それは $K(\bar{V}_2)+\bar{D}_2$ と線型同値な（必ずしも正でない）因子を定める．$f^*\omega$ も $\bar{V}_1$ 上の有理 n 型式である．閉点 $p \in \bar{f}^{-1}(q)$ において，対数座標系 $(z_1, \cdots, z_n)$ を選ぶ．§11.4 の記号を用いると，(L), (dL/L) が成り立って，

$$f^*\left(\frac{dw_1}{w_1} \wedge \cdots \wedge \frac{dw_s}{w_s} \wedge dw_{s+1} \wedge \cdots \wedge dw_n\right)$$

$$= \psi(z)\frac{dz_1}{z_1}\wedge\cdots\wedge\frac{dz_r}{z_r}\wedge dz_{r+1}\wedge\cdots\wedge dz_n$$

とおくとき，$\psi(z)$ は p において正則．したがって，$\{\psi(z)\}$ は或る $\bar{V}_1$ 上の正因子を定めるから，これを $\bar{R}_f$ で表し，f の**対数的分岐因子**という．$\bar{R}_f$ は f のみならず，V_i の完備化にも依存するが，大切なのは f だから，簡略に $\bar{R}_f$ と書く．そこで

$$f^*\omega = f^*a_q(w)f^*\left(\frac{dw_1}{w_1}\wedge\cdots\wedge\frac{dw_s}{w_s}\wedge dw_{s+1}\wedge\cdots\wedge dw_n\right)$$

$$= f^*a_q(w)\psi(z)\frac{dz_1}{z_1}\wedge\cdots\wedge\frac{dz_r}{z_r}\wedge dz_{r+1}\wedge\cdots\wedge dz_n$$

$$= b_p(z)\frac{dz_1}{z_1}\wedge\cdots\wedge\frac{dz_r}{z_r}\wedge dz_{r+1}\wedge\cdots\wedge dz_n$$

と書くと，$b_p(z)=f^*a_q(w)\psi(z)$ は $K(\bar{V}_1)+\bar{D}_1$ と線型同値の因子を定める．ゆえに，

$$K(\bar{V}_1)+\bar{D}_1 \sim \bar{f}^*(K(\bar{V}_2)+\bar{D}_2)+\bar{R}_f$$

が成立する．これを**対数的分岐公式**という．定義により，

$$f\text{ の分岐因子 } R_f \quad \text{は} \quad \bar{R}_f|V_1$$

となる．

b)　例 11.6　$\bar{V}_2$ を非特異代数多様体 V_2 の非特異境界 $\bar{D}$ をもった完備化とする．C を $\bar{V}_2$ の b 次元非特異閉部分多様体とし，C を中心に $\bar{V}_2$ を2次変換しよう．それを $\mu: \bar{V}_1=Q_C(\bar{V}_2)\to\bar{V}_2$ と書く．

さて $\bar{D}=\bar{D}_1+\cdots+\bar{D}_r$ と既約成分にわけ，

$$C\subset\bar{D}_1,\quad \cdots,\quad C\subset\bar{D}_m,\quad C\not\subset\bar{D}_{m+1},\quad \cdots,\quad C\not\subset\bar{D}_r$$

と番号をつけかえる．$\bar{D}_i$ の μ による固有変換を $\varDelta_i$ と書く．

$1\leqq i\leqq m$ に対して，$\mu^*(\bar{D}_i)=\varDelta_i+E$．ここに $E=\mu^{-1}(C)$．

$m+1\leqq j\leqq r$ に対しては $\mu^*(\bar{D}_j)=\varDelta_j$．

一方，分岐公式によると，

$$K(\bar{V}_1)\sim\mu^*K(\bar{V}_2)+(n-b-1)E.$$

さて，$f=\mu|\mu^{-1}(V_2)$ と書こう．$m\geqq 1$ ならば $\mu^{-1}(\bar{D})=\varDelta_1+\cdots+\varDelta_r+E$ になり，

$$K(\bar{V}_1)+\varDelta_1+\cdots+\varDelta_r+E\sim\mu^*(K(\bar{V}_2)+\bar{D})+(n-b-m)E.$$

よって，$m=0$ ならば同様に

$$\bar{R}_f=(n-b-m)E,$$
$$\bar{R}_f=R_\mu=(n-b-1)E.$$

それゆえ，

$$\bar{R}_f=0 \Leftrightarrow C=\bar{D}_1\cap\cdots\cap\bar{D}_m$$

がわかった．さらに，一般に $\bar{R}_f$ は $\bar{f}=\mu$ に関して例外的となっていることが観察されるが，これは典型的な $\bar{R}_f$ の性質の一つである．

c) **定理 11.11** f が固有正則のとき，$\bar{R}_f$ の成分で，$\bar{D}_1$ の成分にもなっている素因子を Γ とすると，Γ は f に関して例外的である．

証明 a) の記法を襲用する．$\bar{f}(\Gamma)=\Delta$ を因子としよう．f は固有正則だから，補題 11.1 により $\bar{D}_1=\bar{f}^{-1}(\bar{D}_2)$．よって Δ は $\bar{D}_2$ の成分になる．q を Δ の一般の点にとると，$\bar{D}_2$ は q の近くで Δ．それゆえ，q での対数座標系 $(w_1, w_2, \cdots, w_n)$ を選び，$w_1=0$ が Δ を，したがって $\bar{D}_2$ を，定義するとしてよい．$\bar{f}^{-1}(q)$ 上の Γ の一般の点を p とする．p での対数座標系 $(z_1, z_2, \cdots, z_n)$ を選び，$z_1=0$ が Γ を，したがって $\bar{D}_1$ を，定めるようにする．$\bar{f}^*(\Delta)$ の p での成分は Γ だけだから，p の周りで，

$$\bar{f}^*(\Delta)=\nu\Gamma.$$

よって，(L) の式は

$$\bar{f}^*(w_1)=z_1{}^\nu\varepsilon, \qquad \varepsilon\in\mathcal{O}_p{}^*$$

と書かれ，(dL/L) によると，

$$\frac{dw_1}{w_1}\wedge dw_2\wedge\cdots\wedge dw_n=\left(\nu\frac{dz_1}{z_1}+z_1\frac{\partial\varepsilon}{\partial z_1}\frac{dz_1}{z_1}+\frac{\partial\varepsilon}{\partial z_2}dz_2+\cdots\right)\wedge dw_2\wedge\cdots\wedge dw_n.$$

さて，

$$dw_2\wedge\cdots\wedge dw_n=\omega_1\wedge dz_1+\omega_2$$

と $dz_2, \cdots, dz_n$ のみを含む $n-2$ 型式 ω_1 と $n-1$ 型式 ω_2 とを分離して書く．$\omega_2=\psi(z)dz_2\wedge\cdots\wedge dz_n$ と書くとき，$\bar{f}|\Gamma:\Gamma\to\Delta$ は p で分岐しないから $\psi(0)\neq0$．よって，

$$\frac{dw_1}{w_1}\wedge dw_2\wedge\cdots\wedge dw_n=\left(\nu+z_1\frac{\partial\varepsilon}{\partial z_1}\right)\psi(z)\frac{dz_1}{z_1}\wedge dz_2\wedge\cdots\wedge dz_n$$

と書かれるので $\bar{R}_f$ は p を通らない．これは仮定に反する．∎

§11.19　不分岐定理

2番目の基本定理をのべる.

定理 11.12　V_1, V_2 を n 次元非特異代数多様体, $f: V_1 \to V_2$ を固有不分岐正則写像(すなわち, エタール被覆)とする. このとき

$$\bar{\kappa}(V_1) = \bar{\kappa}(V_2).$$

証明　§11.18と同様に非特異境界をもつ完備化 $\bar{V}_1, \bar{V}_2$ を選ぶ. $\bar{R}_f \cap V_1 = R_f = 0$ は不分岐の仮定から直ちに従う. よって $\bar{R}_f \subset \bar{D}_1$. さて f は固有だから, 定理11.11により, $\bar{R}_f$ は $\bar{f}$ に関して例外的. よって定理10.12を用いて,

$$\begin{aligned}\bar{\kappa}(V_1) &= \kappa(K(\bar{V}_1)+\bar{D}_1, \bar{V}_1) = \kappa(\bar{f}^*(K(\bar{V}_2)+\bar{D}_2)+\bar{R}_f, \bar{V}_2) \\ &= \kappa(K(\bar{V}_2)+\bar{D}_2, \bar{V}_2) = \bar{\kappa}(V_2).\end{aligned}$$

∎

§11.20　対数的小平次元の不等式

3番目の基本定理はつぎの形に述べられる.

定理 11.13　V, W を代数多様体, $f: V \to W$ を支配的正則写像とする. 一般の点 $w \in W$ に対し $V_w = f^{-1}(w)$ は既約とする. W の真閉部分集合 $Z_1, Z_2, \cdots$ が存在し, $w \in W - Z_1 \cup Z_2 \cup \cdots$ をとると, V_w は既約であって

$$\bar{\kappa}(V) \leqq \bar{\kappa}(V_w) + \dim W.$$

証明　非特異境界をもつ完備化を考え, 定理10.13を援用すればよい. ∎

§11.21　自己準同型

a)　定理6.14でつぎのことが示されている.

C を種数 $\geqq 2$ の完備非特異代数曲線とする. 支配的正則写像 $\varphi: C \to C$ は自己同型.

このような代数曲線 C は, 双曲型代数多様体(§10.18, e))の典型と考えられるから, 上の定理も種々に一般化されるべきだろう.

定理 11.14　V_1 と V_2 を n 次元非特異代数多様体とし, $f: V_1 \to V_2$ を支配的正則写像とする. 十分大なるすべての m につき $\bar{P}_m(V_1) = \bar{P}_m(V_2)$ とし, $\bar{\kappa}(V_2) \geqq 0$ を仮定する. $\bar{V}_i$ を非特異境界 $\bar{D}_i$ を持つ V_i の完備化とし, $m(K(\bar{V}_i)+\bar{D}_i)$ に付属した有理写像を $\Phi^{(i)}$ と書けば, $\Phi^{(1)} = \Phi^{(2)} \cdot \bar{f}$. すなわち, つぎの可換図式を得る.

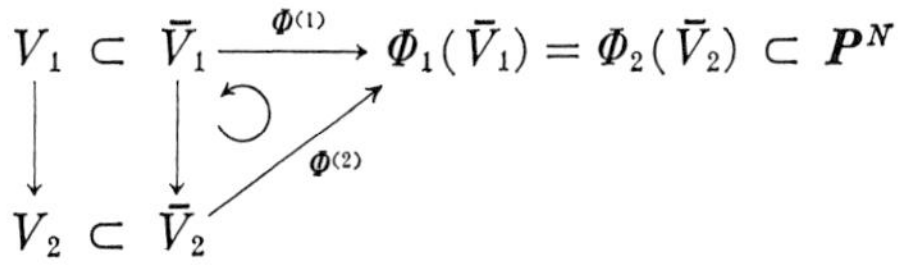

$$\begin{array}{ccccl} V_1 & \subset & \bar{V}_1 & \xrightarrow{\Phi^{(1)}} & \Phi_1(\bar{V}_1) = \Phi_2(\bar{V}_2) \subset \boldsymbol{P}^N \\ \downarrow & & \downarrow & \nearrow_{\Phi^{(2)}} & \\ V_2 & \subset & \bar{V}_2 & & \end{array}$$

図式 11.3

証明 $\bar{f}$ も正則になるよう $\bar{V}_1$ を選んでおく. $\bar{P}_m(V_2)>0$ となる m を一つきめておくと, 対数的分岐公式(§11.18, a))により,

$$m(K(\bar{V}_1)+\bar{D}_1) \sim \bar{f}^*(m(K(\bar{V}_2)+\bar{D}_2))+m\bar{R}_f.$$

$\bar{R}_f$ は正因子だから,

$$\bar{P}_m(V_1) = l(m(K(\bar{V}_1)+\bar{D}_1)) \geqq l(\bar{f}^*(m(K(\bar{V}_2)+\bar{D}_2))).$$

f は支配的だから,

$$l(\bar{f}^*(m(K(\bar{V}_2)+\bar{D}_2))) \geqq l(m(K(\bar{V}_2)+\bar{D}_2)) = \bar{P}_m(V_2).$$

$\bar{P}_m(V_1)=\bar{P}_m(V_2)$ の仮定により, すべて等号になり, つぎの同型が成り立つ.

$$\begin{array}{ccc} \boldsymbol{L}(m(K(\bar{V}_2)+\bar{D}_2)) \simeq & \boldsymbol{L}(m\bar{f}^*(K(\bar{V}_2)+\bar{D}_2)) = & \boldsymbol{L}(m(K(\bar{V}_1)+\bar{D}_1)) \\ \Psi & \Psi & \\ \varphi \longmapsto & \bar{f}^*(\varphi) & \end{array}$$

これにより, $\Phi^{(1)}=\Phi^{(2)}\cdot\bar{f}$ が導かれる. ∎

b) 定理 11.15 V_1, V_2 を n 次元代数多様体, $\bar{\kappa}(V_1)=n$, そして $m\gg 0$ に対し $\bar{P}_m(V_1)=\bar{P}_m(V_2)$ とする. このとき, 支配的, 強有理写像 $f: V_1\to V_2$ は双有理になる.

証明 定義によれば, 固有双有理正則写像 $\mu: V_1'\to V_1$ があり, $f\cdot\mu$ は正則. さて $\bar{P}_m(V_1')=\bar{P}_m(V_1)$ だから, V_1 を V_1' でおきかえてよい. いいかえると, f は正則と仮定できる. 同様に V_1, V_2 は非特異と仮定してよく, 前の定理が応用できる. $m\gg 0$ にとっておくと, $\Phi^{(1)}: \bar{V}_1\to\Phi^{(1)}(\bar{V}_1)$ は双有理写像. よって関数体で考えると, $\Phi^{(1)*}$ は同型で f^* は $1:1$ になる.

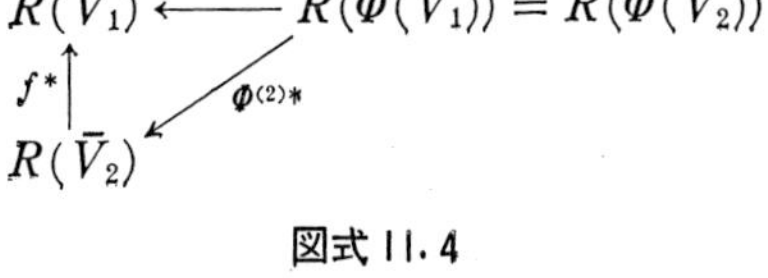

$$\begin{array}{ccl} R(\bar{V}_1) & \xleftarrow{\Phi^{(1)*}} & R(\Phi(\bar{V}_1)) = R(\Phi(\bar{V}_2)) \\ f^*\uparrow & \swarrow_{\Phi^{(2)*}} & \\ R(\bar{V}_2) & & \end{array}$$

図式 11.4

よって, $f^*: R(\bar{V}_2)\simeq R(\bar{V}_1)$ となるから f は双有理. ∎

この定理は，$n=2$ で完備のとき，1951年に A. Andreotti が証明しているという．しかし，完備でない場合にも一般化されてしまったので，つぎのように環論への応用ができる．

例 11.7 $\boldsymbol{C}[x,y]\ni\varphi_1,\cdots,\varphi_r$ をとり，$\boldsymbol{C}$ 上のアフィン環 A をつぎのように定義する．

$$A=\boldsymbol{C}\left[x,y,\frac{1}{x},\frac{1}{y},\frac{1}{x+y-1},\frac{1}{\varphi_1},\cdots,\frac{1}{\varphi_r}\right].$$

すると，$\boldsymbol{C}$ 上の環準同型 $F:A\to A$ は退化しない限り同型になる．——

$F(x)$ は x,y の有理式だから，$X(x,y)=F(x)$ と書こう．同様に，$Y(x,y)=F(y)$ と書くとき，

$$F\text{が退化}\iff\frac{\partial(X,Y)}{\partial(x,y)}=0$$

が成り立つ．よって上記の例 11.7 は全く環論的に理解されよう．例の結論を得るのは容易である．すなわち，定理 11.5 の V_0 を用いると，$\mathrm{Spec}\,A\subset V_0$．よって $\bar{\kappa}(\mathrm{Spec}\,A)\geqq\bar{\kappa}(V_0)=2$．これから $f={}^aF:\mathrm{Spec}\,A\to\mathrm{Spec}\,A$ に定理 11.15 を使えて，f は双有理．さらに強く f は同型になる．すなわち，定理 11.16 と定理 11.2 を組合せればよい(問題 13, 14 参照)．

§11.22 強双有理写像の表現

つぎの課題は $\bar{\kappa}(V)\geqq0$ となる V についての自己同型全体の研究である．

さて $\sigma:V\to V$ を強双有理写像とする．σ は V の対数的標準ファイバー多様体の双有理写像をひき起す．これを詳しく説明しよう．まず，V は非特異と仮定しても一般性を失わない．$\bar{V}$ を，非特異境界 $\bar{D}$ をもつ V の完備化，とする．$m\gg0$ をとり，$\Phi_{m(K(\bar{V})+\bar{D})}$ が V の対数的標準ファイバー多様体を与える，としよう．さらに $f=\Phi_{m(K(\bar{V})+\bar{D})}$ は正則写像である，と仮定して一向差支えない．f は固有正則だから，$f(\bar{D})=F$ は $f(\bar{V})=\overline{W}$ 内の閉集合．$f(\bar{V}-V)=\overline{W}-(\overline{W}-F)$ だから，$W^0=\overline{W}-F$ とおくと，$f^{-1}(W^0)\subset V$．W^0 は $\overline{W}$ の開部分多様体．$V_0=f^{-1}(W^0)$，$f_0=f|V_0$ とおこう．f_0 は固有正則写像であって，$V_0\subset V$ である．

$\sigma:V\to V$ は強有理だから，双有理固有正則写像 $\mu:V^*\to V$ により，$\sigma^\sharp=\sigma\cdot\mu:V^*\to V$ を正則写像にできる．必要ならば2次変換をくり返してつぎのことを仮

定しておける：

（ｉ） V^* は非特異，

（ii） $\bar{V}^*$ を非特異境界 $\bar{D}^*$ をもつ V^* の適当な完備化とするとき，$\sigma^\sharp$ の定める有理写像 $\bar{\sigma}^\sharp : \bar{V}^* \to \bar{V} \to \bar{V}$ は正則，

（iii） $f^\sharp = f \cdot \bar{\mu} : \bar{V}^* \to \bar{V} \to \overline{W}$ を $V^* = \mu^{-1}(V)$ に制限すると V^* の対数的標準ファイバー多様体になる（図式 11.5）．

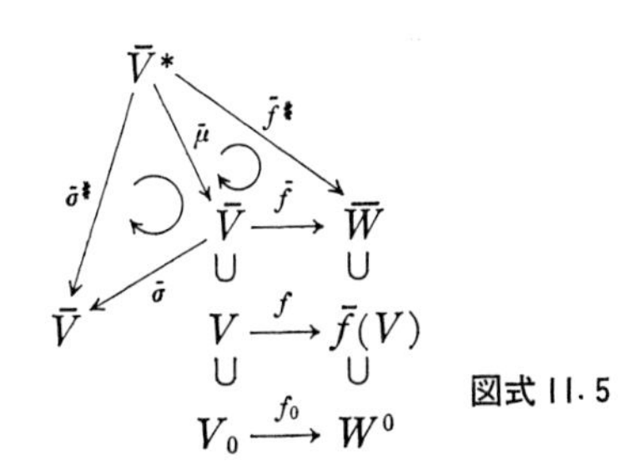

図式 11.5

さて σ は単射

$$\sigma^* : H^0(m(K(\bar{V})+\bar{D})) \overset{\mu^*}{\rightleftarrows} H^0(m(K(\bar{V}^*)+\bar{D}^*)) \xrightarrow{\bar{\sigma}^{\sharp *}} H^0(m(K(\bar{V})+\bar{D}))$$

をひき起す．同じ有限次元のベクトル空間 $H^0(m(K(\bar{V})+\bar{D}))$ への単射は同型になる．よって，σ^* は $\boldsymbol{P}H^0(m(K(\bar{V})+\bar{D}))$ の正則1次変換 $\bar{\sigma}_1$ をひき起して，$\bar{\sigma}_1(\overline{W}) = \overline{W}$．そして，$f \cdot \bar{\sigma}^\sharp = \bar{\sigma}_1 \cdot f^\sharp$．さて $\bar{\sigma}^\sharp(V^*) \subset V$ により，$\bar{\sigma}^{\sharp -1}(\bar{D}) \subset \bar{D}^*$．ゆえに，$\bar{D} \subset \bar{\sigma}^\sharp(\bar{D}^*)$．これにより，

$$\bar{\sigma}_1 \cdot f(\bar{D}) = \bar{\sigma}_1 \cdot f\mu(\bar{D}^*) = \bar{\sigma}_1 \cdot f^\sharp(\bar{D}^*) = f \cdot \bar{\sigma}^\sharp(\bar{D}^*) \supset f(\bar{D}).$$

つぎの補題は初等的である．

補題 11.2 X を代数多様体，Y を X の閉集合とし，$f : X \to X$ は同型で $Y \subset f(Y)$ とする．このとき $f(Y) = Y$．

証明 Y は純次元的（いいかえると，既約成分の次元が相等しい）とする．$Y = Y_1 \cup \cdots \cup Y_m$ を既約成分への分解としよう．$Y_1 \cup \cdots \cup Y_m \subset f(Y_1) \cup \cdots \cup f(Y_m)$ の両辺はともに次元の等しい X 内の既約閉集合．$f(Y_1) \cup \cdots \cup f(Y_m) = F \cup Y_1 \cup \cdots \cup Y_m$ と閉集合によって書かれる．既約閉集合への分解の数は m だから，$f(Y_1) \cup \cdots \cup f(Y_m) = Y_1 \cup \cdots \cup Y_m$．

さて，一般の場合は Y を同一次元の閉集合の和にわける：$Y = Y' \cup Y'' \cup \cdots$。$f(Y) = f(Y') \cup f(Y'') \cup \cdots$ と書くとき，$\dim(Y') = \dim f(Y')$ であり，$Y' \cup Y$

$\cup\cdots\subset f(Y')\cup f(Y'')\cup\cdots$ により $Y'\subset f(Y')$．前の議論によれば $Y'=f(Y')$．同様に $Y''=f(Y'')$, $\cdots$．よって $Y=f(Y)$．∎

$\bar{\sigma}_1$: $\boldsymbol{PH}^0(m(K(\bar{V})+\bar{D}))\to\boldsymbol{PH}^0(m(K(\bar{V})+\bar{D}))$ は同型だから，$\bar{\sigma}_1F=\bar{\sigma}_1f(\bar{D})=f(\bar{D})=F$．それゆえ，$\bar{\sigma}_1W^0=W^0$．$\sigma_1=\bar{\sigma}_1\,|\,W^0$ と書くと，$\sigma_1\in\mathrm{Aut}(W^0)$．ところで σ_1 は，$\overline{W}\subset\boldsymbol{P}^N=\boldsymbol{PH}^0(m(K(\bar{V})+\bar{D}))$ $(N=\bar{P}_m-1)$ の1次自己同型 $\bar{\sigma}_1$ の制限なので，

$$\begin{aligned}\mathrm{Lin}(W^0)&=\{\alpha\,|\,W^0\,;\ \alpha\in PGL(N,k),\ \alpha(W^0)=W^0\}\\&=\{\alpha\in PGL(N,k)\,;\ \alpha\overline{W}=\overline{W},\ \alpha F=F\}\end{aligned}$$

とおき，W^0 の線型自己同型群とよぶことにすると，

$$\begin{array}{cccc}\beta_V:&\mathrm{SBir}(V)&\longrightarrow&\mathrm{Lin}(W^0)\\&\Psi&&\Psi\\&\sigma&\longmapsto&\sigma_1\end{array}$$

は群準同型になる．この β_V により，群 $\mathrm{SBir}(V)$ はかなり解明されるであろう．ともあれ，$\mathrm{Lin}(W^0)$ は $PGL(N,k)$ の代数的閉部分群になるので，その連結成分群はアフィン代数群になる．

§11.23　有限群定理

a)　つぎの定理を証明しよう．本章の主定理の一つである．

定理 11.16　V を n 次元代数多様体とし，$\bar{\kappa}(V)=n$ を仮定するとき $\mathrm{SBir}(V)$ は有限群．とくに $\mathrm{Aut}(V)$ も有限群である．

証明　§11.22の記号を用いる．$\bar{\kappa}(V)=n$ の仮定より，$\bar{f}:\bar{V}\to\overline{W}$ は双有理的．よって β_V は単射．ゆえに $\mathrm{Lin}(W^0)$ がすでに有限群となることを示せばよい．

b)　定理11.16の証明のためにつぎの初等的で重要な代数群の定理を用いる．

定理 11.17　連結アフィン代数群 $G\neq\{1\}$ は必ず $G_a=\mathrm{Spec}\,k[X]$ または $G_m=\mathrm{Spec}\,k[X,X^{-1}]$ を含む．——

初等的な代数群の理論がいるから，証明はしない．

定理 11.18 (M. Rosenlicht)　代数多様体 V に代数群 G が作用しているとき，V の空でない開集合 V^0 が存在し，商多様体 V^0/G がつくれる．さらに G が可解(たとえば，G_a または G_m)ならば，$V^0\to V^0/G$ に正則切断があるように V^0 を選べる．——

証明はしない．商多様体の詳しい意味もここでは説明できない．しかし実用的には，V^0/G の点は V^0 の G 軌道であり，$\pi: V^0 \to V^0/G$ は全射正則写像になる，と理解しておけば十分である．

閉点 $p \in V^0$ をとると，$G\cdot p$ ($=p$ の G 軌道) $=\pi^{-1}(\pi(p))$ であって閉部分多様体になる．一般の点 $p \in V^0$ について，定理 11.13 を用いるとつぎの補題を得る．

補題 11.3 代数群 G が V に忠実に作用し，一般の点 $p \in V$ に対しては $\dim G\cdot p = \dim G$ とする．このとき，

$$\bar{\kappa}(V) \leqq \bar{\kappa}(G) + \dim V - \dim G.$$

証明 商多様体の存在する開集合 $V^0 \neq \phi$ をつくると，定理 11.13 によって

$$\bar{\kappa}(V^0) \leqq \bar{\kappa}(\pi^{-1}\pi(p)) + \dim(V^0/G).$$

一方，$\bar{\kappa}(V) \leqq \bar{\kappa}(V^0)$．$\pi^{-1}\pi(p) = G\cdot p$ だから，$G \to G\cdot p$ が全射かつ $\dim G = \dim G\cdot p$ により，$\bar{\kappa}(G\cdot p) \leqq \bar{\kappa}(G)$．さらに $\dim(V^0/G) = \dim V^0 - \dim G = \dim V - \dim G$ を組合せて求める式を得る．∎

c) 定理 11.16 の証明を続けよう．G を $\mathrm{Lin}(W^0)$ の連結成分群とする．G はアフィン代数群だから，$G \neq \{1\}$ ならば，定理 11.17 により，$G \supset G_a$ または $G \supset G_m$．1 次元の代数群は自明に作用する場合を除くと，その一般の点での等方性群は有限群．よって，補題 11.3 が使える．

(i) $G \supset G_a$ のとき，

$$\bar{\kappa}(W^0) \leqq \bar{\kappa}(G_a) + \dim W^0 - \dim G_a = -\infty.$$

(ii) $G \supset G_m$ のとき，

$$\bar{\kappa}(W^0) \leqq \bar{\kappa}(G_m) + \dim W^0 - \dim G_m = n-1.$$

いずれにせよ，$\bar{\kappa}(W^0) \leqq n-1$ である．

ここで，§11.22 のファイバー多様体 $f_0: V_0 \to W^0$ を利用する．f_0 は固有正則であり，$\bar{\kappa}(V) = n$ によれば双有理でもある．よって定理 11.1 により，$\bar{\kappa}(V_0) = \bar{\kappa}(W^0)$．$V_0 \subset V$ だったので $\bar{\kappa}(V) \leqq \bar{\kappa}(V_0)$．かくして，

$$n = \bar{\kappa}(V) \leqq \bar{\kappa}(V_0) = \bar{\kappa}(W^0) \leqq n-1$$

となり矛盾に到る．よって $\mathrm{Lin}(W^0)$ は有限群．∎

注意 §10.16, g) の定理 10.17 と §10.21 の有限群定理 (定理 10.23) ではつぎの結果を用いている．

定理 11.18 の系 G_a または G_m が V に (自明的でなく) 作用するとき，V は

線織的である．

証明　V^0 を V と書きかえることにより，V/G ($G=G_a$ または G_m) がつくれ，$\pi: V\to V/G$ には正則切断 σ があるとしてよい．V/G の生成点を $*$ と書けば，$R(V/G)=k(*)$．$\pi^{-1}(*)\ni\sigma(*)$ だから，$\pi^{-1}(*)=G(k(*))$．よって，$R(V)=R(V/G)(t)$ (t は $R(V/G)$ 上超越元)，すなわち V は線織的である．∎

d)　定理 11.16 の系　$\bar{\kappa}(V)=n$ のとき，支配的強有理写像 $f: V\to V$ は固有双有理になる．

証明　定理 11.15 によると，f は双有理写像になる．よって $f\in \mathrm{SBir}(V)$．定理 11.16 によると，$\mathrm{SBir}(V)$ は有限群，したがって f は有限位数だから，或る $r>0$ が存在して $f^r=\mathrm{id}$．よって $f^{-1}=f^{r-1}=f\cdots f$．右辺は強双有理写像の合成だから，やはり強双有理(第2章問題14)．ゆえに $f\in \mathrm{PBir}(V)$．∎

これにより

$$\bar{\kappa}(V)=n \quad \text{ならば} \quad \mathrm{SBir}(V)=\mathrm{PBir}(V)$$

がわかった．$\mathrm{PBir}(V)$ は自然な群であるが，$\mathrm{SBir}(V)$ はやや人工的ともみられよう．一般には $\mathrm{SBir}(V)\supset \mathrm{PBir}(V)$ である．たとえば，

$$k[x,y]\longrightarrow k[x,y],$$
$$x\longmapsto x,$$
$$y\longmapsto xy$$

を φ として，$f={}^a\varphi: \boldsymbol{A}^2\to\boldsymbol{A}^2$ を考える．$f\in \mathrm{SBir}(\boldsymbol{A}^2)$ であるが f は同型でない．しかるに，$\mathrm{PBir}(\boldsymbol{A}^2)=\mathrm{Aut}(\boldsymbol{A}^2)$ なのであった(定理 11.2)．

e)　$\mathrm{SBir}(V)$ の長所は結局，$H^0(m(\bar{K}+\bar{D}))$ で表現されることにある．もしこの点を強調するならば，固有双有理の概念はもっと弱められてよい．

非特異代数多様体につぎの関係 $\sim$ を考える:

$f: V_1\to V_2$ が双有理固有正則ならば，$V_1\sim V_2$，

$f: V_1\to V_2$ が $\mathrm{codim}\, F_2\geqq 2$ の閉集合 F_2 の補集合 V_2-F_2 への同型を与えるときも，$V_1\sim V_2$．

上の2条件を満たす，最強の同値関係を WPB 同値関係という．WPB 同値を与える有理写像を WPB 有理写像という．WPB 有理写像により，不確定点を除去できる V から V への双有理写像の生成する群を $\mathrm{WSB}(V)$ と書く．このとき，定理 11.16 と同様に

$$\bar{\kappa}(V)=n \quad \text{ならば} \quad \mathrm{WSB}(V)=\mathrm{WPB}(V)\ \text{は有限群}$$

を得る．もちろん WPB 同値がよい概念とはいえない．しかしつぎのことは念頭においておくべきである．すなわち，非特異多様体 V の，codim $F \geqq 2$ の閉集合 F の補集合 $V-F$ を考える．V と $V-F$ は，固有双有理同値ではありえないが，対数型式の空間では区別のできない対象である．対数型式を主要な研究手段に選ぶ以上，$V-F$ に F を補って V とし，V の研究を先行させなければならない．そこでつぎの条件 (F) または (FR) を満たす代数多様体 V を考える．

(F)　代数多様体 V_1 とその閉集合 F_1 があって V_1-F_1 は V と同型ならば，codim $F_1=1$ または $F_1=\phi$.

(FR)　上記条件 (F) において，V_1 を任意の代数多様体ではなく，非特異代数多様体，とした条件．

たとえば，完備代数多様体やアフィン代数多様体は (F) を満たす (アフィンについては第 2 章問題 25)．一方，(FR) を満たすアフィンでも完備でもない V の例は余り知られていない．たとえば§11.25 の準 Abel 多様体は確かにそうなのだが (定理 11.33)．

§11.24　最大連結自己同型群

a)　こんどは $\bar{\kappa}(V) \geqq 0$ となる V の，自己同型群 $\mathrm{Aut}(V)$ を研究しよう．

楕円型の V をとると，$\mathrm{Aut}(V)$ は代数群らしきものであるが，無限次元になったりするので，全体の考察は面倒なものらしい．ここではつぎのように安易に考える：“$\mathrm{Aut}(V)$ が連結代数群 G を代数的に含む”，これを“G は V に忠実に作用すること”と解釈する．このような G のうち，最大のものがあれば，それを $\mathrm{Aut}(V)^0$ と記し，V の**最大連結自己同型**(有限次元)**代数群**とよぶことにする．

さて，連結代数群 $G \subset \mathrm{Aut}(V)^0$ をとる．$G \supset G_a$ としよう．補題 11.3 によると，$\bar{\kappa}(V)=-\infty$ になる．だから，

$$\bar{\kappa}(V) \geqq 0 \quad \text{ならば} \quad \mathrm{Aut}(V)\ \text{は}\ G_a\ \text{を含みえない.}$$

b)　ところで，G_a を含まない連結代数群 G は極めて簡単な群になってしまう．これをみるために，C. Chevalley による代数群の基本構造定理を引用する．

定理 11.19 (Chevalley)　連結代数群 G には最大アフィン閉部分群 $\mathcal{G}$ がある．$\mathcal{G}$ は正規であり，$G/\mathcal{G}=\mathcal{A}$ は Abel 多様体になる．いいかえると，G は $\mathcal{A}$ の $\mathcal{G}$

による群の延長である:

$$1 \longrightarrow \mathscr{G} \longrightarrow G \longrightarrow \mathscr{A} \longrightarrow 0.$$

c) ついで連結アフィン群 $\mathscr{G}$ が決して G_a を含まないと仮定して, $\mathscr{G}$ を調べる.

(1) $\mathscr{G}$ は可解群と仮定する. このとき, $\mathscr{G}$ はその極大トーラス T とユニポテント部分群 $\mathscr{G}_u$ との半直積. $\mathscr{G}_u \neq 1$ ならば, もちろん $\mathscr{G}_u \supset G_a$ だから, $\mathscr{G}=T$. いいかえると, $\mathscr{G}$ はトーラス$=G_m \times \cdots \times G_m$.

(2) 一般には, まず $\mathscr{G}$ の根基 $R(\mathscr{G})$ $(=G$ の最大正規連結可解群$)$ を考える. $R(\mathscr{G})$ も G_a を含まないから, (1)により, $R(\mathscr{G})$ はトーラス. このとき, $\mathscr{G}$ は被約的群(reductive)とよばれ, Chevalley の別の定理によると, $\mathscr{G}$ は $R(\mathscr{G})$ と半単純代数群との半直積. しかも, 半単純代数群 $\neq \{1\}$ は必ず G_a を含むから, 結局, $\mathscr{G}=R(\mathscr{G})=$トーラス, になる.

このように, 本章では**トーラス**は代数群 $G_m{}^n$, すなわち代数的トーラスの意味に用いる.

定理 11.20 $\mathscr{G}$ を連結アフィン群とする. つぎの条件は同値である:

(i) $\mathscr{G} \not\supset G_a$,

(ii) $\mathscr{G} = G_m \times \cdots \times G_m$, すなわちトーラス,

(iii) $\bar{\kappa}(\mathscr{G}) \geqq 0$,

(iv) $\bar{\kappa}(\mathscr{G}) = 0$.

証明 (iii)$\Longrightarrow$(i) は §11.23, c) の考察より自明. (i)$\Longrightarrow$(ii) は上で証明した. ∎

たとえば, $GL(n,k)$ を考えると,

$$\bar{\kappa}(GL(n,k)) = \begin{cases} 0 & (n=1), \\ -\infty & (n \geqq 2). \end{cases}$$

なにか Hopf 多様体のときを連想させるものがある.

d) さてつぎの補題に注目しよう.

補題 11.4 G を連結代数群とする. その最大アフィン閉部分群 $\mathscr{G}$ が可換ならば, G も可換である.

証明 つぎの完全系列の記号を用いる.

$$1 \longrightarrow \mathscr{G} \longrightarrow G \stackrel{\pi}{\longrightarrow} \mathscr{A} \longrightarrow 0.$$

$x, y \in G$ をとり, $\Phi(x,y)=xyx^{-1}y^{-1}$ を定める. $\pi(\Phi(x,y))=0$ だから, $\Phi(G) \subset \mathscr{G}$ である. $y \in \mathscr{G}$ を一つ定めて, $\varphi_y(x)=\Phi(x,y)$ とおく. $x \in \mathscr{G}$ ならば $\mathscr{G}$ は

可換だから，$\varphi_y(x)=1$．よって φ_y は $\mathcal{G}$ 上定数写像 1 になる．よって，つぎのように φ_y は分解する：

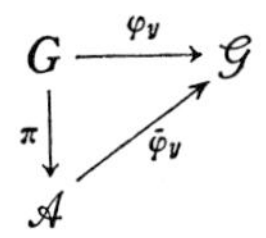

$\mathcal{A}$ は完備で，$\mathcal{G}$ はアフィン多様体だから，$\bar{\varphi}_y(\mathcal{A})$ は 1 点．$x=1$ にとると，$\bar{\varphi}_y(\mathcal{A})=0$ がでて，$\varphi_y(x)=1$ となる．ついで，任意に $x\in G$ を固定し，$\psi_x(y)=\Phi(x,y)$ とおく．$y\in\mathcal{G}$ ならば $\psi_x(y)=\psi_x(1)=1$ は上で示した．よって ψ_x はつぎのように分解する：

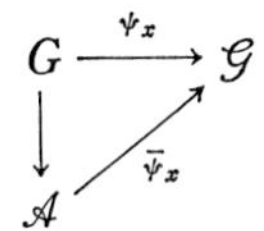

同じ推論により，$\bar{\psi}_x=0$，そして ψ_x も 1 になってしまう．∎

§11.25　準 Abel 多様体

a）　さて G_a を含まない連結代数群 G は可換群なることがわかったので，加法で書くことにしよう．その最大アフィン群は極大トーラス $G_m{}^n$ だから，これも加法で書くのは少々勇気のいるところかもしれない．$G_m{}^n=\boldsymbol{C}^{*n}$ の演算を加法で書くということは結局 log を使うことで，$\boldsymbol{C}^{*n}$ の普遍被覆多様体 $\boldsymbol{C}^n$ で考えるということになる．そこで，G の普遍被覆を考える．まず G を完全系列

$$0\longrightarrow G_m{}^n\longrightarrow G\longrightarrow\mathcal{A}\longrightarrow 0$$

で表し，$\dim\mathcal{A}=m$ とおき，$\mathcal{A}$ の普遍被覆 $\varpi:\tilde{\mathcal{A}}=\boldsymbol{C}^m\to\mathcal{A}$ を考える．$G_1=G\times_{\mathcal{A}}\tilde{\mathcal{A}}$ とおくと，これは $\tilde{\mathcal{A}}$ 上の $G_m{}^n$ 束である．$\tilde{\mathcal{A}}=\boldsymbol{C}^m$ だから，$G_1=G_m{}^n\times\tilde{\mathcal{A}}$ になる．$\tilde{G}_1=\boldsymbol{C}^{n+m}$ がわかった．それゆえ $G_m{}^n$ の普遍被覆多様体 $\boldsymbol{C}^n$ を $(z_1,\cdots,z_n)$ なる座標系で示し，$\tilde{\mathcal{A}}=\boldsymbol{C}^m$ の座標系を $(w_1,\cdots,w_m)$ で表すならば，$\tilde{\mathcal{A}}$ の格子群 L を用いて図式 11.6 を得る．

$$\begin{array}{ccc} G_1=\boldsymbol{C}^{*n}\times\boldsymbol{C}^m & \ni & (\exp z_1,\cdots,\exp z_n,w_1,\cdots,w_m)\\ \downarrow\quad\searrow & & \downarrow\\ G\longrightarrow\mathcal{A} & \ni & (w_1,\cdots,w_m)\ \bmod L \end{array}$$

図式 11.6

よって，$\tilde{L}=\pi_1(G)$ は $\tilde{G}_1=\boldsymbol{C}^{n+m}$ に平行移動として作用する．$\tilde{L}$ は $\boldsymbol{Z}$ 上階数 $n+2m$ の自由加群でつぎの生成元 $\vec{\varphi}_1,\cdots,\vec{\varphi}_n;\vec{\psi}_1,\cdots,\vec{\psi}_{2m}$ をとることができる．ただし $\vec{\varphi}_i(z_j)=z_j+\delta_{ij}$，$\vec{\varphi}_i(w_j)=0$，そして $\{\vec{\psi}_i\,|\,\boldsymbol{C}^m\}$ は L の生成元．したがって $\vec{\varphi}_1,\cdots,\vec{\varphi}_n;\vec{\psi}_1,\cdots,\vec{\psi}_{2m}$ は $\boldsymbol{C}-\boldsymbol{R}$ 1次独立(§6.12, b))である．

さて，$\boldsymbol{P}^n$ において $\Delta=V_+(X_0)+\cdots+V_+(X_n)$ とおくと，$G_m{}^n=\boldsymbol{P}^n-\Delta$．§11.10, c)で見たように，$\zeta_j=X_j/X_0=\exp(z_j)$ とおくと，

$$\Omega^1{}_{\boldsymbol{P}^n}(\log\Delta)=\mathcal{O}\frac{d\zeta_1}{\zeta_1}+\cdots+\mathcal{O}\frac{d\zeta_n}{\zeta_n}=\mathcal{O}dz_1+\cdots+\mathcal{O}dz_n.$$

Abel 多様体 $\mathcal{A}$ に対してもむろん

$$\Omega^1{}_{\mathcal{A}}=\mathcal{O}dw_1+\cdots+\mathcal{O}dw_n$$

が成り立つ．両者を綜合した準 Abel 多様体 G にも全く同様のことが成立する．G を $\mathcal{A}$ 上の $G_m{}^n$ 主バンドル束とみる．さて自然に $G_m{}^n$ を $\boldsymbol{P}^n$ に作用させよう．すなわち，

$$\begin{array}{ccc}\iota: G_m{}^n & \longrightarrow & PGL(n,k)=\mathrm{Aut}(\boldsymbol{P}^n)\\ \Psi & & \Psi\\ (\lambda_1,\cdots,\lambda_n) & \longmapsto & 1\dotplus\lambda_1\dotplus\cdots\dotplus\lambda_n\end{array}\qquad(\text{対角行列}).$$

この作用によって $\mathcal{A}$ 上の $\boldsymbol{P}^n$ をファイバーとする $G_m{}^n$ 束 $\bar{G}$ を得る．$\bar{G}-G=\bar{D}$ とおくと，$\bar{D}$ は単純正規交叉型因子．かくして，準 Abel 多様体 G の非特異境界 $\bar{D}$ をもつ完備化 $\bar{G}$ が得られた．このとき，

$$\begin{aligned}\Omega^1{}_{\bar{G}}(\log\bar{D})&=\mathcal{O}_{\bar{G}}dz_1+\cdots+\mathcal{O}_{\bar{G}}dz_n+\mathcal{O}_{\bar{G}}dw_1+\cdots+\mathcal{O}_{\bar{G}}dw_m\\&\cong\mathcal{O}_{\bar{G}}\oplus\cdots\oplus\mathcal{O}_{\bar{G}}.\end{aligned}$$

よって，$K(\bar{G})+\bar{D}\sim 0$.

これにより，準 Abel 多様体 G の対数的種数が求められる．たとえば，

$$\begin{aligned}\bar{q}(G)&=\dim G,\\ \bar{P}_m(G)&=1\qquad(m=1,2,\cdots),\\ \bar{\kappa}(G)&=0.\end{aligned}$$

b) 定理 11.20 はつぎの定理に一般化される．

定理 11.21 G を連結代数群とする．つぎの条件は同値である：

(i) $G\not\supset G_a$,　　(iii)′ $\bar{\kappa}(G)=0$,

(ii) G は準 Abel 多様体,　　(iv) $\bar{q}(G)\geqq\dim G$,

(iii) $\bar{\kappa}(G)\geqq 0$,　　(iv)′ $\bar{q}(G)=\dim G$.

証明　(i) から (iii)′ までの同値性は前定理の証明と同じようにできる．(ii) $\Longrightarrow$ (iv)′ は (i) でみた．(iv) $\Longrightarrow$ (ii) の証明には準 Albanese 写像の理論がいるからここではふれない．▮

§11.26　剛性定理

準 Abel 多様体にも Abel 多様体のときと類似の剛性定理がいろいろ成立する．

定理 11.22　G を $n+m$ 次元の準 Abel 多様体とする．このとき，G の部分代数群は可算個しかない．

証明　純代数的証明があると思われるが，ここでは純解析的証明を与える．§11.25, a) の記法を襲用しよう．$\mathcal{A}$ の格子群の周期行列を $\Omega=[\omega_{ij}]$ で書くと，$\vec{\psi}_i(z_j)=z_j+\alpha_{ij}$，$\vec{\psi}_i(w_j)=w_j+\omega_{ij}$ になる．さて，G の連結部分代数群 H をとる．H は代数群だから $\bar{\kappa}(H)\leqq 0$．一方，H は準 Abel 代数多様体の部分多様体だから $\bar{\kappa}(H)\geqq 0$．それゆえ，H は G の部分準 Abel 多様体 (§11.38, c) 参照)．のみならず，G の普遍被覆多様体 $\tilde{G}=\boldsymbol{C}^{n+m}$ の線型部分空間として，H の普遍被覆多様体 $\tilde{H}=\boldsymbol{C}^r$ $(r=\dim H)$ が実現される．

さて H は格子群 L により $H=\tilde{H}/L$ と表され，$L=\sum_{j=1}^{s}\boldsymbol{Z}\omega_j$ $(\omega_j\in\boldsymbol{C}^r)$ と書けば，$\omega_1,\cdots,\omega_r$ $(r\leqq s)$ を $\boldsymbol{C}$ 上 1 次独立に選べる．$\tilde{G}=\boldsymbol{C}^{n+m}$ の座標を予めきめておき $\zeta=(z_1,\cdots,z_n,w_1,\cdots,w_m)$ としておくと，$\omega\in\tilde{H}=\boldsymbol{C}^r\subset\tilde{G}=\boldsymbol{C}^{n+m}$ は $r\times(n+m)$ 行列 A により ωA と書かれる．さて A の階数は r であり，$\omega_1A,\cdots,\omega_rA$ は $\boldsymbol{C}^{n+m}$ での $\tilde{H}$ のきめる閉部分空間である．一方，$H\subset G$ により，$\omega_i\in L$ ならば $\omega_iA\in\sum\boldsymbol{Z}\vec{\varphi}_i+\sum\boldsymbol{Z}\vec{\psi}_j$．よって，$1\leqq i\leqq s$ に対して，

$$\omega_iA=\sum n_{ij}\vec{\varphi}_j+\sum m_{ij}\vec{\psi}_j \qquad (n_{ij},m_{ij}\in\boldsymbol{Z}).$$

したがって，$\tilde{H}\subset\tilde{G}=\boldsymbol{C}^{n+m}$ は可算個の可能性しかない．▮

§11.27　群作用の一定理

a)　剛性定理の成り立つ代数群の作用はつぎのように著しい性質をもつ．

定理 11.23　V を代数多様体，G は V に忠実に作用する連結代数群，かつ，G の部分代数群は可算個しかないと仮定する．このとき，V のある Zariski 開集合 $V^\star\neq\phi$ が存在し，$p\in V^\star$ について，等方性群 $G_p=\{\mathrm{id}\}$．

証明　G を連結と仮定してよい．そこで $G\times V$ の閉集合 $F=\{(g,p)\in G\times V;$

$g\cdot p=p\}$ をとる．π を $F\hookrightarrow G\times V\to V$ の合成としよう．$\pi^{-1}(p)=G_p\times p$ となっている．π は全射だから，p が一般ならば，$\dim\pi^{-1}(p)=\dim F-\dim V<\dim G\times V-\dim V=\dim G$ (定理 10.7)．よって，或る空でない開集合 V^0 があり，$p\in V^0$ ならば $\dim G_p<\dim G$．そこで，$p\in V^0$ の等方性群 $G_p=\{g\in G\,;\,g\cdot p=p\}$ の集合を G^* とすると，仮定より，可算個の点 $p(1), p(2), \cdots$ があって，

$$\bigcup_{p\in V^0} G_p = G^* = \bigcup G_{p(j)}$$

と書かれる．さて，$F^0=G\times V^0\cap F\subset G\times V^0$ とおき，G 方向への射影を $\hat{\pi}: F^0\to G$ と書く．すると $\hat{\pi}(F^0)=G^*$．さて，つぎの補題を用いる．

補題 11.5 代数多様体を V とし，V の可算個の閉集合 $X_1, X_2, \cdots$ があり $\bigcup X_j$ は構成集合とする．すると，有限個の $1, 2, \cdots, m$ があって

$$\bigcup X_j = X_1\cup X_2\cup\cdots\cup X_m.$$

証明 $X_1\cup\cdots\cup X_j$ を改めて X_j とおくことにより，$X_1\subset X_2\subset\cdots$ と仮定できる．さて

(1) $\bigcup X_j=Y$ を X の閉集合としよう．Y を既約集合に分解する：$Y=Y_a\cup\cdots\cup Y_c$．各 Y_a の生成点を η_a とするとき，十分大に j をとると，$X_j\ni\eta_a, \eta_b, \cdots, \eta_c$．よって，$X_j\supset Y$ だから，$X_j=Y$.

(2) 一般に $\bigcup X_j$ は構成集合とする．すなわち，開集合 U_r，閉集合 F_r $(1\leqq r\leqq s)$ が存在して

$$\bigcup X_j = (U_1\cap F_1)\cup\cdots\cup(U_s\cap F_s).$$

そこで各 r につき，

$$\bigcup_j \{X_j\cap(U_r\cap F_r)\} = U_r\cap F_r$$

となるから，前の議論により，$j\gg 0$ があって，$X_j\cap(U_r\cap F_r)=U_r\cap F_r$．$j$ を r によらないほど大きくとっておけば，

$$X_j = (U_1\cap F_1\cap X_j)\cup\cdots\cup(U_r\cap F_r\cap X_j) = \bigcup X_j. \qquad \blacksquare$$

(定理 11.23 の証明つづき) かくして，$p(1), \cdots, p(m)$ が存在して，

$$G^* = \hat{\pi}(F^0) = G_{p(1)}\cup\cdots\cup G_{p(m)}.$$

さて，$\dim G_{p(j)}<\dim G$ だから，$\dim G$ についての帰納法を用いると，各 j につき，開集合 $V_j^\star$ が存在し，$G_{p(j)}$ は $V_j^\star$ 上固定点を持たないようにできる．$V^\star=V_1^\star\cap\cdots\cap V_m^\star$ とおくと，これも空でない開集合．そして，定理 11.23 の

条件を満たす．実際 $p\in V^{\star}$ に対し G_p を考える．$g\in G_p$ をとると，$G_p\subset G^*$ だから，或る $p(j)$ が存在して，$g\in G_p\cap G_{p(j)}$．$G_{p(j)}$ は $V_j^{\star}$ 上固定点を持たないから，$g=1$．∎

b）さて簡単な例について考えてみよう．

例 11.8 $V=\boldsymbol{A}^1$，$G=1$ 次元アフィン変換群：$\mathrm{Aff}(1,k)$，G は k と k^* の半直積．ゆえに，$g=(a,b)\in k^*\times k=G$ は $p\in\boldsymbol{A}^1$ に対し $g\cdot p=ap+b$ と作用する．各 $p\in\boldsymbol{A}^1$ に対して，

$$G_p=\{(a,p-ap)\,;\,a\in k^*\}\simeq G_m.$$

だから，どう探しても定理 11.23 の条件を満たす $V^{\star}$ は存在しない．$p\neq q$ ならば $G_p\neq G_q$．だから $k=\boldsymbol{C}$ にとっておけば，確かに部分群は非可算個つくられる．

§11.28 代数群の作用

V を $\bar{\kappa}(V)\geqq 0$ なる n 次元代数多様体とし，G を V に忠実に作用する連結代数群としよう．すると，§11.24, a) により，G は準 Abel 多様体になる．定理 11.23 によって，V の空でない開集合 $V^{\star}$ が存在して，G は $V^{\star}$ の各点 p で $G_p=\{1\}$．それゆえ $G\simeq G_p\subset V$．かくして $\dim G\leqq n$．さらに補題 11.3 を用いて，

$$\bar{\kappa}(V)\leqq\bar{\kappa}(G)+\dim V-\dim G=n-\dim G.$$

よって，$\dim G\leqq n-\bar{\kappa}(V)$．

この G の中で最大の群を $\mathrm{Aut}(V)^0$ と書いたのだから，つぎの定理を得る．

定理 11.24 $\bar{\kappa}(V)\geqq 0$ のとき $\mathrm{Aut}(V)^0$ は準 Abel 多様体で，

$$\dim\mathrm{Aut}(V)^0\leqq n-\bar{\kappa}(V). \qquad ——$$

これによって，$n=\bar{\kappa}(V)$ ならば $\mathrm{Aut}(V)^0=\{\mathrm{id}\}$ もわかる．しかし，このときはずっと強く，$\mathrm{Aut}(V)$ は有限群（定理 11.16）が示されているのであった．もっとも，$\bar{\kappa}(V)=n$ のとき $\mathrm{PBir}(V)$ が有限群なのだから，$\mathrm{PBir}(V)$ についても定理 11.24 の類似が成立する，と期待される．

§11.29 準 Abel 多様体の特徴づけ

a）つぎの定理も本章の主定理である．

定理 11.25 V を n 次元代数多様体，$\bar{\kappa}(V)\geqq 0$ を満たすとしよう．$\dim\mathrm{Aut}(V)^0=n$ ならば $V=\mathrm{Aut}(V)^0$ となり，これは準 Abel 多様体である．

証明 $G=\mathrm{Aut}(V)^0$ とおく．一般の点 $p\in V$ をとると $G\simeq G\cdot p\subset V$ であって，$\dim G=n$ かつ G は $G\cdot p$ に可移的に作用するのだから，$G\cdot p$ は V の開集合である．さて，$\mu: V'\to V$ を V の正規化とする．V' の自己同型は V' のそれにのびるから，$\mathrm{Aut}(V)\subset\mathrm{Aut}(V')$．よって，$G\subset\mathrm{Reg}(V)\subset\mathrm{Reg}(V')\subset V'$ とも考えられる．まず V を正規としよう．$\mathrm{Aut}(V)\subset\mathrm{Aut}(\mathrm{Reg}(V))$ だから，$\bar{\kappa}(\mathrm{Reg}(V))\geqq\bar{\kappa}(V)\geqq 0$ を思い出すと，$G\subset\mathrm{Reg}(V)$ は，G 同変な開埋入(*G*-equivariant imbedding)である．

b) (1) G がトーラスのとき．

つぎの定理11.26を援用する．そして，さらに定理11.27も引用する．

定理 11.26(隅広秀康) トーラス G が V に G 同変に入っているとき，V のアフィン開集合 $V_1,\cdots,V_m$ による被覆: $V=V_1\cup V_2\cup\cdots\cup V_m$ が存在し，各 V_j は G の作用を許す．

定理 11.27(Mumford) n 次元非特異アフィン多様体 V に，n 次元トーラス G が忠実に作用しているとき，V は ${G_a}^r\times{G_m}^{n-r}$ と同型．したがって $\bar{\kappa}(V)\geqq 0$ となる必要十分条件は $V=G$ である．——

一般に，トーラス G が V の Zariski 開集合で，G の G への各作用が V の作用にのびるとき，いいかえると，$G\subset\mathrm{Aut}(V)$ と自然に埋め込まれているとき，V を**トーラス的埋入**という．トーラス的埋入の理論は近代の代数幾何学の活発なトピックの一つであるが，上記2定理は，この理論の基礎となる重要なものなのである．定理11.27は，非特異アフィン多様体がトーラス的埋入になっているときの構造を明らかにしている．

c) さて，(1)の場合の証明をつづける．定理11.26により，$\mathrm{Reg}(V)$ を $V_1,\cdots,V_m$ にわけて考察する．$\bar{\kappa}(V_j)\geqq\bar{\kappa}(V)\geqq 0$ だから，定理11.27によると，$V_j=G$ となる．よって各 j に対して $V_j=G$．ゆえに $\mathrm{Reg}(V)=V_1\cup V_2\cup\cdots\cup V_m=G$．$V$ は正規多様体だから $\mathrm{Sing}(V)=V-\mathrm{Reg}(V)\neq\phi$ ならば $\mathrm{codim}\,\mathrm{Sing}(V)\geqq 2$ (定理2.13)．そして $\mathrm{Reg}(V)=V-\mathrm{Sing}(V)$ はトーラス，ゆえにアフィン代数多様体である．

d) つぎの補題を用いる．

補題 11.6 F を代数多様体 V の閉集合とし，$V-F$ はアフィン多様体と仮定する．このとき $F=\phi$ または $\mathrm{codim}(F)=1$．それゆえ F は純余次元的である．

証明 V の正規化を $\mu: V'\to V$ とする．μ は有限正則だから，$\mathrm{codim}\,\mu^{-1}(F)=\mathrm{codim}\,F$．よって $V'\supset\mu^{-1}(F)$ について証明すればよい．かくして，はじめから V は正規多様体として一般性を失わない．

（イ） V がアフィン多様体のとき．$\mathrm{codim}(F)\geqq 2$ とすると，定理 2.9 の幾何的定式化によって $\Gamma(V-F,\mathcal{O})=\Gamma(V,\mathcal{O})$．ゆえに，

$$V=\mathrm{Spec}\,\Gamma(V,\mathcal{O})=\mathrm{Spec}\,\Gamma(V-F,\mathcal{O})=V-F.$$

これは $F=\phi$ を意味する．

（ロ） V が代数多様体のとき．$p\in F$ をとり，p の V 内でのアフィン近傍 U をとる．$V-F$ もアフィン多様体だから V の分離性によれば，$U\cap(V-F)=U-U\cap F$ もアフィン多様体．（イ）によって，$\mathrm{codim}(U\cap F)=1$．かくして，$F\neq\phi$ ならば $\mathrm{codim}\,F=1$．

（ハ） F を純余次元 1 の閉既約成分の和 F' と，余次元 $\geqq 2$ の成分の和 F'' との和にわける：$F=F'\cup F''$．さて $V_0=V-F'$ とおくと，$V_0-F''=V-F$ はアフィン多様体だから，（ロ）によって，$F''=\phi$．∎

この補題は第 2 章の問題 25 と同じ内容である．すでに解答を得ている読者は上記の証明を見てどう思ったであろうか．この簡単な証明は永田雅宜による．また，川又雄二郎は局所コホモロジーを用いた証明を与えた．この性質は応用上有用である以上に，アフィン多様体のもつ一種の完備性（§11.23, e）の性質 (F)）を表現するもので，理論上の興味がある．

e） 定理 11.25 の証明を続ける．補題 11.6 によって $V=\mathrm{Reg}(V)=G$．さて，V が正規でないときを証明する．正規化 $\mu: V'\to V$ は，V の正規点で恒等的．$G\subset\mathrm{Reg}(V)\subset V$ だから，$\mu|\mu^{-1}(G)=\mathrm{id}:\mu^{-1}(G)=G\to G$．$G=\mu^{-1}(G)\subset V'$ に上の考察を用いて，$G=\mu^{-1}(G)=V'$ を得る．$\mu(V')=V$ なのだから $G=V$．

f） (2) G が準 Abel 多様体のとき．

G はつぎの完全系列によって実現される：

$$0\longrightarrow T=G_m{}^t\longrightarrow G\xrightarrow{\pi}\mathcal{A}\longrightarrow 0.$$

$u\in\mathcal{A}$ をとり $T_u=\pi^{-1}(u)$ と書く．$T_u\subset G\subset V$ だから，T_u の V 内での閉包を $\hat{T}_u$ で表す．u が一般の点ならば $\bar{\kappa}(\hat{T}_u)\geqq 0$．これをまず示そう．

$\pi: G\to\mathcal{A}$ は，$\mathcal{A}$ が完備だから §11.9 例 11.4 により，強有理写像 $\hat{\pi}: V\to\mathcal{A}$ を定める．双有理固有正則写像 $\lambda: Z\to V$ により $\hat{\pi}$ の不確定点を除去しよう．すな

わち，$\rho=\hat{\pi}\cdot\lambda$ は正則写像．よって $u\in\mathcal{A}$ が一般の点ならば，$\bar{\kappa}(V)\geqq 0$ により，$\bar{\kappa}(\rho^{-1}(u))\geqq 0$．さて $\lambda|G=\mathrm{id}$ と考えられ，$\lambda^{-1}(T_u)=T_u\subset\rho^{-1}(u)$．$T_u$ の Z 内での閉包は $\rho^{-1}(u)$ だから，$\lambda|\rho^{-1}(u):\rho^{-1}(u)\to\hat{T}_u$．$\lambda$ は固有双有理だから，$\lambda|\rho^{-1}(u)$ も固有双有理．ゆえに，

$$\bar{\kappa}(\hat{T}_u)=\bar{\kappa}(\rho^{-1}(u))\geqq 0.$$

さて $T\simeq T_u\subset\hat{T}_u$ は T のトーラス的埋入．なぜならば $\alpha\in T$ は自然に T_u の自己同型となり，かつ $\alpha\in\mathrm{Aut}(V)$ に注意すれば，$\alpha(\hat{T}_u)=\hat{T}_u$．よって $T\subset\mathrm{Aut}(\hat{T}_u)$．(1)の結論によれば，$T_u=\hat{T}_u$．つぎに任意の $v\in\mathcal{A}$ をとると，$\mathcal{A}$ は群だから，$u+v-u=v$．よって，$v-u=\pi(\tau)$ となる $\tau\in G\subset\mathrm{Aut}(V)$ がある．$\tau(T_v)=T_u$ により $\tau(\hat{T}_v)=\hat{T}_u$．さて $T_u=\hat{T}_u$ に τ^{-1} を作用させ $\tau^{-1}(T_u)=\tau^{-1}(\hat{T}_u)$．よって $T_v=\tau^{-1}(T_u)=\tau^{-1}(\hat{T}_u)=\hat{T}_v$．かくして，すべての $v\in\mathcal{A}$ に対して $\hat{T}_v=T_v$．それゆえ $G=V$．∎

§11.30　応　用

定理 11.28　V をアフィン代数多様体とし，$\bar{\kappa}(V)\geqq 0$ を仮定する．このとき $\mathrm{Aut}(V)^0$ はトーラスである．

証明　$p\in V$ を一般の点にとると定理11.23により，$G\simeq G\cdot p\subset V$．さて $G\cdot p$ は V 内の部分多様体だから，V 内での閉包を $\widehat{G\cdot p}$ で表すと，$\widehat{G\cdot p}$ はアフィン．G は $G\cdot p$ に作用し，その作用は $\widehat{G\cdot p}$ に延長されるから，$G\simeq G\cdot p\subset\widehat{G\cdot p}$ は G 同変埋入．よって $\bar{\kappa}(\widehat{G\cdot p})\geqq 0$ を示せれば，定理11.25によって，$G\cdot p=\widehat{G\cdot p}$．かくして G は V の閉部分多様体としてアフィン多様体になった．ゆえに G はトーラスである．

$\bar{\kappa}(\widehat{G\cdot p})\geqq 0$ を示そう．定理11.18によれば，V の空でない開集合 V^0 があり，V^0/G が存在する．V^0/G の完備化を W と書き，射影と合成して，正則写像 $\tau^0:V^0\to V^0/G\subset W$ をえる．τ^0 は強有理写像 $\tau:V\to W$ を定める．$\mathrm{dom}(\tau)\supset V^0\supset G\cdot p$ なので，双有理固有正則写像 $\lambda:Z\to V$ ($\lambda|\lambda^{-1}(V^0)=\mathrm{id}$) により，$\tau$ の不確定点を除去する：$\rho=\tau\cdot\lambda:Z\to W$ は正則．$w\in W$ を一般の点とすると，$\bar{\kappa}(Z)=\bar{\kappa}(V)\geqq 0$ だから $\bar{\kappa}(\rho^{-1}(w))\geqq 0$．ところで，$\lambda|\rho^{-1}(w):\rho^{-1}(w)\to\widehat{G\cdot p_1}$ ($\tau^0(p_1)=w$) は固有双有理正則により，$\bar{\kappa}(\widehat{G\cdot p_1})=\bar{\kappa}(\rho^{-1}(w))\geqq 0$．∎

§11.31　不分岐部分の定理

a）　いままでみてきたように，完備性の条件をはずしても，代数多様体の基本的な構造の理論が或る程度できるのである．しかも，完備性を要求しないために，自由度が非常にふえて，扱い易い例を沢山つくることができるようになった．

しかし，本当に大事で，本質的なものは依然として，射影的非特異代数多様体であろう．ところが射影的非特異代数多様体を調べているときに，完備でない代数多様体に出あうことがある．たとえば，M を k 上の n 次元代数関数体としよう．k 上超越基底 $x_1, \cdots, x_n \in M$ を一つきめる．すると，有理的関数体 $k(x_1, \cdots, x_n)=M_0$ がつくれて，M/M_0 は代数的．M_0 は n 次元射影空間 $\boldsymbol{P}^n$ の有理関数体と考えられる．そこで，$\boldsymbol{P}^n$ の M 内での正規化を $\bar{V}$ とおく．すると，$\pi: \bar{V} \to \boldsymbol{P}^n$ は有限正則写像．$\bar{V}$ は一般に特異点をもつから，$\mathrm{Reg}(\bar{V})$ は一般には完備でない代数多様体である．また，π の分岐点集合（§2.26, b)）を R_π と書くとき，$\bar{V}-R_\pi$ とか $\bar{V}-\pi^{-1}(\pi R_\pi)$，$\boldsymbol{P}^n-\pi(R_\pi)$ なども一般にはむろん完備でない．そして，これらの研究は $\bar{V}$ や M の研究にしばしば不可欠である．

b）　この節ではつぎの定理を証明する．

定理 11.29　$\bar{V}$ を n 次元非特異完備代数多様体，$f: \bar{V} \to \boldsymbol{P}^n$ を全射正則写像とする．f の分岐因子 R_f の像 $B=f(R_f)$ の余次元 1 の部分を B' と書く．このとき

$$\bar{\kappa}(\boldsymbol{P}^n-B') < n \quad \text{ならば} \quad \kappa(\bar{V}) = -\infty.$$

証明　R_f に中心をもつ 2 次変換をくり返して，結局 $(R_f)_{\mathrm{red}}$ は単純正規交叉型の因子と仮定してよいことがわかる．$\kappa(\bar{V}) \geqq 0$ としよう．さて $V=\bar{V}-f^{-1}(B)$ の対数的小平次元を計算しよう．$f^{-1}(B)$ は正規交叉型としてよいから，

$$\bar{\kappa}(V) = \kappa(K(\bar{V})+f^{-1}(B), \bar{V}).$$

$B=B' \cup B''$ と余次元 $\geqq 2$ の部分 B'' をくくり出すと，$f^{-1}(B'')$ は当然 f について例外的因子である．$\kappa(\bar{V}) \geqq 0$ に留意して，κ 算法によると，

$$\begin{aligned}\kappa(K(\bar{V})+f^{-1}(B')+f^{-1}(B''), \bar{V}) &= \kappa(K(\bar{V})+f^*(B')+f^{-1}(B''), \bar{V}) \\ &\geqq \kappa(f^*(B')+f^{-1}(B''), \bar{V}) = \kappa(B', \boldsymbol{P}^n).\end{aligned}$$

もしも $B'=0$ ならば，$\mathrm{codim}\, B \geqq 2$．そして，$V \to \boldsymbol{P}^n-B$ は不分岐で固有的だから，$\boldsymbol{P}^n-B$ が単連結になることより，$V=\boldsymbol{P}^n-B$，すなわち V は有理的，よって $\kappa(\bar{V})=-\infty$ となり矛盾．結局，$\kappa(B', \boldsymbol{P}^n)=n$．

一方，基本定理 11.12 により，

$$\bar{\kappa}(V) = \bar{\kappa}(\boldsymbol{P}^n - B) = \bar{\kappa}(\boldsymbol{P}^n - B')$$

なので，あわせて，つぎの式を得る：

$$\bar{\kappa}(\boldsymbol{P}^n - B') = n \qquad \blacksquare$$

この証明は極めて簡単である．しかし，決して自明ではない．それをみるために，次節で種々の特殊化を試みる．

§11.32　巡回分岐拡大の小平次元

前定理の応用としてつぎの定理を示そう．

定理 11.30　$F \in k[x_1, \cdots, x_n]$ をとる．$\bar{\kappa}\ \mathrm{Spec}\, k[X_1, \cdots, X_n, 1/F] < n$ を仮定する．このとき，任意の $m>1$ を固定して代数関数体 $M = k(x_1, \cdots, x_n, y)$：

$$y^m = F(x_1, \cdots, x_n)$$

を考える．これを有理関数体とする射影多様体を $\bar{V}$ とおくと，$\kappa(\bar{V}) = -\infty$．

証明　$M_0 = k(x_1, \cdots, x_n)$ とおき，§11.31, a) の考察をする．そこでの記号を用いると，$\bar{V} - R_\pi$ は非特異．さらに，$\bar{V} - \pi^{-1}(V_+(X_0)) \to \boldsymbol{P}^n - V_+(X_0) = \boldsymbol{A}^n = \mathrm{Spec}\, k[x_1, \cdots, x_n]$ の分岐集合は $y^m - F(x_1, \cdots, x_n) = 0$ を y で偏微分して得られる．ゆえに

$$B \subset V_+(X_0) \cup V_+(\tilde{F}),$$

ここに $\tilde{F}$ は F の斉次化．ゆえに，

$$B \cap D_+(X_0) \subset V_+(\tilde{F}) \cap D_+(X_0) = V(F).$$

よって，

$$\begin{aligned} \boldsymbol{P}^n - B &\supset \boldsymbol{P}^n - B \cup V_+(X_0) = \boldsymbol{A}^n - B \cap D_+(X_0) \\ &\supset \boldsymbol{A}^n - V(F) = \mathrm{Spec}\, k[x_1, \cdots, x_n, 1/F]. \end{aligned}$$

すなわち

$$\bar{\kappa}(\boldsymbol{P}^n - B) \leqq \bar{\kappa}\ \mathrm{Spec}\, k[x_1, \cdots, x_n, 1/F] \leqq n-1.$$

よって定理 11.29 によれば，$\kappa(\bar{V}) = -\infty$．$\blacksquare$

§11.33　多項式の小平次元

a)　多項式 $F \in k[X_1, \cdots, X_n]$ の小平次元を $K_S(F)$ で書き，つぎのように定義する．

$$K_S(F) = \bar{\kappa}\ \mathrm{Spec}\, k[X_1, \cdots, X_n, 1/F].$$

$K_S(F)=n$ となる F は，一般型の多項式と考えられる．定理 11.15, 11.16 によると，$K_S(F)=n$ のとき，

$$\{(\varphi_1, \cdots, \varphi_n)\in k[X_1, \cdots, X_n]^n\,;\ \partial(\varphi_1, \cdots, \varphi_n)/\partial(X_1, \cdots, X_n)\neq 0,$$
$$F(\varphi_1, \cdots, \varphi_n)=\lambda_\varphi F(X_1, \cdots, X_n),\ \lambda_\varphi \text{ は } \varphi \text{ のみに依存する常数}\}$$

は有限集合である．

すなわち，連結代数群の相対不変式の如き特殊な意味のあるものと，全く対蹠的で野放図なものが，われわれの一般型(正しくは，双曲型というべきか)多項式なのである．双曲型でない多項式 F の研究は非常に興味がある．楕円型多項式 F, いいかえると $K_S(F)=-\infty$ の多項式 F は容易につくれる．一つ変数の少ない F ならよい．詳しくいうと，適当な $Y_1, \cdots, Y_n\in k[X_1, \cdots, X_n]$ を選び

$$k[X_1, \cdots, X_n]=k[Y_1, \cdots, Y_n],$$
$$F(X_1, \cdots, X_n)=G(Y_1, \cdots, Y_{n-1})\in k[Y_1, \cdots, Y_{n-1}]$$

と書けるとしよう．すると，

$$\boldsymbol{A}^n-V(F)=\boldsymbol{A}^n-V(G)=(\boldsymbol{A}^{n-1}-V(G))\times\boldsymbol{A}^1.$$

よって

$$K_S(F)=\bar{\kappa}((\boldsymbol{A}^{n-1}-V(G))\times\boldsymbol{A}^1)=-\infty.$$

これの逆が成り立つのか？　詳しく書けば，“$K_S(F)=-\infty$ ならば F の変数を一つ落とせるか”は面白い問題である．

$n=2$ のときは Enriques の定理(定理 10.27)を連想させる．そして，Enriques の定理が正しいように，肯定的なのである(§11.43)．このようにして Enriques の定理をはじめ，代数曲面論の輝かしい諸定理が，可換環の理論に移植される．

b)　$K_S(F)$ を少し改良して別の小平次元 $K_L(F)$ を導入する．$F\in k[X_1, \cdots, X_n]$ の生成する k 部分環 $k[F]$ の $k[X_1, \cdots, X_n]$ 内での整閉包を R と書く．すると，$\bar{\kappa}\operatorname{Spec} R=-\infty$ かつ R は正規だから，$R=k[g]$ $(g\in k[X_1, \cdots, X_n])$ と書かれる．$F\in k[F]\subset k[g]$ だから，$F=\Phi(g)$ と或る多項式 Φ により表される．さて，$g:\boldsymbol{A}^n\to\boldsymbol{A}^1$ は有理関数体の代数的閉拡大

$$\begin{array}{ccc} R(\boldsymbol{A}^n) & \longleftarrow & R(\boldsymbol{A}^1) \\ \| & & \| \\ k(X_1, \cdots, X_n) & & k(X) \\ \uplus & & \uplus \\ g & \longleftarrow & X \end{array}$$

をひき起す．よって，一般の $\lambda\in \boldsymbol{A}^1$ をとると $g-\lambda=0$ は既約になる．$g-\lambda$ を g と書き直せば，g は既約多項式．このように，一般的に選んだ g によって，

$$K_L(F)=K_S(g)$$

とおく．$K_L(F)$ の方が $K_S(F)$ より多項式の本性を探るに適していると思われる．

$n=2$, $K_L(F)=-\infty$ としてみよう．g は既約で，一般の λ について，$K_S(g-\lambda)=-\infty$ となっている．さて，$\{V(g-\lambda)\}_\lambda$ は $\boldsymbol{A}^2$ 内で底点がないから，$V(g-\lambda)$ は非特異アフィン曲線である．このとき，

$$\bar{\kappa}(\boldsymbol{A}^2-V(g-\lambda))=-\infty \Longrightarrow \bar{p}_g(\boldsymbol{A}^2-V(g-\lambda))=0$$
$$\Longrightarrow V(g-\lambda)\cong \boldsymbol{A}^1$$

が示される．これについては §11.42 で詳しく論ずる．

§11.34　自己同型群

対数的小平次元を好まぬ読者には，つぎの結果の毒味をお願いする．

定理 11.31　$F\in k[x_1,\cdots,x_n]$ をとる．$\mathrm{Aut}\,k[x_1,\cdots,x_n,1/F]$ が無限群ならば，任意の m につき，代数関数体 $k(x_1,\cdots,x_m,y)$: $y^m=F(x_1,\cdots,x_n)$ の i 種数 P_i はすべて 0 である．

証明　定理 11.16 により，$\bar{\kappa}\,\mathrm{Spec}\,k[x_1,\cdots,x_n,1/F]<n$．よって，定理 11.30 を直ちに適用できる．∎

このような F の例として，準同次多項式があげられる．準同次多項式 F の定義はつぎの通り：a; $r_1,\cdots,r_n\in \boldsymbol{Z}^*$ が存在し，$t\in G_m$ に対して

$$F(t^{r_1}x_1,\cdots,t^{r_n}x_n)=t^aF(x_1,\cdots,x_n)$$

を満たす．

もっともこの F に対しては定理 11.31 の結論を初等的に得ることができる．

定理 10.26 と組合せるとつぎの系を得る．

系　多項式 $F\in k[x,y]$ をとる．このとき，任意の $m>1$ に対して，$\mathrm{Aut}\,k[x,y,1/F]$ が無限群ならば，$k(x,y,z)$: $z^m=F(x,y)$ は線織的である．——

したがって $\mathrm{Aut}\,k[x,y,1/F]$ が無限群となる F は非常に特殊である．とくに $\dim \mathrm{Aut}\,k[x,y,1/F]\geqq 2$ となる F は完全に決定できる．これについては定理 11.46 で詳述するであろう．

§11.35 特異小平次元

a) 特異点のある代数多様体 V を考えよう．V の非特異点全体は V の開集合 $\mathrm{Reg}(V)$ となる．$\bar{\kappa}(\mathrm{Reg}(V))$ によって，V の固有双有理同値類としての複雑さと，V の特異性に基因する複雑さをあわせて測定できる，とも考えられる．たとえば，$\mathrm{Aut}(V)\subset\mathrm{Aut}\,\mathrm{Reg}(V)$ なのだから，定理 11.16 により

$$\bar{\kappa}(\mathrm{Reg}(V))=n \quad \text{ならば} \quad \mathrm{Aut}(V)\ \text{は有限群}$$

が結論できる．それゆえ

$$\kappa^{\#}(V)=\bar{\kappa}(\mathrm{Reg}(V))$$

とおき，V の**特異小平次元**とよぼう．

さらに $\lambda: V'\to V$ を V の正規化とし，

$$\kappa^{+}(V)=\kappa^{\#}(V')=\bar{\kappa}(\mathrm{Reg}(V'))$$

とおいて，V の**正規特異小平次元**とよぶ．これらの間の関係は容易にわかる．すなわち，(V^*,μ) を V' の非特異モデルとすると $(\mu\,|\,\mu^{-1}(\mathrm{Reg}(V'))=\mathrm{id}$ にとっておき)，つぎの図式 11.7 を得る．

$$\begin{array}{ccccc}
V^* & \xrightarrow{\ \mu\ } & V' & \xrightarrow{\ \lambda\ } & V\subset \bar{V} \\
\cup & & \cup & & \\
\mathrm{Reg}(V') & = & \mathrm{Reg}(V') & & \cup \\
 & & \cup & & \\
 & & \mathrm{Reg}(V) & = & \mathrm{Reg}(V)
\end{array}$$

図式 11.7

これにより

$$\begin{aligned}\kappa(V)=\bar{\kappa}(\bar{V})\leqq\bar{\kappa}(V)=\bar{\kappa}(V^*)\leqq\bar{\kappa}(\mathrm{Reg}(V'))\\ =\kappa^{+}(V)\leqq\bar{\kappa}(\mathrm{Reg}(V))=\kappa^{\#}(V).\end{aligned}$$

－，＋，♯ につれ κ の値が増大するのである．

b) κ^{+} の導入はつぎの定理が成立することからすれば，全く無意味とはいいかねる．

定理 11.32 $\kappa^{+}(V)\geqq 0$ かつ $\dim\mathrm{Aut}(V)^0\geqq\dim V$ ならば，V は非特異で，準 Abel 多様体になる．——

$\kappa^{+}(V)\geqq 0$ でも $\bar{\kappa}(V)=-\infty$ かもしれない．したがってこの定理は，定理 11.25 の一般化になっている．

証明 $\mathrm{Reg}(V')$ について，定理 11.25 を適用する．よって $\mathrm{Reg}(V')$ は準 Abel

多様体 G になる．つぎの定理を援用せねばならない．

定理 11.33　V を代数多様体，F を V の閉集合とし，$V-F$ は準 Abel 多様体と同型と仮定する．このとき $F=\phi$ または $\operatorname{codim} F=1$．——

この証明には，準 Albanese 多様体の理論が必要だからここでは述べられない．

さて，定理 11.32 の証明を続けよう．$\operatorname{codim}\operatorname{Sing}(V')\geqq 2$ なので，定理 11.33 により $\operatorname{Sing}(V')=\phi$．すなわち，

$$V'=\operatorname{Reg}(V')=G.$$

V の正規点の集合を $\operatorname{Nm}(V)$ で記す．$\operatorname{Aut}(V)\subset\operatorname{Aut}(\operatorname{Nm}(V))$ であり，$\operatorname{Nm}(V)\subset V'$ だから，$\bar{\kappa}(\operatorname{Nm}(V))\geqq\bar{\kappa}(V')=0$．定理 11.25 により $\operatorname{Nm}(V)$ も準 Abel 多様体．準 Abel 多様体 $V'=G$ の開部分多様体 $\operatorname{Nm}(V)$ がやはり準 Abel 多様体だから，当然 $V'=\operatorname{Nm}(V)$．一方，$\lambda: V'\to V$ を，正規化を与える正則写像とすると，$\lambda(V')=V$，そして $\lambda|\lambda^{-1}\operatorname{Nm}(V)=\mathrm{id}$．ゆえに $V=\operatorname{Nm}(V)=G$．∎

§11.36　特異小平次元の基本定理

a)　小平次元の理論では，3基本定理の成立が最も基礎的であった．κ^+, $\kappa^\#$ に対しても，後の2基本定理の成立が容易に確かめられる．しかるに，最重要の定理：(対数的) 標準ファイバー多様体の構成を，κ^+, $\kappa^\#$ に対して考えても意味をもたない．なぜならばこれらは固有双有理不変量でないのだから．

代数多様体 V の対数的標準ファイバー多様体を $f: V^*\to W$ としよう．$\mu: V^*\to V$ は双有理固有正則．さて，V^* にうつることは $\kappa^\#$ の理論の範囲では禁忌である．そこで $V_w=\mu(V_w{}^*)$ とおき，V_w の $\kappa^\#$ を調べることを試みよう．最も簡単で印象深い完備のときのみを考える．

b)　**定理 11.34**　V を n 次元非特異完備代数多様体とし，$\kappa(V)\geqq 0$ を仮定する．V の標準ファイバー多様体を $f: V^*\to W$ とする．§10.19 のような双有理固有正則写像 $\mu: V^*\to V$ があるとしよう．定理 10.20 の (iii) にある真閉部分集合 $Z_1, Z_2, \cdots$ をとり，$w\in W-Z_1\cup Z_2\cup\cdots$ をとるとき，$V_w{}^*$ は既約非特異で

$$V_w=\mu(V_w{}^*)\subset V$$

とおく．V_w は射影的代数多様体であって，

$$\kappa(V_w)=\kappa^\#(V_w)=0$$

を満たす．

証明 $g=f\cdot\mu^{-1}: V\to V^*\to W$ は射影的代数多様体 W への有理写像だから定理 2.13 により，$\mathrm{codim}(V-\mathrm{dom}(g))\geqq 2$ である．$V_0=\mathrm{dom}(g)$ とおく．これは必ずしも完備でない代数多様体である．そこで，これに対数的小平次元の基本定理を適用しよう，というのである．

V は非特異で $\mathrm{codim}(V-V_0)\geqq 2$ だから，定理 2.9 (または，第 2 章問題 12) により，任意の $M=(m_1,\cdots,m_n)$ に対し

$$T_M(V)=T_M(V_0).$$

これはまったく当り前なのだが，あえて証明をつけ加える．$\omega\in T_M(V_0)$ をとると $\omega|V_0$ は V_0 上の正則 M 型式である．よって $\mathrm{codim}(V-V_0)\geqq 2$ だから，$\omega_1\in T_M(V)$ があり $\omega_1|V_0=\omega|V_0$．よって $\omega_1=\omega$．これでよい．

V の対数型式は V_0 上の正則型式に比べるとよほど少ない．この点から見ても上のことは当り前に成り立つ，といい得る．とくに m 重 n 型式のときを考える．$\bar{V}_0$ を，非特異境界 $\bar{D}_0$ をもつ V_0 の適当な完備化としよう．すると，開埋入 $j: V_0\hookrightarrow V$ は正則写像 $\bar{j}: \bar{V}_0\to V$ に延長できる．$\bar{j}$ は同型

$$\bar{j}^*: H^0(mK(V))\simeq H^0(m(K(\bar{V}_0)+\bar{D}_0))$$

を与える．さて，$V^*\to V$ は V_0 上で恒等的だから，やはり $V^*\supset V_0$．よって，$\bar{V}_0$ を必要ならばとりかえ，$\bar{V}_0\to V$ を $\bar{V}_0\to V^*\to V$ のように正則写像 $\lambda: \bar{V}_0\to V^*$ を経由して分解させることができる：

$$H^0(mK(V))\simeq H^0(mK(V^*))\simeq H^0(m(K(\bar{V}_0)+\bar{D}_0)).$$

だから m を適当にとると，$f\cdot\lambda: \bar{V}_0\to W$ は $|m(K(\bar{V}_0)+\bar{D}_0)|$ に付属した有理写像であり，$\varphi=f\cdot\lambda|V_0$ が V_0 の対数的標準ファイバー多様体になる．よって，定理 11.10 (iii) により一般の点 $w\in W$ に対して，$\bar{\kappa}(\varphi^{-1}(w))=0$．一方，$\varphi=g|V_0$ だから，$V_w\cap V_0=\varphi^{-1}(w)$ は非特異．よって $V_w\cap V_0\subset \mathrm{Reg}\, V_w$．かくて，

$$0=\kappa(V_w)\leqq\bar{\kappa}\,\mathrm{Reg}(V_w)\leqq\bar{\kappa}(V_w\cap V_0)=0. \quad ∎$$

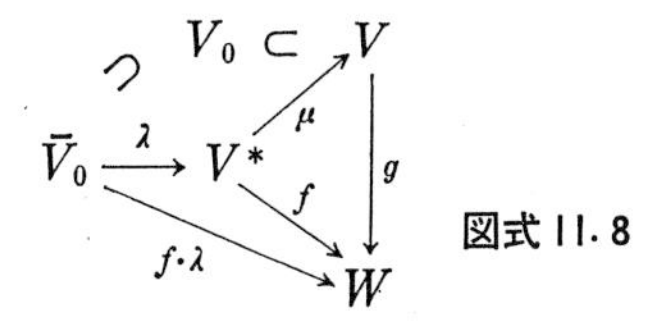

図式 11.8

V が非特異ならば(完備でなくても)，$\bar{\kappa}(V_w)=\kappa^\sharp(V_w)=0$ は同様に証明される．

しかし，特異点のある V に対しては $\kappa^{\sharp}(V_w)\leqq 0$ しか成立しない．

c) $\kappa(V_w)=\kappa^{\sharp}(V_w)=0$ は，V_w の特異性がそれほど悪くないことを意味する．V_w の特異性の悪くない(いいかえると，複雑でない)ことは，小平次元の理論の初期に予想されていたが，定式化すらできないでいた．それから5年経過し，対数的小平次元の理論が導入され，極めて楽天的に特異小平次元も定義された．そして，特異小平次元の基本定理のあるべき姿として，“特異性の悪くなさ”の定式化ができるようになった．特異性を計測する指標としては，まず重複度，位数などあり，dim Sing なども考えられる．しかしこれらは V_w の特異性を記述するには全く不適当なのである．もっとも対数的小平次元によらぬ別の特異性の記述方法もあるかもしれない．読者の研究が切にまたれるところである．

たとえば，$\kappa(V_w)=\bar{\kappa}\ \mathrm{Reg}(V_w)=0$ は証明されたのだが，任意の $M=(m_1,\cdots,m_n)$ についても

$$P_M(V_w)=\bar{P}_M(\mathrm{Reg}(V_w))$$

が成り立っているのだろうか？ これらについては何もわかっていない．

d) V を n 次元完備代数多様体とし，$\kappa(V)=\kappa^{\sharp}(V)=0$ を仮定する．このような V を調べてみよう．

$n=1$ のとき．$\kappa(V)=0$ より $g(V)=1$ だから，V は楕円曲線である．もし $\mathrm{Sing}(V)\neq\phi$ ならば，$\kappa^{\sharp}(V)=1$ になってしまう．よって V は非特異楕円曲線である．

$n\geqq 2$ のとき．(V^*,μ) を V の非特異モデルとする．さらに，完備非特異代数多様体 $V^{\flat}$ と双有理固有正則写像 $\lambda: V^*\to V^{\flat}$ があるとしよう．$\mu^{-1}(\mathrm{Sing}\,V)$ を余次元1の部分 D' と余次元 $\geqq 2$ の部分 D'' の和にわける．すると，

$$\mu^{-1}(\mathrm{Sing}\,V)=D'\cup D'',$$
$$\kappa^{\sharp}(V)=\bar{\kappa}(V^*-D').$$

$\kappa(V^*)=\kappa(V)=0$ だから，定理11.7が使えてつぎの式を得る：

$$\kappa^{\sharp}(V)=\bar{\kappa}(V^*-D')=\kappa(K(V^*)+D',V^*)$$
$$=\kappa(K(V^{\flat})+\lambda_*(D'),V^{\flat}).$$

すなわち，$\kappa^{\sharp}(V)=0$ により $\kappa(K(V^{\flat})+\lambda_*(D'),V^{\flat})=0$．

たとえば，V が Abel 多様体と双有理同値のとき，V^* はともかくとして，$V^{\flat}$ は Abel 多様体に選べる．Abel 多様体 $\mathscr{A}$ 上の正因子 D に対して，

$$\kappa(D, \mathscr{A}) = 0 \Leftrightarrow D = 0$$

が知られている(§10.14, b)).

また，V が $K3$ 曲面と双有理同値のとき，$V^\flat$ は $K3$ 曲面に選べる．$K(V^\flat)=0$ なので，$\kappa(K(V^\flat)+\lambda_*(D'), V^\flat)=\kappa(\lambda_*(D'), V^\flat)=0$．これは $\lambda_*(D')$ が Dynkin 図形に応じてできる正因子なことを意味する．定理 11.35 として以上のことをまとめる．

定理 11.35 $\kappa(V)=\kappa^\sharp(V)=0$ を満たす完備代数多様体 V は

$$\kappa(K(V^\flat)+\lambda_*(D'), V^\flat) = 0.$$ ——

このような性質を持つ特異性の解析はやはり一つの課題であろう．

§11.37 対数型式の十分条件

一般に，代数的境界を単純正規交叉型に変換することは，理論上可能性が確認されてはいる．しかし個々の実行は困難をきわめる．2次元の例でも大変である(§11.42 の例 11.10)．$\kappa(V)\geqq 0$ ならば，$\bar{\kappa}(V)$ を求めるためにこのような苦労はないが，つぎの考察も時に有効である．

$\bar{V}$ を n 次元非特異完備代数多様体とし，$\bar{D}$ を $\bar{V}$ の被約因子とする．各 $p\in\bar{V}$ の近傍で $\bar{D}$ は $\varphi_1\cdots\varphi_r=0$ により定義されるとしよう．ω を $\bar{V}$ の q 有理型式とする．$V=\bar{V}-\bar{D}$ とし，$\omega|V$ は正則で，各 $p\in\bar{D}$ において，

$$\omega = \sum a(z)\frac{d\varphi_{i_1}}{\varphi_{i_1}}\wedge\cdots\wedge\frac{d\varphi_{i_s}}{\varphi_{i_s}}\wedge\cdots\wedge dz_q$$

と書けているとしよう．ここに $(z_1, \cdots, z_n)$ は p の正則パラメータ系，$a(z)\in\mathcal{O}_{\bar{V},p}$．すると，固有双有理正則写像 $\mu\colon\bar{V}^*\to\bar{V}$ により $\bar{D}^*=\mu^{-1}\bar{D}$ を正規交叉型に変換するとき，$\mu^*\omega$ は，$\bar{D}^*$ に沿って対数的となる．この検証は結局のところ，

$$(L)' \qquad \varphi_i = \varepsilon_i \prod w_j^{\nu_{ij}}$$

と書かれることより，

$$\left(\frac{dL}{L}\right)' \qquad \frac{d\varphi_i}{\varphi_i} = \frac{d\varepsilon_i}{\varepsilon_i} + \sum \nu_{ij}\frac{dw_j}{w_j}$$

が成り立つことによれば自動的にできる．

もちろん $(m_1, \cdots, m_n)$ 型式についても同様のことが成り立つ．

§11.38 $G_m{}^n$ の部分多様体

a) 代数的トーラス $G_m{}^n$ の部分多様体の構造を対数的小平次元によって調べる．まず閉部分多様体から始めよう．

定理 11.36 B を $G_m{}^n$ の r 次元閉部分多様体とする．任意の i につき $\bar{P}_i(B)\geqq 1$，ゆえに $\bar{\kappa}(B)\geqq 0$．さらにつぎの条件は同値である：

(i) $B \simeq G_m{}^r$,

(ii) $\bar{\kappa}(B)=0$,

(iii) $\bar{p}_g(B)=1$.

証明 複素数体 $\boldsymbol{C}$ 上での解析的証明をする．$G_m{}^n=\boldsymbol{C}^{*n}$ であり，その普遍被覆多様体 $\boldsymbol{C}^n$ の座標を $z_1, \cdots, z_n$ とする．$x_j=\exp z_j$ とおくと，$dx_1/x_1=dz_1, \cdots, dx_n/x_n=dz_n$ であり，

$$T_1(\boldsymbol{C}^{*n})=\sum \boldsymbol{C}dz_i,$$
$$T_2(\boldsymbol{C}^{*n})=\sum \boldsymbol{C}dz_i\wedge dz_j,$$
$$\cdots\cdots\cdots\cdots\cdots$$
$$T_n(\boldsymbol{C}^{*n})=\boldsymbol{C}dz_1\wedge\cdots\wedge dz_n.$$

§11.10, c) を再録すると，

$$\bar{q}(\boldsymbol{C}^{*n})=n, \quad \bar{q}_i(\boldsymbol{C}^{*n})=\binom{n}{i}, \quad \bar{P}_m(\boldsymbol{C}^{*n})=1, \quad \bar{\kappa}(\boldsymbol{C}^{*n})=0.$$

さて B の一般の点 p をとり，p の上の $\boldsymbol{C}^n$ の点を一つとり p_u とする．詳しくいうと，自然な被覆写像を $\varpi:\boldsymbol{C}^n\to\boldsymbol{C}^{*n}$ と書き p_u を $\varpi^{-1}(p)$ からとる．$z_1, \cdots, z_n$ に1次変換して，$z_1(p_u)=\cdots=z_n(p_u)=0$ としておく．さて，ϖ は p_u と p との間の局所双正則(biholomorphic)写像だから，$(z_1, \cdots, z_n)$ を p での $\boldsymbol{C}^{*n}$ の解析的パラメータ系，いいかえると局所座標系とみなせる．p は B の一般の点だから，B は p で非特異．よって，p での $\boldsymbol{C}^{*n}$ の局所座標系 $(\zeta_1, \cdots, \zeta_n)$ を選ぶとき，p の近傍で B は，$\zeta_{r+1}=\cdots=\zeta_n=0$ により定義されるようにできる．よって，

$$\zeta_i=\sum \alpha_{ij}z_j+\psi_i(z_1, \cdots, z_n) \qquad (\alpha_{ij}\in\boldsymbol{C})$$

と，$\mathrm{ord}\,\psi_i\geqq 2$ の式を用いた関係式を得る．$z_1, \cdots, z_n$ の原点をずらさぬ1次変換を行い，

$$\zeta_i=z_i+\psi_i(z_1, \cdots, z_n)$$

と書いておこう．逆にといて，

$$z_i = \zeta_i + \varphi_i(\zeta_1, \cdots, \zeta_n)$$

を得る．ここに φ_i は $\mathrm{ord}\,\varphi_i \geqq 2$ なるベキ級数．その外微分をとると，

$$dz_i = d\zeta_i + d\varphi_i$$

であり，p の近傍でこれらを B に制限する (ひき戻す) と，

$$dz_i \,|\, B = d\zeta_i \,|\, B + d\varphi_i \,|\, B.$$

$(\zeta_1, \cdots, \zeta_r)$ を B の解析的パラメータ系とみると，$d\zeta_i \,|\, B = d\zeta_i$．だから，$1 \leqq i \leqq r$ について，$d\zeta_1 \,|\, B, \cdots, d\zeta_r \,|\, B$ は独立．それゆえ，閉埋入 $j : B \subset \boldsymbol{C}^{*n}$ は

$$T_1(\boldsymbol{C}^{*n}) \ni dx_i/x_i \longmapsto j^*(dx_i/x_i) = dz_i \,|\, B \in T_1(B)$$

をひき起し，

$$dz_i \,|\, B = d\zeta_i + \sum_{j=1}^{r} \frac{\partial \varphi_i}{\partial \zeta_j}(\zeta_1, \cdots, \zeta_r, 0, \cdots, 0)\, d\zeta_j$$

と書かれる．$\mathrm{ord}(\partial\varphi_i/\partial\zeta_j(\zeta, 0)) \geqq 1$ なので，$dz_1 \,|\, B, \cdots, dz_r \,|\, B$ は 1 次独立．同様に $dz_1 \wedge dz_2 \,|\, B, \cdots, dz_{r-1} \wedge dz_r \,|\, B$ も 1 次独立等々．とくに $\omega = dz_1 \wedge \cdots \wedge dz_r \,|\, B \neq 0$．かくて，

$$\bar{q}(B) \geqq r, \qquad \bar{q}_i(B) \geqq \binom{r}{i}, \qquad \bar{P}_m(B) \geqq 1.$$

b) $\bar{\kappa}(B) = 0$ とすると，すべての $m \geqq 1$ につき $\bar{P}_m(B) = 1$．それゆえ

$$\bar{p}_g(B) = 1.$$

一方

$$dz_1 \wedge \cdots \wedge dz_{r-1} \wedge dz_{r+1} \,|\, B \in T_r(B)$$

だから，或る $\lambda \in \boldsymbol{C}$ が存在して，

$$dz_1 \wedge \cdots \wedge dz_{r-1} \wedge dz_{r+1} \,|\, B = \lambda\omega.$$

ところで，$i \geqq r+1$ につき，

$$0 = d\zeta_i = dz_i \,|\, B + \sum_{j=1}^{n} \frac{\partial \psi_i}{\partial z_j} \,|\, B \cdot dz_j \,|\, B$$

が成り立つ．$\partial\psi_i/\partial z_j(0) = 0$ なることより，$i \geqq r+1$ につき，

$$dz_i \,|\, B = A_{i,1} dz_1 \,|\, B + A_{i,2} dz_2 \,|\, B + \cdots + A_{i,r} dz_r \,|\, B$$

と書かれる．ここで，$A_{i,j}$ は $\zeta_1, \cdots, \zeta_r$ について正則で $A_{i,j}(0) = 0$．

$$(dz_1 \wedge \cdots \wedge dz_{r-1} \wedge dz_{r+1}) \,|\, B = A_{r+1,r}\,\omega$$

となるので，$\lambda = A_{r+1,r}$．結局 $A_{r+1,r}$ は定数であって，かつ $A_{r+1,r}(0) = 0$．よっ

て $\lambda=0$.

同様のことを，$i\geqq r+1$, $1\leqq j_1<\cdots<j_{r-1}\leqq r$ について考察する．かくて，

$$(dz_{j_1}\wedge\cdots\wedge dz_{j_{r-1}}\wedge dz_i)\,|\,B=\lambda_{j,i}\omega.$$

これより，$A_{i,1}=\cdots=A_{i,r}=0$ を導くことができる．これは $dz_{r+1}\,|\,B=\cdots=dz_n\,|\,B=0$ を意味する．それゆえ，

$$\{z_{r+1}=\cdots=z_n=0\}\supset\varpi^{-1}(B).$$

左辺も r 次元だから $\boldsymbol{C}^{*n}$ 上で考えると，

$$\{x_{r+1}=\cdots=x_n=1\}=B$$

と書かれる．よって

$$B=\mathrm{Spec}\,k[x_1,\cdots,x_r,x_1^{-1},\cdots,x_r^{-1}].$$ ∎

この証明からわかるように，(i) はつぎの $(\mathrm{iv})_i$ とも同値である．

$(\mathrm{iv})_i$　$\bar{q}_i(B)=\binom{r}{i}$　$(1\leqq i\leqq r)$.

c)　注意　この定理 11.36 は本来 Abel 多様体に対して，上野が証明したものである．そして，両者を包含した準 Abel 多様体に対しても全く同じ証明が通用する．すなわち，$G_m{}^n$ のところを準 Abel 多様体とし，(i) を (i)′ B は準 Abel 多様体，でおきかえればよい．その上，部分準 Abel 部分多様体 B は普遍被覆多様体上では部分線型空間になる．

d)　この証明の結果，$\bar{\kappa}(B)=0$ を満たす B は，$z_{r+1}=\cdots=z_n=0$ で定義されることがわかった．$x_1,\cdots,x_n$ の用語では，$x_{r+1}=\cdots=x_n=1$ で定義される，となる．詳しくいうと，$\boldsymbol{C}^{*n}$ の座標 $x_1,\cdots,x_n$ に或るユニモジュラー行列 $[n_{i,j}]$ を用いて，$y_i=\prod x_j{}^{n_{i,j}}$ と新座標を入れると，$y_{r+1}=\cdots=y_n=1$ で B は定義される．だから，$\boldsymbol{C}^{*n}\simeq B\times\boldsymbol{C}^{*(n-r)}$ となる直積分解ができる．

e)　定理 11.37　B をやはり $\boldsymbol{C}^{*n}$ の閉部分多様体とし，$\bar{\kappa}(B)=\bar{\kappa}>0$ とする．このとき，$B=B_1\times\boldsymbol{C}^{*(r-\bar{\kappa})}$ と分解され，B_1 は $\boldsymbol{C}^{*\bar{\kappa}}$ の部分多様体で双曲型である．

証明　B の標準ファイバー多様体を $f:B^*\to W$ とする．一般の点 $w\in W$ に対して，$\bar{\kappa}(B_w{}^*)=0$ であり，$B_w=\mu(B_w{}^*)$ と §11.36, a) の記号を用いると，$\bar{\kappa}(B_w)=0$ である．§11.38, c) の考察により，$\boldsymbol{C}^{*n}\simeq B_w\times\boldsymbol{C}^{*(n-r+\bar{\kappa})}$ とわけられる．

この分解は一般の点 w を一つきめるごとに定まる．しかし，分解 $\boldsymbol{C}^{*n}=\boldsymbol{C}^{*(r-\bar{\kappa})}\times\boldsymbol{C}^{*(n-r+\bar{\kappa})}$ はユニモジュラー行列で定まるから可算個．だから一般の w 達に共通の分解があり，それは B にまで影響して $B=B_w\times W$ となるのは当然であろう．

このことを前の証明と同じ方針で確かめる．§11.38の記号を用いる．p は B の一般の点だから，そこで $f\cdot\mu^{-1}:B\to W$ は定義され，$a=f\cdot\mu^{-1}(p)$ とおける．a での解析的パラメータ $(w_1,\cdots,w_{\bar\kappa})$ を選ぶと，$f\cdot\mu^{-1}$ は $w_1=\zeta_1,\cdots,w_{\bar\kappa}=\zeta_{\bar\kappa}$ と書ける，としてよい．$\zeta_1=\cdots=\zeta_{\bar\kappa}=\zeta_{r+1}=\cdots=\zeta_n=0$ が p の近傍で B_w を定義し，a に近い w の座標を $(w_1,\cdots,w_{\bar\kappa})$ とすると，$\zeta_1=w_1,\ \cdots,\ \zeta_{\bar\kappa}=w_{\bar\kappa},\ \zeta_{r+1}=\cdots=\zeta_n=0$ が p の近傍で B_w を定義するわけである．

$$dz_{\bar\kappa+1}\wedge\cdots\wedge dz_r\,|\,B\in T_{r-\bar\kappa}(B),$$
$$dz_{\bar\kappa+1}\wedge\cdots\wedge dz_r\,|\,B_w\in T_{r-\bar\kappa}(B_w).$$

$\bar p_g(B_w)=1$ により，§11.38, b) と同じ論法で，$j\geqq r+1$ につき

$$z_j=\zeta_j+h_j(w_1,\cdots,w_{\bar\kappa})$$

が示される．一方，$1\leqq i\leqq\bar\kappa$ につき，

$$0=dw_i\,|\,B_w=d\zeta_i\,|\,B_w=dz_i\,|\,B_w+\sum_{j=1}^{n}\frac{\partial\psi_i}{\partial z_j}dz_j\,|\,B_w$$

だから，やはり $\bar p_g(B_w)=1$ を用いて，

$$w_i=z_i+l_i(w_1,\cdots,w_{\bar\kappa}).$$

ここに $\mathrm{ord}\,l_i\geqq 2$ だから，逆に収束ベキ級数 $\sigma_i(z_1,\cdots,z_{\bar\kappa})$ によって，

$$w_i=z_i+\sigma_i(z_1,\cdots,z_{\bar\kappa}).$$

かくて，$j\geqq r+1$ につき

$$z_j=\zeta_j+h_j(z_1+\sigma_1(z_1,\cdots,z_{\bar\kappa}),\cdots,z_{\bar\kappa}+\sigma_{\bar\kappa}(z_1,\cdots,z_{\bar\kappa})),$$
$$\zeta_j=z_j-F_j(z_1,\cdots,z_{\bar\kappa}),$$
$$F_j=h_j(z_1+\sigma_1(z_1,\cdots,z_{\bar\kappa}),\cdots,z_{\bar\kappa}+\sigma_{\bar\kappa}(z_1,\cdots,z_{\bar\kappa})).$$

結局，B は p の近傍で，$z_1,\cdots,z_{\bar\kappa},z_{r+1},\cdots,z_n$ だけのベキ級数系

$$(*)\qquad\begin{aligned}z_{r+1}&=F_{r+1}(z_1,\cdots,z_{\bar\kappa}),\\&\cdots\cdots\cdots\cdots\\z_n&=F_n(z_1,\cdots,z_{\bar\kappa})\end{aligned}$$

で定義されることがわかった．

そこで $m=r-\bar\kappa,\ u_1=z_1,\ \cdots,\ u_{r-m}=z_{\bar\kappa},\ u_{r-m+1}=z_{r+1},\ \cdots,\ u_{n-m}=z_n,\ v_1=z_{\bar\kappa+1},\ \cdots,v_m=z_r$ とおき，直積分解

$$\begin{array}{ccc}\boldsymbol{C}^n & \simeq & \boldsymbol{C}^{n-m}\times\boldsymbol{C}^m\\ \Psi & & \Psi\\ (z) & \longmapsto & (u,v)\end{array}$$

を考える．C^{n-m} 方向への射影を pr で表すと，$\varpi^{-1}(B)$ は p の近傍で $pr(\varpi^{-1}(B))\times C^m$ と一致する．なぜなら，$pr^{-1}(pr\varpi^{-1}(B))\supset B$，$pr^{-1}(pr\varpi^{-1}(B))=\varpi^{-1}(B)\times C^m$ であり，$pr^{-1}(pr\varpi^{-1}(B))$ は，やはり，$(*)$ で定義されるから．

つぎの補題を援用する．

補題 11.7　X, Y を代数(複素)多様体とし，積 $X\times Y$ の X 方向への射影を pr で表し，V を $X\times Y$ の閉部分多様体とする．また $m=\dim Y$，$r=\dim V$ と書こう．つぎの条件は同値である：

(i)　X の閉部分多様体 W があって，$V=W\times Y$，

(ii)　$\dim pr(V)=r-m$．

証明　(i) を仮定すれば，$W=pr(V)$ だから (ii) は当然．(ii) を仮定する．$pr(V)$ の閉包を W と書くと，$V\subset W\times Y$．一方，$\dim V=r=\dim W+\dim Y=\dim(W\times Y)$ であり，ともに閉部分多様体だから，$V=W\times Y$．∎

(定理 11.37 の証明つづき)　さて，$C^n\simeq C^{n-m}\times C^m$ に応じて，$C^{*n}\simeq C^{*(n-m)}\times C^{*m}$ ができる．これの $C^{*(n-m)}$ への射影を $\overline{pr}$ で表すと，

$$\overline{pr}(B)=\varpi(pr(\varpi^{-1}(B))).$$

これにより，$\dim\overline{pr}(B)=r-m$．一方，補題 11.7 により，$B=B_1\times C^{*m}$．ここに B_1 は $C^{*(n-m)}$ の閉部分多様体．さらに，

$$\bar{\kappa}=\bar{\kappa}(B)=\bar{\kappa}(B_1)+\bar{\kappa}(C^{*m})=\bar{\kappa}(B_1),$$

かつ $\dim B_1=r-m=r-(r-\bar{\kappa})=\bar{\kappa}$．よって B_1 は双曲型．∎

§11.39　開部分多様体

a)　こんどは，$G_m{}^n$ の開部分多様体を考えよう．

定理 11.38　D を $G_m{}^n$ の被約因子とし，$V=G_m{}^n-D$ とおくとき，任意の i につき $\bar{P}_i(V)\geqq 1$，$\bar{q}_i(V)\geqq\binom{n}{i}$，$\bar{\kappa}(V)=0$．そしてつぎの条件は同値である：

(i)　$V=G_m{}^n$，

(ii)　$\bar{\kappa}(V)=0$，

(iii)　$\bar{p}_g(V)=1$，

$(\mathrm{iv})_i$　$\bar{q}_i(V)=\binom{n}{i}$　$(1\leqq i\leqq n)$．

証明　(ii) ⟹ (iii) は自明だから，(iii) ⟹ (i) を示そう．$G_m{}^n=\mathrm{Spec}\,k[x_1,\cdots,$

$x_n]$ と表すとき，$D=V(g)$ と，或る $g\in k[x_1,\cdots,x_n,1/x_1,\cdots,1/x_n]$ により書かれる．さて，$dg/g\in T_1(V)$ である．なぜならば，§11.38 と同じ記号を用いるとき，$x_1=1/y_1$，$x_2=y_2/y_1,\cdots$，$x_n=y_n/y_1$ であり，

$$g(x_1,\cdots,x_n)=\frac{g_1(y_1,\cdots,y_n)}{y_1^{e_1}\cdots y_n^{e_n}}$$

のように $g_1\in k[y_1,\cdots,y_n]$ で表され，

$$\frac{dg}{g}=\frac{dg_1}{g_1}-\sum e_i\frac{dy_i}{y_i}$$

となるから，$\bar{D}$ を D の $G_m{}^n\subset \boldsymbol{P}^n$ 内での閉包とおくとき，確かに dg/g は $\bar{D}+\Delta$ に沿って対数的となっている．さて

$$\frac{dx_1}{x_1}\in T_1(V),\quad\cdots,\quad\frac{dx_n}{x_n}\in T_1(V)$$

だから，

$$\omega=\frac{dx_1}{x_1}\wedge\cdots\wedge\frac{dx_n}{x_n}\in T_n(V).$$

$V\subset G_m{}^n$ は支配的埋入だから $\omega\neq 0$．さて，

$$\frac{dx_1}{x_1}\wedge\cdots\wedge\frac{dx_{n-1}}{x_{n-1}}\wedge\frac{dg}{g}\in T_n(V)$$

により，

$$\frac{dx_1}{x_1}\wedge\cdots\wedge\frac{dx_{n-1}}{x_{n-1}}\wedge\frac{dg}{g}=\lambda\omega$$

となる $\lambda\in k$ がある．

$$\frac{dg}{g}=\frac{1}{g}\sum x_i\frac{\partial g}{\partial x_i}\cdot\frac{dx_i}{x_i}$$

と書かれるので，

$$\frac{dx_1}{x_1}\wedge\cdots\wedge\frac{dx_{n-1}}{x_{n-1}}\wedge\frac{dg}{g}=\frac{1}{g}x_n\cdot\frac{\partial g}{\partial x_n}\omega=\lambda\omega.$$

よって $x_n\cdot\partial g/\partial x_n=\lambda g$．同様にして $x_j\cdot\partial g/\partial x_j=\lambda_j g$．ここで $\lambda=\lambda_n$．さて，g を負ベキも許した単項式の１次結合で書くと，

$$g=\sum c_{(\alpha)}x_1{}^{\alpha_1}\cdots x_n{}^{\alpha_n},\qquad \alpha=(\alpha_1,\cdots,\alpha_n).$$

$$x_j\frac{\partial g}{\partial x_j}=\sum c_{(\alpha)}\alpha_j x_1{}^{\alpha_1}\cdots x_n{}^{\alpha_n}=\lambda_j\sum c_{(\alpha)}x_1{}^{\alpha_1}\cdots x_n{}^{\alpha_n}$$

と書かれて，$c_{(\alpha)} \neq 0$ ならば $\alpha_j = \lambda_j$ (ここに $\lambda_n = \lambda$) となる．すなわち，

$$g = c_{(\lambda)} x_1^{\lambda_1} \cdots x_n^{\lambda_n}$$

であって，これは $k[x_1, \cdots, x_n, 1/x_1, \cdots, 1/x_n]$ の可逆元だから $V(g) = \phi$.

同様の証明により，$(\mathrm{iv})_i \Longrightarrow (\mathrm{i})$ が確かめられる．∎

b)　前の定理と同じ条件下で，$V = G_m{}^n - D$ とおき，$\bar{\kappa} = \bar{\kappa}(V) > 0$ としよう．すると，

定理 11.39　$G_m{}^n = G_m{}^{n-\bar{\kappa}} \times G_m{}^{\bar{\kappa}}$ なる分解と，被約因子 $D_1 \subset G_m{}^{\bar{\kappa}}$ があって，$D = G_m{}^{n-\bar{\kappa}} \times D_1$，$V - D = G_m{}^{n-\bar{\kappa}} \times (G_m{}^{\bar{\kappa}} - D_1)$ と書かれる．$\bar{\kappa}(G_m{}^{\bar{\kappa}} - D_1) = \bar{\kappa}$ だから，$G_m{}^{\bar{\kappa}} - D_1$ は双曲型である．——

証明は，§11.38, e) と同様だから略そう．

§11.40　$\boldsymbol{P}^n$－超平面達 の分類

a)　$\boldsymbol{P}^n$ の超平面を $H_0, \cdots, H_t$ とする．$V = \boldsymbol{P}^n - H_0 \cup \cdots \cup H_t$ の分類を行う．結果はつぎの通り．

定理 11.40　$V \simeq \boldsymbol{A}^\alpha \times G_m{}^\beta \times W$，ここに W は双曲型.

証明　$\boldsymbol{P}^n$ の同次座標を $X_0, X_1, \cdots, X_n$ で表し，H_i の定義式を $\sum a_{i,j} X_j = 0$ $(0 \leqq i \leqq t)$ としよう．$n+1$ 次元のベクトル空間 $\boldsymbol{E} = k\boldsymbol{e}_0 + \cdots + k\boldsymbol{e}_n$ ($\boldsymbol{e}_i$ は基底) 内にベクトル $\boldsymbol{v}_i = \sum a_{i,j} \boldsymbol{e}_j$ をとり，$\boldsymbol{v}_0, \boldsymbol{v}_1, \cdots, \boldsymbol{v}_t$ のはる k 部分ベクトル空間を $\boldsymbol{E}_0$ とおく．$\boldsymbol{v}_0, \boldsymbol{v}_1, \cdots, \boldsymbol{v}_t$ の添字をつけかえて，$\boldsymbol{v}_1 \notin k\boldsymbol{v}_0$，$\boldsymbol{v}_2 \notin k\boldsymbol{v}_0 + k\boldsymbol{v}_1$，$\cdots$，$\boldsymbol{v}_r \notin k\boldsymbol{v}_0 + \cdots + k\boldsymbol{v}_{r-1}$，そして

$$\boldsymbol{v}_{r+1}, \ \cdots, \ \boldsymbol{v}_t \in k\boldsymbol{v}_0 + \cdots + k\boldsymbol{v}_r = \boldsymbol{E}_0$$

にできる．そこで，$\boldsymbol{e}_i' = \boldsymbol{v}_i$ $(0 \leqq i \leqq r)$ とおくと，$\boldsymbol{e}_0', \cdots, \boldsymbol{e}_r'$ は $\boldsymbol{E}_0$ の底である．これを延長して，$\boldsymbol{E}$ の底 $\boldsymbol{e}_0', \cdots, \boldsymbol{e}_n'$ を得る．かくして，1次変換の行列 $[\alpha_{i,j}]$ がつぎのように定まる：

$$\boldsymbol{e}_i' = \sum \alpha_{i,j} \boldsymbol{e}_j.$$

$X_i' = \sum \alpha_{i,j} X_j$ とおいて，$\boldsymbol{P}^n$ の新しい同次座標 $X_0', \cdots, X_n'$ を得る．これら X_i' を改めて X_i と書いてしまおう．すると，

$$L_0 \quad \text{は} \quad X_0 = 0,$$

$$\cdots\cdots\cdots\cdots\cdots$$

$$L_r \quad \text{は} \quad X_r = 0,$$

$$L_{r+1} \quad \text{は} \quad \sum_{j=0}^{r} a_{r+1,j}X_j = 0,$$

$$\cdots\cdots\cdots\cdots\cdots$$

$$L_t \quad \text{は} \quad \sum_{j=0}^{r} a_{t,j}X_j = 0$$

によっておのおの定義される．

さて，$1 \leqq j \leqq r$ に対し $x_j = X_j/X_0$，$1 \leqq i \leqq n-r$ に対し $y_i = X_{i+r}/X_0$ とおくと，

$$\begin{aligned} V &= \boldsymbol{P}^n - H_0 \cup \cdots \cup H_t \\ &= \operatorname{Spec} k[x_1, \cdots, x_r, y_1, \cdots, y_{n-r}, x_1^{-1}, \cdots, x_r^{-1}, \\ &\quad (\textstyle\sum a_{r+1,j}x_j)^{-1}, \cdots, (\textstyle\sum a_{t,j}x_j)^{-1}]. \end{aligned}$$

$\alpha = n-r$ とおけば，

$$V = \boldsymbol{A}^\alpha \times (G_m{}^{n-r} - V(\textstyle\sum a_{r+1,j}x_j) \cup \cdots \cup V(\textstyle\sum a_{t,j}x_j)).$$

右辺の（　）内は定理 11.39 により $G_m{}^\beta \times W$（W は双曲型）と分解する．$\dim W = n-\alpha-\beta$ であって，$W = G_m{}^{n-\alpha-\beta} - D$ と被約因子 D により書き表される．実は，自然に $G_m{}^{n-\alpha-\beta} \subset \boldsymbol{P}^{n-\alpha-\beta}$ と埋め込むとき，D の $\boldsymbol{P}^{n-\alpha-\beta}$ 内での閉包 $\bar{D}$ は，超平面の和となるように選べることまで証明できる．それを以下で示すことにしよう．

b) **定理 11.41** $V = \operatorname{Spec} k[x_1, \cdots, x_n, x_1^{-1}, \cdots, x_n^{-1}, 1/l_1, \cdots, 1/l_s]$.
ここに，$\{a+1, a+2, \cdots, n\} = I_2 \sqcup \cdots \sqcup I_s$ と

$$\begin{aligned} l_1 &= 1 + x_1 + \cdots + x_a, \\ l_2 &= \alpha_2 + \sum_{j \in I_2} x_j, \\ &\cdots\cdots\cdots\cdots\cdots \\ l_s &= \alpha_s + \sum_{j \in I_s} x_j. \end{aligned}$$

そして，α_j らは $1, x_1, \cdots, x_a$ および $I_2, \cdots, I_{j-1}$ に添字をもつ x_i らの 1 次型式で $\alpha_j \neq 0$ を仮定する．このとき V は双曲型である．——

系 $l_2, \cdots, l_s$ の添字をつけかえる．そして，$a < j \leqq p$ には，x_j の係数が定理の式を満たし，この p が最大となるように選ぶ．すると，

$$V_1 = \operatorname{Spec} k[x_1, \cdots, x_p, x_1^{-1}, \cdots, x_p^{-1}, 1/l_1, \cdots, 1/l_s]$$

は双曲型であって，

$$V = V_1 \times G_m{}^{n-p}.$$

定理 11.41 の証明

$$G_m{}^a - V(l_1) = \mathrm{Spec}\, k[x_1, \cdots, x_a, x_1{}^{-1}, \cdots, x_a{}^{-1}, 1/l_1]$$
$$= \boldsymbol{P}^a - V_+(X_0) \cup \cdots \cup V_+(X_a) \cup V_+\left(\sum_{j=0}^{a} X_j\right)$$

と書ける．$V_+(X_0) + \cdots + V_+(\sum X_j)$ は単純正規交叉型だから，

$$\bar{\kappa}(\boldsymbol{P}^a - V_+(X_0) \cup \cdots) = a.$$

よって $G_m{}^a - V(l_1)$ は双曲型である．

さて，$\bar{\kappa}(V) = \delta < n$ としよう．定理 11.39 によると，$V = G_m{}^{n-\delta} \times W$ と双曲型多様体 W により表される．

$$V = G_m{}^{n-\delta} \times W \subset G_m{}^n - V(l_1) = G_m{}^{n-a} \times (G_m{}^a - V(l_1)).$$

c)　ここでつぎの一般的定理を補助に用いる．

定理 11.42　U_1 と U_2 を $\bar{\kappa}=0$ の代数多様体，V_1 と V_2 を双曲型代数多様体とし，支配的正則写像 $F: U_1 \times V_1 \to U_2 \times V_2$ があり，$\dim(U_1 \times V_1) = \dim(U_2 \times V_2)$ とする．このとき，正則写像 $f: V_1 \to V_2$ があり，つぎの図式を可換にする：

$$\begin{array}{ccc} U_1 \times V_1 & \xrightarrow{F} & U_2 \times V_2 \\ \pi \downarrow & \circlearrowleft & \downarrow \pi \\ V_1 & \xrightarrow[f]{} & V_2 \end{array}$$

図式 11.9

ここに π は自然な（積の定義にでてきた）射影写像である．

証明

$$\bar{\kappa}(U_1 \times V_1) = \bar{\kappa}(V_1) = \dim V_1,$$
$$\bar{\kappa}(U_2 \times V_2) = \bar{\kappa}(V_2) = \dim V_2$$

により，対数的標準ファイバー多様体をつくれば，有理写像としての f が直ちに構成される．f が正則になることを示そう．$(p, v) \in U_1 \times V_1$ をとり，$\Phi(p, v) = \pi F(p, v)$ とおく．$v \in \mathrm{dom}(f)$ ならば，$\Phi(p, v) = f(v)$ は p によらない．よって，$0 \in U_1$ をきめておくと，

$$\Phi(p, v) = \Phi(0, v)$$

が $v \in \mathrm{dom}(f)$ のとき成り立つ．$v \mapsto \Phi(p, v)$，$v \mapsto \Phi(0, v)$ はともに正則写像，かつ，$\mathrm{dom}(f)$ は V_1 の空でない開集合だから，すべての $v \in V_1$ に対して $f(v) = \Phi(p, v)$．これは f が正則になることを意味する．∎

d）定理 11.41 の証明に戻ろう．つぎの可換図式に注目する：

$$\begin{array}{ccc} V = G_m{}^{n-\delta}\times W & \hookrightarrow & G_m{}^{n-a}\times(G_m{}^a - V(l_1)) \\ \downarrow & \circlearrowleft & \downarrow \\ W & \xrightarrow[f]{} & G_m{}^a - V(l_1) \end{array}$$

図式 11.10

$w\in W$ をとると，

$$G_m{}^{n-\delta}\times w \subset G_m{}^{n-a}\times f(w).$$

$f(w)$ は $x_1, \cdots, x_a$ の値を固定する．一方，$G_m{}^n - V(l_2)$ を同様に考察する．

$$l_2 = \alpha_2 + \sum x_j, \qquad \alpha_2 = 1+\lambda x_1+\cdots$$

としよう．和記号は I_2 に入る j のみの和で，I_2 の元を $j(1), \cdots, j(q)$ とする．同じ考察から，$G_m{}^{n-\delta}\times w$ は $x_{j(1)}, \cdots, x_{j(q)}$ の値を固定した部分に入る．つぎに，$\alpha_2 = x_1$ としよう．記法の便宜上，$e \geqq 2$ とし

$$l_2 = x_1+x_2+\cdots+x_e$$

と添字および係数を簡単にしておく．$u_2 = x_2/x_1$，$\cdots$，$u_e = x_e/x_1$ とおけば

$$\begin{aligned} &k[x_1, \cdots, x_n, x_1{}^{-1}, \cdots, x_n{}^{-1}, 1/l_2] \\ &\quad = k[x_1, u_2, \cdots, u_e, x_{e+1}, \cdots, x_n, u_2{}^{-1}, \cdots, u_e{}^{-1}, \\ &\qquad 1/(1+u_2+\cdots+u_e), x_1{}^{-1}, x_{e+1}{}^{-1}, \cdots, x_n{}^{-1}] \end{aligned}$$

と書きかえられる．よって

$$G_m{}^n - V(l_2) = G_m{}^{n-e+1}\times(G_m{}^{e-1} - V(1+u_2+\cdots+u_e)).$$

後者の $G_m{}^{e-1} - V(1+u_2+\cdots+u_e)$ は双曲型である．ゆえに

$$G_m{}^{n-\delta}\times w \subset G_m{}^{n-e+1}\times f_2(w).$$

$f_2(w)$ は $u_2, \cdots, u_e$ を固定する．定理の仮定により，結局，$G_m{}^{n-\delta}\times w$ はすべての変数を固定されてしまうので，$\dim(G_m{}^{n-\delta}\times w) = 0$．よって $\delta = n$．∎

e）このようにして，$\boldsymbol{P}^n - H_0\cup\cdots\cup H_t$ の分類が極めて簡明にできてしまった．$n=2$ の分類，すなわち定理 11.5 の分類表が，そのままの形で一般に通用することは驚くべきことといってよい．$n=2$ のときの証明は直観的で容易である．しかし，われわれの高次元の証明は対数的小平次元の理論のよいところを皆使っている．この場合でも直観的証明は可能に違いないが，空間直観力の殆んどない著者にとって，それは極めて憂うつなものとなろう．わかる証明を追い求めたもの

にとって，この分類の成功は実に大きな励ましであったはずである．

§11.41　$\bar{p}_g - p_g$ のグラフ論的解釈

a)　完備代数曲面では，一般の P_m に比べて p_g の性質のよさが目立つ．p_g はすでに位相不変量であった．しかし，代数曲面の本性を決するのは，そのようにやさしい p_g ではなく，P_m すなわち小平次元 κ なのであった．われわれの $\bar{p}_g$ も p_g のような性質の善良さを期待できるのである．

$\bar{S}$ を完備代数曲面で，不正則数 $q(\bar{S})=0$ を仮定する．このとき，$\bar{S}$ は**正則曲面**ともよばれる．正則＝非特異，の語感がしみついた現在，このような用語は望ましくない．何よりも $q=0$ をわざわざ正則曲面とよぶ，という無神経さが気になる．しかしわれわれの考察する場合に，$q(\bar{S})=0$ は是非とも仮定さるべき条件なのである．$\bar{D}$ を $\bar{S}$ 内の単純正規交叉因子とすると，定義により

$$\bar{p}_g(\bar{S}-\bar{D}) = l(\bar{K}+\bar{D}) \qquad (\bar{K} \text{ は } \bar{S} \text{ の標準因子}).$$

さて，Serre 双対律によれば，

$$l(\bar{K}+\bar{D}) = \dim H^2\mathcal{O}(-\bar{D}).$$

層の完全系列 (§4.14 (4.1))

$$0 \longrightarrow \mathcal{O}(-\bar{D}) \longrightarrow \mathcal{O}_{\bar{S}} \longrightarrow \mathcal{O}_{\bar{D}} \longrightarrow 0$$

によって，コホモロジー群の長完全系列を得る：

$$0 = H^1(\mathcal{O}_{\bar{S}}) \longrightarrow H^1(\mathcal{O}_{\bar{D}}) \longrightarrow H^2\mathcal{O}(-\bar{D}) \longrightarrow H^2(\mathcal{O}_{\bar{S}}) \longrightarrow 0.$$

よって，

$$\dim H^2\mathcal{O}(-\bar{D}) - \dim H^2(\mathcal{O}_{\bar{S}}) = \dim H^1(\mathcal{O}_{\bar{D}}).$$

$S=\bar{S}-\bar{D}$ と書けば，左辺は $\bar{p}_g(S)-p_g(S)$．よってつぎの公式を得る．

公式 (11.1)　　$q(S)=0$　のとき　$\bar{p}_g(S)-p_g(S) = \dim H^1(\mathcal{O}_{\bar{D}})$.

$\bar{D}$ は可約な代数曲線であり $\dim H^1(\mathcal{O}_{\bar{D}})$ を計算するとき，各既約成分の交わり方を記述するグラフが要点になる．$\bar{D}$ の1既約成分を Δ とする．定義から Δ は非特異．Δ 以外を $\bar{E}$ と書くと $\bar{E}+\Delta=\bar{D}$.

さて，つぎの M. V. 系列を用いる：

(M. V.)　　$$0 \longrightarrow \mathcal{O}_{\bar{D}} \longrightarrow \mathcal{O}_{\bar{E}} \oplus \mathcal{O}_{\Delta} \longrightarrow \mathcal{O}_{\bar{E}\cap\Delta} \longrightarrow 0.$$

この列を各点 $p \in \bar{D} \subset \bar{S}$ でみてみよう．$\bar{S}$ の p での局所環を A，Δ を p の近傍で定義する A の元を φ，同様に $\bar{E}$ を定義する A の元を ψ とする．このとき，$\bar{D}$

は $\varphi\psi$ で，$\bar{E}\cap\varDelta$ は (φ,ψ) で定義される(スキームとしての交わり，§1.27, b))．

さてつぎの A 加群系列を考える：

$$0\longrightarrow A/(\varphi\psi)\xrightarrow{\alpha} A/(\psi)\oplus A/(\varphi)\xrightarrow{\beta} A/(\varphi,\psi)\longrightarrow 0.$$

ここに

$$\alpha(a \bmod (\varphi\psi))=(a \bmod \psi, a \bmod \varphi),$$
$$\beta(b \bmod \psi, c \bmod \varphi)=b-c \bmod (\varphi,\psi).$$

この系列の完全性を確定しておく．$\beta\cdot\alpha=0$ は明らかである．$a\in A$ をとり，$a\in(\psi)$, $\in(\varphi)$ とすると，$a=a_1\psi=a_2\varphi$ となる $a_1, a_2\in A$ がある．$\varDelta$ は素因子だから，φ は A の既約元．A は U.F.D. であり，$E\not\supset\varDelta$ に注意すれば，ψ は φ でわれない．ゆえに，$a_1=a_3\varphi$ となる．よって，$a=a_3\varphi\psi$．すなわち，$\mathrm{Ker}\,\alpha=0$.

つぎに $b-c\in(\varphi,\psi)$ とする．$b-c=a_4\varphi+a_5\psi$ を書き直して，$b-a_5\psi=c+a_4\varphi=h\in A$ とおく．すると，

$$\alpha(h \bmod \varphi\psi)=(b \bmod \psi, c \bmod \varphi).$$

よって，$\mathrm{Ker}\,\beta=\mathrm{Im}\,\alpha$．最後に，$\beta(b \bmod \psi, 0)=b \bmod (\varphi,\psi)$ によれば，β は全射，がわかる．かくて，M.V. 系列の完全性が示された．

コホモロジー群の長完全系列を書こう：

$$\longrightarrow H^q(\mathcal{O}_{\bar{D}})\longrightarrow H^q(\mathcal{O}_{\bar{E}})\oplus H^q(\mathcal{O}_{\varDelta})\longrightarrow H^q(\mathcal{O}_{\bar{E}\cap\varDelta})\longrightarrow H^{q+1}(\mathcal{O}_{\bar{D}})\longrightarrow\cdots.$$

もちろん，代数的トポロジーでしばしば登場する Meyer-Vietoris の完全系列の類似物といってよいだろう．さて，われわれのいま考えている $\varDelta, \bar{E}$ は1次元であって，$\varDelta\cap\bar{E}$ は有限集合なのだから，先の完全系列はつぎのようになる：

$$(*)\qquad 0\longrightarrow H^0(\mathcal{O}_{\bar{D}})\longrightarrow H^0(\mathcal{O}_{\bar{E}})\oplus H^0(\mathcal{O}_{\varDelta})\longrightarrow H^0(\mathcal{O}_{\varDelta\cap\bar{E}})\longrightarrow H^1(\mathcal{O}_{\bar{D}})$$
$$\longrightarrow H^1(\mathcal{O}_{\bar{E}})\oplus H^1(\mathcal{O}_{\varDelta})\longrightarrow 0.$$

さて，$\bar{D}$ は被約因子だから，$s(\bar{D})=\dim H^0(\mathcal{O}_{\bar{D}})$ とおくと，これは $\bar{D}$ の連結成分の数を与える．$\varDelta$ は非特異既約曲線だから，$g(\varDelta)=\dim H^1(\mathcal{O}_{\varDelta})$．それゆえ，

公式 (11.2)
$$\dim H^1(\mathcal{O}_{\bar{D}})-g(\varDelta)=\dim H^1(\mathcal{O}_{\bar{E}})+(\varDelta,\bar{E})+s(\bar{D})-s(\bar{E})-1$$

を得る．$\bar{D}$ の連結成分を $\mathscr{D}_1,\cdots,\mathscr{D}_s$ とすると，

$$\dim H^1(\mathcal{O}_{\bar{D}})=\sum\dim H^1(\mathcal{O}_{\mathscr{D}_i}),$$

ゆえに

公式 (11.3)
$$\bar{p}_g(S)-p_g(S)=\sum(\bar{p}_g(\bar{S}-\mathscr{D}_j)-p_g(S)).$$

さて，$\bar{D}=\sum \bar{D}_j$ と既約成分の和にわけて

$$h(\bar{D}) = p_g(\bar{S}-\bar{D})-p_g(\bar{S})-\sum g(\bar{D}_j)$$

とおけば，$\bar{D}=\Delta+\bar{E}$ と $\bar{E}$ とが連結ならば，

公式 (11.4)　　$$h(\bar{D})-h(\bar{E}) = (\Delta, \bar{E})-1.$$

$\bar{E}$ が既約ならば，定義により，$\dim H^1(\mathcal{O}_{\bar{E}})=g(\bar{E})$ を用いて，$h(\bar{E})=0$. それゆえ，公式 (11.4) は $\bar{D}$ の既約成分の連結状況から $h(\bar{D})$ が決定できることを意味する．

既約成分の数が2のとき，$\bar{D}=\bar{D}_1+\bar{D}_2$ と書く．$h(\bar{D})=(\bar{D}_1, \bar{D}_2)-1$. 図11.6では $(\bar{D}_1, \bar{D}_2)=4$ とした．図の (b) では，$\bar{D}_i$ を点でかき，交わりを線分で示している．(b) を (a) の**双対**，というときもある．(a) でも (b) でもループ (閉じた輪) の数は3であり，$h=3$ と合っていることに注目していただきたい．

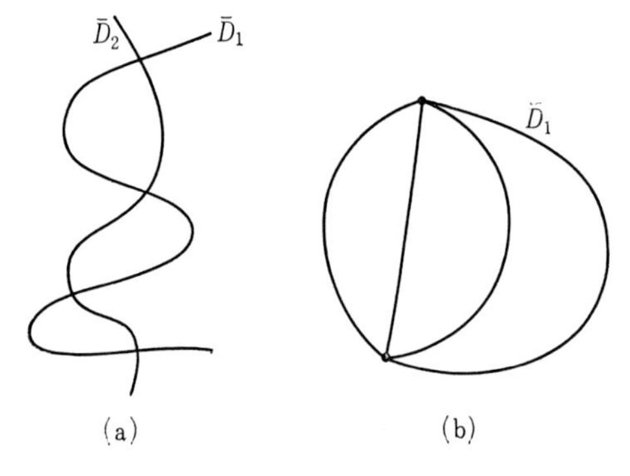

図 11.6

b) 一般にグラフ Γ を定義しよう．グラフは実平面上の有限個の点 $\{p_1, \cdots, p_\alpha\}$ とこれらを結ぶ線分 $\{l_1, \cdots, l_\beta\}$ よりなる．線分 l_i 上には端点以外に点 p_j はないとする．たとえば，図11.6 (b) はグラフである．ここでは連結したグラフしか考えない．グラフの連結性の定義は一目瞭然であろう．さて

$$\Gamma_{-1} = \boldsymbol{Z},$$
$$\Gamma_0 = \sum \boldsymbol{Z} p_j,$$
$$\Gamma_1 = \sum \boldsymbol{Z} l_i$$

とおく．$\sum m_j p_j \in \Gamma_0$ に対し $\deg(\sum m_j p_j)=\sum m_j$ とおき，準同型 $\deg : \Gamma_0 \to$

Γ_{-1} を定義する．さて，Γ に向きを入れ，有向グラフと考える．すなわち，線分 l_i は p_a と p_b を結ぶとしよう．そのとき，l_i は p_a から p_b へ向いていると指定しておく．(その指定の方法は，2^β 個ある.) さて，Γ を有向グラフと考える．すると，

$$\partial(l_i)=p_b-p_a$$

を準同型として延長して，$\partial:\Gamma_1\to\Gamma_0$ を得る．むろん $\deg\partial=0$．よって，複体：

$$0\longrightarrow\Gamma_1\xrightarrow{\partial}\Gamma_0\xrightarrow{\deg}\Gamma_{-1}\longrightarrow 0$$

ができた．このホモロジー群を考える．それは，

$$\operatorname{Ker}\partial,\qquad \operatorname{Ker}(\deg)/\operatorname{Im}\partial.$$

さて，

$$\sum a_jp_j\in\operatorname{Ker}(\deg)\iff\sum a_jp_j\in\operatorname{Im}\partial.$$

なぜならば，p_1 をきめ，p_j と p_1 とを結ぶ線分列 $l_1, l_2, \cdots$ の符号を適当にきめ，$\lambda_j=\pm l_1\pm\cdots$ とおけば(Γ の連結性)，$\partial\lambda_j=p_j-p_1$．よって $\deg(\sum a_j\lambda_j)=\sum a_j=0$ のとき，$\partial(\sum a_j\lambda_j)=\sum a_jp_j$. したがって，

$$\operatorname{Ker}(\deg)=\operatorname{Im}\partial.$$

$\operatorname{Ker}\partial$ の階数を Γ の**輪状数** (cyclotomic number) という．一般に $\boldsymbol{Z}$ 上有限生成の複体 $(C_., \partial.)$ があるとき，そのホモロジー群 $H.(C.)$ を考えると，

$$\sum(-1)^j\operatorname{rank}C_j=\sum(-1)^j\operatorname{rank}H_j(C.)$$

なる関係が導かれる．これをわれわれの場合にあてはめると，

公式 (11.5)　　$1-\alpha+\beta=\Gamma$ の輪状数　　$(=h(\Gamma)$ と書こう$)$.

かくして $h(\Gamma)$ は Γ の向きによらないことがわかった．

$h(\Gamma)$ は Γ のループの数である．なぜならば，一線分しかない点をはずしても $h(\Gamma)=1-\alpha+\beta$ には影響しない．そしてつぎつぎに簡約化してみると，おのずと明らかになるであろう．

さて Γ の或る1点 q をとって連結なグラフ Γ' を得たとしよう．逆にいえば，Γ' に点 q と線分 $w_1, \cdots, w_c$ を補って Γ ができる．ゆえに，

公式 (11.6)　　$h(\Gamma)=h(\Gamma')-1+c.$

c)　$\bar{S}$ 上の単純正規交叉因子 $\bar{D}=\sum_{j=0}^{t}\bar{D}_j$ に対し，そのグラフ $\Gamma(\bar{D})$ をつぎのよ

うに定義する：

(i) $\Gamma(\bar{D})$ の点は $\bar{D}_0, \cdots, \bar{D}_t$ に応じた $p_0, \cdots, p_t$,

(ii) $\bar{D}_i \cap \bar{D}_j = \{x_1, \cdots, x_\alpha\}$ のとき，p_i と p_j を α 個の線分 $l_1, \cdots, l_\alpha$ で結ぶ.

$\bar{D}$ が連結のとき $\Gamma(\bar{D})$ も連結である.

一般に，$\bar{S}_0$ 上の被約因子 $\bar{D}$ が与えられたとき，固有双有理正則写像 $\mu: \bar{S} \to \bar{S}_0$ によって，$\bar{D}^* = \mu^{-1}(\bar{D})$ が単純正規交叉因子になったとする．$\Gamma(\bar{D}^*)$ を $\bar{D}$ の**グラフ**という．もちろん $\Gamma(\bar{D}^*)$ は一意にきまるわけではない.

公式(11.4)と公式(11.6)は同じ．かつ，$\bar{D}$ が非特異既約のとき $\Gamma(D)$ は1点であり，$h(\bar{D})=0$, $h(\Gamma(\bar{D}))=0$．よって，帰納的に

$$h(\bar{D}) = h(\Gamma(\bar{D}))$$

が確かめられる.

かくして，つぎの定理が得られる.

定理 11.43　$\bar{D}$ が連結単純正規交叉型因子で $q(\bar{S})=0$ のとき $S=\bar{S}-\bar{D}$ の対数的幾何種数は

$$\bar{p}_g(S) = p_g(\bar{S}) + \sum g(\bar{D}_j) + h(\bar{D}),$$
$$h(\bar{D}) = h(\Gamma(\bar{D})).$$

したがって，

系　$\bar{p}_g(S) = p_g(S) \Longleftrightarrow$ 各成分は $\boldsymbol{P}^1$，かつグラフ $\Gamma(\bar{D})$ にはループがない.

例 11.9　$\bar{C}$ を $\boldsymbol{P}^2$ 内の既約曲線とする.

$$\bar{p}_g(\boldsymbol{P}^2 - \bar{C}) = 0 \Longleftrightarrow \bar{C} \text{ は有理曲線，かつ各特異点は竹型，すなわち単一素点的.}$$

[証明]　単一素点的でない特異点があるとき，それがきっかけとなり，$\bar{C}$ のグラフ $\Gamma(\bar{C}^*)$ にループができてしまう(図11.7)．∎

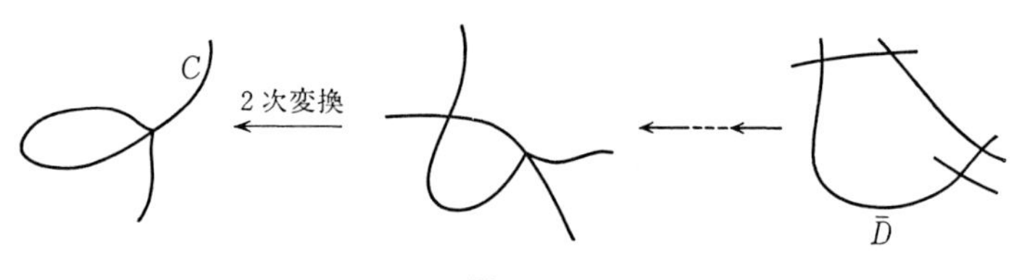

図 11.7

§11.42　アフィン平面曲線の補集合

§11.33, b) の議論に続ける．$C=V(g-\lambda)$ は $\boldsymbol{A}^2$ 内の非特異アフィン平面曲線であった．$\bar{p}_g(\boldsymbol{A}^2-C)=0$ のとき，C は非特異有理曲線になるので $C=\boldsymbol{P}^1-\{p_0, \cdots, p_t\}$．さて $t\geqq 1$ とすると，図11.7からわかるように，$\bar{p}_g\geqq 1$ となる．よって $C=V(g-\lambda)\simeq\boldsymbol{A}^1$．かくして，$\boldsymbol{A}^1$ の1次束 $\{V(g-\lambda)\}$ ができる．定理9.7によれば $\boldsymbol{A}^2$ の座標 x, y を選ぶと，$g=x$ と書ける．

まとめてつぎの定理を得る．

定理 11.44　一般の λ について $\bar{p}_g(\boldsymbol{A}^2-V(g-\lambda))=0$ を仮定する．このとき $\boldsymbol{A}^2$ の座標 x, y を選ぶと $g=x$ と書かれる．すなわち，

$$\boldsymbol{A}^2-V(g-\lambda)=\boldsymbol{A}^2-V(x-\lambda)=\boldsymbol{A}^1\times(\boldsymbol{A}^1-(\lambda))=\boldsymbol{A}^1\times G_m.$$

よって

$$\bar{\kappa}(\boldsymbol{A}^2-V(g-\lambda))=-\infty.$$

——

単に，$\bar{p}_g(\boldsymbol{A}^2-V(g))=0$ を仮定するだけでは十分でない．

例 11.10　$g=x^2-y^3$ とする．$C=V(g)$ とおくと，$\bar{p}_g(\boldsymbol{A}^2-C)=0$．$\bar{\kappa}$ を求めるために，具体的に2次変換を実行する．…　まず $\boldsymbol{A}^2\subset\boldsymbol{P}^2$ と自然に入れて，C の $\boldsymbol{P}^2$ 内での閉包を C, $V_+(X_0)=H$ と書く．また C の2次変換による固有像を C' と書く．$E_1, \cdots, F_1, \cdots$ 等は例外曲線である．つぎの図11.8のように，$\boldsymbol{P}^2$ を6回

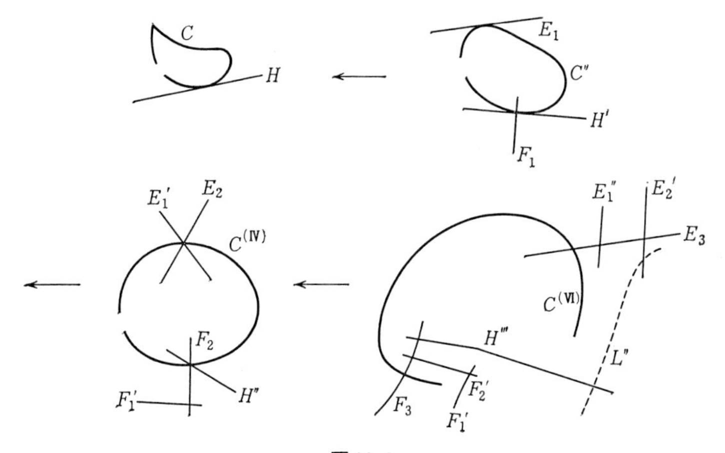

図 11.8

2次変換すると単純正規交叉型因子になる：

$$\bar{D} = C^{(\mathrm{VI})} + E_1'' + E_2' + E_3 + H''' + F_1' + F_2' + F_3$$

のつくるグラフ(図11.9)はループがない．よって $\bar{p}_g = 0$ が確認できた．

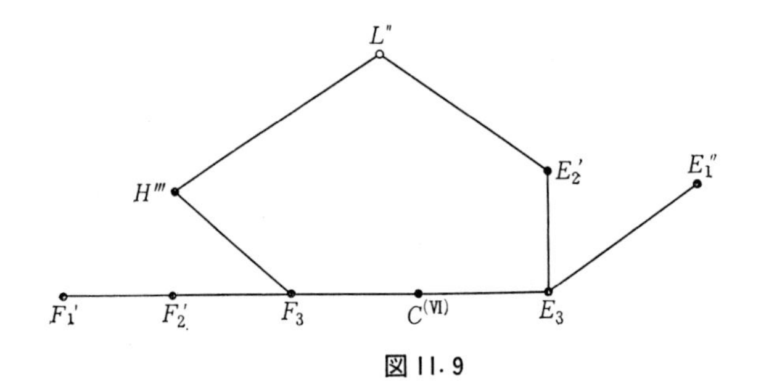

図 11.9

$\boldsymbol{P}^2$ においては $3H \sim C$ であった．それゆえ $\mu^* H$ を H と略記すると，

$$3H \sim C^{(\mathrm{VI})} + 2E_1 + E_2 + E_3 + F_1 + F_2 + F_3,$$
$$H \sim H''' + F_1 + F_2 + F_3.$$

また $\boldsymbol{P}^2$ を6回2次変換して得た曲面を $\bar{S}$ と書く：

$$\bar{S} = Q \cdots (\boldsymbol{P}^2).$$

さて

$$\bar{K} = K(\bar{S}) \sim -3H + E_1 + E_2 + E_3 + F_1 + F_2 + F_3$$

によって，

$$\begin{aligned}\bar{D} + \bar{K} \sim\ & C^{(\mathrm{VI})} + E_1'' + E_2' + E_3 + H''' + F_1' + F_2' + F_3 \\ & - C^{(\mathrm{VI})} - 2E_1 - E_2 - E_3 - F_1 - F_2 - F_3 + E_1 + E_2 + E_3 + F_1 + F_2 + F_3 \\ =\ & E_1'' + E_2' + E_3 + H''' - E_1 + F_1' + F_2' + F_3.\end{aligned}$$

ところで

$$E_1 \sim E_1' + E_2, \qquad E_2 \sim E_2' + E_3, \qquad E_1' \sim E_1'' + E_3.$$

よって，

$$\bar{D} + \bar{K} \sim H''' - E_3 + F_1' + F_2' + F_3 \sim H''' - E_3 + F_1.$$

$\bar{p}_g = l(\bar{D} + \bar{K}) = 0$ であった．そこで $\bar{P}_3 \geqq 1$ を示そう．まず，

$$\begin{aligned}H''' + 3F_1 &\sim H''' + F_3 + F_2' + F_1' + F_2 + F_1' + F_1 \\ &\sim H'' + F_2' + F_1' + F_2 + F_1' + F_1 \\ &\sim H' + F_2' + 2F_1' + F_1 \sim H + F_2' + 2F_1'\end{aligned}$$

に注目して,

$$
\begin{aligned}
3(\bar{D}+\bar{K}) &\sim 2H'''+H'''+3F_1-3E_3 \\
&\sim 2H'''+H+F_2'+2F_1'-3E_3 \\
&= 2H'''+F_2'+2F_1'+H-3E_3.
\end{aligned}
$$

さて, C の尖点を通り, C に接する直線を L と書こう (図 11.10).

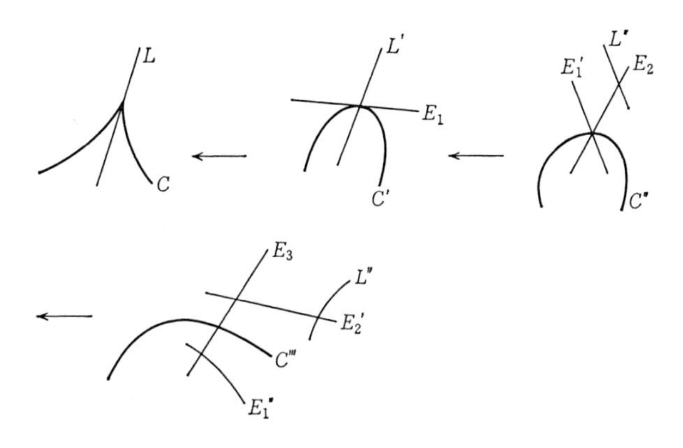

図 11.10

$$
H \sim L = L'+E_1 \sim L''+E_2+E_1'+E_2 \sim L''+2E_2'+E_1''+3E_3.
$$

ゆえに,

$$
3(\bar{D}+\bar{K}) \sim 2H'''+F_2'+2F_1'+L''+2E_2'+E_1''.
$$

かくて $\bar{P}_3 \geqq 1$ が示された. したがって $\bar{\kappa} \geqq 0$. 一方, $\boldsymbol{A}^2-V(x^2-y^3)$ には, $t \in G_m$ が $t\cdot(x, y)=(t^3x, t^2y)$ と作用するから, $\bar{\kappa}(\boldsymbol{A}^2-V(x^2-y^3)) \leqq 1$.

ところでつぎにみるように, $\bar{P}_6=2$ だから, $\bar{\kappa}(\boldsymbol{A}^2-V(x^2-y^3))=1$ となる.

さて, $V(\alpha x^2-y^3)$ は $V(x^2-y^3)$ とほぼ同様の性質をもつ. とくに $V(\alpha x^2-y^3)$ の $\boldsymbol{P}^2$ 内での閉包の 2 次変換の合成による固有像 $C_\alpha{}^{(\mathrm{VI})}$ は $C^{(\mathrm{VI})}$ と線型同値である. $\alpha \to 0$ のとき, $C_\alpha{}^{(\mathrm{VI})}$ は可約になる. これをみよう.

$$
\begin{aligned}
C^{(\mathrm{VI})} &\sim 3H-2E_1-E_2-E_3-F_1-F_2-F_3 \\
&\sim L-E_1+L-E_1-E_2-E_3+H-F_1-F_2-F_3 \\
&\sim L'+L''-E_3+H''' \\
&\sim 2L''+E_2'+H''' = C_0{}^{(\mathrm{VI})}.
\end{aligned}
$$

さて，

$$6(\bar{D}+\bar{K}) \sim 2L''+E_2'+H'''+3H'''+2F_2'+4F_1'+3E_2'+2E_1''.$$

$$\bar{P}_6 \geqq l(2L''+E_2'+H''') = l(C_0^{(\mathrm{VI})}) = l(C^{(\mathrm{VI})}) = 2.$$

かくして $\bar{\kappa}(\boldsymbol{A}^2-V(x^2-y^3))=1$ がわかった．

§11.43　川又の定理

上野-Viehweg の定理(定理10.24)が世に出た以上，条件の κ を $\bar{\kappa}$ でおきかえて定式化し，これを証明することが問題になる．これに成功したのは23歳の大学院学生川又雄二郎であった(1976年8月)．

定理 11.45 (川又)　代数多様体 V, W と支配的正則写像 $f: V \to W$ があり，$n=\dim V$, $n-1=\dim W$ を仮定する．一般のファイバー $f^{-1}(w)=V_w$ が既約のとき，

$$\bar{\kappa}(V_w)+\bar{\kappa}(W) \leqq \bar{\kappa}(V). \qquad \text{——}$$

証明は高度の技法に依存するからここでは述べられない．$n=2$ のときですら，この定理は著しい結果をもたらす．

$g \in k[x, y]$ を既約多項式とし，これを正則写像 $g: \boldsymbol{A}^2 \to \boldsymbol{A}^1$ とみたてる．$S=\boldsymbol{A}^2-V(g)$ とおくと，

$$f = g\,|\,S:\ S \longrightarrow \boldsymbol{A}^1-(0) = G_m.$$

f の一般の点 $\lambda \in G_m$ でのファイバーは $V(g-\lambda)$ であり，定理11.45と定理11.13とを援用すると，

$$\bar{\kappa}(V(g-\lambda))+\bar{\kappa}(G_m) \leqq \bar{\kappa}(\boldsymbol{A}^2-V(g)) \leqq \bar{\kappa}(V(g-\lambda))+1.$$

これによると，

$$\bar{\kappa}(V(g-\lambda)) \leqq \bar{\kappa}(\boldsymbol{A}^2-V(g)) \leqq \bar{\kappa}(V(g-\lambda))+1.$$

よって，(I) $\bar{\kappa}(\boldsymbol{A}^2-V(g))=-\infty$ ならば，$\bar{\kappa}(V(g-\lambda))=-\infty$．これより，$V(g-\lambda) \simeq \boldsymbol{A}^1$ を得る．したがって，定理9.7によって，

$$\boldsymbol{A}^2-V(g) \simeq \boldsymbol{A}^1 \times G_m.$$

つぎに (II) $\bar{\kappa}(\boldsymbol{A}^2-V(g))=0$ としよう．すると，同様の推論から，$\bar{\kappa}(V(g-\lambda))=0$．よって $V(g-\lambda) \simeq G_m$．このとき，$\boldsymbol{A}^2$ の座標 (x, y) を選べば，$g=x^py^q-1$ または $x^p\varphi(x, y)^q-1$ (ここに，$\varphi(0, y)=a \neq 0$) となる．さらに $\bar{\kappa}=0$ の条件を用いると，$g=x^py-1$ または $x^l(1+b_1x+\cdots+b_{p-l-1}x^{p-l-1}+x^{p-l}y)-1$ になる．

最後に，対数的小平次元を消した定理をのべる．

定理 11.46　$\varphi\in k[x,y]$ を任意の多項式とする．

(i)　$\dim(\mathrm{Aut}\,k[x,y,1/\varphi])^0\geqq 3$ ならば，$k[x,y]=k[u,v]$ となる u,v を選び，$\varphi=u(u-a_1)(u-a_2)\cdots(u-a_r)$ にできる．

(ii)　$\dim(\mathrm{Aut}\,k[x,y,1/\varphi])^0=2$ ならば，$k[x,y]=k[u,v]$ を満たす u,v を選び，$\varphi=u^pv^q$ にできる．

証明　$S=\boldsymbol{A}^2-V(\varphi)$ とおく．$\bar{\kappa}(S)\geqq 0$ ならば，$\dim\mathrm{Aut}(S)^0\leqq 2$．よって，(i) の仮定から，$\bar{\kappa}(S)=-\infty$．それゆえ $S\supsetneqq\boldsymbol{A}^1\times\Gamma$．(ii) のとき，$\bar{\kappa}(S)\geqq 0$ かつ $\dim\mathrm{Aut}(S)^0=2$ ならば，定理 11.25 により $S\supsetneqq G_m\times G_m$．∎

定理 11.46 は極めて著しい内容を持っている．殆んど信じきれない鋭利な結果で，証明ができる前には，予想をたてる事すらはばかられるといった類のものなのである．この定理は，定理 10.28 の分類表から直ちに出るつぎの結果の類比と考えられる．

S を代数曲面とする．

(i)′　$\dim\mathrm{Bir}(S)\geqq 3$ ならば，S は $\boldsymbol{P}^1\times C$ と双有理同値，

(ii)′　$\dim\mathrm{Bir}(S)=2$ ならば，S は Abel 曲面と双有理同値．

もっともこの証明に，代数曲面の分類理論が特にいるわけではない．代数曲面の分類の 7 割は，予想 C_2 にまとめられ，それは上野-Viehweg の定理として一般化され，分類理論なしで証明された．それを $\bar{\kappa}$ に移植したのが，川又の定理であったから，定理 11.46 が証明できたのは自然のことといってよい．

それにしても定理 11.46 は代数と幾何の融合の極めて著しい例として，今後の代数幾何学の展開の一指導標となり得るのではないだろうか．

問　　題

1　$\boldsymbol{P}^2$ 内に $t+1$ 本の直線 $L_0,L_1,\cdots,L_t$ を考え，3 本以上の直線が会する点を集めて $\{p,q,\cdots\}$ とする．各点 $p,q,\cdots$ で 2 次変換をし，射影曲面 $Q=Q_pQ_q\cdots(\boldsymbol{P}^2)$ と双有理固有正則写像 $\mu:Q\to\boldsymbol{P}^2$ を得る．$\bar{D}=\mu^{-1}(L_0+L_1+\cdots+L_t)$ とおくとき，つぎを示せ．

(i)　$\bar{D}$ は単純正規交叉型．

(ii)　$S=\boldsymbol{P}^2-(L_0+\cdots+L_t)$ が直積でないとき，$K(Q)+\bar{D}$ はアンプル．

また，$K(Q)+\bar{D}$ は超平面切断因子か？

(iii)　S が直積でないとき，$\sigma\in \mathrm{Aut}(S)$ は Q の自己同型をひき起す (若林の定理).

2　$\mathscr{A}$ を Abel 多様体とし，D を $\mathscr{A}$ の被約因子とするとき，$V=\mathscr{A}-D$ を $\bar{\kappa}(V)$ により分類せよ.

3　$\bar{S}$ を，非特異曲面 S の非特異境界 $\bar{D}$ をもった完備化とする．p を $\bar{D}$ の非特異点からとり，$\bar{S}^*=Q_p(\bar{S})$，$\mu:\bar{S}^*\to\bar{S}$ を2次変換とする．$E=\mu^{-1}(p)$，$\bar{D}^*$ を $\bar{D}$ の固有変換とすると，$\mu^{-1}(\bar{D})=\bar{D}^*+E$．さて $S_*=\bar{S}^*-\bar{D}^*\supset S$ であり，S_* は S に半点を付加した曲面と考えられる．このとき

$$\bar{P}_m(S_*)=\bar{P}_m(S).$$

さて $\bar{q}(S_*)=\bar{q}(S)$ または $=\bar{q}(S)-1$．また $\bar{q}(S_*)=\bar{q}(S)$ となる p の条件を求めよ.

4　S は $G_m{}^2$ を開集合として含むとする．さらに，$\bar{q}(S)=2$ を仮定すると，$S=G_m{}^2$．一般に $\tilde{\mathscr{A}}$ を準 Abel 多様体とし，V は $\tilde{\mathscr{A}}$ を開集合として含む代数多様体で，さらに $\bar{q}(V)=\bar{q}(\tilde{\mathscr{A}})$ を仮定するとき，$V=\tilde{\mathscr{A}}$ (川又).

[注意]　この性質は“$\tilde{\mathscr{A}}$ は $\bar{q}$ 完備”と表現できよう．同様に，$\bar{\kappa}$ 完備，$\bar{P}_m$ 完備を考えるとき結論を変更しないとうまくいかないことを問題3は教えている.

5　$\boldsymbol{A}^2$ において，$\varphi\in k[x,y]$ をとり，

$$\bar{\kappa}(D(x)\cap D(\varphi))=-\infty$$

とする．このような φ をすべて求めよ.

6　W は代数多様体で $M\neq(0,\cdots,0)$ に対し，つねに，

$$\bar{P}_M(W)=0$$

とする．このとき，代数多様体 V に対して，$\bar{P}_M(V\times W)$ を求めよ.

7　m,n を互いに素な正整数とし，$m,n\geqq 2$ のとき，$\bar{\kappa}(\boldsymbol{A}^2-V(x^m+y^n+\lambda))$ を求めよ.

8　$\boldsymbol{C}^2$ 内の相異なる直線 $l_1=0,\ \cdots,\ l_q=0$ を考える.

$$V=\sum \boldsymbol{C}\frac{dl_i\wedge dl_j}{l_il_j}\quad \text{とおき}\quad p=\dim V$$

を求めよ．とくに $p=\bar{p}_g(\boldsymbol{C}^2-V(l_1)\cup\cdots\cup V(l_q))$ を確認せよ．とくに r_m を $l_1\cdots l_q=0$ の m 重点の数とするとき，

$$p=\sum(m-1)r_m=\frac{q(q-1)}{2}-\sum\frac{(m-1)(m-2)}{2}r_m.$$

さらに，

(i)　$p\leqq q-2$ ならば，$p=0$ かつ $r_m=0$.

(ii)　$p=q-1$ ならば，$r_2=q-1$，$r_3=\cdots=0$，または，$r_2=0$，$\cdots$，$r_{q-1}=0$，$r_q=q$，$r_{q+1}=0$，$\cdots$.

(iii)　$p=q$ ならば，$q=3$ または 4.

(iv)　$p\leqq 2q-4$ となる $\{r_m\}$ を求めよ．また $p=2q-3$ のときはどうか.

[注意]　代数曲面論でつぎの結果が知られている：

(i)′　(de Franchis)　$p_g\leqq q-2$ ならば線織面,

(ii)′　(Enriques)　$p_g\leqq q-1$ ならば一般型でない.

そういうわけで，つぎの問をあげられる．

(i)* $\bar{p}_g(S) \leqq \bar{q}(S)-2$ ならば $\bar{\kappa}(S)=-\infty$ か？

(ii)* $\bar{\kappa}(S)=2$ ならば $\bar{p}_g(S) \geqq \bar{q}(S)$ か？

9 $\boldsymbol{C}^3$ 内の平面 $l_1=0, \cdots, l_q=0$ を考える．

$$V_2 = \sum \frac{dl_i \wedge dl_j}{l_i l_j}, \qquad V_3 = \sum \frac{dl_i \wedge dl_j \wedge dl_s}{l_i l_j l_s}$$

とおくとき，dim V_2 と dim V_3 とを求めよ．

$$\boldsymbol{C}^3 - V(l_1) \cup V(l_2) \cup \cdots$$

が双曲型のとき，$\bar{q}_j$ $(j=1,2,3)$ についてつぎの関係があるか？

$$q = \bar{q} \leqq \dim V_2 = \bar{q}_2 \leqq \dim V_3 = \bar{q}_3, \qquad \text{または} \quad \bar{q} \leqq \bar{q}_3.$$

10 G を準 Abel 多様体とし，D を G の被約因子とする．このとき，

$$\bar{\kappa}(G-D)=0 \quad \text{ならば} \quad D=0$$

であるが，$\bar{p}_g(G-D)=1$ でも $D>0$ となり得ることを例示せよ (藤田)．

11 S を非特異代数曲面で，$\bar{\kappa}(S)=0$, $\bar{q}(S)=2$ を満たすとしよう．準 Albanese 写像 $\alpha_S: S \to \tilde{\mathscr{A}}$ は双有理正則になる．準 Albanese 写像の理論は本書で扱わなかったから，つぎの場合に限定して考える．

$\alpha: S \to G_m{}^2$ は支配的正則写像，かつ，$\bar{\kappa}(S)=0$ とするとき，α は双有理的，を示せ．

12 V を n 次元代数多様体で，$\bar{p}_g(V)=1$, $\bar{q}(V)=n$, かつ，支配的正則写像 $\alpha: V \to G_m{}^n$ があるとする．このとき，

$$\bar{q}_i(V) = \binom{n}{i} \qquad (i=1,2,\cdots,n)$$

を示せ．(上野の Abel 多様体についての有名な補題の変形.)

13 V を n 次元正規アフィン代数多様体とし，$\bar{\kappa}(V)=n$ を仮定する．$f: V \to V$ を支配的強有理写像とすると，f は同型になる．とくに SBir(V)=Aut(V)．

14 V を n 次元非特異代数多様体とし，$\bar{\kappa}(V)=n$ を仮定する．$f: V \to V$ を支配的正則写像とすると，f は同型になる．

[問題 13 と 14 のヒント] 定理 11. 2 と定理 11. 16 の系とを用いる．

[注意] 問題 14 で非特異を仮定しているがこれが必要かどうかはよくわからない．

15 A, B を k 上代数的整域とし，A, B 上不定元 $X_1, \cdots, X_n$ を考える．さて，$\kappa^\sharp$(Spec A) $\geqq 0$ を仮定するとき，k 環同型

$$\Phi: A[X_1, \cdots, X_n] \simeq B[X_1, \cdots, X_n]$$

は係数を保つ．いいかえると，$\Phi A = B$．

16 上と同じ条件下で，$\kappa^\sharp$(Spec A) = dim A を仮定する．このとき k 環同型

$$\Psi: A[X_1, \cdots, X_n, X_1{}^{-1}, \cdots, X_n{}^{-1}] \simeq B[X_1, \cdots, X_n, X_1{}^{-1}, \cdots, X_n{}^{-1}]$$

は係数を保つ．いいかえると，$\Psi A = B$．

17 $\varphi \in k[x, y]$ を既約多項式とし，一般の $\lambda \in k$ に対し，$V(\varphi-\lambda) \simeq G_m$ を仮定する．このとき，$a \in k$ が存在して，$\varphi - a$ は可約になる．

18　1点 p を代数多様体とみるとき，双曲型かつ放物型．また，空集合 ϕ を代数多様体とみるとき，双曲型かつ楕円型，と考えられる．

19　V と W を代数多様体とする．このとき，

$$\bar{q}_i(V\times W)=\bar{q}_i(V)+\bar{q}_{i-1}(V)\bar{q}_1(W)+\cdots+\bar{q}_i(W).$$

20　$\boldsymbol{P}^2$ の斉次座標を $x:y:z$ で表す．このとき，つぎの曲面の対数的小平次元を求めよ．

(i)　$S_1=\boldsymbol{P}^2-V_+(y^qz^{p-q}-x^p)$　(p,q は互いに素，$p-q\neq 1$)，

(ii)　$S_2=\boldsymbol{P}^2-V_+(x^2y^2+y^2z^2+z^2x^2-2(x^2yz+y^2zx+z^2xy))$，

(iii)　$S_3=\boldsymbol{P}^2-V_+(x^3y^2+y^3z^2+z^3x^2)$．

[答]　$\bar{\kappa}(S_1)=1$，　$\bar{\kappa}(S_2)=2$，　$\bar{\kappa}(S_3)=2$　(川又)．

21　U,V,W を代数多様体とし，$U\times V\simeq U\times W$ を仮定する．任意の $M=(m_1,\cdots,m_n)$，$n=\dim V$ に対して

$$\bar{P}_M(V)=\bar{P}_M(W)\qquad(\text{藤田}).$$

[ヒント]　M に辞書式順序を入れて，帰納法．

22　$\bar{V}$ を非特異代数多様体 V の非特異境界 $\bar{D}$ をもつ完備化とする．さて $GL(2n,\boldsymbol{C})$ の多項式表現を一つとり，ρ とおく．$n=\dim V$ とし，$\Omega^1\otimes\Omega^1(\log\bar{D})$ に付属したベクトル束の層 $(\Omega^1\otimes\Omega^1\log\bar{D})^\rho$ を定義し (張り合せ行列 f_{ij} を $\rho(f_{ij})$ でおきかえる)，

$$T_\rho(V)=H^0(\bar{V},(\Omega^1\otimes\Omega^1\log\bar{D})^\rho)$$

の固有双有理不変性を確立せよ．($\bar{P}_\rho(V)=\dim T_\rho(V)$ を V の対数 ρ 種数とよぶ．)

23　$\boldsymbol{P}^2$ 内の尖点をもつ3次曲線を C_1，C_1 の変曲点でない非特異点 p をとり，p で C_1 と5重に接する2次曲線を C_2 とする．$C_1\cap C_2=\{p,q\}$ とし，q で $\boldsymbol{P}^2$ を2次変換する．C_1,C_2 の固有変換を C_1',C_2' で表し，

$$S=Q_q(\boldsymbol{P}^2)-C_1'\cup C_2'$$

を Ramanujam 曲面という．$\bar{P}_2(S),\bar{P}_6(S),\bar{P}_{10}(S)$ を求め，$\bar{\kappa}(S)=2$ を示せ．

[注意]　これにより，任意の代数多様体 V に対し，$S\times V$ と $\boldsymbol{A}^2\times V$ が同型でないことがわかる．

あとがき

小説のように面白く読める数学書を作りたい，というのが私の念願であった．起承転結に留意し，伏線をはり，劇中劇の気持で書いてみたり(第6章)，主役の(対数的)小平次元が活躍するところではページを惜しむことを忘れて書いてきたが，読者はいかに読み進まれたことだろうか？ 初学者が読む上で心理的負担を軽減することがとくに数学書では望ましい．或る節を読み，それを理解すると，さて，しからば，あれはどうなるか？ と疑問を持つ．すると，その疑問への解答がつぎの節にある．してみると，つぎのなんとかは？ それは次節．とこのように，ついつい寝食を忘れて読みたくなるように書いたはずなのである．そのうえ，論理の糸を見失ってからも，楽しく読める情味あるロマンにすることを心掛けた．これに忠実なるために，本文中では文献引用を廃した．

これから証明を略した箇所の文献を指示し数学書としての最小限の体裁を整えよう．

第1章

スキームの理論は大部なそして未完の本 É. G. A. にはじまる．

A. Grothendieck, J. Dieudonné [É. G. A.]: Éléments de géométrie algébrique, Ⅰ, Ⅱ, Ⅲ-1, Ⅲ-2, Ⅳ-1, Ⅳ-2, Ⅳ-3, Ⅳ-4, …, 高等科学研究所 (I. H. E. S.) 刊.

この書物は第13章までの予告がありながら，第3章の半分，第5章～第13章までが未だに出版されていない．第4章だけで，大部な本4冊を消費している．現在まで2,000ページになるから，もし最後の章まででれば10,000ページは越してしまう空前絶後の数学書となるはずである．幸いにも，完結の見通しは全くないから，[É. G. A.] にこれ以上おびやかされる心配はないようである．

それにしても，[É. G. A.] というのはまことに妖しい魅力に満ちた本である．第1章 le langages des schémas. この標題からして，哲学的で，巨大な圧倒的重量感を十二分に持っている．筆者の修学時は，[É. G. A.] の出版が開始された頃でもある．はじめて [É. G. A.] に接し，自分がいかにも小さく，まるで，巨大な神殿の前の砂粒のように思われたのが昨日のように思い出される．私はそれより少し前，A. Weil の Foundations of algebraic geometry を手早く読んでしまおうと読みはじめたものの，どうにも動きがとれなくなって困っていた．代数多様体の定義すら理解できないのであった．しかし，スキームの理論を学びはじめると，代数多様体の意味が鮮明に，そして，感覚的に理解できたように思われた．スキームの理論展開は一見抽象的でも実は非常に自然なのである．Weil にしても，時間と労力をかければ，スキームの理論展開に近いものが自然にできたのではないだろうか．彼にあっては，合同ゼータ関数の研究に直ちに応用するため，強引な近道を選ぶ必要があったのである．それはわれわれの立場，すなわち，代数多様体の幾何的研究，と相異なる方向なのである．

スキームの理論の基礎は日本語でも書かれている．

永田雅宜，宮西正宜，丸山正樹 [永田, 宮西, 丸山]：抽象代数幾何学，共立出版(1972)．

この本は，[É. G. A.] の解説書では断じてない．[É. G. A.] よりも一段と磨きがかけられ，完備スキームへの埋め込み，Z. M. T. の代数的な証明など固有なテーマも追求しているかなり専門的な本である．

本講の第1章で，スキームの何たるか，を理解してから必要に応じて，[永田, 宮西, 丸山] を精読するのが初学者には好都合と思う．

本講では可換環論の常識を最小限仮定した．このうち相当部分は，本講座の“環と加群”で詳述されると思われるが，可換環に限るとつぎの良書が日本語で書かれていてまことに有難い．

永田雅宜 [永田]$_1$：可換環論，紀伊國屋書店 (1974)．

もっともこの本はかなり専門的なことまで書かれていて，初学者が全部を精読する必要はないように思う．

(1) 定理 1. 2 は [永田]$_1$ 系 4. 1-2, イ) 108 ページ．

(2) 定理 1. 12 は [永田]$_1$ 系 4. 0. 3, 106 ページ．(§1. 7, a) で問題 39 を引用しているのは問題 36 の誤り.)

(3) 定理 1. 7 は [永田, 宮西, 丸山] に証明がある．

(4) §1. 20, b)．34 ページ上から 17 行目 $\mathrm{Aut}_k\, k[X_1, X_2]$ は，もちろん $\mathrm{Aut}_k\, k[X_1, X_2, X_1^{-1}, X_2^{-1}]$ とすべきであった．

(5) §1. 26. スキームの積は [É. G. A.] にも [永田, 宮西, 丸山] にもある．

(6) 定理 1. 13 は [永田]$_1$ の定理 2. 4. 6.

(7) 定理 1. 17 は [永田, 宮西, 丸山] の定理 2. 4. 1 の特殊な場合．

第 2 章

(1) §2. 7, f)．Reg V が開集合となる十分条件については [É. G. A.] IV-2 定理 6. 12. 4 系，6. 12. 5 など．

(2) §2.11. Cohen の定理については [永田]$_1$ 定理 6.5-13.

(3) §2.26, b). つぎの Zariski の論文が基本的である.

O. Zariski [Z]$_1$: On the purity of the branch locus of algebraic functions, Proc. Nat. Acad. Sci., U. S. A., **44** (1958), 791-796.

(4) §2.28, d). 連結性原理の証明は [É. G. A.] III-1 定理 4.3.1.

(5) §2.28, e). Z. M. T. の証明は [É. G. A.] III-1 定理 4.4.3.

(6) §2.29. Stein 分解は一般の形で [É. G. A.] III-1 §4.3.3 に論ぜられている.

第 3 章

射影スキームを組織的に取り上げているのは [É. G. A] II である.

(1) §3.3. 例 3.4, 可換 Moufang ループと有理曲面の関係については

Yu. I. Manin [M]: Cubic forms (ロシア語からの英訳), North-Holland, Amsterdam (1974)

に詳述されている.

(2) §3.9. Chow の補題は一般に [É. G. A.] II §5.6.1 で論ぜられている.

第 4 章

層のコホモロジーについては,

R. Godement [Gd]: Topologie algébrique et théorie des faisceaux, Hermann, Paris (1958)

の第5章, 第7章によく書かれている.

(1) §4.8. 定理 4.4 は [É. G. A.] III-1 定理 1.3.1 に一般化され証明されている.

(2) §4.11. 定理 4.9 は [É. G. A.] III-1 系 1.3.2.

(3) §4.11. 定理 4.9 の後の注意は [É. G. A.] III-1 命題 1.4.10 および系 1.4.11.

(4) §4.12. 定理 4.11 は [Gd] 定理 4.15.2 である.

第 5 章

(1) §5.5, b). 補題 5.1 の前半は [永田, 宮西, 丸山] の定理 3.3.11, (ii).

(2) §5.13, a). 定理 5.13 Serre の双対律. これについては, 本講座"可換環論"で詳しく論ずるが, つぎの文献がよい.

A. Grothendieck [G]: Théorèmes de dualité pour les faisceaux algébriques cohérents, Bourbaki Sém., 149 (1957).

第 6 章

やや特殊な話題をおいすぎたかもしれない．代数曲線に付属した Jacobi 多様体，規制空間 (moduli space) 等の話題は避けて読み易くした．この方面についてはつぎの本が有用であろう．

D. Mumford $[M]_1$: Curves and their Jacobians, Michigan Univ. Press, Ann Arbor (1974).

Abel 多様体についても，同じ Mumford による

D. Mumford $[M]_2$: Abelian varieties, Oxford Univ. Press, London (1970)

がスキームの理論に沿って書かれた標準的教科書になっている．

第 7 章

(1) §7.9. 定理 7.9 は [É. G. A.] III-1 系 2.1.13 に示されている．

(2) アンプル因子のいろいろな研究については，

R. Hartshorne [R. H]: Ample subvarieties of algebraic varieties, Lect. Note in Math., 156, Springer, Berlin (1970)

によく書かれている．

(3) Bertini の定理の代数的取扱いは，

O. Zariski $[Z]_2$: Collected Works I, Pencils on an algebraic variety and a new proof of a theorem of Bertini, M. I. T. Press (1972)

に詳しい．しかし余り読み易くはない．

(4) §7.30. 2 次変換についての一般的事項は [É. G. A.] II§8 で論ぜられている．

(5) §7.31. 特異点解消定理の文献はいうまでもなく，

H. Hironaka [H. H]: Resolution of singularities of an algebraic variety over a field of characteristic zero, I, II, Ann. of Math., **79** (1964)

である．長大で難しい，モニュメンタルな論文．この定理がなければ第 10 章，第 11 章の何事も進行しない．

(6) 定理 7.37 は [H. H] の Main Theorem I，定理 7.38 (および §7.31, f)) は [H. H] の Main Theorem II であって，これらの定理の中心 $W, W_1, \cdots$ はうまく選ぶ必要がある．

第 8 章

ここでは交点理論を因子にかぎって見通しよくするよう心がけた．応用上，これで間にあう．

第 9 章

平面代数曲線の特異点については詳しい研究が行われている．この章では，

O. Zariski [Z]$_3$: Algebraic surfaces, 第2版, Springer (1971)

の第1章に書かれている事実に証明を与えることを目標に書いたがページ数の関係で割愛した．現在は Zariski による saturation の理論により，特性対もより組織的に研究されている．また，つぎの講義録も参考にした．

S. Abhyankar [A]: Historical ramblings in algebraic geometry.

実は，代数幾何学の本講を書くにあたり，この第9章から手をつけたのである．そして，本章を書くに必要な素材を並べて第1章から第8章の内容をつくっていった．そして，第9章もすべて書き直しするはめになったことはもちろんである．[A] に証明はない．幾何学の異色をならべてみせ，種々の衒学的方法よりも，素朴な計算を主にした数学 (high-school algebra) がしばしば優位にたつことを主張している．

§9. 20 の双対曲線論など，まさに，代数幾何学の幾何の故里である．それゆえ，この章から本講が書かれた理由なしとしない．

第 10 章

本章についてはつぎの講義録がよい参考書になろう．巻末には厖大な文献表がついているので便利である．(本講は [U] と内容の重複を避けるよう書かれた.)

K. Ueno [U]: Classification theory of algebraic varieties and compact complex spaces, Lect. Note in Math., 439, Springer (1975).

また，代数曲面，解析曲面については，

K. Kodaira [K]: Collected Works III, 岩波書店 (1975)

をみるとよい．ここには，曲面論についての重要な理論が，歴史の息吹きを感じさせながら美麗に書かれている．

Riemann-Roch の定理の詳しい解説は

F. Hirzebruch [F. H]: Topological methods in algebraic geometry, Springer (1960)

にある．単に R. R. H. の公式を定式化し証明するにとどまらず，解析的位相的手法による代数幾何学の理論展開を試みたものである．

D 次元，小平次元が導入されたのはつぎの論文である．

S. Iitaka [I]$_1$: On *D*-dimensions of algebraic varieties, J. Math. Japan, **23** (1971), 384–396.

Viehweg の定理はつぎの文献にある．

E. Viehweg [V]: Canonical divisors and the additivity of the Kodaira dimensions for morphisms of relative dimension one, Compositio Math., **35** (1977), 197-223.

(1) §10.8, c). 定理10.7は[É. G. A.] IV-3定理(Chevalley) 13.1.3.

(2) §10.8, c). 定理10.8は極めて一般に[É. G. A.] III-2で論じられている. これを実用的な範囲で簡易化したのが$[\mathrm{M}]_2$にのっている.

第11章

本章(前の章もそうだが)の内容は成熟したものといいかねる. したがって, このようなものを基礎数学の成書に取り入れることには批判もありうるだろう. しかし, 対数的小平次元の概念は, 代数多様体の極めて原理的な基礎的な見方を与えるものであって, これによってみると, 代数幾何学全般は著しく見通しよくなると思う. 本章の材料の一つ一つが, それを主張し, 広く認知を迫っているように感ぜられるであろう.

対数的小平次元の基本性質はつぎの論文に書かれている.

S. Iitaka $[\mathrm{I}]_2$: On logarithmic Kodaira dimension of algebraic varieties (論文集 Complex analysis and algebraic geometry, 岩波書店 (1977)).

対数的小平次元の解析的理論についてはつぎが基本的である.

F. Sakai [S]: Kodaira dimensions of complements of divisors (上記論文集).

(1) §11.16の末尾. 一般に, V の $\bar{q}(V)$ は具体的にわかる. すなわち, V は非特異完備代数多様体 $\bar{V}$ から, 被約因子 $\bar{D}=\bar{D}_1+\cdots+\bar{D}_a$ をぬいて得られるとしよう. $\bar{D}_j$ らのきめる $H^2(\bar{V}, \boldsymbol{Z})$ の元を $\delta(\bar{D}_j)$ で表し,

$$\rho = \dim\left(\sum \boldsymbol{Z}\bar{D}_j \cap \mathrm{Ker}\,\delta\right) \otimes \boldsymbol{Q}$$

とおくとき,

$$\bar{q}(V) - q(\bar{V}) = \rho.$$

これは本質的には A. Weil の第3種微分の理論 (Severi の著作が, そのもとかもしれぬ) であるが, みやすい証明および準 Albanese 写像などはつぎの論文にある.

S. Iitaka $[\mathrm{I}]_3$: Logarithmic forms of algebraic varieties, 東大紀要 (1976), 525-544.

(2) §11.23, b). 代数群の教科書も最近では数多い. 日本語の本としてつぎのものがある. 定理11.17は, この書物を基礎にすればただちにできる.

永田雅宜 $[永田]_2$: 代数群, 共立講座 現代の数学6 (1969).

定理11.18については,

M. Rosenlicht [R]: Transformation spaces, quotient spaces, some classification problems, A. M. S. Summer Institute (1964).

(3) §11.24, b). 定理11.19は$[永田]_2$定理4.3.2.

この証明は，代数群についての深い結果を用いたもので初等的ではない．むしろ，定理11.20, 11.21こそ基本的定理であり，これをもとに対数型式を用いた代数群の理論の再構成が望ましい．408ページの(2)の代りに，G の Borel 部分群を用い，中心 $Z(G)=Z(B)$ と $G=\bigcup gBg^{-1}$，を使うと早い．

(4) 定理11.21. (iv) $\Longrightarrow$ (ii) をいう．[I]$_3$ の準 Albanese 写像 $\alpha_G: G\to\tilde{\mathscr{A}}_G$ を用いる．α_G は群準同型になるから，結局 α_G は全射．$\dim G=\dim\tilde{\mathscr{A}}_G$ によると，α_G はエタール被覆．よって，G も準 Albanese 多様体．

(5) 定理11.26, 11.27については，

G. Kempf, F. Knudsen, D. Mumford, B. Saint-Donat [K. K. M. S.]: Toroidal imbeddings, Lect. Note in Math., 339, Springer (1973)

の第1章をみよ．定理11.26は [K. K. M. S.] 第1章定理5．同じく定理11.27は [K. K. M. S.] 第1章定理4の証明1)．

(6) §11.35. 定理11.33は [I]$_3$ 定理3の系．

(7) §11.43. 川又の定理については，

Y. Kawamata: Addition formula of logarithmic Kodaira dimensions for algebraic fiber spaces of relative dimension one, Proc. Int. Symp. Algebraic Geometry, Kyoto, 1978. Kinokuniya, Tokyo, 207–217.

(8) 一般論および予想はつぎの論文に要約されている．

S. Iitaka [I]$_4$: Classification of algebraic varieties, 日本学士院紀要 (1977), 103–105.

岩波講座基礎数学の代数幾何学 I, II, III が刊行されて間もなく，その英訳が出されることになった．それを準備する過程で，基礎的事項の証明をすべて付け加え，一方 II, III の内容の一部を省略した．英訳は，1982年12月に，Springer 社(New York)から Graduate Text in Mathematics 76. Algebraic Geometry (An Introduction to Birational Geometry of Algebraic Geometry) として出版された．

■岩波オンデマンドブックス■

岩波講座 基礎数学
幾何学 vii
代数幾何学

1976年9月2日 第1刷発行(Ⅰ)
1977年1月27日 第1刷発行(Ⅱ)
1977年6月2日 第1刷発行(Ⅲ)
1988年12月2日 第3刷発行
2019年5月10日 オンデマンド版発行

著 者 飯高 茂(いいたか しげる)

発行者 岡本 厚

発行所 株式会社 岩波書店
〒101-8002 東京都千代田区一ツ橋2-5-5
電話案内 03-5210-4000
https://www.iwanami.co.jp/

印刷／製本・法令印刷

ISBN 978-4-00-730884-0 Printed in Japan